COURS ÉLÉMENTAIRE

DE

GÉOLOGIE

STRATIGRAPHIQUE

PAR

CH. VÉLAIN

CHARGÉ DE COURS A LA FACULTÉ DES SCIENCES DE PARIS

QUATRIÈME ÉDITION

ENTIÈREMENT REFONDUE

Avec 435 gravures dans le texte

ET UNE CARTE GÉOLOGIQUE DE LA FRANCE IMPRIMÉE EN COULEURS

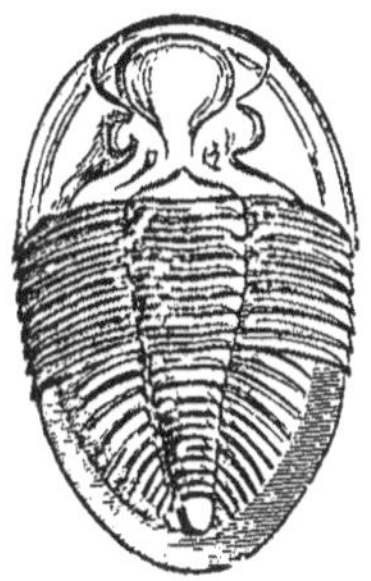

PARIS

LIBRAIRIE F. SAVY

77, BOULEVARD SAINT-GERMAIN, 77

—

1892

Tous droits réservés.

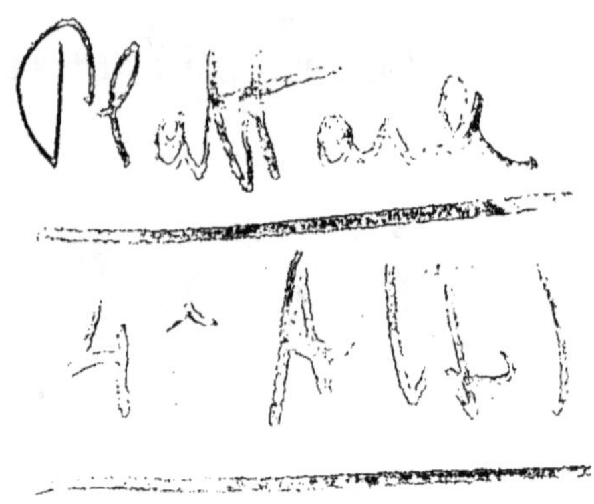

COURS ÉLÉMENTAIRE

DE

GÉOLOGIE

COULOMMIERS

Imprimerie PAUL BRODARD.

COURS ÉLÉMENTAIRE

DE

GÉOLOGIE

STRATIGRAPHIQUE

INTRODUCTION

La Géologie est une science qui, ayant pour objet immédiat l'étude de la structure de l'écorce terrestre, est appelée, à la suite de déductions raisonnées, à résoudre un des problèmes les plus intéressants, l'*histoire de la terre*. Les grands traits de cette histoire sont en effet écrits en lignes puissantes dans l'architecture des continents, en caractères non moins expressifs dans chaque accident de la configuration du terrain, dans le moindre détail de la plus commune des roches. Un examen attentif de la structure du sol, constitué par des matériaux d'origine et de dates diverses, l'amène ainsi à présenter un tableau complet des phénomènes physiques et organiques, qui se sont succédé depuis l'origine, pour l'amener à l'état sous lequel nous la voyons aujourd'hui.

Sa surface a conservé la trace de toutes ces actions.

Or ce que cette surface offre à nos yeux aujourd'hui n'est que la phase récente de cette histoire; c'est l'expression dernière de toutes les causes qui ont agi sur les diverses parties, mais ce n'en est pas l'expression finale, car nous voyons encore autour de nous ces mêmes causes agissantes et nous pouvons les analyser en déterminant leurs effets.

CH. VÉLAIN. — GÉOLOGIE STRAT., 4ᵉ ÉDIT.   1

Le monde qui nous entoure est loin, en effet, d'offrir dans ses formes extérieures la stabilité absolue qu'on est, en général, porté à lui attribuer. Rien n'est inerte dans la nature, tout se meut autour de nous, même dans les milieux qui semblent les plus inactifs; partout des forces mécaniques, physiques et chimiques sont à l'œuvre pour introduire, dans les conditions de l'écorce terrestre, des modifications incessantes.

Telles sont, en premier lieu, les masses fluides extérieures à notre globe qui, soulevées et agitées par la chaleur du soleil, exercent contre les parties superficielles une œuvre quotidienne de destruction. C'est d'abord l'*atmosphère* qui, sans cesse en mouvement, nous donne, ici-bas, l'exemple d'une activité qui ne sommeille jamais, et peut devenir, dans certaines conditions que nous aurons à définir, un puissant agent de modification de la surface terrestre : soit par des *effets d'érosion* notables, sur les parties solides du globe quand, violemment agitée, sa puissance mécanique s'augmente des particules qu'elle transporte; soit, et surtout, par ses *effets de transport*, quand par exemple elle relève, dans les déserts, ou sur les plages basses du littoral maritime, les sables, sous la forme de ces collines mouvantes, les *dunes*, dont la marche progressive est si redoutée.

Ensuite vient l'eau qui, sous ses différentes formes, peut être considérée comme le plus puissant de ces agents physiques qui s'appliquent journellement à introduire des modifications profondes dans le relief des continents. Son action est double : elle détruit pour reconstruire; ce qu'elle enlève en un point, elle va le déposer dans un autre. A l'état d'océan, elle lance à tout instant ses vagues à l'assaut des falaises qui la bordent, pour en arracher des fragments, dont les plus grossiers, réduits à l'état de sables et de galets, retombent près du rivage en formant des *dépôts côtiers*, tandis que les parties plus fines, les *vases*, entraînées au large, vont se déposer dans les grands fonds où les eaux ne sont plus agitées. En même temps, les éléments que la mer avait pu dissoudre sont fixés au fond par les organismes.

De leur côté, les eaux courantes ne restent pas inactives. Elles attaquent sans cesse toute la masse de la terre ferme, pour venir accumuler, dans les parties basses de leur lit, ces fragments de plus en plus triturés, ou les conduire jusqu'au grand réservoir de l'Océan.

C'est également comme un puissant instrument de transport que nous aurons à considérer l'eau quand, à l'état solide, sous la forme des *glaciers*, nous la verrons charriant des blocs énormes, que nulle eau courante ne pourrait entraîner, et apporter, jusque dans le domaine des fleuves, tous les matériaux détachés des hautes cimes, que les agents atmosphériques accumulent à sa surface, en longues traînées morainiques. C'est de la sorte que les hautes cimes s'abaissent, que les vallées se creusent et que les dépressions sont comblées. L'atmosphère et l'eau agissent concurremment dans ce travail incessant, qui est tout à la fois une œuvre de destruction et d'édification tendant, en dernier lieu, à niveler le sol.

Le caractère commun de tous ces agents physiques, placés sous la dépendance immédiate de la chaleur solaire, est ainsi de s'employer à donner à l'écorce terrestre un profil extérieur adouci destiné à la rendre de moins en moins accessible à la destruction. Par suite, ces forces naturelles à une échéance, plus ou moins lointaine, mais inévitable, parviendraient au repos, si quelque cause n'intervenait périodiquement pour troubler les états d'équilibre acquis.

Cette cause existe, et réside dans les profondeurs du globe. En plus du lent, incessant et patient travail des eaux, il existe, en effet, une série toute différente de phénomènes qui frappent plus vivement l'attention et dont les effets produits ont un caractère de violence intermittente : c'est la chaleur propre du globe qui entre en scène. Qui n'a lu l'émouvant récit de quelque terrible éruption volcanique? or les volcans, avec leurs explosions et leurs coulées de lave, viennent nous apprendre que l'écorce terrestre n'est qu'une enveloppe relativement mince, entourant une masse fluide, portée à une très haute température et qui, de temps à autre, parvient à s'épancher au dehors.

D'autres fois, sous l'influence de la contraction progressive de ce noyau fluide, soumis à un refroidissement incessant, l'écorce solide est obligée, pour rester constamment appliquée sur son support qui diminue de volume, de racheter son excès d'ampleur, par des plissements ; dans ce cas, elle s'ébranle, s'élève en certains points, tandis qu'elle s'abaisse dans d'autres, en subissant des dislocations notables. A ces mouvements *orogéniques* doit se rapporter la formation des chaînes de montagnes ; et de même les oscillations lentes du sol, qui se traduisent sur certaines de nos côtes par des phénomènes d'exhaussement ou d'affaissement, n'ont pas d'autre origine.

Ainsi donc, rien sur la terre n'est immuable et fixe ; notre globe, depuis qu'il existe, est soumis à d'incessantes modifications, s'effectuant, pour la plupart, avec une extrême lenteur sous l'influence de lois qui n'ont jamais varié, et sa forme actuelle n'est que la résultante d'une longue suite de transformations dont chacune a laissé, à sa surface, une empreinte plus ou moins reconnaissable.

Toute l'histoire géologique du globe, la formation de son écorce et de son relief si accidenté, réside dans le jeu alternatif ou simultané de ces deux catégories d'agents, les uns *extérieurs*, placés sous la dépendance immédiate de la chaleur solaire, s'attaquant, sans cesse, aux surfaces émergées pour les dégrader et entraîner les matériaux désagrégés au fond des mers, les autres *intérieurs*, prenant leur source dans l'*énergie calorifique* propre du globe, et se traduisant par deux ordres de faits : l'arrivée au jour, par des fractures, des masses fluides internes, puis un ridement progressif de l'écorce, qui successivement a contribué, d'âge en âge, à accentuer son relief.

Or, pour bien apprécier le mécanisme de la longue série de transformations, accomplies par ces grandes forces de la nature, pour amener notre terre à son état actuel, il nous suffira de diriger tout d'abord notre attention vers les changements dont sa surface est le siège et dont nous sommes chaque jour témoin. En d'autres termes, l'examen des *phénomènes actuels* devient l'introduction indispensable pour l'intelligence des faits du passé.

Partant de ces données, qui correspondent à des faits connus, il nous sera facile, en effet, de venir chercher, dans l'écorce, les traces de la série si variée des événements qui ont concouru à sa formation et d'acquérir par suite, sans effort, des notions exactes sur les traits essentiels qui caractérisent les principales époques géologiques.

PREMIÈRE PARTIE
PHÉNOMÈNES ACTUELS

I

AGENTS EXTÉRIEURS

CHAPITRE PREMIER

ACTIONS CHIMIQUES EXERCÉES PAR LES EAUX

Dégradation des roches par l'action de l'eau et de l'air. — Pouvoir chimique
de l'eau de pluie chargée d'acide carbonique; phénomènes du dépôt et
incrustations. — Altération des roches calcaires, gréseuses et schisteuses;
désagrégation des roches granitiques, arènes; kaolin.

Dégradation des roches par l'action de l'eau et de l'air. —
Quelles que soient la dureté et la solidité d'une roche, il arri-
vera à la longue que les altérations d'humidité, de sécheresse
et de froid, occasionnées par les actions successives de la pluie,
du soleil ou de la gelée, parviendront à en altérer la surface, à
en désagréger les parties constituantes, à la décomposer, à la
réduire en poussière.

Tout le monde connaît le lent travail de la pluie qui goutte
à goutte creuse la pierre. On sait aussi combien sont grands les
changements de coloration que prennent les roches dans toutes
les surfaces exposées depuis longtemps à l'air, changements
qui sont toujours l'indice d'une décomposition partielle, ou
d'une altération chimique, et le plus souvent liés à une diminution notable de cohésion.

Pouvoir chimique de l'eau de pluie. — L'eau pluviale est par excellence l'agent de ces transformations ; l'action de l'air, en effet, est surtout indirecte et n'intervient que pour fournir l'acide carbonique et l'oxygène nécessaires à toutes ces transformations. La pluie, comme on sait, ne ramasse pas simplement les impuretés de l'air, en le lavant pour ainsi dire, pour le rendre plus sain, en traversant l'atmosphère elle absorbe un peu d'air et se charge de ses éléments, en particulier d'*oxygène* et d'*acide carbonique*. Un litre d'*eau météorique* contient 25 centimètres cubes de gaz dissous, et dans cette quantité il y a 31 p. 100 d'oxygène et de 2 à 3 p. 100 d'acide carbonique. Armée de cet acide, l'eau de pluie est prête à attaquer les roches, à les ronger, notamment celles calcaires qu'elle peut dissoudre en partie. On a la preuve de toutes ces actions dans ces dégradations qu'éprouvent les vieux édifices, dégradations qui sont plus ou moins grandes suivant la nature des pierres dont ils sont construits. La pierre à bâtir des environs de Paris (calcaire grossier) se désagrège ainsi facilement sous l'action de la pluie, elle se creuse de trous et de sillons ; les sculptures qui surmontent les fenêtres et les portes, sont parfois à ce point rongées, que tous les ornements deviennent méconnaissables ; c'est la marque des vieux monuments. Cet effet se remarque aussi sur les calcaires durs, plus compacts que le calcaire grossier, sur les marbres, par exemple. Les statues qui décorent nos jardins publics, les colonnades des anciens portiques, perdent ainsi leur poli et portent des traces d'usure plus ou moins profondes, suivant leur ancienneté. Dans ce cas, l'eau exerce une action chimique notable. On sait, en effet, qu'une eau chargée d'acide carbonique peut dissoudre facilement le carbonate de chaux en le faisant passer à l'état de bicarbonate qui se trouve alors entraîné.

De plus cette même *eau météorique*, avec l'oxygène dissous, oxyde les roches qu'elle traverse, et détermine en particulier à leur surface une *rubéfaction* caractéristique, qui résulte de la suroxydation des éléments ferrugineux qu'elles contiennent ; c'est de la sorte que se produisent également, sur les cassures planes des calcaires, ou des grès fins, ces arborisations noires d'oxyde de manganèse et de fer, élégamment ramifiées, bien connues sous le nom de *dendrites*.

Mais ces effets sont surtout bien accusés, quand les eaux météoriques, profitant des joints, des mille fissures dont nous savons la terre étoilée, s'infiltre dans le sol. Dans cette circulation souterraine elles se chargent, par dissolution, de substances diverses, qu'elles entraînent et viennent ensuite abandonner sous forme de dépôts. ou d'incrustations, quand elles débouchent à l'air libre. Dans ces conditions, en effet, l'acide carbonique en excès s'évaporant, elles perdent leur pouvoir dissolvant. Ainsi se produisent, au point d'émergence des sources et des suintements, ces dépôts, si fréquents, de fer hydroxydé, qui, après s'être traduits par des pellicules irisées nageant à la surface de l'eau, se précipitent sous la forme ocreuse, et surtout aussi les *incrustations calcaires*, dont la production est plus lente, le dépôt du carbonate de chaux ne s'effectuant qu'après le départ complet de l'acide carbonique qui avait servi à le dissoudre.

Altération des roches calcaires. — Alors que le rôle chimique de l'eau pure est à peu près négligeable (50 000 parties d'eau chimiquement pure étant nécessaires pour dissoudre une partie de carbonate de chaux), il suffit de 1000 parties, soit cinquante fois moins, d'eau météorique, toujours chargée d'acide carbonique, pour produire le même résultat. On conçoit dès lors aisément que cette force, sans cesse à l'œuvre, puisse exercer, avec le temps, une action notable sur les roches calcaires. C'est à cette action dissolvante qu'il faut attribuer ces singuliers ravinements que présente la surface de certains plateaux calcaires qui se montrent creusés de rigoles sinueuses, dessinant un relief aux formes les plus curieuses et les plus accidentées, et qu'on désigne sous les noms bien significatifs de *rascles* dans la France méridionale, de *lapiez* dans la Suisse française. Les *limons rouges*, qui recouvrent les affleurements des grands massifs calcaires, pénétrant dans leurs cavités, et remplissant les fentes élargies en forme de poches par corrosion, doivent être considérés comme un des derniers résultats de cette dissolution du calcaire par les eaux météoriques. Il est, en effet, peu de roches calcaires qui ne contiennent de l'argile ; on peut en faire l'essai en traitant par un acide les marbres blancs ou la craie, qui laissent, après l'attaque, un résidu argileux rougeâtre.

Phénomènes de dépôts et incrustations. — Les eaux d'infiltration chargées de calcaire, en venant sortir lentement à l'air libre, l'abandonnent par évaporation en donnant naissance

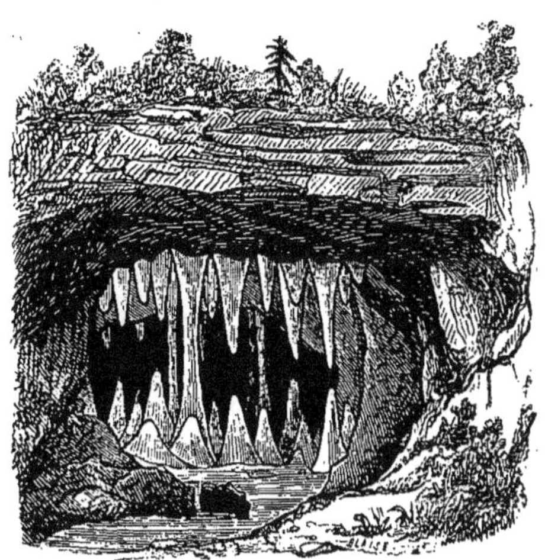

Fig. 1. — Grotte à stalactites.

sance à des dépôts légers, caverneux, se formant de préférence autour des algues et des mousses qui garnissent ces suintements ; ainsi se produisent les *tufs*, tantôt terreux, tantôt compacts, qui emprisonnent, avec des herbes, les coquilles des mollusques terrestres.

Toutes les fois que cette évaporation s'effectue lentement sur les parois de cavités souterraines creusées dans les massifs calcaires, elle a pour effet de consolider ces parois en les recouvrant d'un enduit concrétionné de carbonate de chaux formé de couches concentriques qui donnent lieu à ces pendentifs bien connus sous le nom de stalactites. L'eau qui tombe ensuite goutte à goutte sur le sol y produit un *plancher stalagmitique*, d'où s'élèvent des *stalagmites* destinées à se réunir, par suite d'accroissements successifs, avec les stalactites de la voûte en donnant, naissance à de véritables colonnes tapissées d'innombrables petits cristaux miroitants de calcite. Sur le parcours des fentes qui traversent ces murs et le plafond de ces cavités, se dressent des draperies reproduisant les sinuosités de ces fissures en donnant un grand charme à la visite des grottes calcaires (fig. 1). L'activité de l'accroissement de ces revêtements est nécessairement en fonction directe de l'abondance des pluies et de la puissance des infiltrations qui en résultent.

Fig. 2. — Escarpements ruiniformes dans les grès des Vosges.

Aussi nous verrons plus tard que la formation de la plupart des grottes à stalactites célèbres date d'une époque où ces précipitations atmosphériques étaient beaucoup plus abondantes qu'aujourd'hui.

Altération des roches gréseuses. — Lorsque le ciment des grès est calcaire, l'action des eaux météoriques a pour effet, en isolant chaque grain de quartz, de les réduire en sable au milieu duquel subsistent les parties plus résistantes sous forme de blocs durs aux formes arrondies; c'est de la sorte que se sont produits ces entassements chaotiques de blocs mamelonnés qui constituent un des attraits de la forêt de Fontainebleau.

1.

Les grès argileux eux-mêmes, malgré le peu de solubilité de leurs éléments, n'échappent pas à l'action prolongée des eaux météoriques et se démantèlent avec une grande rapidité; traversés, le plus souvent, par de nombreuses fissures verticales, dans lesquelles les eaux peuvent s'infiltrer, ils se divisent par blocs réguliers, qui, de loin, se présentent comme autant de ruines gigantesques. On peut voir, dans les Vosges, de beaux exemples de ces grès ruiniformes (fig. 2), couronnant la crête des vallées profondes qui sillonnent cette belle région montagneuse.

Altération des roches schisteuses. — Les roches schisteuses, le plus souvent redressées et se présentant par suite sur

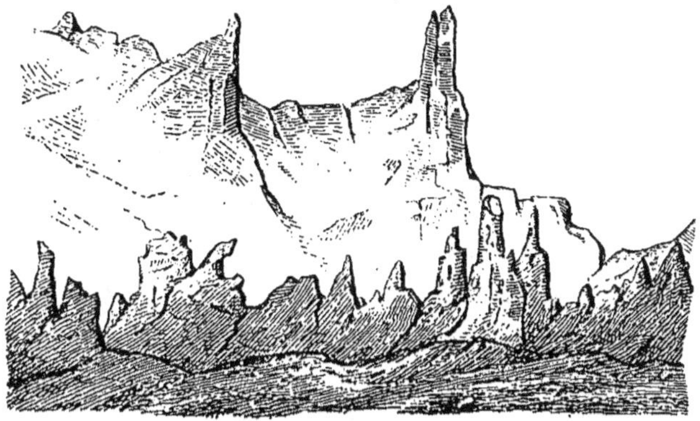

Fig. 3. — Le mont Mallet et l'aiguille du Géant, dans les Alpes suisses.

la tranche, se laissent aussi facilement entamer par les érosions atmosphériques qui les découpent en une série de pics aigus et de crêtes dentelées. C'est de la sorte que se produisent sur les hautes cimes des montagnes, composées de ces schistes, ces profils aux dentelures si particulières, qui portent le nom bien significatif de *serre*, et d'où s'élèvent, sous forme d'*aiguilles*, les parties plus résistantes restées en saillie (fig. 3).

Dans le cas de schistes argileux, le contact prolongé de l'eau et de l'air humide les transforme rapidement en terres meubles ébouleuses. Il en est ainsi pour les schistes houillers, qui, une fois sortis de la mine et exposés sur les remblais aux intempéries, sont destinés à se réduire en une argile grise, douée d'une certaine plasticité.

Fig. 4. — Affleurement de granite dans le Morvan.

Désagrégation des roches granitiques : argile, kaolin. — L'air humide et les eaux pluviales chargées d'acide carbonique ne limitent pas leur action dissolvante aux roches facilement attaquables des terrains stratifiés. Beaucoup de roches cristallines, solidement agrégées, subissent aussi cette influence et sont altérées d'une façon énergique.

Le granite, par exemple, malgré son extrême dureté, est rapidement attaqué. Ses surfaces exposées à l'air se réduisent en arène, aussi les monuments construits en granite n'offrent aucune garantie certaine de durée. La cathédrale de Limoges, par exemple, a été faite de cette roche, il y a quatre cents ans; sur toute sa face nord, exposée aux vents régnants et aux pluies, la surface du granite est décomposée sur une épaisseur de près d'un centimètre. Dans les carrières situées dans le voisinage où ces pierres ont été extraites, la couche altérée atteint 1 m. 60.

Ce fait est général, et c'est par suite de cette désagrégation rapide que les affleurements granitiques prennent, souvent, ces aspects ruiniformes qui sont représentés dans la figure 4.

C'est encore à cette même action qu'il faut attribuer la forme arrondie que prennent certaines masses granitiques qui, parfois, se présentent, empilées à la manière de véritables boulets, dont les interstices sont remplis par des arènes, résultant de la désagrégation de la roche (fig. 5). Ces parties désagrégées, devenues mobiles, sont facilement entraînées par les eaux. Les boules de granite restent alors empilées les unes au-dessus des autres dans des positions d'équilibre souvent étonnantes; le plus léger effort suffit pour les faire osciller sur leur base : c'est là l'origine de ces *rocs branlants* si fréquents dans les régions granitiques, en Bretagne, dans le Morvan, dans le Limousin, en Saxe, où ces pierres, singulièrement façonnées, sont toujours entourées de quelque légende superstitieuse.

Au premier abord, il paraît difficile qu'une roche aussi compacte que le granite soit perméable à l'eau. Mais si l'on se rappelle que cette roche est le résultat de l'association de trois éléments, *quartz*, *feldspath*, *mica* [1], réunis par simple juxtaposition, sans aucun ciment intercalé, et si l'on examine attentivement sa structure, c'est-à-dire le mode d'agrégation de ces éléments, on voit qu'ils sont souvent séparés par de petites fissures, et traversés eux-mêmes par des lignes de cassures qui permettent l'infiltration des eaux dans l'intérieur. Or, dans une pareille association, s'il arrive que, sous l'action dissolvante des

1. Voir, à ce sujet, Ch. Vélain, *Notions élémentaires de géologie*, p. 65.

caux météoriques, un des éléments soit détruit, en totalité ou
en partie, il en résultera, nécessairement, une désagrégation
de l'ensemble, et les minéraux qui ne sont pas atteints, étant
dissociés, se détacheront. C'est là ce qui se présente dans le
granite, où le feldspath est facilement altérable sous l'action de
l'air humide.

Fig. 5. — Blocs de granite arrondis par l'action des eaux atmosphériques
dans les plaines du Brésil.

Altération des substances feldspathiques. Kaolinisation.
— Sous le nom de *feldspath* on comprend tout un groupe de
minéraux formés de silice et d'alumine, c'est-à-dire deux substances éminemment dures et rebelles à la décomposition,
combinées avec des oxydes, c'est-à-dire avec des corps formés
de l'union de l'oxygène avec un métal (potasse, soude, chaux).
L'eau chargée d'acide carbonique les décompose, elle s'empare
des oxydes pour en faire des carbonates, qu'on reconnaît à
l'effervescence de la roche quand on la traite par un acide. Le
silicate d'alumine (argile), insoluble, reste intact, en donnant
naissance à un produit argileux qui porte le nom de *kaolin*.

Cette transformation d'un feldspath, minéral dur et compact, en une argile pure, blanche et onctueuse (kaolin), a pris,
par suite, le nom de *kaolinisation*. Elle atteint surtout l'*orthose*

(feldspath potassique), qui devient très abondant dans les roches granitiques micacées.

Cette altération commence à l'extérieur : les cristaux perdent leur éclat, deviennent opaques et prennent des teintes jaunâtres par suite de la suroxydation et de l'hydratation de fer qu'ils contiennent ; quand la décomposition est complète, la masse qui reste est de nature argileuse, elle est devenue tendre et grasse au toucher.

On comprend, dès lors, aisément, comment des roches à structure granitoïde, c'est-à-dire composées d'éléments cristallins réunis par simple juxtaposition, dans lesquelles se produit un pareil phénomène, perdant toute cohésion, s'égrènent et se réduisent en sable grossier meuble (*arène*).

Arènes. — Quand on traverse les régions granitiques, on peut bien se rendre compte de ce mode particulier d'altération des roches sous l'influence de l'air humide. Au voisinage des affleurements, on est tout étonné de se trouver en présence d'amas plus ou moins considérables de graviers, ou de sables grossiers dans lesquels on reconnait tous les éléments du granite. Le quartz y est en petits grains vitreux, arrondis, isolés ; le mica en paillettes noires, brillantes, toujours déchiquetées ; le feldspath, qui dans la roche était compact, miroitant, dur au point de pouvoir rayer le verre et l'acier, est alors tout différent ; il se montre opaque, terne, et cède facilement sous les doigts, en laissant le toucher gras et onctueux de l'argile.

Ces sables grossiers portent le non d'*arène*. Dans nos régions, sous l'influence d'un climat humide, cette transformation se fait sentir jusqu'à quinze à vingt mètres de la surface. Dans les Vosges, par exemple, il faut percer au travers des galeries de plusieurs mètres pour atteindre la roche vive, qui se présente alors sous la forme de gros blocs durs arrondis.

Les eaux de ruissellement opèrent ensuite le triage de ces arènes. Les parties fines et légères, telles que le mica et surtout l'élément argileux résultant de la décomposition du feldspath, sont entraînées au loin et laissent alors, à l'état de grains isolés, le quartz qui reste inattaqué, en donnant lieu à des amas sableux.

Kaolin. — Le kaolin ou terre à porcelaine, qui résulte ainsi

de l'altération du feldspath, se rencontre autour des massifs de
granite et de gneiss où cet élément prédomine. Dans son plus
grand état de pureté, il est d'un beau blanc, friable, d'aspect
terreux, formé de particules très fines, qui ressemblent à une
poussière blanche; son toucher n'est pas savonneux comme
celui de l'argile : on le dit *maigre*, parce qu'il est rugueux sous
les doigts. Bien qu'il ne soit pas comme l'argile le résultat d'un
transport, et qu'il soit formé sur place, sa composition varie
souvent; il est souvent, par exemple, chargé de lamelles de
mica et de petits grains de quartz. Pour l'obtenir pur, on est
alors obligé de le soumettre à un lessivage. Le kaolin est employé pour la fabrication de la porcelaine. Ses gisements sont,
pour ce fait, fort recherchés. Celui de Saint-Yrieix, près de
Limoges, est le plus estimé. Ce gîte, découvert en 1765, est
l'objet d'une exploitation importante; employé spécialement à
la manufacture de Sèvres, il alimente encore de nombreuses
fabriques de porcelaine dans le Limousin.

CHAPITRE II

ACTIONS MÉCANIQUES EXERCÉES PAR LES EAUX

Action de la gelée. — Éboulements. — Phénomènes de transport : ruissellement et ses effets; rivières et fleuves. — Travail des cours d'eau :
alluvions; creusement des vallées. — Phases diverses du travail des
cours d'eau : formation des lacs et des plaines alluviales; deltas; leur
mode de formation; principaux exemples de deltas.

Jusqu'à présent tous les effets chimiques attribuables à l'eau
que nous venons d'analyser, offrent ce caractère particulier de
ne s'effectuer qu'avec une extrême lenteur et ne peuvent fournir
actuellement de modifications appréciables dans le relief, que
par la persistance de leur action. Mais l'œuvre des eaux ne se
limite pas à ces actions purement chimiques, en ruisselant sur
le sol, les eaux courantes peuvent entraîner mécaniquement les
matériaux meubles, et toutes les particules désagrégées sous

l'influence des alternatives d'humidité et de sécheresse, de gelée ou d'ardeur du soleil.

On donne le nom d'*érosion* à cette action mécanique exercée par l'eau courante. Dans ce cas, rien n'est détruit au sens absolu du mot; les matériaux réduits en fragments de plus en plus

Fig. 6. — Colonnes de calcaire détachées par érosion.

fins, voire en *limons*, ne sont que transformés et surtout déplacés. Ce que les eaux ont pris ici, il faut qu'elles le déposent ailleurs. Tout travail d'*érosion* est donc nécessairement accompagné d'un *transport* et d'une action compensatrice de dépôt.

C'est, en premier lieu, sur ces effets mécaniques exercés par les eaux que doit se porter maintenant notre attention.

Action de la gelée. — C'est à des actions de cette nature qu'il faut attribuer certains effets de destruction rapide occasionnés par la gelée sur les roches.

On sait que, pour passer de l'état liquide à l'état solide, c'est-à-dire pour se transformer en glace, l'eau se dilate, elle augmente de volume. La glace, qui se forme dans un espace confiné, exerce ainsi, sur les parois du vase ou de la cavité qui la contiennent, une pression suffisante, quand ces parois ne sont pas assez résistantes, pour les faire éclater.

Certaines roches poreuses sont susceptibles d'absorber beaucoup d'eau. Quand vient l'hiver et que la gelée arrive, cette eau se congèle, elle disjoint les parois des petites cavités dans lesquelles elle se trouvait incluse, et la roche, ainsi distendue, éclate et se délite en petits fragments. Il est, par exemple, des calcaires marneux qui sont à ce point sujets à ces dégradations annuelles, qu'on les a nommés gélifs. Les carriers les connaissent et les rejettent, parce qu'ils sont impropres pour les constructions.

On ne saurait s'en étonner, quand, par les froides journées d'hiver, on voit briller, à leur surface crevassée, des milliers de petits cristaux de glace, qui sont tout autant d'outils microscopiques appliqués à la destruction de la pierre.

Les roches, celles sédimentaires principalement, sont fréquemment traversées par de nombreuses fentes, par de véritables crevasses, disposées dans un sens perpendiculaire à celui de leur stratification; elles sont, en outre, séparées par des joints qui les divisent en couches, plus ou moins épaisses, directement superposées parallèles les unes aux autres. L'eau qui circule dans toutes ces fissures et parfois s'y maintient, y exerce son action érosive; puis, quand elle se trouve exposée à la gelée, elle tend à écarter les parois qui l'enclavent. Les joints et les fentes s'élargissent de la sorte, et parfois de gros blocs se détachent, séparés du reste de la masse par une large fracture.

La figure ci-jointe (fig. 6) représente une colonnade calcaire détachée ainsi sous les effets de la gelée, combinés avec l'action érosive des eaux de ruissellement, c'est-à-dire de celles qui résultent directement de l'écoulement superficiel des pluies.

Les effets mécaniques de l'eau sont, de la sorte, le plus souvent accompagnés et même préparés par son action chimique.

C'est en effet quand les roches, déjà désagrégées par l'action chimique de l'eau, sont devenues friables, que les actions mécaniques érosives peuvent produire tous leurs effets.

Éboulements. — La puissance destructive de l'eau s'exerce parfois d'une façon plus violente. Dans les massifs montagneux, les Pyrénées, les Alpes et autres grandes chaînes, il est peu de vallées où l'on ne voie, sur les flancs, des éboulis, des entassements souvent prodigieux de blocs et de rochers, produits par des écroulements subits d'une partie de la montagne.

Ces éboulements surviennent quand la base d'un escarpement a été minée par l'eau. D'autres fois, et ce fait est heureusement fort rare, ils résultent du *glissement* de tout un massif de roches compactes, sur une nappe argileuse, détrempée par les eaux d'infiltration. Ces effroyables chutes de rochers entraînent alors souvent la démolition de montagnes entières. Telle a été la chute du Rossberg, en 1806.

Cette montagne, située au nord du Righi, consiste en une sorte de grès marneux rempli de galets, disposé par couches inclinées, et reposant sur un lit d'argile que délayaient les eaux d'infiltration. La saison qui venait de s'écouler avait été pluvieuse, et le lit d'argile s'étant graduellement transformé en une masse boueuse, les roches supérieures, venant à manquer d'appui, commencèrent à glisser sur leur base. Le 2 septembre, les habitants de la vallée de Goldau entendirent, dans la matinée, un craquement terrible : une partie du Rossberg, formant une masse d'une lieue de longueur sur mille pieds de haut, se séparait de la montagne et glissait sur la base inclinée que les eaux avaient affouillée.

A cinq heures cette masse énorme se détachait et, se précipitant dans la vallée avec un bruit de tonnerre, couvrait de ses débris cinq villages. Les charmantes campagnes de Goldau (*la Vallée d'or*) disparurent sous ces débris. Le lac de Lowez fut comblé, en partie, par un entassement de rochers dont la masse a été évaluée à 40 millions de mètres cubes (fig. 7).

En 1837, une partie de la montagne de Périer, près d'Issoire (Auvergne), sur laquelle était bâti le village de Pardines, glissa jusqu'au fond de la vallée, en entraînant les arbres et les maisons.

On cite encore, dans ce genre, un fait plus étonnant : une partie du mont Goïma, près de Venise, après s'être détaché pendant la nuit, glissa lentement avec plusieurs habitations qui furent entraînées sans secousse, jusque dans la vallée voisine ; le matin, à leur réveil, les habitants furent très étonnés de se voir ainsi transportés au fond de la vallée.

Il serait facile de multiplier ces citations : c'est en effet par centaines qu'on peut compter les grands éboulements de rochers

Fig. 7. — Vallée de Goldau après l'éboulement.

qui ont eu lieu dans les Alpes et les montagnes voisines, mais les exemples que nous venons de citer suffisent pour donner une idée de ces catastrophes soudaines qui, dans les pays de hautes montagnes, deviennent de véritables agents géologiques, dont le travail d'un jour contribue à modifier singulièrement le relief d'une contrée.

Action des eaux courantes. — Tous ces débris, tous ces fragments de roches arrachés aux montagnes par les agents atmosphériques, ne demeurent pas longtemps dans les hautes vallées ; ils sont bientôt saisis par une autre force, celle des eaux courantes, qui sont alors chargées de les pulvériser, de les réduire à l'état de galets, de sables et de limons, puis de les entraîner dans les régions de plaines, où ils sont repris par tout un système de canaux (rivières et fleuves) qui les amènent jusqu'à la mer.

Les pluies sont la source première de ces *eaux courantes*; elles ont, comme on sait, pour origine l'évaporation dont les régions chaudes de l'Océan sont le siège, et pour cause la condensation de la vapeur d'eau, au sein d'un nuage, en gouttelettes trop pesantes pour rester suspendues dans l'air.

La majeure partie de la pluie qui tombe ainsi sur le sol retourne immédiatement ou à bref délai dans l'atmosphère par *évaporation*. Ce retour de la pluie à l'état de vapeur, sous l'influence de la chaleur solaire, est nécessairement activé dans la saison chaude, il va aussi en diminuant de l'Équateur au Pôle. Dans le bassin de la Seine, cette évaporation enlève les deux tiers de la pluie tombée, et pour le Mississipi elle en absorbe les trois quarts. La masse d'eau qui reste, *s'infiltre* dans le sol quand il est *perméable*, ou bien *ruisselle* à la surface si le terrain est imperméable, et surtout si la pente est assez forte pour empêcher la goutte d'eau de pénétrer dans le sol sous-jacent. Examinons d'abord la part qui revient au ruissellement.

Ruissellement; eaux sauvages. — Les effets mécaniques de cet écoulement superficiel des eaux pluviales dépendent non seulement de la masse de l'eau et de sa vitesse déterminée par la pente, mais encore de la nature et du relief du terrain qui se prête plus ou moins bien à la concentration des eaux pluviales. Sur un sol peu accidenté par exemple, les eaux des pluies torrentielles donnent lieu à des ruisseaux temporaires qui cheminent suivant toutes sortes de directions. Ces *eaux sauvages*, toujours animées d'une certaine vitesse, entraînent la terre végétale et labourent profondément le sol au point d'en modifier notablement la configuration extérieure.

Si le ruissellement s'exerce sur une pente modérée formée par un terrain meuble, composé de sables ou d'argiles entremêlés de galets et de blocs de pierre, les eaux sauvages y creuseront des rigoles profondes, qui décomposeront le sol en une infinité de longues pyramides de terre, supportant chacune à son sommet un gros bloc, qui paraît juché ainsi sur un piédestal.

Telles sont, auprès de Saint-Gervais-les-Bains en Savoie, ces grandes pyramides de terre et de blocs, couronnées par une table de pierre, qui sont connues des touristes sous le nom de *cheminées des Fées* (fig. 8).

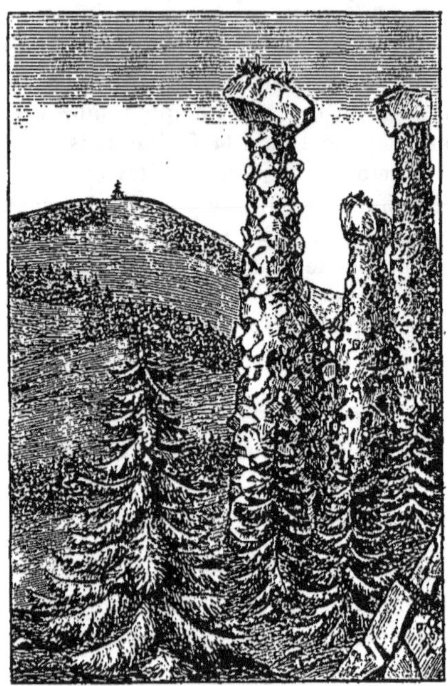

Fig. 8. — Les pyramides des Fées, près de Saint-Gervais (Haute-Savoie).

On conçoit aisément leur mode de formation : c'est ce bloc de pierre perché maintenant au sommet qui a protégé les terres, placées au-dessous de lui, des effets de l'érosion, en les mettant à l'abri de la pluie ; tandis que celles qui ne participent pas à cet abri sont, peu à peu, disloquées et emportées par les eaux. Mais ces grandes aiguilles pyramidales formées de roche friable sont de peu de durée ; elles sont condamnées à disparaître rapidement. Les agents atmosphériques parviennent à ronger insensiblement ces colonnes, à les amincir au point que,

ne pouvant plus supporter le bloc qui en forme le chapiteau,
elles finissent par s'écrouler.

Fig. 9. — Pyramides de Botzen.

De beaux exemples de ces pyramides de terre se voient dans
le Tyrol, à Ritton, près de Botzen, dans la vallée du Finsterbach;

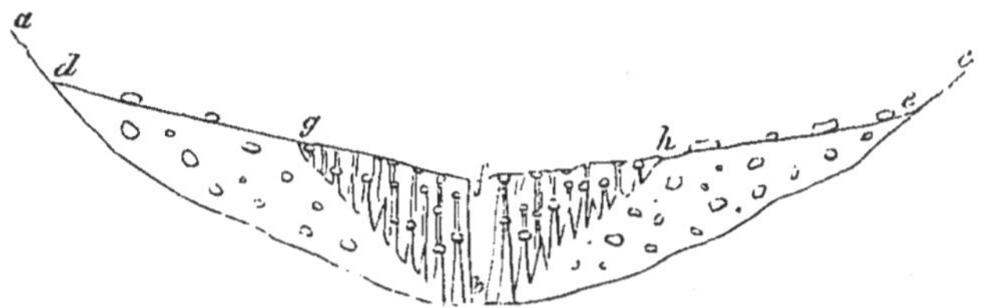

Fig. 10. — Coupe faite au travers de la vallée du Finsterbach, pour montrer le
mode de formation des pyramides de terre. — *abc*, fond de la vallée; *de*,
niveau du conglomérat glaciaire qui est venu la remplir; *fgh*, partie corrodée
par les eaux pluviales.

elles sont faites au travers d'un ancien dépôt glaciaire, composé d'un limon durci entremêlé de galets aplatis.

Dressées à des hauteurs qui varient de 6 à 30 mètres et coiffées par une pierre unique, ces pyramides, au nombre de plusieurs milliers, ont été séparées, par la pluie, de la terrasse dont elles faisaient autrefois partie et qui remplissait alors la vallée (fig. 9).

Lorsque le terrain exposé à ces ruissellements est formé de roches plus consistantes, mais traversées par des crevasses ou des fissures verticales, les eaux sauvages profitent de toutes ces

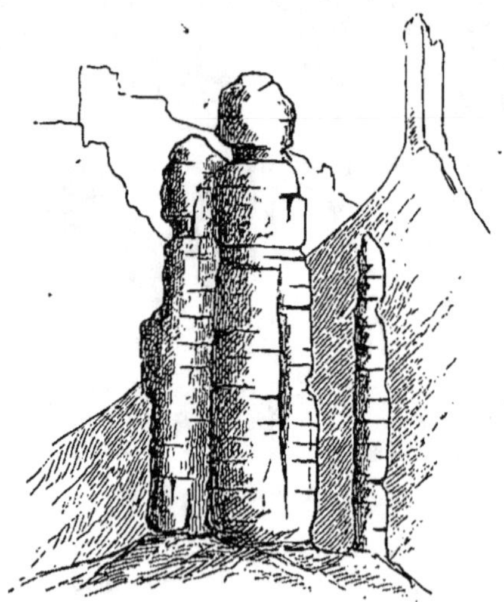

Fig. 11. — Piliers de grès, hauts de 25 mètres, détachés par érosion dans les parois de la Rivière Blanche au Colorado.

fentes ; elles les rongent, les entament très profondément, et finissent par découper la roche en colonnades qui constituent souvent de véritables piliers naturels, ou des aiguilles isolées, tout à fait semblables à celles que la mer détache souvent le long des falaises escarpées ; de part et d'autre, en effet, c'est la force vive de l'eau, puissamment aidée par les matériaux transportés, qui constitue l'agent d'érosion.

Les plus beaux exemples de ce genre d'érosion sont ceux que présente la région du Colorado, dans le bassin de la Rivière Blanche (fig. 11).

Torrents. — L'écoulement des eaux pluviales ne se fait pas toujours ainsi superficiellement ; quand les accidents du terrain s'y prêtent dans les hauts sommets, elles se réunissent dans de grands *bassins de réception* semi-circulaires, d'où elles s'échappent par de profondes ravines caractérisées par leur peu de largeur et la raideur de leurs parois, qui servent de *canaux d'écoulement* (fig. 12).

Fig. 12. — Bassin de réception d'un torrent, avec son *goulet* ou canal d'écoulement.

C'est alors que s'établissent les *torrents*, c'est-à-dire des cours d'eau temporaires, très souvent à sec, aussi violents qu'éphémères, dans lesquels se réunit, d'un seul coup, toute l'eau tombée sur les sommets au pied desquels ils sont établis. Dans de telles conditions, un torrent peut débiter plus de 200 mètres cubes par seconde, alors qu'en temps normal un grand fleuve, comme la Seine, n'en débite que 130. Leur puissance destructive devient par suite considérable ; elle s'augmente de tous les matériaux qu'ils charrient et s'exerce principalement sur les rives, qui, sous le choc violent non seulement de cette masse d'eau, mais des blocs énormes qu'elle transporte, s'éboulent constamment ; de tels efforts provoquant, dans les parois, de nombreux écroulements, les roches les plus dures sont détachées par quartier. Il en résulte des barrages momentanés, en arrière desquels l'eau s'accumule et s'étale en nappe dans une sorte de bassin encaissé et profond. Puis, débordant par une brèche du barrage, elle s'élance toute blanche d'écume, bondit de cascade en cascade, remplissant la gorge d'un fracas de tonnerre. Le spectacle est surtout effrayant à l'époque des crues, quand les *eaux sauvages* se précipitent et gonflent le torrent jusqu'au bord; il prend tout à coup une violence extrême. Entraînant des blocs de pierre arrachés aux flancs du ravin, des troncs d'arbres déracinés par la tempête, il détruit tout sur le terrain qu'il envahit. Quelques semaines après, on ne voit plus au fond du couloir qu'un faible ruisseau d'eau claire et froide, qui glisse, en murmurant, entre les blocs de pierre. Parfois même le torrent est à sec; ce qui le distingue, en effet, des autres cours d'eau, ce n'est pas seulement sa rapidité violente, ce sont surtout ces alternatives de crues soudaines et de périodes de repos, qui constituent son jeu normal.

Cône de déjection. — A leur débouché dans les vallées

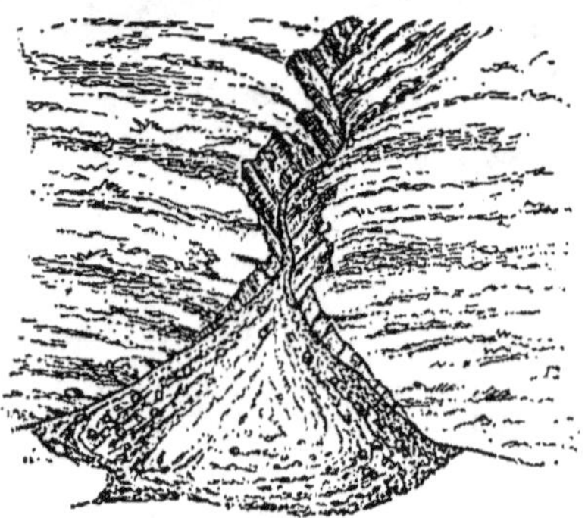

Fig. 13. — Cône de déjection d'un torrent (d'après M. Viollet-le-Duc).

situées à la base des escarpements, les eaux torrentielles, par suite de l'atténuation subite de la pente, éprouvent un brusque arrêt dans leurs mouvements, la vitesse s'amortit immédiatement. Dès lors elles perdent la faculté d'entraîner tous les matériaux qu'elles viennent d'arracher à la montagne; les blocs de pierre s'accumulent, les galets, les sables et les graviers tenus en suspension à l'époque des crues se déposent, pour ainsi dire subitement, à la sortie de la gorge, sous la forme d'un talus conique, arrondi en forme d'éventail déployé (fig. 13) auquel on donne le nom de *cône de déjection*. Tout est en désordre dans ces amas grossiers, qui offrent pourtant, dans leur position à l'extrémité du torrent et dans leur forme, une grande régularité; des blocs anguleux, des sables, des graviers entremêlés de limons, avec des cailloux roulés de toute dimension, sont entassés là confusément, en donnant lieu ainsi à un amas conique, qui dans de grands massifs montagneux, tels que les hautes Alpes, peut atteindre 70 mètres de haut sur 3000 mètres de base.

A la profonde entaille qui a livré passage au torrent succède ainsi un long remblai qui pénètre au loin dans la plaine. Les torrents, à leur tour, détruisent donc pour construire; en abaissant les montagnes, ils comblent les vallées et tendent à élever leur niveau.

Rivières et fleuves. — Quelle que soit la façon dont elles sont amenées dans les vallées, soit par les torrents, soit par le ruissellement, soit par les milliers de petits ruisseaux qui naissent des sources, les eaux pluviales finissent toujours par se concentrer au fond de ces dépressions avec les produits, sables, graviers et limons qu'elles ont transportés, en donnant naissance à des cours d'eau *permanents* qu'on nomme rivières.

Les *rivières* sont des canaux naturels qui, suivant la pente naturelle du sol, vont se réunir à de grandes artères principales, désignées plus spécialement sous le nom de *fleuves*, qui se rendent alors directement à la mer. C'est donc là, dans ce grand réservoir de toutes les eaux qui circulent à la surface de la terre, que viennent se perdre en dernier lieu tous ces débris de roches roulés, usés, ces graviers et ces limons, véritables dépouilles terrestres arrachées au sol par la pluie, qui seront encore longtemps ballottées par les vagues et les courants sous-marins avant d'aller former des dépôts de vase dans les bas-fonds, des bancs de sables et de galets sur les plages.

Travail des cours d'eau. — Le caractère essentiel de ces eaux courantes, ce qui les distingue des précédentes, c'est qu'elles ne sont plus *temporaires*; elles sont toujours actives, mais à des degrés divers, qui varient nécessairement avec les conditions de leur alimentation.

Leur travail est incessant, c'est celui de toutes les eaux qui circulent à la surface du globe. Entraînées par la pesanteur, elles
cherchent toujours à gagner le niveau de la mer; elles s'efforcent
à niveler le sol, en diminuant leur pente et en creusant leur lit.

L'œuvre que ces cours d'eau accomplissent est considérable,
si l'on en juge par la quantité énorme des débris arrachés à la
terre qu'ils amènent journellement dans la mer. Dans la partie
supérieure de leur cours, par suite de la forte inclinaison de
la pente, ils prennent souvent une allure torrentielle et se
livrent à un travail de *dégradation*. Ils sillonnent, en effet, et corrodent les gorges qui leur servent de lit et entraînent avec leurs
eaux, animées d'une grande vitesse, des fragments de rocher,
des éboulis de toute nature, qui se heurtent et se brisent les
uns contre les autres, en arrondissant leurs arêtes et leurs aspérités. La pente s'adoucissant bientôt, le régime devient plus
régulier; le lit prend une largeur uniforme et le fleuve alors
roule plus paisiblement les cailloux et les graviers qui résultent
du broyage des blocs de la zone supérieure. C'est alors que le
travail d'*alluvionnement* s'accomplit.

Alluvions. — Tous ces matériaux, en effet, quand la pente
s'est adoucie et la vitesse des eaux devenue moindre, ont une
tendance à se déposer au fond du lit, ou sur les rives, en formant, dans les basses eaux, des accumulations de cailloux et
de graviers. Mais ces *alluvions* ne sont pas stables; le courant
est encore trop rapide pour les laisser en repos, et, de nouveau
reprises par les eaux, elles se déplacent et cheminent, de proche
en proche, suivant la vitesse du courant. C'est alors que tous
ces matériaux, par suite de ces remaniements à peu près continuels qui les tiennent en *suspension* dans de l'eau fortement
agitée, s'usant les uns les autres, arrondissent leurs angles, et
se réduisent les uns en *sables*, les plus gros en *cailloux roulés*.

Le *limon*, qui trouble les eaux, en leur donnant, dans les
grandes crues, ces teintes jaunes si caractéristiques, est un des
derniers résultats de cette trituration de tous les matériaux
arrachés au bassin de la rivière. Longtemps tenu en suspension
en raison de sa légèreté et de sa consistance floconneuse, il ne
se dépose dans le cours inférieur que quand la nappe d'eau
reste pour ainsi dire stagnante, la pente étant devenue presque

insensible. Cette circonstance ne se réalise qu'au voisinage de
l'embouchure, c'est-à-dire à une grande distance de la *zone
d'érosion*; c'est alors la *zone de dépôt* proprement dite.

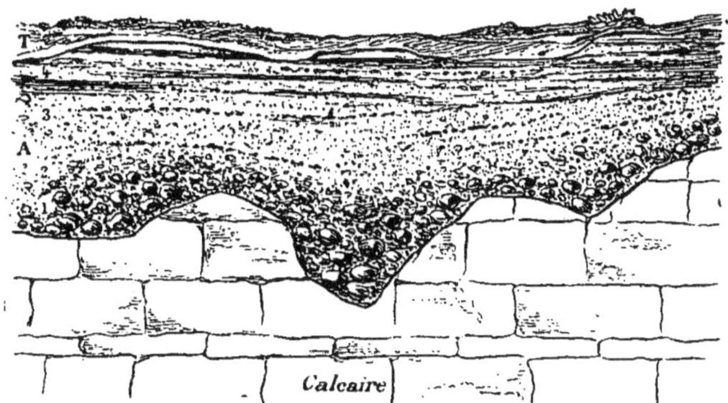

Fig. 14. — Alluvions anciennes (sables et graviers déposés dans un cours d'eau).
T, terre végétale. — 4, limon sableux. — 3, sable de rivière. — 2, graviers.
— 1, galets roulés (graviers de fond).

Alluvions des crues; inondations. — Ces déplacements, ce
charriage des cailloux et des graviers arrachés au bassin de la
rivière, s'effectuent principalement quand le cours d'eau est
gonflé par de grandes pluies et soumis à une crue subite qui
provoque une *inondation.*

Lorsqu'une rivière déborde ainsi, sa vitesse s'accroît en proportion de la masse d'eau qu'elle reçoit. Les sables et les cailloux roulés sont violemment charriés dans le fond ; elle entre
alors dans une période de creusement; elle entame ses rives et
creuse son lit; en même temps les eaux débordées s'étalent sur
une grande surface qu'elles recouvrent alors de *limon*, véritable
terre fertilisante en raison de sa nature argileuse [1].

Creusement des vallées. — Les vallées, dans lesquelles ces
cours d'eau s'écoulent, sont le résultat de ces érosions. Leur

1. La composition des limons de débordement est nécessairement
variable. On peut les considérer comme des silicates d'alumine (argile),
mélangés de quelques parties sableuses très fines, et d'oxyde de fer qui
leur communique leur teinte jaune caractéristique. Leur nature argileuse
les rend susceptibles d'être exploités comme terre à brique.

formation commence par la réunion, sur un sol déprimé et légèrement incliné, des gouttes de pluie qui s'amassent en coulant
sur les pentes et en formant des rigoles nombreuses qui vont
constituer, au centre, un ruisseau ; ce ruisseau une fois établi,
les conditions d'une vallée d'érosion sont remplies. Le ruisseau
élargit rapidement son lit, surtout dans son cours inférieur, où
il est considérablement grossi. L'érosion commence ainsi dans
la partie inférieure du cours d'eau, puis elle remonte successivement jusqu'à sa source.

Fig. 15. — Le grand cañon du Colorado.

Gorges, cañons. — Ce travail d'affouillement lorsque la
rivière dispose d'une grande masse d'eau et d'une pente suffi-

2.

sante pour l'animer d'une certaine vitesse devient considérable
et fait naître de profondes vallées, entaillées presque à pic,
comme celles qui découpent le plateau crayeux très fissuré de
la Normandie et dont le fond atteint presque le niveau de la
mer. Dans ce cas, les fentes et les cassures naturelles qui traversent ce massif facilitent singulièrement l'œuvre des eaux
courantes. Le type le plus franc de ces gorges profondes creusées, ainsi, par des rivières torrentielles dans un sol largement
fissuré, où l'eau courante se contente de faire dérouler les
roches ainsi divisées et d'emporter leurs débris, est réalisé dans
les célèbres *cañons* du Colorado (fig. 15), dont les parois verticales atteignent parfois plusieurs milliers de mètres de hauteur.

**Phases diverses du travail des cours d'eau, formation des
lacs et des plaines alluviales.** — Les cours d'eau, dans l'éten-

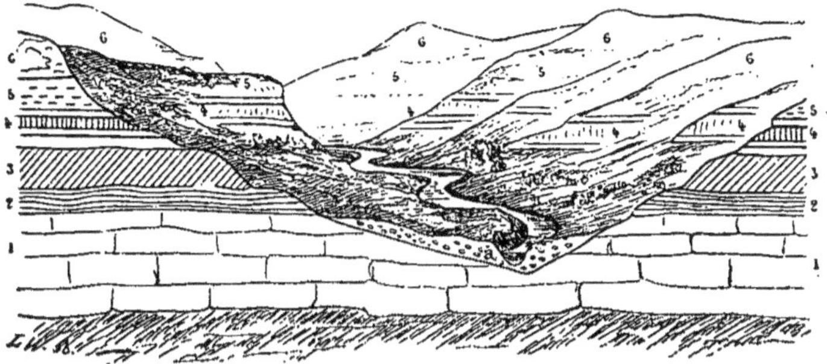

Fig. 16. — Vallée d'érosion. — 1 à 6, différentes couches calcaires, argileuses
et sableuses creusées par la rivière. — a, alluvions.

due de leurs parcours, changent beaucoup d'aspect. Ces variations tiennent aux conditions différentes dans lesquelles ils se
trouvent par rapport aux terrains traversés, qui offrent plus ou
moins de résistance au creusement. L'inclinaison plus ou moins
forte de la pente s'ensuit et le cours d'eau se partage, de la
sorte, en une succession de bassins étagés, séparés par de
brusques dénivellations qui occasionnent des rapides ou des
chutes.

Ces accidents se présentent toujours à la rencontre de massifs
résistants qui donnent lieu, parfois, à de véritables barrages.

L'eau, forcée de s'accumuler en arrière, élève son niveau, elle
s'étend alors sur une large surface; c'est de la sorte que s'établissent les *lacs*, dont les eaux se déversent par-dessus le barrage
ou par une gorge étroite quand elles parviennent à l'entamer.

Lacs. — Dans ces lacs, les rivières se purifient. A leur entrée
dans ces nappes d'eau, leur vitesse s'amortit tout d'un coup et
les matériaux qu'elles charriaient se déposent subitement, en
formant à l'extrémité supérieure du bassin lacustre un talus
rapide qui s'étend de plus en plus (fig. 17).

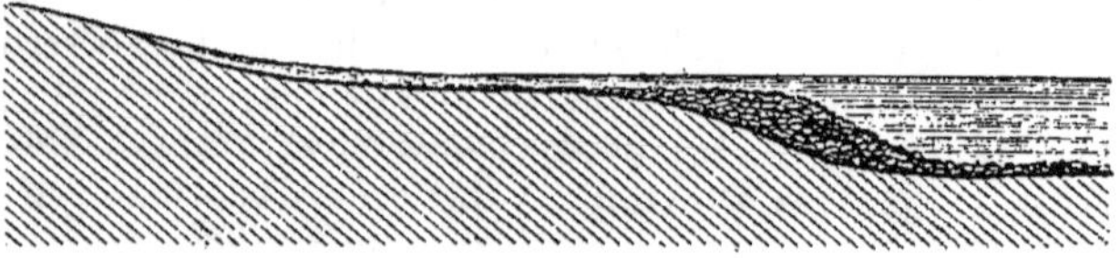

Fig. 17. — Talus sous-lacustre.

Il s'établit donc là une plaine d'alluvions qui gagne sur le
lac, les eaux courantes apportant constamment de nouveaux
matériaux. Il s'opère aussitôt une séparation entre ces débris
apportés par le courant. Les cailloux roulés, les graviers et les
sables se déposent les premiers et forment en avant du cours
d'eau une sorte de barre qui s'accroît sans cesse. Les limons,
tenus plus longtemps en suspension, sont entraînés vers le
milieu du lac, où ils finissent par tomber au fond.

La progression de ces dépôts varie naturellement avec l'importance des cours d'eau qui les apportent. Le talus sous-lacustre formé par le Rhône, à son entrée dans le Léman, est un des
plus remarquables. Une ville ancienne, que l'on nomme aujour-
d'hui Port-Valais (le *Portus Valesiæ* des Romains), qui était
jadis située sur les bords du lac, se trouve actuellement à près
de 3 kilomètres dans l'intérieur des terres ; environ huit siècles
ont suffi pour la formation du grand banc terreux qui sépare
aujourd'hui cette ville du lac. Le dépôt auquel cet atterrisse-
ment doit son origine se continue au fond du lac et tend sans
cesse à l'élever de plus en plus, de telle sorte qu'avec le temps
il pourra combler tout ce bassin. Comme on le voit, le Léman,
de même que tous les lacs, est en train de se combler et de se

convertir en une vaste plaine alluviale unie, au travers de laquelle le Rhône coulera sans s'élargir.

En traversant Genève, ce beau fleuve, purifié, est clair et lim-

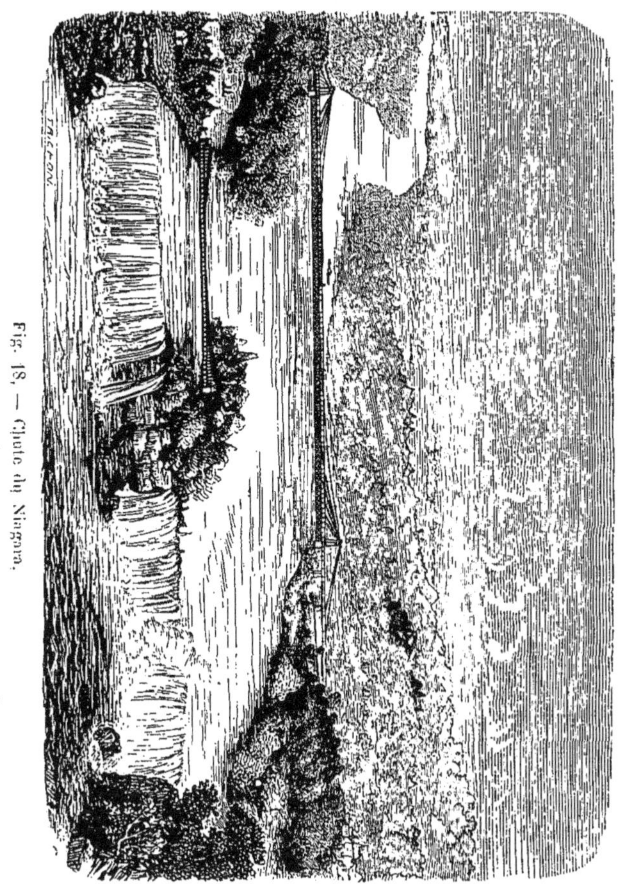

Fig. 18. — Chute du Niagara.

pide. Mais il ne tarde pas à recevoir de nouveaux affluents, tels que l'Arve, qui lui apportent leurs eaux boueuses. Lui-même, au sortir du lac, par suite de l'inclinaison de la pente, reprend les allures torrentielles qu'il avait à son débouché des Alpes, dans le Valais, et de nouveau il entre dans une période de creusement; il entame son lit et se charge d'une nouvelle quantité de débris, rapidement transformés en sables et en limons.

C'est ainsi que les fleuves accomplissent aux deux extrémités des lacs des travaux contraires. En amont, c'est-à-dire à leur entrée dans le bassin, leur vitesse s'amortissant, ils exhaussent graduellement leur lit et gagnent sur le lac en établissant, en cet endroit, une plaine d'alluvions ; en aval, c'est-à-dire à leur sortie, ils entament le seuil, tendent à l'agrandir, et par suite à abaisser le niveau de la nappe lacustre qui, s'écoulant avec rapidité, entre de nouveau dans une période de creusement.

Si nous poursuivons l'étude des eaux courantes au-dessous

Fig. 19. — Circulation superficielle des eaux.

des lacs, nous allons nous trouver encore en présence de phénomènes que nous avons déjà décrits précédemment. C'est, en effet, dans leur cours inférieur, quand elles arrivent dans la région des plaines, où la vitesse d'écoulement s'amortit sensiblement, que commence le travail d'alluvionnement. De là une formation, essentiellement mobile, soumise à des remaniements, et à des déplacements presque continuels, de sables et de graviers, dont le cours supérieur a fourni les éléments.

Tous ces matériaux s'échelonnent ainsi sur toute la longueur du parcours, stationnant quand les eaux n'ont plus la vitesse nécessaire pour les transporter, reprenant leur marche pour un temps quand une crue subite donne au fleuve une plus grande puissance d'entraînement, et finissent par arriver aux embouchures et à se déverser dans le grand réservoir de la mer.

Ainsi les rivières ne détruisent que pour reconstruire. Elles corrodent le lit supérieur des vallées, rongent leurs rives, et emploient ensuite tous les débris qui résultent de cette trituration sur plusieurs centaines de kilomètres, à la formation de vastes atterrissements, de plaines d'alluvions, qui empiètent, de plus en plus, sur le domaine maritime.

Travail des fleuves à leur embouchure. — Après avoir étudié le travail accompli par les fleuves dans les diverses parties de leurs cours, il importe maintenant que nous examinions les conditions dans lesquelles s'effectuent les dépôts des matières solides qu'ils tiennent en suspension, au point où ils viennent déverser leurs eaux dans le grand réservoir océanique.

Chaque fleuve débouche dans la mer, par une échancrure de la côte, portant le nom d'*estuaire*, dont la forme, la largeur et la profondeur varient avec la masse d'eau débitée.

Cette brèche ouvrant également une issue aux eaux marines et leur permettant de remonter au loin dans l'intérieur des terres pour s'y mélanger à l'eau douce, la vitesse du courant se ralentit et les matières limoneuses qui troublent les eaux se déposent. Il se fait ainsi, à la jonction du fleuve et des eaux marines, au large de l'embouchure, une digue sous-marine de sable et de vase, disposée sous forme de croissant, qui, produite par le choc de deux courants opposés, se déplace incessamment suivant l'heure ou la force de la marée. Les marins ont donné le nom de *barre* à ces bourrelets d'alluvions qui, en raison de leur mobilité, opposent un obstacle sérieux à l'entrée des grands fleuves.

Mode de formation d'un delta ; comblement de l'estuaire. —

Si la mer n'est pas sujette à de grandes marées, si le littoral surtout n'est pas balayé par des courants longeant la côte, ces dépôts s'accumulent rapidement dans l'estuaire, qu'ils finissent par combler, en gagnant de plus en plus sur le domaine maritime. C'est alors que s'établissent, au débouché des grands fleuves, principalement dans les mers intérieures, telles que la Méditerranée, la Baltique, ou dans les golfes resserrés, à très faibles marées, tels que l'Adriatique et celui du Mexique, des plaines d'alluvions, projetées en avant de la côte, qui méritent bien ce nom de *delta,* que les Grecs leur ont appliqué, en raison de leur forme presque toujours triangulaire (Δ).

Sur cette vaste plaine triangulaire le fleuve se divise en divers bras qui eux-mêmes se ramifient en plusieurs autres, empiétant de plus en plus sur le domaine de la mer, à la faveur des masses considérables d'alluvions qu'ils apportent. Aussi est-ce avec raison qu'on a désigné sous le nom de *fleuves travailleurs* les grands fleuves qui, comme le Danube, le Rhône, le Nil et le Pô, encombrent leurs embouchures d'une quantité énorme d'alluvions; c'est, en effet, un immense travail de terrassement que ces fleuves accomplissent chaque jour : travail de déblai dans la partie supérieure de leur lit; — travail de transport et de broyage dans le cours de leur descente; — travail enfin de remblai aux embouchures.

Le Rhône. — Appliquons ces considérations générales au Rhône, le plus important des cours d'eau après le Nil, qui débouche dans la Méditerranée, et celui de l'Europe qui a la plus grande vitesse. Sa longueur totale est de 840 kilomètres environ. Il naît de plusieurs sources situées au pied du glacier de la Furca, dans le massif du Saint-Gothard. Il traverse le Valais et coule avec une extrême rapidité dans un lit sinueux, étroit et encombré de rochers, provenant de tous les torrents latéraux qui se précipitent avec fracas dans le fond encaissé de sa vallée. C'est la *zone d'érosion.* Nous avons vu qu'il jette ensuite une énorme quantité de sédiments de toute sorte (*talus souslacustre*) dans le lac de Genève, d'où il sort considérablement clarifié.

A sa sortie du lac, le Rhône continue à rouler des blocs et des rochers qui lui sont apportés par ses affluents; il les

charrie, à son tour, en les brisant, en adoucissant leurs arêtes
et leurs aspérités. Ce n'est qu'aux environs de Bellegarde que
la trituration de ces matières est assez avancée pour qu'elles
soient transformées en galets et en graviers. La pente du fleuve
s'atténue bientôt; son lit prend une largeur presque uniforme;
le régime devient moins torrentiel et plus régulier, et le Rhône

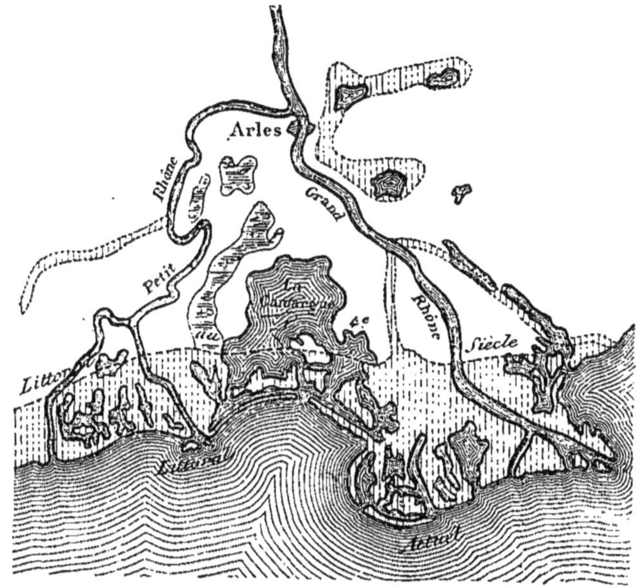

Fig. 20. — Delta du Rhône.

alors roule paisiblement des galets et des graviers, résultant
du broyage mécanique des blocs de la zone supérieure. Toutes
ces matières ont une tendance à se déposer au fond du lit et à
former des bancs de gravier, mais le courant est encore trop
rapide et s'oppose à toute formation stable; les alluvions continuent donc leur marche descendante vers la mer ¡et sont
immédiatement remplacées par de nouveaux dépôts provenant
des régions supérieures; sans quoi le Rhône s'approfondirait
et s'élargirait indéfiniment. Cette seconde section, dans laquelle

le fleuve cesse de détruire, pour commencer à reconstruire, a été très heureusement désignée sous le nom de *zone de compensation*.

C'est entre Beaucaire et Arles que la trituration est achevée; le gravier se trouve alors entièrement réduit à l'état de sable et de limon, ce dernier élément provenant principalement des apports de la Durance, qui débouche sur la rive gauche du fleuve, un peu en aval d'Avignon. Mais à mesure que le fleuve descend ainsi vers la mer, sa pente diminue; elle devient même insensible, désormais il entre dans la *période de dépôt* en laissant tomber les sables et les limons qu'il avait entraînés jusque-là.

Delta du Rhône. — Un peu au-dessous d'Arles, le Rhône, très élargi, se divise en deux bras divergents : le *Petit Rhône* à l'ouest, le *Grand Rhône* à l'est, circonscrivant un grand espace plat triangulaire qui porte le nom de *la Camargue* et peut être considéré, en son entier, comme le delta du Rhône.

Tout cet espace est, en effet, formé d'un mélange de limon et de sable, composant un sol très fertile, attribuable au Rhône. Arles, qui était au IVe siècle à 26 kilomètres de la mer, en est distante aujourd'hui de 48 kilomètres; le progrès des alluvions a donc été de 22 kilomètres. Depuis cette époque, on évalue à 21 000 000 de mètres cubes le volume des limons apportés chaque année par le fleuve, dont tout l'effort se porte principalement aujourd'hui dans le Grand Rhône; c'est à l'embouchure de cette branche principale que l'empiétement sur les eaux marines se fait avec la plus grande rapidité. Le progrès de la pointe du Grand Rhône est, en moyenne, de 57 mètres par an.

Delta de l'Hérault. — Les mêmes phénomènes se produisent sur tous les fleuves, et il est intéressant de constater qu'un cours d'eau d'un développement beaucoup moins considérable que celui du Rhône permet, sur une échelle très limitée, de faire exactement les mêmes observations.

L'Hérault va nous en fournir un exemple; malgré les sinuosités de son cours, cette rivière n'a qu'un développement de 136 kilomètres. Elle prend sa source dans la petite chaîne montagneuse de l'Aigoual, à une altitude de 1413 mètres : de là elle descend, ou mieux elle se précipite jusqu'à Vallerangue, en suivant une pente des plus rapides, et franchit en quelques kilomètres une hauteur verticale de plus de 800 mètres; dans ce parcours, elle roule, dans son couloir étroit, d'énormes blocs de roches granitiques provenant de tous les ravins, qui sillonnent les flancs dénudés de l'Aigoual.

Tous ces blocs, transformés en galets, sont ensuite roulés de Ganges jusqu'à Gignac. De ce point à Agde, la majeure partie des atterrissements ne se compose plus que de limons mêlés à de rares cailloux et à des sables fins. D'Agde à la mer, c'est la zone de dépôt, et là encore se produit une vaste plaine alluviale qui représente bien un delta [1].

Delta du Nil. — Le plus célèbre de tous les deltas, c'est celui du Nil. Sa forme régulière est à signaler. C'est un triangle

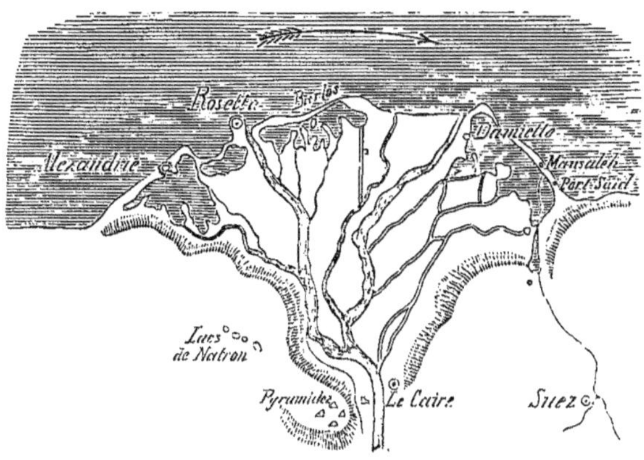

Fig. 21. — Delta du Nil.

à base convexe qui se projette en avant de la côte en formant un bourrelet saillant et dont le sommet, situé près du Caire, s'enfonce à plus de 200 kilomètres dans l'intérieur des terres.

Cette vaste plaine n'est autre chose qu'un estuaire comblé graduellement par les limons du fleuve; le Nil s'y subdivise en plusieurs branches dont deux seulement sont importantes, celle de Rosette à l'ouest, celle de Damiette à l'est. Autrefois on pouvait en compter sept, qui sont maintenant envasées.

1. Lenthéric, *le golfe de Lyon*, p. 32.

La superficie actuelle de ce delta est de 22 276 kilomètres carrés. Maintenant que tout l'estuaire est comblé, l'avancement du delta est peu rapide : il ne dépasse pas un mètre par siècle. Ce qui empêche les atterrissements du Nil de se développer, c'est que ce fleuve n'est pas endigué, et que dans ses crues annuelles, il laisse une partie importante de ses limons sur les terres qu'il inonde en les fertilisant.

Delta du Pô. — Il n'en est pas de même du *delta* du Pô, qui empiète sans relâche sur le domaine de la mer. Ce fleuve, qui descend des Alpes, malgré la faible étendue de son parcours, est un des fleuves « travailleurs » les plus puissants du monde entier. Ainsi que l'ont établi les patientes recherches de Lombardini [1], il apporte annuellement 42 760 000 mètres cubes de limon dans la mer, et son delta, qui trouve dans le fond du golfe Adriatique les conditions de calme nécessaire à son existence, avance de 70 mètres par an. Cet énorme travail accompli par un fleuve de peu d'importance s'explique par les endiguements qui l'encaissent et le forcent à transporter toutes ces alluvions à la mer.

Depuis Trieste jusqu'à Ravenne, sur un développement en longueur de 160 kilomètres, les côtes ont empiété sur l'Adriatique d'une bande qui mesure jusqu'à 30 kilomètres en largeur. La ville antique d'*Adria*, qui avait donné son nom au golfe et qui était un port au temps d'Auguste, est maintenant à plus de huit lieues dans l'intérieur des terres. On peut donc affirmer que la mer Adriatique est en train de se combler, et qu'un jour, si les causes actuelles ne sont pas arrêtées dans leur action, elle sera convertie en terre ferme.

Delta du Mississipi. — Dans le golfe du Mexique, soumis également à de faibles marées, un fleuve aussi considérable que le Mississipi a pu établir un *delta* qui peut compter parmi les plus remarquables qui soient au monde.

Le Mississipi, le *Père des eaux* suivant les Indiens, mériterait, comme a dit Élie de Beaumont, tout autant que le Nil, le nom de *Père* du limon : non seulement il en couvre au loin des terrains bas de ses rives, pendant les inondations, mais il en dépose

1. Élisée Reclus, *les Continents*, p. 133.

encore une immense quantité à son entrée dans la mer, surtout à l'embouchure de son cours principal, où les effets produits tien-

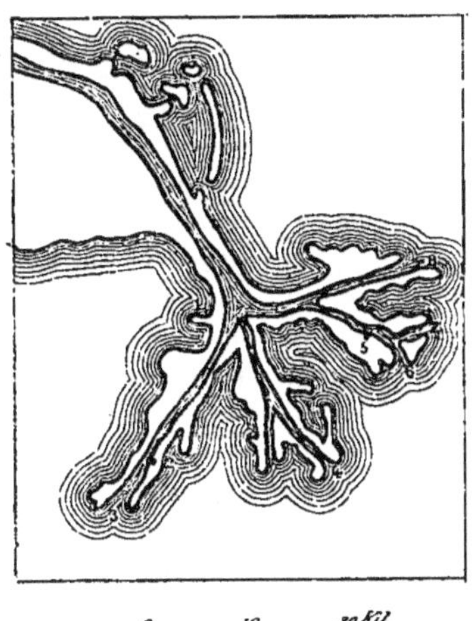

Fig. 22. — Delta du Mississipi (d'après Vuil-laumin). — 1, fourches des passes; 2, pi-lots-ville; 3, passe du sud-ouest; 4, passe du sud; 5, balise; 6, passe du sud-est; 7, passe du nord-est; 8, passe à Loutre.

nent presque du prodige. Son avancement est de plus de 100 mètres par an.

Au lieu de se borner à conquérir sur la mer un espace triangulaire, comme ceux que nous venons de passer en revue, ce fleuve boueux poursuit son cours directement dans la mer; il s'avance, hors des côtes, dans un chenal qu'il s'est créé à force d'amonceler des boues et des arbres charriés, puis il se divise en plusieurs branches étendues sur une longueur de 8 à 10 kilomètres, diver-geant d'un point central et figurant comme une im-mense patte d'oie.

Le Mississipi présente ainsi une véritable irruption d'alluvions dans la mer, dans son maximum de développement.

CHAPITRE III

ACTION DE LA MER

Action destructive des eaux marines. — Les eaux des mers, constamment agitées par les courants et les marées, soulevées par les tempêtes, produisent sur les rivages des effets d'érosion, de transports et de dépôt tout à fait comparables à ceux des eaux courantes, mais avec une plus grande énergie. Toutes deux agissent donc de concert pour attaquer les continents et pour former, avec leurs débris, de nouveaux dépôts.

Érosions marines. — Pour avoir une idée de la force destructive exercée par l'Océan, il suffit de le contempler par un jour de tempête, du haut des falaises crayeuses de Dieppe ou du Havre. « A ses pieds, on voit l'armée des vagues blanchissantes se ruer contre les rochers. Poussées à la fois par le vent du large, la marée et le courant, elles bondissent par-dessus les écueils et les talus du bord et viennent frapper obliquement la base des falaises. Projetée dans les fentes du roc avec une terrible force d'impulsion, l'eau déloge toutes les matières argileuses ou calcaires, déchausse peu à peu les blocs ou les assises plus solides, les arrache d'un coup, puis les roule sur la grève et les brise en galets qu'elle promène avec un bruit formidable [1]. »

Quand la tourmente a cessé, on peut mesurer les empiétements de la mer et calculer des milliers de mètres cubes de pierre engloutis. Vers la fin de 1862, pendant l'une des plus terribles tempêtes du siècle, on a vu les falaises du cap de la Hève, près du Havre, s'abattre sur une épaisseur de 15 mètres sous le choc violent des vagues.

Puissance destructive des vagues. — La puissance destructive des vagues dépend surtout de l'intensité du vent. Dans les gros temps, quand le vent souffle en tempête, les vagues soulevées atteignent, dans les océans largement ouverts, une hauteur et une vitesse souvent prodigieuses. Dans l'Atlantique, elles s'élèvent ainsi jusqu'à 12 mètres de haut; dans l'océan Indien, les grandes vagues qui, poussées par les vents d'ouest, descendent au large du cap de Bonne-Espérance, dépassent 18 mètres et s'étendent sur une longueur de 500 mètres. Les désastres produits par de pareilles masses d'eau, quand elles viennent à se heurter contre un obstacle, falaise, île ou rocher, sont considérables. Elles s'élancent alors en gerbes immenses et le sol tremble sous le choc. On en a vu qui s'élevaient de la

1. Élisée Reclus. *les Phénomènes terrestres.*

sorte à plus de 50 mètres de haut. Le phare de Bell-Rock, qui se dresse sur un écueil du littoral écossais, disparait souvent tout entier sous ces vagues écumantes. On a calculé que la pression de pareilles vagues, sur ce phare, devait correspondre à 33 000 kilogrammes par mètre carré. Certaines îles placées au voisinage de côtes, très exposées à ces violents coups de mer, subissent des ablations considérables; il en est même qui ont été complètement détruites. Tel est l'îlot de Nordstrand, qui, primitivement réuni au Danemark, sous forme de presqu'île, en a été séparé, puis a subi une destruction complète.

Une plus grande île, celle d'Helgoland, située plus au nord, a perdu, dans ces cinq derniers siècles, plus des trois quarts de sa surface, et se trouve maintenant réduite à un rocher de 2 kilomètres sur 600 mètres. C'est un des points du globe qui a le plus souffert de l'érosion marine.

Mode d'action de la vague. — Mais ce sont là des circonstances exceptionnelles : le travail habituel de la mer sur les côtes se fait d'une façon plus lente et plus régulière. Chaque jour les vagues poussées par les marées et les vents du large viennent l'une après l'autre se briser contre le rivage. Chacune d'elles détache quelques grains, arrache quelque fragment de pierre à la falaise, qui se démolit ainsi à petits coups, d'une façon continue.

Il ne faudrait pas croire que ce soit la seule force vive de la vague qui soit alors mise en jeu. Quand elle arrive sur le rivage, en se soulevant, elle chasse devant elle non seulement des sables et des graviers, mais des galets de grande dimension, qui sont alors projetés avec violence contre la côte et contribuent pour beaucoup, par leurs chocs répétés, à sa désagrégation. C'est avec tous ces débris, comme autant de marteaux, qu'elle attaque le roc encore ferme, peu à peu la rive se creuse au-dessous, au niveau de l'eau; de lourdes masses surplombent sur les flots; un jour vient où ces masses s'écroulent avec fracas.

Destruction des côtes. — Suivant une ligne assez continue, les roches sont alors, au pied de la falaise, usées, corrodées, creusées de rainures profondes (fig. 23).

C'est en effet au niveau de la haute mer que ces effets destructeurs se font surtout sentir. Sous leur action, les roches tendres sont rapidement désagrégées, et bientôt les parties plus dures restées en surplomb, manquant de point d'appui, s'écroulent et viennent former, devant la falaise, un entassement de gros blocs qui sont rapidement démolis. C'est ainsi que la côte est destinée à reculer devant les attaques du flot.

La rapidité avec laquelle se fait la destruction des rivages est soumise à de nombreuses variations. Certaines côtes expo-

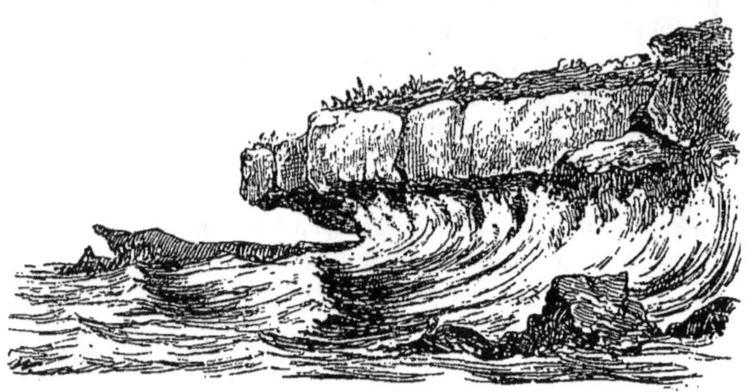

Fig. 23. — Roches calcaires érodées par les vagues.

sées aux vents régnants, sans cesse battues par une mer agitée, se démantèlent plus vite que d'autres mieux abritése; mais c'est surtout la nature des roches composant le littoral qui influe sur sa stabilité. Il en est ainsi des falaises constituées par des roches granitiques, très résistantes, sur lesquelles la mer épuise toute son énergie.

Tels sont, à l'extrémité de la Bretagne, ces promontoires rocheux, le raz d'Ouessant et le raz de Sein, que le continent projette au loin dans le domaine des eaux.

Placés pour ainsi dire à l'avant-garde de cette région, ces deux caps dressent fièrement leur tête au milieu d'une mer continuellement agitée, qui n'exerce sur eux aucune action appréciable, tandis que dans l'intervalle, au travers de roches schisteuses plus altérables, elle a creusé de profondes découpures intérieures, la rade de Brest et la baie de Douarnenez.

Sur d'autres rivages, les falaises, traversées par des fentes verticales, sont rapidement entamées. Les vagues profitant de ces fissures pour les découper, elles s'écroulent par parties, laissant de distance en distance des rochers isolés, qui prennent alors des formes singulières, figurant des pyramides, des obélisques ou gigantesques cheminées, d'où le nom de *Chimney-*

Fig. 24. — Roches basaltiques déchiquetées dans les Orcades.

Rochs, qui leur a été donné en Angleterre. Ces accidents singuliers sont, en effet, fréquents dans la mer du Nord. On les compte par milliers dans l'archipel de Shetland et dans les Orcades (fig. 24).

Recul des falaises de la Manche. — Un grand nombre de falaises, notamment celles de la Manche, en Normandie, composées de roches crayeuses, friables, tendres et largement fissurées, s'écoulent de haut en bas quand leurs assises inférieures sont rongées; leurs parois verticales ressemblent alors à d'immenses murailles, taillées à pic, surplombant un entassement d'énormes blocs entassés confusément.

Ces blocs forment, en avant de la côte, une sorte de ligne de défense, une *falaise basse* sur laquelle la mer concentre son action. C'est quand elle a eu raison de tous ces blocs éboulés, quand elle les a détruits en les réduisant en galets et en limons, qu'elle vient de nouveau battre en brèche la falaise, qui bientôt, sous ces atteintes diverses, s'éboule de nouveau. Alors

la muraille n'est plus seulement à pic : elle est *surplombante* ;
elle penche en avant, creusée qu'elle est à sa base.

Pendant les tempêtes, toute la masse de pierre située au-
dessus de la partie *affouillée*, n'étant plus soutenue, se détache ;
une énorme tranche de roche, taillée droit depuis le haut jus-

Fig. 25. — Action démolissante de la mer sur les falaises crayeuses des côtes
de la Manche.

qu'au bas de la falaise, s'écoule avec fracas. C'est de la sorte
que cette muraille, qui paraît inébranlable, recule plusieurs
mètres chaque année.

Auprès du Havre, des écroulements semblables se sont parfois produits d'un seul coup, comme nous l'avons déjà dit, sur
une longueur de 400 mètres et une épaisseur de 15 mètres. Le
fait de cette démolition des côtes est général sur les deux rives
de la Manche, et le recul des falaises se fait ainsi par saccades,
à des intervalles plus ou moins éloignés.

On estime que la mer a gagné 1400 mètres, depuis le IVe siècle, sur notre sol français. L'emplacement ancien du village
de Sainte-Adresse est occupé maintenant par le banc de
l'Éclat.

Sur les côtes méridionales de l'Angleterre qui nous font face, entre Douvres et Calais, les envahissements de la mer ont eu lieu avec une rapidité égale, sinon supérieure.

Un rempart crayeux, composé d'une roche blanche et tendre, friable, facile à égrener, forme en effet le rivage opposé de la Manche, sur la côte anglaise.

Près de Douvres, la haute falaise de craie où Shakespeare a placé une des plus belles scènes du *Roi Lear*, et qui porte maintenant son nom (Shakespeare-Cleaf), a perdu, dans le même temps que nos côtes françaises, 2 kilomètres de saillie. A diverses époques, on a constaté, dans cette falaise, des éboulements considérables qui ont occasionné de véritables tremblements de terre, dont la ville de Douvres s'est ressentie. Aussi pour sauver le promontoire historique, condamné à une fin prochaine, et surtout aussi pour protéger le tunnel, qui passe au travers du cap, les Anglais ont fait sauter à la mine une partie des assises supérieures de cette falaise, de manière à former à la base un éboulement considérable, sur lequel les vagues maintenant viennent se rompre et amortir leur choc.

En résumé, on estime qu'en Angleterre, dans les parties les plus atteintes (Norfolk et Suffolk), la mer gagne 1 mètre par an. Ce recul des falaises de la Manche dans les deux sens a donc pour objet d'élargir, de plus en plus, le pas de Calais.

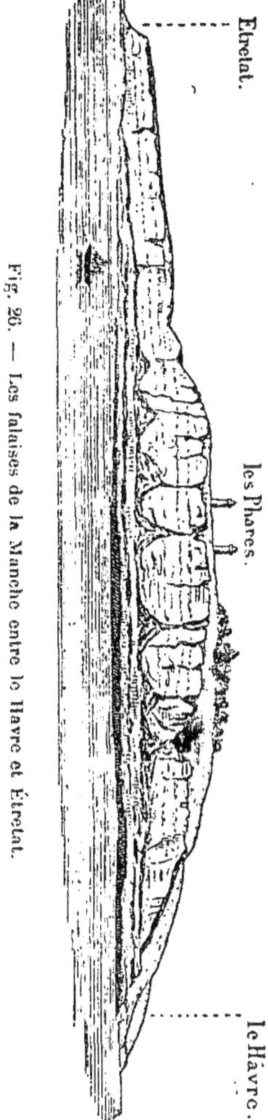

Fig. 26. — Les falaises de la Manche entre le Havre et Étretat.

Travail de reconstruction des eaux marines. — L'action

de la mer est double : elle détruit pour reconstruire. Ce qu'elle enlève en un point, elle va le déposer en un autre ; elle n'anéantit donc pas les matériaux qu'elle arrache à ses rivages, elle ne fait que les déplacer et les transformer en nouveaux dépôts, qui s'ajoutant à ceux que les fleuves lui ont apportés vont s'étaler sur les plages, remplir les baies et les estuaires, et combler toutes les dépressions. Elle contribue de la sorte à l'accroissement des continents, en leur restituant, sous une autre forme, les parties qu'elle leur a enlevées.

La ligne sinueuse du rivage est, par ce fait, soumise à des modifications incessantes, empiétant ici et reculant plus loin.

Appareils littoraux ; formation des sables et galets. — Tous les matériaux provenant de la dégradation des falaises sont donc repris par la mer ; le flot s'en empare et, dans son mouvement éternel de va-et-vient, il les roule, les réduit en fragments, que le frottement arrondit. Les uns, formés de roches résistantes, se réduisent à l'état de galets, ou bien, subissant une trituration plus complète, se transforment en graviers, puis en sables fins. Les autres, formés de roches tendres, calcaires ou argileuses, se désagrègent en entier et se transforment en vases et en limons qui, joints aux résidus de la trituration des roches précédentes, sont entraînés au large par les courants et vont se déposer dans les parties profondes qui ne sont plus soumises à l'agitation des vagues.

Cheminement des matériaux arrachés aux rivages. — Les sables et les galets restent près du rivage, où ils sont soumis à des mouvements incessants. Entraînés par les courants littoraux, ils cheminent progressivement le long de la côte et s'éloignent souvent ainsi, très loin, de leur point d'origine, jusqu'à ce qu'ils trouvent un point où les conditions du rivage leur permettent de stationner. Dans ce mouvement de translation, ils s'atténuent en frottant les uns contre les autres, et c'est alors que les galets prennent ces belles formes arrondies qui sont si remarquables sur les plages de la Normandie.

Dans les échancrures des rivages, où l'eau est en général peu profonde et, par conséquent, peu agitée, ces traînées de sables et de galets s'arrêtent brusquement, s'enracinent, pour ainsi dire, au pied des caps ou des pointes qui limitent l'échancrure,

et forment à l'entrée de la baie de véritables digues, deux
jetées prenant le nom de *flèches*, qui courent l'une vers l'autre
et finissent par se rejoindre; la petite anse, se trouvant ainsi
fermée, se transforme en *lagunes*.

Si ces échancrures sont profondes, défendues désormais de
la mer par cet appareil littoral, elles constituent en arrière une
ligne de *lagunes* tantôt complètement isolées, tantôt communi-

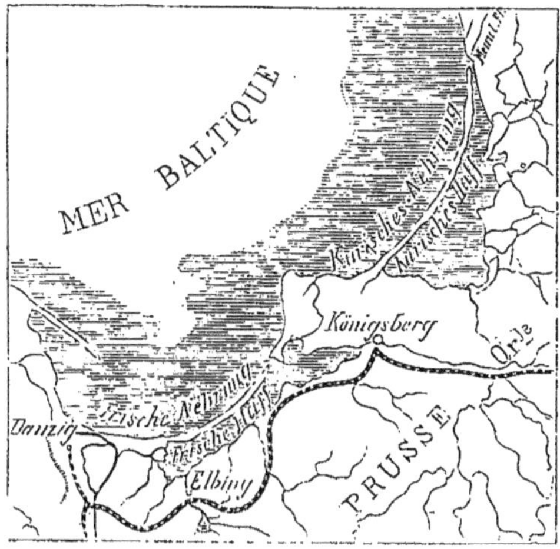

Fig. 27. — Lagune de la Baltique.

quant par quelques passes avec l'Océan. Telle est l'origine de
la formation des nombreux étangs et des lagunes littorales qui
se développent en France, sur les côtes de la Méditerranée dans
le golfe de Lyon, et qui toutes ont été à l'origine des baies plus
ou moins profondes, ouvertes du côté de la mer et que le travail incessant des vagues et des courants a fini par retrancher
du domaine maritime.

Telles sont aussi les célèbres lagunes de Commachio et de
Venise, qui retrécissent, à leur tour, le bassin de l'Adriatique,
autrefois plus étendu au nord qu'à l'ouest; celles de la Baltique,
qu'une étroite flèche de sables (*Nehrung*) sépare de la mer
(fig. 27), se signalent par la régularité géométrique de leur

forme. Trois grands fleuves, l'Oder, la Vistule, le Niémen, se
déversent dans ces vastes lagunes, désignées sous le nom de
Haff. L'Haff de l'Oder, dont la ville de Swicemünde garde
l'entrée, est aujourd'hui, en grande partie, comblé par les
alluvions. C'est, en effet, le sort le plus souvent réservé à ces
espaces retranchés du domaine maritime, qui, graduellement
comblés par ces alluvions quand un fleuve vient s'y déverser,
se transforment en marécages, ou se couvrent de dunes et sont
ainsi destinés à faire partie de la terre ferme.

Cette même chute brusque des galets et des graviers devant
chacune des découpures de la côte, qui leur offre ainsi un point
d'appui solide, peut se produire entre deux îles très rapprochées, mieux encore entre celles qui avoisinent le continent.
Sur la côte d'Europe un grand nombre d'îles, en se trouvant
reliées à la côte par des isthmes, dus à ces atterrissements,
se sont transformées en péninsules. La presqu'île de Gien, près
de Toulon, rattachée au continent par deux levées de sables,
de fins graviers, longues de 5 kilomètres et séparées par une
lagune, offre un remarquable exemple de cette transformation.

Levées de galets. — Sur les côtes plates, où les vagues
s'amortissent en frottant sur le fond, le flot de retour est
impuissant pour ramener à la mer les galets et les graviers qui
ont été amenés par les fortes lames, il ne reprend que les
sables et les matériaux fins.

C'est alors que s'établissent ces *levées de galets*, qui se disposent par terrasses successives substituant au contour, plus ou
moins déchiqueté du rivage, une ligne droite ou courbe constituée par une série de digues de galets dont l'ensemble a reçu
le nom caractéristique de cordon littoral.

Le profil de ces levées de galets est toujours le même; sur
les côtes où les marées sont sensibles, le versant de ce bourrelet qui fait face à la mer présente deux terrasses qui correspondent aux différents niveaux atteints par les vagues de
marée ordinaire et celles de tempête ou d'équinoxe; le versant
opposé reste doucement incliné (fig. 28).

La formation de ces galets, sur la côte normande, se fait
avec une grande rapidité aux dépens des silex qui se présentent là en cordons alignés, dans toute l'étendue des falaises

crayeuses comprises entre Dieppe et le Havre. On a calculé,
par exemple, que la masse des galets formés entre Fécamp et
le cap d'Antifer par la destruction de
ces cordons de silex de la craie est de
5000 mètres cubes par an [1].

Cela tient à la facilité avec laquelle ces
silex se brisent en fragments anguleux,
dont les angles s'émoussent rapidement.
Ce sont les débris de ces silex brisés qui,
longtemps triturés, produisent les sables
qui sont très répandus sur tout ce littoral.

Barre de sable. — Aux environs du
Havre, ces sables et ces galets, résultant
de la destruction des falaises de la Hève,
poussés par les vagues et les courants
qui chassent au nord-ouest, cheminent
progressivement le long de la côte, jusqu'à l'embouchure de la Seine. Après
avoir comblé successivement toutes les
petites anses du littoral, c'est dans cet
estuaire qu'ils se déversent. Les sables,
principalement, forment là une *barre* très
étendue, mouvante, qui, se déplaçant à
chaque instant, entrave singulièrement
la navigation et empiète sur le domaine
de la mer. Saint-Vigor, qui était autrefois sur le littoral, est maintenant à 3 kilomètres dans l'intérieur.

A la formation des cordons littoraux
se rattache ainsi celle des bas-fonds et
des bancs de sable, qui se développent
parallèlement au rivage, sous l'influence combinée des courants
du littoral et des vents du large.

Dunes maritimes. — Sur les grandes plages sableuses, dans
les intervalles des marées, le sable charrié par la mer se dessèche

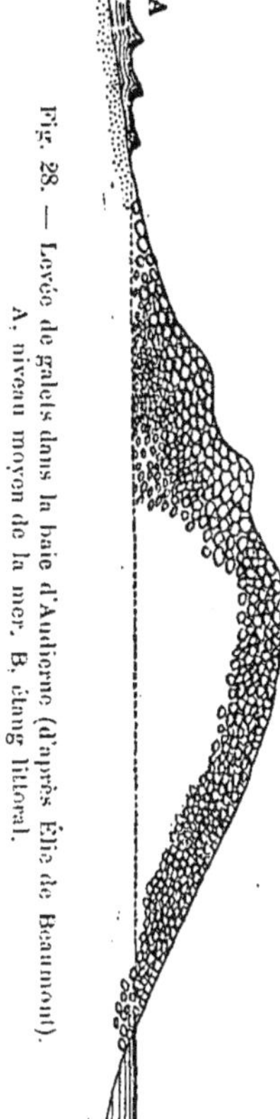

Fig. 28. — Levée de galets dans la baie d'Audierne (d'après Élie de Beaumont). A, niveau moyen de la mer; B, étang littoral.

1. Delesse, *Lithologie du fond des mers*, p. 222.

au soleil, il devient extrêmement léger et mobile. Le vent
qui souffle de la mer soulève ces grains de sable, les chasse
devant lui, et les entraîne au loin, à un niveau où la marée
ne peut plus les atteindre pour les ramener. Si la côte est
basse et très étendue, ils s'y répandent avec facilité. Au moindre
obstacle ils s'accumulent, s'entassent, et forment, avec le temps,
un monticule allongé qui s'agrandit constamment. C'est là ce
qu'on appelle une *dune* de sable. Ces petites collines, arides et
sèches, se disposent en séries parallèles, elles peuvent atteindre
plusieurs dizaines de mètres de haut. Elles possèdent toujours
une certaine régularité; chacune d'elles présente un plan incliné
vers la mer et se termine, du côté opposé, par un talus plus
rapide produit par l'éboulement du sable.

Mode de formation des dunes. — Le mécanisme de leur
formation est fort simple : le sable, desséché par le soleil et

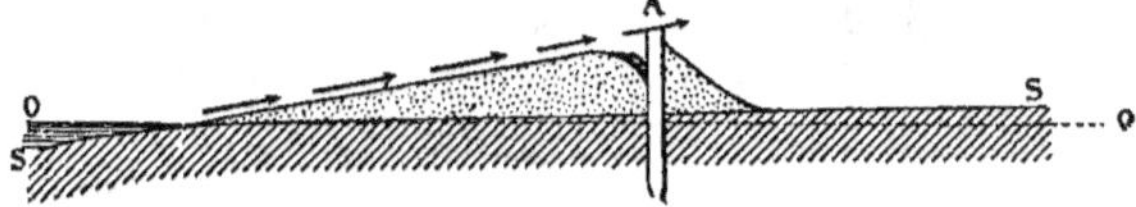

Fig. 29. — Mode de formation des dunes.

poussé par le vent, gravit la pente antérieure, s'élève jusqu'au
sommet, et de là retombe sur le talus opposé.

Quand les dunes ont acquis une certaine hauteur, elles ne
s'accroissent plus; à la suite du premier monticule il s'en forme
un autre disposé de la même manière, qui bientôt est suivi lui-
même d'un autre édifice semblable.

C'est ainsi que sous l'action du vent on voit les petites dunes
avancer en roulant sur elles-mêmes, et la côte se montre par
suite couverte d'une série d'ondulations, plus ou moins parallèles, qui dépassent et avancent, de plus en plus, dans l'intérieur
des terres.

Marche des dunes. — Les dunes, en effet, ne sont pas fixes;
une fois formées, le vent ne les laisse pas en repos; il les chasse
sans cesse devant lui, en faisant ébouler leur sommet et en
élevant ce sable sur le plan incliné, puis il en fait naître
d'autres, à la place qu'elles viennent d'abandonner, avec le

sable qui vient de la plage. La masse des dunes s'avance ainsi
sur la terre ferme, à peu près comme les vagues de la mer, mais
avec une certaine irrégularité (fig. 30).

Fig. 30. — Marche des dunes.

Empiétement des dunes sur le littoral. — S'il existe au
bord de la mer un espace uni, les dunes l'envahissent; elles
ensevelissent ainsi des terres qui étaient couvertes de végétation, des cultures et même des villages, jusqu'à ce qu'on soit
parvenu à les fixer en y plantant des arbres et autres végétaux
qui brisent le vent et retiennent le sable dans leurs racines
enchevêtrées.

Ce sol fixé peut devenir la source d'une grande richesse ; telles
sont les dunes landaises, du littoral de la Gascogne, sur lesquelles se dressent, maintenant, des forêts de pins d'un prix
inestimable.

Mais, par contre, il est des régions qui sont stérilisées par ces
envahissements de sable, qui se font parfois avec une grande
rapidité.

En Bretagne, un village, aux environs de Saint-Pol-de-Léon,
a été envahi par une couche de sable de 6 à 7 mètres d'épaisseur; le sable avait cheminé avec une vitesse de 500 mètres
par an.

En général, les dunes n'avancent pas si rapidement; leur vitesse moyenne, sur le littoral de la Gascogne, peut être évaluée
à 20 mètres par an. Le progrès annuel de celles de la Courlande,
sur la lagune qui les sépare de la mer, est de 6 mètres par an.
C'est un fléau redoutable pour la contrée dans laquelle elles
se trouvent. En Europe, les plus hauts monticules de sable se
trouvent dans les Pays-Bas et sur les côtes atlantiques de
France.

Ces dunes, en se dressant ainsi à une grande hauteur le long
des côtes, isolent de l'Océan une partie de la plage ; elles modifient complètement la forme du littoral, en séparant du reste

de la mer de larges espaces, et contribuent ainsi à l'accroissement des continents.

Dunes continentales, Sahara. — Le phénomène des dunes se manifeste ensuite avec une intensité plus grande sur les vastes plateaux désertiques, où le vent rencontre une plus grande somme de matériaux accessibles à son action. Dans le Sahara par exemple, les dunes, qui couvrent un neuvième de la surface du désert, peuvent atteindre 200 mètres de haut; exceptionnellement on en a signalé dans l'Erg oriental près de Ghadamès qui auraient 500 mètres. Ces grandes dunes, disposées par chaînes allongées distinctes, rectilignes ou courbes, séparées par de profonds sillons larges de plusieurs kilomètres où la roche vive du sous-sol affleure, se signalent par une grande uniformité dans leur composition. A l'inverse des dunes maritimes, qui se composent de dépôts grossiers et de sables fins, leurs sables accusent un triage et un classement parfaits; les grains quartzeux roulés et polis, d'un diamètre moyen inférieur à 4 millimètres, sont identiquement les mêmes du sommet à la base de la dune; individuellement hyalins ou colorés en jaune rougeâtre, ils prennent en masse une teinte d'or mat, magnifique sous le soleil du Sahara.

L'origine des dunes sahariennes, dont la formation se poursuit actuellement, doit être cherchée dans la désagrégation lente et continue des roches gréseuses très répandues dans la région et surtout aussi dans celles des alluvions sableuses si répandues à la surface du désert. Les grandes dunes ne sont pas mobiles sous l'action du vent qui les a formées et l'ouragan le plus violent ne les remue que sur une faible épaisseur; les vents dominants, de l'est et du sud, dits *siroco*, prenant ces montagnes de sables à rebours, se bornent à les écrêter en soulevant de grandes quantités de poussières fines et sableuses [1]. Il en est tout autrement dans le désert de Lybie, où la mobilité des dunes est justement redoutée des caravanes. Les sables marchant vers l'est tendent sans cesse à envahir l'Égypte, et cette submersion, par les dunes, d'une grande étendue de pays autrefois très peuplés, ne s'arrête qu'à la vallée du Nil, où les sables viennent s'en-

1. G. Rolland, *Hydrographie et orographie du Sahara algérien* (*Bull. de la Soc. de géographie*, 1886).

gouffrer, en augmentant la quantité d'alluvions que charrie ce grand fleuve.

Des dunes plus petites, mais bien caractérisées, existent dans la forêt de Fontainebleau, constituées par des sables tertiaires que le vent soulève pour les déposer sur les plateaux calcaires de la Beauce [1].

Action sédimentaire des eaux marines. — Dans les mers, dont les eaux ont une température moyenne élevée, les vagues ne se bornent pas à construire des cordons littoraux et à combler les baies, elles bâtissent des édifices plus stables. Par suite de la rapide évaporation que produisent les rayons du soleil, les substances qu'elles tiennent en dissolution se déposent graduellement sur le littoral. Les érosions marines ne se bornent pas, en effet, à des actions purement mécaniques comme celles que nous venons de décrire, amenant d'une part la destruction de la côte, et de l'autre la formation de dépôts meubles tels que sable, galets et vase. Une portion de ces éléments désagrégés se dissout et vient s'ajouter aux substances que la mer contient déjà naturellement en dissolution.

L'évaporation naturelle de l'eau de mer a pour conséquence le dépôt de ces substances dans leur ordre de solubilité. Le *carbonate de chaux* se dépose en premier lieu, puis après la précipitation du *sulfate de chaux* ou *gypse*, si la concentration s'accentue encore, le *chlorure de sodium* (*sel marin*) se dépose à son tour en petits cristaux blancs; en dernier lieu, vient dans les eaux-mères le tour des sels déliquescents (sulfates de magnésie et de potasse avec chlorures). C'est cette concentration de l'eau de mer qui, régularisée sur les côtes de la Méditerranée et de l'Océan dans des *marais salants*, donne lieu, graduellement, à des couches égales de sel pur, dans les divers bassins de saturation où on la conduit.

Formation actuelle des roches calcaires. — Quand l'eau de mer contient en suspension une quantité suffisante de sels calcaires, ce qui se présente surtout quand elle attaque des falaises crayeuses, ou quand les eaux d'infiltration, venant de la terre ferme, lui en apportent, l'évaporation sur les rivages suffit pour amener la précipitation du carbonate de chaux qui

—————

1. De Lapparent, *Traité de géologie*, 1885, p. 152.

agglutine les sables ou les débris de coquilles en les transformant en roches dures (*grès calcarifères*; *calcaires coquilliers*).

Sur les côtes de la Méditerranée, en dessous de Montpellier, et sur le littoral algérien, notamment dans les provinces d'Alger et d'Oran, ces dépôts contemporains de calcaires coquilliers sont fréquents et fournissent des roches résistantes qui s'étalent, sur de vastes étendues, en empiétant sur le domaine de la mer.

Cette formation de roches calcaires n'exige pas une haute température; elle s'effectue aussi sur le littoral de la Manche. Sur les côtes du Calvados, par exemple, elle emprisonne en abondance des coquilles de moules (*Mytilus edulis*), qui vivent là par bancs. Sur les plages de Folkestone, en Angleterre, ces dépôts calcaires agglutinent les galets et les transforment en un véritable *poudingue*, qui acquiert rapidement une grande dureté.

Mais c'est surtout dans les mers tropicales que cette formation contemporaine des roches calcaires prend beaucoup d'extension; elle est là favorisée par une évaporation rapide des eaux. Tout le littoral de Steamer-point, près d'Aden, à l'entrée de la mer, est recouvert d'une corniche de calcaire compact, semi-cristallin, qui empâte les coquilles de nombreux mollusques vivant actuellement sur la plage; dans cette région entièrement volcanique et brûlée par le soleil, on exploite ce calcaire, qui se renouvelle sans cesse, comme pierre à chaux, et pour le blanchiment des maisons.

Sur les rivages de la mer des Antilles, où les flots atteignent, à la surface, une température de 32°, ces dépôts calcaires s'effectuent avec une étonnante rapidité. Tels sont, sur les côtes de la Guadeloupe, des tufs calcaires de formation récente qui s'accroissent pour ainsi dire sous les yeux de l'observateur. On les exploite en plusieurs endroits, pour la construction des villes du littoral. Toutes les excavations qu'on pratique dans ces bancs calcaires sont bientôt comblées; la pierre renaît pour ainsi dire sous les pas mêmes des travailleurs, qui lui ont donné le nom expressif de *Maçonne-bon-Dieu*. Ce tuf est encore célèbre par ce fait qu'on y a trouvé un squelette de caraïbe, maintenant conservé dans les galeries du British Museum, à Londres [1].

1. Élisée Reclus, *la Terre*, t. II, p. 232.

CHAPITRE IV

ACTION DE L'EAU A L'ÉTAT SOLIDE

Neige; avalanches ; glaciers. — L'eau à l'état solide a aussi une grande part dans les alternatives de destruction et de formation de terrains qui se succèdent sur notre globe. Il convient donc d'examiner maintenant les effets de la neige, puis ceux des glaciers qui en dérivent.

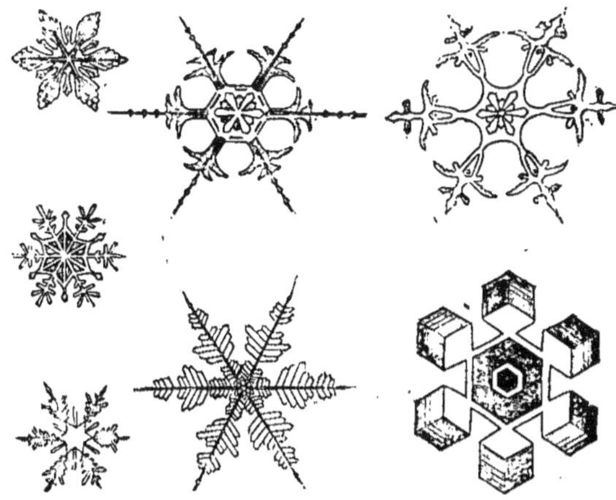

Fig. 31. — Fleurs de neige.

Neige. — La neige, c'est de la pluie gelée; toutes les fois que la vapeur d'eau contenue dans l'atmosphère se condense dans des zones où la température est au-dessous de 0°, elle prend la forme de *neige*; si cette condensation s'effectue dans des conditions de tranquillité, cette neige est cristallisée, et ses cristaux se groupent de manière à constituer de petites étoiles à six branches dont le dessin est d'une délicatesse et d'une élégance absolues (fig. 31).

Les neiges se forment ainsi dans les parties élevées de l'atmosphère, qui sont toujours froides. Les observations faites sur les hautes montagnes et pendant les ascensions en ballon ont montré que la température s'abaisse de plus en plus à mesure qu'on s'élève. Il existe donc, en chaque point de la terre, une hauteur où, la température restant inférieure à 0°, la vapeur d'eau ne peut se condenser que sous la forme neigeuse; les neiges, dans ces conditions, deviennent *persistantes*, puisqu'elles ne peuvent entrer en fusion.

Neiges persistantes. — Dans les grandes chaînes de montagnes, la limite inférieure de ces *neiges persistantes* est toujours

Fig. 32. — La limite des neiges persistantes dans les massifs montagneux.

bien indiquée. En été, principalement, elle forme une ligne droite horizontale, parfaitement tranchée, dont la blancheur contraste singulièrement avec la sombre verdure des forêts de sapin, étendues à leur pied; au-dessus l'hiver règne seul, au-dessous les saisons suivent leur cours régulier.

Cette limite au-dessus de laquelle la neige ne fond jamais

varie suivant le climat plus ou moins froid du lieu où on l'observe. C'est ainsi qu'elle s'abaisse, dans les régions polaires, jusqu'au voisinage du niveau de la mer, tandis que sous l'équateur elle se tient à une altitude de 4000 mètres.

Pour une même chaîne, pour une même montagne cette limite subit encore des variations suivant l'exposition des pentes, où les vents, plus ou moins froids et humides, apportent plus ou moins de neige. En Suisse, par exemple, dans les Alpes du Valais, qui forment les parties centrales de ce puissant massif montagneux, cette limite se tient en moyenne à 2700 mètres, tandis qu'elle s'élève à 3300 mètres dans les sommets des Alpes Maritimes.

Les Pyrénées, situées à une latitude plus basse que les Alpes, toutes blanches en hiver, sont vers le mois de juillet presque dépourvues de neiges. C'est sur le versant oriental qu'il faut aller chercher quelques traînées neigeuses restées seules, suspendues aux cimes les plus inaccessibles.

. Toute la neige qui tombe au-dessus de cette limite devrait donc y séjourner, en s'y accumulant en masses considérables, s'accroissant chaque hiver, si les vents et d'autres causes, telles que les avalanches et les glaciers, ne l'obligeaient pas à descendre dans les vallées, où la température plus élevée la condamne à la fusion.

Avalanches. — En hiver, en automne, au printemps, il tombe sur les sommets des montagnes des masses considérables de neige [1].

Ces neiges, chassées par les vents, emportées par les tourbillons, viennent bientôt s'appliquer sur les pentes plus ou moins raides de la montagne, le long desquelles elles restent pour ainsi dire suspendues.

Qu'un changement de température survienne par suite de l'arrivée d'un rayon de soleil ou d'un air plus chaud, cette neige fond à la surface; l'eau qui en provient s'infiltre, ruisselle en dessous, et tout d'un coup d'immenses plaques se détachent; elles coulent, tout d'une pièce, sur le sol devenu glissant, et

1. La chute des neiges dans les Alpes est en moyenne de 10 mètres par an.

se précipitent alors, avec une vitesse énorme, détruisant tout
sur le passage, entraînant avec elles des pierres et blocs de
rochers arrachés, brisant, broyant tout ce qui s'oppose à leur
passage.

Ces masses de neige qui s'écoulent ainsi subitement, ce sont
les *avalanches*. Ce sont de puissants agents de destruction qui
contribuent pour beaucoup à la dénudation des montagnes.
Leur chemin reste tracé par un large sillon, qui prend nom de
couloir d'avalanche. La plupart des montagnes élevées sont ainsi
entamées par des sillons verticaux, où les avalanches s'engouf-
frent au printemps.

Les avalanches d'hiver, connues sous le nom d'*avalanches
poudreuses*, parce que la neige gelée se précipite en une poussière fine, incohérente, sont plus redoutées, non seulement à
cause de leurs rivages plus directs et des trombes qui les
accompagnent, mais surtout parce qu'on ne peut prévoir,
comme pour les précédentes, ni le lieu, ni le moment de
l'écroulement. Ce sont elles qui causent les plus grands désastres, elles ravagent les pentes inférieures de la montagne,
engloutissant parfois des villages entiers sous les débris qu'elles
entraînent à leur suite [1].

Glaciers. — Mais ce sont là fort heureusement des exceptions ;
le plus souvent les neiges s'accumulent dans de grandes dépressions semi-circulaires, qui avoisinent les grandes cimes et auxquelles le nom de *cirque*, ou mieux celui de *bassin de réception*,
convient bien, car elles sont disposées en amphithéâtre, circonstance favorable pour l'accumulation des neiges. Les neiges qui
s'accumulent dans ces dépressions ne restent pas immobiles ;
formant d'abord une poussière fine et floconneuse, elles se tas-
sent peu à peu et descendent le long des pentes. A mesure
que s'effectue cette descente, qui l'amène dans les régions basses
et par suite plus tempérées, la neige subit des modifications
profondes qui changent complètement sa nature et son aspect ;
elle se transforme en glace.

---

1. On évalue à 1 300 000 mètres cubes la masse de neige et de blocs de
pierre sous laquelle le village de Randa, dans le Valais, est resté enseveli
en 1819.

Cette transformation de la neige floconneuse, opaque, en glace compacte transparente, est un des phénomènes les plus intéressants de l'histoire du glacier, il nous fait assister, en effet, à sa naissance.

Il importe donc que nous examinions les circonstances au milieu desquelles elle s'accomplit.

Mécanisme de la formation d'un glacier; névé. — Quand la température est assez élevée, dans la belle saison par exemple, sous l'action du soleil, la surface subit un commencement de fusion.

Les fleurs de neige (fig. 31) perdent leur forme étoilée et se transforment en grains plus ou moins arrondis; les gouttelettes d'eau provenant de cette fusion partielle circulent entre ces grains, expulsant l'air qui s'y trouve interposé, et pénètrent dans les couches inférieures, jusqu'à ce que, saisies par le froid, elles gèlent et les cimentent en expulsant l'air qui s'y trouve interposé. De cette façon la neige, principalement sous l'influence des gelées nocturnes, se transforme en une masse granuleuse, encore parsemée de bulles d'air, à laquelle on donne le nom de *névé*, suffisamment cohérente pour que la marche si pénible sur la poussière floconneuse des champs de neige devienne facile sur ce sol congelé, devenu solide.

Ce premier changement dans la nature des neiges n'est que le prélude de modifications plus importantes.

Comprimées par leur propre poids et la pression des neiges supérieures, ces masses granuleuses s'écoulent dans des gorges profondes et deviennent de plus en plus consistantes, à mesure qu'elles descendent à un niveau plus bas. L'air, abondant dans les interstices du névé, s'en dégage en partie, et le tout se transforme en une glace blanche, opaque et laiteuse, encore parsemée de petites bulles d'air; c'est la *glace bulleuse*.

La pression des couches supérieures et la congélation de l'eau dans les interstices des grains, tels sont les agents principaux de la transformation des couches neigeuses accumulées par les hivers dans les hautes cimes.

Dès lors, les conditions d'un glacier sont remplies : l'infiltration et la congélation de la glace devenant de plus en plus parfaites, les bulles d'air finissent par disparaitre, et la glace, devenue compacte, présente cette transparence et ces belles teintes bleuâtres que l'on connaît. Il s'établit ainsi, au débouché des *amas de névés*, une grande traînée de glace qui descend le long des pentes, en se modelant sur les dépressions du sol; cette traînée blanche, c'est le glacier.

Telle est, en peu de mots, l'histoire de la formation d'un glacier; il se compose, comme on le voit, de toutes les couches de neige accumulées sur les hautes cimes, dans les dépressions (cirques), pendant une longue série d'années, et qui, peu à peu, se sont converties en glace de plus en plus compacte.

C'est ainsi que la neige, cette substance si fugitive qu'on ose à peine la toucher sans craindre de la voir s'évanouir sous les doigts, peut devenir, dans les conditions que nous venons de définir, un des agents les plus puissants parmi ceux qui contribuent au démantèlement des montagnes.

Les glaciers, en effet, ne sont autre chose que des *torrents glacés*; ils s'alimentent, en effet, se déplacent, coulent entre des rives très encaissées sur des pentes rapides, présentent des remous et des cascades, reçoivent des affluents, et se terminent, au niveau des plaines, par des entassements de blocs de rochers, de galets et de limons, comme ces derniers. Ce sont là de puissants agents de transport, qui, suivant une comparaison fréquemment employée, agissent sur le sol à la manière d'un immense rabot, en polissant le fond et les parois des vallées qui les encaissent.

Progression des glaciers. — L'expérience a depuis longtemps appris aux montagnards que les glaciers, malgré leur immobilité apparente, se meuvent dans le sens de la pente, à la manière des torrents, avec cette différence que leurs mouvements s'effectuent avec une lenteur extrême.

La goutte d'eau en effet qui, partie de l'Océan à l'état de vapeur, vient retomber à l'état de neige sur la cime du mont Blanc, ne met pas moins d'un demi-siècle pour se retrouver à l'état mobile, dans la vallée de Chamouny, qui n'est pourtant distante du sommet que de deux lieues. Elle a fait ce voyage à l'état solide, en passant, comme nous l'avons vu, par toutes les transitions possibles entre la neige et la glace compacte : dans ces conditions, les chances de retard sont nombreuses, et

elle chemine du haut de la montagne jusqu'à l'extrémité libre
du glacier, avec une lenteur dont la nature offre peu d'exemples. C'est ainsi que les objets perdus à la surface du glacier
ne se retrouvent que plusieurs années après, à un niveau
inférieur.

L'échelle que de Saussure, lors de son ascension mémorable
du mont Blanc en 1788, avait abandonnée au pied de l'aiguille

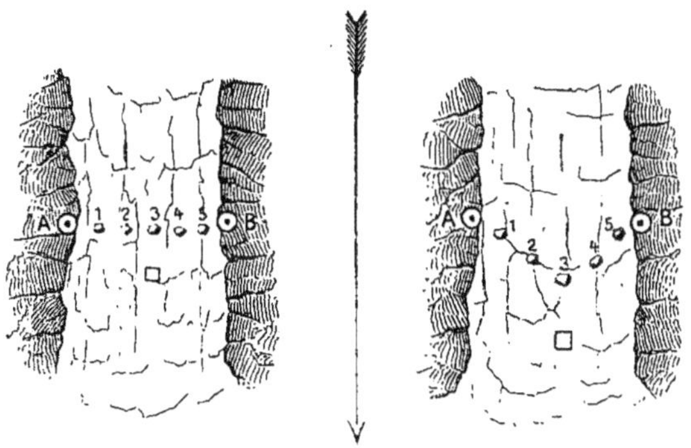

Fig. 33. — Mesure de la marche des glaciers.

Noire, a été rencontrée quarante-quatre ans plus tard à
4350 mètres en contre-bas; on a pu calculer, de la sorte, que
le glacier avait progressé de 99 mètres par an, soit 0,27 par
jour.

La progression des glaciers a été depuis l'objet de mesures
précises. En plaçant, par exemple, à la surface des glaciers sur
une ligne transversale, une série de piquets, repérés sur les
deux rives, on a reconnu que cette ligne ne restait pas fixe,
qu'elle s'incurvait dans le sens de la pente, ainsi que le représente la figure 33. Le déplacement du glacier, satisfaisant ainsi
aux lois qui régissent le mouvement de l'eau dans les rivières,
est plus rapide au centre que sur les bords, à cause des frotte-
ments exercés sur les parois qui l'encaissent. Le ralentissement
que subit le glacier sur ses bords est encore bien accusé par
les bandes concentriques boueuses, formées par un entassement
de blocs et de menus débris de rochers éboulés, charriés par la

glace, qui dessinent, à sa surface, une série de lignes courbes, allongées vers le centre, à cause de la rapidité plus grande du déplacement de la glace dans cette partie (fig. 34).

Mouvements des glaciers; leurs lois. — Quelles sont les causes des mouvements des glaciers? Ici nous abordons un des problèmes les plus importants de la glaciologie. On a pensé tout d'abord qu'ils étaient entraînés par leur propre poids, en les comparant à un corps solide glissant sur un plan incliné. Cette hypothèse du *glissement en bloc du glacier*, admise jusqu'au commencement de ce siècle, a été reconnue depuis insuffisante, car elle ne saurait rendre compte des mouvements compliqués du glacier, de la mobilité de ses diverses parties

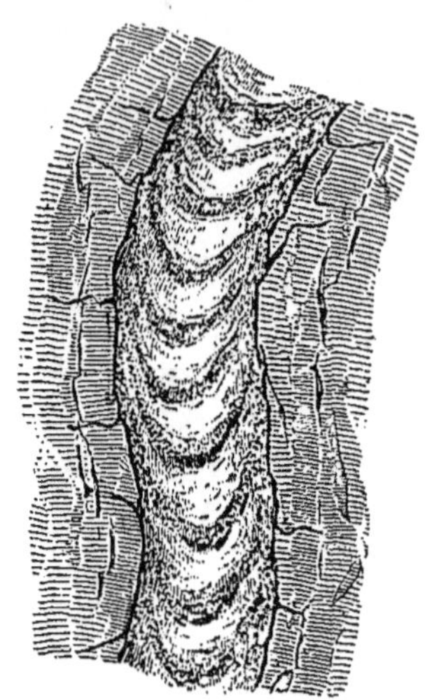

Fig. 34. — Bandes boueuses à la surface d'un glacier.

se mouvant avec des vitesses inégales, accélération au centre, et ralentissement sur les bords, encore moins de son adaptation parfaite à toutes les sinuosités de son lit, hérissé d'aspérités.

Plasticité de la glace. — Des expériences faites directement sur la glace des glaciers ont démontré récemment que cette glace pouvait être considérée comme une substance *plastique*, s'écoulant sous la moindre pression, comme la cire ou la poix ou tout autre liquide imparfait. En posant, par exemple, une barre de glace sur deux supports placés à chacune de ses extrémités, on la voit s'infléchir sous son propre poids. Au bout de vingt-quatre heures, la courbure d'une pareille barre, longue de 0 m. 50 sur 0 m. 30 de large, avec une épaisseur de 0 m. 10, accuse une flèche de 0 m. 25; en la retournant, on la voit se redresser, puis se recourber en sens contraire. La glace subit toutes ces déformations sans rien perdre de sa compacité et sans présenter la moindre fissure ; elle reste cassante et le moindre choc suffit pour la faire voler en éclats [1]. D'autre part, en soumettant à une pression assez faible (deux atmosphères) un cylindre de glace, placé sur un bloc de même nature, on peut voir que le cylindre s'enfonce dans la glace en la refoulant comme une tige de fer pénètre dans un corps visqueux [2]. Il est à remarquer que, dans chacune de ces expériences, la flexion de la barre ou l'enfoncement du cylindre s'accentue à mesure que la température dépasse le point de fusion de la glace et s'élève de 1° à 5°. On peut donc en conclure, avec raison, que quand la température du milieu ambiant s'élève au-dessus de zéro, la glace acquiert des propriétés spéciales, qui donnent à ses particules une certaine mobilité que la moindre pression met bien en évidence. Dans de telles conditions, on peut considérer le glacier, encaissé dans un *couloir*, qui représente un véritable canal d'écoulement, comme une masse imparfaitement fluide, dont la pesanteur, augmentée de la pression exercée par les parties supérieures, détermine les mouvements.

Ainsi se complète l'analogie de ces torrents glacés avec les eaux courantes, analogie qui s'accentue dans les régions inférieures où la température s'élève, et qu'on désigne avec raison sous le nom de *région fluviale* du glacier.

Regel. — On sait aussi que le glacier se prête à toutes sortes de rupture, qu'il est traversé par un grand nombre de crevasses ; dans ce cas, le phénomène du *regel* intervient pour rétablir sa continuité.

Deux morceaux de glace à 0° se soudent quand ils sont mis en contact ; ce phénomène se produit même lorsque deux mor-

----

1. Bianconi, *Expériences sur la flexibilité de la glace ; Mémoires de l'Académie des sciencee de Bologne,* 3ᵉ série, t. I, 1871. — Moseley, *Philosophical Magazine,* 4ᵉ série, t. XLII, 1871.

2. Dʳ Plaff, *Nature* (anglaise), 19 août 1875. L'enfoncement du cylindre de glace soumis à une pression de deux atmosphères est de 1 millimètre par 12 heures, à une température comprise entre 1° et 4°. Lorsque la température monte de 1/2 degré au-dessus de 0°, l'enfoncement avance déjà de 3 millimètres en 12 heures ; avec des températures de 2°,5 au-dessus de 0, il suffit d'une pression de 1/19 d'atmosphère pour qu'il s'enfonce de 14 millimètres en trois heures.

ceaux sont plongés dans l'eau chaude; mais il ne se manifeste
nullement lorsque la glace est sèche, c'est-à-dire au-dessous
de 0°. — Cette propriété de la glace permet d'imprimer successivement à un même bloc les formes les plus variées, en le
soumettant, dans des moules en bois convenablement préparés,

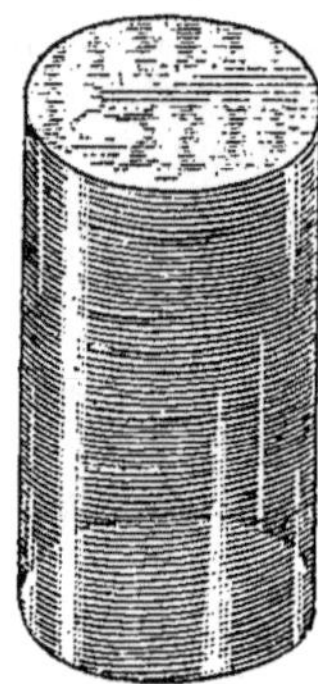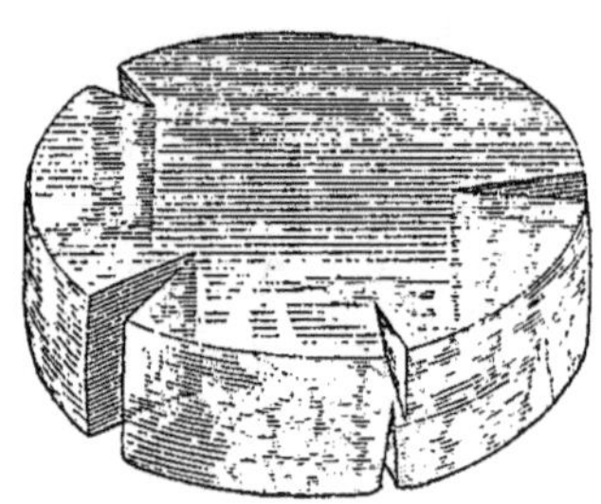

Fig. 35 et 36. — Cylindre de glace, transformé par la pression
en un disque aplati.

à la presse hydraulique. En très peu d'instants on peut transformer un bloc cubique en une coupe, et un prisme en un
anneau. Dans cette expérience, la glace se brise en un grand
nombre de morceaux, qui se ressoudent les uns aux autres, en
vertu de la *régélation*, de telle sorte que la continuité de la
masse est bientôt rétablie.

Or la vallée où un glacier est encaissé représente le moule,
qui, dans les expériences précédentes, agit sur le bloc de glace;
le glacier n'est rien autre chose que le bloc de glace lui-même,
et la pression mutuelle de toutes ses parties, surtout celle de sa
masse supérieure, fait fonction de presse hydraulique.

Crevasses. — Ces mouvements ne s'accomplissent pas sans
produire des perturbations profondes et des dislocations dans la
masse du glacier. Si la glace possède dans son ensemble la
plasticité qui suffit à rendre compte de son écoulement, il n'en
est pas moins vrai qu'elle ne peut suivre sans se rompre toutes
les inégalités de son lit; à chaque instant, des fêlures se produi-

4.

sent dans l'épaisseur du fleuve glacé qui semble immobile;
quand on applique l'oreille à sa surface, on en entend distinctement le léger bruit de crépitement qui signale la formation
de ces fissures presque capillaires, dont les bords vont ensuite

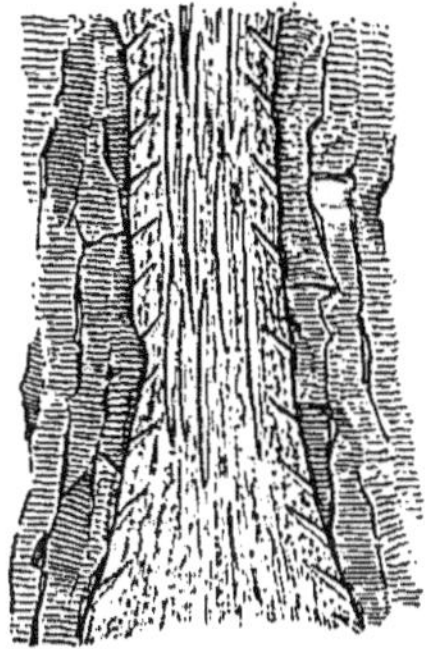

·Fig. 37. —Crevasses latérales et longitudinales à la surface d'un glacier,
au passage o'un étranglement.

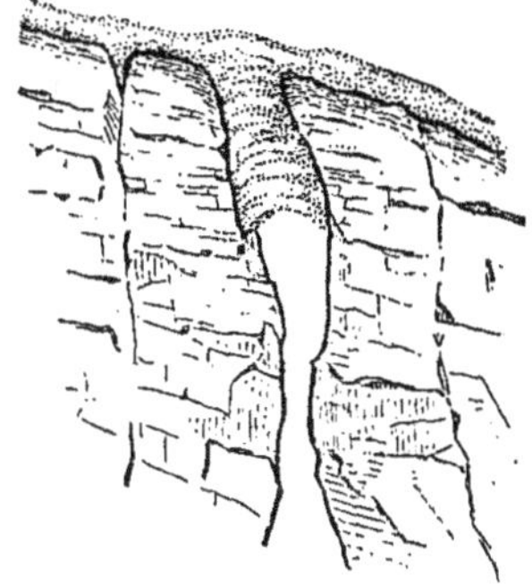

Fig. 38. — Pont de neige.

en s'élargissant de plus en plus. C'est de la sorte que se produisent ces *crevasses*, qui rendent la surface du glacier si accidentée.

Quand elles sont arrivées à leur développement complet,
elles offrent un spectacle des plus saisissants. Leurs parois
bleuâtres plongent jusque dans des ténèbres insondables. En
hiver elles sont remplies de neige qui se glisse dans ces interstices avec une grande facilité. Parfois la nappe de neige ne
descend pas jusqu'au fond de la cavité, elle forme au-dessus de
l'abîme une sorte de pont fragile, sans consistance, que le
moindre ébranlement peut détruire et qui constitue un grand
danger pour les voyageurs aventurés sur les glaciers. Aucun
indice ne révèle la présence de ces passages dangereux, au
milieu des champs de neige qui couvrent d'un manteau uniforme la surface du glacier. Aussi la plupart des accidents qui
arrivent chaque année dans les ascensions de glaciers sont dus
à la chute de ces ponts de neige, qui s'effondrent sous les pas
des voyageurs imprudents.

Ces crevasses sont surtout bien marquées quand la glace est sollicitée, dans son mouvement de descente, à s'allonger. Si la pente est forte, la glace se brise transversalement, c'est-à-dire de rive à rive, perpendiculairement à la largeur du glacier. Ces *crevasses transversales*, toujours profondes et très rapprochées, sont destinées à s'écrouler les unes au-dessus des autres en donnant lieu aux *seracs*, qui rendent si pénible la traversée des glaciers.

Crevasses latérales. — Quand la pente est plus faible,

Fig. 39. — Crevasses latérales du glacier de Gorner.

l'inégalité de la vitesse des bords et du centre fait naitre, sur chacune des deux rives, des *crevasses* dites *latérales*, qui se succèdent avec un parallélisme frappant et offrent toutes ce caractère d'être inclinées sur l'axe du glacier, dans le sens inverse de l'écroulement.

Quelques observateurs ont tiré de cette inclinaison cette conclusion erronée que la vitesse était plus considérable sur les bords qu'au centre. Il n'en est rien : si nous nous reportons, en effet, à la série de piquets qui nous a servi à mesurer la progression du glacier, nous les voyons se disposer suivant une ligne courbe dirigée dans le sens de l'allongement. Or, comme la glace est inextensible, cette tendance à l'allongement fait naître sur les bords des cassures perpendiculaires à cette courbe, ainsi que le veulent les lois de la mécanique.

Crevasses frontales. — Enfin, quand, à la suite d'un étranglement, le glacier s'épanouit en éventail comme il le fait à son extrémité inférieure, la glace, ne pouvant se dilater, se divise par tranches séparées par des intervalles béants; ce sont les crevasses *radiées*, qui sont encore dites *frontales*, car elles se forment de préférence à l'extrémité libre du glacier.

Vitesse moyenne des glaciers. — La vitesse moyenne d'un glacier, calculée d'après la marche de la mer de Glace de Chamouny (mont Blanc), est de 0 m. 30 par vingt-quatre heures; elle s'accroît un peu en été, elle augmente aussi dans les étranglements du glacier au passage des gorges, où la pente s'accentue, et peut atteindre, dans ces conditions exceptionnelles, 1 m. 25, par vingt-quatre heures. Or les torrents parcourent en moyenne 15 mètres par seconde : la différence est considérable, comme on le voit.

Cette vitesse est également soumise dans toute l'étendue du glacier à des variations; celle du glacier de l'Aar, par exemple, qui est de 71 mètres par an dans la partie moyenne, n'est plus que de 39 mètres dans la partie inférieure, tandis qu'elle atteint 75 mètres de haut [1].

Fusion des glaciers. — Cette progression des glaciers, quoique faible, deviendrait cependant inquiétante par sa continuité, si les chaleurs de l'été, dans les régions basses où ils arrivent, ne venaient leur imposer une limite en les faisant fondre. Dans les Alpes, chaque été fait disparaître de la surface des glaciers une couche d'environ 8 mètres d'épaisseur. En même temps, leur extrémité inférieure, arrivant dans les régions plus tempérées, fond rapidement.

Cette fusion du *front du glacier* est la plus importante à considérer, car c'est elle surtout qui arrête son progrès dans les

1. D'après les recherches d'Agassiz et de Desor.

régions basses. Le glacier diminuerait chaque année, si sa progression incessante ne venait contre-balancer cet effet. Il s'établit ainsi une sorte d'équilibre entre la fonte de l'été d'un côté
et la progression annuelle de l'autre. Si la saison est chaude et
sèche, c'est la fusion qui l'emporte, et le glacier recule vers les

Fig. 40. — Vue d'un glacier avec ses moraines, ses blocs isolés (tables de glace)
et le torrent auquel il donne naissance.

hauts sommets; si l'été est froid et pluvieux, la progression
compense largement les effets de la fusion et le glacier avance.

L'eau résultant de la fusion superficielle donne lieu à une
multitude de petits ruisseaux qui serpentent à la surface de
la glace et viennent s'engouffrer dans les crevasses qui la traversent. Ces eaux font office, dans ces fissures, d'une véritable
lame d'acier; elles les élargissent et bientôt s'enfoncent jusqu'au

fond du glacier, où elles se réunissent alors et se frayent un chemin sur le lit même du glacier. Grâce à leur température relativement élevée, ces eaux ruisselantes fondent une certaine quantité de glace au-dessus de leur cours, elles s'ouvrent ainsi un passage et vont sortir, à son extrémité inférieure, sous une sorte de voûte ou d'arcade naturelle qu'elles se sont creusée elles-mêmes, parce qu'arrivées à ce point elles sont souvent abondantes et qu'elles peuvent faire entrer en fusion une grande quantité de glace.

Les torrents qui jaillissent ainsi à la base de chaque glacier représentent donc tout le produit que la fusion enlève au glacier; ils sont parfois considérables, et roulent des eaux boueuses, chargées de sable et de limon, qui entraînent souvent des blocs d'un volume considérable. L'Aar emporte chaque jour, à la sortie de son glacier, pendant la saison chaude, une masse de sable et de limon évaluée à 284 tonnes; son débit est alors de 20 mètres cubes par seconde. Le Rhône, le Rhin se présen-tent dans des conditions semblables à la sortie de leurs glaces. Pendant les hivers rigoureux où la fusion s'arrête, il peut se faire que le torrent tarisse. C'est ce qui a eu lieu plusieurs fois pour l'Aar, qui prend sa source dans le glacier du mont Blanc.

Effets mécaniques des glaciers. — L'épaisseur des glaciers est en moyenne de 30 à 40 mètres, mais elle peut atteindre, suivant la pente, plusieurs centaines de mètres; nous verrons plus loin que les glaciers polaires, reposant sur un sol presque horizontal, peuvent atteindre et même dépasser 600 mètres. Il est bien évident que la translation d'une pareille masse ne peut se faire sans produire, sur les parois des roches qui l'encaissent, des actions mécaniques intenses.

Roches polies et striées. — Suivant une comparaison fréquemment employée, et dont nous nous sommes déjà servis, le glacier passe sur le sol comme un puissant rabot; les blocs anguleux, enchâssés dans la glace, agissent comme autant de burins et tracent sur les rochers des stries et des cannelures profondes, dirigées dans le sens du mouvement de descente.

D'autres fois, c'est la roche des parois qui, plus dure, use, raye et finit par arrondir les blocs charriés; ainsi se forment ces cailloux polis et striés, si caractéristiques des alluvions glaciaires. Les sables et les graviers qui résultent de tous ces écrasements, pressés par la glace, produisent sur les roches encaissantes de fines stries et parviennent à leur donner un poli aussi brillant que celui du marbre travaillé par les lapidaires.

Le mécanisme par lequel ce polissage et ces stries sont obtenus est fort simple; c'est celui qu'on emploie dans l'in-

Fig. 41. — Roches calcaires moutonnées par le passage d'un ancien glacier.
(Canton de Belley [1].)

dustrie quand on polit les métaux et les corps durs avec l'émeri. Les sables et les graviers, interposés entre la glace et les parois, jouent le rôle d'émeri, et la vitesse de la main de l'ouvrier est remplacée par la pression considérable exercée par le glacier. Sur les deux rives de la mer de Glace, dans le massif du mont Blanc, on distingue ainsi bien nettement la bande de *roches polies* qui s'élève à plus de 3000 mètres d'altitude et dont l'allure arrondie contraste singulièrement avec les arêtes vives et déchiquetées des crêtes qui la dominent. Aucune preuve n'atteste avec plus d'évidence l'énorme épaisseur que la glace atteignait dans ces passages avant l'époque actuelle.

Roches moutonnées. — Sur le fond du glacier, ces actions

1. D'après Falsan et Chantre, *Monographie géologique des anciens glaciers du Rhône*. Paris, 1881, 2 vol., avec figures dans le texte et atlas.

mécaniques sont nécessairement très considérables. Le poids
de la glace fait office d'une véritable meule polissant tout ce
qui s'oppose à son passage. C'est de la sorte que le glacier
imprime aux roches de son lit ces formes arrondies, si particulières et si caractéristiques, qui présentent de loin l'image
d'un troupeau de moutons endormis, et auxquelles convient
bien le nom de *roches moutonnées* qui leur a été appliqué par
Saussure (fig. 41).

Boue glaciaire. — Le produit final de cet écrasement que
les glaciers opèrent sur leur fond est une boue d'un gris d'ar-
doise, formée de particules argileuses, extrêmement fines, qui
n'est pas moins caractéristique que toutes ces roches polies et
striées que nous venons de définir. Cette boue glaciaire, avec la
finesse de son grain et sa coloration toujours bleutée, se distingue facilement des limons sableux, toujours jaunes, déposés
par les eaux courantes.

Effets de transport des glaciers. — Comme tous les autres
torrents, le glacier charrie des alluvions qu'il finit par déposer
à l'extrémité de sa course. Il prépare en quelque sorte le travail que le fleuve, qui lui fait suite, va continuer dans son parcours jusqu'à la mer, en apportant, dans le grand réservoir de
l'Océan, tous les débris provenant de la destruction des hautes
cimes, réduits en sables et en limons.

Moraines latérales. — La surface mouvante du glacier
reçoit, en effet, tous les débris de roche que l'action combinée
de la gelée et du dégel, de la pluie et du vent, arrache aux
escarpements rocheux qui l'encaissent et se dressent sous forme
de pics ou de pitons souvent fort élevés.

Tous ces débris, qui s'accumulent naturellement au pied
même des escarpements, viennent former le long du glacier
ces longues traînées de blocs anguleux, noircis, empilés en
désordre, appelées *moraines latérales.*

Cette disposition s'accentue encore par ce fait que la surface
du glacier est toujours bombée, et que les blocs doivent néan-
moins glisser sur les deux versants pour se réunir ainsi sur les
bords, et les deux moraines laissent ainsi entre elles un espace
où la glace se montre à découvert.

Table des glaciers. — Les blocs qui tombent ainsi sur les

glaciers sont parfois de dimensions considérables. Quand un
large bloc de pierre, tel qu'une dalle de schiste, par exemple,
recouvre la glace, il l'abrite et la protège contre les rayons du

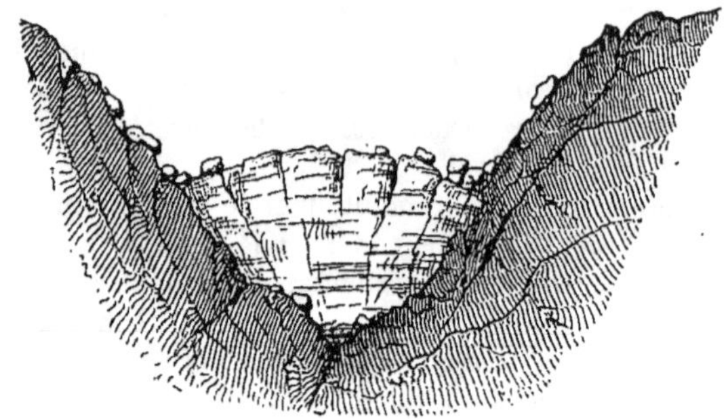

Fig. 42. — Section faite au travers d'un glacier, montrant la disposition
des moraines latérales.

soleil. Au bout de quelque temps, par conséquent, il est destiné
à se trouver en saillie sur le dos du glacier, porté par un piédestal auquel il a servi d'écran.

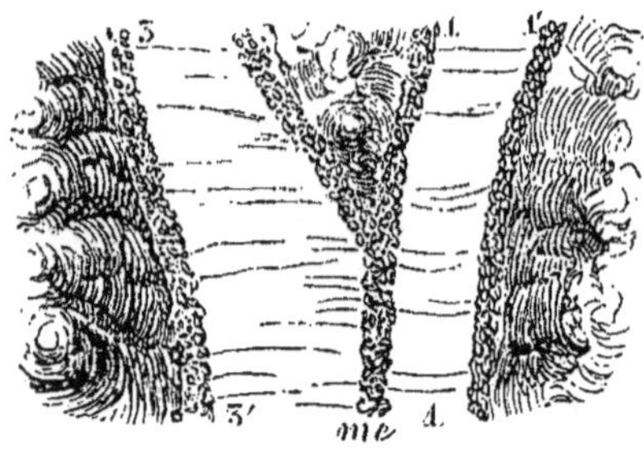

Fig. 43. — Formation d'une moraine médiane par la rencontre de deux glaciers.
— 1, 1', 3, 3', moraines latérales. — *me*, moraine médiane.

On donne le nom de *tables de glaciers* à ces blocs perchés,
dont quelques-uns n'ont pas moins de 20 à 25 mètres carrés de
superficie.

Moraine médiane. — Quand un glacier reçoit sur son parcours un affluent, c'est-à-dire un glacier secondaire, descendant d'une partie de la montagne, la moraine latérale du premier glacier, située dans la direction de la jonction, se réunit à celle qui lui est opposée dans le second, et toutes deux cheminent alors au milieu du glacier principal, qui par conséquent, dans le reste de sa route, va en supporter trois, ainsi que le représente la figure 43.

Cette moraine, en raison de sa position, prend nom de *moraine centrale* ou *médiane*. Ces deux courants se suivent alors parallèlement sans se confondre, bien délimités par cette traînée de blocs, qui résulte de la jonction de leurs deux moraines.

La figure suivante (fig. 44) représente à leur passage sur la mer de Glace, près du Montanvert, dans le glacier du mont Blanc, la jonction de deux de ces courants, dont l'un, celui qui provient du Géant, est bien reconnaissable à ses bandes boueuses.

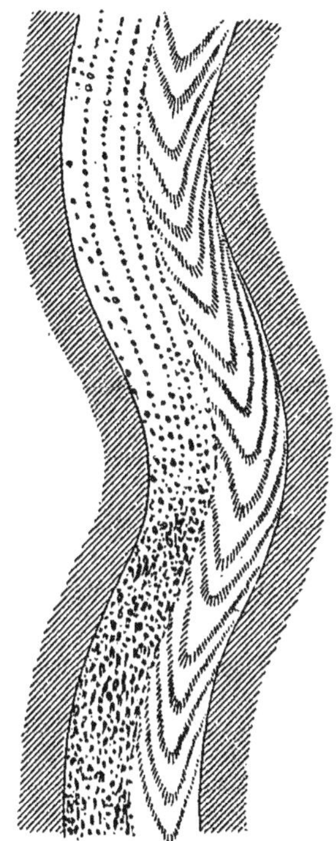

Fig. 44. — La mer de Glace, près du Montanvert (d'après Tyndall).

Moraine frontale. — Continuant d'obéir au mouvement qui les emporte, tous ces fragments de roches, ainsi que les blocs enfouis dans les profondeurs, cheminent comme un immense convoi et arrivent ainsi jusqu'à l'extrémité du glacier, qui se termine par un escarpement à pic au point où la fusion arrête sa marche. Cette partie terminale, nommée *front du glacier*, est très inclinée; les matériaux dont se composent les moraines superficielles glissent à sa surface, et viennent s'entasser au pied de l'escarpement, après leur chute, qui se fait souvent avec un bruit effroyable, sous la forme d'une nouvelle *moraine* dite *frontale* (fig. 45).

Cette moraine atteint souvent une hauteur et une épaisseur

Fig. 45. — Moraine frontale.

considérables; elle se présente à la manière d'un rempart élevé, de forme convexe, plus puissant à ses deux extrémités qu'à son centre.

Caractères généraux des talus de déjection des glaciers. — Tout est en désordre dans ces alluvions grossières qui représentent tout ce que le glacier a transporté, c'est-à-dire toute la masse des blocs éboulés que les agents atmosphériques ont accumulés à sa surface. Des blocs, les uns roulés, polis et striés par suite du frottement qu'ils ont subi sur les parois du glacier, les autres provenant de la moraine médiane et ayant conservé leurs formes anguleuses, sont entassés pêle-mêle et entremêlés de limon. — C'est là le trait caractéristique de ces *talus de déjection* des glaciers, qui se distinguent en cela de ceux produits par les cours d'eau, dans lesquels nous avons vu qu'il régnait toujours un certain ordre, les matériaux étant, après leur dépôt, pour ainsi dire calibrés, c'est-à-dire distribués par ordre de densité : les plus gros, les premiers à la base; les sables ensuite, puis les limons au sommet; ces derniers ne se déposant que quand la vitesse du courant est ralentie.

Principaux exemples de glaciers; Alpes suisses. — Les dimensions d'un glacier sont nécessairement réglées par l'importance du champ de névé qui l'alimente; il faut aussi que le massif montagneux reçoive des vents, chargés d'humidité, qui laissent de puissantes couches de neige dans ces réservoirs d'alimentation situés dans les hautes cimes. En Europe, ces conditions sont pleinement réalisées dans les Alpes, aussi ce massif supporte près de mille glaciers, dont plus d'une centaine descendent dans les vallées habitées par les hommes, où les moissons jaunissent et le raisin mûrit. C'est ainsi que les glaciers du mont Blanc, qui couvrent, à eux seuls, une surface de 282 kilomètres carrés, peuvent cheminer dans la dernière partie de leur cours au milieu des forêts de hêtres, de mélèzes et de sapins, et c'est au travers du feuillage verdoyant des arbres qu'on entrevoit les vagues blanches de la *mer de Glace* et le *glacier du Bois* qui lui fait suite. Ailleurs, c'est au milieu de champs de céréales dont il n'empêche pas la moisson, que s'étend la base du torrent glacé [1].

Mais à côté de ces grands *glaciers encaissés* occupant des gorges profondes, comme celui qu'on peut suivre depuis le sommet du mont Blanc jusqu'à Chamouny, il en est d'autres plus restreints, qui cheminent sur des pentes raides et qui s'étalent au lieu de s'allonger à la manière d'un véritable fleuve de glace comme les précédents. Tels sont ceux bien connus qui, autour de la crête des Aiguilles, dans le massif du mont Blanc, restent appliqués sur des pentes de 30° à 40° sans pouvoir pénétrer dans les vallées voisines.

C'est sous cette forme de *glaciers suspendus* que se présentent les glaciers dans les Pyrénées.

Glaciers des Pyrénées. — Cette chaîne, allongée, comme on sait, sur un étranglement des terres, entre deux bassins maritimes, à une latitude plus basse que celle des Alpes, ne présente nulle part de ces torrents glacés, descendant des hauteurs jusqu'au fond des vallées, comme les précédents.

La neige, le névé et la glace demeurent le plus souvent sus-

---

1. Le glacier du Grindelwald est celui de toutes les Alpes qui pénètre le plus avant dans les vallées; son extrémité libre atteint presque la limite supérieure des cerisiers. (Studer, Biblioth. de Genève, sept. 1866.)

pendus, loin de tout regard, dans un seul et même repli de la montagne.

Localisés dans les parties centrales, c'est dans l'est de la chaîne qu'ils prennent le plus grand développement. C'est ainsi que ceux de Vignemale et de Balastou sont deux fois plus étendus, malgré leur exposition au soleil, que ceux septentrionaux situés à l'ombre.

M. Schrader en a donné l'explication en montrant l'influence prépondérante des vents dans la formation de ces traînées neigeuses qui forment le trait caractéristique des glaciers dans les Pyrénées.

Les neiges s'amoncelant à l'abri des vents dominants, et ces vents soufflant de l'ouest, les plus grandes provisions de neige se trouvent nécessairement à l'est. Il est donc naturel de trouver les plus grands glaciers de ce côté. Quand le vent vient à souffler, la poussière neigeuse, située du côté du vent, est soulevée, poussée sur la pente jusqu'au sommet qu'elle franchit, pour retomber ensuite de l'autre côté de la montagne. La neige tend donc à s'accumuler, par entassement, de ce côté.

C'est de la sorte que, dans cette belle région montagneuse si accidentée, on voit souvent en hiver, au printemps et en automne, de longues traînées blanches de neiges aériennes qui ondulent comme une écharpe attachée à la cime. C'est le glacier qui s'approvisionne.

De même que nous avons cherché dans les torrents un terme de comparaison, destiné à éclaircir les phénomènes de transport des glaciers, dans leur région fluviale principalement, de même les lois du transport des neiges, dans leur partie supérieure, présentent beaucoup de rapports avec la marche des dunes, avec cette différence que le travail est plus rapide pour les neiges en raison de leur légèreté, et le phénomène bien plus considérable, si l'on calcule la quantité de masse neigeuse transportée.

Glaciers polaires. — Dans les contrées polaires, le phénomène glaciaire prend une extension considérable. Les terres disparaissent, en partie, sous une immense calotte de glace, qui s'étend sur de vastes espaces, à la manière d'un manteau uni-

forme, au-dessus duquel émergent, çà et là, quelques crêtes
plus ou moins interrompues, arides et dénudées.

Cette immense nappe glacée est loin d'être immobile, elle
s'écoule au contraire avec une vitesse considérable, en donnant
naissance à de véritables glaciers qui occupent les parties déprimées du sol et descendent jusqu'à la mer, où ils se terminent
par une falaise largement étalée.

Ces glaciers polaires, émissaires des champs de glace, sont
ainsi caractérisés par leur immense largeur et leur vitesse de
progression considérable. Nordenskjold, en 1883, a pu calculer
que la vitesse d'un de ces grands glaciers du Groënland situé
par 62° de latitude nord, dont le front se développait sur 3 kilomètres, avançait de 43 mètres par jour. Cette vitesse considérable, si l'on veut se rappeler que l'avancement de la mer
de Glace, au mont Blanc, n'atteint pas 1 mètre par jour, ne peut
être attribuée à la pente, puisque ces grands glaciers groënlandais s'écroulent sur un sol presque horizontal; il faut en
chercher la raison dans l'énorme pression exercée par la glace
intérieure sur ces émissaires, par lesquels s'écoule son trop-
plein.

Les glaciers polaires nous fournissent ainsi une éclatante confirmation du rôle que joue la pression des masses supérieures
dans le mouvement de translation des glaciers.

Glaces flottantes. — Le Spitzberg réalise bien cette conditions d'un pays montagneux entièrement envahi par les glaces.
Ces montagnes, dont l'altitude varie entre 500 à 1200 mètres,
sont pour ainsi enterrées sous la glace; leurs pointes seules
restent visibles. Toutes les vallées sont comblées par des glaciers
qui atteignent plusieurs lieues de large et viennent aboutir à
la mer, où ils se terminent par des escarpements taillés à pic
sur plus de 100 mètres de haut.

La pression exercée par une pareille masse fait que les glaciers, qui en dérivent, se prolongent au delà du littoral et
empiètent sur le domaine maritime. Cette partie en surplomb,
mal soutenue à l'heure de la marée basse, s'écoule dans les flots
avec de formidables craquements. D'énormes tranches de glace
se détachent ainsi de la falaise avec un bruit de tonnerre, plongent dans l'eau, puis reparaissent à la surface de la mer don-

nant lieu à ces glaces flottantes, les *ice-bergs*, que les vents et les courants transportent au loin (fig. 46).

Les glaciers groënlandais, qui descendent d'une vaste terre, complètement plongée sous les glaces, se prolongent ainsi fort en avant dans la mer, et se débitent par blocs réguliers, qui peuvent atteindre parfois 1000 mètres du sommet à la base.

Fig. 46. — Un glacier polaire et ses glaces flottantes.

C'est là, du reste, où se trouvent les plus grands glaciers arctiques; celui de Humboldt, par exemple, qui débouche dans le détroit de Smith, au nord de la baie de Baffin, s'étend le long de la mer sur une longueur de 111 kilomètres et se termine par un escarpement de 90 mètres de haut.

Glaces côtières. — Ces montagnes de glace, issues des glaciers polaires, n'entraînent en général que peu de débris, car les moraines font presque défaut sur ces immenses champs de glace qui n'ont pour ainsi dire pas de rives. Il en est tout autrement des glaces qui se forment directement à la surface de la mer, le long des rivages, et qui viennent ainsi se souder à la terre ferme. Cette plate-forme, qui porte le nom de *banquise*, peu épaisse, directement appliquée à la côte, reçoit tous les éboulis des falaises, qui se dégradent facilement dans ces parages glacés, et le plus souvent sont très fissurés.

Dans la saison chaude et surtout à la suite des tempêtes, qui sont violentes dans ces parages, la banquise se brise et se détache du littoral en emportant, avec tous les débris qu'elle

supporte et qui jonchent sa surface au point de la faire disparaître sous une couche de cailloux et de terre, les portions de
la côte à laquelle elle était soudée.

Ainsi se produisent des débâcles, qui amènent la formation
de véritables *îles flottantes*, qui sont alors chargées de blocs et

Fig. 47. — Les îles flottantes.

sont entraînées au loin, parce qu'elles sont moins considérables
que les montagnes de glace et qu'elles flottent plus facilement
à la surface de l'eau.

C'est ainsi que de grosses masses de pierres se déposent çà et
là dans le fond des mers, constituant de véritables *blocs erratiques*, entraînés par les glaces flottantes que les vents et les courants emportent à des distances considérables.

Extension ancienne des glaciers; ses preuves. — Telles
sont les actions diverses exercées par les glaciers. Si maintenant nous imaginons par la pensée qu'un de ces appareils vienne
à disparaître en fondant peu à peu, nous saurons retrouver,
à la place qu'il occupait, d'irrécusables témoins de son ancienne
extension.

C'est de la sorte que les géologues ont reconnu, ainsi que

nous le verrons plus tard, qu'autrefois les glaciers ont été plus
étendus qu'ils ne le sont actuellement. Dans certaines régions
bien éloignées des glaciers actuels, notamment dans les Vosges,
dont la faible élévation ne permet que l'établissement des
neiges perpétuelles, on rencontre sur les flancs des vallées des
trainées longitudinales de blocs anguleux, qui représentent

Fig. 48. — Formation d'une moraine profonde, par la chute des blocs charriés
à la surface du glacier dans les crevasses.

d'anciennes moraines latérales, ainsi que de grandes surfaces
usées, polies, striées et moutonnées semblables à celles qui
existent dans tous les glaciers. Des remparts transversaux
forment encore, dans le fond des vallées, des barrages composés
d'un entassement de blocs anguleux ou arrondis, représentant
les moraines frontales, qui indiquent la limite maximum de
l'extension de ces anciens glaciers.

L'Auvergne elle-même, aujourd'hui si dépourvue de glaciers,
a été en partie recouverte par les glaces, ainsi qu'en témoignent
les anciennes moraines et les surfaces granitiques polies de la
haute Dordogne.

Les Alpes n'ont pas échappé à la loi commune; à cette date
elles avaient acquis leur principal relief et se trouvaient, par
suite, toutes préparées pour concentrer des névés et les faire
converger dans un grand nombre de vallées. Pendant cette
période de froid et surtout d'humidité qui a présidé à cette
grande extension des glaciers, la Suisse tout entière offrait
l'image d'une vaste mer de glace dont les émissaires, rayonnant
dans toutes les vallées des Alpes, venaient s'appuyer d'une part

sur le Jura et de l'autre descendre dans les plaines du Piémont
et de la Lombardie.

Blocs erratiques. — Cette extension ancienne des glaciers a
pu être établie sur d'autres preuves.

Fig. 49. — La pierre du Bon-Dieu, à Trept (bas Dauphiné). *Bloc erratique.*

Les matériaux transportés par les glaces ne se présentent pas
toujours sous la forme de trainées morainiques, comme celles

Fig. 50. — Bloc perché, sur la route du mont Chat, près du Bourget [1].

que nous venons de décrire; souvent ils sont dispersés, éparpillés pour ainsi dire à l'état de blocs isolés.

Ces blocs, qui sont souvent de dimensions énormes et se

1. Figures de Falsan et Chantre, *Monographie des anciens glaciers du
Rhône.*

présentent à des niveaux divers, aussi bien dans le fond des vallées que sur le sommet des montagnes élevées, où ils se signalent par leurs formes anguleuses et souvent singulières, sont appelés *blocs erratiques*. Ils sont formés de roches toujours différentes de celles constituant le sol sur lequel ils sont maintenant placés, et, quand on peut reconnaître leur origine, on voit qu'ils sont venus de loin.

De tout temps l'attention s'est portée sur ces blocs, singulièrement dispersés à toutes les hauteurs, et dont la position ainsi que les dimensions, souvent surprenantes, ont toujours été un sujet d'étonnement. Pendant bien longtemps on s'est contenté de les entourer de légendes merveilleuses, et les noms qu'ils portent habituellement dans les régions où on les observe, ceux de *Pierre du Diable*, *Pierre des Sorciers*, *Pierre des Fées*, *Pierre à sacrifice*, par exemple, sont bien significatifs à cet égard. On les voit souvent couverts de signes mystérieux, entourés d'amulettes; ils servent ainsi de lieux de pèlerinage très fréquentés, notamment dans certaines parties des Vosges, du Jura et du Dauphiné.

Pour expliquer leur présence, on avait recours à des forces surnaturelles : c'était tantôt un géant inconnu, tantôt Samson ou Goliath qui les avait lancés du haut des montagnes et les avait ainsi dispersés dans les plaines.

La recherche de leur origine et de leur distribution a préoccupé tous les savants; on a calculé la vitesse des courants qui avaient pu transporter ces blocs énormes, dont les dimensions peuvent atteindre 40 000 mètres cubes, ou bien la force de projection qui avait été capable de disperser au loin ces gigantesques débris.

En Suisse, notamment, où ces blocs sont nombreux, on attribuait leur transport à des courants diluviens.

La science théorique n'enfanta que des erreurs à leur sujet; il fallut le bon sens d'un chasseur de chamois, qui avait passé sa vie au milieu des neiges et des glaciers des Alpes, pour indiquer la solution de ce grand problème.

Ce fut, en effet, un simple guide, Jean-Pierre Perraudin, dont le nom est resté célèbre, qui, en 1815, démontra que tous ces blocs répandus dans les vallées de la Suisse provenaient des hauts sommets des Alpes, et qu'ils avaient été transportés à des distances aussi considérables par des glaciers plus étendus que ceux qui existent actuellement.

Ces observations ont été bien vite confirmées, et l'intervention des glaciers est maintenant seule admise pour expliquer la distribution actuelle des *blocs erratiques*. Leurs proportions, souvent considérables, excluent toute idée de transport par les eaux; d'ailleurs, leur origine glaciaire est encore attestée par ce fait, qu'ils portent souvent, sur leurs saillies, la *marque du glacier*, c'est-à-dire les surfaces polies et les stries caractéristiques.

Tel est, par exemple à l'entrée du Valais, le *bloc monstre* qui atteint 49 000 mètres cubes.

Ce n'est pas seulement au pied des massifs alpins qu'on rencontre ces blocs énormes; on les trouve aussi sur les plateaux du Jura. Tout le monde connaît la *Pierre à bot,* cet immense bloc de granit des Alpes, qui apparaît au-dessus de Neuchâtel et repose là sur des roches calcaires.

On a suivi ces blocs alpins dans les plaines de l'Ain et

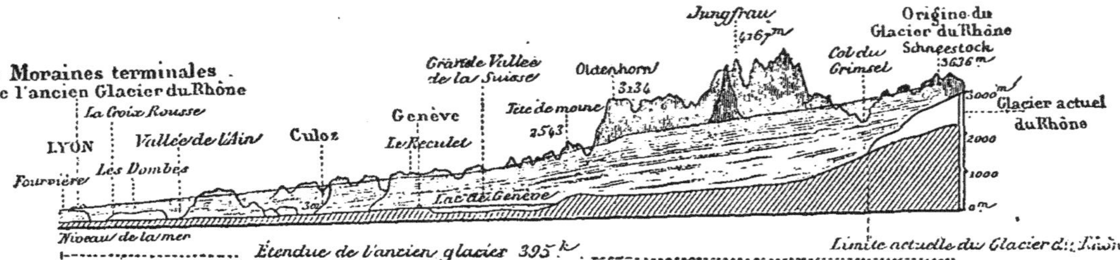

Fig. 51. — Profil en long de la rive droite de la vallée du Rhône servant à indiquer le développement vertical et horizontal de l'ancien glacier du Rhône, pendant sa période de plus grande extension (d'après M. Falsan).

de l'Isère, et jusque sur les collines lyonnaises, dans la vallée du Rhône.

Extension ancienne du bassin du Rhône. — C'est ainsi que MM. Falsan et Chantre, en notant la position de chacun de ces blocs et en tenant compte de la direction des stries, sont arrivés à démontrer que le glacier du Rhône, qui n'occupe maintenant qu'une simple gorge dans le massif du Saint-Gothard, s'étendait à une époque ancienne, qui n'est pas très éloignée de la nôtre, depuis les hautes montagnes du Valais jusqu'à Lyon.

C'est ce que le profil ci-joint représente, en montrant l'espace recouvert par cet immense glacier, dans sa période de plus grande extension. Son étendue était alors de 495 kilomètres. Il se développait ainsi dans les plaines de la Suisse, jusqu'au Jura, et sa moraine frontale venait s'étendre à l'endroit même où s'unissent le Rhône et la Saône et où la ville de Lyon a été construite depuis.

Cet exemple, que je pourrais multiplier, car ce n'est pas la seule restauration qu'on a faite de l'extension ancienne des glaciers, ce phénomène étant général et s'étant étendu à tout le globe, suffit pour indiquer les renseignements précieux que nous fournissent les blocs erratiques pour l'histoire des phénomènes dont notre globe a été autrefois le théâtre.

Blocs erratiques scandinaves dans le nord de l'Europe. — L'énorme extension des anciens glaciers de la Suisse est désormais un fait incontestable. On ne saurait douter que ce phénomène ne se fût pas étendu à tout le reste de l'Europe. La surface de la grande plaine de l'Europe, depuis la Hollande jusqu'en Russie, est, en effet, entièrement couverte par un revêtement de graviers et de boues glaciaires, au milieu duquel sont disséminés un grand nombre de blocs erratiques, de dimensions parfois énormes, qu'on sait provenir de la Scandinavie ou de la Finlande.

Alors que les glaciers des Alpes et ceux de tous les massifs montagneux de l'Europe centrale avaient pris l'extension que nous connaissons, la Scandinavie, plus élevée et par conséquent plus étendue qu'elle ne l'est actuellement, était également envahie par les glaces, qui se trouvaient alors dans les condi-

tions de celles qui couvrent maintenant le Spitsberg et le Groënland, une grande mer s'étendant sur tout le nord de l'Europe.
Les glaces flottantes, détachées de ces glaciers, parcouraient
cette mer qui entourait la Scandinavie, dispersant çà et là les
blocs de rochers qu'elles entraînaient.

Ces roches de transport, éparses en si grand nombre, aussi
bien dans les plaines de la Russie septentrionale qu'en Prusse
et en Pologne, jusque sur le versant des Carpathes, offrent toutes
cette particularité de conserver leurs arêtes vives, saillantes,
mais il est juste de dire aussi, couvertes de stries, et de surfaces
polies caractéristiques. Chose étrange, nombre de ces blocs
scandinaves et finlandais, échoués au delà des mers, sont encore
pour la plupart revêtus de lichens et d'autres plantes norwé-
giennes.

On a pu encore faire cette remarque que les blocs erratiques
de Russie viennent de Finlande; ceux de la Pologne offrent un
mélange de blocs scandinaves et finlandais; ceux de l'Allemagne
du Nord viennent de la Scandinavie et des bords de la Baltique.
Plus à l'ouest on ne les rencontre plus au delà des monts
Norwégiens, tandis qu'au nord, sur les côtes d'Angleterre et
d'Écosse, on en trouve qui sont échoués à des altitudes de
420 mètres.

Les monts Norwégiens ont été ainsi un centre de dispersion,
d'où les roches éboulées ont été ensuite distribuées par les
glaces flottantes, sur un immense espace, pour ainsi dire circulaire, compris entre les îles Britanniques, le Spitzberg, les monts
Ourals et les Carpathes, dont le rayon en prenant Stockholm
pour centre aurait plus de 1000 kilomètres.

Parmi ces blocs disséminés ainsi au milieu de ce terrain
erratique scandinave, il en est des remarquables. Tels sont la
Grande-Pierre de Belgard, en Poméranie, qui mesure 840 mètres
cubes, et surtout le fameux bloc de granite, pesant 1500 tonnes,
qui sert maintenant de piédestal à la statue de Pierre le Grand,
à Saint-Pétersbourg.

Il est bien évident que de pareils blocs n'ont pu être transportés que par des montagnes de glaces détachées des glaciers
scandinaves et finlandais, dans la période de leur plus grande
extension, et flottant sur une mer qui, occupant l'emplacement

actuel de la Baltique, empiétait considérablement sur l'Europe septentrionale. C'est là l'indice certain d'une submersion partielle de l'Europe, à l'époque où s'est faite, sur nos continents, cette grande extension des glaciers.

Ces blocs erratiques nous fournissent des indications précieuses; ils nous permettent de fixer les limites de l'envahissement des eaux sur le continent européen à cette époque ancienne.

CHAPITRE V

ACTION DES ÊTRES VIVANTS

Action des végétaux : tourbières; combustibles minéraux. — Action des organismes marins : dépôts formés par les foraminifères. — Récifs coralligènes; atolls; roches coralliennes diverses.

Les êtres organisés, dans de certaines conditions que nous allons maintenant définir, peuvent à leur tour contribuer à l'accroissement de l'écorce terrestre, en constituant par leur simple accumulation de véritables masses minérales dont le mode actuel de formation, particulièrement instructif, va nous éclairer sur les conditions de dépôt de certaines roches *calcaires* et des *combustibles minéraux*.

Tourbières; mode de formation de la tourbe. — Les tourbières, ces endroits humides et marécageux où de nos jours s'accomplissent à l'abri de l'air, sous la protection de l'eau, la décomposition lente de certaines matières végétales et leur transformation progressive en un produit combustible, bien connu sous le nom de *tourbe*, offrent actuellement un remarquable exemple du travail effectué par les végétaux qui s'appliquent ainsi à fixer dans le sol, sous une forme durable, des éléments, carbone, hydrogène et oxygène, primitivement contenus dans l'air.

La tourbe est, en effet, le produit de la décomposition sous l'eau de certains végétaux d'ordre inférieur, susceptibles d'absorber une grande quantité d'eau, tels que les mousses et spécialement les sphaignes, associées à des Cypéracées du genre *Carex* ou laiches. Ces mousses tourbeuses exigent pour se développer que les eaux qui les alimentent soient limpides, avec une atmosphère humide dont la température moyenne ne dépasse pas 8 degrés centigrades. Cette circonstance, qui facilite la condensation de l'humidité par les mousses, amène le développement d'une végétation aquatique vigoureuse qui entretient elle-même la nappe aquifère dont elle a besoin. Dans ces conditions, les mousses croissant rapidement en hauteur par leur sommet exposé à l'air libre, les touffes meurent du pied, et leur base, constamment émergée, subit une décomposition incomplète à l'abri de l'air, qui l'amène à l'état de tourbe. Dans une nappe de sphaignes il y a donc toujours deux couches superposées, l'une supérieure en voie de végétation, l'autre inférieure soumise à l'action du tourbage.

Cette transformation d'une substance végétale en un combustible minéral se fait progressivement, ainsi que l'exprime le tableau suivant, qui montre les diverses étapes parcourues par les sphaignes avant de passer à l'état de tourbe compacte :

	CARBONE	HYDROGÈNE	OXYGÈNE	AZOTE	CENDRES
Sphagnum............	49,88	6,54	41,42	1,16	
Tourbe mousseuse de la surface............	57,75	5,43	36,06	0,80	2,72
Tourbe feuilletée presque noire à 1 m. 50 de profondeur......	62,02	5,21	30,67	2,10	7,42
Tourbe noire, compacte à 4 m. 60 de profondeur.........	64,07	5,01	26,87	4,03	9,16

L'appauvrissement de la tourbe en hydrogène et surtout en oxygène coïncide ainsi avec un enrichissement progressif en carbone.

Les sphaignes sont sans doute de toutes les mousses celles qui peuvent compter comme les plus puissants agents de formation de la tourbe ; mais en réalité un grand nombre d'espèces

végétales peuvent également y prendre part, et le résultat final
est indépendant de la nature du végétal qui a subi la décomposition tourbeuse.

Dans les régions calcaires, comme la vallée de la Somme par
exemple, où les sphaignes ne trouvent plus de conditions d'existence, ce sont des mousses du genre *Hypnum* qui, associées
à des carex et à des joncs, remplissent ce rôle ; à la Terre de
Feu, par 56° de lat. S., Darwin a depuis longtemps signalé
l'existence de grands marais tourbeux, dépourvus de mousse,
où l'agent principal de la tourbe est, avec des joncs, une saxi-
frage alpine (*Donatia Magellanica*).

Distribution des tourbières. — La nature et la pente du sol
n'exercent que peu d'influence sur l'établissement des tourbières.
On les trouve cependant de préférence garnissant le fond plat
des vallées à versants perméables, où le cours d'eau est alimenté
par des sources, comme dans la Picardie et la Champagne, ou
bien remplissant le fond de dépressions allongées, comme dans
les hautes vallées du Jura neuchâtelois. D'autres fois l'abondance
des précipitations atmosphériques et la présence d'un fond
argileux, comme il en existe dans les régions granitiques, permettent leur existence sur des points culminants. Tels sont les
grands marais tourbeux des Hautes-Chaumes, dans les Vosges,
qui occupent, à des hauteurs de 1000 mètres, le sommet du
massif des Ballons et où la tourbe peut atteindre 2 à 3 mètres
d'épaisseur. Sur les pentes où il semblerait qu'il dût être impossible à une nappe d'eau de se maintenir et de même sur les
amoncellements de blocs granitiques, il arrive parfois que la
mousse qui recouvre ces rochers déborde par-dessus la crête,
en constituant de véritables tourbières *aériennes* ou *suspendues* ;
on en connaît aussi de très étendues dans les hautes vallées à
fond plat de cette région, qui représentent d'anciens lacs des-
séchés, barrés par des moraines frontales, et établies ainsi dans
d'anciennes cuvettes glaciaires, dont le fond est toujours tapissé
par une argile bleue d'origine glacière. Ces tourbières très
actives présentent au centre un renflement qui les élève de 3 à
4 mètres. Ce gonflement est dû au développement excessif des
sphaignes qui entraînent par aspiration dans les airs la nappe
aquifère qui doit toujours baigner leur pied, en constituant de

la sorte une masse spongieuse mobile sur laquelle on ne peut s'aventurer sans danger.

Mais c'est surtout dans les grandes plaines des régions septentrionales que le phénomène des tourbières revêt une ampleur exceptionnelle. En Irlande, la tourbe couvre un dixième de la surface; en Écosse, dans l'Allemagne du Nord, ce sont des milliers de kilomètres carrés qui sont recouverts par les marais tourbeux. Telles sont aussi les tourbières de la Hollande qui occupent le littoral et s'étendent jusque sous les dunes.

La rapidité d'accroissement des tourbières est également très variable; dans les hautes vallées vosgiennes elle oscille entre 0,80 et 1 m. 40 par siècle, et peut atteindre 4 mètres dans le Jura. Mais cet accroissement n'est pas indéfini. Quand le bassin tourbeux est suffisamment exhaussé pour que les bruyères puissent s'y installer, la tourbe cesse de se former. L'arrivée d'eau chargée de vase ou de sable suffit également pour arrêter immédiatement le développement des mousses.

Modes divers de formation des combustibles minéraux. Lignites. — Des combustibles minéraux peuvent encore se former dans les deltas des grands fleuves, tels que le Mississipi, quand les bois flottés et les débris de plantes arrachés aux rives viennent former, près de l'embouchure, des radeaux qui, recouverts de vase et enfouis sous l'eau, subissent, à l'abri de l'air, une transformation tourbeuse. Le produit final, plus compact que la tourbe, n'en diffère, comme composition, que par une proportion plus grande de carbone, qui tient à ce que la décomposition s'est adressée, cette fois, à des écorces et à des fibres ligneuses.

Cette circonstance se réalise encore quand la destruction d'une forêt entraîne l'arrêt des eaux devant les arbres ainsi abattus ou tombés de vétusté. D'autres fois ce sont des bois charriés par de grands fleuves, qui arrivent dans les lacs où ils trouvent des conditions favorables pour subir rapidement la même transformation.

C'est vraisemblablement à de pareils phénomènes de transport, ou bien à la destruction de forêts et à la transformation sur place des débris végétaux accumulés, qu'il faut attribuer les *lignites* si répandus dans les terrains stratifiés de divers âges.

Les lignites, dont le nom seul indique que la fibre du bois y est encore reconnaissable, sont des charbons compacts, ligneux ou fibreux, parfois même pulvérulents (*terre d'ombre*), qui contiennent de 55 à 75 p. 100 de carbone, avec une proportion notable de bitume. Une variété compacte et bien homogène donne le *jais* ou *jayet*, employé en bijouterie. Tous brûlent avec une flamme claire assez longue, sans se boursoufler ni se coller comme la houille. Après la combustion, la cendre pulvérulente, plus abondante et plus ferrugineuse que celle du bois, renferme toujours un peu de potasse (3 p. 100).

Souvent, dans ces charbons, la substance ligneuse, simplement privée de ses éléments volatils, a conservé jusque dans ses moindres détails sa texture végétale ; c'est de la sorte qu'on a pu reconnaître dans les lignites fibreux (*lignite xyloïde*) deux variétés, provenant l'une de bois de dicotylédone, l'autre de débris de tiges et surtout de racines de monocotylédones. L'examen microscopique des lignites compacts (jayet) montre les parties ternes constituées par des parcelles végétales, très divisées, cimentées par une substance amorphe, alors que dans les bandes plus claires, brillantes, on reconnaît encore nettement des débris ligneux avec fibres rayées ou ponctuées et rayons médullaires bien conservés. Les lignites feuilletés, qui représentent un terme de passage avec la tourbe, sont principalement formés de feuilles de graminées, de mousses, d'aiguilles de conifères, et leurs éléments ligneux sont des rameaux brisés, à peine altérés. Dans le lignite terreux, pulvérulent, employé dans la peinture sous le nom de terre d'ombre, on ne distingue plus guère que des grains de pollen avec de petites algues siliceuses appelées *diatomées*.

Quant aux gisements des lignites, ils sont nombreux et variés. On les trouve, en effet, répandus dans tous les terrains secondaires, tertiaires et quaternaires. Ils marquent le plus souvent l'emplacement d'anciens bassins lacustres, entourés d'une riche végétation, dont la restauration a pu être faite grâce à la belle conservation des empreintes végétales répandues en grand nombre dans les schistes fins, marneux, qui encaissent ces lignites.

Il conviendrait maintenant de mentionner, à la suite des

lignites, la *houille* et l'*anthracite*, qui représente le terme extrême
dans la série des combustibles minéraux. La théorie qui a
prévalu, jusque dans ces dernières années, parmi les géologues,
admettait, en effet, qu'une transformation graduelle, jointe à
une pression de plus en plus grande, suffisait pour changer la
tourbe en lignite et celui-ci en houille. Mais nous verrons plus
tard que si ce précieux combustible provient, sans doute,
comme tous les charbons fossiles, de la décomposition de végétaux terrestres à l'abri de l'air, la végétation exubérante, plus
riche encore que celle des régions équatoriales actuelles, qui lui
a donné naissance, témoignant qu'un climat tropical régnait
dans toutes les régions où s'est formée la houille, exclut toute
analogie entre ce phénomène et celui des mousses tourbeuses,
qui ne peuvent prospérer dans un climat chaud et sec. Ce fait,
joint à beaucoup d'autres que nous examinerons en détail quand
nous aurons retracé l'histoire de la période carbonifère, suffit
pour empêcher toute identification.

**Action des organismes marins; dépôts formés par les
foraminifères.** — Les Mollusques marins tels que les *huîtres*,
les *moules* et les *peignes*, qui forment des bancs puissants sur
nos côtes, peuvent prendre par l'accumulation de leurs coquilles
une part notable à la constitution des dépôts littoraux. Les
lumachelles, ces roches calcaires constituées, le plus souvent, par
une agglomération de coquilles d'huîtres, et si répandues dans
les terrains de divers âges, n'ont pas d'autre origine. C'est le
cas aussi de ces sables calcarifères qui, sur certaines plages,
résultent de la trituration des coquilles amenées par le flot.

Mais ce n'est pas seulement sur le littoral que se forment ces
dépôts, constitués par la simple accumulation des dépouilles
d'*êtres vivants*. Loin des côtes, la haute mer, dans les océans
bien ouverts, est habitée à la surface par toute une population
d'êtres microscopiques, d'ordre inférieur, appelés *foraminifères*,
qui rachètent la petitesse de leur taille par leur nombre
immense. Parmi ces foraminifères dominent les *globigérines*,
dont les minces coquilles calcaires, en tombant sur le fond, constituent des couches, très étendues, d'une vase blanchâtre (vase
à globigérines) dans laquelle la proportion de carbonate de
chaux peut s'élever à 96 p. 100. Nous verrons plus tard qu'à

l'époque tertiaire des *Milioles* ont joué le même rôle, en donnant
lieu aux couches importantes du *calcaire à Miliolites*, exploité
aux environs de Paris, comme pierre de construction.

Dans les latitudes froides, fréquentées par les glaces flottantes,
et dans les points voisins des côtes où la densité de l'eau de
mer est abaissée par des apports d'eau douce, c'est la famille
des algues qui, sous la forme de *diatomées*, contribue à la formation de vases d'origine organique cette fois siliceuses. Les *frustules* minces et délicates des diatomées sont en effet en silice,
et de même les foraminifères qui les accompagnent, les *radiolaires*, ont leur squelette siliceux.

Tous ces dépôts, très localisés, s'effectuent avec une extrème
lenteur et ne se chiffrent également que par une épaisseur très
faible ; tout autres sont les formations coralliennes dont nous
allons maintenant nous occuper.

Récifs coralliens. — Ici encore ce sont des animaux d'ordre
inférieur, des *zoophytes*, c'est-à-dire des polypiers vivant en
colonies, qui s'appliquent à édifier au sein des mers de puissantes
assises calcaires.

Les coraux susceptibles de sécréter, aux dépens du sulfate de
chaux contenu dans l'eau de mer, un squelette calcaire, et d'en
construire des récifs, comprennent la plupart des *madréporides*,
c'est-à-dire ces zoophytes à squelette calcaire dur et résistant,
désignés vulgairement sous le nom de *polypiers*. Ces polypiers
pierreux, vivant en colonies, tantôt rameuses et branchues
(fig. 53), tantôt massives, convexes, ou ramassées en boules
(fig. 54), la réunion de tous ces individus constitue un véritable
édifice qui s'accroit, sans cesse, par le sommet ou la surface,
tandis que la base meurt et se consolide par des sécrétions calcaires. Les portions mortes de cette *plantation corallienne* forment ainsi un squelette calcaire dans les interstices duquel viennent s'accumuler tous les débris que le choc des vagues arrache
aux individus vivants. Puis cette masse parcourue par les eaux
environnantes, chargées de sels calcaires, finit par se souder, en
se transformant en une roche compacte où le plus souvent toute
trace de structure organique a disparu. De plus, à mesure que
le polypier meurt, d'innombrables espèces vivantes s'attachent
à sa surface en le recouvrant d'incrustations calcaires. Ce sont

alors des algues pierreuses, les *millépores* (fig. 55), dont les larges lames calcaires se propagent à la surface des coraux à la manière des lichens sur les troncs d'arbres morts, puis des *bryo-*

Fig. 52. — *Porites mordax.*

Fig. 53. — *Dendrophyllia nigrescens.*

Fig. 54. — *Astræa palladia.*

Fig. 55. — *Millepora alcicornis.*

zoaires, c'est-à-dire des petits mollusques vivant en colonies, qui remplissent cet office, en venant accroître la solidité de l'édifice.

Ainsi se constituent au sein des mers, par le seul travail des êtres organisés, des constructions solides appelés *récifs coralliens.*

Émersion des récifs coralliens; leurs principales variétés. — Quant aux conditions d'existence des espèces coralligènes, elles sont étroitement limitées aux circonstances suivantes : absolument liées au climat des tropiques, elles ne peuvent se développer que dans les mers où la température moyenne de l'eau ne s'abaisse jamais au-dessous de 20 *degrés centigrades,* même dans le mois le plus froid de l'année. Les coraux peuvent être exposés à l'air pendant la durée de la basse mer, mais au delà d'une profondeur sensiblement supérieure à *vingt brasses, soit 37 mètres d'eau*, ils ne se développent plus. Enfin une eau très pure, exempte de sable et de vase, devient aussi une condition indispensable.

Par contre, le choc violent des vagues active leur croissance; c'est en effet le *bord extérieur* des récifs, exposé directement aux brisants, qui se trouve être le plus vivace et par suite le plus élevé.

Ces conditions physiques diverses étant remplies, les récifs coralliens peuvent se répartir en trois groupes principaux, suivant leurs relations avec la terre ferme :

1° Les *récifs frangeants*, directement appliqués contre la côte qui leur sert de point d'appui, et ne laissant dans l'intervalle que de petites lagunes ou d'étroits canaux sans profondeur;

2° Les *récifs barrières*, qui forment, au large, à des distances de la terre ferme qui peuvent atteindre sur les côtes d'Australie 80 à 100 kilomètres, une sorte d'ouvrage avancé sous-marin se révélant par une ligne de brisants;

3° Les *atolls*, isolés en plein océan, sous forme d'îles annulaires, circonscrivant une lagune intérieure.

Quoi qu'il en soit de leurs formes, tous ces récifs présentent, à marée basse, une surface hérissée de zoophytes, parés des couleurs les plus vives, croissant sur un fond rocheux, couvert de débris de polypiers. Sous ces débris, qui proviennent de la destruction incessante des coraux vivants par les vagues, abondent surtout sur le bord extérieur des récifs, directement exposés au choc répété des lames, où ils sont bientôt consolidés en une sorte de *brèche* compacte par les eaux d'infiltration chargées de calcaire. De leur vivant et en face du choc des vagues, les polypiers constructeurs de récifs ont aussi pour fonction d'édifier en plein océan des massifs aussi solides que les mortiers les mieux cimentés, tandis que sur le bord opposé, tourné vers l'intérieur et protégé contre cette action des lames, les intervalles des coraux *en place* ne pouvant être comblés que par du sable ou de la vase calcaire, ce sont des calcaires plus tendres, presque crayeux, qui prennent naissance. Les dépôts qui se développent autour des atolls sont plus complexes; il importe maintenant de les examiner avec soin, ces formations ayant pris, à diverses époques géologiques, un développement considérable.

Iles coralliennes; atolls. — Les iles coralliennes, isolées ou disposées par groupes dans les mers du Sud, affectent les

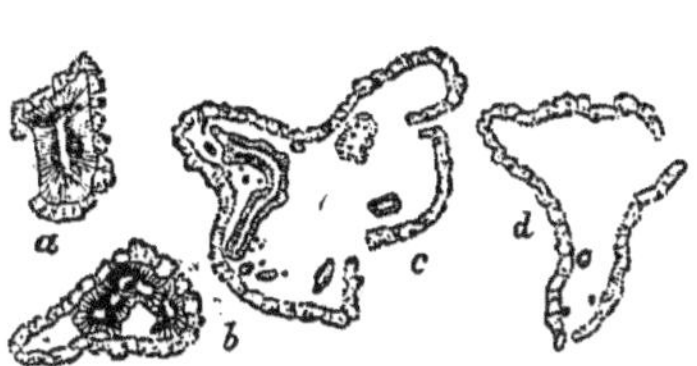

Fig. 56. — Iles coralliennes (atoll incomplet) des Fidji.

Fig. 57. — Atoll complet.

formes les plus capricieuses. Tantôt ces récifs annulaires sont ovalaires, arrondis ou anguleux; on en connait aussi qui dessinent des enceintes carrées ou triangulaires; parfois cet anneau est interrompu par diverses ouvertures qui donnent libre accès

Fig. 58. — Atoll des Cocos, dans l'océan Pacifique.

à la mer dans la lagune intérieure. C'est quand cette enceinte est complètement fermée que l'ile corallienne, à l'état de perfection, prend le nom d'*atoll*, emprunté à la langue maldive.

Leurs dimensions sont également très diverses; certains petits atolls ne dépassent pas 3 kilomètres dans la plus grande largeur. Il en est, par contre, dans les Maldives, dont le plus grand diamètre atteint 25 lieues.

Quant au profil des atolls, il est toujours le même (fig. 59).

La plate-forme annulaire émergée, couverte de la riche végétation des tropiques, est toujours assez étroite, et sa hauteur
dépasse rarement 3 mètres au-dessus du niveau de la pleine
mer (*ef*, fig. 59).

Au pied s'étend, dans la direction de la mer, une plage très
inclinée (*de*), formée de sables et de cailloux calcaires, qui vient
aboutir à une plate-forme (*cd*) assez étendue, presque totalement émergée à mer basse et recouverte elle-même, à la marée

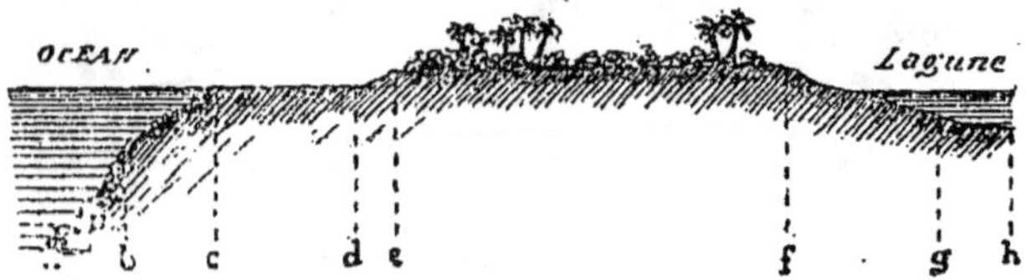

Fig. 59. — Coupe d'un atoll à mer basse.

montante, de sable calcaire et de débris de coraux. Le bord
extérieur de cette plate-forme, le plus souvent surélevé, est
constitué par une roche caverneuse, incrustée de millépores,
servant de retraite aux crabes, aux mollusques et aux oursins
qui vivent nombreux en ces parages. Les fonds tombent ensuite
assez brusquement, jusqu'à une profondeur de 60 mètres à
70 mètres, contre une paroi verticale (*bc*) où se développent les
coraux, partout où la hauteur d'eau ne dépasse pas une quin-
zaine de mètres. Puis, au pied de ce *bord vivant* du récif, la
sonde rencontre, sur une profondeur de 300 mètres en moyenne,
un talus escarpé (*ab*), formé d'un entassement de gros blocs
calcaires arrachés par les vagues des tempêtes au couronnement
du récif. Au delà s'étend une pente, couverte de sables coralliens, qui descend rapidement sous un angle de 25° à 30°.

Le bord interne du récif, doucement incliné, se prolonge de
même sous les eaux peu profondes de la lagune, par une plate-
forme analogue à la précédente et couverte comme elle de
sables calcaires, composés de menus débris de coraux roulés (*fg*).
Le fond des lagunes des grands atolls, assez uniforme, se montre
ensuite couvert d'une sorte de boue calcaire mélangée de sable
et de coquilles (*gh*). Parfois les coraux s'y développent large-

ment sans être brisés par les vagues, en donnant naissance à
de petits récifs.

Roches coralliennes diverses. — Les dépôts qui se forment
sur le bord extérieur de ces récifs coralliens consistent surtout
en une sorte de conglomérat, formé par l'agglomération, sous
l'influence de l'eau de mer chaude et chargée d'acide carbonique, des débris de coraux et de tous les organismes calcaires
qui vivent sur le bord du récif, où ils sont soumis à l'action destructive de la vague. Ce conglomérat de coraux (*coral-rag*) peut
devenir plus ou moins coquiller suivant l'abondance des mollusques ou des oursins qui prennent part à sa formation. L'action
des vagues a encore pour résultat de réduire les coraux à l'état
de sable fin et de vase plastique blanche ou brune, qui vont se
déposer à l'extérieur, dans les grands fonds, ou surtout dans
l'intérieur de la lagune, où les grandes lames les accumulent
en franchissant la plate-forme émergée : ainsi se forment des
calcaires compacts, à grain fin, complètement dépourvus de
restes organiques.

Sur la plage, le sable calcaire rejeté par la marée est bientôt
cimenté par les eaux d'infiltration, puissamment aidées par
l'évaporation qui se fait rapidement dans les contrées tropicales ;
et le plus souvent, dans la consolidation de ces sables, les alternatives de sécheresse et d'humidité qu'entraîne le jeu des
marées, provoquant le dépôt d'enveloppes concentriques de
carbonate de chaux autour de chaque grain, amènent la formation d'*oolithes* qui, en s'agglomérant, à leur tour, donnent
naissance à des *calcaires oolithiques*, dont chaque grain res-
semble extérieurement à un petit œuf de poisson.

Sur le bord interne du récif, dans les parties abritées contre
l'action des vagues, ce sont les calcaires plus tendres qui se
forment, les intervalles des coraux *en place* ne pouvant être
comblés que par une sorte de vase crayeuse.

Mode de formation des récifs coralliens. — Les traits les
plus saillants de la structure des atolls sont, avec leur disposition annulaire et la forme abrupte de leur profil extérieur, leur
épaisseur souvent considérable. A quelques encâblures, au large
d'un pareil récif, la sonde, en effet, accuse des profondeurs considérables et la drague ne ramène que des blocs calcaires, iden-

tiques à ceux qui forment les parties émergées. Dans ces conditions, on pouvait admettre que certains récifs devaient avoir de 200 à 300 mètres d'épaisseur. Or cette épaisseur étant inconciliable avec ce qu'on sait du développement des espèces coralligènes, qui s'arrête brusquement au delà de 20 brasses de profondeur, Ch. Darwin, pour en rendre raison, avait proposé l'ingénieuse explication suivante, ayant pour principe un affaissement lent et continu du lit de l'Océan.

Les océans correspondant à des dépressions de l'écorce terrestre, il était naturel de les considérer comme s'approfondissant encore de nos jours par suite d'un mouvement, lent et progressif, d'affaissement. Cette notion étant admise, en supposant une île placée, au centre du Pacifique, dans des conditions favorables pour que les espèces corralligènes puissent se développer, les coraux, s'installant tout près du bord, donneront naissance à un *récif frangeant*. Le bord extérieur de ce récif, soumis à l'agitation des vagues, croissant plus vite que la partie adossée à la côte, bientôt ce récif se montrera séparé d'elle par une étroite ligne de lagunes. Si maintenant l'île, suivant le mouvement du fond de l'océan, s'affaisse, ce récif continuant à se développer en épaisseur ainsi qu'en hauteur pour compenser ce mouvement, la longueur de lagune augmentera et la distance du récif à la côte deviendra assez grande pour que cette ceinture corallienne forme un *récif barrière*. L'affaissement continuant, les derniers sommets de l'île disparaîtront et la barrière de récifs, conservant toujours sa forme annulaire, deviendra un *atoll* dont la plate-forme émergée, composée de débris de coraux entassés par blocs sous l'action des vagues, sera bien vite envahie par la végétation. Ainsi pouvaient se constituer ces anneaux de corail circonscrivant un lac intérieur, dont la tranquillité absolue contraste avec l'agitation des flots au dehors, et qui devenaient chacun, suivant l'expression pittoresque de Darwin, un *monument funéraire*, marquant la place d'une île engloutie. Leurs formes si diverses s'expliquaient par suite naturellement, ces îles-lagunes, comme tout autant de cartes grossières, gardant la trace du contour de l'île autour de laquelle les coraux s'étaient primitivement développés.

Telle était l'hypothèse généralement admise, et la théorie de

Darwin faisait force de loi quand sont survenues les explorations sous-marines du *Challenger*. Les observations faites dans cette croisière mémorable et publiées en 1880 par M. John Murray [1] ont démontré qu'il n'y a point trace de submersion progressive du fond du Pacifique et que toutes les inégalités du sol qu'on observe dans les mers à récifs sont *d'origine volcanique*, et par suite le produit de l'activité éruptive. Dans les grands fonds, alors que tous les dépôts d'origine organique, tels que la vase à globigérines, font défaut, la sonde ne ramène que des scories de nature volcanique.

Dans ces conditions nouvelles, ceux de ces édifices volcaniques qui ont pu se maintenir au-dessus du niveau de la nappe océanique ont formé un terrain propice au développement des espèces coralligènes et se sont vus entourés de récifs, affectant la forme de ceintures ou de barrières annulaires. D'autres, faits de matériaux scoriacés meubles, impuissants pour résister à l'attaque des flots, se sont réduits à des plates-formes émergées, qui ont, de même, servi de base à des constructions coralliennes. Sur chacun de ces cônes volcaniques, rasés par les vagues, jusqu'à la hauteur où cesse la puissance mécanique de ces vagues, qui est aussi celle qui convient au développement des espèces coralligènes, le récif constitue une sorte de cuvette, dont les bords seuls arrivent à la surface. Quand l'entassement habituel des blocs rejetés par les tempêtes y aura fait naître un bourrelet, conservant cette forme annulaire, on aura un *atoll* complet sans qu'aucun affaissement du sol ait concouru à sa formation.

En résumé, si dans quelques cas particuliers un affaissement du fond de l'Océan a pu intervenir dans la formation de ces constructions coralliennes annulaires, le plus souvent des plates-formes sous-marines, situées à moins de vingt brasses (37 mètres) de la surface, ont suffi pour provoquer leur établissement.

---

1. *Proceedings of the Royal Society of Edimbourg*, t. X, p. 505.

AGENTS INTÉRIEURS

Après avoir étudié les changements incessants qui se produisent sur la surface de la terre, sous l'influence des agents extérieurs, c'est-à-dire des causes atmosphériques et aqueuses, voyons maintenant ceux qui résultent de l'action des agents intérieurs. — Ces agents ont leur siège, leur foyer d'activité, au-dessous de l'écorce solide du globe, dans cette partie qu'on a nommée la *masse interne*. La nature de ces agents intérieurs, et par conséquent celle de la masse même où ils prennent naissance, échappent à notre observation directe. C'est donc en examinant leurs effets que nous pourrons remonter aux causes qui les produisent.

Ils sont encore, comme les agents extérieurs dont nous avons parlé, continuellement aux prises avec l'écorce minérale, mais leurs effets ne se produisent le plus souvent qu'à des intervalles plus ou moins éloignés. C'est à ces forces souterraines qu'il faut attribuer la plus grande part dans les modifications successives que le globe a éprouvées; ce sont elles qui ont produit les mouvements qui ont amené des changements dans la distribution des terres et des mers dont nous avons déjà parlé. Ce sont elles qui ont donné naissance à un grand nombre de roches et de substances minérales qui, sorties des profondeurs, sont venues et viennent encore s'intercaler dans les roches sédimentaires et se déverser au-dessus. Les phénomènes nombreux et variés auxquels donnent lieu ces réactions de la masse interne contre l'enveloppe solide peuvent se grouper en deux catégories :

1º Les *phénomènes thermiques*;

2º Les *mouvements du sol*.

Nous allons les examiner successivement.

6.

CHAPITRE PREMIER

PHÉNOMÈNES THERMIQUES

Augmentation de la température avec la profondeur. —
L'influence calorique des radiations solaires ne se fait jamais
sentir jusqu'à une grande profondeur dans le sol; elle se concentre dans les couches voisines de la surface; au delà de
10 mètres en moyenne, dans nos régions, les variations du thermomètre deviennent insensibles et la température reste sta-
tionnaire, parce qu'elle n'est plus influencée par les actions
calorifiques extérieures, en raison de la mauvaise conductibilité des roches terrestres.

C'est pour cette raison que, dans nos climats, la température
des caves restant à peu près constante, elles paraissent chaudes
en hiver et froides en été.

Dans les caves de l'Observatoire, de Paris, par exemple, qui
sont à 28 mètres de profondeur, le thermomètre se maintient
constamment entre 10° et 11°. C'est la température moyenne du
lieu : 10°, 8.

Ce fait est général; dans toutes les régions du globe on rencontre ainsi à une certaine profondeur, qui varie avec les latitudes, une température constante qui n'est plus soumise aux
variations atmosphériques et qui est égale à la moyenne annuelle
du lieu.

Mais quand on s'enfonce plus profondément dans le sol, la
température s'accroît. Il suffit de descendre dans un puits de
mine pour s'en convaincre, le thermomètre monte à mesure
qu'on s'enfonce plus profondément. Cette température devient
telle que, dans certaines mines de houille très profondes, en
Angleterre, on atteint 50°. C'est encore là un fait d'observation
générale. En Sibérie, par exemple, on a constaté à Yakoutsk,
où la température moyenne est de — 10°, que le sol reste gelé
jusqu'à 125 mètres (les puits rencontrent, en effet, les nappes
d'eau liquide à cette profondeur); au delà, la température
augmente régulièrement de 1° par 30 mètres.

C'est là l'accroissement normal de la température en profondeur. Des observations nombreuses faites, en divers points du
globe, dans les puits de mines, et surtout dans les sondages
exécutés pour le forage des puits artésiens, ont montré, en
effet, que partout cet accroissement de 1° se faisait à des distances, régulièrement espacées, de 30 à 31 mètres.

Chaleur centrale. — Cette augmentation de la température
est à coup sûr très faible; mais, comme elle se fait d'une façon

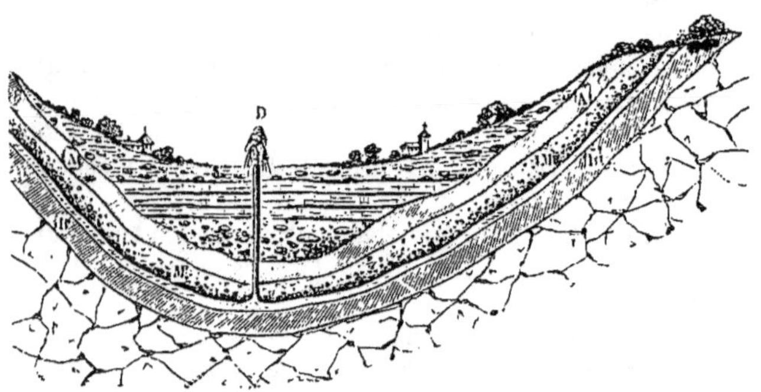

Fig. 60. — Puits artésien. — A, B, nappes d'argile (niveaux imperméables);
M, couches de sables (niveau d'eau); D. puits artésien.

continue, il devient naturel de penser qu'à une certaine distance de la surface on doit rencontrer une chaleur telle que
toutes les roches doivent être en fusion. Un calcul fort simple
nous permettra d'estimer la profondeur où un pareil résultat
doit être atteint : en suivant la progression que nous venons
d'indiquer, à 3000 mètres la température est déjà de 100°;
c'est celle de l'eau bouillante; à 50 kilomètres, elle doit atteindre
1700°. Déjà peu de substances minérales peuvent résister à une
pareille température: à une distance de 100 kilomètres, on peut
assurer que rien ne subsiste à l'état solide.

Nous voici donc arrivés à cette notion, qu'à une distance
relativement petite de la surface les masses internes sont à
l'état de fusion ignée. Ce n'est pas une vaine hypothèse puisque
c'est le résultat de l'observation. C'est là un fait acquis, et l'on
s'accorde à penser que cette fluidité ignée qui règne dans les

profondeurs de la terre est un reste de son état primitif, comme nous le verrons plus loin.

D'autres faits viennent encore en témoignage de l'existence d'un foyer de chaleur considérable dans l'intérieur de la terre. Telles sont, par exemple, les eaux artésiennes (fig. 60) et les sources thermales.

Puits artésiens. — Ces sources jaillissantes, qui arrivent souvent d'une profondeur considérable [1], ont toujours à leur sortie une température élevée. Les nappes souterraines qui leur donnent naissance subissent ainsi l'action de cette chaleur centrale, et sont portées à une température plus ou moins grande, suivant la profondeur des cuvettes où elles se tiennent.

Les résultats obtenus dans les trois forages suivants vont nous en fournir la preuve :

	Profondeur du puits.	Température de l'eau.	Température du lieu.
Arcachon (Gironde)............	126^m	16°	13°
Grenelle (Paris)...............	548^m	28°	10°
Rochefort (Charente-Inférieure)..	816^m	41°	12°

Sources thermales. — Les sources obtenues artificiellement ne sont pas les seules dont la température soit supérieure à celle du lieu où elles viennent au jour.

Il est des sources chaudes qui sortent spontanément du sol et qui viennent également nous fournir de nouvelles preuves de l'accroissement continu de la température dans les profondeurs. Telles sont les sources dites *thermales*, qui doivent à la température souvent élevée qu'elles possèdent la propriété de pouvoir dissoudre, dans leur parcours, certains principes minéraux actifs, d'où le nom de *sources minérales* qui leur est le plus souvent appliqué.

Ces sources se distinguent des sources froides ordinaires par ce fait qu'elles ne sont plus emmagasinées dans des couches perméables, comprises entre deux lits imperméables; elles sortent par des fentes qui traversent l'écorce terrestre et leur servent de canaux. Leur existence est liée à celle de cavités

---

1. Un puits artésien creusé à Saint-Louis du Missouri, pour l'alimentation d'une raffinerie de sucre, atteint 1170 mètres; ses eaux sortent à 52°.

souterraines, situées très profondément, dans lesquelles les eaux se réunissent par infiltration.

Dans un sol fissuré, les eaux superficielles s'infiltrent de proche en proche, par les crevasses, les fissures petites ou grandes, qui divisent l'écorce terrestre, et pénètrent ainsi à de grandes profondeurs dans des cavités de l'écorce où elles subissent l'action de la chaleur centrale qui les porte à une température élevée. La pression de la vapeur d'eau, ainsi produite, refoule vers sa surface les eaux d'infiltration qui circulent dans des canaux voisins, en leur communiquant, avec une force ascensionnelle qui les fait parfois surgir en gerbes jaillissantes au-dessus du sol, une température élevée. C'est alors, dans ce long parcours souterrain, qu'elles exercent, sur les parois de leurs canaux sinueux, les actions chimiques dissolvantes qui provoquent leur minéralisation.

Si les infiltrations sont abondantes, la vapeur se forme en telle quantité qu'elle refoule à l'intérieur l'eau bouillante, qui s'élance alors, par gerbes ascendantes, au-dessus du sol.

Tels sont les faits qui viennent expliquer l'origine et le mode d'ascension des eaux minérales.

Régime et débit des eaux minérales. — Le volume de ces sources est très variable ; il en est qui ne font que ruisseler à la surface par petits filets, tandis que d'autres, ainsi que nous venons de le voir, s'échappent du sol en gerbes jaillissantes, à la manière des eaux artésiennes, et donnent lieu à de véritables torrents d'eau bouillante.

Voici, comme exemple, les variations que présentent dans le débit quelques sources minérales très connues :

	Débit par 24 heures.
Cauterets	392 mètres cubes.
Royat (Puy-de-Dôme)	1296 —
Bourbon-l'Archambault	2400 —

Leur température est également variable, et cela se conçoit, puisqu'elles sortent de profondeurs diverses ; on peut en juger par les exemples suivants : *Barèges*, 48° ; *Cauterets*, 55° ; *Bagnères-de-Luchon*, 58° ; *Plombières*, 74°.

Par contre, leur régime est constant ; c'est là une particularité distinctive qui les sépare des sources froides ordinaires. Les grandes pluies, de même que les sécheresses prolongées, n'ont aucune influence sur leur débit. Cela tient à la profondeur de leur réservoir, qui est soustrait aux variations atmosphériques.

Composition des eaux minérales. — Les sources minérales se distinguent encore des sources ordinaires par la quantité de substances dissoutes qu'elles contiennent. Ces substances sont diverses, elles varient avec la thermalité des sources et surtout avec la nature des terrains traversés, puisque c'est dans leur parcours, au travers des roches, que ces eaux se chargent des principes minéraux qui les font rechercher.

Cependant il est juste d'ajouter qu'un bon nombre d'entre elles empruntent ces substances, et notamment les gaz qu'elles contiennent, à des émanations de nature volcanique.

Les eaux célèbres de Seltz, où l'acide carbonique prédomine et qui sont par ce fait douées de cette saveur aigrelette et piquante que l'on recherche, sont dans ce cas; celles de Royat et de beaucoup d'autres localités de l'Auvergne, également.

Les substances salines, contenues dans ces eaux, varient non seulement en nombre, mais en proportion.

En général, les eaux très chaudes sont les moins chargées. Celles de Plombières (Vosges), par exemple, dont la thermalité est forte (74°), ne renferment guère que 0^{gr}, 03 de subtances minérales par litre; tandis que celles de Vichy donnent, par an, 4400 quintaux métriques de carbonate de soude.

Sous le rapport de la composition chimique, on peut distinguer dans les sources minérales les principales variétés suivantes :

Sources sulfureuses. — Elles dégagent de l'hydrogène sulfuré, et renferment des sulfures alcalins, qui leur donnent une odeur d'œufs pourris bien caractéristique. Ces sources sulfureuses sortent, en général, à une température élevée. Les eaux de Bagnères-de-Luchon, de Barèges et de Cauterets sont dans ce cas.

Sources ferrugineuses. — Elles contiennent des sels de fer (sulfate ou carbonate) et se reconnaissent à leur saveur styptique très prononcée; elles laissent, sur les roches où elles s'écoulent, des dépôts bruns, ocreux, couleur de rouille, qui tiennent à une décomposition des éléments ferrugineux qu'elles contiennent. Ces sources sont fréquentes en Auvergne.

Sources alcalines. — Ce sont des eaux chargées de carbonates de soude; elles sont en général abondantes et très minéralisées. Les eaux de Vichy, celles de Pougues et de Spa appartiennent à cette catégorie.

Sources salines. — Sous ce nom, on range toutes celles qui renferment en dissolution un grand nombre de sels solubles; le chlorure de sodium, les sulfates de soude et de magnésie principalement; elles ont, par suite, une saveur amère et salée. Les eaux de Sedlitz et d'Epsom en sont de bons exemples.

Sources calcaires. — Elles sont chargées de carbonate de chaux. Ce sont des sources chaudes, qui parfois sortent à la température de l'ébullition. Elles contiennent souvent une forte proportion d'acide carbonique qui se dégage, aussitôt leur exposition à l'air, et le calcaire se dépose aux alentours des sources avec une étonnante rapidité.

Fig. 61. — Sources calcaires d'Hiéropolis.

C'est alors que se forment ces concrétions calcaires, qui s'accumulent autour des orifices de sortie de ces sources, en figurant des colonnades, des bas-reliefs d'une étrange beauté, au milieu desquels s'ouvrent une multitude de coupes et de vasques aux bords cannelés et frangés de stalactites.

Telles sont en Algérie, dans la province de Constantine, les sources célèbres de *Hammam-Meskoutin* (les Bains maudits).

Une des plus belles sources calcaires du monde entier est

celle d'*Hiéropolis* (Ville sainte), dans l'Asie Mineure. Les eaux chaudes, chargées de calcaire, produisent en sortant du sol et en coulant sur le versant de la montagne une série de cascades pétrifiées du plus singulier effet.

C'est cette immense cataracte, haute de 100 mètres sur 4 kilomètres de long, qui est représentée par la figure 61.

Sources siliceuses. — Ce sont encore là des eaux chaudes, qui sortent généralement à une température voisine de l'ébullition; elles se reconnaissent aux concrétions siliceuses qu'elles déposent autour de leurs orifices de sortie; ces sources ne se présentent guère que dans les régions volcaniques.

Sources acidules ou gazeuses. — Ces dernières, chargées d'acide carbonique, empruntent toujours cet acide à des émanations de nature volcanique.

CHAPITRE II

MANIFESTATIONS VOLCANIQUES

Les volcans. — L'action des agents intérieurs ne se limite pas aux phénomènes hydrothermaux que nous venons de décrire; parfois les masses en fusion, contenues dans l'intérieur, arrivent à s'épancher directement au dehors, et viennent ainsi affirmer leur existence, en nous donnant une preuve directe de leur présence dans le sous-sol.

L'arrivée de ces masses se fait encore au travers des fentes de l'écorce terrestre, qui, dans certaines conditions, réalisées par les *volcans*, mettent en communication directe les profondeurs du sol avec la surface.

Définition d'un volcan. — Des volcans sont ainsi des *appareils naturels* qui doivent être considérés comme mettant en communication, d'une façon temporaire ou permanente, les profondeurs du sol avec la surface.

Ces appareils, placés sur les lignes de fractures qui traversent,

en divers sens, l'écorce terrestre, se présentent généralement
sous la forme d'une montagne régulièrement conique, plus ou
moins élevée, tronquée à son extrémité supérieure par un orifice en forme de coupe, désigné pour ce fait sous le nom de
cratère, au centre duquel vient déboucher un canal, portant le nom de *cheminée*, qui établit la communication en
question.

La condition essentielle du volcan, c'est le canal par lequel se
fait l'ascension des matières contenues dans les profondeurs.

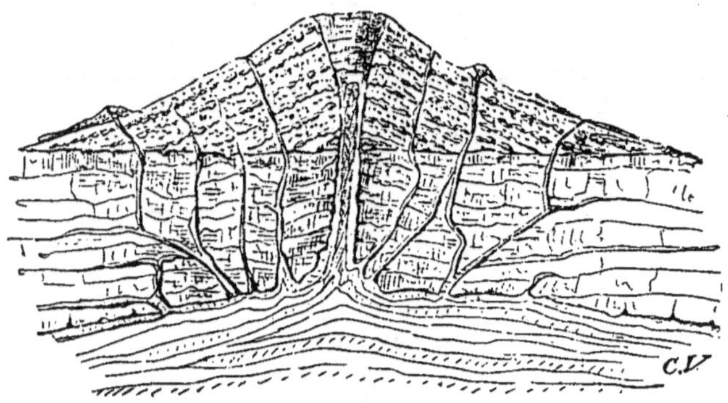

Fig. 62. — Coupe faite au travers d'un volcan.

Ce cône volcanique, en effet, cette montagne régulièrement
conique si souvent décrite, édifiée par les produits rejetés par
la cheminée, au-dessus de l'orifice de sortie, manque parfois. Il
est des volcans qui n'en possèdent pas et qui se présentent à ras
du sol, sans qu'aucune dénivellation les fasse pressentir.

Les édifices volcaniques affectent ainsi des formes très diverses, qui sont nécessairement en rapport avec la nature des produits rejetés. Il importe donc, avant de les décrire, que nous
commencions par l'étude de ces produits.

Produits volcaniques. — Les masses issues des profondeurs
se présentent dans les volcans sous les trois états *solide*, *liquide*
et *gazeux*.

A l'état *solide*, ce sont les *projections* ; ce sont ces matières
embrasées, ces *scories* qui, dans les éruptions, sont lancées avec

violence hors des cratères, à une hauteur souvent prodigieuse, et retombent en averse, autour des orifices de sortie.

A l'état *liquide*, ce sont les *laves*, c'est-à-dire ces *coulées* de matières fondues, qui ruissellent sur les flancs du volcan à la manière d'un fleuve de feu.

A l'état *gazeux*, ce sont les émanations volatiles, c'est-à-dire les vapeurs qui jouent un si grand rôle dans les éruptions, et qui s'échappent par torrents de la cheminée, en formant au-dessus de la montagne des nuages épais.

Ces trois sortes de produits peuvent apparaître isolément. Le plus souvent ils s'associent, et, suivant les conditions dans lesquelles ils se présentent aux orifices de sortie, suivant la prédominance de l'un ou de l'autre, le mode éruptif varie, et par suite les appareils volcaniques, c'est-à-dire les appareils construits sous leur action, deviennent très différents.

Plusieurs cas sont à considérer : les produits gazeux, par exemple, peuvent se manifester seuls; s'ils sont abondants, la fracture originelle ne suffit pas; en raison de la pression énorme exercée par ces gaz comprimés, elle s'étoile au point de concentration maximum de l'effort; il se produit alors, au centre de l'étoilement, un vaste orifice circulaire, un *cratère* pour employer l'expression consacrée, par suite de la projection des parties du sol entamé sous ce choc violent.

Cratères-lacs. — C'est là l'origine de ces cavités circulaires, maintenant occupées par des eaux douces, qui forment dans certaines régions ces lacs pittoresques connus sous le nom de *cratères-lacs*. Le célèbre lac Pavin (fig. 63), en Auvergne, le *Gour* de Mazenat, près de Manzat, entaillés l'un dans la lave basaltique, l'autre dans le granite, en sont de bons exemples. Ces gouffres lacustres sont surtout nombreux et célèbres dans l'Eifel (Prusse rhénane), où on leur a donné le nom, bien significatif, de *maare* (gouffre d'eau); des explosions violentes les ont ouverts au travers de schistes et de calcaires dévoniens. Quelques-uns atteignent des dimensions considérables avec une profondeur de plus de 200 mètres : tels sont les lacs de Gillenferd (Pulvermaar) et de Laach, qui occupent chacun une surface de près de 9 kilomètres. A Nossi-Bé, près de Madagascar, ces cratères-lacs (fig. 64), disposés par groupes autour des cônes volcaniques qui se dressent dans les parties centrales de l'île, se signalent par l'extrême régularité de leur forme circulaire. Les indigènes leur donnent le nom de *Tané-Lastak*, qui veut dire *montagne tombée*

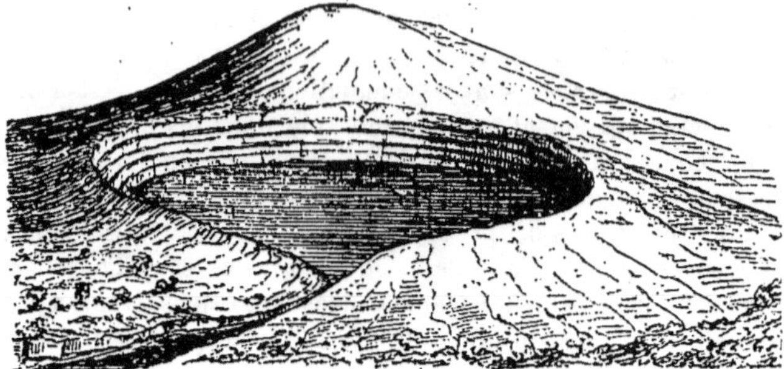

Fig. 63. — Le lac Pavin, au pied du mont Chalme, en Auvergne.

dans un trou. Occupés maintenant par des eaux limpides, d'un bleu d'azur, où s'agitent des milliers de poissons aux vives cou-

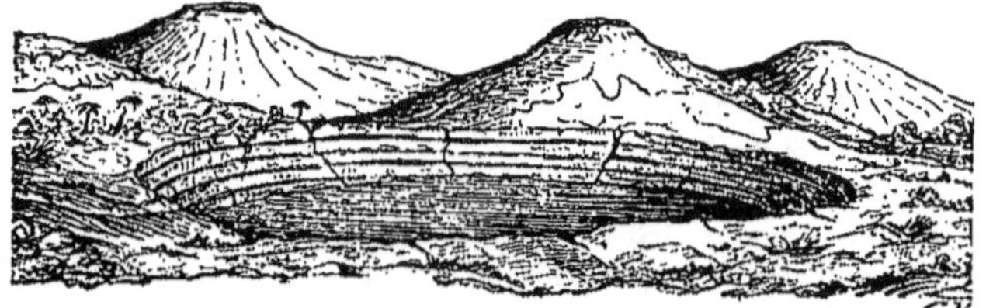

Fig. 64. — Le lac d'Ampombilava, à Nossi-Bé (cratère-lac).

leurs, ils constituent là de véritables aquariums naturels, qui peuvent compter comme une des merveilles de l'île.

L'origine volcanique de ces cavités singulières, entaillées ainsi comme à l'emporte-pièce dans un sol resté horizontal, a été longtemps méconnu; on les attribuait à des effondrements. On sait maintenant que ce sont là des *cratères d'explosion*, dont la formation, comparable à un coup de mine, doit être rapportée, comme nous venons de le dire, à l'expansion subite de masses gazeuses momentanément comprimées.

D'autres fois ces explosions, au lieu de préluder à l'activité

volcanique, y ont en quelque sorte mis fin. C'est ainsi que des
édifices volcaniques élevés, que des massifs montagneux entiers
ont disparu, enlevés dans les airs par le fait d'une explosion, et
se sont trouvés remplacés par des gouffres profonds.

Les îles de la Sonde ont été souvent le théâtre de pareils faits.
En 1815, à Sumatra, le Temboro (fig. 65), qui jusque-là se dressait comme un phare, éclairant la mer sur une étendue consi-

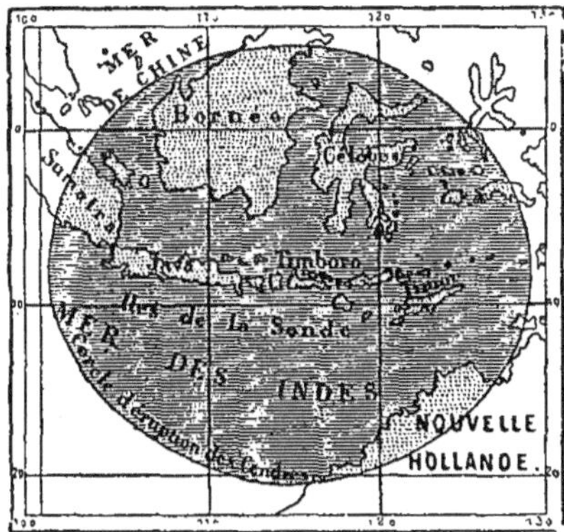

Fig. 65. — Cercle d'éruption de cendres du Temboro.

dérable, a sauté en l'air, perdant d'un seul coup 1600 mètres de
sa hauteur. Sous ces débris, dont la masse a été évaluée à
1400 kilomètres cubes, soit trois fois le volume du mont Blanc,
la ville de Temboro, située au pied du volcan, a été ensevelie,
et 12000 personnes ont péri. L'île de Bornéo, située à 140 kilomètres au nord du siège de l'éruption, fut entièrement couverte
par les cendres, qui occasionnèrent un immense désastre.
L'imagination populaire fut tellement frappée par ce grand
cataclysme que maintenant on compte les années à dater de
« la grande chute des cendres ».

Mais fort heureusement ces grandes explosions sont rares; le
plus souvent c'est le sommet seul de l'édifice volcanique qui est
emporté et la montagne reste tronquée. Ce fait s'est présenté
à l'île Amsterdam, dans l'océan Indien; il a mis fin à une

longue période d'activité qui avait fait surgir du sein d'un océan profond, à plus de 500 lieues de toute espèce de terre, un massif volcanique élevé.

Lacs de feu. — Les phénomènes ne se limitent pas toujours à cette seule explosion. Le plus souvent des laves, sollicitées par des actions que nous examinerons plus loin, apparaissent et viennent remplir la cavité.

Si ces laves sont très fluides et surtout si elles ne sont accompagnées que par de faibles dégagements de gaz, leur mouvement d'ascension est lent; elles atteignent dans le cratère un niveau plus ou moins élevé, où elles se maintiennent à l'état de

Fig. 66. — Le Stromboli.

fusion ignée. C'est de la sorte que s'établissent ces volcans en activité continue, ces *lacs de feu*, dont le Stromboli (fig. 66) est l'exemple le plus connu et le plus rapproché de nous.

Ce volcan remarquable, qui fait partie des îles Lipari dans la Méditerranée, possède un peu au-dessous de sa cime, qui se dresse à près de 1000 mètres de haut, un large cratère où, de mémoire d'homme, la lave n'a jamais cessé de bouillonner.

Des observateurs ont pu, dans des circonstances exceptionnellement favorables, s'approcher de cet abîme et constater que cette lave, dont l'éclat, même en plein jour, approche celui de la chaleur blanche, est soumise à de lentes et périodiques oscillations qui parfois sont assez fortes pour l'amener à se déverser par-dessus les bords du cratère, en donnant lieu à de petites coulées, qui descendent jusqu'à la mer.

C'est là un mode d'activité tout à fait exceptionnel, qui exige une communication constante et bien ouverte entre le foyer intérieur et l'atmosphère.

Le Mauna-Loa (fig. 67), dans l'île Hawaï (archipel des Sandwich), donne un exemple encore plus étonnant de ces lacs permanents de lave bouillante.

Sur les flancs de cette immense montagne, haute de 4300 mètres, qui se signale par sa forme en dôme aplati, résultant d'une longue et progressive accumulation de coulées de lave, issues de son cratère terminal, le Mokua-Weo-Weo, s'ouvre, à une

Fig. 67. — Côte ouest de l'île Hawaï, vue par le travers de la baie Kavaïhae.

hauteur de 1200 mètres au-dessus du niveau de la mer, un énorme cratère qui mesure 4900 mètres de grand axe et 12 kilomètres de tour.

On se fera une idée de la dimension de cet abîme effroyable en songeant qu'une grande ville comme New-York y tiendrait tout entière et qu'on l'apercevrait à peine, avec ses tours et ses cathédrales, dans le fond.

C'est là le plus considérable et le plus intéressant des volcans actuels. Pendant le jour, du sommet de cette immense chaudière, car c'est bien le nom qui convient à un pareil abîme, on distingue dans le fond une vive lueur, éclairant d'un reflet sinistre les roches noires calcinées qui l'entourent. La nuit, ce spectacle devient merveilleux : la lave incandescente illumine toute l'étendue du cratère et jette, sur le ciel, une lumière si vive qu'il paraît en feu.

Cumulo-volcans. — Mais les laves ne sont pas toujours aussi fluides : il en est de visqueuses, qui sont tenaces, plus résis-

tantes et qui se refroidissent brusquement, aussitôt leur exposition à l'air. De pareilles laves ne se présentent plus, aux orifices de sortie, à l'état d'incandescence, commes celles du
Kilauea : elles figurent un entassement de blocs éboulés, et leur
progression donne l'image d'une montagne de coke qui s'écoule.
Les édifices construits de la sorte sont alors tout différents du
précédent; plus d'indication de cratère, plus de cavité centrale,
rien qu'une masse, en quelque sorte homogène, avec des pentes
rapides, formée uniquement de blocs scoriacés, empilés en
désordre, les uns au-dessus des autres.

C'est de la sorte que s'est produit, en 1886, à Santorin, le

Fig. 68. — Le Giorgios (cumulo-volcan), vu de son versant oriental,
en septembre 1875. (D'après M. Fouqué.)

Giorgios (fig. 68) [1]; M. Fouqué, qui a pu assister à cette éruption et en suivre toutes les phases, a donné le nom, bien significatif, de *cumulo-volcan* aux édifices, si particuliers, établis par
ces laves visqueuses.

Peu d'éruptions ont été étudiées avec autant de soin; les
débuts surtout ont été suivis avec la plus grande attention. Il
importe donc que nous nous y arrêtions un instant.

Le groupe des îles de Santorin, qui fait partie des Cyclades
dans l'Archipel grec, se compose de deux îles d'inégale grandeur, *Théra* et *Thérasia*, et d'un îlot, *Aspronisi*, groupés circu-
lairement autour d'une vaste baie. Trois îlots, les Kaménis,
placés au centre de la baie, complètent cet ensemble.

1. Le roi Georges était alors le nouveau souverain de la Grèce.

Cet archipel est en majeure partie formé d'éléments volcaniques. Les îles en ceinture représentent un type de *cratère d'explosion*. Une explosion formidable, suivie d'un effondrement, puis de projections de ponces, a creusé la baie. Les éruptions qui se sont faites ensuite ont fait surgir les Kaménis.

Au commencement de février 1866, après des phénomènes précurseurs, secousses et trépidations du sol, mouvements tumultueux de la mer, on vit apparaître, au-dessus des eaux, dans le sud-ouest de Nea-Kaméni, un récif allongé, dont les dimensions croissaient à vue d'œil; il était formé de blocs de lave, noirs, incohérents, qui s'élevaient les uns au-dessus des autres, entraînant avec eux des débris de fond de mer, tels que des coquillages brisés, des galets, des parties de navires depuis longtemps submergés.

L'accroissement de l'îlot se fit ainsi sans secousses, sans projection, silencieusement, avec une telle rapidité qu'on l'a comparé au développement d'une bulle de savon [1]. Il s'opérait de dedans en dehors, comme par un mouvement d'expansion; les blocs semblaient partir du centre de la surface et progresser de là vers la périphérie; on avait peine à suivre du regard la marche de tous ces blocs pierreux et leurs déplacements incessants. On ne distinguait point de traces de feu, ni de flammes; de toute la surface s'élevait une épaisse vapeur blanche, qui n'était pas suffocante, même quand on la respirait de près. Les roches elles-mêmes n'étaient très chaudes que par places; aussi quelques-uns des Santoriniotes, que ce spectacle avait attirés, purent gravir à diverses reprises ce monticule mouvant. Ils constatèrent qu'il ne possédait aucun cratère; sur le sommet se voyait un entassement confus de gros blocs grisâtres, et, en plein jour, aucun signe d'incandescence; mais, la nuit, ce sommet paraissait tout en feu et les vapeurs qui en émanaient étaient éclairées d'une vive lueur, par le reflet des roches portées à la chaleur rouge.

C'est seulement en avril, après une période d'activité pendant laquelle l'accroissement du nouvel îlot se fit d'une façon lente et régulière, qu'un cratère s'établit au sommet, à la suite de

---

1. Fouqué, *Santorin et ses éruptions,* p. 42.

violentes explosions, et que des laves apparurent formant de
grandes coulées qui se déversèrent dans le sud.

A partir de ce moment, le Giorgios entra dans une phase
d'activité nouvelle et perdit son apparence rocheuse ; les inégalités de sa surface disparurent sous un manteau de cendres et
de scories, et l'îlot surélevé prit alors cette forme régulièrement
conique, qui devient le trait caractéristique des *volcans à projections*.

C'est, en effet, quand des matériaux solides, quand des fragments de laves fluides sont projetés, dans les airs, par la violence des explosions, que s'établissent, autour de l'orifice de
décharge, ces accumulations de débris qui donnent lieu aux
cônes volcaniques.

Cônes de débris. — Les premières projections consistent

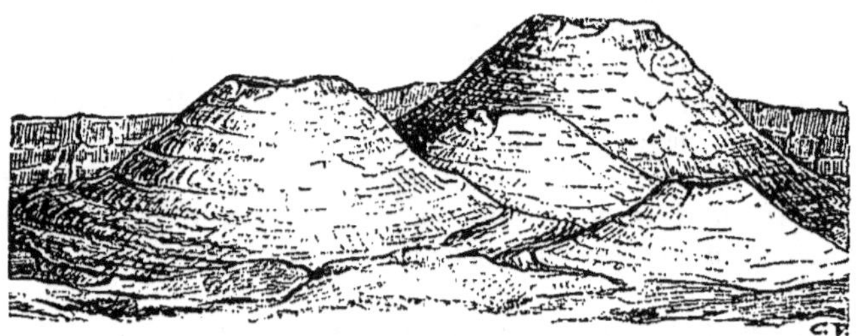

Fig. 69. — Cônes de débris dans l'enclos de la plaine des sables
(île de la Réunion).

presque entièrement en fragments de roches solides arrachés
aux parois de la cheminée, qui se rompent sous la pression des
gaz et volent en éclats avec les produits de l'éruption.

La dimension de ces blocs projetés est souvent considérable.
Ceux que rejette, à chaque éruption, le volcan, en activité continue, qui désole toute la partie sud-est de l'île de la Réunion,
peuvent atteindre de 10 à 12 m. c. On en connaît qui, pesant
plus de 200 tonnes, ont été lancés en l'air, à plusieurs centaines
de mètres de haut, par les grands volcans de la chaîne des
Andes. En 1553, le *Cotopaxi* des Andes de Quito, qui se signale
entre tous par la violence de ses projections, a recouvert la
plaine environnante, dans un rayon de 25 kilomètres, par

7.

d'énormes fragments de rochers dont plusieurs avaient plus
de 2 mètres de diamètre, provenant de la destruction partielle
de la haute montagne, sur laquelle il se dresse à plus de
6000 mètres.

Ces violentes projections, qui marquent ainsi le début de
l'éruption, sont de courte durée ; une fois la communication
établie, lorsque la lave atteint dans la cheminée un niveau suffisamment élevé, les explosions, produites par l'expansion des
gaz contenus dans la masse en fusion, projettent en l'air des
jets de cette matière liquide et incandescente, avec les écumes
scoriacées qui la recouvrent.

La cheminée du volcan peut alors être considérée comme une
mine en charge continue. Ces jets de lave incandescente et ces
produits fragmentaires, lancés verticalement, s'élèvent à une
grande hauteur. Rapidement solidifiés dans leur course aérienne,
par suite de leur brusque refroidissement, ils retombent, en
averse, autour de l'orifice de sortie, à des distances plus ou
moins grandes, suivant leurs dimensions.

Les *cendres*, par exemple, qui représentent la lave dans son
plus grand état de division, enlevées par les vents, sous la forme
de longues trainées obscures ou de nuages épais, peuvent être
transportées à des distances considérables. Celles du Vésuve et
de l'Etna ont été portées ainsi, à diverses reprises, sur la côte
africaine. En 1875, celles du *Skuptar-Jöckul*, en Islande, se sont
étendues sur toute la Scandinavie, après avoir franchi une distance de 1900 kilomètres.

Lorsque les lambeaux de lave ainsi rejetés sont animés, dans
leur course aérienne, d'un mouvement giratoire, ils prennent
des formes globuleuses ou piriformes qu'ils conservent, après
leur chute, et donnent naissance à ces *bombes volcaniques* qui
portent encore, souvent, le nom bien significatif de *larmes du
volcan*.

Ces bombes sont, en effet, la marque caractéristique du
volcan ; à ce seul indice, alors que tout autre fait défaut, on
peut reconnaître l'emplacement d'une éruption faite à une
époque reculée. C'est ainsi qu'en Auvergne, où elles sont nombreuses dans la chaine des Puys, ces projections témoignent de
l'ancienne activité de tous ces cratères aujourd'hui éteints.

Leur volume varie, en moyenne, de celui d'une noisette à celui du poing. A Santorin, celles rejetées en 1866 par le *Giorgios*, pendant toute la durée des violentes explosions qui ont précédé l'établissement du grand cratère, d'où sont sorties les coulées d'avril et de mai, ont atteint plusieurs mètres cubes [1].

Fig. 70. — Bombe volcanique.

Dans ces mêmes conditions, sous l'influence des dégagements gazeux, les laves douées d'une grande fluidité s'élèvent en longs filaments déliés, soyeux et nacrés, offrant tout à fait l'aspect du verre filé, et si fins qu'ils flottent longtemps dans l'air avant leur chute. A l'île Hawaï, ces filaments, enlevés journellement par les vents, de la surface du célèbre lac de feu du Kilauea, sont bien connus sous le nom de *Cheveux de Pélé*, Pélé, étant, au dire des naturels, la déesse qui réside dans les profondeurs du volcan.

Mais dans la plupart des éruptions, ces projections sont loin de constituer la majeure partie des masses rejetées hors de la montagne.

Dans le cas de laves visqueuses et tenaces, par exemple, les fragments projetés, violemment étirés, prennent des formes irrégulières; leur surface se couvre d'aspérités; en même temps les gaz qu'ils tiennent emprisonnés les boursouflent et leur communiquent une structure celluleuse en donnant lieu à ces *scories*, qui rendent si pénible l'ascension des *cônes volcaniques*.

C'est, en effet, par l'accumulation de ces débris que s'établissent, autour des orifices de sortie, ces édifices coniques qui deviennent le trait ordinaire et caractéristique des volcans à projections.

Il se fait ainsi, dans la formation de ces cônes, une sorte de

1. Fouqué, *Santorin et ses éruptions*, p. 80.

division du travail; les cendres, qui ne sont autres que la lave
finement pulvérisée, sont transportées au loin, tandis que les
gros blocs avec les scories retombent, soit au bord du cratère,
soit dans le gouffre même, pour y être relancés de nouveau.
Ces matériaux, par suite de leur entassement sur le bord du
cratère, donnent lieu à un talus annulaire, qui s'exhausse graduellement à mesure que l'éruption continue et finit par devenir
une colline conique, tronquée au sommet par la large ouverture
du cratère indiquant l'orifice de l'éruption.

Après avoir été au niveau du sol, lors de la formation du

Fig. 71. — Vue du Vésuve, prise de Sorrente, montrant le cône moderne
s'élevant du milieu de l'ancien cratère de la Somma. (D'après Poulet-Scrope.)

volcan, l'orifice se prolonge alors en cheminée, au centre du
cône de débris, et chaque éruption nouvelle contribue à son
élévation. Les flancs de ces cônes de débris prennent une inclinaison de 35° et 40°, déterminée, comme la pente de tout talus
d'éboulement, par la grosseur moyenne et la cohérence des
éléments.

Ces édifices, érigés ainsi par l'entassement successif de matériaux meubles, rejetés du sein de la terre, conservent leur forme
régulière longtemps après que tout travail d'éruption a cessé
dans la cheminée. On a pu constater de la sorte qu'ils présentaient, dans leur intérieur, une sorte de stratification grossière,
dont les diverses couches, composées d'éléments fragmentaires

enchevêtrés, sont assez variés, suivant les diverses phases des
éruptions qui ont présidé à leur formation. Les cendres, les
lapilli, les scories, les blocs de roches plus anciennes, au travers
desquelles l'éruption s'est fait jour, dominent dans certaines
couches ou même les composent entièrement.

De pareils cônes, dont les dimensions varient depuis celui
d'une grande fourmilière jusqu'à une colline de plusieurs centaines de mètres de haut, sur 3 à 4 kilomètres de circonférence,
peuvent se former avec une étonnante rapidité.

Fig. 72. — Le Formica-Leo, cône de débris, au pied du volcan de la Réunion.

L'admirable cône de débris qui s'éleva en 1538 sur la côte
de Pouzzoles, dans l'espace de deux jours et de deux nuits, et
qui porte maintenant le nom de *Monte-Nuovo*, est un des meilleurs exemples qu'on puisse citer de cette formation rapide d'un
édifice construit par l'accumulation des débris rejetés par les
explosions.

Il en est de même pour le non moins célèbre *Jorullo* du
Mexique, qui prit subitement naissance, en 1759, au milieu
d'une vaste plaine, *las Playas de Jorullo*, jusqu'alors couverte
des plus riches plantations.

C'est dans la nuit du 29 septembre 1759 que la terre s'est
ouverte à l'endroit qu'occupe maintenant une montagne haute
de 1343 mètres, qui domine une plaine dite des *Malpays*, couverte par des milliers de petits cônes de 2 à 3 mètres, les *Hornitos*,
dont chacun représente l'ouverture d'une fumerolle.

Alexandre de Humboldt a eu raison de dire que cette grande
catastrophe, pendant laquelle une région d'une étendue considérable a subitement changé de face, est un des événements
les plus considérables que puisse présenter l'histoire volcanique
de notre planète; mais il était dans une complète erreur quand

il déclarait que, cette plaine s'étant brusquement gonflée *en forme
de vessie*, la montagne avait surgi de terre soudainement et toute
formée. Le Jorullo, en effet, comme tous ses congénères, n'est
autre qu'un cône volcanique érigé à la suite d'explosions d'une
grande violence et faisant partie d'une série de cinq autres cônes
de même nature établis sur une grande fracture, traversant les
Malpays. La terre se fendant, suivant des directions sensiblement rectilignes, lorsque les matières fluides contenues souterrainement cherchent une issue, les orifices volcaniques s'alignent
sur la crevasse et les amas de projections s'y succèdent par
suite, en rangées.

Les chaînes des Puys, près de Clermont en Auvergne, présente

Fig. 73. — Puys noirs de Lassolas et de la Vache, en Auvergne.

ainsi plus de soixante cônes volcaniques espacés régulièrement
sur une ligne droite de 18 kilomètres, qui n'est autre que le
trajet de la fissure souterraine sur laquelle ils se sont successivement établis.

Cônes adventifs. — Tous ces cônes parasites qui s'élèvent,
par suite d'éruptions latérales, sur les flancs des montagnes
volcaniques, portées à une grande hauteur, se disposent de
même par files rayonnantes, qui convergent vers le sommet.
Le Vésuve (fig. 74), en 1794, lors de l'éruption mémorable qui a
détruit Torre del Greco, a offert un bon exemple de cette formation rapide de huit cônes très rapprochés, étagés sur une
fissure longue de 1 kilomètre.

Dès que la montagne ignivome a acquis ainsi une certaine
altitude, ces fissures se forment sous la seule pression exercée
par le poids de la colonne de lave, quand elle s'élève dans la
cheminée et qu'elle atteint le cratère du sommet. La cheminée

qui s'ouvre au sommet de l'Etna atteint plus de 3000 mètres
au-dessus du niveau de la Méditerranée ; on conçoit aisément
qu'une pareille masse de lave, puissamment aidée par la force
expansive des gaz contenus dans la cheminée, puisse exercer
un effort suffisant pour la faire éclater.

Quand de pareilles crevasses se déclarent, entr'ouvrant la

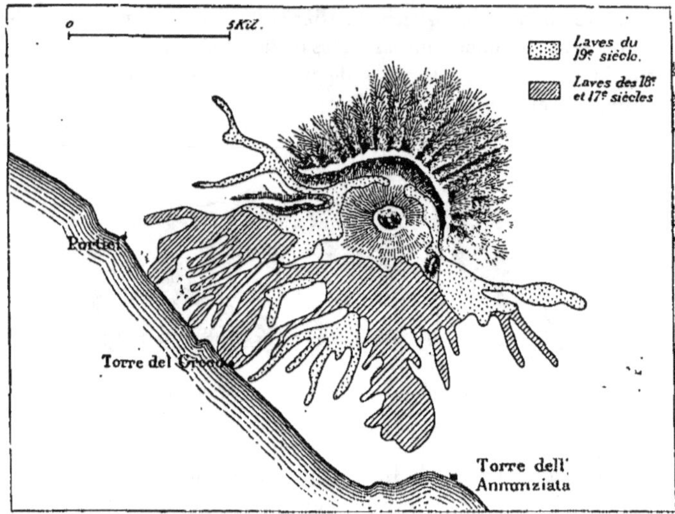

Fig. 74. — Le Vésuve et la Somma.

montagne sur une grande étendue, de véritables jets de lave
s'élancent avec une extrême violence jusqu'à ce que le niveau
de la nappe liquide contenue dans la cheminée se soit suffisamment abaissé [1]. La lave s'écoule ensuite sur les pentes du
volcan, sous l'action de la pesanteur, comme le ferait un ruisseau de métal fondu ou de tout autre liquide imparfait, remplissant les dépressions qu'elle rencontre, inondant les surfaces
planes, s'accumulant contre les obstacles pour déborder par-

---

1. En 1805, on l'a vu s'élancer ainsi des flancs du Vésuve avec une vitesse
de 20 mètres par seconde.

dessus, ou bien les contournant en se divisant en plusieurs
bras, en un mot se comportant comme un véritable fleuve de
feu.

L'éruption une fois terminée, les laves se coagulent rapidement dans ces fissures toujours étroites, leur largeur ne dépassant guère, en moyenne, 4 à 5 mètres; il se forme ainsi, dans
l'intérieur de la montagne, un réseau de filons entre-croisés,
qui enserre tous ces matériaux meubles et peu cohérents dont

Fig. 75. — Cône adventif sur le flanc de l'île Amsterdam (océan Indien),
entouré par une coulée de lave visqueuse.

elle se compose, et lui communique, par suite, une solidité
exceptionnelle.

Éruption de l'Etna en 1865; crevasse de Frumento. —
La dernière grande éruption de l'Etna (janvier 1865) est un des
exemples les plus remarquables qu'on puisse citer de ces coulées latérales, qui semblent former le jeu normal de l'activité
de ce géant de la Sicile, que Pindare dénommait le grand « pilier
du ciel ». Sur 80 éruptions, connues depuis la période historique, on en compte, en effet, plus de 60 qui se sont faites
ainsi par des crevasses verticales, ouvertes sur les flancs du dôme
qui sert de support au cône terminal; dans le nombre il en
est qui se sont étendues sur 20 kilomètres de long, en couvrant
sur des espaces de plus de 100 kilomètres des villes et des vil-

lages, entourés de grandes plantations et de belles cultures
(fig. 76).

Grande dimension des cônes de débris. — Les éruptions,
qui se succèdent ainsi pendant le cours des siècles, ont pour

Fig. 76. — Coulée de 1865 sur l'Etna. (D'après M. Fouqué.)

résultat d'accroître graduellement les pentes du cône et de
rompre leur uniformité. Les coulées s'ajoutant aux coulées, le
volcan s'élargit ainsi et grandit tout à la fois par les explosions
du sommet ; il finit par atteindre et même dépasser la limite
des neiges perpétuelles. Tel est le sublime Cotopaxi des Andes,

qui se dresse à plus de 6000 mètres au-dessus de la Cordillère
et qui doit son élévation et sa forme régulière à la durée ainsi
qu'à la violence de ses éruptions.

Coulées par déversement. — La sortie de la lave ne se fait
pas seulement par des fentes ouvertes sur les flancs de la mon-

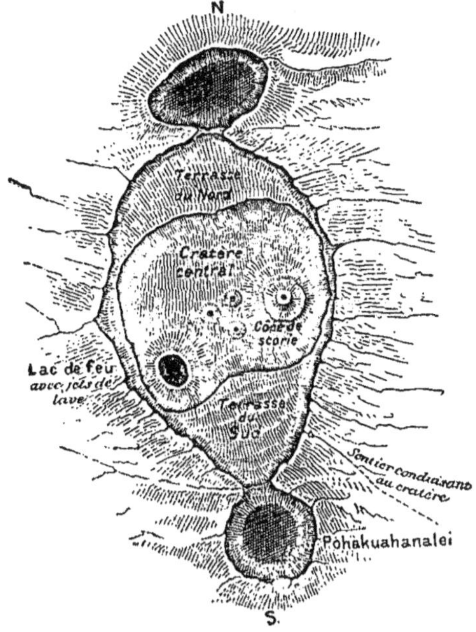

Fig. 77. — Le Mokua-Weo-Weo. Cratère terminal du Mauna-Loa.
(D'après Birgham.)

tagne volcanique; parfois, dans les grands paroxysmes, elle
remplit complètement le cratère terminal et se déverse par-
dessus ses bords, à la manière d'un trop-plein.

Ces coulées par déversement peuvent se produire sur les
grands volcans; le Mauna-Loa, dont l'altitude atteint plus de
4000 mètres, est un des meilleurs exemples qu'on puisse citer.

Au sommet de cette immense montagne, qui supporte sur ses
flancs ce lac permanent de lave bouillante, le *Kilauea,* dont

nous avons déjà parlé, s'ouvre un large cratère, le *Mokua-
Weo-Weo*, de forme elliptique, qui s'étend en direction N.-S.
sur une longueur de près de 5 kilomètres, sa plus grande largeur étant de 2700 mètres (fig. 77). Ses parois verticales
tombent à pic sur une hauteur de 50 à 60 mètres; elles mon-

Fig. 78. — Éruption du Mauna-Loa (14 février 1877), vue de Hilo. (D'après un
croquis de M. Ballieu, consul à Honolulu.)

trent, dans toute leur étendue, une longue succession de coulées de laves épaisses et compactes, qui se superposent avec
une extrême régularité. Cette vaste enceinte circonscrit un premier fond, percé en son centre par une vaste dépression circulaire entaillée comme à l'emporte-pièce et dont on ne voit pas

le fond. C'est là le cratère principal; sa profondeur moyenne est de 250 mètres; il est escorté par deux autres cratères, situés l'un au nord, large et profond, l'autre au sud, de moindre étendue, connu des indigènes sous le nom de *Poha-yua-hanalei*. Un petit cratère secondaire se voit encore, plus au sud, au travers d'un large courant de laves, à proximité d'une belle rangée de cônes de scories, qui se dressent dans cette direction.

Dans les grands paroxysmes, cette vaste chaudière peut se trouver remplie tout entière par la lave en fusion qui, débordant sans entamer le cratère, recouvre la montagne d'une immense nappe de feu. La nuit, ces laves incandescentes jettent, sur le ciel, une lumière si vive qu'il paraît en feu; ce spectacle est un des plus grandioses et des plus imposants qu'il soit donné à l'homme de contempler (fig. 78).

Cratères de laves. — Ces coulées de lave, par déversement

Fig. 79. — Cratère terminal du piton de la Fournaise (île de la Réunion).

hors du cratère, sont également fréquentes au *piton de la Fournaise*, à la Réunion, dont l'altitude relativement faible (2528 mètres) rend facile l'ascension des laves jusqu'au sommet. Elles constituent la règle habituelle des éruptions de ce volcan.

C'est ce qui ressort clairement de l'examen de son cratère terminal (*cratère Dolomieu*), qui doit ainsi son élévation et sa grande régularité à une longue série de coulées de lave superposées les unes aux autres (fig. 79).

Laves. — Les laves sont de beaucoup, parmi les produits volcaniques, ceux qui peuvent être considérés comme les plus importants. Sous ce nom viennent en effet se ranger toutes ces matières fondues, rejetées par les volcans par millions de mètres cubes, sous la forme de courants liquides, ou bien projetées dans les airs à l'état de scories, de cendres et de blocs dont les dimensions peuvent être considérables.

Cette dénomination ne s'applique donc pas à une roche de composition déterminée, mais bien à tout un ensemble de masses minérales complexes, issues des volcans par voie de fusion ignée, qui peuvent présenter dans leur texture, leur densité et leur composition minéralogique, de grandes variations.

Toutes, en raison de cette origine commune, possèdent un certain nombre de caractères constants qui permettent de les rapprocher.

Le premier et le plus important, c'est la présence dans leur masse, quand elles sont devenues solides, de parties restées à l'état vitreux, qui ne sont autres qu'un reste du magma primitif, antérieur à toute séparation de composés minéraux. Le second, c'est l'existence également constante de petites cavités bulleuses, plus ou moins développées, provenant de l'expansion des gaz qu'elles charriaient alors qu'elles étaient encore à l'état de fluide igné.

Mais, à côté de ces traits saillants de ressemblance, les laves offrent entre elles des divergences profondes, qui tiennent surtout aux variations qu'elles présentent dans leur composition chimique. Un petit nombre d'éléments simples à divers états d'oxygénation, l'alumine, la soude, la potasse, la magnésie, la chaux et le fer, combinés à l'état de silicates, suffisent à eux seuls pour constituer toutes les masses laviques issues des volcans.

La proportion plus ou moins grande de silice, qui joue ainsi dans ces roches volcaniques le rôle d'acide, influe à ce point sur leur coloration, leur densité, sur la nature des éléments cristallins qui en font partie, qu'on a pu les diviser en deux grands groupes : les *laves acides* ou *légères* et les *laves basiques* ou *lourdes*; les premières, caractérisées par un excès de silice, ·c'est-à-dire par une teneur en silice supérieure à celle qui convient à l'orthose (65 à 66 pour 100), sont pauvres en chaux, en magnésie, en oxydes ferrugineux, et riches en soude et en potasse; les secondes, ne contenant plus qu'une proportion de silice voisine de celle des silicates plus basiques, c'est-à-dire comprise en 40 et 55 pour 100, renferment plus de chaux, de magnésie que de potasse et de soude, et contiennent en outre une forte proportion d'éléments ferrugineux (*fer oxydulé*) qui leur communiquent leur propriété magnétique, leur coloration noire, ainsi qu'une grande densité (2,95 à 3,10).

Toutes arrivent au jour avec une provision de cristaux tout formés, dont les contours sont souvent assez nets et les dimen-

Fig. 80. — Microlithes feldspathiques.

sions assez grandes pour pouvoir être discernés à l'œil nu ou simplement armé de la loupe. La matière lavique qui cimente tous ces minéraux, disséminés ou agrégés par quantités variables, d'apparence homogène et longtemps considérée comme dépourvue de toute trace de cristallinité, se résout elle-même sous le microscope, à un grossissement suffisant, en un riche tissu de minéraux divers, que leurs formes réduites ont fait dénommer *microlithes* (fig. 80).

La découverte de ces cristaux microscopiques, nés ainsi au

Fig. 81. — Cristallites.

sein de la masse vitreuse de roches volcaniques pendant l'acte de consolidation de la lave, et dont l'existence n'était même pas soupçonnée avant l'application du microscope à la pétrographie, a été une des conquêtes les plus importantes de la micrographie moderne, le développement de la cristallinité dans une substance amorphe étant, en effet, un des problèmes qui depuis longtemps préoccupaient les minéralogistes. Or l'emploi des forts grossissements a révélé l'existence, dans ces parties vitreuses des laves, de toute une catégorie de formes élémentaires réunies sous le nom de *cristallites* (fig. 81), fort intéressantes, établissant tous les passages entre l'état amorphe et l'état cristallin.

Le microscope a été plus loin dans cette détermination exacte des éléments intégrants des laves [1] : il a fourni des données précises sur leurs associations, sur leur mode d'agencement, en montrant que la cristallinité de ces minéraux divers ne s'était pas faite simultanément, mais s'était opérée en plusieurs temps, dans chacun desquels la cristallisation a affecté des caractères particuliers dont on peut suivre toutes les phases.

Les *grands cristaux*, distincts à l'œil nu, appartiennent à un premier stade de consolidation qui s'est opéré dans les profondeurs du sol, antérieurement à l'épanchement de la lave, dans des conditions de tranquillité et de refroidissement très lent qui leur ont permis de prendre, avec de grandes dimensions, une structure le plus souvent zonaire, dénotant un accroissement lent et régulier.

A cette époque calme a succédé une période troublée et de refroidissement plus rapide, correspondant à l'éruption, pendant laquelle ces cristaux précédemment formés, charriés dans la lave liquide portée à l'incandescence, ont été soumis à des actions mécaniques et chimiques intenses.

L'analyse microscopique les montre, en effet, tordus, brisés, dispersés souvent par des fragments au milieu de la masse lavique qui les renferme; leurs arêtes émoussées, des traces de corrosion souvent profondes, témoignent de l'intervention d'une température élevée, susceptible de les avoir soumis à une fusion partielle.

C'est alors que s'est produite la seconde poussée cristalline; dans la masse vitreuse qui enveloppe tous ces cristaux anciens,

---

1. Fouqué et Michel Lévy, *Minéralogie micrographique.* — Fouqué, *les Applications modernes du microscope à la géologie* (*Revue des Deux Mondes*, 1879).

en débris, les microlithes fourmillent et se disposent suivant des directions déterminées autour des éléments de première consolidation, pénétrant dans leurs cassures, s'allongeant dans leurs intervalles sous forme de longues trainées fluidales, où ils se

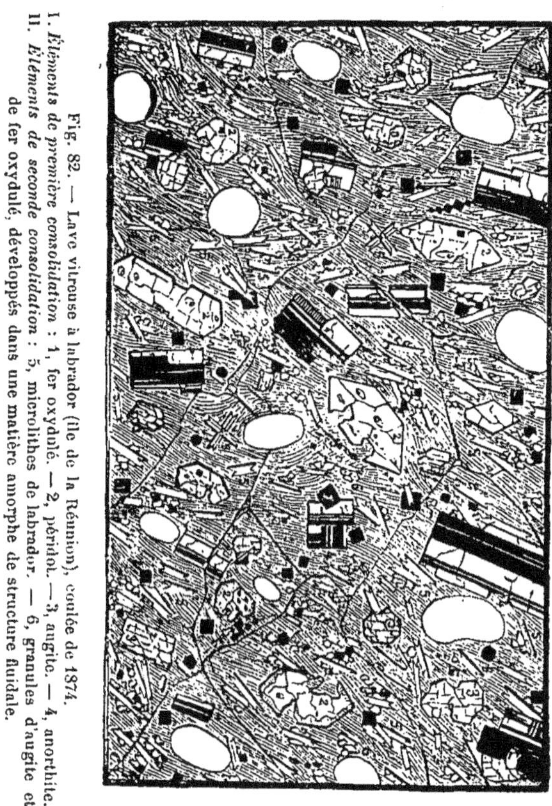

Fig. 82. — Lave vitreuse à labrador (île de la Réunion), coulée de 1874. I. *Éléments de première consolidation* : 1, fer oxydulé. — 2, péridot. — 3, augite. — 4, anorthite. II. *Éléments de seconde consolidation* : 5, microlithes de labrador. — 6, granules d'augite et de fer oxydulé, développés dans une matière amorphe de structure fluidale.

réunissent parfois en nombre si considérable, qu'il ne reste plus trace du magma vitreux primitif.

La petitesse extrême de ces éléments de seconde consolidation, indice d'un arrêt souvent subit dans la cristallisation, par suite du brusque refroidissement de la coulée, leur disposition

par de longues traînées, manifestement orientées dans le sens
de l'écoulement de la lave, témoignent qu'ils ont pris naissance
dans un liquide en mouvement.

Leur formation, contemporaine de l'épanchement de la lave,
est encore attestée par ce fait que, dans les parties superficielles
des coulées, dont la consolidation a été rapide, les microlithes
sont rares, clairsemés, réduits à l'état de cristallites et font
même parfois défaut.

L'état amorphe que conservent, après leur chute, les projections qu'on sait être rapidement solidifiées par leur brusque
refroidissement dans l'air, en est encore une preuve des plus
directes.

En résumé, les laves, considérées pendant bien longtemps
comme des roches *pseudo-ignées*, dans la formation desquelles
l'action de la vapeur d'eau, qui accompagne avec une constance
remarquable, toutes les manifestations volcaniques, venait se
combiner à celle de la chaleur, se comportent comme devant
leur origine à l'action exclusive d'une fusion ignée suivie d'un
lent refroidissement, sans l'intervention de pression ni de températures excessives, et surtout sans qu'il soit besoin d'un repos
absolu, condition jadis considérée comme indispensable à toute
cristallisation régulière.

Température des laves. — La température des laves au
moment de leur émission, sans être excessive, reste toujours
très élevée. Il n'est guère facile d'observer comment elle se
comporte dans le cratère pendant les paroxysmes des volcans à
projections, la chute des blocs et des scories brûlantes, la violence des dégagements gazeux qui s'échappent de toutes les
parties du sol fissuré, rendant impossible l'accès de l'orifice de
décharge et celui même du cône qui le supporte. Mais, dans les
volcans en activité continue, tels que le Stromboli et le célèbre
lac de feu de Kilauea, des observateurs courageux, tels que
Poulet-Scrope en 1820, et plus récemment M. Coan en 1868,
ont pu s'approcher de la lave incandescente et constater que sa
température, dépassant celle de la fusion du cuivre, devait se
tenir entre 1000° et 2000°.

Des observations plus précises ont pu être effectuées sur les
coulées en marche. Aussitôt son exposition à l'air, la lave, en

effet, se couvre rapidement d'une croûte scoriforme qui conduit si mal la chaleur qu'on peut stationner dessus, alors qu'à quelques décimètres au-dessous la lave en fusion se laisse entrevoir, au travers des crevasses, comme une traînée de feu.

Charles Sainte-Claire Deville, en 1875, a pu reconnaître de la sorte qu'un fil de fer plongé dans la lave avait subi un étirement sensible et qu'il avait fondu à son extrémité; on lui doit encore cette observation, maintes fois vérifiée depuis, que la résistance d'une pareille masse fondue est relativement considérable; il faut exercer une forte pression pour y faire pénétrer un bâton, qui s'enflamme aussitôt. Quand on y projette des blocs de pierre, ils rendent un son sec et ont peine à s'y enfoncer.

Protégée contre le rayonnement par la faible conductibilité de cette enveloppe scoriacée, cette haute température peut persister longtemps, et la lave se maintient encore en fusion alors que toute trace d'activité a cessé dans le foyer qui l'a émise. La coulée du Jorullo, en 1759, en est un exemple frappant; cinquante et un ans après son émission, elle donnait encore des traces sensibles de chaleur. Sept années après sa sortie, la coulée du Vésuve de 1858 présentait encore à sa surface une température de 72°.

Malgré cette haute température, la chaleur d'irradiation d'une pareille masse en fusion est loin d'être aussi intense qu'on pourrait s'y attendre. Ces médailles et ces empreintes que les guides napolitains frappent avec la lave, à chaque nouvelle reprise du Vésuve, pour en fixer la date, témoignent qu'on peut s'approcher sans crainte de la coulée, alors qu'elle est en marche.

L'impuissance des grands volcans de la Cordillère à se débarrasser du manteau de neige qui couvre leur cime, même dans leurs périodes paroxysmales, est de même bien connue et souvent citée comme preuve du peu d'intensité des phénomènes calorifiques auxquels les laves en fusion donnent lieu. On peut encore signaler ce fait, non moins probant, qu'en 1860 un de ces nombreux volcans actifs d'Islande, cachés sous des neiges éternelles, le Kutlayaga, a lancé dans les airs des blocs de laves avec des morceaux de glace entremêlés [1].

1. Wallih, *North atlantic Sea-Bed.*

Divers modes de consolidation des coulées. — Les variations que nous venons d'établir dans la composition chimique des laves exercent sur la constitution des coulées une grande influence. Les laves basiques, manifestement plus fluides que les laves acides et le plus souvent particulièrement riches en matière vitreuse, s'écoulent avec une grande vitesse, qui peut même dépasser celle des grands cours d'eau au voisinage de leur embouchure. Au Vésuve, des vitesses de 8 mètres par seconde ont pu être observées. A la Réunion, celles qui s'échappent ainsi, par jets paraboliques, des flancs entr'ouverts du cratère brûlant, à chaque éruption nouvelle, franchissent, en quelques heures, la distance de 5 kilomètres qui les sépare de la mer.

Fig. 83. — La grotte de Rosemont, au milieu d'une coulée du piton Bory
(la Réunion).

Laves cordées. — Ces laves, restant longtemps fluides, se solidifient lentement en longues traînées visqueuses, en replis

ondulés qui, figurant souvent comme autant de paquets de
cordages entrelacés, méritent bien le nom de *laves cordées* qui
leur a été appliqué.

Leur surface se couvre de crevasses, d'où s'échappent des
quantités de vapeurs et parfois de véritables jets de lave qui, à
leur tour, se congèlent en replis tortueux. Parfois ce sont de
véritables explosions qui se produisent, et, sous l'effort des gaz,
la croûte superficielle, peu épaisse, se soulève en donnant lieu
à un monticule conique dont le centre reste creux.

La figure 83 représente une de ces ampoules formée ainsi par
la poussée des gaz, sur une des grandes coulées qui, à la Réunion, descendent du piton Bory, aujourd'hui éteint, pour se
diriger vers la grande plaine de laves au-dessus de laquelle
se dresse, dans l'est, le piton de la Fournaise, qui supporte le
cratère actif.

Gaines et tunnels. — Ces laves ont également une grande
tendance à se creuser des canaux, sous lesquels, pendant de
longs mois, la matière en fusion, conservant sa fluidité, circule
sous cette gaine refroidie, sur laquelle on peut marcher impu-
nément, en échappant complètement à l'observation directe; çà
et là, des bouffées de gaz et de vapeurs acides, s'échappant de
quelque crevasse, révèlent seules la haute température qui règne
au-dessous.

Quand la coulée cesse, le niveau de la lave baisse, et ce canal
se vide en laissant un véritable tunnel, dans lequel on peut
pénétrer lorsque le refroidissement est complet.

Ces tunnels, qui s'étendent parfois sur plusieurs centaines de
mètres de longueur, larges de 8 à 10 mètres avec une hauteur double, sont souvent obstrués par un entassement prodigieux de blocs énormes de lave, qui semblent entassés là par
la main des géants. Cette particularité a lieu quand la gaine
scoriacée, ainsi engendrée, ne possède pas la solidité nécessaire pour résister aux mouvements tumultueux des masses en
fusion sous-jacentes. Dans ce cas, les fragments de lave scoriacée disloqués sont charriés à la surface du courant incandes-
cent et viennent se déverser, soit sur les flancs, soit et surtout à
l'extrémité terminale de la coulée, en s'y entassant sous la forme
de moraines, analogues, à certains égards, à celles des glaciers.

Laves vitreuses. — Tel a été l'aspect sous lequel s'est présenté, en novembre 1880, la grande coulée de lave vitreuse, issue du Mona-Loa, aux Sandwich, avec toute la violence dont ces grands volcans sont capables.

Ces laves doivent leur fluidité exceptionnelle à leur état vitreux. Il est alors à remarquer qu'elles ne sont accompagnées d'aucun dégagement de gaz ni de vapeurs; aussi, après leur solidification, qui ne se fait qu'avec une extrême lenteur, elles

Fig. 84. — Surface ondulée des laves vitreuses.

restent compactes, et leur surface, douée de ces reflets miroitants qui ont valu à ces laves, de la part des indigènes, le nom bien significatif de *pahoe-hoe* (peau de satin), est marquée de replis concentriques et ondulés comme ceux qu'affecte une masse de cire après sa coagulation. La figure 84 donnera une idée très exacte de cet aspect bien caractéristique que prennent les laves vitreuses après leur solidification.

Laves acides. — Dès que la teneur en silice d'une lave s'élève, elle amène un changement complet dans sa coloration, sa densité et sa fusibilité. Dans ces conditions, la lave devenue visqueuse ne se maintient plus liquide qu'à une haute température: elle se refroidit brusquement à l'air en se recouvrant d'une croûte scoriforme, sous laquelle elle se maintient pendant quelque temps dans un certain état de liquidité, en laissant échapper des quantités de gaz et de vapeurs qui, comprimées dans le dessous, parviennent souvent à faire éclater cette enveloppe.

C'est ainsi que se produisent, par suite de la lutte qui s'établit ainsi entre la lave et la croûte scoriacée qui l'emprisonne, ces coulées à surfaces rugueuses, consolidées par blocs anguleux et déchiquetés, qui méritent bien les noms de *Serre* au de *Sciarre* (dent de scie) qu'on leur a donnés à l'Etna, de *Cheires* en Auvergne et de *Malpays* (mauvais pas) en Amérique.

Les laves franchement acides, à peine fluides au moment de leur sortie, s'amoncellent sur l'orifice même de sortie, en figurant un entassement de blocs noirs, irréguliers, incohérents, dont l'accroissement, accompagné d'abondants dégagements de vapeurs, se fait souvent avec une grande rapidité sans projections, sans secousses, ainsi que nous l'avons vu dans l'apparition du *Giorgios*, en 1866, à Santorin. Quand elles se répandent à quelque distance du point d'émission, leur marche s'effectue toujours avec une extrême lenteur, et leurs coulées restent, par suite, compactes et très épaisses.

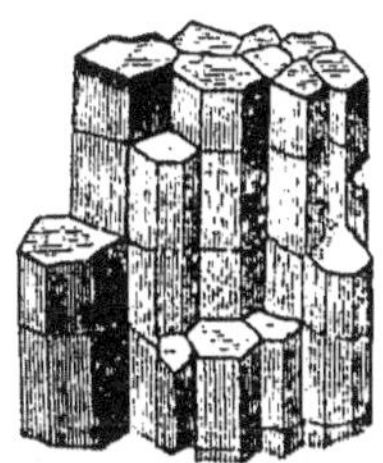

Fig. 85. — Colonnades basaltiques.

Division prismatique des coulées. — Quand les coulées rencontrent des dépressions, des plis de terrain, elles s'y accumulent

Fig. 86. — Le volcan d'Aizac avec sa coulée prismatique.

et peuvent alors atteindre une épaisseur considérable. On en connaît dont la puissance dépasse 100 mètres de hauteur, sur des longueurs de plusieurs kilomètres. On conçoit aisément que

le refroidissement d'une pareille masse doit s'effectuer lentement. Dans ces conditions, la lave prend une texture compacte ;
en se solidifiant, elle se contracte et les fissures de retrait qui se
produisent la divisent en colonnades prismatiques régulières,
implantées verticalement sur le sol.

Certains volcans d'Auvergne, aujourd'hui éteints, ont donné
des coulées qui se sont ainsi débitées par prismes réguliers. Le
volcan d'Aizac (fig. 86) en fournit un bon exemple.

Cette division prismatique est surtout fréquente dans les
roches volcaniques anciennes, connues sous le nom de *basalte*.

Fig. 87. — Îlot basaltique, au voisinage de l'île Saint-Paul (océan Indien).

Tantôt ces prismes de basalte perchés sur les hauts sommets
simulent, jusqu'à l'illusion, les ruines de quelque édifice impo-
sant ; tantôt on croirait voir des orgues gigantesques suspendues
aux flancs des vallées. La légende, personnifiant les forces de la
nature, s'est plu à rapporter à des êtres fabuleux, d'une puissance surhumaine, ces monuments d'une étrange architecture.
C'est ainsi que ces colonnades ont pris souvent le nom de *chaus-
sées des géants* ; les îlots basaltiques qui se dressent comme des

tours cannelées autour des îles volcaniques de l'océan Indien sont devenus des *forteresses cyclopéennes* (fig. 87).

La plus célèbre de ces colonnades basaltiques est la grotte de Fingal, dans l'île de Staffa (Hébrides), tant admirée des voyageurs pour le puissant effet et l'étonnante régularité de son architecture.

Tels sont encore ces hauts piliers basaltiques qui couronnent les plateaux de l'Ardèche et du Vivarais.

La régularité de ces prismes basaltiques pourrait faire penser à une cristallisation de la masse, mais elle est due uniquement à un phénomène de retrait, comparable à celui que l'on voit se produire dans les masses homogènes qui se contractent en se consolidant. En agitant de l'amidon dans de l'eau chaude, par exemple, on obtient une gelée qui, en se refroidissant, devient solide et se divise en petites colonnes qui ressemblent à s'y méprendre à celles du basalte.

Fig. 88. — Dyke de basalte primé.

Dykes de laves; origine des filons de roche. — Cette division prismatique s'observe encore bien dans les filons de lave, c'est-à-dire dans les points où la lave s'est injectée au travers des fissures du sol.

Nous avons vu que, dans son mouvement d'ascension, la lave profite des crevasses établies au sein de la montagne pour s'échapper au dehors. L'éruption terminée, ces fentes se bouchent par suite de la consolidation de la lave dans leur intérieur, qui se refroidit alors plus lentement que celle exposée à l'air et peut prendre ainsi la compacité et la structure des coulées épaisses (fig. 88).

Dans ces filons, les prismes sont alors couchés horizontalement, et les axes des colonnes sont perpendiculaires aux parois de la fente, c'est-à-dire aux surfaces de refroidissement.

Ces filons de laves, composés ainsi de roches dures et résistantes, au milieu d'un terrain meuble, facile à désagréger,

Fig. 89. — Dyke de lave dans le val de Bove (Etna).

restent souvent en saillie, à la manière d'un mur avancé, ainsi que le représente la figure 89, sur une étendue plus ou moins considérable. De là l'expression de *Dyke*, qui nous vient d'Angleterre et qui est passée dans le langage courant, parce qu'elle exprime bien l'idée d'un mur en saillie.

Émanations gazeuses des volcans. — Le tableau abrégé des manifestations volcaniques que nous venons de présenter montre combien ces phénomènes, malgré leur apparente complexité, sont réglés par des lois générales qui leur donnent un caractère de grande uniformité.

Chaque éruption comporte, en premier lieu, une explosion, accompagnée de projections plus ou moins violentes, suivant l'intensité des dégagements gazeux. L'émission des laves ne se

fait ensuite que tardivement, dans les conditions que nous avons
définies; et longtemps après que leur sortie a cessé, et que
toute trace d'incandescence a disparu de leur surface complètement refroidie, ces dégagements de gaz et de vapeurs se maintiennent jusqu'à l'épuisement complet du volcan.

Un grand nombre de volcans éteints présentent ainsi des
restes d'activité, pendant de longues années, après l'extinction
apparente des feux qui les avaient animés.

L'épanchement des laves, souvent considéré comme le fait
capital de l'éruption volcanique, est donc loin d'en être le phénomène le plus constant et par suite le plus caractéristique; le
dégagement des matières volatiles et principalement celui de la
vapeur, dont le rôle est prépondérant dans toutes les phases
diverses de l'éruption, depuis son commencement jusqu'à sa
fin, est celui qui donne, à ces manifestations actuelles de l'activité interne du globe, leur caractère le plus franc.

Émanations volatiles. — Ces émanations gazeuses, qui
s'échappent ainsi des cratères en activité, des coulées de laves
incandescentes ou refroidies, et jusque des moindres crevasses
du sol, aux abords des massifs volcaniques, constituant tous ces
dégagements de gaz et de vapeurs connus sous les noms de
fumerolles, *solfatares* et *mofettes*, sont très complexes. Indépendamment d'une quantité énorme de vapeur d'eau elles comprennent, avec les acides chlorhydrique, sulfurique, sulfureux,
sulfhydrique, carbonique, de l'hydrogène et des hydrocarbures
dont la présence, authentiquement constatée au Vésuve et
dans plusieurs autres volcans actifs, rend bien compte de ces
flammes volcaniques, qui ont été si longtemps contestées,
malgré les observations de Humboldt, de Boussingault sur les
grands volcans des Andes, de Bory de Saint-Vincent à la Réunion, et celles plus récentes de Verdet au Vésuve (1856 et 1859).

A ces produits gazeux il convient d'ajouter un grand nombre
de chlorures anhydres et de composés salins qui se dégagent
encore à l'état volatil de la lave en fusion et présentent ce caractère important d'être, pour la plupart, tenus en dissolution
dans les eaux marines.

Parmi ces substances, qui ont la propriété de se condenser sur
les parois des fumerolles par voie de refroidissement, à l'état

cristallin, et se présentent aussi souvent, en amas, dans les anfractuosités des coulées de lave, les chlorures de sodium et de potassium se signalent par leur abondance. Ils s'accompagnent constamment, et l'on a pu faire, à diverses reprises, cette remarque intéressante que ces deux sels se présentent, dans ces nouvelles conditions, en proportions sensiblement égales à celles qu'ils possèdent dans l'eau de mer.

Phénomènes précurseurs des éruptions; dégagements gazeux. — Tous ceux qui ont assisté au spectacle grandiose d'une éruption vue de près ont pu se rendre compte de l'importance prise par les dégagements gazeux à toutes les phases de l'activité volcanique.

Au début des phénomènes, la terre tremble, des secousses, des bondissements du sol jettent la terreur dans le district menacé. Tout à coup une formidable explosion se produit ; les laves solidifiées, qui obstruaient la cheminée, sont violemment projetées dans les airs, et par cette ouverture béante jaillissent, avec fracas, des torrents de vapeurs épaisses, qui s'élancent rapidement vers le ciel, formant au-dessus du cratère une immense colonne de fumée, entremêlée de fragments de roches incandescents.

Colonne de fumée. — Ce jet de matières solides atteint souvent plusieurs centaines de mètres de hauteur, et la colonne de vapeur s'élève encore plus haut. A son extrémité supérieure elle se dilate horizontalement et s'étale en un nuage circulaire, figurant un immense parasol, d'où échappent des éclairs en zigzag d'une grande beauté (fig. 90).

Les détonations se multiplient; d'énormes masses de vapeurs, d'une blancheur extrême, roulant les unes au-dessus des autres, sont vomies par ces explosions répétées et viennent augmenter le nuage, qui bientôt intercepte les rayons du soleil, plongeant dans une obscurité complète une vaste étendue du pays.

Écoulement de la lave. — C'est alors que la lave apparaît, ruisselant au pied du cratère à la manière de rubans de feu, ou s'échappant par jets brûlants à un niveau plus bas, par quelque crevasse ouverte sur le flanc de la montagne.

Pendant qu'elle s'écoule ainsi, elle reste presque cachée à la vue par les torrents de vapeurs qui s'élèvent de tous les points

de sa surface incandescente et vont se réunir aux nuages suspendus au-dessus de la montagne.

Quand, par suite de son exposition à l'air, elle se recouvre
d'une enveloppe scoriacée, les vapeurs qui continuent à se

Fig. 90. — Le Vésuve en éruption.

dégager, comprimées en dessous, cherchent une issue à travers
les mille fissures qui traversent cette écorce fragile. On désigne
sous le nom de *fumerolles* ces petites fumées blanches qui
s'échappent ainsi de la surface de la lave, pendant bien longtemps alors que son émission a cessé et que toute trace d'incandescence a disparu. La force explosive des vapeurs et des

gaz qui traversent la lave en fusion est seulement beaucoup plus grande.

Tous ces produits gazeux, émanés des volcans, réunis au moment de la phase paroxysmale, disparaissent successivement en s'échelonnant, pour ainsi dire, suivant les variations de l'activité volcanique.

C'est l'acide chlorhydrique qui cesse le premier; il ne peut se produire qu'à une température élevée. Il laisse alors comme trace de sa présence, sur les parois des fumerolles, des chlorures de diverses sortes, notamment du chlorure de sodium, qui parfois peut devenir très abondant [1].

Phase solfatarienne du volcanisme. — Les fumerolles sulf-hydriques et surtout celles à température plus basse, chargées de gaz carbonés, persistent longtemps. Un grand nombre de régions volcaniques, après l'extinction apparente des feux qui les ont animées, présentent ainsi des manifestations secondaires, caractérisées par le maintien des substances volatiles.

Tantôt ce sont des dégagements sulfureux qui, s'effectuant par toutes les fissures du sol, se décomposent lentement à l'air en déposant le soufre des *solfatares*. Ailleurs, c'est l'eau bouillante, qui jaillit en merveilleux *geysers*, ou qui s'échappe plus lentement sous la forme de sources thermales, chargées de principes minéraux divers, empruntés au sol sous-jacent.

Enfin, au dernier échelon des phénomènes volcaniques se trouvent ces dégagements d'acide carbonique et d'hydrocarbures, donnant lieu aux *salses* et aux *mofettes*, qui représentent le dernier acte d'une activité depuis longtemps affaiblie.

Solfatares. — Le type de ces émissions solfatariennes ne saurait être mieux choisi qu'à *Vulcano*, dans les îles Lipari. La soufrière de Vulcano n'est autre qu'un ancien cratère qui, depuis 1786, date de sa dernière éruption, est réduit à la condition de solfatare.

Les vapeurs qui s'en échappent par torrents, avec des sifflements aigus, consistent principalement en vapeur d'eau mélangée d'hydrogène sulfuré. Aussitôt son arrivée à l'air, ce gaz se

1. On a trouvé au Vésuve jusqu'à 94 p. 100 de chlorure de sodium dans les produits de ces fumerolles acides.

décompose; l'hydrogène, en se combinant avec l'oxygène de l'air, forme de l'eau, tandis qu'une partie du soufre se dépose. Les produits sulfureux qui résultent de cette décomposition, en s'oxydant à leur tour, se transforment en acide sulfurique, qui attaque vivement les parois du cratère, en donnant naissance à divers sulfates (gypse et alun).

La solfatare de Vulcano ne produit guère annuellement qu'une dizaine de tonnes de soufre, mais celles célèbres de la Sicile, que l'on exploite depuis des siècles, n'en fournissent pas moins de 200 000 tonnes chaque année au commerce; ce sont là des ressources inépuisables, puisque la matière exploitée se renouvelle à mesure qu'on l'extrait.

Geysers. — Ces sources intermittentes, qui se rattachent intimement aux solfatares, doivent compter comme les phéno-

Fig. 91. — Un geyser en éruption.

mènes les plus importants parmi ceux qui sont ainsi le signe d'une activité volcanique à son déclin. On peut les considérer comme des volcans d'eau. Ce sont, en effet, des gerbes d'eau bouillante qui s'élancent par jets intermittents, au-dessus de véritables orifices cratériformes, comparables aux bouches des volcans et construits, de même, par leurs produits.

Tous les geysers présentent un dôme aplati, supportant un canal tubulaire qui sert à l'arrivée de l'eau (fig. 91).

Ce cône est entièrement formé par des concrétions siliceuses faites d'une variété particulière de silice hydratée que les minéralogistes ont dénommée *geysérite*, en raison de son origine. Les eaux des geysers contiennent en dissolution une grande proportion de cette silice, qui se dépose alors rapidement sur

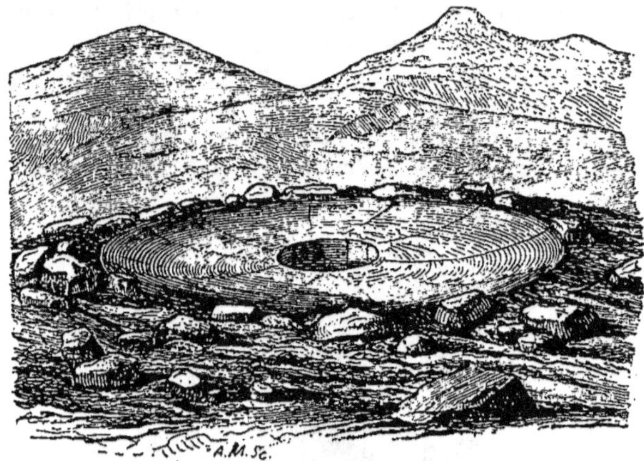

Fig. 92. — Bassin du Grand Geyser en Islande.

les bords du bassin et sur tout le parcours des rigoles, ruisselant autour de lui, quand les eaux débordent et font éruption.

Dans les périodes de repos, l'eau qui remplit ce bassin reste tranquille, d'une limpidité absolue, avec des teintes d'un bleu azuré; c'est à peine si quelques bulles, sortant de la bouche du geyser, qu'on aperçoit distinctement dans le fond, viennent, de temps en temps, troubler cette belle transparence, qu'aucun nuage ne ternit.

Rien ne signale, par conséquent, l'activité qui règne au-dessous et qui, de temps à autre, se traduit par de violentes éruptions, ayant pour effet de projeter en l'air toute l'eau contenue dans ce bassin, sous forme d'une gerbe jaillissante, s'élevant parfois à de grandes hauteurs.

Variations dans l'activité geysérienne. — Ces éruptions intermittentes sont le trait caractéristique du geyser ; elles sont en général annoncées par des bruits souterrains, accompagnés d'ébranlement du sol. L'eau s'agite alors dans le bassin et tourbillonne en tous sens ; d'énormes bulles de vapeur viennent éclater à sa surface ; tout à coup, une puissante colonne d'eau s'élance verticalement à une grande hauteur et s'y maintient pendant quelques minutes, entourée d'un nuage de vapeurs ; à peine retombé dans le bassin, un autre jet reparaît, s'élève à une hauteur plus grande, et parfois de véritables fusées d'eau s'élancent, en gerbes, dans toutes les directions ; puis le calme renaît, le bassin vidé se remplit de nouveau, et l'eau, après avoir repris son ancien niveau, s'y maintient pendant un temps plus ou moins long.

La durée de ces éruptions varie, mais ne dépasse guère, dans les plus puissants de ces appareils, une dizaine de minutes. Elles se renouvellent à des intervalles plus ou moins rapprochés, et cela d'une açon souvent irrégulière pour chacun.

Geysers islandais. — Les geysers les plus anciennement connus et les mieux étudiés sont ceux d'Islande. C'est là qu'ils ont pris leur nom ; *geyser*, dans la langue islandaise, veut dire *furieux*.

On les trouve réunis, en nombre considérable, au milieu d'une grande plaine, entourée de glaciers, dans la partie sud-ouest de l'île, qui, depuis longtemps, n'est plus soumise aux feux des volcans. Parmi ces sources, le *Grand Geyser* se signale par son importance. Son bassin, large de 18 mètres à 20 mètres avec une profondeur de 2^m, 30 environ s'élève de 5 à 6 mètres seulement au-dessus du sol. La colonne d'eau qui s'en échappe à des intervalles de vingt-quatre ou trente heures en moyenne atteint souvent 50 mètres de haut. L'eau bouillante forme alors une gerbe évasée, couronnée de gros flocons blancs de vapeurs ; elle retombe de tous côtés, par gouttelettes, en une pluie dense et serrée que les rayons du soleil croisent de divers arcs-en-ciel. Un deuxième, puis un troisième jet se succèdent rapidement ; mais ce magnifique spectacle ne dure que quelques minutes.

Autrefois, ces éruptions se faisaient, au Grand Geyser, avec

une certaine régularité ; à l'heure présente, il n'en est plus de
même : on attend souvent des semaines entières avant qu'une
explosion se produise.

Fort heureusement pour les visiteurs, il est, à côté de ce
grand appareil, un petit geyser, le *Strokkur*, qui est plus com-
plaisant. L'eau s'y maintient constamment en ébullition ; en
jetant des mottes de terre dans la cheminée, on peut, plusieurs fois par jour, provoquer des éruptions qui se font parfois
violentes et durent un quart d'heure, en se renouvelant de 15 à
20 fois.

Geysers remarquables. — Parmi les régions volcaniques

Fig. 93. — La *cascade de Te-Ta-Rata*, geyser à longues intermittences
de la Nouvelle-Zélande. (D'après M. de Hochstetter.)

qui se signalent encore par leur activité geysérienne, il faut
signaler la Nouvelle-Zélande, où, dans une vallée, sur un espace

de 2 kilomètres tout au plus, on compte 76 de ces sources intermittentes, qui donnent lieu, par leurs jets presque continus, à une véritable rivière d'eau bouillante, présentant des cascades qui descendent de 25 mètres de haut et sont formées d'une succession de terrasses siliceuses, du plus singulier effet, occasionnées par les dépôts de silice que ces eaux abandonnent en s'écoulant (fig. 93).

La région des sources chaudes, récemment découverte dans les *Montagnes Rocheuses*, près des sources du Yellowstone et du Missouri, érigée maintenant à l'état de *parc national* par les Américains, est plus remarquable encore. On ne compte pas moins de dix mille bouches en activité continue dans cette vallée, parmi lesquelles il en est dont les gerbes s'élèvent, toutes les dix minutes, à plus de cent mètres de haut.

Explication du phénomène geysérien. — La thermalité des eaux geysériennes, comme celle des sources minérales, s'explique par ce fait que dans les régions volcaniques, où le sol est très fissuré, les eaux d'infiltration provenant soit de la pluie, soit de la fonte des neiges, peuvent pénétrer dans les parties profondes du sol, chauffées par suite de leur voisinage avec les masses en fusion contenues souterrainement. Là elles sont portées à une température élevée et vaporisées en partie.

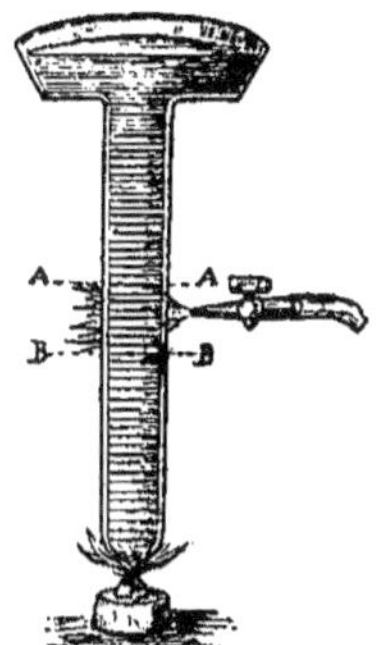

Fig. 94. — Appareil de Tyndall pour la reproduction du phénomène geysérien.

Dans le cas des sources thermales, c'est la pression seule exercée par ces vapeurs qui fait rejaillir les eaux par les fissures, et l'écoulement des eaux chaudes se fait à la surface du sol d'une façon continue. Mais, pour les geysers, l'ensemble du phénomène est plus complexe, puisqu'il comprend, en plus de l'arrivée des eaux, des projections intermittentes qui se font à des intervalles plus ou moins réguliers.

Bien des essais ont été tentés pour donner une explication rationnelle de la projection et surtout de l'intermittence de ces jets d'eau bouillante, qui constituent le jeu caractéristique du geyser. Une expérience ingénieuse du physicien anglais Tyndall, en reproduisant ce phénomène, peut servir de démonstration.

L'appareil disposé à cet effet (fig. 94) consiste en un tube de fer assez long, fermé par un bout, représentant la cheminée du geyser et couronné à sa partie supérieure par une petite cuve circulaire, remplie d'eau, occupant la place du bassin terminal.

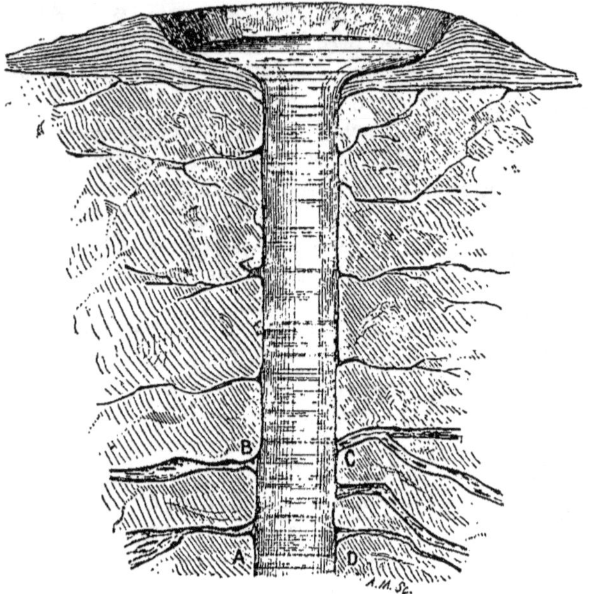

Fig. 95. — Section faite au travers d'un geyser. ABCD, espace surchauffé.

En chauffant ce tube, à sa base d'une part, et de l'autre dans sa partie moyenne à l'aide d'un second foyer (en A B), on voit, à des distances très rapprochées et bien rythmées, un jet d'eau bouillante s'élancer hors du bassin.

Dans l'espace ainsi surchauffé, au milieu du canal, l'eau, portée à une température plus élevée, se résout presque immédiatement en vapeur et acquiert bientôt une tension suffisante pour projeter hors du bassin toute l'eau qui se trouve au-dessus d'elle, dans l'intérieur du tube.

Or on a remarqué, en descendant des thermomètres dans la cheminée du Grand Geyser d'Islande, que la distribution de la température y était inégale et prenait un maximum à un certain niveau.

Dans l'expérience de Tyndall, les conditions du geyser se trouvent donc remplies et l'explication du phénomène physique en découle nécessairement. On peut concevoir, en effet, que sur le trajet de la cheminée du geyser, qu'on sait être profonde, verticale et non disposée en siphon comme le voulaient les théories précédemment admises, il puisse exister un point (AB, CD, fig. 95) où la colonne d'eau subit une élévation locale de température par suite de fissures dans la robe encaissante, qui facilitent l'accès des vapeurs chaudes issues de l'intérieur; des projections intermittentes en résultent, comme dans l'expérience de Tyndall. De plus, ces projections étant nécessairement en fonction de la température et de la position de cet espace surchauffé, et ces conditions pouvant différer même dans des appareils très voisins, on conçoit aisément comment peuvent se produire toutes ces variations dans l'activité geysérienne que nous venons de signaler [1].

Mofettes. — Dans ces émanations gazeuses qui sont déjà le signe d'une activité volcanique à son déclin, quand la température s'abaisse, au point de ne plus dépasser celle de l'air ambiant, l'acide carbonique persiste seul, avec la vapeur d'eau. Ce gaz, qui s'échappe alors en abondance de toutes les fissures du sol, tapisse des grottes et remplit les dépressions de ses émanations délétères, en donnant lieu aux *mofettes*, qui représentent le dernier acte des manifestations volcaniques. Telles

---

1. On peut encore obtenir ces jets intermittents au moyen de l'expérience d'Herschel, qui consiste à chauffer, au rouge sombre, la partie moyenne d'une pipe à tabac; on remplit ensuite le fourneau de la pipe avec de l'eau, puis on l'incline doucement, de manière que le liquide puisse traverser le tuyau. Au lieu de former un courant contenu, l'eau s'échappe par petits jets violents, accompagnés d'un dégagement de vapeurs. Les intervalles qui s'écoulent entre ces explosions dépendent du degré de chaleur et de la longueur de la pipe, ainsi que du diamètre du tube et de son inclinaison, qui fait que l'eau du fourneau descend plus ou moins vite. On peut, de cette façon, reproduire les variations qui ont lieu dans les projections geysériennes.

sont celles qui, nombreuses, se présentent en Auvergne, dans
la région des *Puys*, principalement aux environs de Clermont et
de la station thermale bien connue de Royat. Elles abondent
également dans le Vivarais, où elles témoignent d'une activité
qui a dû être considérable autrefois, si l'on en juge par les
grandes coulées basaltiques qui donnent lieu, dans leur voisinage, aux orgues d'Espaly et de la Croix de Paille. Sur la rive
gauche du Rhin, dans l'Eifel, on les compte également par milliers au voisinage du lac de Laach, un des plus célèbres cratères-lacs de la région des *Maars*, où elles remplissent de petites
grottes et des cavités bien abritées.

La célèbre « vallée de Mort », à Java, où le sol est jonché de
squelettes d'animaux qui se sont laissé surprendre par ces émanations, n'est autre qu'un ancien cratère, maintenant rempli,
presque jusqu'au bord, par l'acide carbonique qui se dégage
par torrents de toutes les fissures de cette plaine de laves depuis
longtemps consolidée.

Telles étaient autrefois les conditions des champs phlégréens,
des lacs Avernes, « sans oiseaux », considérés autrefois comme
autant de portes du Tartare, par où les divinités infernales
attiraient les âmes sur les bords de l'Achéron [1]; des fissures du
sol s'échappaient alors de telles quantités d'acide carbonique que
les oiseaux, surpris dans leur vol au-dessus de ces parages dangereux, tombaient, comme foudroyés, sur le sol de ces cratères, rempli maintenant par les eaux d'infiltration pluviale.

A l'heure présente, au voisinage du Vésuve, près du lac
d'Agnano, ces dégagements d'acide carbonique persistent,
comme on sait, dans la fameuse grotte dite du Chien. L'acide
carbonique, qui s'échappe là par de nombreuses fissures, au
niveau du sol, tapisse le fond de la grotte d'une couche dense,
épaisse de moins de un mètre, qui parfois se répand au dehors,
à la manière d'un véritable courant, qu'on peut suivre et reconnaître à une assez grande distance, par les temps calmes, en
y portant des torches enflammées qui s'éteignent subitement.
La grotte du Chien a son grand prêtre : un guide a la barbarie
d'entraîner là de pauvres chiens pour les faire haleter et s'éva-

1. Lucrèce, liv. VI.

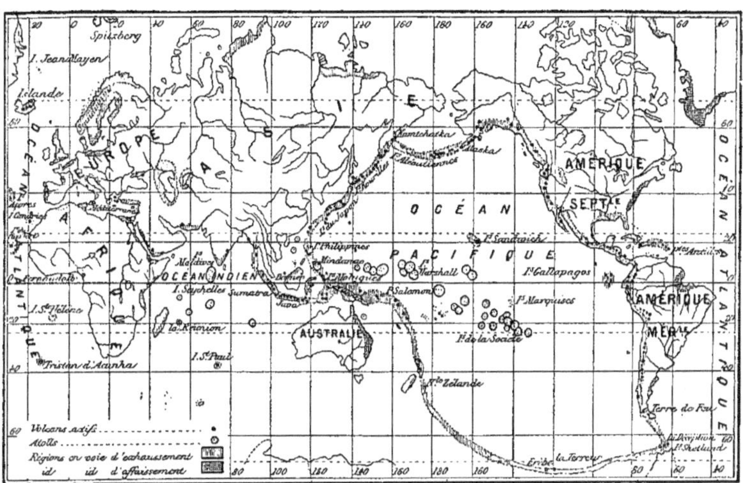

Fig. 96. — Carte montrant la distribution géographique des volcans actifs et des atolls, ainsi que les régions du sol en voie d'exhaussement ou d'affaissement.

nouir au pied des visiteurs, qui viennent nombreux assister à
ce triste spectacle.

Distribution géographique des volcans. — Les volcans,
ainsi que nous venons de le voir, marquent la position des orifices par où les masses en fusion contenues dans l'intérieur de
la terre sont projetées à la surface. Leur nombre est considérable; il s'en trouve dans toutes les parties du globe [1]. Mais ils
ne sont pas pour cela éparpillés au hasard, ils se présentent, au
contraire, avec une grande régularité par longues traînées
linéaires, alignés sur le trajet des grandes chaînes de montagnes, dont ils couronnent parfois les sommets, comme on peut
le voir dans toute la chaîne des Andes, qui s'appuie sur le bord
occidental du continent américain.

Un autre fait général qui a frappé tous les observateurs, c'est
que tous se trouvent dans le voisinage immédiat de la mer. La
plupart des volcans connus sont situés dans des îles; ceux qui
sont établis sur les continents sont toujours alignés sur les
rivages, en des points très rapprochés de la mer. On en a tiré
cette conclusion que l'Océan était nécessaire à la production
des phénomènes volcaniques. Voyons maintenant comment ce
fait peut se vérifier.

Cercle volcanique du Pacifique. — La plus remarquable de
toutes les rangées de volcans est celle qui entoure l'océan Pacifique. Tout le pourtour de cette immense masse d'eau n'est
autre chose qu'un anneau de feu, sur la circonférence duquel
l'activité volcanique est à peu près ininterrompue.

Cette rangée commence à l'extrémité sud du continent américain avec les volcans de la Patagonie, elle longe ensuite les
rivages occidentaux des deux Amériques, sur lesquels la chaîne
volcanique est, pour ainsi dire, ininterrompue; puis elle se prolonge au travers de cette singulière péninsule de l'Alaska, qui
semble tendre le bras vers l'ancien continent, et se termine par
un grand volcan toujours actif, qui sert de phare à l'extrême
limite du continent américain.

---

1. On en connaît actuellement près de trois cents qui ont donné des
signes d'activité depuis les temps historiques. Le nombre des volcans éteints
est plus considérable, il s'élève à plus d'un millier.

La chaîne se continue ensuite par les îles Aléoutiennes, le Kamtchatka, le Japon, que domine le célèbre Fusi-yama, jusqu'à cette remarquable série des îles de la Sonde qui, avec les Philippines et les Moluques, compte 49 volcans actifs, constituant là le centre volcanique le plus remarquable de tout le globe.

Au delà de ce point on peut la suivre encore au travers de la Nouvelle-Zélande, qui se signale, comme nous l'avons déjà dit, par son activité geysérienne, puis elle atteint les régions polaires avec les beaux volcans de l'Érèbe et de la Terreur et remonte ensuite vers les îles Shetland du sud, pour venir se relier à la Terre de Feu. Le cercle des volcans se ferme ainsi, et c'est au centre de ce vaste anneau de feu, enveloppant l'océan Pacifique d'une ceinture pour ainsi dire continue, que se dressent les grands volcans des Sandwich, qui se signalent, comme nous l'avons vu, par leur activité considérable et occupent une place à part au milieu des manifestations de l'activité interne du globe.

Les autres dépressions océaniques ne sont pas moins bien partagées, il nous suffira de signaler dans l'Atlantique une grande rangée qui s'étend depuis les régions orientales du Groënland jusqu'à l'île de Tristan d'Acunha, en comprenant, sur sa route, l'Islande, la reine des îles volcaniques, avec ses neuf volcans ; le plus important est l'Hécla, qui lance ses feux au milieu des glaces éternelles.

L'océan Indien comprend également un grand nombre de volcans, presque tous insulaires, disposés sur sa bordure.

Enfin le caractère volcanique de la dépression méditerranéenne n'est pas moins accusé ; l'Etna, le Stromboli, le Vésuve, le Santorin et tous les volcans de l'Archipel grec sont là pour le prouver.

Principales causes du vulcanisme. — Les volcans, en raison de la constante uniformité des produits qu'ils rejettent, quelles que soient les régions du globe où ils se trouvent et la nature du sol où ils sont établis, ne peuvent être considérés comme des foyers distincts ; ils doivent nécessairement se rattacher à une cause générale, et leur activité doit être cherchée dans les parties profondes de la terre.

Déjà nous avons vu que l'écorce terrestre est douée, dans son intérieur, d'une chaleur indépendante de celle que l'action du soleil développe à sa surface. Nous avons vu également, par des observations faites, soit dans les mines, soit dans les sources chaudes, que cette température s'accroît d'une façon continue avec la profondeur et qu'il doit nécessairement exister, à une distance relativement faible de la surface, si on la compare avec la grande dimension du rayon terrestre, un point où le degré de chaleur devient suffisant pour maintenir à l'état de fusion toutes les roches qui forment l'écorce solide du globe.

L'existence dans la profondeur d'une masse à l'état de fluidité ignée étant démontrée, l'explication des volcans en découle naturellement. C'est là le foyer commun où ils viennent s'alimenter. Ils marquent ainsi, sur le globe, la position des points où ces masses en fusion peuvent arriver au jour, à la faveur de fentes ouvertes au travers de l'écorce.

Le nombre considérable de ces ouvertures qui donnent accès aux laves, et leur distribution géographique si étendue, nous prouvent que ces masses en fusion doivent former une nappe continue et qu'il doit régner dans les parties centrales du globe une température dépassant toutes celles connues.

Chaleur centrale : conséquences qu'on peut en tirer. — Cette chaleur centrale de la terre est un reste de son état primitif. On sait, en effet, qu'autrefois notre globe était beaucoup plus chaud qu'il ne l'est actuellement et qu'il s'est refroidi progressivement. Il ressemblait alors au soleil et se trouvait dans un état de fluidité ignée [1].

Pendant l'intervalle immense qui nous sépare de cette première époque, le globe s'est refroidi graduellement : les parties extérieures se sont solidifiées et la masse fluide s'est trouvée recouverte par une croûte solide, qui s'est formée à sa surface à la manière de ces écumes scoriacées que nous voyons se pro-

---

1. Sa forme aplatie en est une preuve directe. Cette forme, renflée à l'équateur et aplatie aux pôles, qu'on lui connaît, est, en effet, exactement la figure d'équilibre que doit prendre une masse fluide tournant autour d'un axe de révolution.

Cet aplatissement dans la région des pôles, que des calculs précis ont pu évaluer à 22 kilomètres, constitue la plus forte inégalité que présente la surface terrestre. Il est ainsi intimement lié à l'état originellement fluide de la masse terrestre et à son mouvement de translation rotatoire.

duire à sa surface des bains de métal en fusion, dans les coulées des hauts fourneaux.

Cette première enveloppe, qu'on peut appeler le *sol primitif*, d'abord mince et fragile, s'est accrue progressivement et a fini par constituer une écorce continue et résistante, sous laquelle les masses en fusion, protégés contre le rayonnement, n'ont plus été soumises qu'à un lent refroidissement, qui se continue encore de nos jours.

Après un nombre incalculable de siècles, la température de la croûte terrestre s'est trouvée suffisamment abaissée pour que

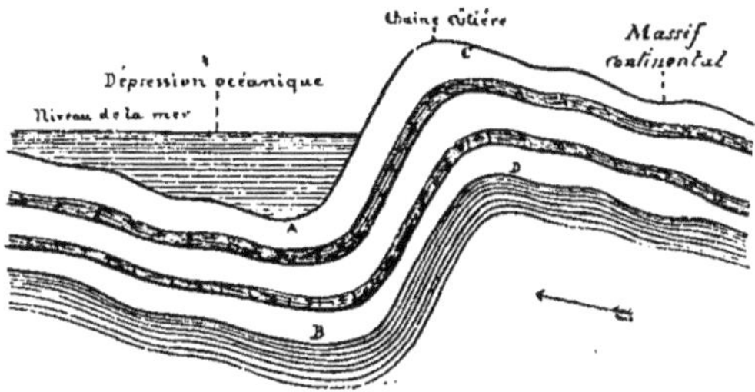

Fig. 97. — Mouvement de flexion de l'écorce terrestre.

les eaux contenues à l'état gazeux dans l'atmosphère se résolvant en pluie, puissent séjourner à la surface et se recueillir dans les anfractuosités du sol.

Aussitôt que des eaux permanentes purent ainsi s'établir à la surface du sol, des phénomènes nouveaux se sont produits. Ces eaux commençant immédiatement leur travail de destruction et d'édification, les matériaux du sol primitif désagrégés, sous leur action érosive, furent par elles reconstitués en d'autres points, sous la forme de dépôts qui vinrent s'accumuler dans les dépressions. Dès lors un nouvel agent préside à l'accroissement de l'écorce terrestre, qui se fait ainsi, intérieurement par voie de refroidissement, extérieurement par voie de sédimentation. C'est à ces deux actions, qui n'ont cessé de se manifester simultanément depuis que le globe existe, que l'écorce terrestre doit son épaisseur et sa forme actuelle.

Cette épaisseur, nous pouvons l'évaluer; on se souvient, en effet, que les calculs établis sur les lois de l'accroissement de la

température en profondeur, nous ont démontré qu'à la distance
de 100 kilomètres de la surface il n'y a plus rien à l'état solide.
Or le rayon terrestre est de 6 377 kilomètres, on peut donc légi-
timement supposer que l'épaisseur de cette enveloppe n'atteint
pas la centième partie de ce rayon.

Nous voici donc arrivés à cette notion importante que la
terre se compose d'une écorce relativement mince, entourant
un noyau liquide en voie de refroidissement, et cela n'est pas

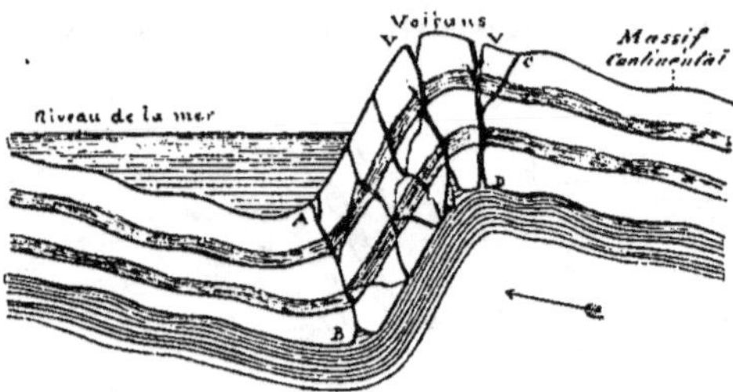

Fig. 98. — Origine des volcans.

une vaine hypothèse, c'est le fait de l'observation. Or, par suite
de ce refroidissement, le noyau, comme tout corps qui perd de
la chaleur, se contracte et diminue de volume. L'écorce qui le
recouvre est alors obligée de se plisser pour ne pas cesser de
s'appliquer exactement sur ces masses internes, qui lui servent
de support.

Dans ce cas, un peu à la manière d'une pomme qui se dessèche et se ride, elle se replie sur elle-même, en formant côte
à côte, sur une certaine longueur, un bourrelet saillant et une
ride rentrante, ainsi que l'exprime le profil suivant (fig. 97),
qui nous montre, en même temps, que les principaux accidents
de la surface du globe sont occasionnés par ces mouvements
du sol.

Les parties déprimées par suite de la contraction du noyau
donnent lieu aux dépressions océaniques, tandis que celles
exhaussées, qui leur correspondent, déterminent les reliefs
montagneux et par suite les parties émergées, les continents.

Mais si l'écorce terrestre est flexible en grand, à cause de son
peu d'épaisseur relativement à la dimension du globe, elle n'en

est pas moins formée de matériaux fort peu élastiques qui se
prètent mal à tous ces mouvements et ne peuvent céder, sans
se rompre, à un pareil plissement.

Il est évident que tout l'effort de rupture devra se concentrer
surtout dans la partie abrupte du pli comprise entre les deux
inflexions, AB, CD ; il se produira donc là des cassures, qui,
traversant l'écorce dans toute son épaisseur et restant béantes,
ainsi que le représente maintenant la figure 98, établiront une
communication entre les masses internes en fusion et la surface.

C'est là l'origine des volcans : c'est aussi de cette manière
que s'explique la liaison que nous avons constatée entre les
lignes volcaniques et les directions des grandes chaines de montagnes, ainsi que leur situation dans le voisinage immédiat de
la mer, sur les côtes relevées.

Il nous reste maintenant à indiquer les causes de l'ascension
des laves, ainsi que celle des projections et des émanations
gazeuses qui l'accompagnent. Tous ces phénomènes trouvent
encore leur explication naturelle dans ces mouvements de
flexion de l'écorce terrestre que nous venons de définir.

On comprend sans peine que les actions de refoulement qui
ont fait prendre à cette écorce la courbure indiquée doivent
tendre à comprimer les masses en fusion sous la voûte, en D
plus qu'en tout autre point. La partie affaissée de l'écorce, par
son propre poids, exerce aussi une pression dans ce sens. Ces
masses, ainsi comprimées, s'injectent dans les fractures du sol
et trouvent là un chemin tout préparé pour arriver à la surface.

Intervention de l'eau dans les phénomènes volcaniques.
— A ces actions mécaniques, qui provoquent ainsi l'ascension
des laves dans la cheminée des volcans, il faut ajouter l'intervention des eaux marines, qui devient aussi une cause détermi-
nante des éruptions volcaniques.

Nous avons vu, en effet, quel rôle prédominant la vapeur
d'eau jouait dans les éruptions. Un cratère endormi se réveille
toujours par une explosion, due à l'expansion subite d'une
énorme quantité de vapeur aqueuse mêlée de quelques gaz. La
lave en est comme saturée et les fumerolles aqueuses s'en
dégagent, longtemps après qu'elle est inerte et refroidie.

On a pu évaluer à plus de deux millions de mètres cubes la

masse d'eau rejetée à l'état de vapeur par l'Etna pendant cent neuf jours en 1865 [1]. Toute cette eau ne peut exister normale-ment dans l'intérieur de la terre : il faut donc, de toute nécessité, admettre des infiltrations superficielles.

Or dans un sol aussi fissuré que celui qui se trouve dans le voisinage des volcans, ainsi que le représente la figure 98, il est évident que les eaux marines, qui sont toujours à proximité, peuvent pénétrer profondément dans le sol; elles arrivent ainsi en contact avec les masses en fusion. Là, elles se vaporisent subitement et, par leur pression, repoussent au dehors les laves incandescentes.

Une fois la communication établie, ce réservoir de vapeur s'épuise rapidement, la pression exercée sur la masse en fusion diminue en proportion, la lave monte avec moins d'abondance et bientôt cesse d'arriver [2].

Le volcan rentre alors peu à peu dans une période de repos, dont il ne sort que quand les vapeurs occasionnées par la per-sistance des infiltrations ont acquis une tension suffisante.

Les intermittences, qui forment le trait caractéristique des manifestations volcaniques, s'expliquent ainsi aisément.

Le rôle des eaux marines dans la production des phénomènes volcaniques se confirme encore par ce fait qu'on retrouve dans les émanations des volcans non seulement des masses d'eau vaporisées, mais tous les sels si variés qui existent en dissolu-tion dans les océans.

On peut en donner comme exemple le chlorure de sodium (sel marin), si abondant dans les dépôts cristallins qui se font autour des fumerolles, et ce fait que tous les autres sels s'y rencontrent aussi dans les mêmes proportions qu'ils se présen-tent dans l'eau de mer.

1. 2 160 080 mètres cubes, d'après M. Fouqué.
2. Les boissons gazeuses nous donnent en petit une idée assez juste du phénomène grandiose qui, pendant les éruptions, accélère la sortie des laves. L'eau de Seltz, les vins mousseux, se présentent comme des liquides, parfaitement homogènes, tant qu'ils sont renfermés dans des flacons hermé-tiquement bouchés; mais, aussitôt qu'on enlève le bouchon, la pression qui maintenait les gaz diminue, des milliers de bulles se dégagent tumultueu-sement, et l'augmentation de volume qu'elles occasionnent dans le liquide détermine sa sortie et son expansion hors du vase qui le contient.

Ainsi les causes qui portent les masses en fusion contenues souterrainement à s'élever vers l'extérieur sont de deux sortes : les unes tiennent aux efforts de compression déterminés par les mouvements d'inflexion de l'écorce terrestre, occasionnés par le retrait incessant des parties centrales du globe, les autres aux actions mécaniques exercées par les dégagements des vapeurs qui résultent de la pénétration des eaux océaniques dans les couches profondes du sol.

CHAPITRE III

MOUVEMENTS DU SOL, SOULÈVEMENTS
ET AFFAISSEMENTS LENTS

Ces mouvements du sol, qui jouent un si grand rôle dans la production des phénomènes volcaniques, puisqu'ils leur donnent naissance, comme nous venons de le voir, se traduisent encore à la surface par d'autres effets non moins saisissants. La terre en effet est sujette à trembler, à se distendre, à se déchirer entièrement, tandis qu'en d'autres points elle se soulève ou s'affaisse. Cette stabilité qu'on lui attribue généralement n'est qu'apparente.

Tantôt ce sont des secousses violentes qui l'agitent et produisent ces ébranlements du sol désastreux connus sous le nom de *tremblements de terre*, tantôt ce sont des *oscillations lentes* et pour ainsi dire insensibles, dont les résultats ne sont appréciables qu'après un grand nombre d'années et qui ont pour effet d'exhausser ou d'abaisser le sol par rapport au niveau qu'il occupait antérieurement.

Nous allons maintenant examiner, dans les paragraphes suivants, les témoignages que nous avons de tous ces mouvements qui, par leur continuité, arrivent à modifier singulièrement le relief du globe.

Soulèvements et affaissements. — Tous ces mouvements d'exhaussement et d'affaissement du sol ne sont bien sensibles que le long des côtes, parce que le niveau de la mer, restant fixe, donne un point de repère invariable qui permet de le mesurer.

Certaines parties de la terre s'élèvent ainsi, lentement, au-dessus de la mer ; des roches que couvraient toujours les marées finissent par se trouver entièrement hors de ses limites ; d'autres qui étaient émergées apparaissent au-dessus de l'eau. D'un autre côté, certains rivages s'enfoncent lentement, d'anciennes jetées, des digues, des ports de mer sont l'un et l'autre envahis par la mer, qui empiète de plus en plus sur le continent.

Le plus souvent, ces deux mouvements se correspondent, et les exhaussements d'une portion plus ou moins grande de la croûte terrestre sont contre-balancés par des affaissements.

La Scandinavie va nous présenter un bel exemple d'un de ces mouvements de bascule, lent et continu.

Soulèvement de la Suède. — Sur les côtes de la Suède, certains rochers, qui étaient jadis submergés, se montrent

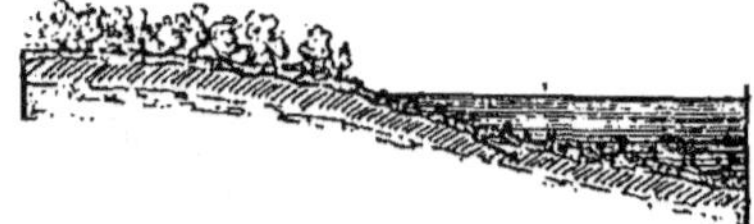

Fig. 90. — Forêt en voie de submersion, sur la côte de Scanie.

aujourd'hui sous l'eau et les falaises s'élèvent de plus en plus au-dessus du niveau de la mer. Cet exhaussement progressif du nord de la péninsule scandinave est connu depuis fort long-temps : il a été l'objet de mesures précises. Déjà en 1730 un astronome suédois, Celsius avait annoncé ce fait, et pour le mettre bien en évidence il avait tracé, en compagnie de Linné, un point de repère sur un rocher de l'île Lœffgrund, au niveau de la mer. Treize années plus tard il constatait que cette marque était relevée de 0 m. 18, soit un exhaussement de 0 m. 138 par an.

Ces observations ont été continuées depuis, et en examinant d'année en année ces marques tracées à fleur d'eau, on a pu vérifier qu'elles s'élèvent successivement au-dessus du niveau de la mer ; de telle sorte que maintenant, sur les côtes de Suède, on constate la présence de dépôts de plages et d'amas de coquilles portés à des hauteurs diverses, qui peuvent atteindre actuellement un maximum de 150 mètres au-dessus du niveau de la mer.

Par contre, la pointe terminale de la péninsule scandinave, la Scanie, s'enfonce graduellement sous les eaux. Plusieurs rues des villes du littoral sont maintenant sous l'eau; des forêts entières sont submergées (fig. 99). Cette partie de la côte s'est abaissée de 1 m. 50 et a perdu une zone de 300 mètres depuis les observations de Celsius et de Linné. La péninsule scandinave exécute ainsi un mouvement de bascule, par suite duquel une de ses extrémités s'abaisse, tandis que l'autre se relève dans la même proportion.

Principaux exemples de soulèvement. — Ce n'est pas là un fait isolé : en remontant plus au nord, on peut voir que les îles du Spitzberg sont toutes animées d'un mouvement d'exhaussement; elles présentent, à une hauteur de plus de 45 mètres et à une distance assez éloignée de la mer, d'anciennes plages, larges de plusieurs kilomètres, couvertes encore de coquillages modernes et d'ossements de baleines. — Tous ces débris, entourant les pentes neigeuses du Spitzberg, prouvent que cet archipel, comme la Scandinavie dans le nord, émerge graduellement au-dessus des flots. Ce mouvement d'exhaussement du sol se faisant ainsi d'une façon continue, on a calculé que l'archipel du Spitzberg, relié à la Scandinavie, ferait partie de l'Europe dans trente-quatre siècles [1].

Soulèvement de la côte anglaise. — Les falaises de l'Écosse offrent aussi des phénomènes d'exhaussement semblables : elles présentent à divers niveaux, les lignes parallèles, tracées par les flots et couvertes encore de coquillages appartenant à des espèces qui vivent encore dans les mers voisines.

Soulèvement de la côte française. — Sur nos côtes françaises les signes de pareilles émersions sont manifestes en beaucoup de points.

On sait, par exemple, que le littoral de la Flandre et de l'Artois a beaucoup changé depuis les temps historiques. La mer remontait autrefois jusqu'à Abbeville; plus tard, les vaisseaux abordèrent à Grand-Port; aujourd'hui ils ne dépassent pas Saint-Valéry.

1. Élisée Reclus, *la Terre*, p. 742.

C'est surtout sur le littoral de la Méditerranée que ce mouvement d'exhaussement est bien marqué. Les plages de la Tunisie ne cessent d'empiéter sur les eaux de la mer et les anciens ports de Carthage, d'Utique, de Bizerte, ainsi que bien d'autres encore, sont maintenant comblés. Certaines îles de la Méditerranée sont animées du même mouvement d'exhaussement : on le constate pour les Baléares, pour la Sicile, où l'on rencontre, aux environs de Palerme, des amas de coquillages modernes à des hauteurs de 55 mètres. Les côtes méridionales de la France offrent aussi des témoignages divers d'un soulèvement du sol.

Ce mouvement général d'ascension atteint également les côtes atlantiques de la France : Guérande, Le Croisic, Bourgneuf, les Sables-d'Olonne, offrent sur leurs plages des traces incontestables d'élévation récente. Plus au sud, La Rochelle, qui doit son nom à la position qu'elle occupait jadis sur un rocher presque isolé au milieu des flots, ne communique plus avec la mer que par un étroit chenal, souvent obstrué par les vases.

A Rochefort, on a même pu calculer d'une manière approximative de combien le sol s'est élevé dans cette direction, les cales des vaisseaux creusées du temps de Louis XIV se trouvant exhaussées maintenant de plus d'un mètre.

Il semble ainsi que la France tout entière se soulève lentement du côté du sud et pivote sur une ligne d'appui passant par la péninsule de Bretagne : nous allons en trouver la preuve dans les affaissements du sol qui se produisent sur les côtes septentrionales.

Affaissements. — L'affaissement des côtes de la Bretagne est démontré par l'envahissement de la mer, qui entoure maintenant le mont Saint-Michel, construit en 709, à dix lieues dans l'intérieur des terres ; à cette époque, une vaste forêt s'étendait entre le mont Saint-Michel et les îles Chaussey, et l'île de Jersey, reliée au continent par un isthme qui devait avoir alors près de 20 kilomètres, n'était séparée du territoire de Coutances que par un ruisseau [1].

A Morlaix, les sables de la plage recouvrent maintenant les restes d'une ancienne forêt ; à l'entrée du goulet de Brest, dans

1. Élisée Reclus, *la Terre*, p. 753.

l'anse de Sainte-Anne, on peut voir de même au pied des rochers, à marée basse, des troncs d'arbres encore debout.

Ces signes de submersion sont encore manifestes sur les côtes de la Manche ; les rochers du Calvados, par exemple, qui ne se découvrent maintenant qu'à marée basse, ont autrefois fait partie de la terre ferme. Sur toute cette partie du littoral jusqu'en Danemark, et de même sur la côte anglaise qui fait face, des tourbières submergées, des forêts englouties, des anciens rivages détruits et transformés en îles, peuvent être considérés comme les preuves d'un affaissement considérable.

Affaissement du sol de la Hollande. — En Hollande notamment, ces phénomènes de dépression graduelle sont considérables. Le Zuyderzée, jadis marais, puis lac, puis golfe de la mer, n'a cessé de s'approfondir, et maintenant il supporte des navires d'un fort tirant d'eau. Une grande partie de la Hollande est maintenant au-dessous du niveau de la mer et n'échappe à la submersion que parce que les habitants, acceptant la lutte contre les éléments, ont muré leur territoire à l'aide de digues et d'immenses travaux de drainage qui constituent une œuvre de défense gigantesque.

Mouvements alternatifs d'exhaussement et d'affaissement. *Temple de Sérapis.* — Sur la côte de Pouzzoles, près de Naples, s'élève une falaise presque verticale, où l'on remarque à une hauteur de 6 mètres au-dessus du niveau de la mer une bande rongée par les vagues et remplie de perforations faites par les mollusques lithophages. Dans la plaine qui sépare cette falaise de la mer, on trouve les ruines d'un temple attribué à Jupiter Sérapis, qui consistent en un certain nombre de colonnes de marbre blanc, restées debout sur le pavé du temple ; trois de ces colonnes sur un espace de 3 mètres environ, situé à 2 mètres au-dessus du sol, sont criblées de trous

Fig. 100. — Colonnes perforées du temple de Sérapis.

dans lesquels on trouve encore en place les coquilles des mollusques marins lithophages qui les ont creusés.

Le temple ayant été certainement construit hors des eaux, il résulte de ces observations que la côte, avec le temple de Sérapis, a dû s'affaisser sous les eaux d'environ 7 mètres et a dû y séjourner longtemps, ainsi que l'atteste le nombre des perforations des mollusques, qui se trouvent tout à la fois sur la falaise et sur les colonnes du temple. A cet affaissement, qu'on rapporte à la fin du iv° siècle, a succédé en 1538 un exhaussement qui a ramené ce sol à son niveau ancien. Actuellement le pavé du temple est de nouveau envahi par la mer, ce qui indique un nouvel affaissement. Des observations faites depuis 1882 établissent, en effet, que cette contrée s'affaisse environ de 7 millimètres par an.

De tous les faits que nous avons cités jusqu'à présent, celui du temple de Sérapis est le plus instructif, car il présente la marque bien expressive sur un même point, de mouvements alternatifs d'affaissement et d'exhaussement.

CHAPITRE IV

TREMBLEMENTS DE TERRE

Le sol qui nous supporte est loin d'avoir la fixité qu'on est en général tenté de lui attribuer.

D'après ce que nous venons de voir, l'écorce terrestre peut être considérée comme étant dans un état perpétuel d'ébranlement. Tantôt ce sont de simples frémissements, à peine perceptibles, qui agitent le sol et que des instruments délicats (*seismographes*) peuvent seuls enregistrer ; tantôt elle est soumise à des ébranlements très courts, caractérisés par un état particulier de trépidation du sol qui a valu à ces mouvements le nom de *tremblements de terre*. De tels mouvements peuvent alors produire, dans les contrées qu'ils traversent, des bouleversements effroyables, et c'est par dizaine de mille que se comptent les victimes dans ces catastrophes. En 526, sur le littoral de la Méditerranée, à Antioche et dans les villes voisines, des secousses formidables occasionnèrent la mort de

200 000 habitants. Les vibrations successives qui détruisirent les Calabres, en 1783, en moins de deux minutes, firent 60 000 victimes. On sait aussi que la secousse formidable qui ébranla Lisbonne, en 1755, coûta la vie à plus de 30 000 personnes. Plus récemment, à Casamicciola, dans l'île d'Ischia, le 28 juillet 1883, il a suffi d'une seule secousse, dont la durée a été de 16 secondes, pour détruire 1200 maisons; 2300 victimes restèrent ensevelies sous ces débris. Enfin c'est encore au nombre de ces catastrophes célèbres qu'il faut compter maintenant les tremblements de terre incessants qui ont agité l'Andalousie du 25 décembre 1885 à la fin du mois de mars 1886. Un relevé officiel indique, dans le district éprouvé par les secousses, 12 000 maisons ruinées et 6000 fortement endommagées; dans certains villages, comme Arenas del Rey, dont la population normale était de 1500 habitants, on a compté 135 morts et 253 blessés.

Dans les tremblements de terre violents, l'arrivée de l'ébranlement à la surface du sol est précédée par un bruit sourd, comparable soit au grondement d'un tonnerre lointain, soit à des décharges d'artillerie ou au bruit d'un chemin de fer lancé à toute vitesse dans le lointain. Ce bruit cesse quand les secousses se manifestent, d'autres fois il persiste et les deux phénomènes empiètent l'un sur l'autre. Quant aux effets mécaniques produits par ces ébranlements du sol, ils consistent tantôt en *mouvements ondulatoires* pendant lesquels le sol oscille comme une mer houleuse, tantôt en *secousses* qui peuvent être *verticales* quand le choc se produit de bas en haut, *horizontales* quand ce choc est latéral.

Les secousses verticales, dont les effets sont comparables à un coup de mine qui éclate, sont toujours localisées au centre de l'ébranlement; la délimitation de l'espace où elles ont été ressenties permet donc de déterminer l'aire du foyer du phénomène; leur amplitude à la surface du sol peut être considérable. En Calabre, en 1783, on vit des maisons sauter en l'air, alors qu'en d'autres points les sommets de hautes montagnes s'effondraient. A Forio, dans l'île d'Ischia, en 1885, une jeune fille qui se tenait sur une terrasse a été lancée de l'autre côté de la rue, sur un rocher placé à 20 mètres au-dessus du sol.

En dehors de cette première zone, les secousses se font obliquement avec choc latéral, et c'est plus loin qu'elles se transforment en mouvements ondulatoires. Ces derniers peuvent encore être très violents et surtout très étendus. Dans le tremblement de terre d'Ischia que nous venons de rappeler, le campanile de la chapelle de Baveno s'est fortement incliné du nord au sud, puis s'est redressé après le passage de l'onde, et cela à plusieurs reprises différentes. Les murs de la chapelle se sont fendus, puis refermés instantanément après s'être montrés largement entr'ouverts. A maintes reprises différentes on a vu, dans de pareilles conditions, des arbres s'incliner jusqu'à toucher le sol avec leurs branches; de plus, la rencontre de mouvements ondulatoires, partis de centres différents, peut donner lieu à des effets particulièrement désastreux qu'on a souvent attribués à tort à des mouvements tourbillonnants.

Le tremblement de terre peut être limité à une seule secousse, mais le plus souvent il se compose de plusieurs chocs successifs et de mouvements du sol qui peuvent se faire sentir pendant plusieurs mois, même des années; c'est ainsi un choc unique d'une durée de 16 secondes qui, le 28 juillet 1883, ébranla l'ile d'Ischia tout entière, plongeant dans la désolation cette riante contrée. Dans le Valais, en juillet 1855, une secousse effroyable, bouleversant toute la vallée de Viège, se fit sentir dans toute la Suisse et même jusqu'à Paris; puis, pendant quatre mois, des commotions plus faibles se succédèrent en grand nombre dans la même vallée, et c'est seulement en 1857 que ce phénomène, après s'être ralenti progressivement, a pris fin. En Espagne, la secousse initiale du 25 décembre 1885, qui a si violemment agité le sol de l'Andalousie, en couvrant de ruines les provinces de Malaga et de Grenade, s'est renouvelée à de nombreuses reprises pendant les mois de janvier et février suivants. En mars et jusqu'en avril, des commotions plus faibles ont été ressenties dans ces mêmes provinces.

Étendue embrassée par les tremblements de terre; vitesse de propagation. — L'étendue embrassée par ces redoutables cataclysmes est elle-même sujette à de grandes variations. Il en est, par exemple, comme ceux dont Ischia a si souvent éprouvé les désastreux effets, qui tirent leur violence

extrême de ce fait qu'ils sont restreints à un espace très limité.
En 1885, alors que l'île tout entière était ébranlée jusque dans
ses fondements par la secousse formidable dont nous avons
déjà fait mention, à Procida, l'île voisine, qui n'en est séparée
que par un étroit bras de mer de 2 kilomètres, une faible
secousse ondulatoire a été le seul avertissement du phénomène.
Sur la côte qui fait face, elle-même très rapprochée, à Pouzzoles, les cloches sonnèrent un glas funèbre; au delà, à Naples
et à Rome, les seismographes enregistrèrent seuls cet ébranlement par de faibles oscillations. En revanche, il en est, comme
ceux qui se renouvellent si fréquemment, dans l'Amérique du
Sud, au Pérou et au Chili, dont la zone d'ébranlement s'étend
sur plus de 1500 kilomètres de longueur. On peut citer aussi,
comme exemple de ces tremblements de terre très étendus,
celui qui, en 1856, secoua tous les pays riverains de la Méditerranée depuis la Syrie jusqu'à la Corse.

Propagation des secousses. — Quant à la *vitesse de propagation*, elle est également très variable et se montre en relation directe avec la constitution des terrains traversés par
l'ébranlement. Dans les terrains meubles, par exemple, tels que
les sables ou d'épaisses couches d'alluvions, qui se prêtent mal
à la propagation du mouvement, elle tend à se dissiper, en
s'affaiblissant; par contre, les secousses, devenant moins longues, sont plus fortes et les effets mécaniques, par suite, plus
considérables. C'est ainsi qu'à Ischia des villes, telles que Casamicciola et Forio, établies sur des tufs argileux sans consistance, furent entièrement détruites, alors que d'autres, comme
Lacco-Ameno, établies sur des laves compactes, ont incom-
parablement moins souffert. Partout où des roches solides
émergeaient au milieu de ces terrains meubles, elles ont été peu
agitées. En 1755, à Lisbonne, les maisons bâties sur des roches
calcaires et sur le basalte restèrent debout, alors que de grands
ravages se produisirent dans la plaine formée d'alluvions. Au
travers de terrains si différents au point de vue de la résistance,
il se produit ainsi, à la rencontre d'un massif compact, des
vibrations en sens contraire, qui annulent la secousse initiale
en donnant lieu à des *zones immobiles*. De même, à la rencontre
des fissures du sol, l'ébranlement s'arrête presque subitement.

Quand un tremblement de terre se propage au travers de l'océan, l'eau, plus mobile que le sol, transmettant les ondulations à une distance plus grande que ne l'ont fait les couches

Fig. 101. — Tremblement de terre de Lisbonne (1ᵉʳ novembre 1755).

rigides de l'écorce terrestre, il se produit une vague immense, dite vague *de translation*, qui se propage au travers de toute la masse océanique, mais avec une vitesse moindre que sur la terre ferme, la transmission des ébranlements se faisant mieux dans les solides que dans les liquides.

Le plus souvent, la mer commence à se retirer, laissant à

-découvert les ports et les baies, puis elle revient sous forme
d'une onde immense, pouvant atteindre jusqu'à 30 mètres de
hauteur, qui se précipite sur le rivage en détruisant tout sur
son passage. C'est alors que se produisent ces terribles *ras de
marée*, dont les effets sont si désastreux. C'est une vague de
cette nature qui, lors de la catastrophe de Lisbonne (fig. 101),
occasionna les plus grands dommages; après s'être élevée sur
le rivage à plus de 15 mètres au-dessus du niveau des grandes
marées, elle vint remplir tout l'estuaire qui s'étend de l'autre
-côté de la ville, puis, se ruant avec violence sur les maisons,
-elle renversa tout sur son passage. A Cadix il en fut de même :
la vague produite par le vaste ébranlement, sautant par-dessus
les remparts, causa plus de dégâts que le tremblement de terre
lui-même. Remontant dans le nord, la même vague de translation se fit sentir sur le littoral du Danemark et de la Norvège
-et jusque sur la côte anglaise. A la même date, une élévation
inusitée de mer qui s'éleva de 5 à 6 mètres au-dessus de son
niveau habituel, fut constatée sur les rivages de l'Amérique.
-C'est par un ras de marée de cette nature, occasionné par le
tremblement de terre qui agita la Jamaïque en 1682, que la
ville de Port-Royal fut entièrement détruite. En moins de trois
minutes, 2500 maisons furent recouvertes par une couche de
10 mètres d'eau. Des navires furent jetés par-dessus les murs
-et lancés dans l'intérieur. En 1783, à l'heure où la secousse des
Calabres renversait les villes et les villages sur le continent, une
vague semblable, après avoir balayé 2000 personnes sur la
plage de Sulla, s'engouffra dans le port de Messine et détruisit
la majeure partie de la rangée de palais qui bordait le rivage;
1200 habitants restèrent sous ces ruines.

Effets de dislocation du sol. — De pareilles secousses ne
peuvent manquer de produire dans le sol de profondes crevasses. Les unes, restant béantes, produisent ainsi dans le
relief des modifications durables, tandis que d'autres se refer-
ment immédiatement après avoir englouti tout ce qui se trouvait à la surface.

C'est encore la Calabre qui va nous fournir le meilleur
exemple de cette production de crevasses béantes à la suite de
-ces ébranlements. Sur une étendue de 30 kilomètres, lors de la

catastrophe de 1783, le sol s'est trouvé fissuré, et parmi ces fentes il en est qui se poursuivaient sur plusieurs kilomètres de long, en présentant 10 mètres de largeur (fig. 102). Quelques-unes s'étant refermées subitement, des maisons, des

Fig. 102. — Crevasses produites en Calabre en 1783.

arbres, des troupeaux entiers, fuyant pour échapper à ces désastres, ont été engloutis dans ces profonds abîmes.

Il est juste d'ajouter que souvent ces crevasses ne sont que superficielles et résultent de glissements de terrains opérés sous l'action des secousses et s'effectuant sur des nappes argileuses détrempées par les eaux de source. Telles ont été les crevasses multiples, mais peu importantes, qui ont traversé le sol des environs de Grenade, lors du tremblement de terre de l'Andalousie que nous avons déjà mentionné.

Parmi les effets de ces secousses, il faut encore signaler les lézardes qui traversent les murs et les édifices et sont surtout nombreuses quand ces constructions se présentent de front à l'attaque, c'est-à-dire perpendiculairement à la direction de l'onde.

C'est en notant avec soin la direction de toutes ces cassures qui se produisent dans le sol et des lézardes sur les maisons

10.

crevassées, qu'on peut déterminer l'*épicentre*, c'est-à-dire le foyer
de l'ébranlement. Toutes, en effet, sont normales à la direction
des secousses, et, quand on les étudie avec soin, la direction de
ces normales a une approximation suffisante pour permettre
de fixer leurs points de convergence et par suite le lieu d'où
part le tremblement de terre.

Recherches des causes des tremblements de terre. —
Parmi les grands phénomènes naturels, il n'en est pas de plus
terrible dans ses effets et de plus mystérieux dans ses causes
que les tremblements de terre. Pour expliquer la nature du fait
initial auquel ils doivent leur origine, trois théories sont e
présence : la première, qui est en même temps la plus ancienne,
admet l'existence sous la partie solide de l'écorce terrestre de
dégagements de gaz et de vapeurs dont la détente instantanée
donnerait lieu à des explosions souterraines. Ce sont des effets
comparables à ceux produits par une explosion d'une mine
chargée de poudre ou de dynamite qu'on ressentirait à la surface du sol. Cette théorie n'est applicable qu'aux tremblements de terre très localisés, qui se présentent si fréquemment
dans les régions volcaniques, où l'on constate, en effet, que
d'abondants dégagements de vapeurs se produisent par toutes
les fissures du sol entr'ouvert.

D'autres, en s'appuyant cette fois sur des faits observés, ont
attribué ces mouvements à de grands éboulements des couches
profondes du sol, déterminés par l'action des eaux souterraines
sur certaines substances solubles, telles que le sel gemme et le
gypse (sulfate de chaux hydraté), ou facilement délayables,
comme l'argile. Ce sont de pareils ravinements, exercés par
l'action dissolvante de nombreuses sources séléniteuses, capables
d'enlever chacune plus de 200 mètres cubes de gypse, au sol.
par an, qui ont été la cause principale du tremblement de terre
ressenti dans le Valais, en 1855; il en a été de même pour tous
ceux qui ont agité la Suisse, pour ainsi dire annuellement, .
depuis 1700. Mais cette théorie ne peut encore s'adresser qu'aux
ébranlements ressentis dans les régions, peu nombreuses, où il
existe en profondeur, de pareilles roches solubles, accessibles
aux eaux d'infiltration.

A côté de ces tremblements de terre, dont le caractère est

d'être étroitement localisés à des espaces restreints, il en est
d'autres, d'une étendue plus considérable dans leur champ
d'action, dont l'origine doit être cherchée dans une cause plus
générale. Il devient alors naturel de considérer ces ébranlements comme une dépendance directe des mouvements de
flexion que subit l'écorce terrestre sous l'influence du refroidissement incessant de la masse fluide interne. La cause qui
détermine ce ploiement de l'écorce est facile à comprendre :
la masse, en perdant de sa chaleur, se contractant sans cesse,
la croûte solide est obligée de racheter son excès d'ampleur par
un *rempli*, c'est-à-dire de se replier pour s'appliquer exactement sur cette nappe fluide qui lui sert de support. Elle est
soumise, par suite, à des efforts de tension et de compression
qui ne peuvent manquer de provoquer, de temps à autre, des
ruptures d'équilibre déterminant, dans le sol, des ébranlements
capables de se propager à grande distance. A l'appui de cette
théorie on peut signaler ce fait que ces tremblements de terre
de grande amplitude ne s'observent que dans les régions où le
sol est le plus bouleversé, fracturé, et que la propagation des
secousses coïncide avec la direction des lignes de dislocation. De
grandes plaines comme celles de la Russie et de l'Allemagne
du Nord, où le sol est resté horizontal, ne subissent pas ces
effrayants phénomènes.

DEUXIÈME PARTIE

NOTIONS GÉNÉRALES

SUR LA

COMPOSITION DE L'ÉCORCE TERRESTRE

ROCHES STRATIFIÉES — ROCHES ÉRUPTIVES
ROCHES MÉTAMORPHIQUES

Au-dessous de la terre arable, qui supporte la végétation et ne forme qu'un revêtement extérieur de peu d'épaisseur, on trouve toujours quelque espèce de pierre. Chacun sait que les parties solides du sous-sol consistent en substances distinctes, telles que : argile, sable, craie, calcaire, houille, granite, etc... Tous ces matériaux sont, en géologie, quelle que soit leur consistance, désignés sous le nom de *roches*. Cette expression reste ainsi appliquée à toute masse minérale qui se rencontre avec des dimensions suffisantes pour qu'on puisse la considérer comme tenant une place notable dans la composition de l'écorce terrestre.

L'examen attentif d'une carrière, d'une tranchée ouverte pour le tracé des voies de communication, ou pour des travaux de mines, d'un point quelconque, en un mot, où le sol est entamé sur une certaine étendue, montre que ces roches, loin d'être distribuées au hasard, affectent au contraire un certain ordre dans leur disposition, et qu'elles viennent se ranger dans deux grandes catégories, bien distinctes. Les premières apparaissent disposées en *strates*, c'est-à-dire en couches, plus ou moins

épaisses, limitées par des surfaces planes parallèles et régulièrement superposées les unes aux autres sur de grandes étendues. Le plus souvent il est facile de reconnaitre que les éléments minéraux de ces *roches stratifiées* sont des débris, tantôt
meubles comme les sables ou les couches de graviers, tantôt
agglomérés en grès ou en conglomérats quand ils ont été
réunis par un ciment quelconque; d'autres fois ce sont de très

Fig. 103. — Carrière ouverte dans les roches stratifiées.

fines particules de vase qui donnent naissance à des argiles
soit compactes, soit schisteuses quand elles ont été comprimées. Dans tous les cas on peut toujours constater que tous
ces fragments, plus ou moins fins, proviennent de la trituration de masses minérales préexistantes, et se présentent distribués dans un ordre régulier attestant qu'ils ont été tenus
en suspension dans l'eau, puis précipités sur le fond sous la
simple action de la pesanteur, à la manière des sédiments qui
se forment actuellement sur les plages basses du littoral maritime ou dans les estuaires de fleuves. Cette première constatation permet donc d'attribuer toutes ces roches stratifiées à
des *formations sédimentaires* provenant de la destruction des
parties littorales ou superficielles de l'écorce terrestre sous
l'influence des eaux et des agents atmosphériques.

Tout autres sont les roches de la seconde catégorie, qui
au lieu de s'étaler, comme les précédentes, sur de vastes sur-

faces en couches bien réglées directement superposées par rang d'âge, se présentent *massives*, marquées de contours irréguliers, ou le plus souvent s'élèvent au travers de ces dépôts *stratifiés*, sous forme de dykes et de filons (fig. 104); quand on examine leur composition on voit que leurs éléments parfois vitreux (*obsidienne*), le plus souvent tous cristallisés (granite), sont entremêlés sans jamais trahir, dans leur mode d'agrégation, l'action de la pesanteur. Leur analogie avec les laves reje-

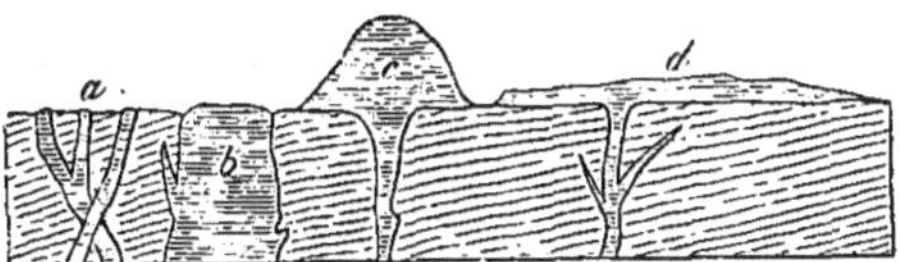

Fig. 104. — Dispositions diverses des roches éruptives au travers des terrains stratifiés. — *a*, filons; *b*, dyke; *c*, dôme; *d*, coulée.

tées par les volcans modernes devient évidente et cela d'autant plus que, parmi ces *roches*, celles filoniennes ou *d'épanchement*, fournissent parfois de nombreuses veines d'injection dans les terrains encaissants, ou viennent s'étaler en vastes coulées à leur surface. Dès lors il devient évident qu'on doit les considérer comme des *formations éruptives*, c'est-à-dire comme le produit de l'épanchement, maintes fois répété, des masses fluides internes, au travers des points fracturés de l'écorce.

Dans ces conditions on a pu comparer, avec raison, l'écorce terrestre à un tissu, dont les masses stratifiées, qui couvrent la plus grande partie de la surface du globe, représentent la chaine, alors que celles éruptives, s'élevant des profondeurs comme des colonnes irrégulières, en deviennent la trame.

Telles sont les roches qui se répartissent ainsi en deux grandes séries d'amplitude inégale et dont le point de départ est très différent; les unes, celles éruptives, dérivent, en effet, de l'*activité interne* du globe, c'est-à-dire de cette provision d'énergie accumulée sous l'écorce, sous forme de chaleur et qui n'est autre qu'un reste de son état initial de fluidité ignée; tandis que les autres, celles sédimentaires, deviennent le produit direct de ce qu'on peut appeler l'*activité externe*; toutes résultant des lentes et persistantes actions exercées par les agents extérieurs sur les parties superficielles de l'écorce.

Nombreuses et complexes sont les roches qui viennent se ranger dans chacune de ces deux séries si distinctes; dans les études qui vont suivre, nous nous bornerons à décrire les plus importantes et surtout à définir, avec leur allure, le rôle qu'elles prennent dans la composition du sol.

De plus il importe de tenir compte de ce fait, qu'un grand nombre de ces roches, notamment celles sédimentaires, ont subi postérieurement à leur formation des modifications souvent profondes, ayant singulièrement changé leur aspect, leur texture et même leur composition. De là une classe de roches spéciales dites *métamorphiques* dont nous aurons, en dernier lieu, à préciser le sens et le caractère.

CHAPITRE PREMIER

ROCHES D'ORIGINE EXTERNE

Principales variétés de roches sédimentaires. — Parmi ces roches qui toutes résultent du travail des eaux, les unes sont *détritiques* (ou fragmentaires), c'est-à-dire formées de débris provenant de la destruction de masses minérales préexistantes. De ce nombre sont les *formations arénacées*, représentées, quand elles sont restées meubles, par les *sables*, *graviers* et *galets*, puis par des *grès*, des *poudingues* et des *conglomérats*, quand des eaux d'infiltration sont venues déposer dans les interstices des éléments de ces roches arénacées, de la silice, du calcaire ou des oxydes ferrugineux faisant office de ciment. Ces grès deviennent ensuite des *quartzites* quand le ciment siliceux est assez abondant pour faire perdre aux grains de sable leurs contours originels; dans ce cas la roche devenue compacte, tenace, très résistante, fait feu sous le choc du briquet, et raye l'acier. Tout autres sont les *grès argileux* qui résultent, non d'un entraînement postérieur d'argile au travers des sables, mais d'un

dépôt contemporain de ces deux éléments. Dans ce cas les
grains de sable engagés sont toujours fins et la roche reste
tendre, en présentant souvent une apparence feuilletée. Ce
dernier aspect est surtout bien réalisé dans les *grès micacés*
dits *psammites*, où les paillettes de mica en venant se concentrer
sur les plans de stratificatiou de la roche, lui communiquent
une grande fissilité.

L'*argile* qui devient, comme nous l'avons vu (p. 28), le dernier terme de la trituration des roches, fait également partie de
ces dépôts détritiques et résulte de l'agglutination d'éléments où
dominent des silicates d'alumines hydratés, réduits à l'état de
grains impalpables. On distingue : les *argiles plastiques* ou *terres
réfractaires* susceptibles de former avec l'eau une pâte liante,
de durcir au feu et de résister à de hautes températures d'où
leur emploi pour la fabrication des briques, poteries et tuyaux
de drainage ; les *argiles smectiques* (terre à foulon), qui se
délayent mal dans l'eau et possèdent la propriété d'absorber
les corps gras, ce qui motive leur emploi pour le dégraissage
des étoffes ; les *argiles ferrugineuses* (*ocres jaunes et rouges*), utilisées dans la peinture et qui deviennent fusibles ; enfin les
glaises, qui ne sont autres qui des variétés impures mélangées
de calcaire. Toutes, quand elles sont compactes et durcies, se
laissent facilement rayer à l'ongle, développent par l'insuffla-
tion une odeur particulière caractéristique, happent à la langue
en raison de leur avidité pour l'eau, et restent presque inatta-
quables par les acides. Tout le monde sait ensuite combien ces
roches sont imperméables et qu'elles doivent à cette particularité de fournir, dans le sol, des niveaux d'eau bien marqués ;
leurs affleurements se traduisant par des suintements et des
sources bien caractérisés.

Dépôts chimiques, calcaires. — A ces dépôts détritiques ne se
limitent pas les formations sédimentaires ; l'étude des phénomènes actuels nous a appris que l'intervention de l'eau, dans
ces actions exercées par les agents extérieurs, ne se bornait pas
à des effets purement mécaniques. Les eaux d'infiltration avec
leur oxygène et leur acide carbonique peuvent attaquer les
roches, dissoudre en particulier le calcaire et venir le déposer
plus tard au point d'émergence des sources, sous la forme de

tufs ou de *travertins*. Or il est un grand nombre de roches calcaires dont l'origine doit être cherchée dans une précipitation chimique de carbonate de chaux effectuée dans les eaux marines ou lacustres, cette fois en nappes très étendues. Telle est en particulier la *craie*, cette roche blanche, tendre, traçante et tachant les doigts que tout le monde connaît, qui se montre essentiellement constituée par de fines particules amorphes de carbonate de chaux, et renferme, avec quelques enveloppes de foraminifères, des fragments très brisés de coquilles de mollusques ou de tests d'oursins.

L'eau de mer, en effet, riche en sels dissous, peut également exercer une action chimique notable et se charger notamment de chaux et de silicates alcalins. Son évaporation naturelle a ensuite pour conséquence le dépôt de ces substances dissoutes, suivant l'ordre de leur plus ou moins grande solubilité. C'est ainsi que dans les marais salants la concentration de l'eau marine a, pour conséquence, le dépôt du *carbonate de chaux*, bientôt suivi par celui du *gypse* ou sulfate de chaux. Puis quand l'eau est réduite au tiers de son volume, le sel marin se dépose à son tour, en venant tapisser de ses petits cristaux blancs le fond des marais; après quoi, dans les eaux mères, peut venir le tour des *sels déliquescents* (chlorures et sulfates de potassium et de magnésium), puis finalement celui des *borates*, quand l'eau ne peut plus rien perdre de son volume par évaporation. Les grands gîtes de *sel gemme* et de *gypse* qu'on rencontre, sous la forme d'amas lenticulaires, dans les terrains stratifiés de divers âges n'ont pas d'autre origine; on doit les attribuer à l'évaporation d'anciens bassins maritimes.

De tous ces faits il résulte qu'il y a lieu, parmi les formations stratifiées, de tenir compte de *dépôts d'origine chimique*, dont les éléments ont été tenus non plus en suspension, mais en dissolution dans les eaux. Tous ont pour caractère d'être moins étendus que les précédents, d'affecter le plus souvent une texture concrétionnée quand il s'agit de dépôts siliceux ou calcaires, mais toujours en conservant l'allure des roches sédimentaires.

Sédiments d'origine organique. — Tout ce qui, dans les mers, a échappé à cette sédimentation chimique et mécanique, se trouve ensuite fixé, sur le fond, comme nous l'avons vu précédemment, par les organismes (p. 93), les êtres organisés intervenant avec efficacité, dans les conditions précédemment décrites, pour édifier au sein [des mers une bonne partie des roches *calcaires* dans lesquelles on peut aisément reconnaître toutes les variétés qui se forment au voisinage et aux dépens des récifs coralliens. Tels sont avec les *calcaires oolithiques*, et les calcaires *à polypiers*, les calcaires *à entroques*, entièrement constitués par des débris, à cassure spathique, de tiges et d'articles de crinoïdes, ou de radioles d'oursins; les *calcaires compacts* à cassure fine et plane qui peuvent fournir des pierres *lithographiques* ou des *marbres* estimés.

Par la simple accumulation de leurs dépouilles, les mollusques peuvent ensuite contribuer, pour une large part, à la formation des *lumachelles* constituées par une agglomération de coquilles d'huitres à reflets nacrés, et des *calcaires grossiers*, où des grains amorphes de carbonate de chaux sont mélangés de matières argileuses ou arénacées.

Enfin on sait que ces *farines siliceuses* fossiles, bien connues sous le nom de *tripolis*, **ne** sont autres que le produit de l'accumulation d'un nombre prodigieux de frustules d'algues microscopiques, les *diatomées*, dont l'organisation est fort simple. Les végétaux, en effet, à leur tour, comme l'examen des tourbières nous l'a fait voir, prennent part à la formation de puissantes couches stratifiées, et cela en fixant cette fois, dans le sol, une partie des éléments de l'atmosphère sous la forme durable des *combustibles minéraux*. Roches combustibles qui comprennent avec la *tourbe*, le *lignite*, charbon noir ou brun, parfois terreux (*terre d'ombre*), dont les variétés compactes, susceptibles d'être polies, fournissent le *jais* ou *jayet*; la *houille* ou *charbon de terre* qui, sous sa forme actuelle, semble être une matière essentiellement minérale, mais dont l'origine végétale est

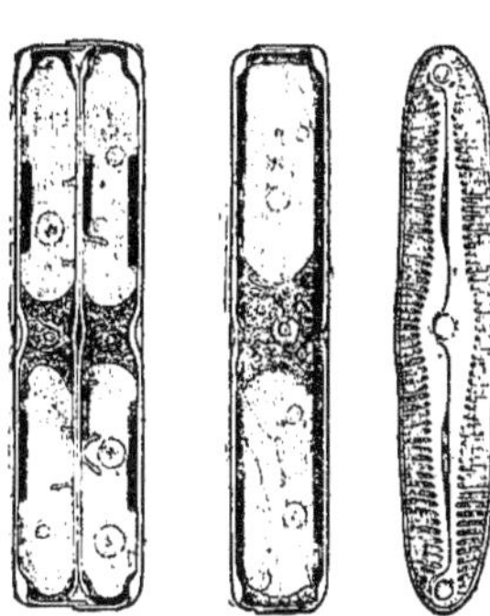

Fig. 105. — Carapaces (frustules) siliceuses de diatomées.

incontestable comme nous le verrons plus loin ; enfin l'*anthracite*, charbon sec, à éclat vitreux, qui devient le dernier terme de cette transformation des végétaux en produits combustibles.

Ainsi se trouve constituée une classe très importante de formation d'origine exclusivement organique, offrant cet intérêt particulier de renfermer les matériaux les plus profitables pour le développement de l'industrie moderne.

Principe de superposition des dépôts sédimentaires. — Le trait dominant et distinctif de toutes ces roches spéciales, celui qui a le mieux persisté après toutes les modifications qu'elles ont subies depuis leur formation, c'est la *stratification*,

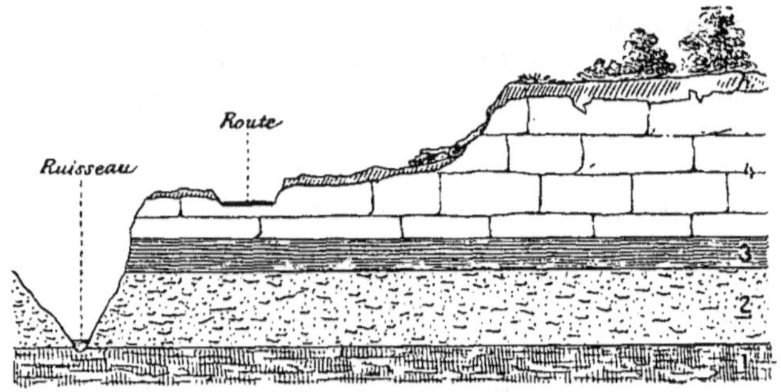

Fig. 106. — Coupe au travers des roches stratifiées. — 1, argile; 2, sables; 3, marnes; 4, calcaire.

c'est-à-dire leur disposition en *couches* ou *strates étagées* successives, directement superposées les unes aux autres par rang d'âge. Etant donnée cette disposition qui porte la marque expressive du travail des eaux, le principe qui sert de base pour établir une chronologie dans cette longue série de dépôts, c'est la *superposition*. Toute roche de sédiment qui en recouvre une autre, étant successivement plus jeune que celle qui lui sert de support, on peut de la sorte déterminer avec toute certitude l'*âge relatif* de cette formation, c'est-à-dire la place qu'elle occupe dans la série générale des terrains.

D'autres conclusions, non moins importantes, peuvent être ensuite déduites d'un examen plus attentif; en observant avec soin, non plus la disposition de ces roches, mais leur composition et surtout leur structure, c'est-à-dire l'état d'agrégation de leurs éléments, on peut remonter à la connaissance de la nature des eaux dans lesquelles elles se sont formées.

Les masses argileuses, les calcaires compacts, les marnes feuilletées, par la finesse de leur grain, indiquent des sédiments effectués dans des eaux calmes, à l'abri de tout courant; tandis que les bancs de sables, les grès et les cailloux roulés témoignent d'eaux courantes et mouvementées.

Fossiles. — Dans cette recherche sur l'état et la nature des eaux dans lesquelles se sont formées les roches sédimentaires, on peut encore aller plus loin. Chacune de ces roches porte, en effet, en elle-même des caractères qui permettent de reconnaître si l'eau dans laquelle elles se sont déposées était douce ou salée, si elles se sont formées dans un cours d'eau, dans un lac ou dans la mer.

Tout le monde a remarqué, dans ces roches, la présence de débris ou de moules de coquilles, ou parfois des empreintes de plantes. Toutes ces traces, contenues dans la pierre, sont les restes d'animaux et de végétaux qui ont vécu ou ont été charriés dans les eaux pendant la formation de ces roches, et sont restés enfouis dans les sédiments. On les désigne sous le nom de *fossiles*.

Il est des roches qui en sont absolument pétries. C'est par l'examen de tous ces débris qu'on peut résoudre les questions que je viens de poser; il importe donc que nous apprenions à les connaître, puisque leur rôle est si grand.

Comment se forment les fossiles; mollusques d'eau douce, mollusques marins. — Quand on s'approche du bord d'un étang, d'un lac ou d'une rivière, on voit frétiller entre les roseaux, sous les nénuphars, une multitude de petits animaux aux formes diverses; il y a là des larves d'insectes, des mollusques qui glissent à la surface des feuilles ou restent fixés aux rochers, tandis que plus loin, dans les eaux profondes, des poissons se dérobent à la vue. Les mollusques sont, en général, nombreux : ils sont enfermés dans des coquilles verdâtres, les unes enroulées en forme de disque (*Planorbe*), les autres spiralées comme des escargots (*Paludine*); d'autres sont en forme de cornet (*Limnée*).

Toutes ces plantes, tous ces animaux naissent, croissent et meurent dans l'eau. Après leur mort, ils tombent sur le fond et sont bientôt enfouis dans la vase, sous les sédiments qui se déposent. Dans cet état, les parties molles et charnues se décomposent vite et disparaissent; mais les parties dures, les arêtes et les écailles, par exemple, chez les poissons, la coquille

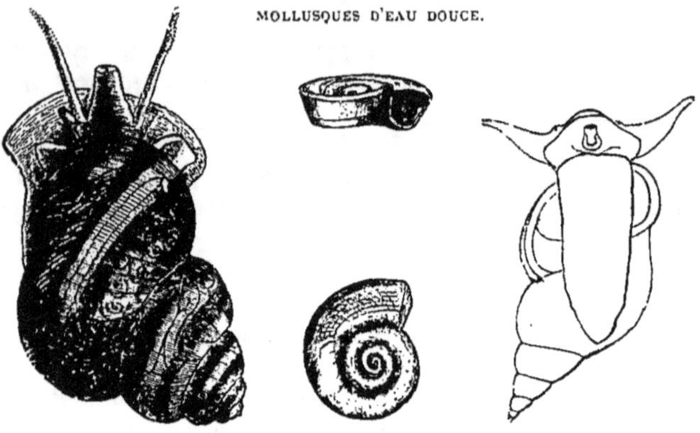

Fig. 107. — Paludine.   Fig. 108. — Planorbe.   Fig. 109. — Limnée.

chez les mollusques, subsistent et sont seulement blanchies avec le temps, parce qu'elles perdent toute la substance organique qu'elles contenaient.

Les plantes sont conservées à l'état d'empreinte (fig. 111), ou parfois elles se transforment en une substance charbonneuse noire, qui reproduit exactement leur forme (fig. 110).

Mollusques marins. — Ce qui se passe dans les eaux douces a lieu aussi dans les eaux marines, où la vie est exubérante.

A marée basse, sur les côtes rocheuses, on peut s'en rendre compte en voyant tous ces animaux qui pullulent dans les laisses de la mer. Au milieu des algues, fucus et varechs, qui ne ressemblent en rien aux nénuphars et aux conferves des eaux douces, s'agitent un grand nombre d'animaux, crustacés, mollusques et poissons des plus variés et surtout bien différents de ceux qui se tiennent dans les eaux douces. Les coquilles des mollusques sont ornementées; leurs couleurs sont plus vives :

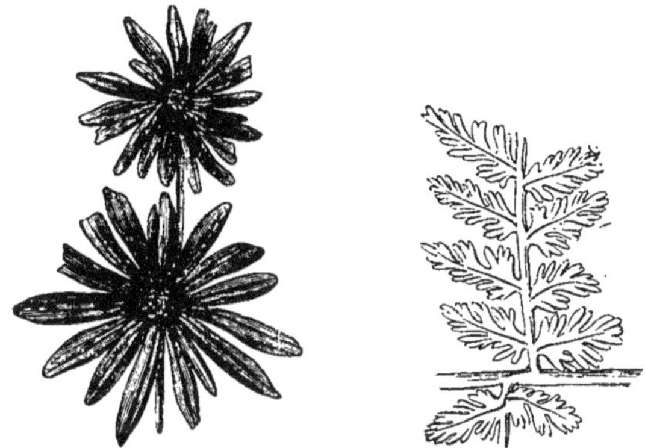

Fig. 110, 111. — Empreintes végétales fossiles.

telles sont, parmi les plus répandues, celles des *Cerithes*, des *Rostellaires*, des *Pectens* (fig. 111 à 113).

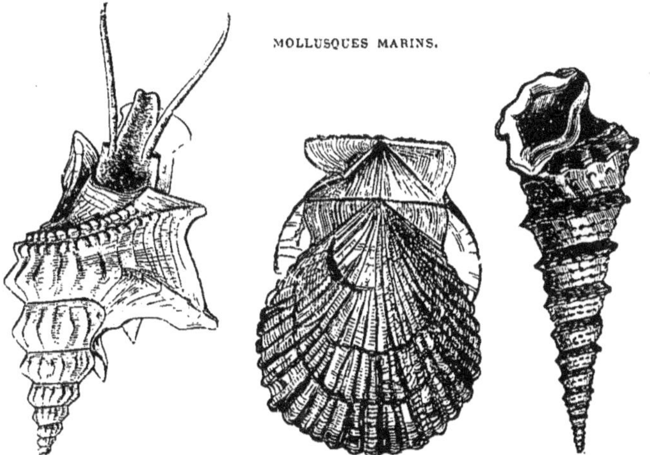

Fig. 112. — Rostellaire.   Fig. 113. — Pecten.   Fig. 114. — Cérithe.

Quand ces coquilles sont vides, les animaux étant morts, la mer les rejette sur la plage, en les brisant, ou bien les entraîne au large, en les ensevelissant dans ses dépôts.

Ces faits, qui se passent |aujourd'hui sous nos yeux, se sont produits également aux époques anciennes, et c'est ainsi que les roches sédimentaires contiennent les traces des animaux et des plantes contemporains de leur formation.

L'étude de ces restes organiques permettra donc de reconnaître la nature du milieu où elles se sont déposées; la présence d'une coquille marine indiquant nécessairement un sédiment marin et celle d'une limnée ou d'un planorbe, un dépôt d'eau douce.

Utilité de l'étude des fossiles pour caractériser les terrains. — Les débris organiques qui se rencontrent dans les couches les plus superficielles et par suite les plus récentes de l'écorce du globe appartiennent, en majeure partie, à des espèces animales et végétales qui vivent encore aujourd'hui ; mais la plupart des fossiles proviennent d'animaux ou de plantes qui n'existent plus maintenant. On peut dire, d'une façon générale, qu'ils sont de plus en plus éloignés de la nature actuelle à mesure qu'on remonte le cours des âges; de plus il a été reconnu, qu'un grand nombre de ces types anciens n'existent plus aujourd'hui. Alors aussi, les conditions d'existence n'étaient plus les mêmes, la terre n'avait pas cet aspect que nous lui voyons maintenant; la distribution des continents et des mers était tout autre. Le caractère particulier de la végétation terrestre de ces anciennes époques indique également une répartition de la chaleur et de la lumière tout autre que celle qui prévaut aujourd'hui.

Ces temps si lointains et de si longue durée, pendant lesquels les animaux et les plantes, une fois apparus, se sont successivement modifiés pour arriver à l'état sous lequel nous les voyons actuellement, sont divisés en grandes époques, caractérisées chacune par une *faune* et une *flore* spéciales.

De plus, l'étude de ces êtres du passé (*Paléontologie*) nous enseigne qu'ils forment, avec ceux de la nature actuelle, une série continue, parfaitement ordonnée, sans lacunes ni retours en arrière.

Allures diverses des couches stratifiées ; discordances. — Dans l'examen que nous avons fait des carrières (fig. 103),

nous avons vu les roches sédimentaires, couchées, à plat et
superposées par lits parallèles, horizontaux. C'est là leur disposition normale, les sédiments se stratifiant toujours au fond
de l'eau, sous l'action de la pesanteur, en couches horizontales.
Partout où elles n'ont pas été dérangées, ces assises, qui pré-

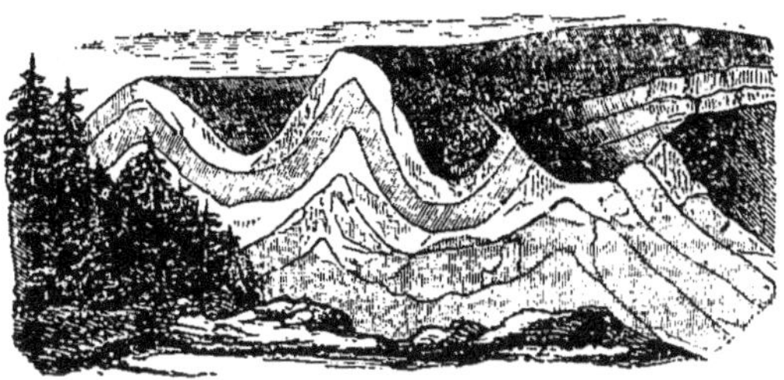

Fig. 115. — Couches plissées dans une cluse du Jura. — *a*, pli anticlinal,
en forme de selle (crête) ; *b*, pli synclinal, en fond de bateau (combe).

sentent leurs surfaces de division exactement parallèles, sont
dites *concordantes*.

Mais il n'en est pas toujours ainsi ; en beaucoup de points,
ces strates rocheuses n'ont pas conservé cette position et se
montrent plus ou moins redressées, parfois même complètement renversées. Tous ces dérangements sont le témoignage
expressif de la mobilité de l'écorce terrestre, qui de tout temps
a été soumise à des mouvements d'exhaussement et d'affaissement, ayant pour effet de changer à diverses époques la distribution des terres et des mers, en portant hors des eaux les
fonds sous-marins, alors que des continents tout entiers s'af-
faissaient sous les océans.

C'est principalement dans les régions accidentées, au voisinage des massifs montagneux, dans les points où l'écorce a été
soumise à des mouvements de dislocation, qu'on peut se rendre
compte de ces bouleversements.

Là, en effet, ces strates sont complètement dérangées de leur
position normale. Fréquemment on les voit plissées, c'est-à-dire
présentant une succession de plis concaves, arrondis en fond de
bateau (*pli synclinal*) et de plis convexes en forme de selle (*pli
anticlinal*). Telle est la disposition des roches stratifiées dans

la chaîne du Jura, qui se décompose ainsi en une série de
crêtes parallèles, interrompues par de grandes coupures transversales (cluses) qui forment un des traits caractéristiques de
cette belle région montagneuse [1].

A côté de ces déformations à grande courbure, auxquelles

Fig. 116. — Contournement des couches schisteuses dans les régions
montagneuses (plis obliques dits isoclinaux).

les continents doivent leur émersion, il est des effets plus saisissants encore de la mobilité et de la flexibilité de l'écorce terrestre. Dans les régions formées de schistes, quartzites et d'autres roches non moins solides, les couches primitivement hori-

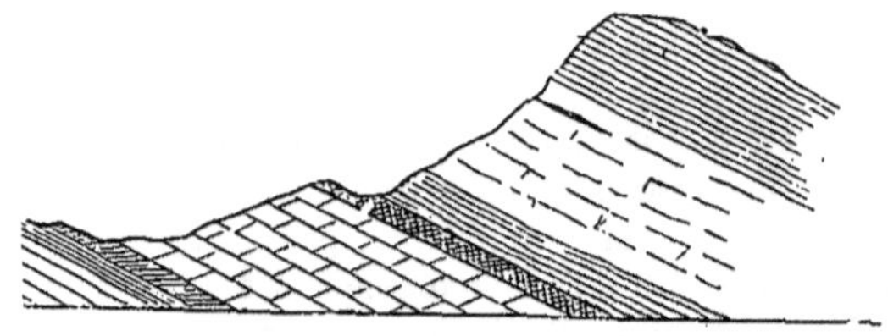

Fig. 117. — Couches inclinées.

zontales se montrent redressées, ployées, plissées, repliées en
forme d'S (plis isoclinaux), sur des épaisseurs énormes, attestant ainsi la mise en œuvre de forces gigantesques. L'Ardenne,
dans les profondes déchirures que traverse la Meuse, offre un
remarquable exemple de ces contournements, serrés en grand
nombre les uns à côté des autres et parfois très brusques, qui
sont surtout fréquents dans les régions disloquées (fig. 116).

1. Ces crêtes sont formées par des couches stratifiées recourbées, dont
les contournements se voient bien dans ces gorges profondes, nommées
cluses, qui traversent le Jura, où elles sont occasionnées par de grandes
failles perpendiculaires à la direction de la chaîne. La figure 115 représente
une de ces cluses jurassiennes.

11.

Tous ces plissements, qui ont affecté des couches sédimentaires primitivement horizontales, sont dus à de puissantes actions de refoulement, subies par l'écorce terrestre, dans les mouvements qui ont présidé à la formation des montagnes. Une simple expérience permet de reproduire tous ces effets que des pressions latérales peuvent faire subir à des couches flexibles; en superposant, par exemple, quelques morceaux de drap épais, de couleurs différentes, sur une table, de manière à rappeler un groupe de couches sédimentaires, puis en les soumettant à des pressions latérales, en les pressant sur les côtés avec deux livres, après les avoir préalablement recouvertes par un objet pesant, on peut obtenir des plis se succédant l'un à l'autre, en affectant des inflexions de plus en plus nombreuses à mesure que les pressions augmentent. Tous ces effets de refoulements et d'écrasements latéraux de l'écorce terrestre ont pu être ensuite reproduits expérimentalement par M. Daubrée [1], qui a démontré que les nombreuses variétés dont les *plis* sont susceptibles peuvent s'obtenir par des pressions latérales exercées convenablement sur des lames flexibles (fig. 118).

En dehors des massifs montagneux, les couches sont assez brusquement inclinées (fig. 117), ou parfois redressées jusqu'à la verticale (fig. 119).

Dans toutes ces positions diverses, malgré les dislocations subies postérieurement à leur dépôt, les couches sédimentaires n'ont pas abandonné leur parallélisme; elles sont restées en *stratification concordante*.

Si maintenant, par suite d'un affaissement, les eaux reviennent occuper leur ancienne position et qu'elles s'établissent sur ces roches inclinées ou redressées, les nouveaux sédiments qui vont se former s'étaleront au-dessus en couches horizontales, offriront

Fig. 118. — Effets de la compression latérale sur une lame flexible. (D'après M. Daubrée.)

---

1. Daubrée, *Études synthétiques de géologie expérimentale.*

une discordance de stratification (fig. 120), indice certain d'une

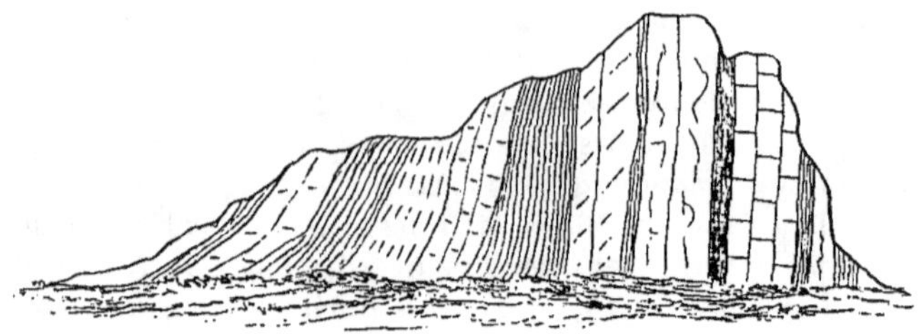

Fig. 119. — Couches redressées verticalement.

interruption dans la sédimentation et de mouvements du sol effectués dans l'intervalle de ces deux dépôts.

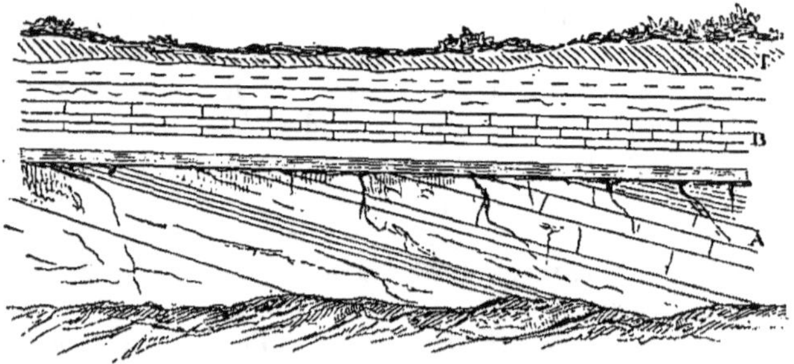

Fig. 120. — Discordance de stratification. — A, couches inclinées et relevées; B, couches récentes horizontales; T, terre végétale.

Cassures; failles. — L'écorce terrestre porte également l'empreinte des efforts de tension et de compression qu'elle a subis sous l'action de ces pressions latérales dont nous venons de mentionner les effets, dans les nombreuses cassures qui la traversent en beaucoup de points. Le plus souvent, en effet, les plis se résolvent en une fente dont un des côtés s'affaisse. Les cassures qui séparent ainsi deux massifs dont l'un a glissé sur le plan de fracture portent le nom de *failles*.

Les failles sont ainsi de grandes fractures dont les deux bords ont subi une dénivellation, un *rejet* qui peut devenir parfois considérable (fig. 121).

Elles se traduisent alors, à la surface, par des saillies brusques et allongées, comparables à des falaises. Telles sont les

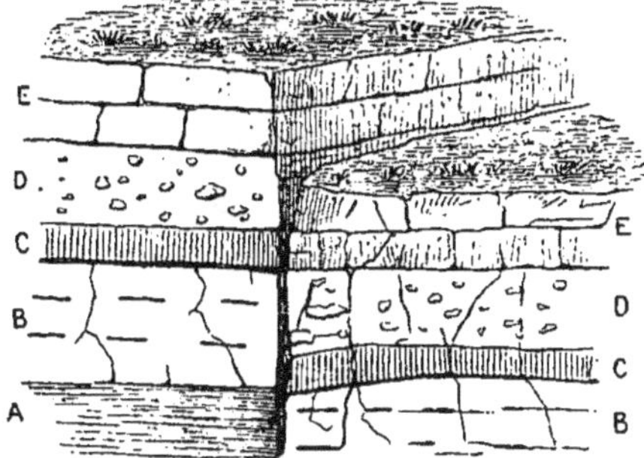

Fig. 121. — Fracture suivie d'une dénivellation (faille).

failles qui terminent la chaîne des Vosges, dans la région septentrionale, et qui présentent un *regard rhénan*, c'est-à-dire un escarpement faisant face à la plaine du Rhin (fig. 122). De pareils accidents sont fréquents dans les chaines alpines et de même dans celle du Jura, où elles offrent un *regard français* dominant; leur *tête de faille* (fig. 121), c'est-à-dire la lèvre soulevée, se dressant en falaise presque verticale dont l'abrupt est tourné vers la France.

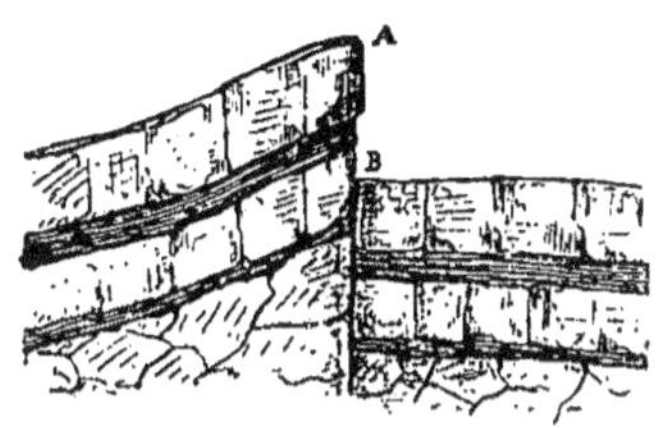

Fig. 122. — Exemple de faille avec rejet. A, tête de faille. — B, pied de la faille.

D'autres fois des érosions postérieures ont rasé et fait disparaître toute trace extérieure de cette dénivellation; dans ces

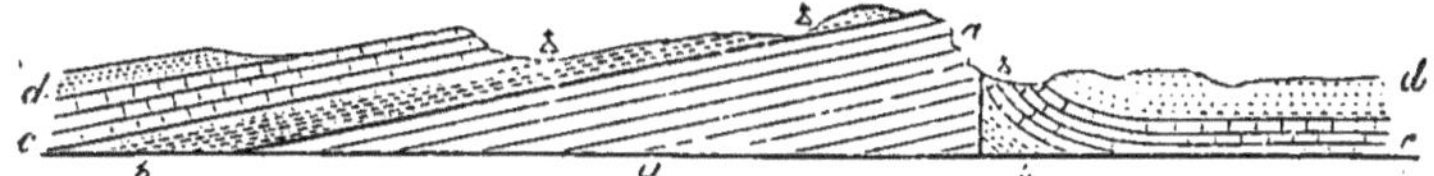

Fig. 123. — Faille limitative de la chaîne des Vosges. (D'après ÉLIE DE BEAUMONT.)

conditions (fig. 124), la faille ne se traduisant plus, à la surface, par aucun relief, complique singulièrement la tâche du

stratigraphe, c'est-à-dire du géologue qui cherche à déterminer
l'allure des couches stratifiées
et à tracer sur les cartes leurs
affleurements.

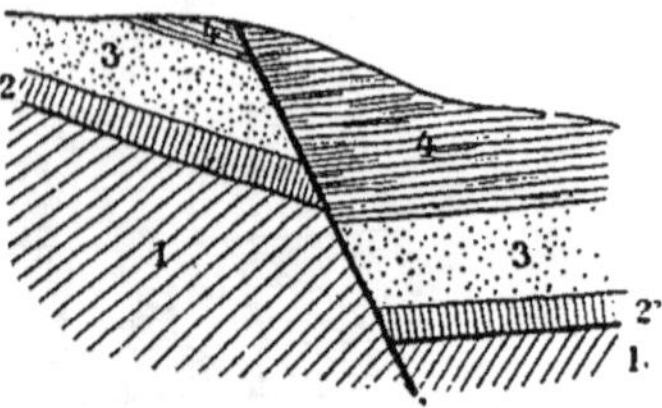

Rarement isolées, les failles
se présentent tantôt réunies
par groupes et disposées parallèlement (fig. 125), tantôt
formant plusieurs systèmes
de lignes inclinées l'une sur
l'autre et partageant ainsi la

Fig. 124. — Exemple de faille dénivelée.

région traversée en une sorte de parallélogramme. Ces accidents sont fréquents dans les terrains houillers, où ces dislocations, interrompant la continuité des lits de houille, com-

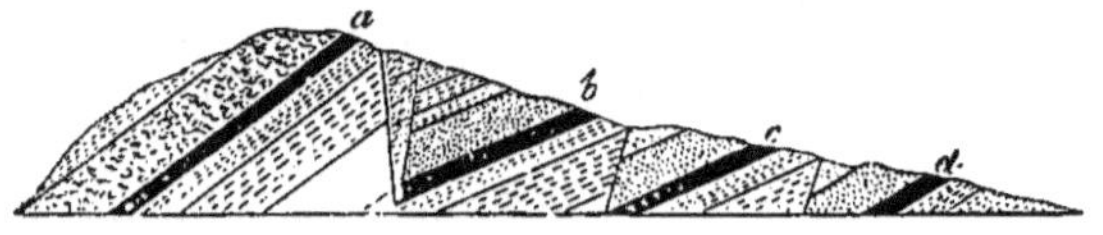

Fig. 125. — Suite de failles parallèles dans un terrain houiller. —
abcd, lit de houille coupé et dénivelé par des failles en échelon.

pliquent singulièrement l'exploitation. En examinant un plan
de mines dans un district houiller, accidenté de nombreuses
failles entrecroisées (fig. 125), on voit nettement que toutes

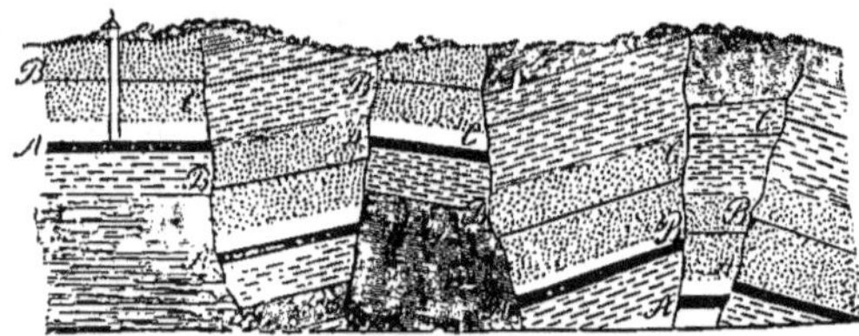

Fig. 126. — Failles entrecroisées dans un terrain houiller. —
A, A, A, lit de houille dénivelés.

ces fractures ont été déterminées par des mouvements de torsion auxquels certaines parties de l'écorce terrestre ont été
soumises, lorsque les efforts de dislocation ont été déviés par
un massif résistant. Tous ces effets ont été encore reproduits

expérimentalement par M. Daubrée, en soumettant à un mouvement de torsion une longue plaque de verre épais solidement encastrée à une de ses extrémités (fig. 127).

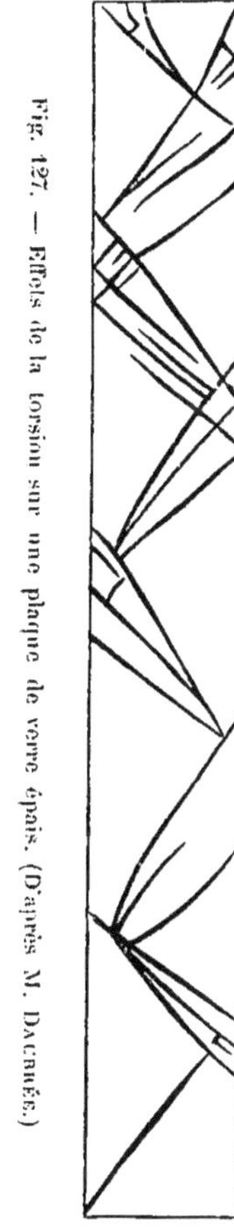

Joints. — Indépendamment de ces grandes fractures, caractérisées par la dénivellation de leurs parois, les masses minérales se montrent encore fréquemment traversées par d'innombrables cassures, cette fois peu étendues, et souvent si minces qu'elles sont à peine reconnaissables sur leurs tranches. Aux environs de Paris, les roches calcaires et gréseuses des terrains tertiaires, entamées dans de nombreuses exploitations, se montrent aussi coupées perpendiculairement à leur plan de stratification par de nombreuses fissures, bien connues des ouvriers sous les noms de *joints* de feuillets, de *filets francs*. Les monceaux de blocs sur les pentes des montagnes, qui, après avoir glissé, se montrent empilés les uns sur les autres de manière à constituer des *éboulis*, des *chaos* ou des *mers de rochers*, sont encore une des conséquences de la multiplicité de ces *joints* dans les roches massives ou stratifiées. C'est à ces mêmes fissures que les chaînes secondaires dans les Vosges, couronnées par des grès, doivent de présenter sur leurs sommets des rochers isolés, en forme de parallélépipède, et des corniches escarpées simulant des ruines ou des châteaux forts : chaque couche de grès se montrant traversée par des joints verticaux suivant des directions perpendiculaires à la stratification (fig. 2). L'état fragmentaire et ruiné des hautes cimes n'a pas d'autre origine, de simples rochers manifestant aussi d'une manière très nette l'existence de réseaux réguliers de cassures.

Tous ces joints, qui représentent, dans les roches, tout autant

de plans de division destinés à faciliter plus tard le travail
des érosions, se coordonnent avec une régularité géométrique
comme les grandes fractures et sont attribuables aux mêmes
causes.

CHAPITRE II

ROCHES D'ORIGINE INTERNE — ROCHES ÉRUPTIVES

Les roches éruptives occupent des fentes bien caractérisées
de l'écorce terrestre, et viennent souvent s'épancher au dehors
à la manière des laves. Toutes sont massives et n'offrent que
des plans de divisions plus ou moins réguliers, attribuables à
des actions purement mécaniques ou à des phénomènes de
retrait, sans présenter aucun indice de stratification ni d'orientation dans leurs éléments constituants.

Leur disposition est aussi bien significative ; au lieu de s'étaler
en couches horizontales comme les roches sédimentaires, elles
s'élèvent verticalement, ou sous des inclinaisons diverses, au
travers du sol, et se présentent ainsi sous la forme de filons ou
en remplissage de grandes crevasses ou de filons ; ces derniers
venant souvent aboutir à de grandes nappes, ou *coulées*, étalées
à la surface, ou injectées dans les roches encaissantes, leur
origine interne peut être affirmée avec toute certitude. Toutes
proviennent, en effet, du noyau fluide interne et peuvent être
considérées comme le produit des épanchements successifs des
parties superficielles de cette masse fluide au travers des crevasses de l'écorce.

**Age relatif des roches éruptives : série ancienne, série
récente.** — Ces épanchements ne sont pas faits d'une façon continue. Les relations de ces roches avec les terrains stratifiés
traversés ont démontré, en effet, que l'activité interne du globe,
après s'être manifestée avec une énergie considérable dans ces
temps géologiques anciens désignés sous le nom de primaires,
s'est ralentie progressivement. Puis est intervenue une longue

période de repos, correspondant à toute l'étendue des terrains dits jurassiques et crétacés, pendant laquelle la succession des dépôts de sédiment n'a guère été troublée que par l'apparition,

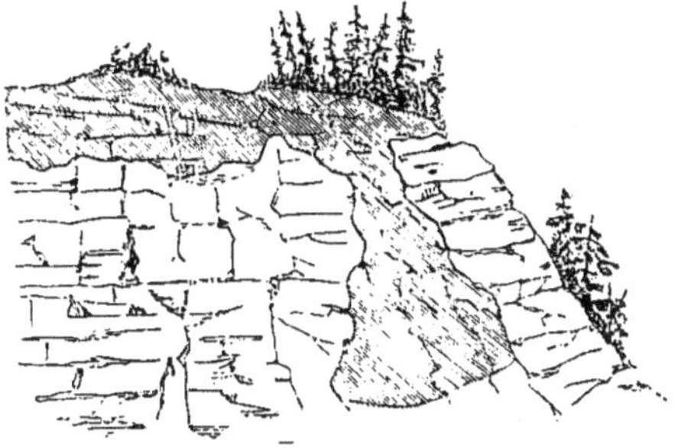

Fig. 128. — Roche éruptive épanchée en nappe par-dessus les roches stratifiées.

très rare, de quelques roches éruptives dans des points très localisés.

C'est seulement à une époque relativement récente, post-cré-

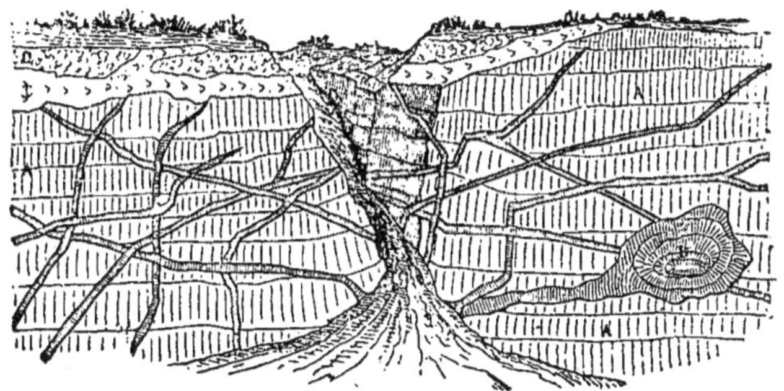

Fig. 129. — Filons basaltiques au travers des roches stratifiées. — A, roches calcaires; B, filons basaltiques; C, filon de trachyte; E, terre végétale.

tacée, que cette activité interne s'est de nouveau mise en jeu, pour continuer à se manifester jusqu'à nos jours.

De la sorte, les roches éruptives viennent se ranger en deux grandes séries, d'une durée et d'une importance bien inégales :

1° Les *roches anciennes*, antérieures au terrain jurassique.

2° Les *roches récentes, post-crétacées*, dans lesquelles sont comprises les *roches modernes*, rejetées par les volcans actuels et désignées spécialement sous le nom de *laves*.

De plus, on sait, d'après la nature et la disposition des roches épanchées, que ces phases éruptives diverses par lesquelles notre globe a passé ont chacune une histoire différente.

Ainsi pour ne parler que du mode de formation, dans les *roches éruptives récentes*, qui se relient intimement aux éruptions modernes, les types volcaniques venus à la manière des laves, c'est-à-dire à l'état de fusion ignée, sont nettement prédominants. Presque toutes, en effet, se présentent, sous forme

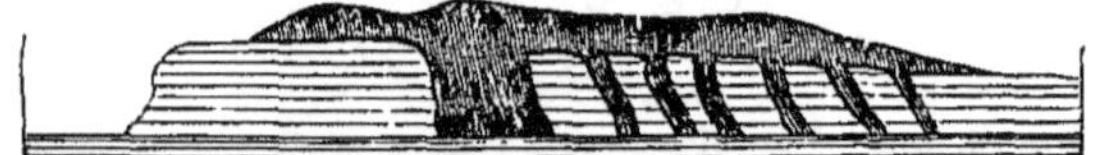

Fig. 130. — Filons basaltiques aboutissant à une coulée.

de veines ou de filons, injectés dans les moindres fissures du sol, pénétrant dans l'intervalle des joints qui séparent les masses stratifiées, ou d'autres fois s'élèvent au-dessus et se répandent à leur surface en manière de coulées (fig. 129) [1].

Telles sont en particulier les roches caractéristiques de cette série désignées sous les noms de *trachyte* et de *basalte*.

Tout autres sont les roches éruptives anciennes où dominent cette fois les roches largement cristallisées du type granitoïde et qui se présentent non plus filoniennes comme les précédentes, mais disposées en grands massifs, marqués de contours irréguliers. Cette texture cristalline et cette disposition en masses irrégulières, souvent très étendues, attestent qu'elles sont sorties, non plus à l'état de fusion ignée, mais à l'état pâteux et dans des conditions spéciales où l'eau surchauffée et portée à une haute température a joué le principal rôle (fig. 131).

Le granite peut être considéré comme le type de ces roches massives.

1. C'est là ce que nous avons observé dans les édifices volcaniques lorsque les laves se sont épanchées, puis solidifiées dans les fentes du sol bouleversé.

Maintenant que nous connaissons les traits essentiels du mode de formation et de la classification des roches éruptives, nous allons passer rapidement en revue les espèces principales

Fig. 131. — Disposition des roches éruptives anciennes (granite et porphyre) dans les montagnes du Beaujolais.

qui viennent se ranger dans les deux divisions que nous avons établies. Elles sont en petit nombre; la coupe théorique suivante (fig. 132) les représente dans leur ordre d'apparition,

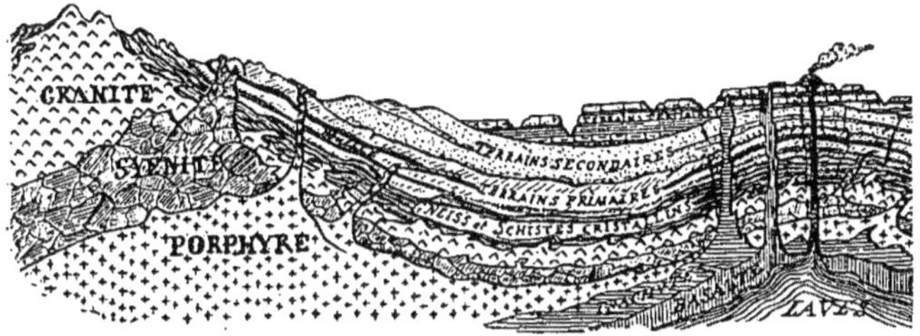

Roches éruptives anciennes.　　　　　Roches éruptives récentes.

Fig. 132. — Coupe théorique montrant la disposition relative des roches éruptives avec les terrains stratifiés.

en montrant également leurs relations avec les masses stratifiées.

Éléments essentiels des roches éruptives; rôle de la silice. — Parmi les éléments constituants de ces roches, la silice joue le rôle dominant. Toutes, en effet, peuvent être considérées comme constituées à peu près exclusivement par des *silicates*, où la silice se présente associée aux oxydes des métaux suivants : aluminium, potassium, sodium, calcium, fer, magnésium. Souvent, se trouvant en excès, elle a pu demeurer en liberté et s'isoler sous la forme du *quartz* (silice anhydre et entièrement cristallisée), de la *calcédoine* (mélange de quartz et de silice amorphe) ou de l'*opale* (silice amorphe combinée avec un peu d'eau). Avec la silice, elles contiennent des minéraux clivables, de coloration toujours claire, *feldspaths*, qui peuvent être considérés comme des silicates alumineux, à base alcaline (potasse et soude), ou alcalino-terreux (chaux). Suivant la nature de cette base et la proportion de silice, on distingue : un feldspath à base de potasse et de soude, riche en silice, l'*orthose*; l'*oligoclase*, où la soude est associée à un peu de chaux; enfin des feldspaths à base de chaux, pauvres en silice, le *labrador* et l'*anorthite*.

La silice jouant ainsi, dans les roches, le rôle d'un acide (*acide silicique*), toutes celles où elle se trouve en excès ont été qualifiées de *roches acides*. Les feldspaths potassiques et sodiques, *orthose* et *oligoclase*, y prédominent; par opposition, on donne le nom de *roches basiques* à toutes celles qui, dépourvues de silice libre, ne renferment guère que des feldspaths à base de chaux. On peut faire encore cette remarque que, parmi les éléments colorés et ferrugineux de ces roches, ce sont les plus légers, c'est-à-dire les minéraux souples et élastiques, facilement clivables, qui constituent l'important groupe des *micas*, qui se tiennent spécialement dans les roches acides, alors que ceux plus lourds, en même temps plus riches en fer, tels que les *amphiboles*, les *pyroxènes*, et des silicates purement magnésiens, le *péridot*, sont l'apanage des roches basiques. De là l'expression de *roches légères* qui convient aux roches de la première catégorie, alors que celles basiques méritent la qualification de *roches lourdes*.

Ces différences très importantes, basées sur la composition chimique et qui permettent d'établir dans les roches éruptives deux catégories bien distinctes, tiennent à ce qu'elles proviennent de zones inégalement profondes de la masse fluide interne où toutes les matières en fusion sont nécessairement séparées par ordre de densité. Les roches acides avec leur excès de silice, leur légèreté, leurs colorations toujours claires, proviennent d'une véritable scorification des parties superficielles de ce noyau métallique interne, et représentent les écumes siliceuses oxydées, que leur légèreté a amenées à la surface du bain en fusion. Celles basiques avec leur teinte foncée, leur grande densité, leur richesse en fer oxydulé, sont issues de parties plus profondes où prédominent des influences réductrices.

Principaux types de texture. — L'influence de la composition chimique étant ainsi précisée, il reste à voir maintenant comment peut varier la *texture*, c'est-à-dire la façon dont s'est faite la solidification de ces roches. Dans ce sens, on peut distinguer deux types fondamentaux : le type *cristallin*, correspondant aux roches tout entières formées de minéraux cristallisés, et le type *amorphe*, où le magma, entièrement vitreux, ne contient plus de cristaux nettement spécifiés. Entre ces deux extrèmes vient se placer un type mixte, qui comprend toutes celles où la cristallisation s'est faite de préférence en éléments *microlithiques*, c'est-à-dire d'ordre microscopique, mais bien spécifiés ; c'est l'état *trachytoïde*, qui prend son nom de ce fait que ce type a son expression la plus nette dans le *trachyte*. Le type cristallin, trouvant son meilleur représentant dans le granite, a reçu le nom de *granitoïde*, tandis que la qualification de *vitreux* s'applique au type amorphe.

Chacune de ces textures est elle-même susceptible de variétés diverses. C'est ainsi que dans les roches à texture *trachytoïde* on distingue sous le nom de *porphyriques* celles qui présentent extérieurement de grands cristaux distincts, bien développés au milieu d'une pâte compacte, en apparence amorphe.

Roches granitoïdes acides : 1° granite. — Le granite est un agrégat cristallin composé de trois éléments bien discernables : *quartz*, *feldspath* et *mica noir*, solidement agrégés, adhérents entre eux par simple juxtaposition, sans qu'aucun ciment vienne les souder. Pour rompre une pareille association, il faut un choc violent ; le granite est ainsi une roche dure et résistante, le plus souvent bien homogène.

Le *quartz* s'y présente en gros grains vitreux, le plus souvent grisâtres ou enfumés et ressemblant alors à des grains de sel gris. Sa cassure est rugueuse, ses contours irréguliers ; il se reconnaît encore bien à sa dureté, qui lui permet de rayer le verre et l'acier.

Entre ces grains quartzeux sont disposés d'autres fragments cristallins, anguleux, à éclats gras, opaques, blancs ou grisâtres, parfois légèrement colorés, dans les teintes jaunâtres ou rougeâtres, qui n'ont plus l'aspect rugueux du quartz, mais présentent des facettes planes, miroitantes, tout à fait caractéristiques. Ces fragments, dont les contours sont souvent réguliers et qui sont clivables, c'est-à-dire susceptibles de se casser en

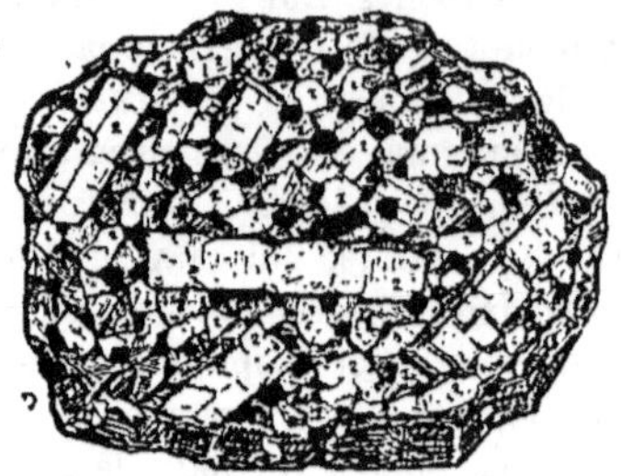

Fig. 133. — Granite. — 1, quartz; 2, éléments feldspathiques (orthose); 3, mica noir.

Fig. 134. — Forme prismatique du mica noir.

petits fragments réguliers, reproduisant les formes du cristal, appartiennent au *feldspath*.

Dans le granite, le feldspath *orthose* dominant se reconnait aisément avec la forme rectangulaire, qui lui a valu son nom [1] (ὀρθὸς, droit, à cause de son clivage rectangulaire).

Enfin, on voit scintiller, de place en place, de petites paillettes brillantes, d'un noir brun avec des reflets métalliques, toujours douées d'un éclat vif et scintillant : c'est le *mica noir* [2].

1. Sous le nom de *feldspath*, on comprend tout un groupe de minéraux silicatés importants, qui entrent pour plus d'un tiers dans la composition des roches éruptives; ils résultent de la combinaison d'un silicate d'alumine avec des silicates alcalins. Suivant la proportion de ces derniers (silicate de potasse, de soude ou de chaux), les espèces feldspathiques varient; c'est ainsi qu'on distingue : un feldspath potassique (*orthose*), un feldspath sodique (*oligoclase;* ὀλιγός, peu, et κλάω, cliver) et deux feldspaths calciques (*labrador* et *anorthite;* ἀνορθος). — Tous ces minéraux se présentent sous des formes prismatiques aplaties. Leur coloration blanche ou rosée, leurs surfaces planes et miroitantes permettent bien de les reconnaître dans les roches. Leur dureté est encore assez considérable, mais moindre que celle du quartz, qui peut les rayer. Enfin ils sont tous *clivables*, c'est-à-dire susceptibles de se réduire, quand on les brise dans un sens déterminé, en petits fragments réguliers, reproduisant la forme du cristal.

2. Les *micas* (du mot latin *micare*, briller) sont des minéraux lamelleux,

Avec la pointe d'une aiguille ou d'un canif on peut en détacher aisément de petites lamelles, dans lesquelles on reconnaîtra la souplesse et l'élasticité du minéral.

La texture du granite peut varier; quand ces trois éléments constitutifs sont fins, d'égale dimension et répartis en proportions égales dans la roche, le granite est dit à *grain fin*. C'est la variété commune, c'est aussi la plus recherchée, à cause de sa texture serrée, qui rend la roche résistante et susceptible de prendre un beau poli. Le granite exploité dans le Calvados pour les dalles et bordures des trottoirs de Paris, le granite à pavé de Limoges, sont de bons exemples de ce granite à grain fin.

Parfois la dimension des éléments est assez grande pour que le granite soit dit à *grandes parties*. Le granite de la rade de Brest, en Bretagne, et celui qui prend la plus grande place dans le massif des ballons des Vosges, sont souvent dans ce cas.

Le granite devient *porphyroïde* quand de grands cristaux de feldspath, pouvant atteindre jusqu'à 0 m. 10 de longueur, tranchent sur le reste de la pâte (granite de Cherbourg). Enfin l'*amphibole* pouvant s'introduire dans cette combinaison et se substituer au mica noir, il en résulte une variété intéressante de *granite à amphibole*, qui prend en France son principal développement dans le Cotentin et dans les Vosges (ballons de Servance et d'Alsace).

Le granite est tout à la fois la plus connue et la plus répandue des roches éruptives. On le remarque constituant, dans les régions montagneuses, telles que les Pyrénées et les Vosges, de puissants massifs bien homogènes, qui se signalent par leur grande étendue. On remarque ensuite son développement en Bretagne et surtout dans le Plateau Central, où de grandes montagnes granitiques, telles que le mont Lozère et le mont Pilat, s'élèvent au travers des gneiss.

---

brillants, susceptibles de se diviser pour ainsi dire à l'infini en petites paillettes minces, souples et élastiques. Ils se présentent sous des formes hexagonales (fig. 134). Ce sont des silicates alumineux plus ou moins chargés de fer, auxquels s'ajoute tantôt la potasse, tantôt la magnésie. On peut distinguer de la sorte deux espèces de mica : le *mica blanc* à reflets argentés (mica potassique) et le *mica noir* à reflets métalliques (mica ferro-magnésien).

Roches granitoïdes acides : granulite, pegmatite, protogyne. — Quand, au mica brun du granite, vient s'ajouter un mica blanc d'argent (*muscovite*) souvent prépondérant, la roche devient une *granulite* (granite à deux micas); en même temps, le quartz se présente en grains isolés, plus distincts que dans le granite, et marqués de contours polyédriques bien accusés.

Cet isolement du quartz est surtout bien net dans les variétés désignées sous le nom de *pegmatite*, où il apparaît en longs cristaux prismés, inclus dans les éléments feldspathiques. En même temps, dans cette roche, très largement cristallisée, le mica blanc apparaît, par places, en grandes lames hexagonales empilées, ou en groupes palmés (pegmatite de Cauterets, Pyrénées).

Dans la pegmatite dite *graphique*, le quartz en petits cristaux,

Fig. 135. — Pegmatite graphique. (Le quartz est représenté en noir.)

bien délimités, se détache en gris sur les plans de clivage du feldspath blanc ou rose, en simulant des caractères cunéiformes, ou des lettres hébraïques (fig. 135).

Dans les Alpes, la granulite, spécialement désignée sous le nom de *protogyne*, prend un grand développement dans la chaîne du mont Blanc et des Aiguilles-Rouges, où elle se fait remarquer par une allure stratiforme au milieu des schistes cristallins qui l'encaissent, disposition motivée par ces pressions énormes subies par cette roche lors des grands mouvements qui ont provoqué, à l'époque tertiaire, l'exhaussement de la chaîne. La structure en éventail bien connue du grand massif de protogyne du mont Blanc n'a pas d'autre cause (fig. 136).

La granulite est de beaucoup, parmi les roches granitoïdes, celle qui est la plus répandue. Ses massifs importants traversent toujours nettement le granite et envoient dans les terrains encaissants de nombreuses veines simples ou ramifiées, en

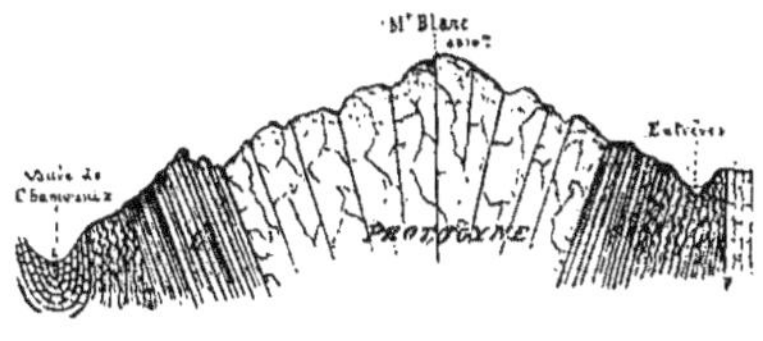

Fig. 136. — Coupe au travers du mont Blanc, montrant la [structure en éventail de la protogyne. (D'après M. Lory.)

Fig. 137. — Cristal d'amphibole, prismé et strié.

exerçant, jusqu'à une grande distance du contact, de puissantes actions métamorphiques qui seront décrites plus loin.

Roches granitoïdes basiques : diorite; diabase. — Parmi les roches granitoïdes basiques figure la diorite, qui est un mélange, à grains cristallins, d'un feldspath blanc mat et d'amphibole [1] fibreuse d'un vert noirâtre. Quand, dans une pareille association, le pyroxène se substitue à l'amphibole, il en résulte une roche plus compacte, marquée de colorations plus foncées, noires ou brunes, qui porte le nom de *diabase*. Toutes ces roches, moins massives que les précédentes, rachètent la faible épaisseur de leurs filons par leur grande longueur. En Bretagne, par exemple, on en connait qui, avec une épaisseur variable de 1 à 2 mètres, peuvent se suivre, sans interruption, sur cinquante kilomètres de long. Ces roches sont, en même temps, plus récentes que les précédentes, ainsi qu'en témoignent de nom-

1. *Amphibole* (ἀμφίβολος, douteux) : silicate de magnésie et de chaux, avec des quantités variables d'oxyde de fer, presque dépourvu d'alumine; se présente en cristaux fibreux, de forme prismatique, fréquemment allongés et marqués sur leurs faces de stries et de cannelures longitudinales caractéristiques (fig. 137). Ces cristaux, toujours très colorés, sont tantôt d'un noir franc ou d'un vert sombre bronzé (hornblende), tantôt vert clair et transparents (actinote), tantôt blancs et alors dépourvus d'oxyde de fer (trémolite ou asbeste, amphibole blanche).

breuses coupes relevées dans le Cotentin et dans les Vosges, qui montrent leurs filons s'élever au travers des massifs granitiques et granulitiques (fig. 138).

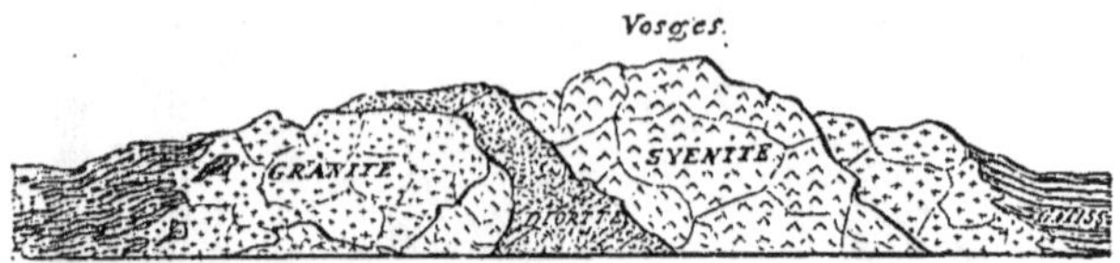

Fig. 138. — Coupe théorique montrant les relations des roches granitoïdes acides et basiques dans les régions des Vosges.

Roches porphyriques. — Le caractère distinctif le plus franc de ces roches est de présenter, disséminés au milieu d'une pâte assez fine pour que ses éléments ne soient plus discernables qu'à la coupe ou au microscope, des cristaux bien nets de feldspath, de quartz à angles vifs, avec éclat vitreux, et de mica peu abondant. Elles forment, à la suite des roches granitoïdes, une série remarquablement ordonnée, offrant tous les passages entre le type cristallin et le type vitreux.

Les nombreuses variétés qu'on s'accorde à reconnaître dans ces *porphyres*, caractérisées ainsi par la présence d'une pâte rouge, brune ou verdâtre, toujours suffisamment compacte pour être susceptible de prendre un beau poli, sont établies sur les divers degrés de cristallinité que peut présenter cette pâte, qui forme souvent la masse principale de la roche.

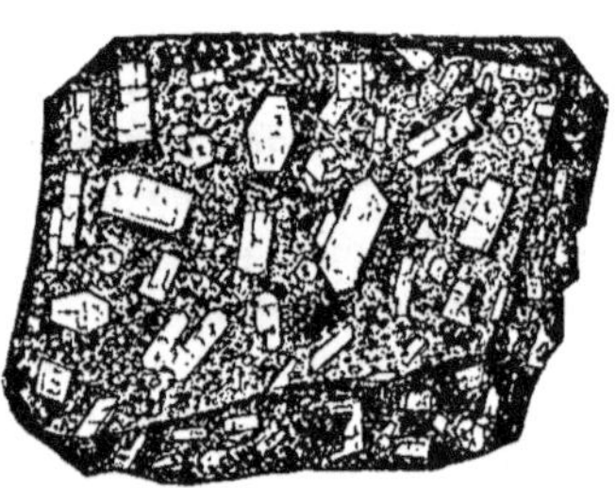

Fig. 139. — Porphyre quartzifère.. 1, orthose; 2, quartz.

Dans les plus anciens de ces porphyres, la pâte, peu développée, se montre constituée par une association granulitique à grain fin de quartz et de feldspath, d'où le nom de *microgranulite* qui leur a été appliqué. Puis dans toute une série, plus récente, de *porphyres* dits *quartzifères*, en raison de l'abondance de petits cristaux de quartz à cassure brillante, la silice, en excès, au lieu de s'isoler dans la pâte en cristaux de quartz bien définis, se concentre sous une forme globulaire.

Après ces porphyres, désignés par suite sous le nom de *globulaires*, sont venus les épanchements de *porphyres pétrosiliceux* qui s'écartent encore plus de la texture granitoïde. Leur pâte, en effet, cette fois très développée, ne présente plus, avec

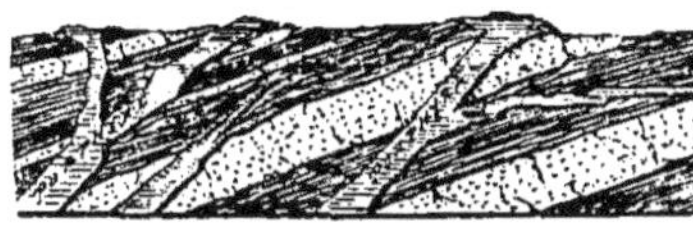

Fig. 140. — Filons de porphyre au travers de grès et de schistes houillers.

des traces de fluidalité manifestes, que des séparations de silice clairsemées, sous la forme de traînées et de sphérolithes calcédonieux radiés. Enfin, par suite d'un ralentissement encore plus marqué dans la puissance de cristallinité, des porphyres, franchement *vitreux (pechsteins)*, se comportant comme des verres amorphes, traversés seulement par des fentes de retrait, mettent fin à cette série. Tous ces porphyres qui représentent avec leurs filons et leurs coulées un type franc de roches d'épanchement sont le plus souvent pétroliceux et vitreux accompagnés d'un grand développement de tufs argileux (argilolithes) qui ne sont autres que le produit d'émissions boueuses et de projections ayant accompagné leur sortie.

Roches trachytoïdes : trachytes et basaltes. — Les roches à texture trachytoïde prennent surtout un grand développement dans la série récente, post-crétacée, où elles sont de préférence représentées par les trachytes et les basaltes.

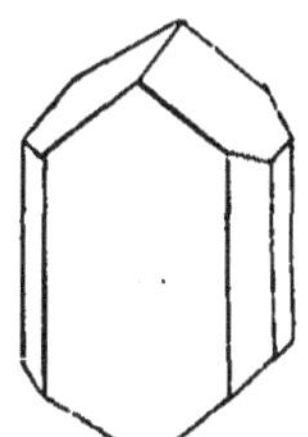

Fig. 141. — Forme prismatique de l'augite (pyroxène des volcans).

1° *Trachyte.* — Sous le nom de trachyte on range toute une série de roches caractérisées par leur pâte terreuse, de couleur grise, rude au toucher, dans laquelle sont disséminés de gros cristaux de feldspath orthose vitreux, fendillés (*sanidine*). On y remarque aussi des cristaux plus petits, d'amphibole ou mica noir.

Dans la pâte, l'orthose se présente à l'état de microlithes, c'est-à-dire de petits cristaux microscopiques, enchevêtrés, au point de figurer un véritable tissu. Ce mode imparfait de cristallisation montre une tendance de la roche vers l'état vitreux, qui se trouve réalisé dans ces verres naturels, bruns ou noirs, désignés sous le nom d'*obsidienne*.

On sépare ensuite du trachyte franc, sous le nom d'andésite,

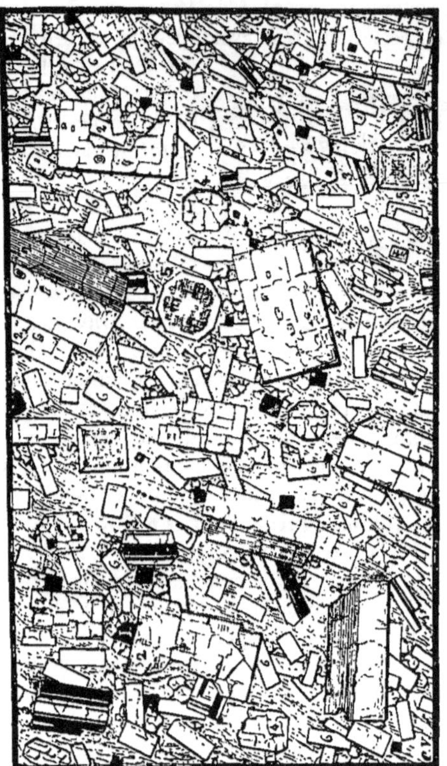

Fig. 142. — Trachyte vu au microscope sous un grossissement de 40 diamètres. — 1, fer oxydulé ; 2, orthose vitreux (sanidine) ; 3, oligoclase ; 4, augite ; 5, apatite ; 6, microlithes d'orthose.

toutes celles des roches trachytiques dans lesquelles les microlithes de la pâte sont formés par l'oligoclase.

Une variété compacte de ces mêmes roches a pris son nom de *phonolithe* en raison de sa tendance marquée à se diviser en plaques minces qui rendent un son clair sous le marteau. C'est à cette structure feuilletée que les pitons phonolithiques de la

Tuilière et de la Sanadoire, dans le massif du mont Dore, doivent leur forme aiguë et déchiquetée.

La sortie de toutes ces roches, qu'on peut qualifier de volcaniques, a été accompagnée de phénomènes explosifs intenses, se traduisant, comme dans les volcans actuels, par des projections de cendres et de scories ponceuses. Tels sont en Auvergne, dans le massif du mont Dore, les grands amas de tufs

Fig. 143. — Coulée de trachyte au travers d'une masse de granite.

ponceux qui accompagnent les coulées de trachyte du ravin de la grande cascade. Dans la même région le développement pris par les *cinérites* du Cantal et du mont Dore témoigne de l'intensité des pluies de cendres qui ont accompagné l'émission des andésites.

2° *Basalte.* — Le caractère volcanique des roches de cette série s'accentue avec les basaltes qui en représentent le terme basique. Les basaltes sont en effet des roches noires, dures et très denses, qui doivent cette coloration foncée et cette grande densité au développement pris par le fer oxydulé, c'est en même temps cet élément ferrugineux qui communique à la roche ses propriétés magnétiques [1].

Les cristaux distincts à l'œil nu sont constitués par du pyroxène (augite) [2], et surtout par un silicate magnésien, caractéristique d'un jaune verdâtre, le *péridot* [3], qui forme parfois de petits

---

1. Le basalte fait dévier l'aiguille aimantée.

2. Les pyroxènes (du grec πῦρ, feu ; ξένος, hôte) sont des bisilicates ferrugineux ayant pour base la magnésie. Celui qui se rencontre le plus fréquemment dans les roches récentes, c'est *l'augite* ; il devient l'élément caractéristique des roches basaltiques, il est aussi abondant dans les laves, ce qui l'a fait surnommer le *pyroxène des volcans.* Cette espèce se présente en cristaux prismatiques aplatis, terminés par des sommets en biseaux, présentant de larges faces miroitantes et polies, sans cannelures ni stries, ce qui les distingue de ceux d'amphibole ; ils sont d'un noir parfait, qui tourne parfois au brun. La figure 141 montre la forme habituelle de l'augite.

3. Le *péridot* est un *silicate ferro-magnésien* ; la variété, si abondante dans les basaltes et dans certaines laves, désignée le plus souvent sous le nom d'*olivine,* se présente en grains vitreux, craquelés, transparents, d'un vert olive plus ou moins foncé. C'est encore une substance dure, qui raye fortement le verre.

amas granulaires englobés dans la pâte. Plus rarement on
observe des cristaux en débris, de feldspath qui sont toujours à
base de chaux (la-
brador ou anor-
thite).

La pâte de cette
roche, formée par
une association de
microlithes de felds-
path(labrador),d'au-
gite et de fer oxy-
dulé, représente un
bon type de tex-
ture microlithique.
La figure ci-contre
montre ces microli-
thes feldspathiques,
joints à des granules

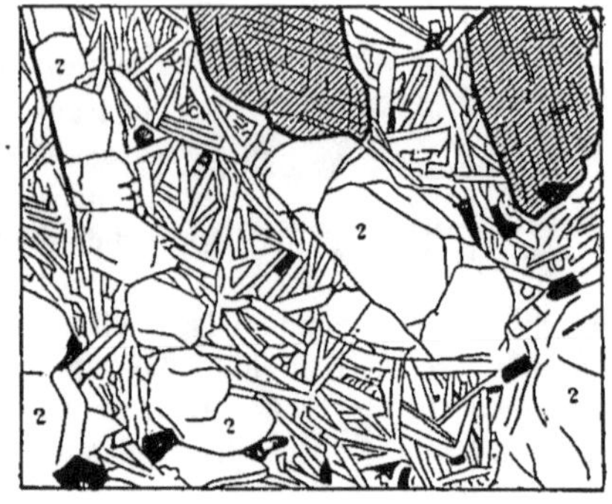

Fig. 144. — Basalte du Cantal vu au microscope sous
un grossissement de 20 diamètres. — 1, augite;
2, olivine. (D'après M. Fouqué et Michel Lévy.)

de pyroxène et de fer oxydulé, fourmillant en formant un feu-
trage serré; d'autres fois on les voit s'aligner en longues trainées qui dessinent des zones de fluidalité bien marquées.

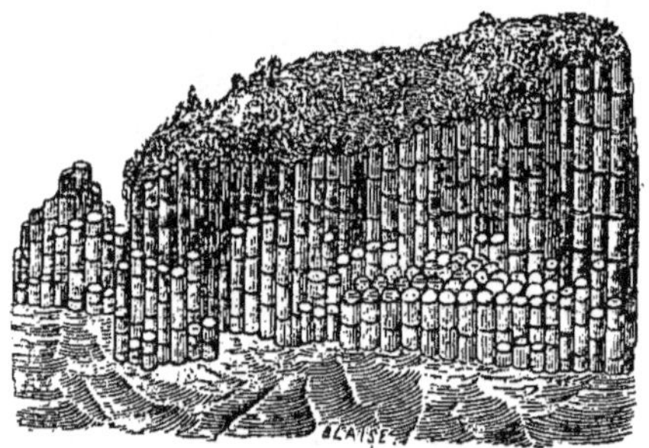

Fig. 145. — Colonnades basaltiques.

Les basaltes sont des roches qui sont venues au jour à
l'état de fusion ignée et se font remarquer par la régularité
aussi bien que par l'étendue de leurs coulées. Lorsque ces
coulées se sont solidifiées, elles ont pris, par retrait, cette

division prismatique qui donne lieu aux grandes colonnades
bien connues des basaltes des plateaux en Auvergne. La *Chaussée
des Géants*, les grandes colonnades de la grotte de Staffa, en
Irlande, offrent de remarquables exemples de cette division
habituelle des basaltes en grands prismes hexagonaux dont les
axes, tantôt droits, tantôt courbés, sont toujours perpendiculaires aux surfaces de refroidissement (fig. 145).

Les basaltes amènent avec eux tout un cortège de roches
scoriacées, noires ou brunes, qui résultent encore comme pour
les trachytes de projections : parfois des amas de ces scories,
accumulés autour des orifices de sortie de ces basaltes, marquent l'emplacement d'anciens cratères aujourd'hui démantelés.

CHAPITRE III

ROCHES MÉTAMORPHIQUES

L'expression de *métamorphisme* comprend l'ensemble des
modifications subies par les roches, dans leur texture et leur
composition minéralogique, postérieurement à leur formation.
Les causes qui déterminent ces transformations sont multiples,
mais les principales peuvent se rapporter à deux ordres de
faits : les unes dérivant d'actions calorifiques ou chimiques
exercées par les roches éruptives, lors de leur épanchement,
sur les terrains traversés ; les autres déterminées par des actions
purement mécaniques dans les régions plissées, où le sol a été
soumis à de puissants efforts de refoulement. De là deux sortes
de métamorphisme, l'un d'*influence* tout entier dû aux roches
éruptives, l'autre *mécanique* intimement lié aux phénomènes
orogéniques qui ont présidé à la formation des montagnes.

Métamorphisme mécanique. — Tout le monde sait que
dans les montagnes les couches calcaires et schisteuses, qui
représentent d'anciens dépôts primitivement étalés en couches
horizontales, apparaissent redressés, plissés, en affectant par-

fois les contournements les plus bizarres, et cela jusque dans
les escarpements des plus hauts sommets. Dans ces conditions,
les calcaires comprimés subissent un feuilletage qui les rend
susceptibles d'être exploités comme ardoises; il en est de même
pour les grès et les quartzites micacés qui, devenus schisteux,
se transforment en psammites; schistosité qui devient d'autant plus prononcée que ces couches sont le plus disloquées et
qui souvent se développe dans un sens oblique à la stratification. Il en est ainsi dans les Ardennes, où les meilleures ardoises
sont celles dont le feuilletage fait, avec les plans de stratification, l'angle le plus considérable.

Nulle part ensuite ce mode de transformation des roches
sédimentaires ne peut mieux s'observer que dans les Alpes et
les Pyrénées où les couches tertiaires sont à ce point modifiées
qu'elles prennent toutes les apparences des assises primaires.
Ces roches comprimées, en effet, ne sont pas seulement rendues schisteuses par la pression, le trait le plus saillant de
cette action c'est qu'elles sont devenues cristallines. La transformation d'argiles molles et plastiques en *schistes ardoisiers*,
dont tout le monde connaît la ténacité, celle des calcaires
compacts, primitivement amorphes, en calcaires cristallins n'a
pas d'autre origine. Dans ces hautes régions, les roches éruptives intercalées n'ont pas échappé à ces actions mécaniques.
Elles subissent également une foliation d'autant plus marquée
que leurs éléments s'orientent et se disposent par lits parallèles à la schistosité. L'allure stratiforme de la protogyne dans
le massif du mont Blanc, sa disposition en éventail déployé,
est le meilleur exemple qu'on en puisse citer (fig. 136).

C'est quand on pénètre dans l'intérieur des grands massifs
montagneux, où des épaisseurs énormes de pareilles roches
sont mises à jour dans de profondes déchirures ou dans les
escarpements, qu'on peut facilement se rendre compte tout
à la fois de l'importance des transformations subies et de leur
extension, le métamorphisme mécanique s'adressant à toute
l'étendue de la région où les mouvements du sol se sont
fait sentir. Un fait également digne de remarque c'est que la
direction générale des feuillets schisteux reste la même pour
des roches de composition et d'âge différents et que cette direc-

tion est celle des principaux accidents orographiques de la région.

Tous ces faits, qu'il serait facile de multiplier, attestent la mise en jeu de forces gigantesques et montrent, jusqu'à l'évidence, que la *schistosité* dans les roches se rattache intimement aux mouvements qui ont provoqué le plissement des couches; elle devient par suite un épisode de l'histoire de la formation des montagnes. Pour expliquer ensuite la remarquable texture cristalline développée dans ces roches sédimentaires métamorphiques il faut faire intervenir la chaleur et l'eau, c'est-à-dire deux éléments qui ne font jamais défaut lors des mouvements orogéniques. Les pressions considérables exercées ne peuvent en effet manquer d'engendrer, dans les couches comprimées, une chaleur intense et l'*eau* dite de *carrière*, dont toutes les roches sont imprégnées, suffit, dans ces conditions, pour favoriser des réactions chimiques capables de donner naissance à des minéraux dans ces couches comprimées; ainsi s'explique le développement d'éléments micacés dans les argiles transformées en ardoises et celui de silicates cristallisés du groupe des feldspaths (orthose et albite) dans les calcaires métamorphiques, jurassiques et crétacés des Alpes.

L'expérience, du reste, est venue apporter à ces conclusions, déduites de faits d'observation, une éclatante confirmation. De savants expérimentateurs, Tyndall et surtout M. Daubrée [1], ayant montré que les couches terrestres, soumises à des efforts de compression suffisants, se comportaient comme des matières plastiques et qu'un simple *laminage* pouvait faire naitre dans des substances argileuses une texture schisteuse suivant des plans perpendiculaires à la direction de l'effort; texture schisteuse qui s'accentue quand des paillettes de mica ou des minéraux, tels que des grains de quartz, ont été au préalable mélangés à cette argile, ces éléments s'orientant en s'alignant par files parallèles au feuilletage.

D'autre part, M. Daubrée, à l'aide d'expériences non moins décisives, s'est appliqué à montrer combien était grand le rôle

---

1. Daubrée, *Études synthétiques de géologie expérimentale,* 2e partie, p. 392.

de l'eau surchauffée dans la production des silicates cristallisés.

Métamorphisme d'influence. — En pénétrant, à la faveur de fentes bien caractérisées, au travers de l'écorce, les roches éruptives exercent sur les terrains traversés des modifications plus ou moins profondes déterminées soit par des actions calorifiques, soit par des actions chimiques.

La première condition se trouve réalisée par les roches volcaniques qui arrivent au jour à l'état de fusion ignée et toujours portées à une haute température. Dans ce cas, la modification physique qu'on peut attribuer à la chaleur, limitée à des effets de calcination ou de durcissement des roches, ne se manifeste que dans une *zone de contact* peu étendue. Ainsi

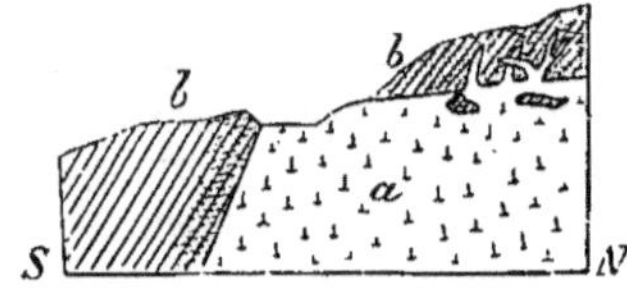

Fig. 146. — *a*, granite; *b*, schistes modifiés au contact. (D'après CREDNER.)

au voisinage du basalte on voit sur un espace de quelques centimètres les grès se fendiller, et se recouvrir d'une sorte d'émail brillant quand ils sont argileux. Dans de pareilles conditions, les calcaires sont durcis et quand de pareilles roches traversent les terrains houillers, les argiles subissent une fusion partielle qui les amène à l'état de *porcellanite*, les schistes argileux, rougis, prennent l'aspect d'une brique calcinée, et la houille se trouve transformée en coke. Dans l'Eifel, on signale de pareils effets de vitrification exercés par des filons de trachyte sur des roches gneissiques, les éléments feldspathiques de ces roches ayant été fondus.

En Auvergne c'est dans leur passage au travers des granites, que les trachytes ont exercé de pareilles actions.

Tout autres sont les effets produits par les roches granitiques acides, c'est-à-dire riches en silice et dont les actions, cette fois franchement chimiques, peuvent s'exercer jusqu'à plusieurs centaines de mètres du contact. Dans ces roches, en effet, nous avons vu que des dissolvants, c'est-à-dire des eaux chaudes sous pression, chargées de principes actifs, tels que le chlore et le fluor, avaient dû prendre la plus large part à leur formation. Or ces émanations volatiles ont dû naturellement, au moment de la sortie de la roche, venir se concentrer à la périphérie, puis se propager dans les terrains encaissants, en embrassant une zone dont l'extension était en fonction de la perméabilité plus ou moins grande des roches traversées.

C'est ainsi qu'au voisinage du granite et surtout de la granulite que nous savons être parmi ces roches celle qui de beaucoup est la plus riche des minéraux fluorés, on voit se développer, dans les roches schisteuses, trois zones métamorphiques successives, de plus en plus modifiées, à mesure qu'on se rapproche du massif éruptif. La première est caractérisée par un mélange remarquable des éléments de la roche éruptive avec ceux du schiste ; ces derniers disparaissant même souvent sous un développement de quartz, de feldspath et de mica qui donne à la roche sédimentaire primitive une apparence gneissique ; plus loin apparaissent des *schistes micacés* dans lesquels les grains quartzeux de cette roche schisteuse sont cimentés par du mica noir ; puis le dernier terme de cette transformation est marqué par le développement d'un mica blanc séricéteux et de chlorite aux dépens de l'élément argileux. Dans cette dernière zone, de beaucoup la plus étendue, apparaissent également de grands cristaux prismatiques de macle ou *chiastotile,* silicate d'alumine presque pur qui devient le produit de la cristallisation du silicate alumineux des schistes et représente le dernier terme de cette longue suite de transformations. L'épaisseur de ces trois zones réunies peut atteindre de 2 à 3 kilomètres dans le sens de la schistosité ; elle est moitié moindre dans la direction opposée. Dans ces modifications, celles qui se bornent à un développement de feldspath et de mica ne s'étendent guère au delà d'une cinquantaine de mètres.

Dans les calcaires, ces actions métamorphiques des plus vives se traduisent par le développement d'un grand nombre de minéraux nouveaux, de silicates d'alumine de chaux et de fer dont les éléments sont les uns empruntés au calcaire, les autres fournis par la roche éruptive ; de ce nombre sont des *grenats* rouges ou bruns et surtout des pyroxènes.

Il importe alors de remarquer que ces phénomène de cristallisation remarquables, qui font perdre aux roches ainsi modifiées tous les caractères habituels de la sédimentation, s'ac-

complissent sans faire disparaître les traces des fossiles contenues
dans ces couches. Depuis longtemps la localité des Salles, de
Rohan, en Bretagne, s'est rendue célèbre par ce fait qu'on y

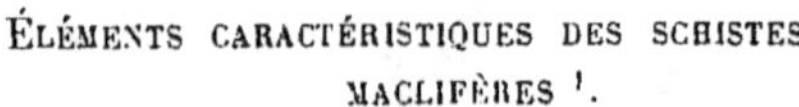

ÉLÉMENTS CARACTÉRISTIQUES DES SCHISTES
MACLIFÈRES [1].

<table>
<tr><td>

Fig. 147. — Chiasto-
lite ou macle. Va-
riété d'andalousite
renfermant dans ses
cristaux prismés à
l'état d'inclusion
des fragments de
schiste encaissant.

</td><td>

Fig. 148-149. — Dispositions fré-
quemment réalisées dans les
cristaux de macle par les in-
clusions noirâtres de substan-
ces charbonneuses empruntées
au schiste encaissant.

</td><td>

Fig. 150. — Staurotide
(pierre de croix) de
Bretagne, variété fer-
rugineuse des silica-
tes d'alumine qui
cristallise dans les
schistes métamorphi-
ques.

</td></tr>
</table>

constate la coexistence, dans des schistes noirs, de grands
cristaux de macle avec des trilobites bien conservés [2].

1. La variété d'andalousite désignée spécialement sous le nom de *macle*
(*macula*, table), est un silicate d'alumine presque pur, qui se présente
sous la forme de prismes rectangulaires, d'un blanc grisâtre ou rosé. C'est
seulement au voisinage des massifs de granite et de granulite qu'on l'observe
répandue en grand nombre dans les schistes qui deviennent ainsi *maclifères*.
Ces cristaux, avec leur coloration toujours claire, tranchent alors sur la
teinte sombre de la roche encaissante et le plus souvent, en raison de
leur dureté, restent en saillie sur les surfaces altérées. Ils résultent de la
cristallisation du silicate alumineux des schistes sous l'influence des
roches éruptives injectées. En s'individualisant de la sorte, l'andalousite
emprisonne des particules charbonneuses du schiste encaissant qui se disposent alors avec une certaine symétrie dans l'intérieur du cristal, en dessinant les figures régulières représentées dans les figures 147 à 149. Quand
l'andalousite se charge de fer elle change de forme cristalline et d'aspect:
ses cristaux, d'un rouge brun foncé, groupés en forme de croix rectangulaire (croisette) ou oblique, croix de Saint-André, portent alors spécialement
le nom de staurotide (fig. 150). Ces staurotides, développées au même titre
que les macles dans les roches métamorphiques, remplissent certains schistes
dans le Finistère et le Morbihan, où on les recherche comme annulettes.

2. C'est Puillon-Boblaye qui, dès le commencement de ce siècle, a le premier constaté ce fait, dont l'exactitude a été longtemps contestée.

Endomorphisme. — A son tour il arrive souvent que la roche encaissante exerce, au voisinage du contact, sur la roche éruptive, un *métamorphisme inverse*, qui prend le nom d'*endomorphisme*. Dans ce cas, on constate surtout une modification physique qui se traduit par un changement dans la texture de la roche éruptive; cette dernière devenant à grain très fin, sur une certaine étendue par suite d'une cristallisation plus rapide. Cette modification est surtout bien accusée dans les filons minces qui parfois se détachent nombreux sous forme d'*apophyses*, des grands massifs de roches granitoïdes; on peut même, dans ces conditions, constater qu'une exagération dans cette finesse du grain de la roche éruptive communique, à cette *apophyse filonienne*, un aspect porphyrique.

CHAPITRE IV

GITES MINÉRAUX ET MÉTALLIFÈRES — FILONS

Un grand nombre de substances minérales diverses existent à l'état de diffusion extrême dans les masses rocheuses que nous venons de définir; disséminées en proportion minime et comme perdues au milieu des éléments constitutifs de ces roches elles-mêmes. Tel est le fer, qui se présente dans toutes les roches comme dans toutes les eaux. Dès qu'il est en proportions notables, il se décèle par les teintes variées qu'il imprime à la pierre. Nous l'avons vu, à l'état de fer oxydulé, communiquer au basalte et aux roches volcaniques sa densité et sa coloration noire; c'est encore lui qui, à divers états d'oxygénation et d'hydratation, donne aux grès, aux calcaires, aux argiles, ces teintes tantôt jaunes, tantôt rubéfiées (couleur de rouille) que l'on connait. Là même où il ne révèle pas sa présence par ces colorations étrangères à la nature de la roche, il existe encore et l'analyse chimique en décèle des proportions infinitésimales. Mais le fer n'est pas le seul métal qui soit ainsi diffusé dans la nature; un grand nombre de métaux usuels, le cuivre en particulier, sont dilués de même dans les masses rocheuses du globe et dans les eaux océaniques. Pris dans leur ensemble, tous ces atomes épars forment assurément des masses énormes, mais ces richesses idéales sont pour l'industrie humaine comme si elles n'existaient pas, puisqu'on ne peut les atteindre dans cet état de *diffusion* extrême. Pour qu'elles deviennent saisissables, il faut que des causes spéciales les aient rassemblées dans des points particuliers, dans des espaces restreints, tels que des fissures profondes de l'écorce terrestre. Ainsi concentrées, ces substances forment alors des amas, parfois assez considérables pour fournir des exploitations fructueuses.

L'emplacement qu'elles occupent prend alors le nom de *gîte*, et ces gîtes sont dits *métallifères* quand les substances qu'ils renferment peuvent fournir des métaux usuels.

Distinction des diverses sortes de gîtes. — On peut distinguer dans ces gîtes minéraux plusieurs sortes de gisements qui répondent chacun à un mode de formation particulier : ce sont les *gîtes stratifiés* et les *gîtes de fractures*.

Les *gîtes stratifiés* sont ceux où la masse affecte une disposition en *couches concordantes* avec le terrain encaissant; ils font alors partie intégrante du terrain lui-même et ne représentent, pour ainsi dire, qu'un épisode particulier dans l'ensemble des dépôts qui le composent.

Tout différents sont les *gîtes de fractures*, qui se montrent sous forme de veines ou de plaques, entrecoupant, sous des angles divers, aussi bien les terrains stratifiés que les masses éruptives et remplissant ainsi des fentes bien caractérisées de l'écorce terrestre. Ils ne font plus partie du terrain, ils sont là accidentels, *adventifs*; leur existence, nettement postérieure à la formation des masses rocheuses traversées, est due à des actions toutes différentes.

Parmi ces derniers, qui représentent ainsi des cavités, des fractures remplies après coup, on distingue les *gîtes réguliers* ou *filons* et les *gîtes irréguliers* ou *amas*.

Dimensions et allures diverses des filons. — Deux choses sont à considérer dans ces *gîtes réguliers* : la *fente* et le *remplissage*, c'est-à-dire les matériaux qui y ont été amenés et déposés par des actions chimiques spéciales. On donne le nom d'épontes aux deux parois des roches encaissantes (*traversées par la fracture*) qui renferment ces matériaux, c'est-à-dire le *filon* proprement dit. L'*affleurement* est l'intersection du filon avec la surface du sol. C'est presque toujours par ces affleurements que se

Fig. 151. — Disposition des filons au travers des roches stratifiées.

révèlent ces gîtes minéraux, dont le caractère, ainsi que nous l'avons vu, est de s'enfoncer en profondeur.

Rien n'est plus variable que la dimension des filons; leur puissance varie de quelques centimètres jusqu'à trente et quarante kilomètres; dans le sens de la longueur, les différences sont aussi très grandes. Les longueurs de cinq cents à deux mille mètres sont ordinaires, mais il en est qui ont été reconnus sur des distances de quinze à vingt kilomètres.

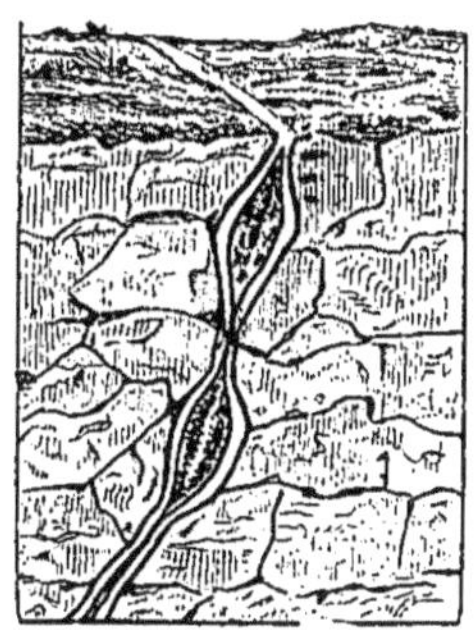

Fig. 152. — Filon en chapelet.

Les fractures du sol ne sont jamais d'une rectitude absolue; leurs parois sont le plus souvent ondulées. Dans le cas d'une fracture simple, les épontes du filon se suivent parallèlement dans leurs ondulations et la *plaque* de matière interposée offre partout une épaisseur presque égale. Mais le plus souvent le sol, après s'être entr'ouvert, se dénivelle; il en résulte une faille, c'est-à-dire un glissement d'une des parois dans le sens de la fente : dans ce cas, les ondulations ne se correspondent plus et l'espace vide qui les sépare présente une série de *renflements* ét d'*étranglements* successifs; de là une *allure* particulière des filons dite en *chapelet*, qui rend l'exploitation difficile, la fracture arrivant à se fermer en certains endroits (fig. 152).

Enfin il est des filons qui se resserrent à leur extrémité et se terminent en *coin*, ce qui est la terminaison naturelle d'une fente, tandis que d'autres se propagent latéralement, suivant les *joints*, c'est-à-dire suivant les plans de séparation des roches stratifiées, en donnant naissance aux *filons couches*.

Groupement et relation des filons; champs de fracture. — Les filons métallifères sont rarement isolés; ils se concen-

Fig. 153. — Filon croisé rejeté par un filon croiseur.

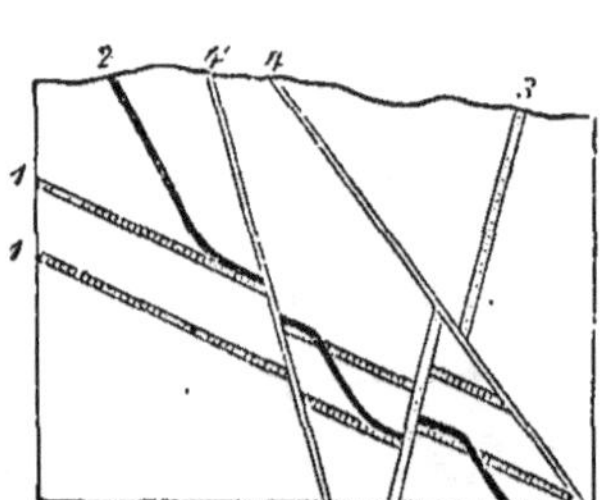

Fig. 154. — Rencontre de filons. 1, 2, 3, filons de minerai de zinc; 4, filons de minerai de cuivre plus récents.

trent habituellement dans des régions déterminées en se réunissant par groupes, épousant la même direction et se suivant parallèlement. Les districts miniers traversés ainsi par de nombreux filons sont appelés *champs de fractures*. Lorsque, dans une pareille région, il existe des cassures en des sens divers, et ce fait est fréquent, les filons qui les remplissent se croisent. Dans ce cas, il y a lieu de distinguer le *filon croiseur* et le *filon croisé*; de ces deux filons, celui qui croise est le plus moderne, le plus ancien est celui qui est interrompu. S'il y a glissement d'une des parois de la nouvelle fente, le filon croisé est non

seulement interrompu, mais *rejeté* (fig. 153). Il est coupé net à
la faille, et le mineur qui suit cette veine vient se butter contre
un mur de pierre; il faut aller à la recherche du filon perdu
en creusant, en avant ou en arrière, une galerie dans le croiseur.

Très souvent, dans un même champ de fractures, il y a non
seulement deux, mais trois ou quatre systèmes de filons, les
uns recoupant et rejetant les autres de la façon la plus compliquée (fig. 154); dans l'Erzgebirge, et notamment à Freyberg
(Saxe), le champ de fractures est littéralement haché dans tous
les sens; dans une étendue de dix-huit kilomètres sur sept
environ, plus de neuf cents filons ont été reconnus.

Remplissage des filons. — Le remplissage des filons peut
être l'effet de causes très diverses, mais qui dérivent toutes de
l'activité interne.

Tout d'abord il importe de faire remarquer que les fragments
de roches encaissantes, éboulés hors de la fracture, ont pu
combler la fente ouverte; ainsi se sont constitués une bonne
partie des *filons stériles*, formés uniquement de matériaux détritiques. Alors même que la fissure a été soumise à d'autres
modes de remplissage, il est habituel de rencontrer, sur les
bordures du filon, des débris plus ou moins abondants des
épontes, avec des matières argileuses, résultant du frottement
mutuel des parois lors de la formation de la fente, et formant
alors ce qu'on appelle une *salbande*, circonstance favorable à
l'exploitation, parce qu'elle facilite le *dépouillement* du gite. Le
remplissage a pu se faire ensuite soit par *injection directe* (*filons
injectés*), soit par *circulation d'eaux minérales* (*filons concrétionnés*).

Filons concrétionnés. — Les filons concrétionnés occupent
des fentes bien définies, très régulières et dont la largeur
moyenne se tient entre deux et trois mètres. Les substances
minérales qui les remplissent (*gangues et minerais*) se disposent par couches concentriques appliquées directement contre
les parois de la fente, d'une manière très symétrique, en formant du toit au mur, une série d'encroûtements superposés
qui finissent par se rapprocher jusqu'au point de se toucher,
et la fente se trouve par suite comblée. Cette superposition de
couches distinctes, *symétriques*, c'est-à-dire semblables des deux

côtés, à partir de la ligne médiane, implique à ces filons concrétionnés une *structure rubanée* caractéristique. Cette disposition de la gangue et du minerai par couches concentriques se
reconnaît également sur les fragments de roche anguleux,
empruntés aux parois qui se trouvent souvent dans l'intérieur
du filon (fig. 155).

Toutes ces substances sont à l'état concrétionné et ne se présentent sous des formes cristallines bien nettes que dans l'intérieur des espaces vides (*druses* ou *géodes*) qui subsistent par-

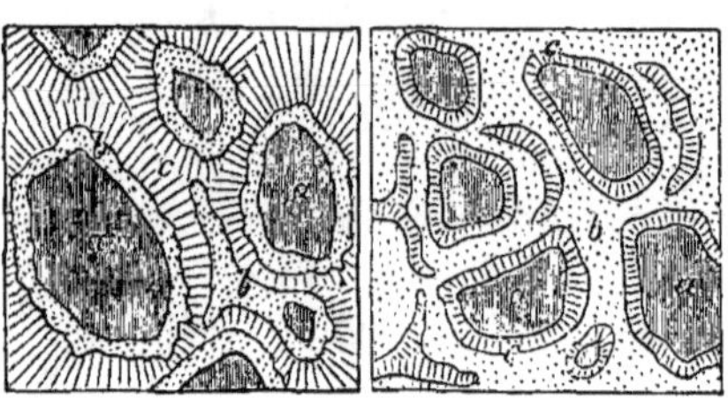

Exemples de filons concrétionnés.
Fig. 155. — Fragments de roche encaissante, *a*, enveloppés d'anneaux
concentriques de sulfure de plomb, *b*, et de quartz, *c*.

fois dans les filons. Tous ces faits démontrent que la fracture a
servi d'*évent*, de canal à des eaux minérales issues des parties
profondes du globe, circulant lentement et déposant successivement sur les parois les matières dont elles étaient chargées,
jusqu'à ce que l'intervalle soit entièrement comblé. Dans ces
couches ainsi superposées, qui se distinguent par leurs nuances
et leur composition, les unes sont formées de gangues, les
autres de minerais purs, ou d'un mélange de minerai et de
gangue, indiquant que les eaux ont subi des intermittences et
des variations dans leur composition.

Ces filons renferment le plus souvent, avec le quartz et la
calcite (carbonate de chaux) comme gangue, des minerais sul-
furés, tels que la *blende* (zinc sulfuré), la *galène* (plomb sulfuré)
souvent argentifère — car, entre ces deux métaux, argent et
plomb, qui se présentent le plus souvent ensemble, il semble
y avoir une affinité étroite, — la *pyrite de fer* (fer sulfuré) et
les *pyrites cuivreuses* (fer et cuivre sulfuré).

Gîtes irréguliers; filons injectés. — Ces filons, moins fréquents que les précédents, sont intimement liés à l'émission d'une roche éruptive qui a déterminé le remplissage de la fente. Dans ce cas, les substances métalliques ont alors surgi, mélangées, dissoutes dans la masse même de la roche, et ne s'en sont séparées qu'au moment où ses éléments ont cristallisé. Ces gîtes d'émanation directe diffèrent des précédents par leur allure irrégulière, et se soustraient aux lois de continuité, de direction et de parallélisme, auxquelles les filons concrétionnés sont assujettis.

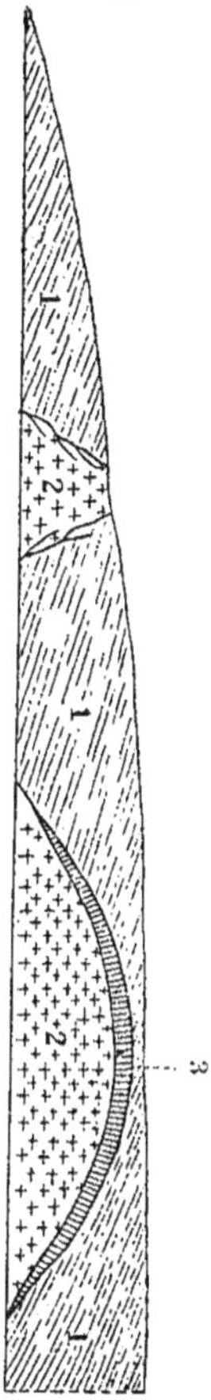

Le minerai subordonné à la roche éruptive, qu'il imprègne souvent complètement, s'en sépare sous forme de veinules, nombreuses et étroites, qui se croisent dans tous les sens et s'injectent, dans la roche encaissante, en dessinant, autour de la masse éruptive, une sorte d'*auréole* dont l'étendue n'est jamais bien considérable (fig. 156). D'autres fois, il affecte une forme indéterminée à laquelle convient bien le nom d'*amas*, et la cavité qu'il remplit prend souvent celui de *sac* ou de *poche*.

L'étain, à l'état d'oxyde (*cassitérite*), avec un remarquable développement de quartz, appartient aux gîtes de la première catégorie et se présente comme formant le cortège habituel du granite à mica blanc (granulite), tandis que le cuivre, à l'état de sulfure, se présente sous forme d'*amas* subordonnés aux roches granitoïdes basiques à amphibole (diorites) où à pyroxène (diabases).

Fig. 156. — Gîte stannifère de Saxe. — 1, micaschiste; 2, granulite avec oxyde d'étain; 3, auréole de quartz et d'oxyde d'étain autour de la granulite stannifère.

TROISIÈME PARTIE
GÉOLOGIE PROPREMENT DITE

CHAPITRE PREMIER

I. GÉNÉRALITÉS SUR LES FORMATIONS SÉDIMENTAIRES

Les roches sont, pour le géologue, ce que sont pour l'historien les inscriptions et les médailles; elles contiennent tous les témoignages dont il dispose pour reconstituer l'histoire du globe.

Déjà, dans les chapitres précédents, un premier examen de leur composition et de leur structure nous a permis de remonter à leur origine et de reconnaître qu'elles appartiennent à deux catégories bien distinctes :

1° Les roches éruptives d'*origine interne*, qui proviennent de l'épanchement fréquemment renouvelé des masses fluides internes, au travers des crevasses de l'écorce déjà consolidée.

2° Les roches sédimentaires d'*origine externe*, qui ne sont pour la plupart que des produits de remaniement résultant des actions lentes exercées par les agents extérieurs sur les parties émergées de l'écorce.

Or ces *roches de sédiment*, étalées par couches successives, couvrent la plus grande partie de la surface du globe, et renferment tous les éléments qui permettent de retracer l'histoire de son développement progressif.

En examinant maintenant la façon dont elles se juxtaposent

pour composer l'écorce terrestre , nous allons donc pouvoir définir les phases successives par lesquelles le globe a passé avant de prendre avec sa forme, son relief actuel.

Tout d'abord il importe de définir les règles qui permettent de déterminer l'âge relatif de ces formations, c'est-à-dire la place qu'occupe, dans la série générale des terrains dont se compose l'écorce terrestre , une roche sédimentaire déterminée.

Etant donné leur mode de formation, il est bien certain que toutes ces *roches stratifiées*, maintenant directement superposées par couches parallèles, ont été formées successivement. Dès lors la *superposition* fournit une donnée certaine pour arriver au but cherché; toute couche recouverte est nécessairement plus ancienne que celle qu'elle supporte, puisqu'elle devait former le fond sur lequel cette dernière s'est déposée. Si donc il existait sur le globe un point où, depuis l'origine, la sédimentation se soit faite sans interruption, un simple puits vertical suffirait pour en établir la succession, et la détermination de l'âge relatif de chacune d'elles en découlerait naturellement.

Or on sait qu'il n'en est rien, que jamais cette série des couches stratifiées n'est complète et que le principe qui règle leur distribution, c'est la *discontinuité*. Loin de constituer autour du globe des enveloppes successives exactement concentriques, elles présentent au contraire, dans leur allure, de grandes irrégularités, des interruptions attestant que la sédimentation ne s'est pas faite partout d'une façon continue.

Il suffit pour s'en convaincre d'examiner les conditions dans lesquelles se présentent leurs affleurements à la surface du sol sur une certaine étendue.

Dans les pays de plaines, par exemple, ces couches stratifiées restent horizontales; elles sont là dans les conditions originelles de leur dépôt, c'est-à-dire dans l'ordre de leur superposition réciproque; seules de petites vallées interrompent leur continuité, en divisant le sol en une série de plateaux ou de buttes isolées (nº 4, fig. 157). Quand on examine tous ces coteaux, on voit les différentes couches qui les composent s'étendre horizontalement, rester les mêmes dans chacun d'eux, puis les traverser en conservant la même épaisseur et en se raccordant parfaitement entre elles.

Les buttes qui bordent la rive droite de la Seine, aux environs de Paris, et particulièrement celles du Mont-Valérien et de

Fig. 157. — Coupe géologique représentant la disposition des terrains stratifiés.

Montmartre, présentent un remarquable exemple de cette disposition. C'est l'action destructive des eaux courantes qui les a ainsi interrompues (fig. 158).

Ces vallées, qui sont maintenant occupées par des rivières, ont été creusées par elles, à une époque ancienne où elles

Fig. 158. — Coupe au travers de la vallée de la Seine, montrant la disposition des couches stratifiées dans les collines des environs de Paris. — 1, argile plastique; 2, calcaire grossier; 3, sables de Beauchamp; 4, calcaire d'eau douce; 5, gypse; 6, marnes vertes; 7, meulières; 8, sables de Fontainebleau.

étaient plus violentes, ainsi qu'en témoignent les dépôts de limons, de sables et de graviers résultant de cette *dénudation*, qui sont maintenant accumulés dans le fond de ces dépressions, où ils atteignent souvent un niveau assez élevé.

Quand on quitte ce pays de plaines pour se diriger vers la région des collines qui l'encaissent, on remarque que ces couches horizontales viennent s'adosser contre un système de couches encore stratifiées, mais de nature différente et surtout disposées tout autrement. Ces nouvelles roches sont, en effet, inclinées, et, par suite de cette inclinaison, elles ne se présentent plus que sur la tranche au lieu d'être disposées à plat

13.

comme les précédentes, et se relèvent, en sortant, les unes au-dessous des autres (2 et 3, fig. 157).

Plus loin, quand le relief s'accentue et qu'on aborde les régions montagneuses, ces différences deviennent plus considérables, un nouveau groupe se présente sous un aspect très différent (1, fig. 156). Là, des roches qui, d'après leur nature stratifiée, ont dû être primitivement continues et horizontales, apparaissent disloquées et redressées, souvent jusqu'à la verticale. Elles sont devenues schisteuses, semi-cristallines, et le sol qu'elles composaient originairement paraît avoir éprouvé de violentes dislocations qui l'ont brisé et bouleversé.

On se rend bien compte, en les voyant ainsi, que cette inclinaison des couches est l'effet d'un mouvement de l'écorce terrestre qui, postérieurement à leur formation, a donné naissance à la chaîne montagneuse.

Ces roches plissées, redressées parfois jusqu'à la verticale, deviennent le trait caractéristique de l'allure des couches stratifiées dans les montagnes, où elles se montrent de plus interrompues par de nombreuses fractures, souvent remplies par des roches éruptives.

Telle est dans ses traits généraux l'allure des formations sédimentaires; on voit par suite que loin d'être distribuées dans un ordre régulier, elles viennent se ranger en un certain nombre de groupes distincts séparés par de grands phénomènes de dislocations, amenant dans la stratification des *discordances* qui deviennent le signe caractéristique du trouble apporté dans la sédimentation.

Il importe maintenant que nous nous rendions compte de la valeur de ces accidents et du rôle qu'on doit leur attribuer dans l'établissement des grandes divisions géologiques.

II. PRINCIPES DE LA CHRONOLOGIE GÉOLOGIQUE

Le principe qui sert de base à la classification des formations c'est, comme nous l'avons vu précédemment (p. 224), l'*ordre de superposition*; cette simple constatation permet, en effet, d'éta-

blir leur succession, une couche qui en recouvre une autre, ou
s'appuie sur elle très obliquement, devenant nécessairement
plus récente que celle qui lui sert ainsi de support; à moins
cependant qu'il n'y ait eu un *renversement* complet des strates,
circonstance qui ne se réalise que dans les régions disloquées
où des mouvements postérieurs ont troublé l'horizontalité originelle de ces couches. D'autres faits peuvent venir en aide
pour faciliter cette détermination de leur âge relatif; par
exemple une roche entamée par des érosions soit marines, soit
fluviatiles, donne lieu à des débris roulés, sables, graviers ou
galets, qui sont ensuite englobés dans un nouveau dépôt.
Lors donc qu'on observe une roche contenant dans sa masse
des débris d'une autre roche, il est évident qu'elle est plus
récente que celle qu'elle englobe ; et cette observation peut
s'appliquer tout aussi bien aux masses éruptives qu'aux roches
stratifiées.

Discordances de stratification. — L'expérience nous a appris
qu'en aucun point du globe la série des couches stratifiées

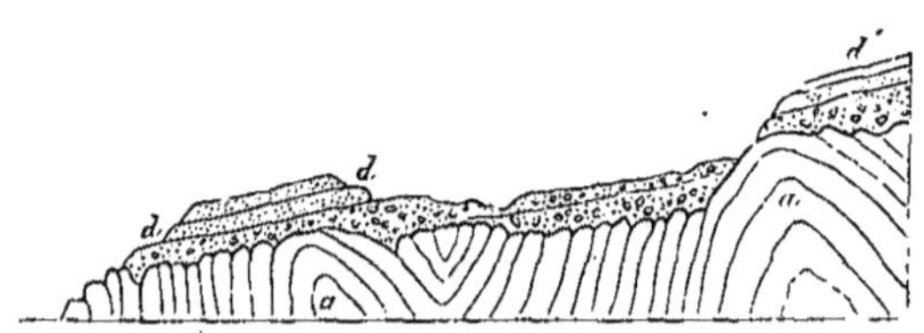

Fig. 159. — Grès et conglomérats dévoniens, *dd*, reposant en discordance
sur des schistes siluriens, *a*.

n'est complète. Nombreuses sont, en effet, les régions où on
peut constater des *discordances dans la stratification* plus ou
moins accentuée. Tantôt une couche vient former avec celle
inférieure un angle plus ou moins prononcé (fig. 119), tantôt
des couches horizontales ou faiblement inclinées viennent
s'étaler transgressivement sur la tranche de sédiments plus
anciens redressés (fig. 159). Quand cette circonstance se rencontre, il est évident qu'un grand phénomène de dislocation
s'est introduit entre ces deux dépôts. Les couches plissées
inférieures (*a*) représentant l'emplacement d'une ancienne ride

TABLEAU DES PÉRIODES GÉOLOGIQUES

SÉRIES	TERRAINS	ÉTAGES	ÉLÉMENTS ORGANIQUES CARACTÉRISTIQUES	PHÉNOMÈNES ÉRUPTIFS
SÉRIE MODERNE	Pleistocène (Quaternaire).	Pleistocène (Quaternaire).	Faune et flore actuelles. Apparition de l'homme sur la terre. Édentés (*Megatherium*) en Amérique. *Elephas primigenius* (Mammouth).	Volcans de la Méditerranée (Vésuve, Etna). Volcans à cratères d'Auvergne.
SÉRIE TERTIAIRE (NÉOZOÏQUE)	Néogène.	Pliocène. — Arnusien. Astien. Plaisancien.	*Règne des Mammifères.* — Proboscidiens (*Elephas* et *Mastodon*) *Hippopotamus*, (Chevaux, *Equus*). — Prédominance des *Gastropodes* et des *Acéphales.*	Principaux épanchements des Basaltes. Phonolithes, Andésites et Trachytes avec tufs (Cinérites). Fin des émissions de Rhyolithes.
	Néogène.	Miocène. — Pontien. Samartien. Tortonien. Helvétien. Langhien.	Singes (*Mesopithecus*). Proboscidiens (*Elephas, Mastodon, Dinotherium*) et Ruminants (*Hipparion*).	Premiers épanchements de Basalte en Auvergne.
	Éogène.	Oligocène. — Aquitanien. Tongrien. Infratongrien.	Pachydermes et Ruminants. — NUMMULITES.	Rhyolithes et granulites récentes.
	Éogène.	Éocène. — Ligurien. Parisien. Suessonien.	Pachydermes et Marsupiaux. — NUMMULITES.	Rhyolithes et granulites récentes.
SÉRIE SECONDAIRE (MÉSOZOÏQUE)	Crétacé.	Crétacé. — Danien. Maestrichtien. Sénonien. Turonien. Cénomanien.	*Règne des Bélemnites et des Ammonites.* — *Stegaster, Micraster, Ananchytes, Echinoconus, Holaster,* } dans le facies crayeux. — Rudistes dans les formations coralligènes : *Radiolites. Sphærulites. Hippurites. Caprina. Requienia.* — Grands reptiles (*Ichtyosaures et Plesiosaures*).	Période de repos dans l'activité interne. Roches éruptives basiques (diabases, syénites), rares et clairsemées. Filons quartzeux et métallifères.
	Crétacé.	Infra-crétacé. — Albien. Aptien. Néocomien.	*Scaphites. Ancyloceras, Cruceras,* } Céphalopodes déroulés.	Période de repos dans l'activité interne. Roches éruptives basiques (diabases, syénites), rares et clairsemées. Filons quartzeux et métallifères.
	Jurassique.	Jurassique supérieur. — Purbeckien. Portlandien. Kimméridien. Rauracien. Oxfordien. Callovien.	*Diceras, Nérinées, Cidaris, Hemicidaris et polypiers,* } dans les récifs coralliens. *Amaltheus. Stephanoceras.*	Période de repos dans l'activité interne. Roches éruptives basiques (diabases, syénites), rares et clairsemées. Filons quartzeux et métallifères.
	Jurassique.	Oolithe. — Bathonien. Bajocien.	Prédominance des *Oursins* et des *Brachiopodes* dans les calc. oolithiques. — Grands reptiles (*Ichtyosaures et Plesiosaures*).	Période de repos dans l'activité interne. Roches éruptives basiques (diabases, syénites), rares et clairsemées. Filons quartzeux et métallifères.
	Jurassique.	Lias. — Toarcien. Liasien. Sinémurien.	*Harpoceras, Gryphées. Ægoceras, Spiriferina. Arietites, Pentacrines.*	Période de repos dans l'activité interne. Roches éruptives basiques (diabases, syénites), rares et clairsemées. Filons quartzeux et métallifères.
	Jurassique.	Infra-lias. — Hettangien. Rhétien.	*Cardinies. Avicules. Microlestes.*	Période de repos dans l'activité interne. Roches éruptives basiques (diabases, syénites), rares et clairsemées. Filons quartzeux et métallifères.
	Triasique.	Trias. — Tyrolien. Franconien. Vosgien.	Évolution rapide des Ammonnées (*Arcestes*). *Ceratites, Eucrines. Chirotherium, Voltzia.*	Euphotides, Diorites et Porphyre augitique dans les Alpes.
SÉRIE PRIMAIRE (PALÉOZOÏQUE)	Permo-carbonifère.	Permien. Houiller. Carbonifère.	*Règne des Trilobites.* — Début des *Ammonnées. Paleobatraciens. Fusulines. Coraux et Crinoides. Productus.* — Règne des Cryptogames dans la flore houillère.	Principaux épanchements des porphyres et des porphyrites. Fin des émissions de granites.
	Dévonien.	Supérieur. Moyen. Inférieur.	*Goniatites, Clyménies. Polypiers et Stromatopores. Spirifers.* — Règne des poissons ganoïdes.	Porphyrites. Diabases. Diorites.
	Silurien.	Bohémien. Ordovicien. Cambrien.	*Orthocères et Nautilides Calymènes, Trinucleus. Paradoxydes, Lingules.* — *Graptolithes.*	Syénites. Granulites. Granites.
	Huronien.		Azoïque.	Porphyres et porphyrites.
SÉRIE CRISTALLOPHYLLIENNE (Terrain primitif).	Micaschistes. Gneiss.			

montagneuse dont les sommets ont été rasés quand la mer, dans une phase d'affaissement de la région, est revenue prendre possession du domaine qu'elle avait abandonné et déposer sur la tranche de ces schistes dénivelés, les grès et conglomérats supérieurs (*d*).

Lacunes. — Quand l'émersion n'a pas troublé l'horizontalité des couches, on est encore prévenu de l'interruption survenue dans la formation des dépôts, par l'*état des surfaces*. Les roches calcaires exposées depuis longtemps à l'air sont, comme nous l'avons vu, sous l'influence des agents atmosphériques, *corrodées*, *usées* et le plus souvent *durcies*. Qu'une pareille couche, portant ainsi bien la marque des intempéries et de son exposition prolongée à l'air, soit de nouveau, par suite d'un mouvement d'affaissement du sol, amenée au niveau de la mer, les mollusques côtiers habitant la zone littorale, tels que les moules (*Mytilus*) et les huîtres (*Ostrea*), s'y installent, tandis que les mollusques perforants (*Pholades*, *Lithodomes*), viennent y creuser leurs trous ; la roche se montre alors non seulement corrodée et usée, mais creusée de perforations dues à ces organismes lithophages. L'examen d'une telle surface, entre deux séries de dépôts, indique ce fait important du retour des eaux marines sur des points qu'elles avaient momentanément abandonnés. Il s'introduit donc, entre ces deux séries de dépôts, une *lacune* correspondant à toute la durée de l'interruption survenue dans la sédimentation.

Divisions fondamentales de la série sédimentaire. — Ce sont ces interruptions dans la sédimentation, ces discordances observées entre plusieurs assises consécutives composées de couches se suivant parallèlement qui, joints à des caractères tirés des variations qui se sont introduites dans le monde organique, ont permis aux géologues de tracer, au milieu de la longue série des formations sédimentaires, des lignes de démarcations fort nettes, applicables à toute l'étendue du globe et de les grouper en un certain nombre de divisions naturelles, désignées sous le nom de *séries*, correspondant chacune à une des grandes phases de l'histoire générale de notre planète.

Importance des caractères paléontologiques dans la classification des terrains. — Indépendamment des faits précédemment mentionnés, qui permettent d'établir dans l'histoire du globe de grandes coupures ayant sa valeur de dates précises, l'étude approfondie des êtres du passé, c'est-à-dire la *Paléontologie* en venant nous enseigner que la population organique des continents et des océans n'a cessé, depuis l'origine, de subir des variations nombreuses et qu'à chaque grande phase de l'histoire du globe correspondent des types spéciaux, offre un moyen bien sûr de caractériser ces grandes divisions. On peut résumer d'un trait le caractère de ces variations en déclarant que plus les assises encaissantes sont anciennes, plus la série des types organiques s'écarte de ceux des temps présents, différences qui se traduisent souvent par des combinaisons dépourvus de tout lien avec la nature actuelle et qui accusent par suite de grandes variations dans les conditions physiques extérieures ; l'évolution ordonnée du monde organique, étant intimement liée aux circonstances du milieu ambiant, a suivi de près les modifications progressives qui se sont introduites, à la surface du globe, dans le régime océanique et dans les climats. Dans les premiers âges, une grande uniformité dans ces conditions physiques a permis aux animaux marins d'avoir une répartition géographique très étendue, les mêmes types fréquentant les océans sous toutes les latitudes tandis que sur les continents, sous l'influence d'un climat tropical alors commun au globe entier, la flore offrait, depuis l'équateur jusqu'au pôle arctique, les mêmes associations végétales. La diversité des types physiologiques actuels apparaît ensuite comme le résultat d'une série continue et remarquablement ordonnée de transformations définitivement acquises quand, par suite d'un accroissement bien marqué des continents et de leur relief, a pu se produire la variété des climats qui nous régit aujourd'hui.

C'est naturellement sur la terre ferme que les conditions physiques extérieures ont été soumises aux plus grandes variations : aussi la faune et la flore terrestre, influencées par mille circonstances locales, ont bientôt offert dans les divers points du globe, des contrastes tranchés. Si bien qu'on ne saurait trouver dans ces êtres terrestres des types vraiment caractéristiques d'une époque déterminée. Tout autre est la population marine qui étant donnée la continuité du régime océanique

offre des modifications moins brusques. Aussi pour obtenir des
divisions homogènes doit-on s'adresser aux animaux marins et
en particulier à ceux *pélagiques* qui habitent surtout la haute
mer et se trouvent, par suite de leurs conditions d'existence,
moins exposés aux variations locales qui peuvent influer sur
les espèces des zones littorales.

Grandes divisions géologiques. — Partant de ce principe
qu'à chaque grande phase de l'histoire du globe correspondent
des types organiques spéciaux on a pu reconnaître l'existence
de trois grandes faunes marines superposées dont l'évolution
est en raison des changements qui sont effectués dans la distribution des mers; faunes qui comprennent deux séries d'êtres
organisés : les uns disparaissant avec la période correspondante
après y avoir pris tout leur développement; les autres, d'une
longévité plus grande, persistants dans la période suivante,
mais en subissant une évolution, parfois rapide, qui permet de
les différencier.

1° Dans la première faune correspondant à l'*ère primaire*, les
formes *éteintes*, c'est-à-dire celles qui disparaissent avec cette
première phase sont, parmi les crustacés, la grande famille des
Trilobites, puis celle des *Graptholithes* chez les hydrozoaires.
Dans les mers, avec de nombreux *Brachiopodes*, les mollusques
dominants étaient des céphalopodes tétrabranchiaux (*Nautilides*)
qui ne sont plus représentés aux époques suivantes que par deux
genres alors qu'on en compte plus de cent dans cette faune
primaire. Parmi les formes destinées ensuite à évoluer dans la
période suivante en prenant la place des espèces disparues, il
faut signaler les *Ammonites* qui font leur première apparition dès
la fin des temps primaires. Les vertébrés ne sont alors représentés que par des poissons et surtout par de nombreux reptiles.

2° C'est le développement pris par les *Ammonites*, qui sert
ensuite à caractériser la seconde faune, celle des temps secondaires et cela d'autant plus qu'elles ne doivent pas leur survivre.
Nombreux sont ensuite les types destinés à partager le même
sort; tels sont, pour ne citer que les plus importants, des céphalopodes voisins des calmars, les *Bélemnites*, qui remplissent
souvent de leurs rostres les dépôts marneux et calcaires de
l'époque, puis un groupe bien particulier de mollusques de la

famille des chamacées, les *Rudistes*, qui deviennent, dans la
seconde moitié de la période, les principaux artisans de la formation des calcaires. En même temps apparaissent, dès le
début, les *Mammifères* d'abord de petite taille sous la forme de

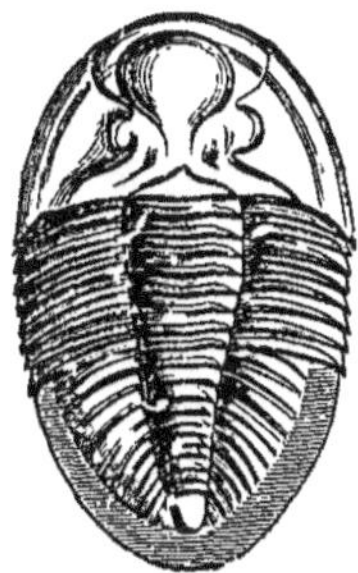

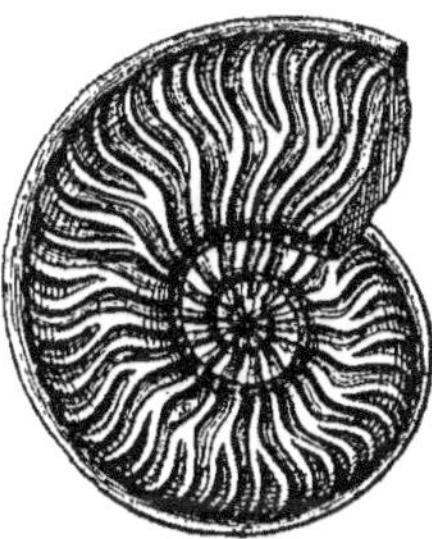

Fig. 160. — *Trilobite.* —   Fig. 161. — *Ammonite.*—   Fig. 162. — *Nummulite.* —
Fossile caractéristique   Fossile caractéristique   Fossile caractéristique
des terrains primaires.   des terrains secondaires.   des terrains tertiaires.

marsupiaux, et qui ne se développeront que plus tardivement
quand s'ouvrira la période tertiaire.

3° Dans cette *période tertiaire* on doit noter, avec ce développement remarquable des mammifères dont l'évolution rapide
est en relation étroite avec l'extension prise par les continents,
une prédominance, bien marquée, des gastropodes et des
lamellibranches, c'est-à-dire de mollusques côtiers dont le
développement s'explique par le caractère littoral du plus grand
nombre des dépôts de l'époque; la grande place tenue, dans
cette faune tertiaire, par des mollusques d'eau douce, *Paludines,
Physes, Lymnées, Unios...*, est de même motivée par la grande
extension des formations fluviatiles et lacustres. On sait ensuite
combien ont prospéré, dans les mers, des foraminifères, tels que
les *Nummulites*, qui font alors office d'organismes constructeurs
en tenant la place si largement occupée aux époques antérieures,
par les polypiers et les rudistes. Enfin on ne peut manquer de
signaler que sous l'empire de conditions extérieures plus diversifiées, les faunes locales se sont multipliées en donnant naissance à des *provinces zoologiques* plus nombreuses et plus
accentuées qu'aux époques précédentes.

Ainsi se prépare la variété dans les conditions physiques et biologiques qui devient le trait saillant de la période actuelle, période terminale qui peut porter le nom de *Quaternaire* ou de *Moderne* et se trouve caractérisée par l'apparition de l'homme sur la terre.

Développement des flores anciennes. — Si maintenant nous examinons comparativement les faits qui se sont passés aux mêmes époques dans l'évolution du monde végétal on peut remarquer, pendant les temps primaires, le règne des *Cryptogames* qui s'accompagnent tardivement de *Conifères* et de *Cycadées*. La flore secondaire hérite au début de ces deux types, qui avaient prédominé dans la dernière phase de cette période ancienne, mais bientôt apparaissent des *dicotylédones*, c'est-à-dire des arbres à feuillage caduc qui attestent le jeu des saisons, ainsi que de *monocotylédones* représentées par des *Palmiers*. Enfin aux époques tertiaires, tandis que les mammifères prenaient définitivement possession de la terre ferme, la prépondérance revient dans les forêts, à ces arbres à feuilles ainsi qu'aux palmiers, et la végétation se déploie avec une vigueur et une richesse de formes sans égale.

Nomenclature des terrains. — C'est à l'aide de toutes ces données qu'on est parvenu à établir dans le vaste ensemble des formations sédimentaires anciennes, trois groupes de premier ordre, période *primaire* ou *paléozoïque* [1], période *secondaire* ou *mésozoïque* [2], période *tertiaire* ou *néozoïque* [3], qui correspondent chacune à une grande phase de la double évolution, physique et organique, du globe.

Chacun de ces groupes comporte ensuite un certain nombre de subdivisions secondaires plus étroites, en *terrains* puis étages, qui n'ont plus le caractère de généralité des grandes divisions précédentes tout en restant suffisamment homogènes pour qu'on puisse les appliquer, sinon au globe tout entier, du moins à des régions très étendues. En dernière analyse les couches qui présentent un certain nombre de caractères com-

1. De *palaios,* ancien, et *zoon,* animal.
2. *Mesos,* moyen.
3. *Kuinozoïque* de divers auteurs, de *kainos,* récent.

muns et se trouvent réunies sous le nom d'*assises*, comprennent des *lits* ou *zones* qu'on désigne spécialement par le nom de l'espèce la plus typique qu'elle contient et qui devient ainsi *caractéristique* d'un *horizon* déterminé.

Mieux que toute description le tableau des pages 228 et 229 donnera une idée de la succession des formations sédimentaires, et de ces subdivisions secondaires qu'on s'accorde à établir dans les groupes principaux.

CHAPITRE II

SÉRIE CRISTALLOPHYLLIENNE

Caractères généraux des gneiss et schistes cristallins primitifs. — Toutes les fois qu'on quitte les régions de plaines pour aborder la montagne, on voit les couches stratifiées perdre leur horizontalité première et se montrer relevées de telle sorte que les couches de plus en plus anciennes apparaissent successivement. Bientôt on les voit non seulement inclinées, plissées, rompues par de nombreuses fractures, mais ayant subi dans leur composition des modifications profondes qui se traduisent par un état cristallin de plus en plus prononcé. Dans les argiles, transformées en schistes durs et fissiles, brillent les paillettes miroitantes des micas; dans les grès devenus des quartzites, c'est-à-dire des roches très résistantes, apparaissent des taches blanches qu'un examen attentif permet d'attribuer à des éléments feldspathiques. En même temps les calcaires, primitivement constitués par de fines particules de carbonate de chaux amorphe, deviennent cristallins. Puis finalement quand on a dépassé cette zone de *sédiments métamorphiques* on arrive à un groupe bien spécial de roches, encore stratiformes, mais exclusivement formées cette fois de minéraux cristallisés, c'est-à-dire à un ensemble de *schistes cristallins* qui trouvent leur expression la plus nette dans deux roches, bien connues, les .

gneiss et *micaschistes*; roches qui partout constituent le support normal des formations sédimentaires, et réclament, pour expliquer leur origine, une interprétation tout autre que celle qui convient à ces dernières formations.

Les éléments typiques de ce *terrain primitif* sont alors faciles à caractériser. Avec une orientation bien nette des minéraux intégrants, déterminée surtout par une séparation des éléments colorés en lits continus, communiquant à l'ensemble de ces roches une *structure rubanée* caractéristique, souvent même une division facile en feuillets schisteux, quand ces éléments sont de nature micacée, il faut noter l'absence complète de toute matière amorphe; circonstance qui les sépare bien des roches éruptives; l'absence aussi complète, de tout élément détritique, c'est-à-dire en débris, qu'on puisse attribuer à la trituration d'une roche préexistante, et de la moindre trace de corps organisés fossiles, sont tout autant de faits saillants, distinctifs, qui impriment, à toutes les roches de cette série, un caractère bien particulier.

De plus, dans ces schistes cristallins l'ordre de consolidation des minéraux, tel qu'on peut le définir avec toute la rigueur désirable en examinant leurs formes et leur mode d'association, est exactement inverse de celui que ferait prévoir leur fusibilité, leur agencement étant de ceux qu'on ne peut reproduire que par voie humide. Ce sont là des faits d'une haute importance qui attestent que la cristallinité dans ces roches, s'est développée dans des conditions bien spéciales, on peut dire aussi très générales puisque leur texture et leur composition minéralogique restent partout les mêmes, en quelque lieu qu'on les observe.

La même homogénéité s'observe quand on s'adresse à l'ensemble des roches qui constituent ce terrain primitif; malgré leur multiplicité apparente elles présentent en effet, dans l'ordre général de leur succession, une remarquable uniformité. C'est ce dont nous allons pouvoir rendre compte en examinant leur distribution, après avoir passé successivement en revue les principaux types qu'on peut y distinguer.

Principaux éléments du terrain primitif. — Partout la roche caractéristique de ce terrain c'est le *Gneiss*, c'est-à-dire une roche franchement cristalline, composée des mêmes éléments que le granite, quartz, feldspath et mica noir, mais en différant par l'orientation des paillettes de mica, qui froissées et sans contours cristallins appréciables, viennent se concentrer suivant des surfaces planes ou légèrement ondulées, déterminant dans la roche une certaine schistosité : et c'est dans l'intervalle de ces lits micacés que viennent se placer les éléments quartzeux et feldspathiques, dont la coloration claire, constrastant avec la teinte foncée des traînées de mica, communique à la roche, quand on l'examine sur la tranche, son aspect rubané. Ces caractères s'appliquent au *gneiss gris*, c'est-à-dire au type le plus souvent réalisé. A côté

Fig. 163. — Bloc de gneiss gris vu sur la tranche. — 1, lits de mica noir ; 2, veinules blanches, formées par une association de quartz et de feldspath.

de ce gneiss franc viennent ensuite se placer un certain nombre de variétés dont la première et la plus importante est le *gneiss granitoïde*; gneiss qui tire son nom de ce fait qu'une orientation mal définie du mica, jointe à une prédominance des éléments feldspathiques, donne à la roche l'apparence massive et confusément cristalline du granite, à ce point qu'on a souvent confondu ces deux roches en considérant à tort ce gneiss comme un granite schisteux. L'expression de *fondamentale* est encore souvent appliquée à cette variété intéressante pour rappeler qu'elle est la plus ancienne de cette série, qu'elle en forme par suite la base en venant représenter l'assise de l'écorce la plus anciennement consolidée. Sous les noms de *gneiss* et de *schistes amphiboliques* on range ensuite toutes celles de ces roches où l'amphibole vient se substituer au mica. Dans les mêmes conditions se présentent des *gneiss à pyroxène* plus basiques et quand on atteint ce dernier type, on peut voir que la roche, en perdant les colorations claires des gneiss micacés, a pris, avec une densité plus grande, un aspect plus compact.

La disparition complète de tout élément ferrugineux donne

naissance à des *leptinites*, c'est-à-dire à des roches blanches ou rosées, essentiellement formées par une association granulitique de quartz et de feldspath et qui se disposent par couches d'épaisseur variable, parfois très faibles, au milieu des gneiss, dans le sens de la schistosité. Quand le feldspath à son tour disparaît, la roche, uniquement constituée par du quartz et de fines paillettes de mica accumulées suivant des surfaces planes; parallèles, devient un *micaschite*, c'est-à-dire une roche franchement schisteuse, très micacée et facile à diviser en plaques minces, fragiles. Ces micaschistes sont souvent chargés de minéraux cristallisés de couleur variée, parmi lesquels on peut citer comme très fréquents, des *grenats* roses appartenant à la variété *almandin*, de la *staurotide* et de l'*andalousite*; plus rarement on y observe de l'*émeraude*. Dans ces micaschistes à minéraux le *mica blanc* devient à son tour un élément constant qui s'ajoute au mica noir.

A l'état de masses subordonnées, lenticulaires, figurent ensuite, au milieu des schistes cristallins, des roches lourdes, noires ou d'un vert foncé, très dures, presque uniquement constituées par une association d'amphibole ou de pyroxène avec du grenat et qualifiées par suite d'*amphibolite*, de *pyroxénite*, ou de *granalite*, suivant la prédominance de l'un ou de l'autre de ces éléments. Ces roches, qui renferment toujours une forte proportion de fer oxydulé, perdent l'apparence habituellement rubanée des gneiss, et ne redeviennent schisteuses que quand le quartz s'introduit dans leur composition.

Le calcaire qni ne manque pas dans cet ensemble varié de roches cristallines, s'y présente, sous cette même forme de couches régulièrement intercalées, à l'état de *Cipolin*, c'est-à-dire de *calcaire cristallin* imprégné de mica toujours nettement orienté. Ces calcaires, dont nous aurons plus loin à préciser la signification, sont la réserve d'un grand nombre de minéraux au nombre desquels figurent des grenats et surtout des pyroxènes, c'est-à-dire des silicates de chaux et de fer.

Enfin on ne saurait méconnaître que le fer oxydulé si répandu dans les roches basiques de cette série, peut s'isoler à son tour sous la forme d'amas ou de couches puissantes exploitables; tels sont les gîtes célèbres de Moktà-el-hadid, près de Bône en Algérie et ceux, si largement exploités, de Cogne, en Piémont.

Au-dessus de ce premier ensemble se développe une dernière série de roches schisteuses où disparaissent les éléments feldspathiques, et qui se font remarquer par l'importance qu'y prennent des minéraux micacés cette fois hydratés. C'est d'abord un mica blanc, habituellement cristallisé en fibres blanches soyeuses entrelacées, la *séricite*, qui donne naissance aux *schistes sériciteux*, puis et surtout la *chlorite* qui peut contenir jusqu'à 12 p. 100 d'eau et dont les paillettes vertes onctueuses forment la masse principale des *Chloritoschistes*.

C'est ensuite sur ces micaschistes chloriteux et sériciteux que se présentent, sans qu'on puisse saisir de limite bien tranchée, les premières couches franchement sédimentaires à l'état de schistes argileux où le caractère détritique originel du dépôt reste bien conservé.

Tous les passages, en effet, s'observent entre ces roches cristallines et celles où tous les produits habituels de la sédimentation, argile, matières charbonneuses, débris de quartz roulé,

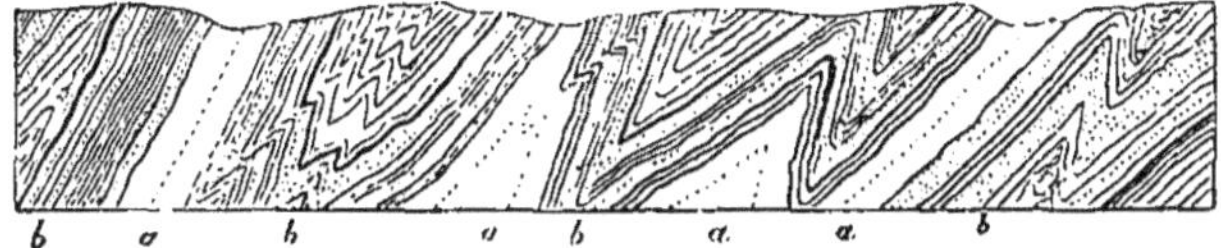

Fig. 164. — Disposition des cipolins dans les roches cristallophylliennes du Canada, Amérique du Nord (d'après Logan). — *a*, cipolins; *b*, gneiss.

apparaissent avec une grande netteté. La zone de transition est représentée par des *schistes micacés* [1] où des grains de quartz brisés, semblables à ceux des sables, et qu'on attribue, sans conteste, à l'action érosive des eaux, sont cimentés par de fines paillettes de mica non plus soudées en membranes continues comme dans les schistes précédents, mais disséminées en désordre, autour des grains quartzeux, avec des traces charbonneuses. Puis finalement les produits de la sédimentation prédominent, les éléments micacés, devenus rares, clairsemés, tendent à disparaître et on atteint de la sorte, par une suite de transitions ménagées, des *schistes argileux* avec *conglomérats*,

1. Ces schistes luisants, au toucher onctueux, rappelant celui du talc, ont été souvent désignés sous le nom impropre de *schistes talcqueux*.

qui précèdent de bien peu les dépôts où on rencontre les premières traces de corps organisés.

Nulle part, dans cette vaste et puissante série de schistes cristallins, des discordances ont pu être observées entre les différents termes. Leurs couches restent toujours parallèles les unes aux autres, et quand on peut les suivre sans interruption, comme nous venons de le faire, jusqu'aux roches sédimentaires normales où apparaissent les éléments détritiques caractéristiques, on peut constater que l'orientation des feuillets des roches cristallines et celle des schistes argileux restent exactement les mêmes. Un tel fait implique nécessairement une origine commune pour ces deux séries. Nous verrons plus loin que des raisons d'un autre ordre, mais non moins probantes, amènent à cette même conclusion et permettent maintenant d'attribuer à des actions purement métamorphiques ce développement remarquable de la cristallinité dans les roches gneissiques, développement qui maintenant a complètement effacé leurs caractères sédimentaires originels.

Distribution des schistes cristallins primitifs. — Étant donnée leur ancienneté, ces roches cristallophylliennes [1] qui forment le substratum normal de toutes les formations sédimentaires étaient destinées à rester masquées sous l'épaisse couverture de ces dépôts, et à échapper à notre observation directe, si des mouvements postérieurs du sol n'étaient venus les ramener au jour. A l'exception, en effet, de quelques rares et très anciennes régions émergées depuis les temps les plus reculées du globe, comme les territoires de l'Est (région des Lacs) du continent américain où elles restent étendues sur de vastes surfaces en couches horizontales, partout ailleurs on les observe fortement redressées, avec leurs feuillets verticaux, ou bien repliés en affectant des contournement serrés, les plus capricieux. C'est donc dans les pays de montagnes et dans les régions plissées qu'il faut venir chercher leurs principaux affleurements.

En France, la plus ancienne et la mieux caractérisée de ces

---

1. Cette expression a été appliquée pour la première fois par d'Omalius d'Halloy aux roches gneissiques pour rappeler leur état cristallin et leur apparence feuilletée.

régions gneissiques, c'est le Plateau Central qui, dans son ensemble, peut être considéré comme un grand massif de schistes cristallins traversé et recouvert par un grand nombre de roches éruptives, formant actuellement les principaux traits

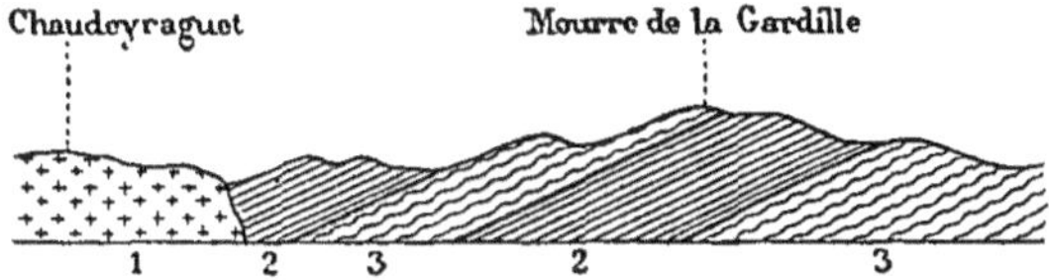

Fig. 165. — Coupe au travers du mont Lozère (d'après M. Fabre). — 1, granite ; 2, gneiss granitoïde ; 3, gneiss grenu ; 4, micaschistes.

de son relief accidenté. Tels sont, dans l'Ouest, les grandes chaînes granitiques et granulitiques du Limousin et des monts de la Marche, dans l'est l'éperon granitique et porphyrique du Forez, au centre, en pleine Auvergne, les grands édifices

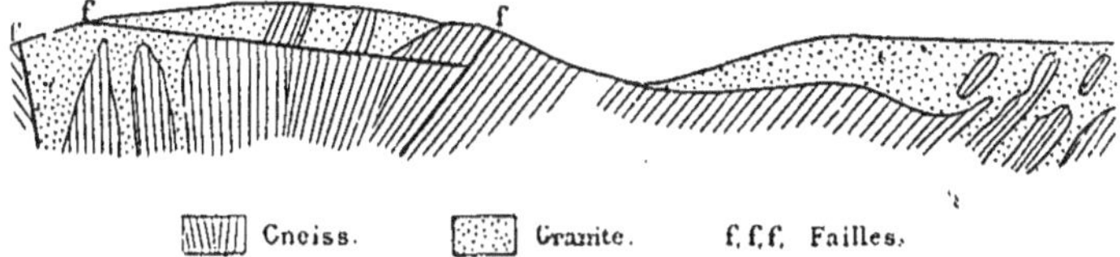

Fig. 166. — Pénétration du granite dans le gneiss, sur les bords de la rivière de Douarnenez en Bretagne (d'après M. Ch. Barrois).

volcaniques du Cantal, mont Dore et du Puy de Dôme qui deviennent les points culminants du centre de la France. Ensuite vient la Bretagne où les gneiss et granites associés forment, le long de la côte nord et de la côte sud-ouest, deux grandes zones surélevées donnant naissance aux plateaux limitrophes de la région, les Cornouailles dans le sud, au nord celui du Léon ; les Vosges avec la Forêt-Noire de l'autre côté du Rhin ; enfin, sur le littoral de la Provence, le massif accidenté des Mauves, peuvent compter ensuite au nombre de ces terres anciennes de gneiss et de granites, où le sol, partout où ces roches se montrent à découvert, se montre ondulé et garni, sur les sommets, de landes, de bruyères, de genêts et d'ajoncs.

Dans les Alpes et les Pyrénées, les cimes culminantes sont de même faites de gneiss et de granites, mais ce sont alors des dislocations récentes d'âge tertiaire, comme nous le verrons plus loin, qui, lors du soulèvement de ces deux chaînes, ont amené ces roches au jour en perçant la couverture épaisse de sédiments qui les recouvraient; dans ces conditions nouvelles, les schistes cristallins apparaissent largement à découvert dans de grandes et profondes déchirures qui facilitent singulièrement leur exploration et permettent d'atteindre les assises les plus anciennes de cette série.

C'est de la sorte qu'on a pu reconnaître que les gneiss acides du type granitoïde formaient la base de cette formation en se développant sur des épaisseurs de plus d'un millier de mètres, sans présenter d'autres variations qu'une orientation du mica de moins en moins distincte à mesure qu'on descend. Au-dessus de ce premier ensemble très homogène se développe une seconde série, plus complexe, comprenant, au début, des gneiss gris avec intercalations de micaschistes, de leptynites et de cipolins, au sommet des gneiss plus basiques à amphibole ou à pyroxène avec un plus grand développement de cipolins. Puis le tout se termine par un dernier étage où les micaschistes, devenus dominants, se montrent chargés de minéraux, et couronnés par ces roches encore plus schisteuses que nous avons désignées sous le nom de chloritos schistes et de schistes à séricite.

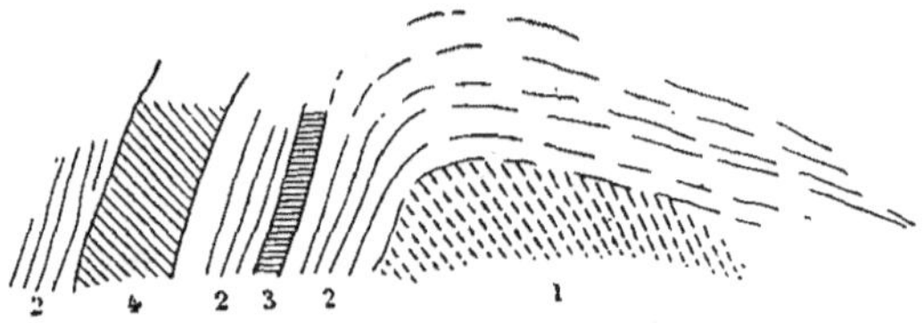

Fig. 167. — Coupe relevée en Norvège à Romsdall (d'après Kjérulf). — 1, gneiss granitoïde; 2, gneiss commun; 3, schistes amphiboliques.

Cette succession reste la même partout. Dans toutes les autres régions de la Saxe, de la Bohème, de la Scandinavie, du Canada, du Brésil, de l'Inde, de la Chine et de la Sibérie, où ces roches cristallines ont été signalées et décrites, on a toujours pu reconnaître qu'elles se présentaient toujours dans le même ordre et sous le même aspect. Un tel fait imprime à ce terrain un caractère d'unité bien particulier et dont doivent toujours tenir compte toutes les hypothèses proposées pour expliquer son origine.

Considérations sur l'origine des schistes cristallins primitifs. — Parmi les nombreuses hypothèses invoquées pour expliquer l'origine de ce terrain primitif, la plus séduisante et la plus généralement adoptée est celle qui accorde aux roches gneissiques le privilège de représenter cette primitive écorce que le refroidissement a dû faire naître à la surface du globe, lorsque la terre, passant de la phase stellaire à celle de planétaire qu'elle a conservée depuis, s'est recouverte d'une enveloppe solide et obscure.

Dans ces conditions, on attribuait au gneiss franc, exclusivement formé de silicates comme les laitiers, le rôle d'une *scorie universelle* consolidée, par voie de cristallisation immédiate de tous ses éléments, à la surface du globe en fusion, alors presque exclusivement formé de métaux; en d'autres termes, celui d'une *écume siliceuse* venant flotter sur la sphère métallique, comme les scories nagent à la surface de la fonte et constituée par l'union des substances les plus réfractaires (silice et alumine), combinées avec les produits d'oxydation des métaux (potasse, soude, chaux et magnésie) que leur grande légèreté spécifique obligeait de monter à la surface. Comparaison qui semblait d'autant plus justifiée que dans la métallurgie du fer on emploie la chaux et les alcalis pour s'emparer de la silice et de l'alumine qui forment la gangue habituelle des minerais, et qu'il se produit ainsi des silicates complexes et stables dits laitiers, que leur faible densité amène au-dessus du métal en fusion [1].

Les roches variées qui se développent au-dessus de ces gneiss micacés primordiaux, deviendraient ensuite contemporaines des premières précipitations aqueuses sur la surface brûlante de notre planète et se seraient formées, sous l'influence des réactions de la voie humide, dans des eaux mères chargées de

---

1. *Du Lapparent*, La formation de l'écorce terrestre, Revue des questions scientifiques, 1888.

substances chimiquement actives; ce premier océan résultant nécessairement de la condensation de tous les éléments volatils contenus jusqu'alors dans l'atmosphère et qui se trouvent main tenant dissous dans les eaux marines, c'est-à-dire de chlorures, de bromures, d'iodures avec des composés du même ordre, acides borique, titanique, phosphorique et fluorhydrique qui se rencontrent à l'état de diffusion dans toutes les roches cristallines; océan dont les eaux portées à une température élevée, étaient soumises à une pression qui ne devait pas être moindre de 300 atmosphères; toute l'eau des mers actuelles se trouvant alors à l'état de vapeurs, avec la totalité de l'acide carbonique maintenant fixé dans les carbonates.

Telle est réduite à ses traits essentiels cette brillante hypothèse qui fait de l'ensemble des schistes cristallins l'écorce de première consolidation. Elle est sans doute bien séduisante, mais elle vient se heurter à de graves objections. La principale c'est que la texture caractéristique des roches gneissiques, en particulier les alternances multipliées des lits de mica dans les types acides, d'amphibole ou de pyroxène dans ceux basiques avec les veines blanches quartzo-feldspathiques, semblent peu conciliables avec cette hypothèse d'une cristallisation tranquille dans un bain sursaturé. Il faudrait admettre dans le développement de ces éléments ferrugineux une périodicité très rapprochée, et se renouvelant d'une façon pour ainsi dire indéfinie, tant est grand le nombre de ces lits parallèles sur des épaisseurs même très faibles; rien que ce seul fait enlève toute vraisemblance à l'explication proposée. De plus, l'état fragmentaire de ces éléments ferrugineux, qui impliquent nécessairement l'idée de dislocations subies, ne peut s'allier avec des conditions de calme dans la cristallisation; enfin la majeure partie des éléments feldspathiques et quartzeux de ces roches ont une allure filonienne et se présentent avec tous les caractères de produits d'injection.

Une seconde objection non moins grave est tirée de ce fait que les intercalations, à de nombreux niveaux dans les roches de cette série, de couches calcaires, parfois fort épaisses et *toujours parallèles à la schistosité*, exclut nécessairement toute hypothèse qui tend à considérer les gneiss comme formés par

la cristallisation immédiate de tous leurs éléments à la surface
du globe en fusion.

Tels sont les arguments invoqués par ceux qui, combattant
cette explication théorique, étendent à ce vaste ensemble de
schistes cristallins les actions métamorphiques exercées par
intrusion du granite ou de la granulite dans les roches sédimentaires, et cela en se basant sur ce fait que, sous cette influence,
on pouvait assister, comme nous l'avons vu, à la production du
mica noir dans les schistes argileux, de l'amphibole et du pyroxène dans les calcaires, puis qu'en même temps, dans les
zones de contact, par injection directe du quartz et du feldspath
de ces roches au travers des grès et des schistes, on voyait naitre
des roches *feldspathisées*, bien difficiles à distinguer des gneiss
anciens.

Dès lors si on accepte cette interprétation, nous n'attendrions
pas avec les schistes cristallins les véritables roches de l'écorce
fondamentale et le terrain primitif, tel que nous l'avons défini,
deviendrait un produit complexe de roches éruptives, postérieures aux gneiss, et de formations sédimentaires profondément métamorphisées.

Il est en effet vraisemblable d'admettre avec M. Michel Lévy [1],
que cette première enveloppe a dû résulter de la prise en masse
d'une écorce sphérique composée des éléments du granite,
non orientés. C'est sur ce soubassement granitique que les eaux
auraient commencé leur travail de dégradation en donnant
naissance à des sédiments détritiques qui ne pouvaient contenir
originellement que du quartz et de l'argile et que de puissantes actions métamorphiques auraient ultérieurement transformés en roches cristallines. Ces actions pouvant être déterminées par l'intervention fréquente, presque immédiate des
masses fluides sous-jacentes, et dans une large mesure, par les
roches éruptives qui, tant de fois, les ont traversées dans tous
les sens, toutes les conditions ont été réalisées pour que toute
trace de leur état détritique initial soit effacé et disparaisse
sous un développement ultérieur de silicates cristallisés.

---

1. *Michel Lévy*, Sur l'origine des terrains cristallins primitifs. Bull. de la
Soc. géol. de France, t. XVI, 1887.

14.

Dès lors le développement de l'écorce terrestre résulterait du jeu simultané de deux ordres de formations bien distinctes, l'une *descendante* représentée par la consolidation d'une masse cristalline sphérique que les progrès du refroidissement obligent nécessairement à s'accroître par le bas ; l'autre *ascendante* comprenant, avec la longue suite, complexe et variée des roches éruptives, celle si puissante des roches sédimentaires qui, s'accumulant par couches successives superposées, tendent progressivement à s'écarter du centre.

C'est à l'histoire très instructive de cette seconde série de formations que vont être consacrés les chapitres suivants.

CHAPITRE III

TERRAINS PRIMAIRES — PÉRIODE PALÉOZOIQUE

Caractères généraux de la période. — Ces terrains, où la vie organique a laissé pour la première fois des traces bien nettes et qui renferment, par suite, les faunes et les flores les plus anciennes, correspondent à une des phases les plus intéressantes de l'histoire du globe. Elle a été marquée par de grands mouvements de dislocation, qui, en modifiant singulièrement la disposition réciproque des terres et des mers et par suite la géographie terrestre, tracent pour ainsi dire les limites de ces grandes divisions, et de sa séparation avec celle suivante dite secondaire. Comme conséquence de ces mouvements, les phénomènes éruptifs ne se sont guère interrompus pendant toute sa durée, en se traduisant par de grandes émissions de *granites* et de *porphyres*, et en prenant souvent, avec les *diabases* et les *porphyrites*, un caractère volcanique achevé. A leur tour des émanations métallifères sont venues, à de nombreuses reprises, tapisser les fentes de l'écorce de minerais variés. Tels sont ceux d'étain dont les relations avec les granulites et pegmatites sont étroites ; ceux de cuivre qui ont accompagné la sortie de roches plus basiques, diorites et diabases. Très fréquents sont aussi les gîtes de fer, subordonnés aux terrains primaires, qui viennent se présenter interstratifiés, à divers niveaux, dans des couches fossilifères fixant la date de ces émanations.

Les puissantes actions mécaniques exercées par ces mouvements du sol, celles d'ordre surtout chimiques dues aux intrusions multiples de roches éruptives dans les sédiments primaires ont eu pour effet d'y introduire des modifications profondes se traduisant toujours par un développement de minéraux cristallisés dans la roche durcie. Aussi est-ce sous cet aspect métamorphique que se présentent, le plus souvent, les roches stratifiées de cet âge, notamment dans les régions plissées où se tiennent leurs principaux affleurements. Dans ces conditions les anciens auteurs, étant donné cet état cristallisé et surtout leur passage insensible aux schistes cristallins primitifs, les avaient réunis sous le nom de *terrains de transition*. Cette dernière condition est bien réalisée par ce fait que les sédiments primaires conservent longtemps un caractère *phylladien*, c'est-à-dire celui des schistes originairement argileux mais devenus durs, compacts, et remplis de petits cristaux dont l'analyse microscopique permet seule de révéler la nature. En même temps dans cette zone très uniforme des *phyllades*, toute trace de corps organisé fait défaut, mais bientôt apparaissent des sédiments plus variés, gréseux puis calcaires, où de nombreux fossiles annoncent que la vie était répandue à profusion dans les eaux marines qui les ont déposés. Alors apparaît la faune primaire avec tous les caractères précédemment décrits : prédominance des *Trilobites* à tous les niveaux, celle aussi de certaine familles de brachiopodes, telles que les *Spiriféridés* et les *Productidés* qui prennent de plus en plus d'importance à mesure que les trilobites tendent à disparaître ; développement exceptionnel des céphalopodes à coquille cloisonnée de la famille des *Nautilides*, dès que les calcaires apparaissent. Ces derniers deviennent ensuite l'œuvre exclusive d'organismes constructeurs tels que les hydrozoaires (stromatopores) et les polypiers, puis finalement ce sont des foraminifères qui remplissent ce rôle dans les calcaires blancs crayeux à *fusulines* de la Russie.

A cette date les continents sensiblement accrus par suite des mouvements précédemment indiqués, sont bien préparés pour servir de support aux premiers représentants des êtres terrestres et surtout à la riche végétation qui donnera lieu à la *houille*. Cette extension des continents prend toute son importance à la fin de la période qui se termine par une phase où les eaux marines abandonnent les régions septentrionales pour se reporter vers le sud ; et c'est dans cette mer, qui occupait alors de vastes espaces dans la Russie méridionale en se poursuivant dans l'Asie centrale jusque sur l'emplacement actuel de l'Himalaya, que vient se placer le point de départ de la grande famille des *ammonnites* destinées à devenir ensuite, en raison de leur évolution rapide, la marque distinctive des faunes secondaires.

Divisions de la période primaire. — Tels sont les faits (mouvements généraux du sol déterminant à des époques déterminées de grandes variations dans la distribution des mers, modifications consécutives dans la faune marine correspondante) qui ont permis d'établir dans le vaste ensemble des terrains primaires les quatre divisions suivantes :

1° L'époque *Huronienne* [1] pendant laquelle les sédiments offrant une grande uniformité dans leur composition, et représentés surtout par des *phyllades* dépourvus de fossiles, se sont déposés dans une mer très étendue dont les rivages septentrionaux sont bien indiqués, par l'établissement dans les hautes latitudes de l'hémisphère boréal d'un vaste continent, après le dépôt des schistes cristallins.

2° L'époque *Silurienne* [2] où, dans les mers déjà délimitées en bassins distincts, se développe une faune remarquable composée surtout de *trilobites*, de *brachiopodes*, de *céphalopodes* et de curieux hydrozoaires, les *graptolites*, exclusivement propres à cette époque.

---

1. Ainsi nommée à cause du développement des dépôts de cet âge dans le Canada, en Amérique, sur les bords du lac Huron. Certains auteurs, tels que M. Hébert, ont qualifié cette même époque d'*archéenne* en raison de son ancienneté.

2. Terme emprunté à la géologie anglaise, en souvenir des *silures*, qui habitaient autrefois la contrée de l'Angleterre où ce terrain a été défini pour la première fois par sir R. Murchison.

3° L'époque *Dévonienne* [1] caractérisée par les deux faits suivants : évolution rapide des vertébrés sous la forme des poissons qui, apparus tardivement dans les dernières assises du silurien, se développent avec une ampleur exceptionnelle, dans les formations gréseuses littorales, tandis que dans le domaine maritime proprement dit les brachiopodes diversifiés deviennent assez nombreux pour fournir, à tous les niveaux, les espèces caractéristiques; une extension plus grande des continents sur lesquels s'établit une végétation puissante, où déjà la présence des principaux types de cryptogames de la flore houillère peut être constatée.

4° L'époque *Permo-carbonifère*, qui comprend deux termes d'importance inégale mais bien soudés : le *Carbonifère* suffisamment caractérisé, comme son nom l'indique, par la prédominance marquée de la houille, et le *Permien* qui tire son nom du gouvernement de Perm, en Russie, où se fait en Europe le plein développement des dépôts marins de cet âge sous la forme de puissantes assises calcaires, où on peut constater l'association des premiers types d'*Ammonitidés* avec des *Productus*, c'est-à-dire de brachiopodes éminemment caractéristiques de la faune carbonifère avec des céphalopodes destinés à prédominer dans les mers secondaires.

I. — ÉPOQUE HURONIENNE

Dans les hautes latitudes de l'hémisphère boréal, la continuité entre les schistes cristallins et les roches sédimentaires normales, signalée plus haut, disparaît pour faire place à une ligne de discordance bien marquée; les dépôts schisteux ou gréseux venant s'étendre en couches horizontales sur les gneiss et micaschistes repliés. Depuis l'Écosse, jusque dans le nord de l'Amérique, en passant par la Norwège, le Spitzberg et la Chine septentrionale, on peut suivre une zone gneissique plissée où les roches primitives ont été ainsi redressées avant le dépôt de cette nouvelle série de couches. Ce sont là des faits très

1. Du comté de Devon en Angleterre.

expressifs, attestant l'établissement, dans les régions septentrionales, postérieurement à la formation des schistes cristallins, d'une vaste terre de gneiss et de granite, qui a servi de
rivage à cette nouvelle mer dont la trace se présente à nous
maintenant sous la forme des dépôts *huroniens* ; série puissante
de roches encore schisteuses qui conservent pendant bien longtemps un caractère cristallin prononcé ; mais il devient toujours
facile d'en attribuer la cause à l'influence d'une roche éruptive
intercalée ; puis bientôt apparaissent des grès et des conglomérats avec, par places, quelques lits calcaires, c'est-à-dire les
types normaux des roches de sédiment.

Ces conditions sont surtout bien réalisées dans la région des
grands lacs, en Amérique, notamment sur les rives classiques
du lac Huron et, plus au nord, dans la région de la rivière des
Pluies, autour du lac Rainy, où ces couches huroniennes,
épaisses de plusieurs milliers de mètres, et nettement discordantes sur les gneiss et micaschistes sous-jacents, se présentent
surtout gréseuses, à peine modifiées, en admettant au sommet
des calcaires amorphes schisteux. La fréquence des conglomérats atteste le caractère littoral de ces dépôts qui se sont
faits dans des eaux mouvementées, parcourues par des courants
rapides et quand on atteint les limites de cette formation, on
voit apparaître des roches éruptives variées, basiques, avec des
diabases et des diorites, mais surtout porphyriques, et qui se
présentent avec des allures attestant que leurs émissions ont
été contemporaines de ces dépôts. Cette dernière circonstance
fort intéressante vient nous apprendre qu'à ces époques
anciennes, comme de nos jours, l'activité éruptive avait une
tendance marquée à venir se concentrer le long des rivages.
Or cette condition deviendra, dans l'avenir, la règle des épanchements de roches filoniennes et surtout de celles dont le
caractère volcanique sera bien accentué.

En Finlande, au voisinage du lac d'Onega, des quartzites et
des conglomérats en tous points semblables comme aspect et
comme allure, dessinent de même la bordure de ce continent
primitif arctique. En Chine cette série, toujours discordante sur
les gneiss, et constituée encore à l'état de grès, d'arkoses ou de
conglomérats sans fossiles, n'a pas moins de 4000 m. d'épaisseur.

C'est ensuite sur notre sol français en Bretagne et dans le
Cotentin qu'il faut venir chercher le meilleur type du facies
schisteux de cet âge. On atteint alors des points plus écartés
du rivage, soumis à un régime de sédimentation plus tranquille;
en même temps en Bretagne, dans le Finistère, une région où
la continuité des schistes cristallins avec ces phyllades huroniennes peut s'observer. C'est dans l'ouest de la péninsule et
surtout dans le Cotentin où ils forment en son entier le sous-
sol du département de la Manche que se fait le plein développement de ces schistes compacts, à grain fin, bien connus dans
la région sous le nom de *phyllades* de St-Lô. Cette ville, en
effet, occupe le centre d'une vaste région, où de grandes carrières qui entament ces schistes, largement exploités pour dalles
ou comme ardoises grossières, permettent de constater la fixité
de leur allure et l'homogénéité de leur composition. Mais quand
on s'écarte de cette région pour se rapprocher des bords du
bassin on les voit perdre la finesse de leur grain, devenir gréseuses, puis finalement alterner avec de gros bancs de poudingues à éléments quartzeux. Ces faits se passent sur la côte
ouest du Cotentin, où on peut constater qu'à Granville ces
poudingues renferment à l'état de galets, un granite identique
à celui qui constitue, non loin de là, l'archipel des îles Chaus
sey. Ainsi s'affirme l'existence en ce point d'un massif granitique antérieur aux phyllades et dont l'émission est vraisemblablement contemporaine des phénomènes des dislocations qui
ont redressé les gneiss.

Dans le nord du Finistère ces phyllades subissent des modifications importantes dans leur composition, qui les amènent à
l'état de schistes luisants sériciteux à Cherbourg et les rendent
gneissiques à la pointe de la Hague[1]; la cause est facile à trouver
quand on voit dans cette région le nombre des filons de granulite et de pegmatite qui traversent ces phyllades en tous sens.
En d'autres points de nombreux bancs sont chargés de macles
et ce développement remarquable de *schistes maclifères* doit

1. Dans la rade de Brest des gneiss bien développés et représentés
comme tels sur les anciennes cartes géologiques, ne sont autres que des
phyllades de cette nature feldspathisées et surchargées de mica par le Granite de Kersaint.

être attribué à l'influence des massifs granitiques voisins, dont le principal et le plus connu c'est celui de Vire, si largement exploité, comme on sait, pour les dalles de trottoir de notre capitale.

En Bretagne les modifications subies par les phyllades ne se limitent pas à ces actions métamorphiques; dans le Trégorrois, au nord du Finistère on les observe, disposées régulièrement en zones alternantes avec des coulées contemporaines de roches éruptives basiques, diabases et porphyrites avec tufs associés [1], qui viennent indiquer qu'à cette époque ancienne la Bretagne, comme l'Amérique du Nord, était le théâtre de manifestations éruptives importantes [2]. Il en était de même pour l'Angleterre méridionale, ainsi qu'en témoigne le développement, pris par de pareilles roches dans le pays de Galles, dans une large zone de phyllades bien caractérisées.

Quoi qu'il en soit de ces variations, en Bretagne comme en Angleterre, les dépôts huroniens s'observent toujours fortement redressés, verticaux, et le plus fortement recouverts par une nappe horizontale ou faiblement inclinée de gros galets cimentés en un poudingue quartzeux qui représente, dans ces deux régions, le premier terme des assises siluriennes. Or quels sont les enseignements précieux qu'on peut tirer de ces deux ordres de faits : c'est d'une part qu'après leur dépôt les couches huroniennes ont été amenées au jour par des mouvements du sol qui, en les redressant, ont provoqué l'émersion de la région ; de l'autre, qu'une oscillation en sens inverse au commencement du silurien, a permis aux eaux marines de reprendre possession du domaine qu'elles avaient momentanément abandonné.

Dès lors, les dépôts huroniens apparaissent encadrés dans des limites fort nettes, des discordances de stratification introduisant des lignes de séparation bien marquées avec les assises encaissantes, cristallophylliennes d'une part, siluriennes de

---

1. On aura une idée de l'importance prise par ces roches éruptives en songeant que ce sont elles qui, largement exploitées sous le nom de *pierre de Locquirec*, fournissent la majeure partie des pierres tombales dans les cimetières bretons.

2. Ch. Barrois, Sur les roches éruptives du Trégorrois (canton de Lanmeur). Ann. de la Soc. géol. de Lille, t. XV, 1888.

l'autre. On voit par suite combien la nécessité d'établir
un terrain spécial, entre la série primitive et le silurien,
s'impose.

II. — ÉPOQUE SILURIENNE

Caractères généraux des terrains siluriens. — A l'uniformité des sédiments huroniens où dominent, comme nous
venons de le voir, des phyllades et des grès durs (quartzites)
plus ou moins schisteux, succède à l'époque une plus grande
variété dans les dépôts. Les continents nouvellement exhaussés
offrant aux érosions des surfaces fraîches et des éléments nouveaux on voit apparaître, dans les mers déjà délimitées en
bassins distincts, toutes les formes que peuvent revêtir les
sédiments marins; en particulier, vers la fin, des calcaires
remplis de polypiers et de crinoïdes, qu'on peut sans hésiter
rapporter à une origine organique sont largement représentés.

C'est au milieu de ces formations nettement stratifiées, gréseuses, schisteuses, ou calcaires, et même demeurant meubles dans les régions où, comme en Russie, aucune action
mécanique n'est venue troubler leur horizontalité première que
se présentent, dès le début, les premières traces bien caractérisées de corps organisés fossiles, d'abord limitées à des traces
d'annélides jointes à des algues marines et à quelques rares
brachiopodes inarticulés (*Lingules*). Mais bientôt une faune
plus diversifiée, remarquablement riche, atteste que la vie était
répandue en abondance au milieu de ces eaux marines qui vraisemblablement avaient, dès lors, acquis une composition bien
voisine, sinon identique, avec celle qu'elles possèdent aujour-
d'hui. Il est alors à remarquer que les types organiques qui
apparaissent ainsi répandus souvent à profusion dans ces dépôts,
sont loin d'être inférieurs au point de vue de l'organisation.
La faune silurienne au contraire se signale non seulement par
l'abondance et la variété des formes qui la composent, mais
par leur perfection. C'est ainsi que parmi les mollusques ce
sont des céphalopodes, c'est-à-dire les types les plus élevés de
cette classe qui dominent au point de présenter dès le principe,

dans son maximum de développement, la grande famille des *Nautilides*. Chez les trilobites si caractéristiques de cette faune remarquable, ce sont à leur tour les *Paradoxides*, c'est-à-dire les plus segmentés et par suite les plus parfaits de cette classe, qui apparaissent les premiers.

De tous ces faits qu'on pourrait multiplier, mais déjà bien significatifs, il résulte que les couches siluriennes sont loin de renfermer la première faune connue; étant donné le degré d'évolution des principaux types organiques de cet âge, et la surprenante richesse de formes et d'individus déployée par chacun d'eux, il est clair qu'il faut reporter à une date antérieure l'apparition de la vie organique sur la terre; ses premières manifestations ont dû se faire, du simple au composé, dans les mers plus anciennes où se sont effectués les dépôts des phyllades, voire même celui des schistes primitifs; et si, jusqu'alors, la trace de ces premiers êtres ne nous est pas encore parvenue, c'est que, dans ces roches métamorphiques où tous les caractères habituels de la sédimentation sont effacés le plus souvent par des phénomènes de cristallisation prononcés, toutes les conditions pour les faire disparaître ont été réalisées.

Divisions du silurien. — Les variations qui se sont produites dans l'évolution de ce remarquable ensemble organique pendant la longue durée des temps siluriens, sont telles qu'on peut les grouper dans trois faunes distinctes superposées, correspondant chacune à une des trois grandes divisions qu'on s'accorde à établir dans cette puissante série de formations franchement marines, dont l'épaisseur totale reste toujours supérieure à 10 000 mètres [1].

C'est ainsi qu'on peut reconnaître dans la division inférieure, spécialement désignée sous le nom de *Cambrien*, une *faune primordiale* presque exclusivement composée de trilobites, avec une prédominance marquée des types de grande taille réalisés par les *Paradoxides*, tandis que les brachiopodes ne sont guère représentés que par des inarticulés de la famille des *Lingules*;

1. Ces données ont été acquises par les travaux paléontologiques remarquables de M. Barrande, sur le silurien de la Bohême dont il sera question plus loin.

ensuite *une faune seconde* caractérisée par l'éclosion des *Grapto-lithes* qui remplissent les schistes dans les facies vaseux, alors que dans les dépôts gréseux et calcaires dominent encore des trilobites appartenant surtout aux genres *Calymena*, *Illœnus*, *Dalmanites Homalonotus*, *Trinucleus*, avec des brachiopodes, principalement représentés par la famille des *Orthisinœ* ; en dernier dans la faune *troisième*, les céphalopodes, tardivement apparus dans la faune seconde, se développent avec une ampleur exceptionnelle, en prenant la place jusque-là tenue par les trilobites. Ces derniers s'accompagnent de grands crustacés *mérostomes*, c'est-à-dire pourvus de pattes-mâchoires, encore bien caractéristiques des faunes primaires et qui ne sont plus représentés aujourd'hui que par la Limule. En même temps l'abondance des polypiers témoigne de l'importance prise déjà par les cœlentérés qui, dans les mers de l'époque, font office d'organismes constructeurs en contribuant à la formation des calcaires.

Caractères paléontologiques généraux de la faune de la silurienne. — Dans les grés et schistes fossilifères les plus

Fig. 168. — *Nereites*, trace laissée par des Annélides sur les schistes cambriens du pays de Galles (Angleterre).

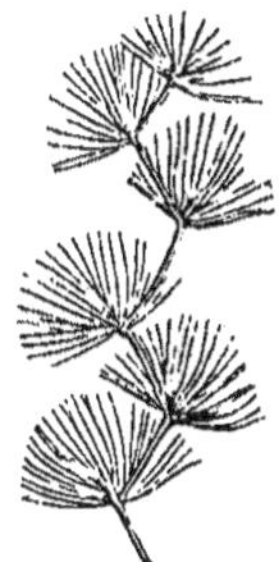

Fig. 169. — *Oldhamia*, des schistes cambriens de l'Ardenne.

anciens, avec des traces d'annélides errantes (*Nereites*, fig. 168) et surtout des empreintes de polypes hydraires, les *Oldhamia* (fig. 169) répandus à profusion sur les faces de séparation des couches, on rencontre en un grand nombre de points les petites coquilles minces et lisses des *Lingules* ayant à peu près la forme et les dimensions de l'ongle, aussi l'aspect puisque leur test est corné (fig. 170 et 171). Ces coquilles appartien-

BRACHIOPODES INARTICULÉS CARACTÉRISTIQUES DU CAMBRIEN

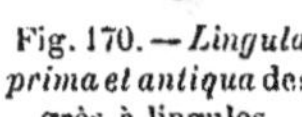

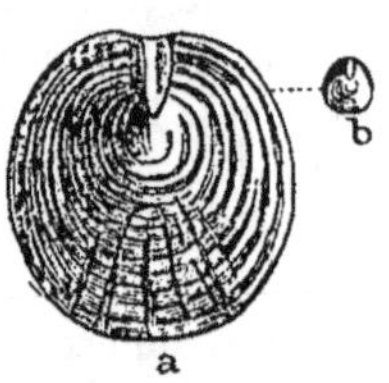

Fig. 170. — *Lingula prima et antiqua* des grès à lingules.

Fig. 171. — *Lingulella Davisi*, des *Lingula-flags* d'Angleterre.

Fig. 172. — *Discina pileolus* du Cambrien anglais. *a*, grossie ; *b*, dimension réelle.

ESPÈCES ACTUELLES DU MÊME GROUPE COMME TERME DE COMPARAISON

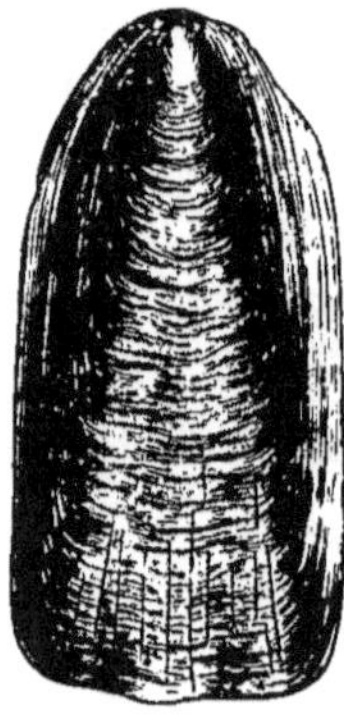

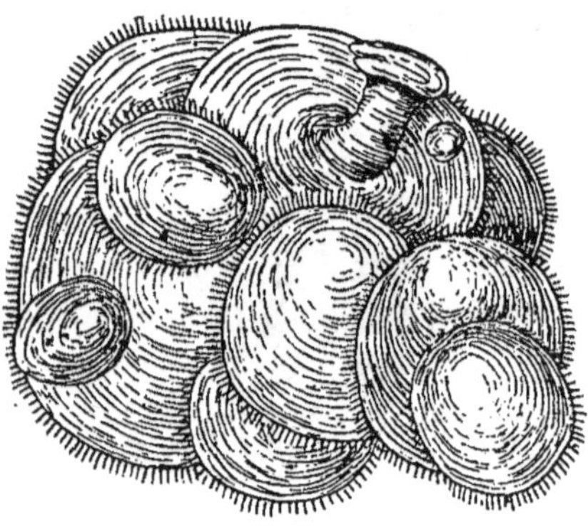

Fig. 173. — Lingule des mers de Chine.

Fig. 174. — Groupe de Discines actuelles fixées les unes sur les autres. (Côte du Pérou, d'après Davidson.)

nent à des brachiopodes *inarticulés* qui remplacent, pour fixer leurs deux valves, l'absence de charnières par un appareil musculaire assez compliqué, et dont la longévité sera grande puisqu'on les retrouve actuellement dans les mers tropicales, peu profondes, sans avoir subi de modifications notables. Le nombre prodigieux de ces lingules cambriennes dans certains *grés dits à lingules*, attestent qu'elles vivaient en société et se réunissaient, dans tous les endroits où elles se localisaient, par troupes nombreuses et pressées, comme les espèces actuelles [1]. Dans les mêmes couches, des brachiopodes du même groupe et non moins caractéristiques, mais de forme arrondie, *Discina* (fig. 172), partagent le même sort. Ces Discines se rencontrent actuellement nombreuses dans les mers de Chine et sur la côte du Pérou (fig. 174), où elles se présentent à peine différenciées de celles du cambrien.

Trilobites. — Les espèces les plus caractéristiques sont ensuite fournies par les *Trilobites*, c'est-à-dire par un groupe de crustacés, complètement éteints, étroitement limités à la faune paléozoïque et caractérisés par cette trilobation bien nette de leur corps qui leur a valu leur nom ; trilobation qui peut s'observer dans le sens de la longueur et surtout transversalement où on remarque, dans cette direction, trois segments qui sont : une tête semi-circulaire, en forme de bouclier, présentant une partie centrale renflée (*glabelle*), et deux bords latéraux (*joues*), qui supportent des yeux ponctués ou réticulés, remarquablement développés dans quelques espèces où ils étaient pourvus d'un nombre prodigieux de facettes [2]; une partie centrale (*thorax*), composée d'anneaux mobiles, pourvus latéralement d'appendices souvent épineux (*plèvres*). Enfin à l'extrémité,

1. Sur la côte de Manille par exemple les Lingules sont à ce point abondantes qu'on les recueille par boisseaux pour en faire usage, comme nourriture, dans le pays.

2. Ces yeux toujours en saillie sur les joues étaient de forme et de structure variée, mais tous disposés de telle façon que le champ de vision devenait latéral. Dans ceux composés le nombre des cristallins de chaque œil varie de 14 (*Phacops*) à 600 (*Dalmanites*) et peut s'élever à 14000 chez les *Asaphus*. Certains genres, tels que l'*Agnostus*, étaient aveugles, d'autres *Conocephalites*, *Trinucleus* ne présentaient seulement que quelques espèces privées d'yeux. Étant donné ce fait aujourd'hui révélé par les explorations sous-marines, que dans les grandes profondeurs océaniques, les animaux très spéciaux qui se tiennent dans ces abîmes sont aveugles, on en a conclu que les trilobites, qui réalisent cette condition, étaient des formes siluriennes de grandes profondeurs. Or, dans les dépôts siluriens, les trilobites aveugles se tenant côte à côte avec les espèces pourvues des yeux les plus composés, cette interprétation doit être rejetée.

une pièce unique, composée d'anneaux soudés porte le nom
de *pygidium*. Leur test mince (tégument dorsal) souvent bien

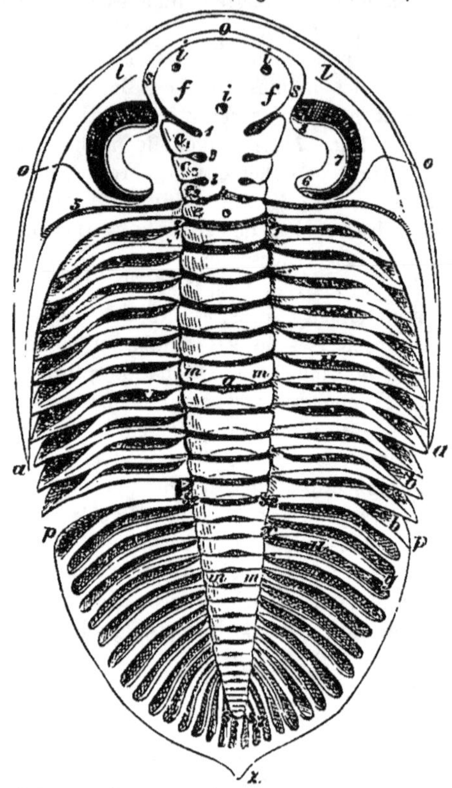

Fig. 175. — *Dalmanites Hausmanni* du silurien supérieur, montrant la division
nettement trilobée des trilobites. — Éléments du thorax : *m, m*, anneau central ;
n, plèvre ; *g*, articulation des anneaux de l'axe central. — Éléments du bouclier
céphalique : glabelle avec ses sillons latéraux, 1, 2, 3 ; *l*, bord frontal ; *a, a,*
pointes génales ; *e*, anneau occipital ; 6, 7, 8, yeux latéraux. — Éléments du
pygidium, *m, m,* anneau central fixe ; *u*, segments latéraux soudés ; *z*, aiguillon
caudal. (Hœrnes, *Manuel de Paléontologie*.)

conservé, lisse ou marqué de granulations, se présente parfois
très orné et garni de pointes épineuses. Les anneaux mobiles
du thorax étaient pourvus d'une articulation en forme de genou

.qui permettait au trilobite de pouvoir s'enrouler en boule, comme un cloporte (fig. 175).

Les variations qui s'introduisent dans le nombre des anneaux thoraciques, dans la forme et les dimensions des divers segments, ont permis de grouper les trilobites dans plusieurs familles comprenant chacune un nombre plus ou moins grand de genres, dont la distribution est intéressante à connaître, certains d'entre eux occupant dans les assises siluriennes des niveaux spéciaux où ils viennent fournir les formes caractéristiques. Tels sont les *Paradoxides* qui ne dépassent jamais les limites du Cambrien (silurien inférieur).

Fig. 176. — Calymène montrant le mode d'enroulement des trilobites.

TRILOBITES CARACTÉRISTIQUES DE LA FAUNE PRIMORDIALE (CAMBRIEN)

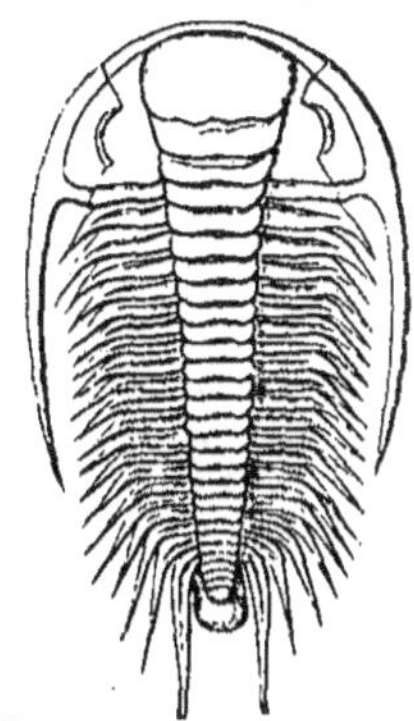

Fig. 177. — *Paradoxides Bohemicus* du Cambrien de Bohême.

Fig. 178. — *Olenus micrurus* des schistes olénidiens d'Angleterre.

Fig. 179. — *Agnostus integer*, du Cambrien de Bohême.

A côté de ces grands trilobites primordiaux, caractérisés par un grand nombre d'anneaux thoraciques (16 à 20), l'étroitesse du pigydium, la forme semi-circulaire de leur tête élargie (fig. 180) figurent dans cette même faune cambrienne des genres de dimensions plus réduites et dépourvus de la faculté de s'enrouler, tels que les *Olenus* (fig. 178), ainsi que des *Agnostus* (fig. 179) qui, avec leur petite carapace limitée à deux segments thoraciques, représentent la forme la plus réduite parmi les trilobites.

Dans la faune seconde apparaissent des genres nouveaux parmi lesquels on peut citer comme très fréquents : les *Dalmanites* dont la tête avec sa glabelle renflée au sommet, et ses joues terminées en pointe, est représentée dans la figure 182; les *Trinucleus* avec leur glabelle et leurs joues très renflées,

TRILOBITES CARACTÉRISTIQUES DE LA FAUNE SECONDE

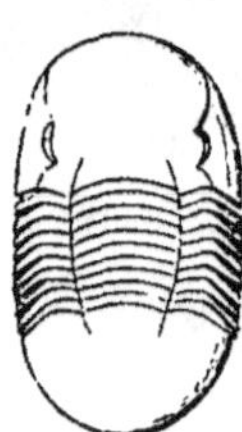

Fig. 180.— *Illœnus Davisi* des schistes du silurien moyen d'Angleterre.

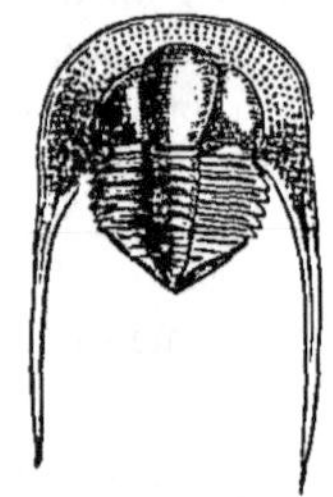

Fig. 181. — *Trinucleus ornatus* des ardoises de Riadan, en Bretagne.

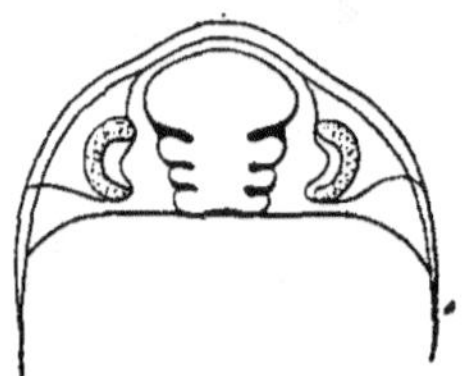

Fig. 182. — Tête de *Dalmanites socialis* du Silurien moyen de Bohême.

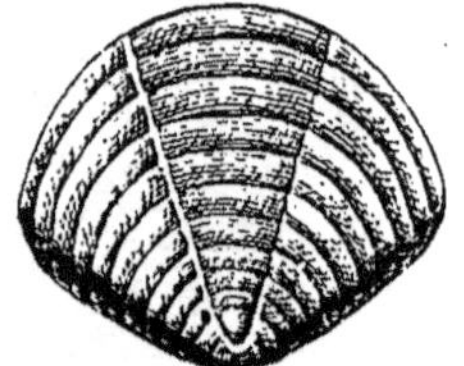

Fig. 183. — Pigydium d'un Homalonotus des grès de May (Calvados).

entourées d'un limbe élargi criblé des perforations et leurs grandes pointes génales (fig. 184), les *Illœnus* de forme ovalaire et nettement trilobés (fig. 180), les *Homalonotus* (fig. 183) où cette trilobation est presque effacée, enfin les *Calymènes* qui s'enroulent si facilement (fig. 184) et se poursuivront dans la faune troisième où le *Calymène Blumenbachi* (fig. 185) se signale toujours par son abondance et sa belle conservation dans les calcaires du silurien supérieur.

Dans cette faune troisième les trilobites commencent déjà à décroître. La plupart des genres précédemment cités ont disparu; ceux qui poursuivent leur marche progressive sont avec les *Calymènes*, des *Phacops* aux yeux proéminents pourvus de nombreuses facettes et le genre *Harpes* (fig. 186) si remarquable avec son large limbe disposé en fer à cheval, qui peut compter comme caractéristique de cette dernière phase.

Céphalopodes : *Nautiles* et *Orthocères*. Les céphalopodes qui

TRILOBITES CARACTÉRISTIQUES DE LA FAUNE TROISIÈME

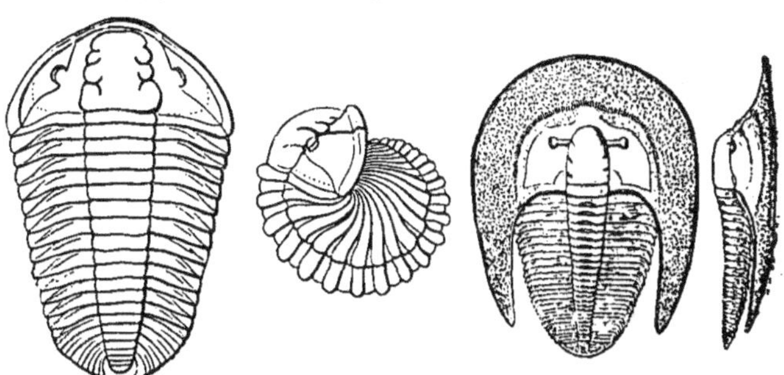

Fig. 184. — La même Calymène enroulée. Fig. 185. — *Calymène Blumenbachi* des calcaires de Dudley (Angleterre). Fig. 186. — *Harpes venulosa* des calcaires du silurien supérieur de Bohême.

donnent à la faune troisième son caractère particulier sont des *Nautilides*, c'est-à-dire des céphalopodes tétrabranchiaux pourvus d'une coquille externe divisée en un grand nombre de loges par des cloisons transversales se succédant à intervalles réguliers et qui chacune représente un stade dans l'accroissement de cette coquille.

L'animal se tient dans la chambre antérieure, fixé à la coquille, par des muscles puissants placés sous les yeux. Les autres loges, remplies d'air, restent en communication avec la chambre d'habitation par le *siphon*, sorte de tube qui traverse toutes les cloisons et renferme un prolongement membraneux du corps de l'animal (fig. 187).

Ces céphalopodes essentiellement pélagiques, qui ne sont plus représentés actuellement que par un seul genre, le *Nautile flambé* de la mer des Indes, et six espèces, en comprenaient à l'époque silurienne plus de 1200, qui viennent se répartir dans

15.

deux familles dont l'une, celle des *Orthoceratidæ*, est complète-ment éteinte. C'est cette der-nière qui a formé dans les as-sises siluriennes le plus grand nombre de genres et d'espè-ces.

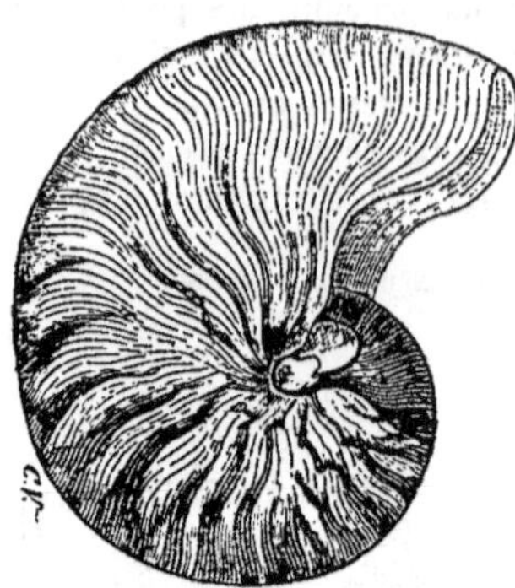

Fig. 187. — Nautile flambé des mers actuelles.

Les orthocères dans leur for-me typique (fig. 189), avec leur coquille droite, régulièrement conique, peuvent être considé-rés comme des nautiles dérou-lés et entre cette forme simple si-mulant un cône allongé et celle enroulée en spirale du nautile, on observe tous les passages. Un certain nombre de genres intermédiaires présentent ensuite des coquilles arquées (*Cyrtoce-*

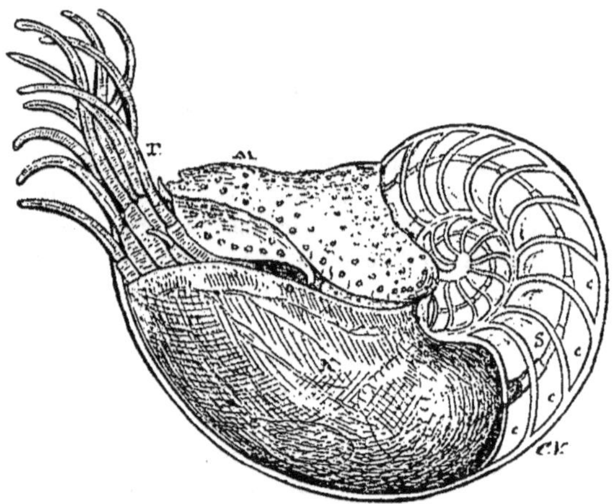

Fig. 188. — Nautile (la coquille a été sciée pour montrer les loges que traverse le siphon; l'animal occupe la dernière de ces loges). — T, bras tentaculaires; M, manteau; O, œil; N, nautile; S, siphon; C, C, cloisons.

ras, fig. 191), puis spiralées (*Gyroceras*). Parmi ces orthocères il en est qui pouvaient atteindre 2 mètres de long, d'autres raccourcis

(*Ascoceras*) rachetaient leur faible dimension en hauteur en
se renflant en forme d'outre. A son tour les *Trochoceras* offraient
l'exemple d'une coquille développée en spirale à la façon d'un
escargot. A côté de ces formes déjà étranges mais conservant
toutes l'ouverture large et simple du nautile, il en était encore

PRINCIPALES FORMES DES ORTHOCÈRES DU SILURIEN

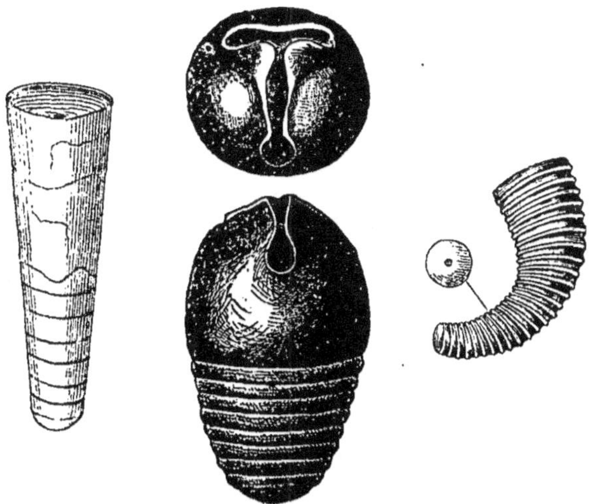

Fig. 189. — Orthocéras.   Fig. 190. — Gomphocéras.   Fig. 191. — Cyrtocéras.

de nombreuses qui présentaient cette ouverture contractée,
contractée même à ce point, dans certains genres, que l'animal
n'avait plus guère de place pour déployer ses nombreux bras
tentaculaires : tel est le *Gomphoceras* représenté dans la figure 190
et qui devient le type d'une famille spéciale ne comprenant pas
moins de six genres. Si je cite ces faits c'est pour montrer combien a été grande l'extension des Nautilides dans la faune silurienne, et que ce degré d'évolution qui atteint, d'un seul coup
au silurien supérieur, son maximum deviendrait inexplicable si
on n'admettait pas que les formes ancestrales de ces céphalopodes ont dû apparaître à une époque antérieure.

Dans les assises élevées du silurien l'apparition des *Goniatites,* leur fréquence même au point où déjà commencent à décroître les Nautilides annonce le début d'un groupe nouveau de céphalopodes cette fois dibranchiaux et pourvus de coquilles dont les cloisons n'ont plus la simplicité de celle des Nautiles; ces goniatites qui deviendront surtout abondantes dans les assises dévoniennes et carbonifères, en attendant qu'à leur tour elles disparaissent pour faire place aux Ammonites.

Gastropodes, Lamellibranches, Ptéropodes. — Les Gastropodes et les Lamellibranches ne remplissent qu'un rôle effacé dans la faune silurienne. Cependant on peut noter ce fait intéressant que les premiers ont apparu plus tardivement en Europe qu'en Amérique. La faune cambienne américaine comprend déjà des *Pleurotomaires*, alors qu'en Europe ces gastropodes ne se présentent que dans la faune seconde. Avec ces pleurotomaires représentés par plus de 100 espèces, et devenus si rares dans nos mers actuelles, on remarque des formes qui nous sont plus familières tels que des *Turbos*, aujourd'hui si répandus dans les mers chaudes où ils se signalent par la richesse de leur ornementation. Les *Lamellibranches*, qui ne prendront un grand essor que dans la période secondaire, sont surtout des *Aviculidœ*, des *Arches* qui fournissent les genres caractéristiques tels que *Cardiola* et des *Nucules*. En somme parmi ces mollusques siluriens la grande majorité sont ceux qui présentent une couche interne nacrée. La sécrétion de la nacre chez les mollusques apparaît donc comme un fait de la plus haute antiquité.

Mais ce sont surtout les *Ptéropodes* qui présentent, indépendamment de leur fréquence, des particularités intéressantes à signaler. Ces petits animaux essentiellement pélagiques qui habitent seulement la haute mer, où ils vivent par troupes nombreuses suffisamment compactes pour la nuancer de teintes sombres ont, comme on sait, leur corps nu protégé par une coquille mince et hyaline, d'où s'élèvent deux expansions latérales en forme d'ailes qui font office de rames et leur servent à progresser (fig. 192). Or, ces ptéropodes qui se signalent actuellement par la petitesse et l'extrême fragilité de leur coquille, étaient représentés à l'époque silurienne par des genres dans lesquels on peut voir, les uns de véritables précurseurs des genres actuels, les autres des types très différents et n'ayant plus rien d'analogue aujourd'hui. A la première catégorie appartiennent ces petites coquilles grêles et coniques désignées sous le nom de *Tentaculites*, qui remplissent certains

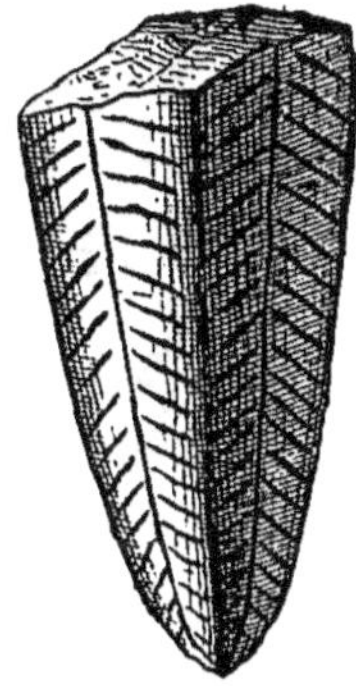

Fig. 192. — *Conulariapyramidata* du silurien moyen, au 1/3 de la grandeur.

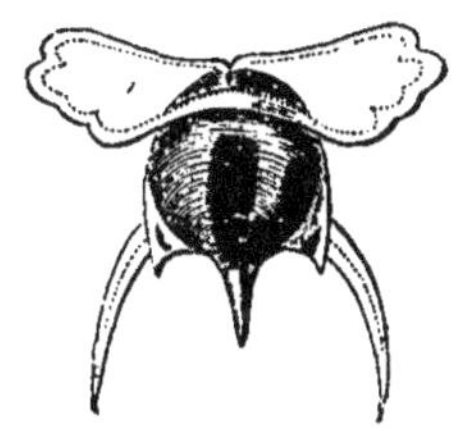

Fig. 193. — *Hyalea tridentata*, Ptéropode actuel (grandeur naturelle).

schistes siluriens; à la seconde, les *Conulaires* dont les coquilles en forme de pyramide aiguë, atteignent parfois 30 centimètres et qui peuvent être considérés comme les géants de cette classe.

Cœlentérés, Graptolithes et polypiers. — Parmi les fossiles les plus caractéristiques du silurien figurent les *Graptolithes* puisqu'ils disparaissent avec cette époque après avoir pris leur plein développement dans la faune seconde. C'étaient de petits polypes hydraires du groupe des Sertulariens et vivant comme eux en colonies. Pour protéger leur corps mou, sans consistance, ils secrétaient un étui chitineux consolidé par un axe solide et supportant une ou deux rangées de cellules creuses, saillantes et obliques (hydrothèques) [1], en forme de dents de scie, où se tenaient les polypes.

Mieux que toute description, les figures ci-contre (fig. 194 à 199), montreront combien sont variées les formes que peuvent réaliser des organismes aussi simples. Elles peuvent se ramener à deux types : l'un présentant deux rangées de cellules situées

1. On appelle ainsi les calices chitineux des hydraires (θήκη, urne).

de part et d'autre de l'axe commun (*Diplograptus*, fig. 197), l'autre n'en présentant plus qu'une (*Monograptus*, fig. 194).

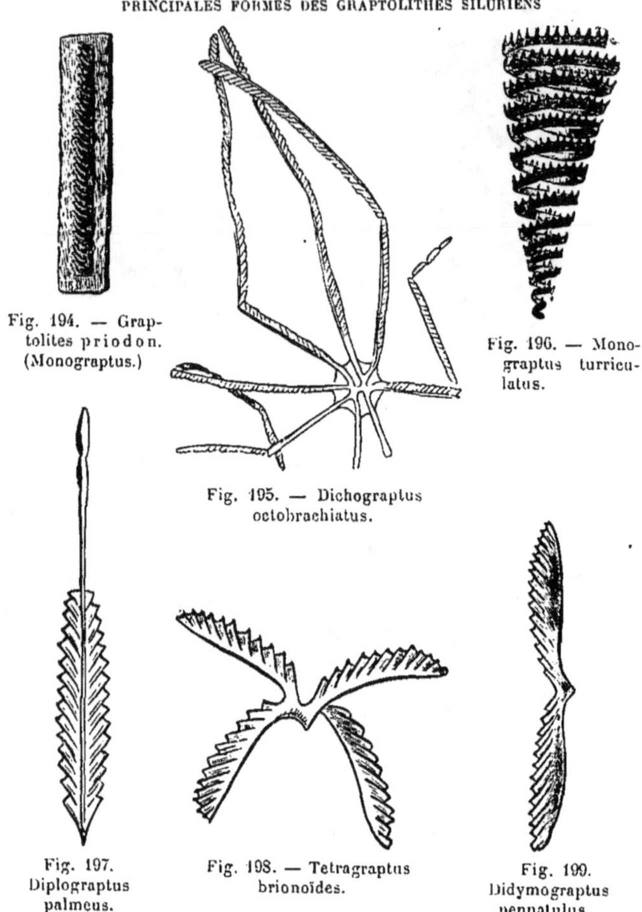

Fig. 194. — Graptolites priodon. (Monograptus.)

Fig. 195. — Dichograptus octobrachiatus.

Fig. 196. — Monograptus turriculatus.

Fig. 197. Diplograptus palmeus.

Fig. 198. — Tetragraptus brionoïdes.

Fig. 199. Didymograptus pennatulus.

Ce sont ces graptolithes simples, unilatéraux qui sont apparus les derniers dans le silurien supérieur, alors que ceux formés

de deux branches soudées le long de l'axe étaient déjà à leur
déclin. On s'accorde dès lors à penser qu'ils sont nés de ces
graptolithes bilatéraux par atrophie d'une des deux branches.
De plus, étant donné ce fait que les hydroïdes actuels après être
restés quelque temps fixés sur le sol, sont destinés ensuite à
mener une vie errante sous la forme des méduses, les graptolithes entraînaient nécessairement avec eux l'idée que ces
curieux phénomènes de génération alternante avaient dû se
passer dans les eaux siluriennes. Si les méduses qui en déri-
vaient ne restaient encore inconnues, c'est que la délicatesse de
leurs tissus, jointe à l'absence totale de parties solides, enlevaient
toute chance qu'elles aient pu être conservées à l'état fossile.
Or cette idée qui pendant bien longtemps est restée à l'état
d'hypothèse est devenue maintenant une réalité; récemment en
effet on a découvert dans les grès cambriens de la Suède des
empreintes suffisamment nettes pour qu'on puisse les attribuer
à de franches *Méduses*.

Quant aux polypiers qui, dans la faune troisième, prennent
un grand développement, ce sont de véritables coraux de récifs
(*Cyatophyllum*, *Favosites*), affectant déjà une grande variété de
formes rameuses, fasciculées ou massives, et déjà associés soit
à des Alcyonnaires (*Heliolites*), soit à des Bryozaires (*Cheletes*)
comme dans les formations coralligènes actuelles.

Au voisinage de ces récifs, se tenaient également en grand
nombre, comme de nos jours, de nombreux *Crinoïdes*, les uns
(*Cyathocrinus*) comme d'habitude fixés sur le sol et portant
haut sur une longue tige, flexible, formée de nombreux
anneaux, leur calice entouré d'une touffe d'appendices également articulés de façon à pouvoir s'étaler librement ou se
resserrer comme les pétales d'une fleur pendant son sommeil;
les autres, de forme étrange, renflés en boule (*Cystidés*) et ne
présentant qu'une courte tige sessile avec des bras rudimen-
taires. Ces derniers qui n'ont plus rien aujourd'hui d'analogue,
ont pris au silurien tout leur développement.

Enfin on ne peut méconnaitre que de nombreux *poissons*
dans les assises tout à fait supérieures annoncent l'arrivée tardive, mais bien caractérisée, des vertébrés. Enfin, la découverte
récente dans les calcaires du silurien supérieur de la Suède, d'un

insecte très voisin de nos scorpions actuels, nous apprend, à son tour, que les animaux à respiration aérienne ne manquaient pas dans cette faune remarquable; et cela d'autant plus que les scorpions étant, comme on sait, carnivores, cet insecte ne pouvait pas être isolé.

En résumé à l'exception des vertébrés qui n'apparaissent vers la fin que sous la forme des poissons, tous les embranchements du règne animal étaient largement représentés dans cette faune qui, placée au début de la série paléozoïque, reste la plus ancienne connue, en même temps la plus riche de la période primaire; les espèces s'y chiffrent, en effet, par milliers.

Par contre, alors que la vie se manifestait dans les océans avec une telle exubérance, les terres émergées, basses et peu étendues, sont restées désertes; seule une maigre végétation composée de quelques plantes scoriacées et rabougries (*Psilophyton*) appartenant à la famille des Lycopodiacées, et de fougères grêles (*Sphenophyllum primævum*), dont on ne trouve les empreintes que dans les couches supérieures, a tenté de s'y établir.

Principaux types régionaux du silurien. — Quand on examine la distribution géographique des divers éléments qui composent la faune silurienne on peut de suite faire cette remarque importante, que si, dans son ensemble, elle conserve une grande uniformité, on peut déjà constater parmi les types génériques un grand nombre de formes *régionales*, c'est-à-dire étroitement localisées dans des régions déterminées, d'étendue parfois très restreinte. Ces différences sont surtout bien accusées dans les espèces qui, loin d'être identiques sur toute la surface du globe, rentrent le plus souvent dans la catégorie de celles qu'on peut qualifier de *représentatives*. Par exemple, entre le silurien d'Amérique et celui d'Europe il n'existe pour ainsi dire aucune espèce commune; et nous verrons ce caractère s'accentuer à l'époque dévonienne où cette absence complète de formes européennes rend bien difficile l'assimilation entre les divisions qu'on peut établir dans les terrains de cet âge dans ces deux contrées. Quant aux raisons qui déterminent déjà à ces époques anciennes des *provinces zoologiques* distinctes, il faut venir les chercher dans une délimitation, déjà bien marquée, des mers en bassins pourvus chacun d'un régime de sédimentation distinct; notamment dans la différenciation déjà bien accentuée des nappes d'eau marine en *océans*, dont le dessin général remonte ainsi à la plus haute antiquité et en *mers continentales*, communiquant avec ces grandes dépressions océaniques par des détroits plus ou moins larges; ce sont les dépôts successifs de ces dernières mers qui, relevés par suite de mouvements orogéniques postérieurs, sont surtout destinés à former les continents futurs.

C'est de la sorte que, dans le silurien d'Europe, on peut distinguer une première zone septentrionale s'étendant de l'Ecosse à la Scandinavie, où règne pour ainsi dire, sans partage, un *facies vaseux*, représenté par des schistes noirs charbonneux remplis de graptolithes ou de trilobites; schistes qui se développent largement au-dessus d'une série de grès et de conglomérats, accumulés sur les rivages de l'époque par des courants littoraux longeant la côte de l'ancien continent arctique, singulièrement accru dans la direction du sud, par l'adjonction d'une large bande de sédiments huroniens.

De l'Angleterre jusqu'en Russie au voisinage du lac Onega, en passant par les provinces riveraines de la Baltique, s'étend ensuite une seconde zone, fort intéressante, aujourd'hui démantelée par les érosions, et qui comprend une série plus variée de couches remarquablement fossilifères, surtout au sommet où les calcaires célèbres de Dudley en Angleterre et de l'île de Gothland (Suède) si riches en polypiers et en crinoïdes, annoncent l'établissement, à la fin du silurien, dans des eaux nécessairement peu profondes, de formations franchement coralligènes. Nulle part en Europe on ne rencontre une bande corallienne semblable.

Plus au sud dans l'Europe centrale, au milieu de ces larges affleurements de silurien qui, en Thuringe, dans le Hartz, en Bavière se relient par leur faune avec ceux de l'Angleterre et de la Scandinavie, le silurien de la Bohême, célèbre entre tous par le nombre et la variété des espèces qu'il contient [1], représente un terme spécial, indépendant, qui peut compter comme

---

1. Dès 1887 Barrande comptait, dans ce bassin silurien qui n'occupe autour de Prague qu'une surface insignifiante (148 kil. de long, sur 30 kil. de large) plus de 10 000 espèces et depuis, ce nombre, grâce aux recherches plus récentes, s'est sensiblement accru.

le meilleur exemple qu'on puisse citer de la localisation des bassins maritimes à l'époque silurienne.

A leur tour, et malgré leur proximité des régions indiquées, les dépôts siluriens si bien développés sur notre territoire français, d'une part à l'ouest en Bretagne et dans le Cotentin, où ils se signalent par une grande variété dans leur composition, de l'autre, à l'est, dans les Ardennes où ils restent tout entiers schisteux en fournissant les ardoises, bien connues, de Deville et de Fumay, présentent entre eux, dans la nature des sédiments et la distribution des fossiles, des différences aussi marquées qu'avec les régions voisines. Enfin, quand, dans le sud du Plateau Central, on peut pour la première fois, sur notre sol français, atteindre dans des schistes cambriens, une faune primordiale bien caractérisée avec ses grands paradoxides, c'est non pas avec l'Angleterre et la Bohême, où cette faune est la plus développée, que des analogies dans les espèces s'observent, mais bien avec les régions plus méridionales telles que l'Espagne et la Sardaigne où l'on peut encore rencontrer de beaux affleurements de silurien d'un type encore spécial propre aux régions méditerranéennes.

. Nous allons maintenant pouvoir justifier ces faits par quelques exemples empruntés aux contrées siluriennes classiques.

Principaux types du silurien dans l'Europe septentrionale et centrale. — En Angleterre le cambrien (silurien inférieur), directement appliqué sur la tranche des schistes huroniens redressés, s'annonce par une puissante série de conglomérats et de grès grossiers marqués de colorations vives rouges, ou verdâtres, où l'on ne rencontre guère avec quelques rares brachiopodes inarticulés (Lingules et Discines) que des traces d'annélides, d'où le nom d'*annélidien* appliqué à cette formation arénacée qui partout avec des caractères constants forme la base du cambrien. La faune primordiale se développe ensuite avec ses paradoxidiens spéciaux (*Paradoxides, Conocoryphe*) et des *Agnostus* dans une seconde série de grès plus fossilifères entremêlés de schistes gris ou bleus qui deviennent le principal gisement de cette subdivision méritant par suite le nom bien significatif de Paradoxidien.

Des schistes plus tendres et fissiles qui suivent, annoncent

ensuite un changement de régime, en même temps la faune
change. Des *Olenus* se substituent aux *Paradoxides*; les *Agnostus*
abondent et deviennent plus variés; il en est de même des lingules qui servent à caractériser ces assises *olénidiennes* (*Lingula-
flagos*) au même titre que les *Olenus*. Une nouvelle formation
arénacée (*grès de Tremadoc*), qui termine cette longue série de
dépôts cambriens (2 à 3000 mètres), amène
avec elle quelques trilobites de la faune seconde (*Asaphus, Ogygia*) qui s'associent aux
derniers représentants des trilobites primordiaux ; alors apparaît un hydrozoaire dont
la localisation au sommet du cambrien et la
distribution géographique est très étendue ;
c'est le *Dictyonema sociale* (fig. 200). Ainsi
s'introduit entre le silurien inférieur et
moyen une de ces *zones de passage* où les
éléments caractéristiques de deux faunes

Fig. 200.— *Dictyonema
sociale* du Cambrien
supérieur.

directement superposées s'associent et qui se présente chaque
fois que la série des couches est absolument continue; le passage d'une faune à l'autre se faisant
d'une façon graduelle. Cette circonstance se reproduit dans toute l'étendue du silurien anglais.

C'est encore par une puissante formation arénacée qu'est surtout représenté le silurien moyen dans la région
qui nous occupe. Ces grès toujours fins,
fissiles, avec schistes intercalés, comprennent dans les couches inférieures,
associés à des *Illœnus* de curieuses empreintes bilobées en relief, dites *bilobites* (fig. 201) attribuées autrefois à
des algues et qui ne sont autres que
des moulages de pistes laissées par

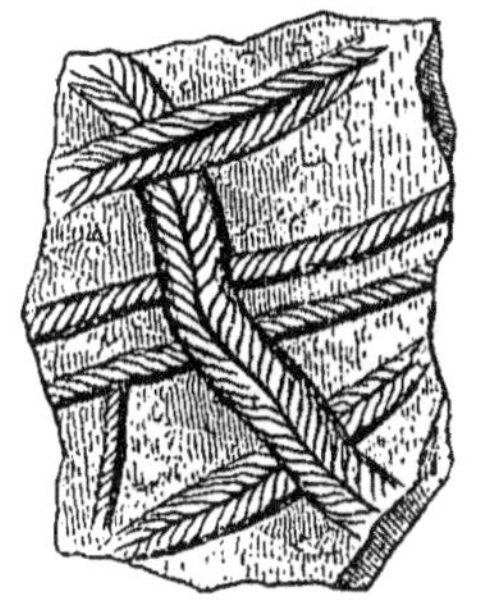

Fig. 201. — Bilobites. Moulages sableux en relief de
pistes d'animaux, appliqués
sur la surface inférieure des
bancs de grès siluriens.

certains animaux sur les plages vaseuses de l'époque. Au sommet apparaissent, en grand nombre, avec de grandes *Conulaires*,
les *Trinucleus* si caractéristiques de la faune seconde. Au milieu,
des calcaires qui annoncent une phase de sédimentation plus

tranquille deviennent le principal gisement des *Calymènes* ; c'est aussi le niveau d'un trilobite *Acidaspis Buchi* que nous retrouverons à la même place en Bohême et dans beaucoup d'autres régions.

Dans le silurien supérieur une prédominance bien marquée des calcaires qui deviennent toujours l'indice bien caractérisé d'une précipitation abondante de carbonate de chaux dans une mer calme riche en organismes, annonce un changement complet dans le régime de sédimentation qui jusqu'alors avait prévalu. Et c'est alors qu'apparaissent les calcaires remplis de coraux et de crinoïdes, bien connus sous le nom de *calcaires de Dudley*, qui prennent tous les caractères d'une formation coralligène. Des polypiers branchus couvrent des espaces d'un mètre carré ; nombreux sont aussi les brachiopodes des genres *Rynchonella, Pentamerus, Orthis, Atrypa,* ce dernier représenté surtout par une espèce très résistante, *Atrypa reticularis*, destinée à traverser ensuite sans subir la moindre variation, toute l'étendue du dévonien. Là aussi se tiennent les beaux exemplaires d'une espèce cette fois étroitement localisée dans cet horizon et par suite caractéristique, *Calymène Blumenbachi*, si recherchée par les collectionneurs de tous pays (fig. 184).

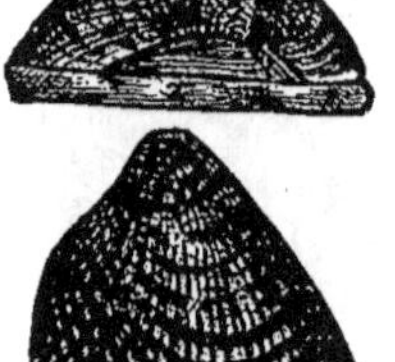

Fig. 202. — *Cardiola interrupta* du silurien supérieur.

Ces calcaires sont encadrés dans deux assises schisteuses, l'une inférieure contenant les graptolithes unilatéraux de la faune troisième (*Monograptus priodon*) avec une bivalve éminemment caractéristique du silurien supérieur, la *Cardiola interrupta* (fig. 202), l'autre supérieure, les derniers représentants de ces graptolithes, avec de nombreux céphalopodes (*Orthoceras, Phragmoceras*) et surtout les premiers poissons cuirassés (*Pteraspis*). Ces poissons, avec de grands crustacés mérostomes (*Pterygotus, Eurypterus*), sont surtout condensés dans des grès de couleur rouge qui couronnent cette longue série de dépôts et où se rencontrent les quelques plantes terrestres (lycopodiacées et fougères) qui composent la maigre flore mentionnée plus haut. La grande phase marine du silurien est alors terminée, ces grès portant les traces manifestes d'une émersion qui, à l'époque dévonienne, aura pour effet de rejeter la mer vers l'est.

A mesure qu'on remonte vers le nord cette grande variété qui s'introduit dans les dépôts siluriens anglais cesse bientôt pour faire place à une longue et très uniforme série de schistes noirs où dominent les graptolithes à tous les niveaux. Déjà dans le Cumberland, ces schistes à graptolithes atteignent 3000 mètres et renferment encore quelques trilobites de la faune seconde (*Trinucleus, Illœnus*); mais quand on atteint le sud de l'Écosse, où règne sans partage ce facies vaseux, toute trace de ces crustacés a disparu et de même font défaut les éléments des faunes que nous avons énumérés, si bien que le classement de ces schistes écossais devient bien difficile. — Seuls persistent, en conservant tous leurs caractères habituels, les formations arénacées cambriennes du début (*annélidien*). Elles prennent même de plus en plus d'importance et se chargent de conglomérats très épais, quand, en se dirigeant vers le nord de l'Écosse, on se rapproche des rivages de cette grande mer silurienne.

Ces conditions fâcheuses, c'est-à-dire cette absence complète des trilobites dans les schistes à graptolithes d'Écosse qui ne permet pas d'établir leur synchronisme rigoureux avec les assises siluriennes à faune plus variée d'Angleterre, cessent quand on atteint, en *Suède*, le prolongement oriental de cette grande zone septentrionale schisteuse.

Là se présente le plein développement du facies vaseux à hydrozoaires, et alors disparaissent les épaisseurs souvent considérables que peuvent atteindre, dans les autres régions, les assises siluriennes quand elles sont constituées par des sédiments plus variés.

Sur le soubassement annélidien gréseux habituel [1], bien

1. C'est dans ces formations arénacées, qui débutent sur les bords du bassin, en Norwège, par des conglomérats à éléments granitiques et gneissiques fort épais, qu'ont été rencontrées les empreintes de méduses précédemment indiquées. Avec des fucoïdes, c'est-à-dire des algues marines, on remarque en abondance ces traces de clapotement des vagues (*ripple-marks*) qui sont toujours le signe bien caractérisé de dépôts sableux effectués sur une côte basse, soumise au jeu des marées.

représenté et directement appliqué sur les gneiss et micaschistes fortement repliés, les grands trilobites primordiaux apparaissent nombreux, très diversifiés et distribués par zones successives dans une trentaine de mètres de schistes noirs alunifères, qui correspondent, trait pour trait, aux 1800 mètres des assises paradoxidiennes et olénidiennes du silurien anglais. Les *Paradoxides* se localisent en effet dans les zones inférieures de ces schistes alunifères et les *Olenus*, avec de nombreux *Agnostus*, dans celles supérieures qui se terminent, comme en Angleterre, par des schistes à *Dictyonema*. Ces conditions ont persisté pendant toute la durée du silurien moyen et d'une bonne partie du silurien supérieur, si bien qu'on peut constater dans une nouvelle et plus épaisse série de pareils schistes noirs, charbonneux, à peine interrompus par quelques lits calcaires, une évolution très remarquable des graptolithes dendroïdes à deux rangées de cellules, qui fournissent un grand nombre de genres et d'espèces répartis dans des horizons déterminés ; mais ici associés dans les zones inférieures à des *Trinucleus* et à quelques trilobites de la faune seconde (*Illœnus crassicauda, Asaphus expansus*) qui se tiennent spécialement dans les bancs calcaires intercalés. Au sommet les graptolithes comme d'habitude deviennent unilatéraux et les nombreux individus du *Monograptus priodon* se montrent alors associés à la *Cardiola interrupta* comme en Angleterre. Pour trouver ensuite dans cette région des représentants des assises plus élevées du silurien il faut quitter la Suède, atteindre la Baltique, l'île de Gothland qui, située sur le trajet de la bande corallienne précédemment indiquée, renferme, au niveau de la *Calymène Blumenbachi*, des calcaires coralligènes en tous points identiques, comme faune et comme aspect, à ceux de Dudley.

Dans son prolongement oriental, cette bande s'étale, en *Russie*, sur un espace très vaste. Là des conditions de sédimentation tranquille, bien réalisées loin des rivages, dans une mer largement ouverte, ont donné naissance à de puissants dépôts d'argiles bleues, de sables à peine consolidés en grès, et de calcaires, qui tous, à l'inverse de ce qui se passe dans les autres régions, sont, depuis l'origine, restés en couches horizontales. Dans l'ordre habituel on peut voir s'y succéder des trilobites

primordiaux (notamment le type le plus ancien *Olenellus*), puis
des orthocères et de nombreux brachiopodes de la faune
seconde, enfin dans les calcaires du sommet, les polypiers et
les crinoïdes des formations coralligènes précédentes, avec les
premiers poissons cuirassés (*Cephalaspis*), comme en Angleterre.

Europe centrale. — En Bohême, à l'exception des schistes
et grès inférieurs (annélidiens) qui ne renferment guère que
des traces de vers, toutes les couches puissantes et variétés du
silurien, condensées dans un vaste pli synclinal caractérisé
(fig. 203), se signalent par cette richesse exceptionnelle en fos-

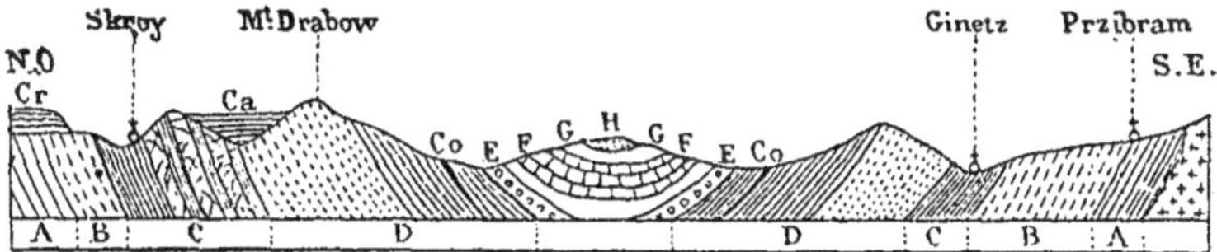

Fig. 203. — Coupe au travers du bassin silurien de la Bohême (d'après Barrande).

SILURIEN

Supérieur : E, F, G, H, schistes et calcaires avec Calymènes (nombreux Céphalopodes à coquilles droites ou enroulées; Nautiles et Orthocères; poissons ganoïdes au sommet). *Faune troisième.*

Moyen : D, grès et quartzites avec Trinucleus. *Faune seconde.*

Inférieur : C, schistes argileux avec Paradoxides. *Faune primordiale.*

B, schistes azoïques (Huronien).

A, gneiss et micaschistes (schistes cristallins). — + + Granite.

siles qui depuis longtemps a rendu célèbre cette région classique. Richesse qui devient surtout bien marquée dans les assises du silurien supérieur (*bohémien*) quand apparaissent, pour la
première fois, les calcaires, d'abord sous la forme de nodules au
milieu de schistes à graptolithes (*Monograptus priodon*), puis de
bancs épais bien réglés, noirs ou blancs comme ceux du Konieprus. Alors se développe dans toute sa puissance cette remarquable faune troisième si riche dans la Bohême, en nautilides
à coquilles droites ou enroulées représentés d'abord par ces
genres *Nautilus*, *Cyrthoceras*, *Trochoceras*, *Phragmoceras*, et surtout par des *Orthocères* de dimensions et de formes les plus
diverses (bande E, fig. 203); en dernier lieu des *Goniatites* se
tiennent surtout nombreuses dans les calcaires argileux du
sommet (bande G). Là se présente aussi, dans les calcaires
blancs du Konieprus, le plus beau gisement de trilobites connus;

avec *Harpes venulosus* (fig. 286) et *Phacops fecundus*, on peut en connaître plus de 80 espèces réparties le plus souvent dans des genres propres à la région. Un des traits saillants du silurien de la Bohême, c'est de présenter, en effet, avec des genres spéciaux un grand nombre d'espèces locales; par contre certaines zones fossilifères, ailleurs bien représentées, font complètement défaut. Telles sont par exemple dans les assises cambriennes, celles à *Olenellus* d'une part, puis à *Olenus* qui encaissent d'habitude les horisons où se tiennent spécialement les paradoxides. Le cambrien dans la Bohême restant limité à deux assises : des schistes et grès (B) annélidiens qui ne contiennent guère que des traces de vers, puis les célèbres schistes argileux à paradoxides de la division C, qui ont servi de base à M. Barrande pour établir les caractères de la faune primordiale.

Ardennes, Bretagne et Cotentin. — Dans les Ardennes, la composition du silurien est fort simple; tout entier on l'observe constitué par une puissante série de schistes durs (phyllades) fréquemment ardoisiers, interrompus de places en places par des bancs de quartzites compacts ou schisteux, et toujours fortement redressés. Tel est par exemple le cambrien dont la traversée de la Meuse entre Mézières et Fumay offre une bonne coupe naturelle (fig. 204).

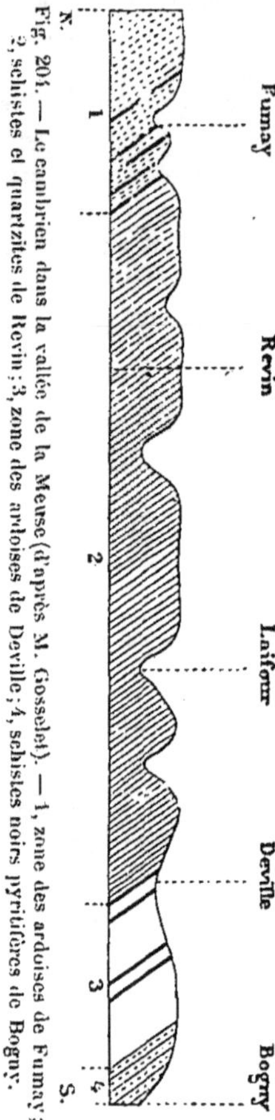

Fig. 204. — Le cambrien dans la vallée de la Meuse (d'après M. Gosselet). — 1, zone des ardoises de Fumay; 2, schistes et quartzites de Revin; 3, zone des ardoises de Deville; 4, schistes noirs pyriteux de Bogny.

Quand on pénètre dans ce massif cambrien ardennais en descendant la rivière, sur les deux rives, on voit affleurer ces phyllades qui, toutes très inclinées, parfois plissées, plongent régulièrement vers le sud. Une première zone étroite de schistes noirs

pyritifères, ceux de Bogny, marque à Château-Regnault le début
de cette série. Ensuite se développent successivement : la zone des
ardoises bleues ou vertes aimantifères de *Deville*, avec ses gros
bancs de quartzites régulièrement intercalés; celle des schistes
noirs très rarement ardoisiers de *Revin* et des quartzites gris si
durs de Monthermé, exploités pour empierrement; enfin celle
des ardoises vertes ou violettes de Fumay où les quartzites apparaissent décolorés[1]. Dans ces schistes les niveaux fossilifères sont
très rares; les seules empreintes reconnues jusqu'à présent sont
des annélides (*Nereites*) et des *Oldhamia* dans la zone de Fumay,
puis des *Dictyonema*, dans celle de Revin.

Ces phyllades se poursuivent ensuite au delà de la frontière,
notamment dans la partie la plus élevée de l'Ardennes qui s'étend
en Allemagne en donnant naissance au grand plateau marécageux des Hautes-Fanges. En ce point le cambrien se complète par
une seconde série de schistes où les quartzites, au lieu de se présenter par bancs très épais comme précédemment, se subdivisent
pour ainsi dire à l'infini entre les feuillets des schistes en petits
lits qui ne dépassent guère quelques millimètres et donnent lieu
à des quartzo-phyllades. En même temps on voit apparaître dans
cette nouvelle série plus métamorphique que la précédente, certaines roches intéressantes telles que le *Coticule* (pierre à rasoirs),
remplies de petits grenats et de staurotide, c'est-à-dire de minéraux lui communiquant la dureté qui motive son emploi. Plus
au nord ces phyllades viennent constituer, sous les terrains plus
récents, une bonne partie du sous-sol de la Belgique et c'est

---

1. Les ardoises vertes de Deville tirent cette qualification d'*aimantifères*
de ce fait qu'elles renferment de nombreux et très petits cristaux de
magnétite tous orientés dans le même sens et couchés dans une direction
oblique sur le plan des feuillets. Dans les ardoises violettes de Fumay
ce sont de petites paillettes de fer oligiste, couchées en plat dans le sens
de la schistosité, qui déterminent leur coloration.

Dans toutes les ardoises de l'Ardennes, comme dans toutes les phyllades
métamorphiques de cette nature, un mica blanc hydraté, joint à la chlorite,
forme, avec de petits grains de quartz, la masse fondamentale du schiste
qui de plus contient toujours, à l'état microscopique, du rutile et de la tour-
maline. Ensuite se présentent, à l'état accidentel, certains minéraux, cette
fois visibles à l'œil nu, qui donnent lieu, comme la magnétite précédemment
citée, à des variétés spéciales.

dans cette direction qu'on peut voir le silurien se compléter, dans le Brabant par des schistes renfermant de nombreux brachiopodes avec des calymènes et des trinucleus de la faune seconde; en dernier lieu, sur la crête du Condroz, par une dernière série de schistes et de quartzites dont la place dans le silurien supérieur est bien fixé par la présence du *Monograptus priodon* et de la *Cardiola interrupta*.

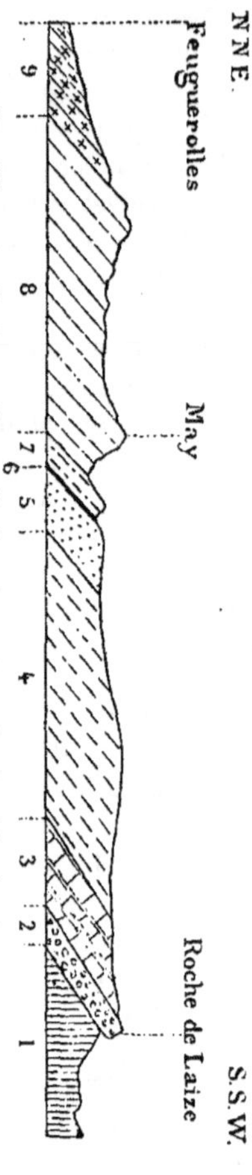

Dans l'ouest la *péninsule armoricaine* [1] offre à son tour un grand développement de silurien, très différent de celui de l'Ardennes aussi bien par son allure que par sa composition. Au lieu de former comme dans le plateau parfaitement nivelé de l'Ardennes, un puissant massif bien soudé et relevé tout d'un trait sous une orientation uniforme, les couches plus variées, gréseuses, schisteuses ou calcaires de cet âge apparaissent distribuées par bandes allongées de l'est à l'ouest, et refoulées en un système de plis à peu près parallèles, comblés par des sédiments plus récents.

Fig. 205. — Le silurien en Normandie dans les environs de May (d'après M. Renault).

1, phyllades de Saint-Lô (Huronien) redressées et supportant en discordance les assises siluriennes suivantes : 2, poudingue pourpré; 3, schistes rouges en marbre de Laize; 4, grès feldspathique; 5, grès armoricain à bilobites; 7, schistes à Calymènes débutant par une couche continue de minerai de fer (6) exploitée à Mortain; 8, grès de May à conulaires et *Homonalotus*; 9, schistes noirs à graptolithes et nodules calcaires à *cardiola interrupta*.

1. La péninsule armoricaine est prise ici dans son sens le plus large, c'est-à-dire en ajoutant à la Bretagne (Armorique) deux régions, la Vendée et le Cotentin, dont la structure, la composition et par suite l'histoire géologique est la même; il suffit pour s'en rendre compte de jeter un coup d'œil sur la carte géologique annexée à cet ouvrage.

Une importante assise *poudingues pourprés* attestant une sédimentation effectuée dans des eaux agitées, dans le voisinage et aux dépens d'un ancien continent, des *schistes rouges* entremêlés par places de calcaires impurs, ou marmoréens (marbre de Laize-la-Ville), enfin des *grès feldspathiques*, qui témoignent d'actions érosives exercées sur les gneiss et granites de la région, tels sont les éléments du cambrien Breton qui se présente comme en Angleterre, nettement discordant sur les phyllades huroniennes (fig. 205), et constitué de même presque exclusivement par des formations arénacées. Mais avec cette différence que tout cet ensemble, qui n'atteint pas moins d'un millier de mètres, reste pour ainsi dire complètement azoïque; seules, en effet, quelques traces problématiques d'*oldhamia* ou d'annélides ont été signalées dans les schistes rouges. Tout autre est la condition du silurien moyen (étage *armoricain*) qui comprend, au milieu de beaucoup d'autres assises fossilifères, les célèbres schistes ardoisiers d'Angers, si riches en trilobites. Ces schistes, où les déformations des *Calymènes* (*C. Tristani*) et des grands *Illœnus* (*I. giganteus*) attestent l'énergie des efforts de compression subies par ces argiles maintenant transformées en ardoises, apparaissent flanqués de part et d'autre par deux grands massifs de grès et représentent ainsi, dans l'intervalle, une phase de sédimentation tranquille [1]. Le premier de ces massifs, c'est le *grès armoricain* qui, directement superposé aux assises cambriennes, joue dans l'orographie de la région un rôle culminant : la crête du Menez-Hom, dans le Finistère, celle de la Montagne du Roule, près de Cherbourg, en sont formées, et de même, en Normandie, près de Mortain, la chaine pittoresque de rochers de la vallée de la Cance. Dans ces grès blancs, durs et compacts, deux sortes de fossiles abondent : des *bilobites* si nombreux que ces grès en portent le nom (fig. 205) et des lingules (*L. Crumena*, *L. Lesueuri*, etc.); plus rarement, on y observe des trilobites; mais le fait est intéressant à constater, puisque c'est la première fois que cette condition se réalise en

---

1. Dans le nord de la Bretagne ces schistes à calymènes restent argileux et c'est seulement dans le Sud qu'ils deviennent durs, cristallins, et par suite ardoisiers dans la bande plissée où sont ouvertes, près d'Angers, les immenses carrières de Trélazé.

Bretagne. C'est l'*Asaphus armoricanus* qui remplit ce rôle et
devient le plus ancien des trilobites bretons. La substitution

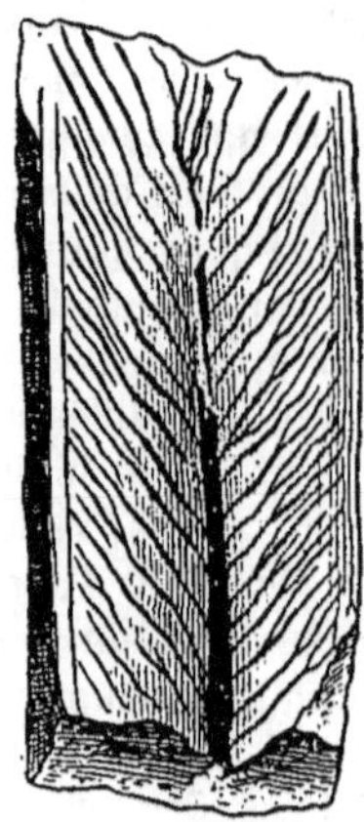

Fig. 206. — *Bilobites* du
grès armoricain de Bretagne.

des sables qui ont donné naissance aux
secondes assises de grès, — largement
exploités en Calvados, dans les grandes
carrières de May —, à ces argiles devenues
maintenant des *schistes à calymènes*, ne
s'est pas faite brusquement; dans la zone
de contact ces *grès de May* fissiles alternant avec des schistes argileux, contiennent encore les calymènes d'Angers, et
c'est seulement dans les bancs supérieurs
exploités, où dominent des grès micacés
marqués de colorations rouges et grises,
qu'apparaissent les espèces caractéristiques de cette assise : de grandes *Conulaires* (*C. pyramidata*, fig. 192), des *Homalonotus* spéciaux (*Brogniartia*), des *Orthis* (*Orthis redux, var. Burdleighensis*) et
de nombreuses bivalves amies des fonds sableux (*Modiolopsis*).
Au sommet de cette assise arénacée, des schistes noirs riches
en trinucleus (*T. ornatus*, fig. 181), qui fournissent les
ardoises de Riadan, annoncent à la fin du silurien moyen
un retour bien marqué du facies argileux. Avec ce silurien
supérieur on atteint ensuite une phase où la mer en pleine
voie de retraite tend à se retirer de la région. Les affleurements
de cet âge, en effet, très réduits, limités à des schistes noirs à
graptolithes avec concrétions calcaires où on est toujours sûr
de rencontrer la *Cardiola interrupta* associée à des orthocères,
font défaut dans le nord de la Bretagne et ne s'observent que
sur la bordure orientale de la péninsule, dans le Cotentin
(Saint-Sauveur-le-Vicomte), le Calvados (Feuguerolles), et surtout
en Anjou. Ainsi se préparent ces mouvements qui, au début du
dévonien, introduiront, dans la répartition des terres et des
mers, de grandes modifications. Partout en France il en est de
même, le silurien supérieur (étage *bohémien*) incomplet n'étant
représenté, toujours sous cette forme de schistes noirs charbonneux (ampélites), avec nodules calcaires que par les horizons

à graptolithes unilatéraux et à cardioles qui correspondent aux formations coralligènes de la bande anglo-baltique.

Régions méridionales. — Une exception cependant se fait au profit des Pyrénées qui comprennent dans leur partie centrale, près de Luchon, directement superposés à de pareilles couches, des schistes très riches en trilobites renfermant le *Phacops fecundus* de Bohême, c'est-à-dire un terme plus élevé du silurien, qui jusqu'à présent n'a pas d'autre représentant sur notre sol français. D'ailleurs la mer qui occupait ces régions méridionales paraît avoir été très favorable au développement des trilobites : déjà dans l'Hérault les schistes à calymènes du niveau d'Angers, se signalent par le nombre et la dimension de grands *Asaphus*, de taille parfois gigantesque; les schistes à *Trinucleus* ne sont pas moins riches. Enfin c'est également dans ces régions, qui se développent au sud du plateau central, qu'il faut venir chercher cette faune primordiale qui pendant si lontemps a passé pour faire complètement défaut sur notre sol français; une découverte récente ayant montré qu'elle se développait largement dans les assises cambriennes de la Montagne Noire, en offrant cette particularité fort intéressante de présenter les plus grands *Paradoxides* connus.

Régions diverses : Amérique, zone arctique. — Dans l'Amérique septentrionale où le silurien apparaît remarquablement développé, toutes les marques les plus expressives des dépôts littoraux (*Ripple marks*, traces d'annélides, etc.) abondent dans les grès cambriens qui viennent se distribuer sur la bordure d'un ancien continent dont la forme triangulaire apparaît comme une ébauche du continent actuel et c'est de même dans les formations arénacées de cette nature (*grès de Potsdam*) que se présentent nombreux les trilobites primordiaux appartenant parfois à des genres nouveaux, toujours à des espèces spéciales.

Ces différences s'accentuent surtout dans les étages moyens et supérieurs où des masses énormes de calcaires à peine interrompues dans le début par de petits lits sableux, viennent attester que dans cette région, toutes les conditions physiques, qui dans des eaux calmes et purifiées favorisent la formation de pareils dépôts, ont été pleinement réalisées. De ce nombre

16.

sont les bancs solides de calcaires qui, dans la région des grands
lacs, forment le déversoir de la célèbre cataracte du Niagara
(fig. 207), et représentent une puissante formation coralligène
du même ordre et du même âge que les calcaires de Dudley;
la *Calymène Niagarensis* qui les caractérise n'est autre en effet
qu'une espèce représentative de la *C. Blumenbachi*. C'est également

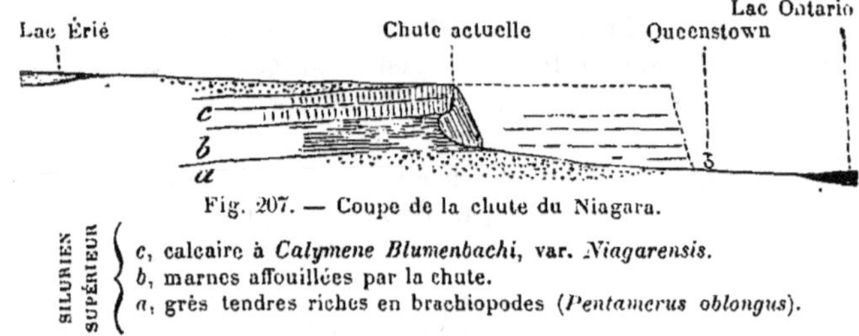

Fig. 207. — Coupe de la chute du Niagara.

SILURIEN SUPÉRIEUR {
c, calcaire à *Calymene Blumenbachi*, var. *Niagarensis*.
b, marnes affouillées par la chute.
a, grès tendres riches en brachiopodes (*Pentamerus oblongus*).

dans cette région qu'on peut constater au milieu de ces formations marines, sous la forme bien caractéristique d'argiles
rouges gypsifères et salifères dessinant dans le sud des grands
lacs, l'emplacement d'un ancien golfe encaissé, la première
indication d'une phase momentanée d'évaporation d'une partie
d'un bassin maritime transformé progressivement en lagune,
puis en marais salant (groupe salifère de l'Odondaga). Plus au
nord, sur la côte du Labrador, l'île de Terre-Neuve qui apparaît
comme un fragment à peine détaché du continent américain
par l'étroite passe de Belle-Isle, présente à son tour à l'extrémité de la bande orientale du silurien d'Amérique, un grand
développement de schistes cambriens où se retrouvent, avec
une remarquable uniformité, les trois zones à trilobites du silurien européen (zone à *Olenellus*, à *Paradoxides*, puis à *Olenus*).

En Asie, la Chine peut compter à son tour comme une région
où les formations coralligènes siluriennes prennent un développement égal, sinon supérieur à celui qu'elles atteignent en
Amérique : des conditions particulières de calme et de stabilité
dans une mer largement ouverte dans la direction du Pacifique
ayant permis aux organismes, notamment à de grands polypiers (*Favosites, Alveolites*), d'édifier des assises calcaires dont
l'épaisseur se chiffre par des milliers de mètres. Enfin si on

songe que dans la zone arctique, ces mêmes polypiers avec
leurs édifices calcaires construits sur des gneiss, ont été rencontrés jusqu'au voisinage du pôle sur les grandes îles qui, nombreuses, se groupent en archipel au sommet du continent américain, on en tirera cette conclusion qu'à cette date les froids
rigoureux, qui sévissent aujourd'hui dans ces régions polaires,
n'existaient pas; de plus étant donné le grand nombre d'espèces de polypiers et de brachiopodes (*Orthis elegantula, Atrypa
reticularis, Halysites catenularia*) communes avec le silurien
d'Angleterre, qu'une mer libre permettait aux courants
d'amener cette faune européenne jusque dans les régions
polaires.

III. — ÉPOQUE DÉVONIENNE

Caractères stratigraphiques généraux. — L'époque dévonienne s'ouvre avec de grands changements dans l'orographie
générale du globe, notamment dans l'hémisphère septentrional où la fin du silurien a été marquée par le soulèvement
d'une grande chaîne montagneuse qui, s'étendant du Pays de
Galles à la Scandinavie en passant par l'Écosse, a singulièrement accru, vers le sud, le continent boréal dont nous avons
déjà fixé la position. Cette chaîne trace les limites septentrionales de la mer dévonienne et sur toute sa bordure, dans les
régions du Nord de l'Angleterre, de l'Irlande, de l'Écosse et de
la Scandinavie où s'étaient déposées les couches les plus fossilifères du silurien, les érosions marines et continentales entassent de puissantes assises de conglomérats et de grès rouges
(*vieux grès rouge écossais, old red sandstone*), où les fossiles
marins deviennent l'exception.

Comme conséquence de ces grands mouvements qui, en provoquant l'exhaussement d'une grande zone plissée silurienne,
ont rejeté la mer vers le Sud, les sédiments dévoniens, dans
toutes ces régions septentrionales, se présentent nettement
discordants sur les assises siluriennes redressées. Disposition
remarquable qui peut encore s'observer dans les Ardennes et
jusque dans l'Europe centrale, en venant attester la généralité

de ce grand phénomène de dislocation qui vient introduire
entre le silurien et le dévonien une séparation bien tranchée,
et cela d'autant plus qu'on peut rencontrer dans l'Amérique du
Nord des traces non moins évidentes d'un recul progressif de
la mer vers le Sud et toujours attribuable aux mêmes causes.

L'histoire du dévonien devient par suite nettement indépendante de celle du silurien et le trait saillant de cette nouvelle
époque, c'est cet accroissement bien accentué de la terre ferme
dans les régions septentrionales de l'hémisphère boréal. Les
divers bassins maritimes mieux définis sont enserrés dans des
limites plus étroites; en même temps, sur les terres émergées,
cette fois très étendues et douées d'un certain relief, une végétation déjà puissante, composée des principaux types de cryptogames et même de conifères qui prédomineront à l'époque
carbonifère, a pu s'établir.

Caractères généraux de la faune dévonienne. — Pendant que ces modifications importantes dans la flore se faisaient
sur les continents, des changements non moins considérables
avaient lieu dans les eaux marines. Des groupes entiers d'animaux sont éteints et les formes nouvelles qui apparaissent
réalisent souvent, au point de vue de l'évolution, un grand progrès, mais leur nombre est insuffisant pour compenser les
pertes. Aussi, dans son ensemble, la faune dévonienne apparaît
nettement appauvrie, quand on compare le nombre atténué de
ses espèces avec celui si grand atteint à l'époque précédente; et
ce fait, par suite sans doute d'une diminution notable dans
l'étendue des mers dont les limites se resserrent, à mesure que
les continents s'accroissent, ira sans cesse en augmentant à
mesure que nous avancerons dans la série primaire.

Parmi les types disparus sans laisser de traces, figurent en
première ligne les *Graptolithes* dont le nombre, à l'époque
silurienne, était si grand et la distribution géographique si
étendue. Par contre, dans les formations coralligènes qui prennent une extension telle, qu'avec raison le dévonien peut être
considéré comme l'*époque corallienne* des temps primaires,
d'autres hydrozoaires, les *Stromatopores*, avec leurs squelettes
calcaires renflés en forme de boule ou bien étalé en masses volu-
mineuses à structure concentrique, deviennent par excellence

les organismes constructeurs des récifs; avec eux les polypiers
qui interviennent encore pour une grande part dans la formation des calcaires, sont encore des tétracoralliaires représentés
surtout par les genres *Cyatophyllum* (fig. 208), *Favosites, Alvéo-*

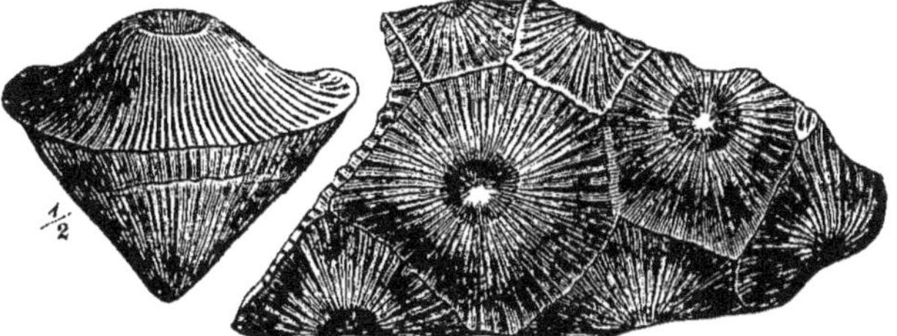

Fig. 208. — *Cyatophyllum* du Dévonien moyen de l'Eifel.

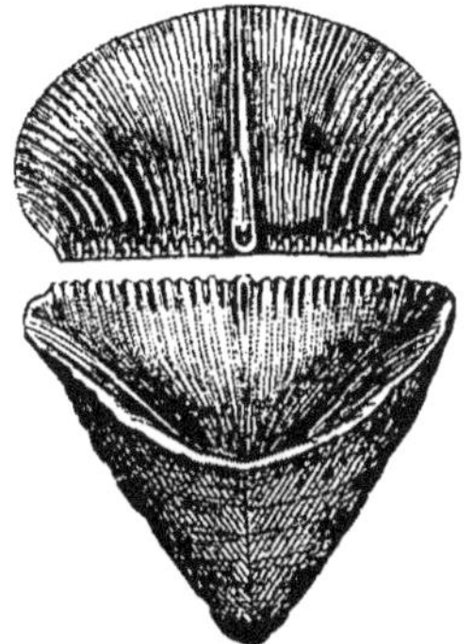

Fig. 209. — *Calceola Sandalina*
du Dévonien moyen (avec son opercule).

Fig. 210. — *Pleurodyctyum problematicum* du Dévonien inférieur présentant au centre le
tube serpuliforme sur lequel
le polypier était fixé.

lites, Acervularia qui tous fournissent des espèces nombreuses
et variées et se montrent associés comme dans les récifs actuels
à des Alcyonnaires (*Héliolites*), ainsi qu'à de fines colonies élégamment ramifiées de Bryozoaires du groupe des *Fénestelles*. En
dehors des récifs on remarque ensuite la fréquence de polypiers
isolés, les uns en forme de sandale et munis d'un opercule, ce
sont les Calcéoles (fig. 209) très caractéristiques du dévonien
moyen, les autres de forme encore plus singulière dont les

colonies se tenaient rampantes sur les coquilles de mollusques
ou sur les rochers, tels que l'*Aulopora repens*, ou bien le plus
souvent fixés sur des tubes de serpule comme le *Pleurodictyum*
(fig. 210) qui se tient spécialement dans les assises inférieures.

Mérostomes. — Les Trilobites, qui avaient déployé dans le
Silurien une surprenante richesse de formes sont déjà en pleine
décadence, et ne sont plus représentés que par un petit nombre

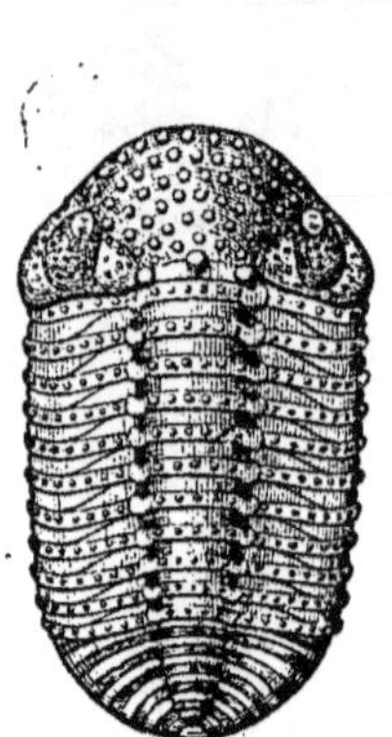 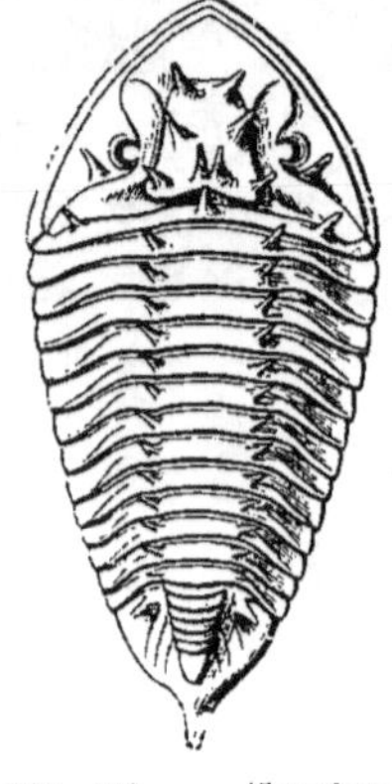 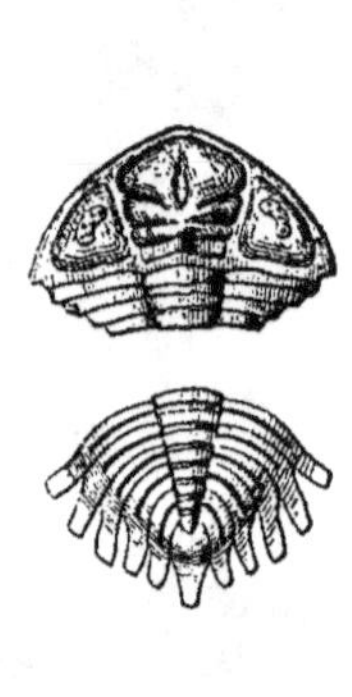

Fig. 211. — *Phacops latifrons* du Dévonien moyen de l'Ardenne (schistes à calcéoles).   Fig. 212. — *Homalanotus armatus* du Dévonien inférieur ardennais.   Fig. 213. — *Grypheus Michelini* des calcaires du Dévonien inférieur de Bretagne.

de genres ; parmi lesquels ceux qui fournissent les espèces les plus
nombreuses datent du Silurien, notamment *Grypheus* (fig. 213),
Phacops (fig. 211) et *Homalanotus* (fig. 212). Mais, dans les
formations littorales, les grands crustacés de la famille si singulière des *Mérostomes*, qui déjà étaient largement représentés
à la fin du Silurien, se développent avec une ampleur exceptionnelle en atteignant des dimensions parfois gigantesques.
Tel est le *Pterygotus* dont la plus grande espèce, *P. anglicus*
(fig. 214), mesure en longueur 1 m. 80 [1].

1. Cette espèce est un des éléments caractéristiques des grès rouges
dévoniens (*old red sandstone*) si développés en Ecosse, où les carriers, en
comparant ses pinces à des ailes d'anges, le désignent sous le nom de
Séraphin.

Ces Crustacés de taille géante qui peuplaient les mers primaires et disparaissent avec la période paléozoïque, en ne laissant après eux qu'un représentant très atténué qui se présente à nous sous la forme de la Limule (*crabe des Moluques*), dont le

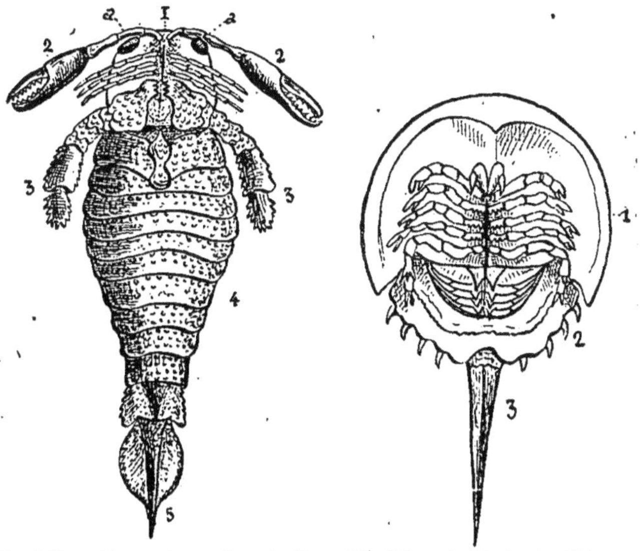

Fig. 214. — *Pterygotus anglicus* du dévonien d'Ecosse(vue de face, au 1/20 environ de la grandeur).
1. Carapace recouvrant la tête et supportant les yeux aux angles du sommet (a, a). — 2. Antennes terminées par des pinces. — 3. Paire de pattes-nageoires, avec leurs larges articulations à la base et leurs extrémités dentelées faisant office de mâchoires. — 4. Segments thoraciques. — 5. Plaque terminale pourvue d'un aiguillon, correspondant au pigydium chez les Trilobites.

Fig. 215. — Le Crabe des Moluques (Limule), vu de face pour servir de terme de comparaison.
1. Carapace en forme de bouclier recouvrant la tête. — 2. Thorax. — 3. Aiguillon correspondant à la plaque terminale du Pterygotus.

corps est plus condensé, présentaient alors un singulier procédé d'économie qu'a réalisé la nature au moment où elle n'était pas si riche qu'aujourd'hui; avec un corps trilobé comme les trilobites, ils possédaient des organes libres, localisés autour de la bouche (pattes-mâchoires), qui leur servaient tout à la fois pour marcher et pour se nourrir. A leur extrémité libre ces appendices céphaliques (3, fig. 214) remplissaient, en effet, les fonctions de pattes ou de puissants organes de préhension, tandis que leur base, munie de denticules, jouait le rôle de mâchoires : d'où leur nom de Mérostomes (*méros*, cuisse, *stoma*, bouche). Leur corps se terminait tantôt par un aiguillon caudal, tantôt par une nageoire terminale en forme de rame ; en même temps de grandes antennes (premières paires de pattes préorales), munies de pinces souvent très développées, donnaient à ces singuliers crustacés l'aspect de gigantesques scorpions.

Poissons cuirassés. — Les couches grèseuses où se tiennent de préférence ces grands crustacés renferment également en abondance des poissons appartenant en grande partie à cette famille très ancienne des *Ganoïdes*, qui, destinée à prendre tout son développement dans les temps primaires, n'est plus représentée de nos jours que par un petit nombre d'espèces se tenant spécialement, comme le *Polyptère* du Nil, dans certaines rivières de l'Afrique, de l'Amérique du Nord, ou de l'Australie. L'état ganoïde chez les poissons est caractérisé par une ossification incomplète ; dès lors pour compenser la faiblesse qui en résulte, le corps est protégé par des écailles osseuses, couvertes d'un émail brillant, et constituant une cuirasse solide qui gêne les mouvements. Tels étaient ces poissons primaires, notamment les genres *Dipterus* et *Osteolepis* (fig. 219). Avec ces ganoïdes francs *hétérocerques*, c'est-à-dire à queue dissymétrique, se tenaient en plus grand nombre d'autres poissons osseux du même type, à squelette encore plus inachevé : les *placodermes*, qui, à l'époque silurienne, étaient les seuls représentants des vertébrés Vainement chercherait-on dans leur forme étrange la disposition des poissons actuels, notamment chez les *Cephalaspis* (fig. 218) qui présentent en avant une sorte de bouclier céphalique rappelant celui des trilobites [1]. Dans ce type silurien qui représente le plus ancien des poissons connus, l'ossification, au lieu de se faire dans l'intérieur comme d'habitude, s'est portée vers la surface de telle sorte que la moitié du corps est

---

1. Κεφαλή, tête, et ἁρπίς, bouclier.

enfermée, et par suite immobilisée dans une cuirasse composée
de plaques dures soudées. Mais à côté de cette forme primitive,
on peut constater vers la fin du dévonien des poissons cuirassés
dont l'évolution est plus avancé, les *Ptericthys* (fig. 216) et sur-

POISSONS DÉVONIENS RESTAURÉS
PLACODERMES

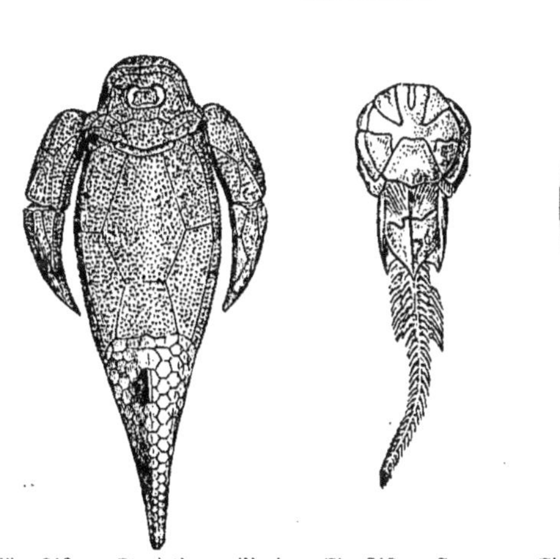

Fig. 216. — Ptericthys milleri (à 1/2 grandeur).

Fig. 217. — Coccosteus decipiens (à 1/2 grandeur).

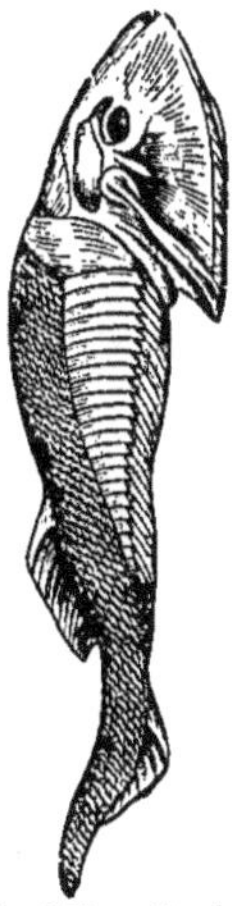

Fig. 218. — Cephalaspis Lyelli (au 1/3 de sa grandeur).

GANOIDES HETEROCERQUES

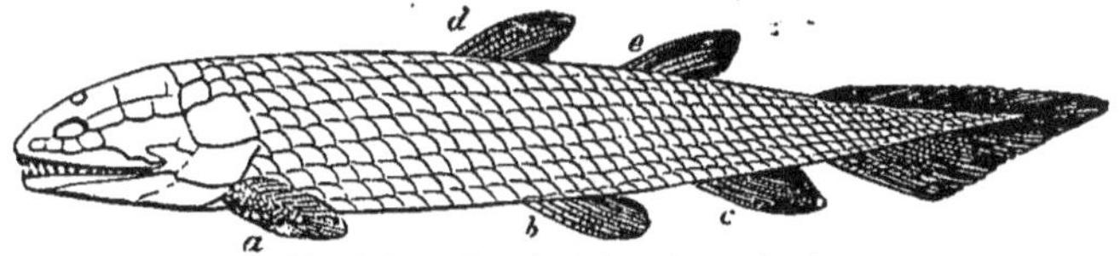

Fig. 219. — *Osteolepis* (à 1/2 grandeur).

tout les *Coccosteus* (fig. 217), chez lesquels la partie antérieure
du corps seule était cuirassée, la partie postérieure tout à fait
libre et mobile, couverte de petites écailles et garnie de
nageoires, présentant déjà, sous la forme d'arcs neuraux, un
commencement d'ossification de la colonne vertébrale.

CH. VÉLAIN. — GÉOLOGIE STRAT., 4ᶜ ÉDIT.   17

Mollusques. — Parmi les Céphalopodes, les Nautilides subis-

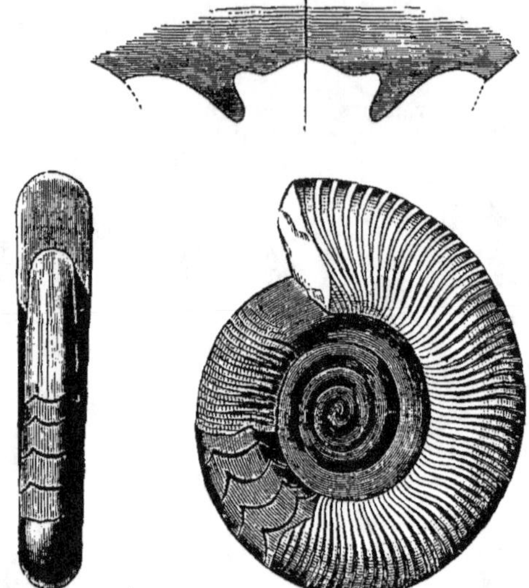

Fig. 220. — *Clymenia undulata* du Dévonien supérieur de la Westphalie.

sent un affaiblissement notable; seules persistent en effet avec des Nautiles et des Orthocères quelques-unes de ces formes courbes (*Cyrtoceras*), spiralées (*Trochoceras*) ou à tours disjoints (*Gyroceras*), qui avaient déployé une si grande richesse d'espèces dans le silurien, mais les *Goniatites* (fig. 221) se développent de plus en plus et cette famille spéciale des Ammonées s'enrichit vers la fin d'un genre nouveau, *Clymenia*, qui ne survivra pas au dévonien (fig. 220).

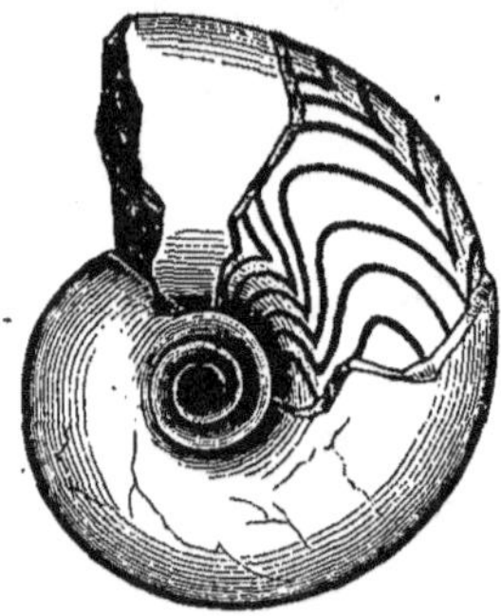

Fig. 221. — *Goniatites intumescens* du Dévonien supérieur de la Westphalie.

Les autres Mollusques ne remplissent qu'un rôle effacé dans la faune dévonienne sans subir de modifications notables à signaler; les Gastropodes sont toujours principalement représentés par des genres éteints, *Murchisonia* (fig. 220), *Macrocheilus* (fig. 223), *Euomphalus*, etc..., appartenant aux Holostomes, c'est-à-dire aux Gastropodes qui, ne possédant pas encore de siphon pour amener l'eau aux branchies, avaient l'ouverture de leur coquille, vulgairement appelée la bouche, entière à sa partie supérieure.

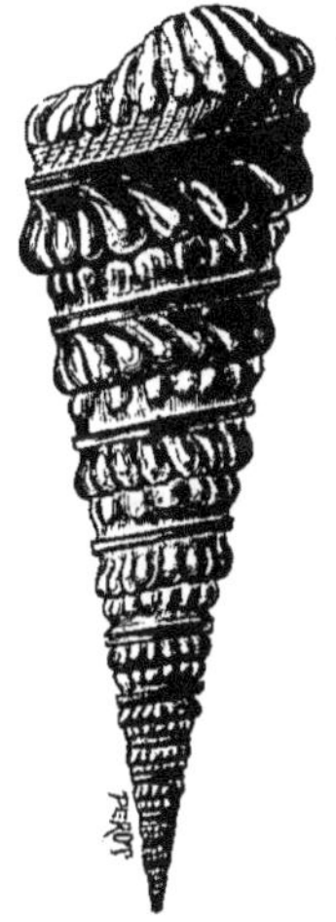

Fig. 222. — *Murchisonia bigranulosa* du Dévonien moyen de Paffrath, Prusse rhénane (grandeur naturelle).

Fig. 223. — *Macrocheilus subcostatus* du Dévonien moyen de Paffrath (grandeur naturelle).

Parmi les Acéphales ce sont de même des genres, tardivement apparus dans le Silurien, qui dominent (*Grammysia, Cucullea, Pterinea, Avicula*, etc.), principalement dans les dépôts gréseux.

Brachiopodes. — Tout autres sont les Brachiopodes qui prennent un grand essor et viennent fournir pour ainsi dire à tous les niveaux des espèces caractéristiques. Peu de genres nouveaux apparaissent, mais tous ceux qui persistent, tels que *Spirifer* (fig. 227 et 235), *Athyris, Atrypa* (fig. 231), *Rhynchonella, Leptœna, Choneles*, sont représentés par des multitudes d'individus. Les inarticulés sont en décroissance, mais pour compenser les pertes, on voit apparaître parmi les articulés, des genres spéciaux à cette formation et dont la durée sera

courte, tels que *Stringocephalus* (fig. 225), *Uncites* (fig. 224), puis
la *Térébratule* (fig. 229), dont la longévité sera grande, cette

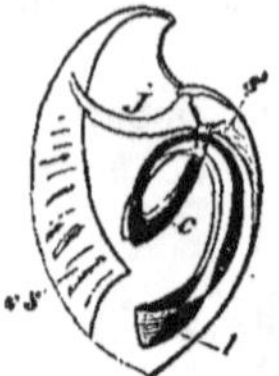

Fig. 225 et 226. — *Stringocephalus Burtini*
(Dévonien moyen de Givet). — La section
transversale de la coquille montre la forme
caractéristique de l'appareil brachial coudé *l*,
et de la lamelle médiane (*septum vs*) qui
divise la coquille en deux parties.

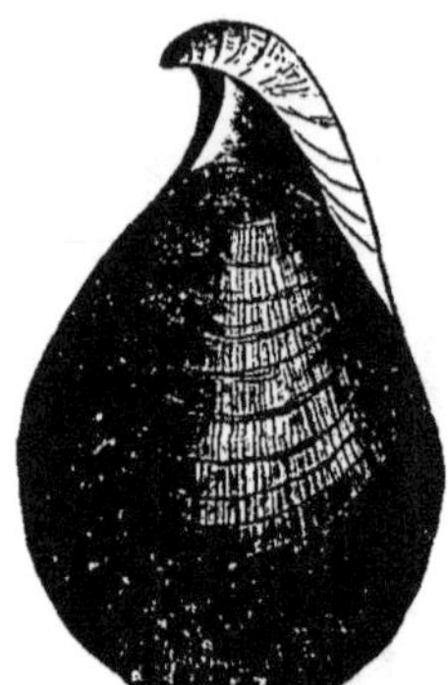

Fig. 224. — *Uncites gryphus*
. du dévonien moyen.

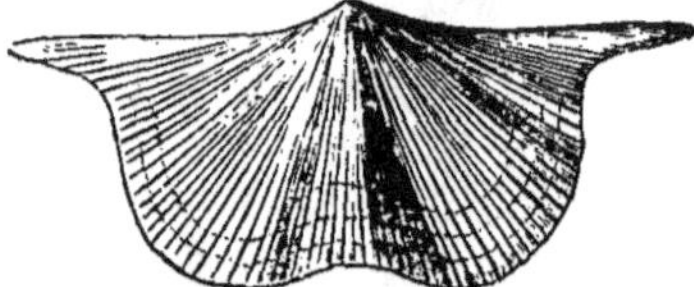

Fig. 227. — *Spirifer disjunctus* du Dévonien
supérieur de l'Ardenne.

dernière se poursuivant jusqu'à nos jours, après avoir pris son
maximum de développement dans les temps secondaires [1].

1. Les Brachiopodes sont des animaux essentiellement marins qui en
raison de leur nombre dans les terrains stratifiés de divers âges, de la
multiplicité de leurs formes, et de la fixité de leurs caractères, peuvent
compter parmi les fossiles les plus importants ; il n'est pas de terrains qui
n'en comprennent et le plus souvent c'est à leurs espèces qu'on s'adresse
pour caractériser les horizons.

L'époque silurienne est le moment tout à la fois de leur début et de leur
apogée. Ils ont eu leur règne pendant la période primaire où ils atteignent,
avec leur plus grande taille, une richesse de formes qui n'a jamais été
égalée depuis. Actuellement on les trouve encore sans doute nombreux
dans toutes les mers, à toutes les profondeurs, aussi bien sur les plates-
formes littorales que dans les grands fonds, mais dans des proportions
infiniment moindres qu'aux époques anciennes.

Ces animaux vivent dans une coquille à deux valves, comme les mollusques acéphales, mais ces valves, au lieu d'être disposées latéralement
comme chez ces derniers qui possèdent par suite une valve droite et une

Caractères généraux de la flore et de la faune terrestres. — Indépendamment de ces progrès considérables réalisés dans le développement des organismes marins, progrès qui

valve gauche, sont l'une inférieure dite *ventrale*, l'autre supérieure *dorsale*; de telle sorte que ce Brachiopode peut être considéré comme couché dans sa valve inférieure comme dans un berceau qui vient recouvrir la valve supérieure. D'après le mode de réunion de ces valves, ces animaux peuvent se diviser en deux groupes : 1° celui des *articulés*, dans lequel les valves sont unies constituant une charnière si solide qu'elles ne peuvent être séparées que par rupture ; 2° les *inarticulés,* où les valves dépourvues de charnière sont uniquement reliées par un appareil musculaire assez compliqué.

Le plus souvent fixés soit par un pédoncule (*Térebratule,* fig. 229), soit par la substance même de leur test (*Crania*), on en observe quelques-uns qui restaient libres pendant la totalité de leur vie ; d'autres qui conquéraient cette liberté en avançant en âge, présentent sur leurs ailes de longues

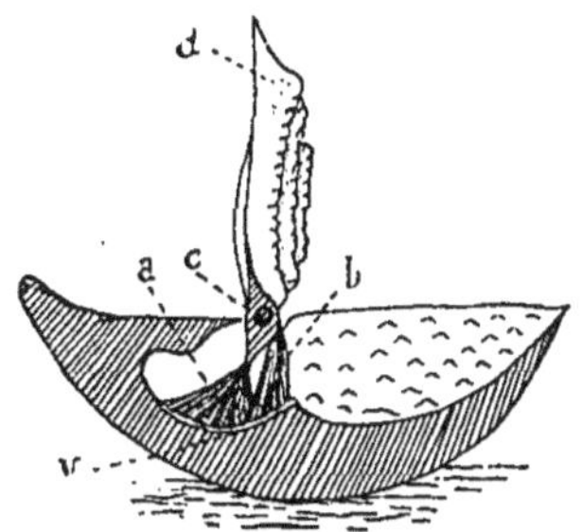

Fig. 228. — Coupe longitudinale d'une Thécidée vivante, montrant la disposition et le jeu des valves chez les Brachiopodes inarticulés. V, valve ventrale fixe ; C, dent cardinale servant de pivot à la valve dorsale mobile, *d.*

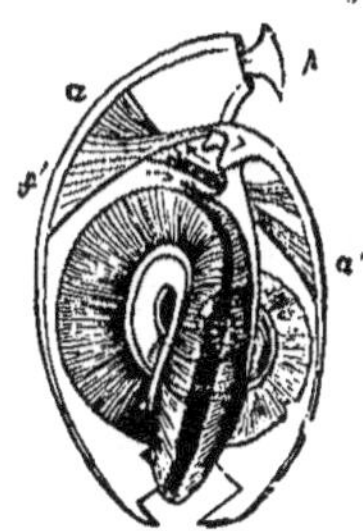

Fig. 229. — Section faite au travers d'une Térébratule, montrant le mode d'ajustement des valves chez les Brachiopodes articulés. *a a,* muscles adducteurs ; *f,* muscles déducteurs ; *p,* pédoncule.

Fig. 230. — Valve dorsale du même Brachiopode, vue de face montrant l'embranchement des bras ciliés.

épines tubuleuses au moyen desquelles ils pouvaient rester retenus dans les plantes marines (*Productus,* fig. 243 ; *Leptæna*).

Tous ont pour caractère commun de présenter, de chaque côté de la

donnent à la faune dévonienne un caractère bien particulier, cette grande époque a encore été marquée par un fait de la plus haute importance : celui de l'installation définitive sur des

bouche, de longs bras charnus ou appendices buccaux, couverts de cils vibratiles, au moyen desquels ils créent des courants amenant la nourriture à l'orifice buccal, et qui servent également d'organes de respiration.

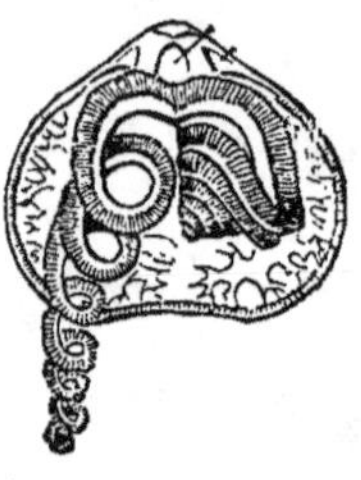

Fig. 231. — *Rynchonella psittacca*, espèce vivante avec un de ses bras déroulé au delà de la valve.

Ces bras ciliés ont une longueur telle, qu'ils doivent être repliés, ou enroulés ; le plus souvent, dans le groupe des articulés, ils sont soutenus par un appareil calcaire en forme de ruban fixé au sommet de la valve dorsale et qui les empêche, quand il est bien développé, de se dérouler pour sortir sur le rebord de la coquille, comme peuvent le faire les Rynchonelles, où cet appareil est rudimentaire. La disposition de cet *appareil brachial*, qui devient très diverse et fournit un excellent caractère pour délimiter les familles et les genres, peut se ramener à deux types ; dans le premier les deux lamelles calcaires qui descendent du plateau cardinal se réunissent à une distance plus ou moins grande du point de départ, au moyen d'une bandelette calcaire, en un appareil continu (*Térebratule*, fig. 229) ; dans le second, les deux lamelles restent indépendantes et prennent une forme spiralée. Dans ce cas les spires

Fig. 232. — Appareil brachial transverse chez un *Spirifer*.

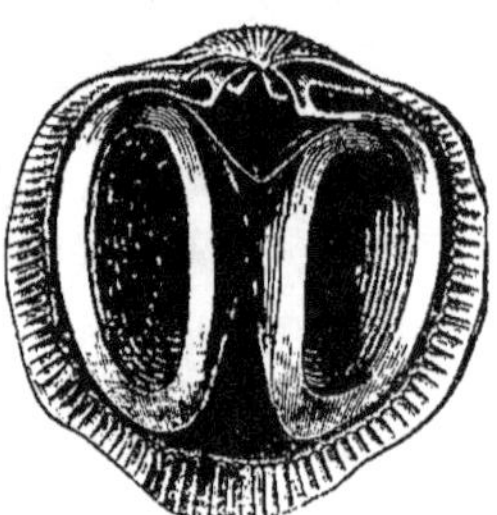

Fig. 233. — Appareil brachial convergent vers le centre de la coquille chez un *Atrypa*.

divergentes peuvent être dirigées transversalement en remontant vers les deux extrémités de la coquille (*Spirifer*, fig. 230) ou bien s'enfoncer dans l'intérieur, vers la partie de la valve dorsale (*Atrypa*, fig. 233).

Quant à leurs formes elles peuvent être très diverses : celles transverses dominent chez les *Spirifers* ; les *Téréhratules* et les *Rynchonelles* sont surtout globuleuses ; les *Leptœna* et les *Orthis* semi-circulaires ; les *Cranies* coniques ;

continents très vastes et bien établis, d'une végétation terrestre déjà très riche dans laquelle on voit apparaître les précurseurs immédiats des principaux types qui composeront la grande flore carbonifère. Or, à l'époque dévonienne, les surfaces continentales les plus étendues se présentant dans les régions septentrionales de l'hémisphère boréal, c'est dans leur voisinage, au milieu de cette vaste ceinture de grès rouges qui en dessinent la bordure, en Écosse, en Norwège et surtout en Amérique dans le Canada, qu'il faut venir chercher les principaux éléments de cette flore remarquable. Dans tous les points, en effet, où se développent ces dépôts côtiers, riches en poissons ganoïdes qu'on sait appartenir à des espèces d'eau douce ou saumâtre, se présentent en grand nombre des empreintes végétales charriées par les fleuves et parfois réunies en quantité suffisante pour fournir des couches de combustible sous la forme d'anthracite. Parmi ces plantes qui présagent l'éclosion de la flore carbonifère figurent par ordre d'importance, des *Lycopodiacées* (*Psilophyton, Lepidodendron*), des fougères herbacées et arborescentes, *Sphenopteris, Nevropteris, Paleoptesis, Cyclostigma, Cyclopteris, Caulopteris*, des Équisetacées, représentées par les premières *Calamites*; des rameaux sous forme d'*Astérophyllites*, annonçant des Calamodendrées; enfin on peut déjà constater la présence déjà des *Cordaïtes*, et des conifères (*Prototaxites*).

En même temps les insectes à peine indiqués à la fin du Silurien par un Scorpionide apparaissent plus nombreux et se répartissent entre deux familles : les *Orthoptères* et les *Névroptères* avec des formes intermédiaires voisines des Éphémères. Il importe alors de remarquer que ces insectes dévoniens sont

dans les *Productus*, qui présentent sur les côtés des prolongements aliformes couverts d'épines, la valve dorsale voûtée s'enfonce dans l'intérieur et l'espace occupé par l'animal devient bien réduit; enfin il en est qui par suite d'un arrêt de développement dans la partie médiane de la coquille, alors que les parties latérales continuent à s'accroître, présentent au milieu de la coquille un trou qui simule une perforation (*Pygope*, fig. 345).

Chez les Brachiopodes inarticulés les coquilles, moins diversifiées, restent presque toujours aplaties (Lingule) et même complètement dépourvues de ces plis ou des fines côtes rayonnantes qui rendent si complexe l'ornementation des articulés.

notablement plus grands que leurs congénères actuels; or comme ce caractère s'accentuera à l'époque carbonifère, où les insectes fossiles se chiffrent par centaines, il est clair qu'il faut faire remonter leur point de départ à une date plus éloignée.

Étendue géographique du Dévonien. Principaux faciès. — En avant de la grande zone littorale des grès rouges dont nous avons déjà fixé la position sur la bordure du continent septentrional dévonien, s'étendent en Europe des dépôts plus complexes dans leur allure et leur composition offrant une riche faune marine avec par places des faciès régionaux plus accentués qu'au Silurien. Le trait saillant dans l'histoire orogénique du globe qui marque le début du dévonien, c'est en effet une accentuation des plis anciens qui motive, non seulement une distribution de la mer très différente, mais sa localisation dans des bassins distincts pourvus chacun d'un régime de sédimentation différent et par suite d'une faune spéciale.

La France notamment, en Bretagne, dans le Cotentin, le Plateau central, les Vosges et l'Ardenne, offre des exemples remarquables de cette disposition ; le dévonien, dans tous ces massifs anciens, se présentant étroitement localisé dans des plis synclinaux, plus ou moins larges, et dont la formation date de mouvements post-siluriens. Dans l'est, sur l'emplacement de la Meuse, entre Namur et Charleville, le synclinal très resserré de l'Ardenne faisait office de détroit mettant en communication facile la dépression qui forme aujourd'hui la Manche alors plus étendue, dans le nord-ouest, avec la mer, qui, après avoir couvert de vastes espaces dans les provinces Rhénanes et l'Allemagne centrale, s'étendait ensuite plus largement encore en Russie (fig. 232). La fréquence de couches à fossiles marins dévoniens dans l'Oural, montre qu'à cette date cette grande chaîne, qui trace, dans l'est, les limites de l'Europe, n'existait pas : tout au moins dans sa partie méridionale qui submergée laissait librement communiquer les eaux marines largement étendues en Asie jusqu'en Chine avec celles dont nous venons de montrer la distribution en Europe. Or les espèces qu'on rencontre dans ces régions éloignées de la Russie et de l'Asie étant les mêmes que celles qui remplissent les grès, schistes et calcaires dévoniens de l'Ardenne et de la Bretagne, c'est dans ces grandes

dépressions asiatiques et russes qu'il faut venir chercher le
point de départ des courants qui sont venus amener cette
faune marine dévo-
nienne dans les divers
bassins creusés dans
les massifs anciens de
notre sol français.

L'extension du Dé-
vonien dans les ré-
gions méridionales
devient ensuite un fait
intéressant à noter.
Dans cette direction
les rives du Bosphore
en Asie, en Europe,
l'Espagne peuvent
compter parmi les ré-
gions méditerranéen-
nes où le dévonien est
bien développé et cela
sous un facies spécial
franchement marin
et caractérisé par une
prédominance bien
marquée des calcai-
res qui deviennent
toujours le signe bien
caractérisé de dépôts
effectués loin des ri-
vages dans des eaux
dépourvus de cou-
rants rapides susceptibles de charrier des sables, et riches
en organismes. C'est en effet sur de vastes espaces que la mer
s'étendait dans le sud, en dépassant de beaucoup les limites
qu'elle avait atteintes au Silurien. L'Afrique par exemple si complètement dépourvue de dépôts siluriens et qu'on peut par suite
considérée comme émergée à cette date s'est vue couverte par
les eaux marines dévoniennes jusqu'au plein cœur du Sahara.

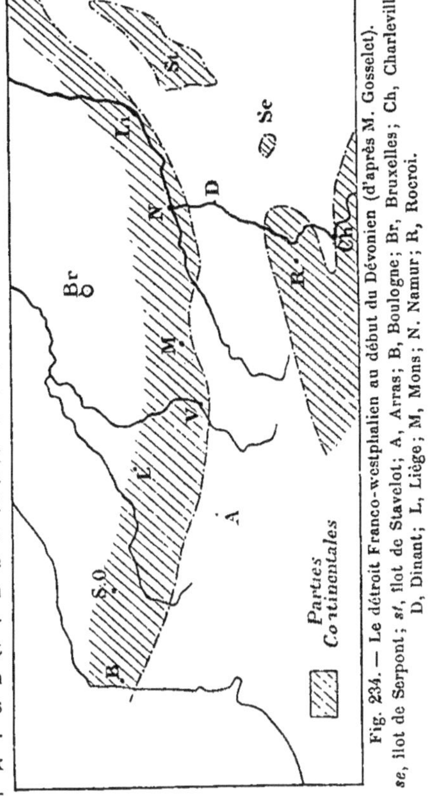

Fig. 234. — Le détroit Franco-westphalien au début du Dévonien (d'après M. Gosselet). se, ilot de Serpont; st, flot de Stavelot; A, Arras; B, Boulogne; Br, Bruxelles; Ch, Charleville; D, Dinant; L, Liège; M, Mons; N, Namur; R, Rocroi.

17.

Les grands plateaux calcaires arides et secs (Hamada) qui constituent le vrai désert dans cette immense dépression sont le plus souvent faits de roches dévoniennes et jusqu'aux environs du Lac Tchad on peut voir ces calcaires avec leurs brachiopodes, *Spirifers, Orthis, Chonetes...*, et leurs polypiers identiques aux espèces européennes s'étendre en bancs épais, horizontaux.

Ainsi tandis qu'à l'époque silurienne, c'est dans les contrées arctiques voisines du pôle qu'on pouvait venir chercher des représentants marins bien caractérisés de cette faune remarquable, à l'époque dévonienne un phénomène inverse se produit, les mers s'étant franchement reportées vers le sud.

Quant aux différents facies qui s'introduisent dans les dépôts marins du dévonien d'Europe, ils comprennent en dehors d'un type normal, remarquablement développé dans les bassins du Rhin et de la Meuse (*zone hercynienne*), dont nous indiquerons plus loin les caractères assez complexes, deux termes extrêmes : l'un littoral et arénacé, spécial aux régions du nord où règnent pour ainsi dire sans partage à toutes les hauteurs du Dévonien, ces grès rouges (*old red sandstone*) dont nous avons souvent parlé; l'autre de mer sinon profonde, du moins plus étendue et plus calme, caractérisé par une prédominance bien marquée des calcaires qui apparaissant dès le début, persistent presque jusqu'à la fin et entraînent avec eux une faune spéciale très riche. Ce dernier type se réalise de préférence dans les régions méridionales et c'est également à ce facies qu'appartiennent les formations dévoniennes qui sont venues combler, parmi les bassins bretons, ceux qui se tiennent spécialement sur la bordure est, c'est-à-dire dans les points où les plissements qui donnent au massif américain sa structure rayée caractéristique, sont le mieux indiqués [1].

1. Consulter à la fin de ce volume la carte géologique où cette structure de la Bretagne apparaît clairement; les affleurements successifs des diverses couches gneissiques et paléozoïques, se présentant disposés par bandes qui viennent converger dans l'ouest vers un point situé au large de l'île d'Ouessant, tandis qu'ils divergent vers l'ouest en devenant plus nombreux et plus larges, surtout en Vendée et en Normandie où ces bandes se poursuivent avec une grande régularité. C'est principalement sur cette bordure orientale du vieux bassin breton que cette structure rayée atteint sa plus grande netteté.

Descriptions régionales : Ardenne; Eifel; Provinces Rhénanes. — Dans le bassin de la Meuse, l'Ardenne peut compter comme une région classique pour l'étude du dévonien. Dans un faible espace, traversé par la Meuse, entre Charleville et Namur, c'est-à-dire sur une largeur comparable à celle de la Manche dans sa partie la plus réduite (80 k.), ce terrain est représenté par un ensemble complexe et varié de dépôts pour la plupart très fossilifères, et dont l'épaisseur qui n'est pas moindre de 10 000 mètres dépasse celle de tous les terrains secondaires et tertiaires réunis. Il devient le type le plus complet d'une grande zone dévonienne dite *hercynienne*, qui partant du sud de l'Angleterre vient se terminer en Westphalie après s'être montrée largement étalée dans l'Eifel et les provinces rhénanes. Dans toute cette étendue le dévonien toujours puissant comprend trois grandes divisions à caractères constants : un étage inférieur essentiellement détritique, presque exclusivement composé de grès, de conglomérats et de schistes vacuolaires qualifiés de *grauwackes* caractérisés par la prédominance de

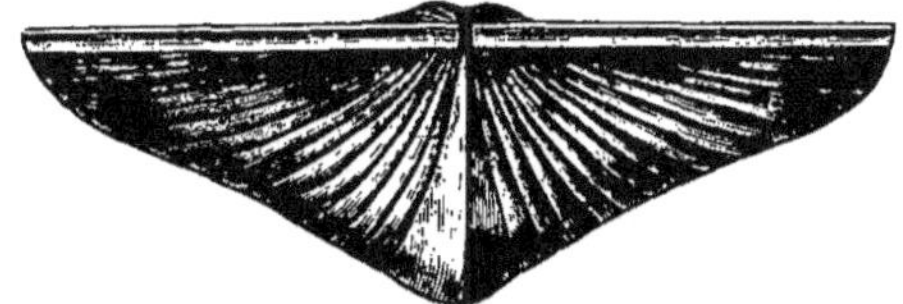

Fig. 235. — *Spirifer macropterus* (Spirifer ailé).

spirifers à grandes ailes dont le S. *paradoxus* est le meilleur type; un étage moyen où le calcaire, riche en *calcéoles* au début, en *stringocéphales* au sommet, apparaît sous la forme

. Quant à la cause il faut venir la chercher, comme l'a si bien mis en lumière M. Barrois, dans une série progressive de mouvements du sol qui, refoulant ces diverses couches sédimentaires, ont fait naître dans la dépression centrale comprise entre les deux bandes de gneiss et de granite qui tracent au nord et au sud-ouest les limites de la région, un système de plis synclinaux et anticlinaux subordonnés, parallèles entre eux et aux plateaux limitrophes; au nord celui de Léon disloqué par de nombreuses fractures, dans le sud-ouest celui, plus régulier, des Cornouailles où les affleurements de granite suivent, avec une grande régularité, la direction des zones plissées.

de puissants massifs construits par les stromatopores et les
polypiers ; un étage supérieur où le calcaire tend à disparaître

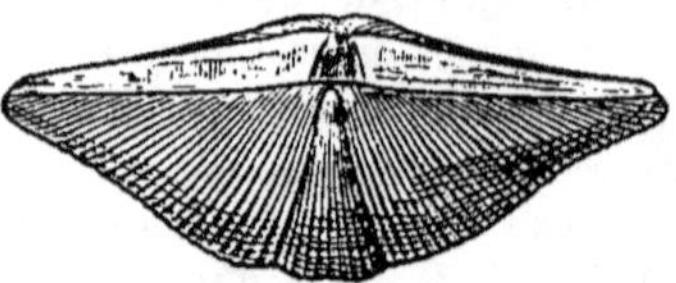

Fig. 236. — *Spirifer Verneuilli* du Dévonien
supérieur (grandeur naturelle).

pour faire place à des schistes, ou à des grès micacés
(psammites) quand on se
rapproche des rivages. Les
espèces du genre *Ryncho-
nelle* deviennent alors assez
abondantes pour caractériser les diverses phases de
ce dernier terme qui comprend encore, dans ses dépôts schisteux, un grand développement de spirifers représentés surtout
par le *S. Verneuilli* (fig. 236).

Ardenne. — Au début dans l'étroite passe du détroit de la
Meuse, le caractère détritique des dépôts du dévonien inférieur
est bien accentué par de grandes accumulations de galets et
de blocs souvent énormes, empruntés aux roches dures, quartzites et schistes, du Cambrien ardennais. Les principaux affleurements de cet ancien cordon littoral relevé sur la côte par
l'action combinée des vagues et de courants violents, maintenant consolidée sous la forme d'un poudingue très solide,
s'observent près de Fumay, à Fépin, au milieu des versants
boisés de la Meuse, sur la tranche des phyllades cambriennes
redressées (fig. 237) [1].

Une phase de sédimentation plus calme est ensuite attestée
par la superposition sur ce *poudingue de Fépin*, d'arkoses,
bientôt suivies d'un grand développement de schistes et de
grès, marqués de colorations vives, jaunes et rouges bien tranchées (*arkoses de Haybes*, *schistes de Mondrepuits*, schistes bigarrés
d'Oignies, schistes et quartzites verdâtres de Saint-Hubert).
Alors se présentent les premières couches fossilifères du Dévonien comprenant déjà le *Pleurodictyum problematicum* avec des

---

1. Les blocs de quartzite roulés dans ce poudingue de Fépin pèsent souvent jusqu'à 5 000 kilos. On ne saurait donner un meilleur témoignage de
la puissance érosive des vagues et de la violence des courants qui sont
venus accumuler de pareils matériaux autour des îlots qui s'élevaient au
milieu du détroit de la Meuse et dans toutes les anfractuosités de la côte
(voy. fig. 237).

Trilobites (*Homalanotus*) et des brachiopodes spéciaux (*Spirifer Mercuri*).
A la fin de ces premiers dépôts, dont
l'ensemble constitue le sous-étage *gé-
dinien*, déjà des modifications sensibles s'observent dans la forme des rivages, l'ilot de Serpont est réuni au
continent, et c'est dans un détroit plus
resserré qu'est venue se déposer la série encore puissante et remarquablement fossilifère des grauwackes qui
terminent le dévonien inférieur. Ces
grauwackes divisées en deux assises
épaisses chacune de près de 800 mètres (*G. de Montigny* et *G. d'Hierges*) se
montrent précédées, puis interrompues
par de grandes couches de grès durs,
noirs ou blancs, largement exploités
pour pavés. On observe alors dans ces
grès, qui annoncent chaque fois un
retour bien accentué d'apports de sables par des courants, interrompant
le dépôt des argiles calcarifères qui
ont donné naissance aux grauwackes,
une localisation bien accentuée de
gastropodes et de bivalves amies des
sables (*Grammysia*, *Ptérinées*, etc.) tandis que les brachiopodes, avec quelques rares trilobites, dominent (*Homalanotus armatus*, fig. 212). Quoi qu'il
en soit, la faune de cette nouvelle
série, riche en spirifers, reste caractérisée dans son ensemble par le
petit nombre d'espèces suivantes dont
la détermination permet toujours de
reconnaître la présence du dévonien
inférieur : *Spirifer paradoxus*, S. *Cultrijugatus*, *Leptœna Murchisoni*, *Pleu-*

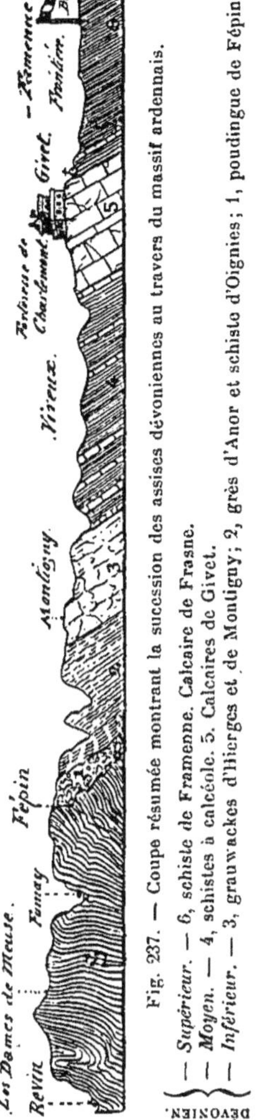

Fig. 237. — Coupe résumée montrant la succession des assises dévoniennes au travers du massif ardennais.

— *Supérieur.* — 6, schiste de Framenne. Calcaire de Frasne.
— *Moyen.* — 4, schistes à calcéole. 5. Calcaires de Givet.
— *Inférieur.* — 3, grauwackes d'Hierges et de Montigny; 2, grès d'Anor et schiste d'Oignies; 1, poudingue de Fépin.

rodictyum problematicum. Des poudingues (*P. de Burnot*) qui ne manquent pas au milieu de ces assises et prennent plus d'importance que ceux de la base, attestent toujours la violence des courants littoraux. Mais cet état de choses cesse avec le dévonien inférieur (*étage rhénan*). Après le dépôt des grauwackes des modifications encore importantes s'introduisent dans la forme du détroit, toutes les anfractuosités de la côte sont comblées et dans une passe étroite, qui ne s'étend plus cette fois qu'entre Fumay et le Brabant, les eaux devenues plus calmes et purifiées, sont bien préparées pour que les organismes constructeurs s'y installent et viennent édifier de puissantes assises calcaires. C'est de la sorte qu'on voit succéder aux formations franchement détritiques de l'étage *rhénan* des couches bien réglées exclusivement marneuses et calcaires; toute trace d'apports sableux ayant cessé. Dans les schistes marneux de la base, riches en calcéoles (*C. sandalina*), le calcaire apparaît sous la forme d'amas lenticulaires (marbres de Trelon et de Couvin) atteignant plusieurs centaines de mètres d'épaisseur et tout entiers construits par des Stromatopores et des Polypiers (*Favosites, Al-*

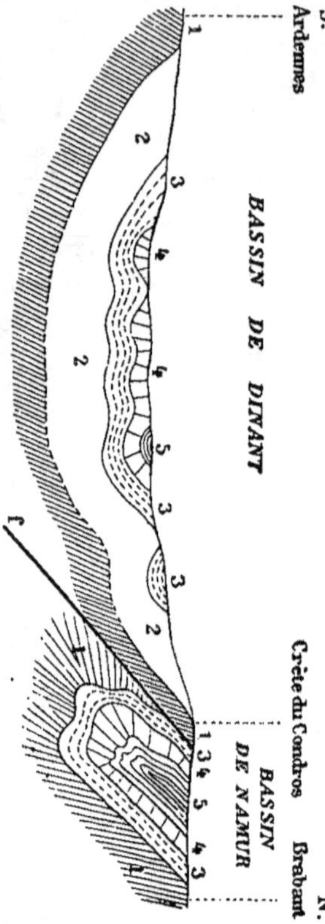

Fig. 238. — Coupe représentant l'état actuel des deux bassins dévoniens de la Belgique; celui de Namur se trouvant limité par une grande faille, avec renversement des couches dû à un affaissement de ce bassin, postérieur au terrain houiller.
1, schistes cambriens plissés; 2, grès, schistes et grauwackes du Dévonien inférieur; 3, schistes à calcéoles et calcaire à stringocéphales (Dévonien moyen). — Schistes à *Spirifer Verneuili* (Dévonien supérieur); 4, calcaire carbonifère; 6, terrain houiller.

véolites), ou bien par des crinoïdes, dans les calcaires à entroques qui ne manquent pas au voisinage de ces récifs, où se tiennent, nombreux, des Brachiopodes tels que : *Spirifer speciosus*, *Athyris concentrica*, *Atrypa reticularis*, *Leptœna depressa*, *Pentamerus galeatus*, *Productus subaculeatus*, etc. En même temps, dans les schistes, les trilobites, devenus fréquents, sont surtout représentés par *Phacops latifrons* et *Bronteus flabellifer*.

En se dirigeant vers Givet on voit ensuite se développer au-dessus de ces *schistes à calcéoles* les masses bien stratifiées et puissantes de calcaires marmoréens si largement exploités sous la citadelle de Charlemont et qui annoncent qu'à la fin du dévonien moyen (*Eifelien*), le *facies coralligène* est devenu tout à fait prépondérant. Toute trace de schistes fait, en effet, complètement défaut dans ces assises puissantes et bien soudées de marbres tantôt compacts, tantôt très coquilliers et constitués par des amas serrés de polypiers (*Cyatophyllum*, *Alveolites*, *Favosites*). D'autres, comme celui des Boussois, se montrent remplis de *Murchisonies*. Les Gastropodes de ce type abondent en effet dans les calcaires de Givet avec quelques bivalves (*Megalodon cucullatus*) et surtout des Brachiopodes parmi lesquels figurent comme espèces caractéristiques *Stringocephalus Burtini* (fig. 225) et *Unciles Gryphus* (fig. 222). Le grand développement de ces calcaires givétiens correspond alors à un affaissement du sol bien marqué ; la mer, franchissant la chaîne littorale du Condroz abaissée, s'avance dans la direction de Namur ; dès lors la formation des calcaires peut se poursuivre dans un second bassin, celui de Namur, où on peut constater que cette avancée de la mer sur une terre affaissée, s'est traduite, au début, par une remarquable formation de poudingues et de grès (*Poudingue de Pairy-Bony*) dans lesquels on rencontre à l'état d'empreintes entraînées par les courants, les végétaux (*Lepidodendron*) qui se tenaient sur les terres basses du Condroz et du Brabant.

Au delà de Givet les calcaires à stringocéphales plongent brusquement sous la plaine schisteuse de la Famenne au-dessus de laquelle s'élèvent, en saillie, sous la forme d'îlots isolés de toutes parts, des amas de calcaires à polypiers, fournissant les marbres les plus estimés de la Belgique et qui annoncent qu'au début du dévonien supérieur (*étage famenien*) les formations

coralligènes au lieu de constituer des assises continues et bien
réglées comme les bancs compacts des calcaires de Givet, se
sont traduites par des massifs isolés, distincts, enveloppée de
toutes parts par des schistes et pouvant atteindre des épaisseurs
de 500 à 600 mètres. Ici l'origine corallienne de ces calcaires
devient incontestable ; il suffit, pour s'en rendre compte, d'examiner, parmi ces marbres, le plus connu, celui qui sous le nom
de Sainte-Anne est si communément employé par les cheminées ; on pourra constater qu'il est essentiellement constitué par
un amas serré de Stromatopores allongés (*Diapora*) associé à
de nombreux Polypiers (*Cyatophyllum*) [1] ; d'autres, tels que les
marbres de Florence, sont spécialement formés de débris de
crinoïdes, de coraux et de coquilles de mollusques comme ces
calcaires coquilliers qui se forment aujourd'hui au voisinage et
aux dépens des récifs coralliens. Ces calcaires frasniens qui
correspondent à une phase de grande extension de la mer
dévonienne en Belgique, sont très fossilifères, riches en brachiopodes [2], notamment en rynchonelles (*R. cuboïdes*), en spirifers
(*S. Verneuili*), et renferment également en grand nombre des
céphalopodes parmi lesquels on doit signaler des *Orthocéres*
dont les affinités siluriennes sont remarquables et surtout des
Goniatites (*G. intumescens*, *G. retrorsus*) dont le plein développement se fait dans le dévonien supérieur de l'Allemagne centrale.

Entre ces ilots de calcaires coralligènes, les chenaux ont été
remplis par une vase charbonneuse qui se présente maintenant
sous la forme de schistes noirs pyriteux (schistes de Matagne

---

1. C'est le nombre plus ou moins grand de ces *stromatopores* qui donne
lieu aux diverses variétés de marbre Sainte-Anne. Dans chacune, sur les
surfaces polies, on peut facilement se rendre compte de la structure spéciale du squelette calcaire de ces organismes très inférieurs. Il apparaît
constitué par des lamelles calcaires concentriques espacées et dont les intervalles sont parcourus par un réseau de petits canaux communiquant à l'ensemble un aspect réticulé caractéristique.

2. Non seulement les brachiopodes sont nombreux dans ces calcaires
frasniens ; ils atteignent même leur plus grande taille avec les spirifers
(*S.*) (*Orbelianus* et *aperturatus*) dans un horizon particulier, bien connu dans
la région sous le nom de *niveau des monstres*, et qui vient se placer directement sur les calcaires à stringocéphales en traçant la limite du dévonien
supérieur.

à *Cardiola retrostriata*), renfermant, avec de nombreuses coquilles de cypridines (*Entomis*), c'est-à-dire de petits crustacés marins d'eaux peu profondes, les goniatites des calcaires voisins. En dernier lieu cette sédimentation vaseuse l'emporte, en donnant naissance à une longue série de schistes verdâtres infertiles qui rendent stérile, dans le sud du bassin de Dinant, toute la région de la Famenne, alors qu'ils se montrent couverts de forêts en devenant gréseux à mesure qu'on se rapproche du Condroz. Dans cette direction, en effet, des courants longeant la côte ont déterminé la formation de bancs de sables micacés, transformés maintenant en psammites. Alors que dans la zone schisteuse les brachiopodes sont encore abondants et principalement représentés par de nombreuses espèces de rhynchonelles, toujours associés au *Spirifer Verneuili*.

Dans ces *psammites du Condroz* on n'observe plus que des bivalves, principalement des cucullées, et surtout de nombreuses empreintes de fougères (*Sphenopteris, Palæopteris*) et de *Lepidodendrons* variés. En même temps, dans le centre du bassin, un remarquable développement d'encrines a donné naissance à de véritables calcaires à entroques, soit à l'état de nodules intercalés dans les schistes, soit et surtout au sommet de cet étage famennien, sous la forme d'amas lenticulaires plus étendus, qui largement exploités à Etreungt, renferment un mélange remarquable d'espèces franchement dévoniennes (*Spirifer Verneuili, Athyris concentrica, Phacops latifrons*, etc.) avec des formes destinées à prédominer dans le carbonifère (*Spirifer tornacensis, S. distans*, etc.). On atteint de la sorte, avec ce dernier terme du dévonien ardennais, une de ces zones de passage qui s'introduisent fréquemment entre deux terrains consécutifs quand ils se superposent en concordance et que la sédimentation ne s'est pas interrompue. Or cette condition se trouve pleinement réalisée, dans la région qui nous occupe, entre le carbonifère et le dévonien.

Eifel et provinces rhénanes. — Dans le bassin du Rhin une série dévonienne conforme à celle des Ardennes s'observe, notamment dans l'Eifel où se présentent dans les schistes à calcéoles et les calcaires à stringocéphales, les plus beaux gisements fossilifères connus; mais avec cette différence qu'elle

s'étend sur des surfaces considérables et que le dévonien inférieur perd, avec les poudingues et les grès grossiers, cette complexité dans les sédiments qui donnait à l'étage rhénan dans
les Ardennes, son caractère particulier. Déjà dans l'Eifel, par
où la grande mer dévonienne du Rhin se reliait à celle du
bassin de la Meuse. Cette absence de conglomérats et de sédiments aux couleurs vives, motivée par la distance où on se
trouve des rivages, se fait remarquer et ce caractère, c'est-à-dire
cette substitution de dépôts de mer plus profonde et plus
calme, à des dépôts littoraux s'accentue à mesure qu'on se
rapproche du Rhin. Dans cette direction le dévonien inférieur
est surtout représenté par des grès à spirifers qui, de part et
d'autre du Rhin, aux environs de Coblentz, supportent les
vignobles bien connus. Il suffit ensuite de franchir le grand
fleuve pour rencontrer, à peu de distance, dans ce même étage
rhénan, des assises dont la faune est inconnue dans l'Eifel
aussi bien que dans les Ardennes. Ces assises sont des schistes
ardoisiers riches en céphalopodes, notamment en orthocères, et
où on peut constater la curieuse association du *Pleurodictyum
problematicum* avec des brachiopodes dont les affinités siluriennes sont bien marquées. Plus loin en Westphalie c'est dans
le dévonien supérieur qu'on peut constater des modifications
intéressantes du même ordre; elles portent cette fois sur la
substitution aux schistes fameniens de couches à nodules calcaires où apparaissent, avec de nombreuses goniatites (*G. intumescens*; *G. retrorsus*) des clyménies, c'est-à-dire un ensemble
de céphalopodes qui dans les régions méridionales, en particulier dans les Pyrénées, caractérisent, au sommet du dévonien,
ces calcaires amygdalaires spéciaux bien connus sous le nom
de *griottes*. Dans toute cette étendue, seules les assises du dévonien moyen (schistes à calcéoles et calcaires à stringocéphales)
se poursuivent sans subir de modifications.

**Le dévonien dans le nord de l'Europe. Vieux grès rouge
écossais.** — Dans le sud de l'Angleterre, le Devonshire marque,
à l'extrémité nord-ouest de la bande dévonienne dont nous
poursuivons l'examen, une région où les formations marines
de cet âge peuvent encore se rencontrer, développées dans
l'ordre que nous venons d'indiquer. Mais avec cette particu-

larité qu'à divers niveaux, à côté d'espèces caractéristiques
qui ne laissent aucun doute sur l'assimilation des couches
du dévonien anglais à celles des bassins de la Meuse et du
Rhin [1], on peut rencontrer des poissons identiques à ceux des
grès rouges septentrionaux ; circonstance qui permet de justifier l'équivalence de cette formation littorale, si spéciale, avec
les assises complexes du dévonien marin du continent. C'est
de la sorte qu'on peut voir, dans le Devonshire méridional,
apparaître dès la base des *Ptéraspis* et des *Céphalaspis* associés à des ganoïdes francs, *onchus et dipterus*, dans une série
de grès et de schistes qui renferment les spirifers des grauwackes coblentziennes (S. *paradoxus, S. cultrijugatus*). Sur
ces formations détritiques le dévonien moyen, exclusivement
calcaire et schisteux, conserve, avec toute la faune de
l'Ardenne, ses caractères habituels ; et c'est ensuite dans les
calcaires coralligènes à *Rynchonella cuboïdes*, directement superposés à de grands massifs de calcaires marmoréens à stringocéphales (marbres de Plymouth et Torquay), c'est-à-dire, dans
des assises frasniennes bien caractérisées, qu'on rencontre de
nouveau des poissons cuirassés représentés cette fois par le genre
Coccosteus. En dernier lieu, quand on dépasse une zone assez
étendue de grès micacés riches en plantes terrestres, qui
représentent le facies arénacé des schistes de Famenne, on voit,
comme en Belgique, dans le bassin de Dinant, des calcaires
réapparaître sous une forme noduleuse au milieu de schistes, et
ramenant avec eux la faune marine des calcaires d'Étreungt,
c'est-à-dire le mélange signalé d'espèces dévoniennes et carbonifères ; à ce niveau des *Ptérichtys* deviennent les derniers représentants des poissons cuirassés dévoniens.

Ces faits s'appliquent au dévonien de l'Angleterre méridionale (Devonshire et Cornouailles) qui conserve, dans toute son
étendue (2800 mètres), de grandes analogies avec celui du continent dont nous avons pris le type dans les Ardennes. Mais

---

1. C'est dans cette région que Murchison et Sedgwick ont les premiers,
dès 1839, fait connaître qu'on devait distinguer sous le nom de *dévonien* un
terrain spécial en montrant combien la faune et la nature des couches du
Devonshire méridional étaient différentes de celle du silurien et du carbonifère.

ces analogies cessent bientôt quand on se dirige vers le nord ;
les formations calcaires disparaissent peu à peu pour faire
place à des dépôts gréseux, marqués de colorations rouges, où
ne se présentent plus que les bivalves habituelles des fonds
sableux du dévonien.

Les couches à faune marine plus diversifiée qui se poursuivent le plus loin, dans cette direction, sont des schistes à
Pleurodictyum, et les calcaires marmoréens à stringocéphales.
Ainsi se prépare le facies arénacé du *vieux grès rouge* qui déjà
bien indiqué dans le centre et le nord de la Grande-Bretagne
va régner seul en Écosse.

La roche dominante et caractéristique de cette puissante
formation est un grès quartzeux rouge brique ou brun, toujours ferrugineux, qui se dispose par bancs épais, entremêlés
de conglomérats vivement colorés et dont les éléments sont des
blocs de gneiss, de granites et de quartzite souvent volumi-
neux, à peine roulés. Dans les parties basses, le calcaire apparaît, au milieu de marnes gréseuses rouges ou vertes, sous la
forme de nodules concrétionnés (*cornstones*) aplatis, qui tous
renferment des débris de poissons ou de crustacés (*Eurypterus,
Pterygotus*) ; ces derniers parfois entiers et de grande taille.
Dans les roches rouges, marneuses ou gréseuses, ces fossiles
font défaut. Par places en Irlande et surtout dans le nord de
l'Écosse des schistes bitumineux intercalés deviennent riches
en empreintes végétales qui se répartissent entre des Lycopodiacées (*Psilophyton, Lepidodendron*), de nombreuses fougères
(*Paleopteris, Nevropteris, Sphenopteris, Caulopteris*), des équisétacées (*Calamites*) et deux conifères (*Dadoxylon, Ormoxylon*).

La localisation de ces dépôts dans certaines régions déprimées a fait qu'on les a attribués à des apports fluviatiles venant
se déverser dans des bassins lacustres, si bien qu'en Angleterre,
dans le Pays de Galles et en Écosse, ces régions occupées par
les grès rouges sont chacune désignées sous le nom de *lacs*.
A cette hypothèse d'une série de formations lacustres opérées
dans des bassins séparés on peut faire de suite cette grave
objection qu'en plusieurs points des brachiopodes tels que des
Spirifers, des *Lingules* et des *Discines*, ainsi que des bivalves
franchement marines et des *Serpules*, ont été trouvés dans ces

dépôts ; de plus sur la surface des grès rouges, les *ripple-marks*,
c'est-à-dire les traces de clapotement laissées par les vagues qui
deviennent la marque expressive de sédiments littoraux, abondent. Assurément la part qui revient, dans leur formation, aux
érosions exercées par les eaux superficielles sur le continent
dévonien est grande, mais c'est sur la côte que sont venues se
faire ces accumulations considérables de dépôts gréseux ;
les courants se sont chargés, ensuite, de les étaler, sur de
vastes surfaces, dans une mer vraisemblablement sans profondeur.

Quant aux divisions qu'on peut introduire dans cet ensemble
très puissant et très uniforme de sédiments arénacés, elles sont
bien nettes et se limitent à deux, séparées par une discordance
telle qu'on ne les observe que très rarement superposées l'une
sur l'autre. La première, directement appliquée dans le nord
sur les couches siluriennes redressées, comprend, avec une
prédominance bien marquée des conglomérats dans les grès et
des *cornstones* dans les marnes rouges, les poissons cuirassés,
Ptéraspis et Céphalaspis, que nous avons vus apparaître dans les
couches du dévonien inférieur du Devonshire. Là aussi s'observent des *Pterygotus* de toute taille, ainsi que les *Dipterus* et
les *Coccosteus* parmi les poissons ganoïdes. Dans la seconde,
les grès sont plus fins et moins colorés, les concrétions calcaires deviennent rares ou absentes et les poissons les plus
abondants deviennent, avec des dipnoes bien voisins du polyptère du Nil (*Holoptychius*), les *Pterichtys* qui se tenaient dans
le sud du Devonshire au sommet du dévonien.

De ces deux divisions c'est de beaucoup celle supérieure qui
se poursuit le plus loin dans les hautes latitudes de l'hémisphère boréal ; au delà de l'Écosse cette zone des grès rouges,
suivant le bord de l'ancienne chaîne côtière silurienne, remonte
en effet vers le nord-est, couvre une bonne partie de la Norwège
septentrionale et de la Finlande, et vient atteindre, dans la direction du pôle, le Spitzberg, avec l'île aux Ours. Or ce sont les grès
à *Pterichtys* qui seuls se poursuivent aussi loin en venant attester
que l'ensablement de ces régions polaires s'est fait plus tardivement qu'en Europe. Il en est de même pour la *Russie* où ces
grès à Pterichtys s'étendent jusqu'à Moscou en venant s'inter-

caler comme en Angleterre au milieu de calcaires renfermant les polypiers et les brachiopodes du dévonien supérieur.

Régions méridionales. Bretagne et Cotentin. — Aussitôt qu'on atteint les bandes méridionales du dévonien déposées dans une mer plus ouverte que les précédentes, on voit nettement prédominer les formations calcaires qui apparaissent, dès le début, amenant avec elles une riche faune marine, et peuvent ensuite envahir le dévonien tout entier. Cette dernière condition se trouve déjà pleinement réalisée au sud du Plateau-Central, dans la région de la Montagne-Noire, où ce terrain uniquement représenté par de puissantes assises de dolomies et de calcaires remplis par places de polypiers, comprend dans ses assises supérieures un remarquable développement de *Goniatites* et de *Clyménies*. Ce sont alors ces céphalopodes qui se distribuant au milieu de nodules calcaires, engagés dans des schistes donnent lieu aux *griottes*, c'est-à-dire à des *marbres amygdalins* qui constituent, au sommet du dévonien des régions méridionales, l'horizon le plus connu et le plus étendu. C'est sous cette forme en effet que le dévonien se termine, non seulement dans les Pyrénées espagnoles et françaises où se tiennent les principales exploitations de ces griottes, mais dans les Alpes calcaires orientales, Carniques et de la Carinthie. A cette extrémité de la grande chaine alpine on atteint une région remarquable où les formations coralligènes du dévonien ne se sont pas interrompues depuis la base jusqu'au niveau des couches frasniennes à *Rynchonella cuboïdes* et c'est sur cette masse très uniforme de calcaires à polypiers, épaisse de 700 mètres, que se présentent, comme couronnement d'un édifice tout entier construit par des organismes, des marbres où les goniatites et les clymenies continuent le rôle jusqu'alors réservé aux polypiers.

C'est de même par un remarquable développement de calcaires marmoréens que se signalent les assises dévoniennes des différents bassins de la Bretagne et du Cotentin. Si bien que dans chacun d'eux quand on a dépassé des horizons sableux maintenant transformés en quartzites épais, bien stratifiés (*Quartzites de Plougastel*), puis en grès blancs fossilifères riches en lamellibranches (grès à *Orthis Monieri*), où se présentent les

espèces caractéristiques des niveaux inférieurs de l'étage
rhénan, on constate que la place des Grauwackes coblentziennes
à spirifers est tenue par de grands amas lenticulaires de calcaires marmoréens, marqués de teinte sombre toujours très
fossilifères et riches en polypiers. Tels sont, dans le Cotentin
ceux largement exploités à Néhou, dans la Sarthe, à Viré et à

BRACHIOPODES CARACTÉRISTIQUES DES CALCAIRES DU DÉVONIEN INFÉRIEUR
DE LA BRETAGNE

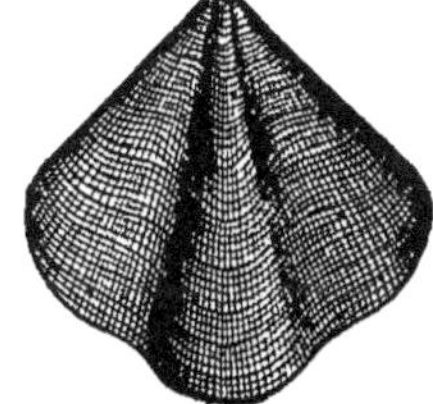
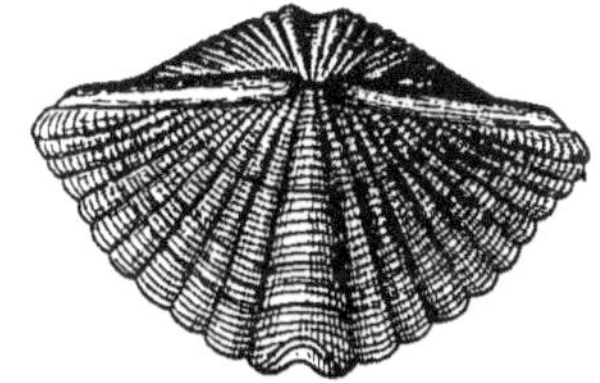

Fig. 239. — Spirifer Rousseaui.   Fig. 240. — Athyris (spirifer) undata.

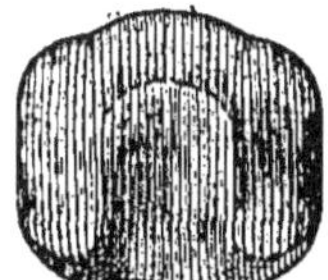

Fig. 241. — Rynchonella sub-Wilsoni.

Brûlon, dans la Mayenne à La Baconnière et à Bois-Roux, dans
la Loire-Inférieure à Erbray, enfin à l'extrémité de la Bretagne
dans la rade de Brest. Tous renferment, avec des espèces des
grauwackes de la Meuse et du Rhin, une faune propre au
faciès calcaire du coblentzien dont les principaux types sont :
*Spirifer Rousseaui, Athyris undata, Rynchonella sub-Wilsoni;
Grypheus Michelini, Homalonotus Gervillei.*

Quant aux affleurements des assises qu'on peut attribuer au
dévonien moyen et supérieur c'est seulement aux deux extrémités est et ouest de la Bretagne qu'on peut les rencontrer :
d'une part, dans le Finistère ou dans une masse très uniforme
de schistes argileux à nodules calcaires (schistes de Porsguen),

on observe, comme en Westphalie, une association d'espèces des schistes à calcéoles bien caractérisées, avec des céphalopodes et des brachiopodes siluriens, tandis qu'au sommet, dans des schistes noirs charbonneux, limités comme étendue à la presqu'île de Crozon (rade de Brest), les petites cardioles des schistes frasniens de l'Ardenne (*G. retrostriata*) et des goniatites (*G. simplex*), des niveaux inférieurs aux couches terminales à clyménies se tiennent. A l'autre extrémité, dans la Basse-Loire (bassin d'Ancenis), sur un dévonien inférieur à *Pleurodictyum problematicum*, on remarque, au milieu de schistes, deux grandes bandes calcaires verticales, dont les affleurements sont jalonnés par des fours à chaux et qui renferment l'une, les stringocéphales du calcaire de Givet, l'autre, la *Rynchonella cuboïdes* des calcaires de Frasne. En somme ces assises en Bretagne sont loin d'atteindre l'extension du dévonien inférieur et ne dépassent guère les niveaux frasniens.

Tous ces faits, très expressifs, montrent qu'à la fin du dévonien inférieur, un refoulement continu et progressif de cette région, bien accentué surtout dans le nord, a rejeté, dans le sud-ouest, la mer qui dès lors n'a plus pénétré que sur les bords par quelques échancrures, du côté de Brest, et dans la Basse-Loire. Ainsi s'est préparée lentement, sans secousses violentes, cette phase d'émersion complète de la Bretagne qui marquera la fin du dévonien. La période carbonifère s'ouvrira ensuite avec un mouvement d'oscillation en sens inverse qui déterminant, dans le centre de la région, la formation d'un grand pli synclinal, orienté est-ouest, permettra aux eaux marines de circuler librement depuis Châteaulin jusqu'à Laval. Les traces de ce grand mouvement sont bien indiquées par la disposition nettement trangressive, sur les divers étages du dévonien, des couches carbonifères dont nous allons maintenant entreprendre l'examen.

IV. — ÉPOQUE PERMO-CARBONIFÈRE

Caractères généraux et principales divisions. — La disposition nettement transgressive du carbonifère sur le dévonien que nous venons de signaler est un fait qu'on peut généraliser.

Sa distribution géographique en effet très particulière accuse presque partout une discordance bien marquée, souvent même angulaire, entre les dépôts de cet âge et ceux qui l'ont précédé. Plusieurs faits viennent ensuite imprimer à cette grande époque un caractère bien spécial : c'est d'abord l'importance prise par les mouvements du sol, le carbonifère étant avant tout une époque de grandes dislocations; et comme conséquence les phénomènes éruptifs se sont déployés avec une intensité sans égale en prenant un caractère volcanique achevé notamment sur notre sol français qui se montre traversé, en son centre, par la grande zone des plissements carbonifères. Assurément ces phénomènes ne sont pas nouveaux, mais ils ont pris un développement exagéré; il semble du reste que ce caractère s'applique à tous les faits saillants de son histoire; sans parler de la végétation, dont la puissance n'a jamais été égalée depuis, la formation de la houille par exemple, est loin de lui appartenir en propre mais nul ne contestera combien, dans ce sens, une prédominance bien marquée doit lui revenir. Nulle époque aussi n'a vu s'introduire, pendant sa durée, de pareilles modifications dans la géographie du globe.

Au début la pleine extension de la mer en Europe se fait encore dans la direction de la Russie où les eaux marines s'étendent, sans interruption, depuis l'Oural jusqu'à la Finlande. Au delà les parties moyennes et septentrionales du continent sont de même encore réduites à l'état de grands massifs insulaires, mais moins étendus qu'au dévonien et creusés de plis dans lesquels la mer peut pénétrer assez profondément. Plus au nord l'accroissement, vers le sud, du continent qui avait servi d'appui aux grès rouges dévoniens reporte la limite du domaine maritime sur l'emplacement actuel des monts Grampians qui se présentent alors sous la forme d'une grande chaîne côtière. Comme d'habitude, la formation de cette chaîne a été accompagnée de phénomènes éruptifs importants et de l'établissement, à son pied, d'une ceinture de dépôts gréseux ou schisteux riches en débris de plantes terrestres. Plus au large, dans tous les points où ne se faisait plus sentir l'action des courants littoraux chargés de sables, ce sont des calcaires, pour la plupart construits par des organismes, qui se sont déposés.

Après cette première phase marine qui comporte ainsi deux facies distincts, l'un, littoral ou lagunaire, représenté par des grès et des schistes à plantes, habituellement compris sous la dénomination générale de *culm*, où la houille se présente à l'état d'anthracite et qui n'admettent, par places, que de petites intercalations de lits à fossiles marins; l'autre, de mer plus calme, caractérisé par de grands dépôts de calcaires où pullulent les fossiles marins, — le régime continental dans les parties moyennes et septentrionales de l'Europe tend à l'emporter. Des refoulements d'une rare puissance, accentuant les plis anciens, font naître, en avant de la première chaîne qui avait tracé, en Écosse, les limites septentrionales de la mer carbonifère, une seconde ride montagneuse isolant, entre elle et le continent, le canal où vont se déposer les grandes couches de houille du nord. C'est l'époque *houillère* pendant laquelle au début, des eaux torrentielles contribuent, non seulement à transformer en lagune peu salée, cette longue et peu profonde dépression, mais à la combler, de proche en proche, aussi bien avec des masses de sédiments arénacés ou schisteux empruntés à la terre ferme, qu'à l'aide de débris végétaux arrachés aux grandes forêts du voisinage. Ainsi s'est constituée la grande ligne de bassins houillers qui s'étend d'une façon continue, depuis le sud-ouest de l'Irlande jusqu'à la Silésie en passant par le Pas-de-Calais, la Flandre, la Belgique et la Westphalie.

Puis les mouvements s'accentuent et se résolvent dans une émersion complète des parties moyennes et septentrionales de l'Europe; la mer est alors rejetée dans le sud-est et le phénomène d'accumulation des combustibles ne se fait plus comme précédemment dans les lagunes basses ou les estuaires du littoral maritime, mais dans des bassins lacustres isolés dans les dépressions des massifs anciens, désormais soudés et réunis au continent carbonifère par l'adjonction de toutes les formations houillères du Nord. Depuis longtemps, en effet, un géologue de grand mérite, d'Omalius d'Halloy, a montré que tous les massifs anciens qui émergent maintenant au milieu des terrains secondaires et tertiaires — la *Meseta en Espagne*, le *Plateau Central*, la *Bretagne*, les *Vosges* et la *Forêt-Noire*, les *Ardennes* et le *Brabant*, le *Hartz* et la *Bohême* — étaient les

restes d'une vieille Europe, de l'Europe de la fin des temps
carbonifères. Tous en effet alors soudés, et doués d'un haut
relief, se montraient couverts de la puissante végétation qui a
donné lieu à la houille et les nombreux bassins houillers qui
s'y disposent souvent par traînées avec cette particularité d'être
complétement indépendants des formations marines, puis lagunaires, du carbonifère inférieur et moyen, représentent tout
autant d'anciens *lacs de montagnes*, comblés par des apports
torrentiels.

Dès lors cette grande phase houillère comprend deux termes
bien distincts développés dans des régions et des conditions

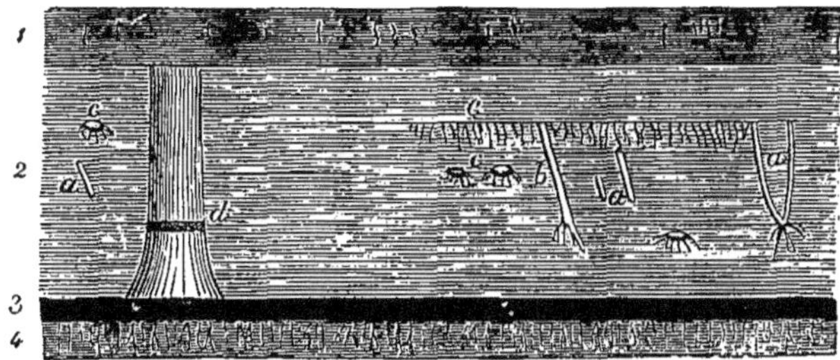

Fig. 242. — Coupe au travers du bassin houiller de la Nouvelle-Écosse, montrant la stratification régulière des couches houillères du nord : — 1, schistes
avec empreintes végétales formant le toit de la houille ; 2, schistes houillers
avec tige debout de Sigillaires ; 3, lit de houille ; 4, schistes argileux avec
racines (Stigmaria) (mur de la houille). — *a* et *b*, calamites ; *c*, stigmaria avec
leurs radicules ; *d*, tronc de Sigillaire debout.

très différentes dont il importe, dès à présent, pour simplifier
les descriptions qui vont suivre, de préciser les caractères. Le
premier, qui correspond aux formations lagunaires ou d'estuaires du nord, avec ses nombreuses couches de houille, très
régulières d'allure, toujours encaissées dans des sédiments à
éléments très fins, argileux ou gréseux (fig. 242), se trouve caractérisée par l'intercalation fréquente au milieu des couches à
plantes terrestres, de petits lits calcaires à fossiles marins, dans
lesquels on ne saurait voir la preuve d'affaissements plusieurs
fois renouvelés, mais la trace de dépôts effectués dans des
lagunes basses où la mer avait facilement accès. Dans le second,

l'absence de tout fossile marin, l'irrégularité des couches de houille qui affectent souvent l'allure dite *en chapelet*, c'est-à-dire d'amas très inégaux, tour à tour renflés, puis amincis, la fréquence des conglomérats, puis des grès grossiers chargés de galets, enfin la localisation de ces dépôts dans des espaces restreints attestent un régime à la fois lacustre et beaucoup plus violent que celui qui a présidé au comblement des bassins du nord.

Pendant que le carbonifère se terminait dans l'Europe occidentale par cette phase continentale, dans l'est et surtout dans la zone méditerranéenne il en était tout autrement. Dans cette direction la place des formations houillères est tenue par de grandes assises de calcaires blancs parfois crayeux où apparaissent en nombre immense des organismes très inférieurs dont jusqu'a présent nous n'avions guère eu à tenir compte dans les faunes marines antérieures. Ces organismes sont des foraminifères, représentés par des *fusulines* (fig. 248) accumulées, par places, au point de former de véritables couches. La Russie, notamment dans l'Oural où ces *calcaires à fusulines* prennent un grand développement, les Alpes sur leur versant méridional, en Carniole et dans la Carinthie, marquent les points profonds de cette mer où s'est développé ce *facies* marin normal des bassins houillers lacustres. Au delà l'extension de pareils calcaires, d'une part dans le sud de l'Espagne, de l'autre en Asie, dans les grands massifs montagneux du centre, montre combien se sont encore affirmées pendant le carbonifère les conditions pélagiques, c'est-à-dire de mer bien ouverte de la zone méditerranéenne, qui déjà avaient prévalu aux époques antérieures. Or ces conditions qui attestent une grande stabilité dans les bassins maritimes, se sont prolongées jusqu'au permien, si bien que dans ces régions, notamment en Russie, dans l'Oural méridional où se fait le plein développement des calcaires marins de cet âge, on ne peut introduire de séparation tranchée.

Ce sont ces considérations qui, jointes à ce fait que dans les latitudes plus élevées où le carbonifère se termine par des formations houillères lacustres, les premières assises permiennes témoignent également d'une prolongation de ces conditions continentales en venant se relier intimement au carbonifère, ont motivé la réunion de ces deux époques en un grand groupe constituant le système *Permo-carbonifère* [1].

Cependant malgré ce fait aujourd'hui reconnu que l'époque permienne n'est au point de vue physique et organique, que le terme final des temps carbonifères, elle présente encore un nombre suffisant de caractères particuliers pour qu'il devienne préférable de faire de son histoire l'objet d'un chapitre spécial, Nous reporterons donc son étude après l'examen des faits qui appartiennent en propre à l'époque carbonifère proprement dite.

ÉPOQUE CARBONIFÈRE

Caractères généraux de la faune. — Dans son ensemble la faune marine *carbonifère* conserve une grande uniformité, et n'est soumise dans le sens vertical, c'est-à-dire pendant toute la durée de l'époque, qu'à peu de variations. Parmi les brachiopodes par exemple, ceux qu'on rencontre à tous les niveaux, représentés par un grand nombre d'espèces, pour la plupart caractéristiques, ce sont les *Productus*. Tous les autres groupes sont en pleine décadence; parmi les genres les plus fréquents on peut citer des *Chonetes* et surtout des *Spirifers* spéciaux; les uns pourvus, sous le crochet de la grande valve, d'un grand espace triangulaire (*area*) très développé (*S. cuspidatus*), les autres présentant, avec une ligne cardinale courte, des ailes arrondies (*Martinia*, fig. 246).

Les *Trilobites* eux-mêmes en voie de disparaître ne sont plus représentés que par quatre genres, dont le principal et le plus répandu est le *Philippsia*.

Par contre les Nautiles très abondants deviennent à ce point variés qu'on peut les grouper en plusieurs sections dont plusieurs se signalent par une ornementation remarquable de leur coquille. C'est en même temps dans les calcaires carbonifères à productus qu'il faut venir chercher des *Orthocéres* de grande taille et très ornés; de même les *Goniatites*, très nom-

---

1. De Lapparent, *Traité de Géologie*, 2° édition, t. II, p. 793.

breuses présentent, avec des ornements (*G. diadema*), des types

BRACHIOPODES DES CALCAIRES DU CARBONIFÈRE INFÉRIEUR.

Fig. 243. — Productus semireticulatus.

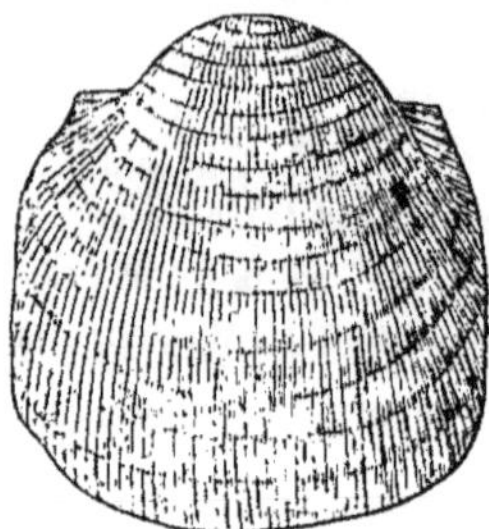

Fig. 244. — Productus cora.

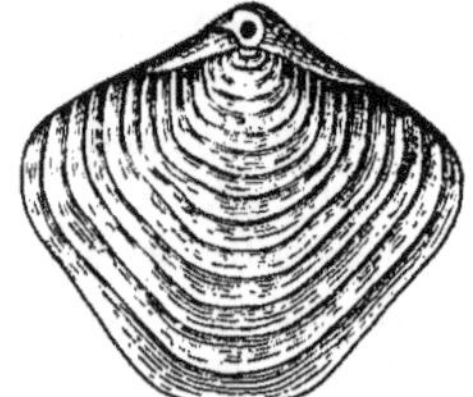

Fig. 245. — Athyris (spirigera)
lamellosa.

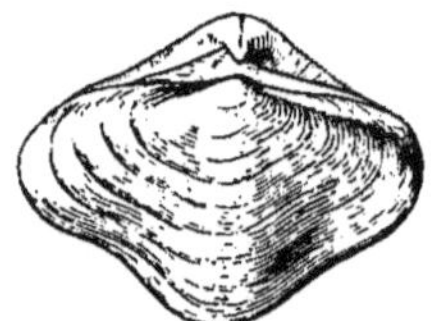

Fig. 246. — Spirifer (Martinia)
glaber.

spéciaux dont les cloisons plus compliquées, en perdant leur forme anguleuse primitive, annoncent l'apparition prochaine des Ammonites.

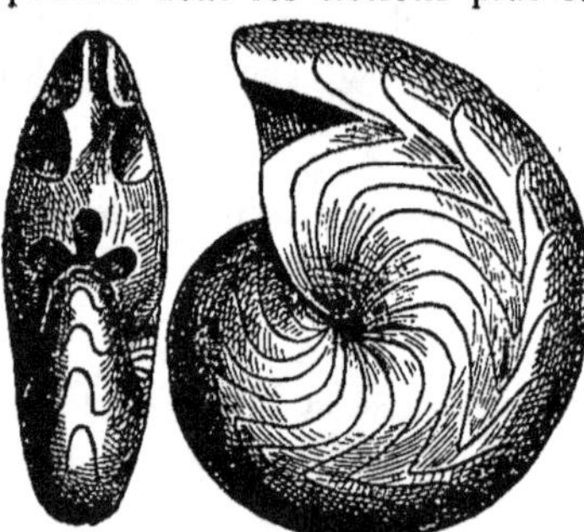

Fig. 247. — Goniatites du calcaire
carbonifère. (Hoernes.)

Parmi les autres mollusques, sauf l'apparition remarquable de ces singuliers gastropodes, les *Chitons*, dont le test composé de 8 lames mobiles est articulé, aucune particularité ne mérite d'être signalée.

Par contre dans les formations coralligènes qui prennent encore un grand développement des modifications très notables sont à signaler parmi les coraux. Peu de genres sont communs avec le dévonien. Les *Cyatophyllum* ont disparu et les coraux de récifs les plus fréquents sont *Amplexus*, *Zaphreutis*, *Syringopora*, etc. Dans ces formations les crinoïdes atteignent leur maximum de développement, notamment avec les genres *Cyathocrinus*, *Actinocrinus*; enfin les échinides francs se montrent avec *Archœocidaris* et *Palœcrinus*.

C'est également au nombre des organismes constructeurs qu'il faut placer pour la première fois les Foraminifères, représentés dans les calcaires blancs crayeux de la Russie et des Alpes par de grandes accumulations de *Fusulines* [1]. En même

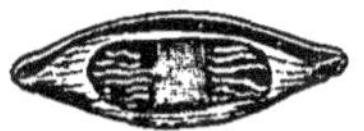

Fig. 248. — *Fusilina cylindrica* du calcaire carbonifère de Russie.

temps dans les calcaires à productus de la Belgique et l'Angleterre il faut noter la présence rare, mais authentique, et des plus remarquables, des *Nummulites*, c'est-à-dire de ces Foraminifères qui après avoir disparu complètement dans toute l'étendue des temps secondaires, jurassiques et crétacés, reparaîtront avec la période tertiaire en prenant de suite l'importance que l'on sait.

Faune terrestre : Insectes. — Des progrès aussi bien intéressants sont à constater dans la faune terrestre. Essentiellement liés au monde des plantes, les insectes jusque-là si pauvrement représentés, les suivent dans leur développement et se multiplient. C'est par centaines que se chiffrent maintenant le nombre des espèces connues et qui viennent se répartir dans un groupe très homogène constitué par des *orthoptères*, des *névroptères*, des *hémiptères* de la famille des Fulgores et des

1. Les Fusulines, qui constituent des bancs entiers dans le calcaire carbonifère de Russie, sont des Foraminifères d'assez grande taille (10 à 12 millim.). Leur coquille calcaire, fusiforme, était formée de 5 ou 6 tours recouvrants. Chacun d'eux se trouvait partagé, en dedans, par des cloisons transversales en un certain nombre de loges, qui communiquaient entre elles par une fente transversale (fig. 246).

Cicindelles, avec des formes intermédiaires reliant entre eux
ces différents types (*neurorthoptères, pseudonevroptères*). Tous ces
insectes sont à métamorphoses incomplètes, mais témoignent
d'un grand degré de perfection et se signalent par des formes
géantes. Tel est par exemple dans le groupe des phasmiens,
c'est-à-dire de ces Orthoptères vulgairement nommés *Spectres*
en raison de leurs habitudes nocturnes, le *Protoplasma Dumas*

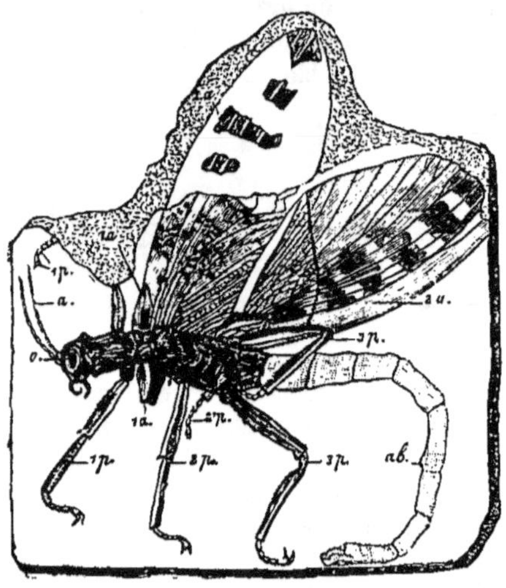

Fig. 249. — *Protophasma Dumasii* (1/2 grandeur naturelle) d'après Ch. Bron-
gniart (Terrain houiller supérieur de Commentry [1]). *a*, antennes; *o*, œil;
1*p*, 2*p*, 3*p*, première, seconde et troisième paires de pattes; 1*a* ailes de la première paire; 2*a*, ailes de la seconde paire; *ab*, abdomen.

qui provient dans le bassin houiller de Commentry (Allier), et
pourra donner une idée de la belle conservation de ces insectes
carbonifères qui apparaissent avec tous les caractères essentiels, des types de même nature actuels. Bien plus, quelques-uns
semblent plus complets et plus perfectionnés; ainsi tandis que
parmi les phasmiens de notre époque il en est un grand

1. Cette figure, extraite des *Enchaînements du monde animal dans les
temps géologiques*, par M. GAUDRY, professeur de paléontologie au Muséum,
nous a été gracieusement communiquée par l'auteur, à qui nous nous em-
pressons d'adresser ici tous nos remerciements.

nombre qui sont aptères ou qui ont les ailes de la première
paire réduites à de petites écailles ou élytres, les phasmes de
l'époque houillère avaient les quatre ailes bien développées.
D'autres atteignaient une taille qu'on peut qualifier de gigantesque si on en juge par le *Titanophasma* dont le corps mesurait
vingt-huit centimètres de long, et ce n'est pas là un fait isolé;
nombreux sont les phasmiens de ce type dont les ailes mesurant et même dépassant trente centimètres, indiquent des
insectes de 0 m. 70 d'envergure dont les dimensions étranges semblent en harmonie avec
celles, non moins surprenantes, atteintes par les
végétaux de l'époque. Parmi les Orthoptères francs
les *Blattes* qui ne se rencontrent que dans les lieux
bas et humides et se trouvaient par suite bien
placées dans la forêt houillère, se chiffrent par
près de cent espèces. Enfin les pseudo-névrop-
tères renferment la forme ancestrale (*Protacrion*)
des libellules actuelles. En compagnie de ces insectes dans les troncs de sigillaires on a rencontré des Gastéropodes terrestres pulmonés tels que
Pupa venusta (fig. 250), ainsi que de petits amphibies (*Paleobatraciens*) voisins de nos salamandres actuelles.

Fig. 250.
Gastéropode
pulmoné (Pupa).

Reptiles. — Sur une plage unie, limoneuse, non seulement les
animaux laissent les traces de leur marche, mais la pluie elle-
même, tombant à larges gouttes, y imprime son action, en y
creusant une multitude de petites cavités arrondies. Sous l'influence de la chaleur solaire, toutes ces traces durcissent; si
maintenant nous supposons, à la marée suivante, qu'un retour
des eaux marines amène, sur la plage desséchée, de nouveaux
sables fins, ce dépôt se moulera dans les moindres creux, et,
se desséchant à son tour, ces moules en relief resteront en
témoignage du passage des animaux et des effets de l'averse.

Tels sont les faits qui, observés en de nombreux points sur
des plaques de grès du terrain carbonifère, sont venus attester
non seulement le passage d'animaux sur les plaques de l'époque;
mais aussi que des pluies abondantes s'y sont déversées. Ces
empreintes de pas appartiennent à des Batraciens qui se traduisent non seulement par ces traces de leur passage, mais

par des portions de leur squelette, en particulier par de grandes plaques osseuses, comparables à celles qui forment la cuirasse des crocodiles actuels, ainsi que des dents coniques, à structure compliquée, qui leur a valu le nom de *laby-rinthodonte*. Leur grande taille, l'armure de plaques osseuses qui recouvrait leur corps, leurs mâchoires armées de dents puissantes, leur tête cuirassée, ont fait de cette famille ancienne de batraciens, aujourd'hui disparue, la plus singulière de la faune primaire.

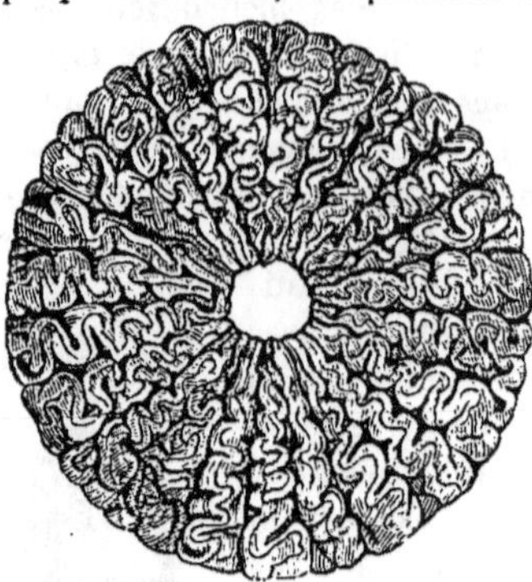

Fig. 251. — Coupe au travers d'une dent de labyrinthodonte, montrant sa structure compliquée.

Ces labyrinthodontes, qui respiraient par des poumons, au moins à l'âge adulte, ont été accompagnés par de grands Sauriens nageurs, *Eosaurus*, pourvus de vertèbres biconcaves comme celles des Poissons.

Poissons. — Aux étranges placodermes du terrain dévonien succèdent des poissons ganoïdes écailleux qui, prenant un grand développement, deviennent très variés de forme et atteignent une grande taille avec le *Megalicthys*. Ces poissons, comme les *Ceratodus*, qui vivent actuellement dans les rivières de l'Australie, devaient respirer à la fois par des branchies, comme les poissons ordinaires, et par des poumons, comme les vertébrés supérieurs, ce qui leur permettait de vivre dans la vase desséchée.

Principaux éléments de la flore carbonifère. — Au début la flore carbonifère hérite des formes dévoniennes, mais bientôt on peut constater une évolution très rapide des lycopodiacées, des fougères, des équisétacées, et des cycadées, avec une apparition de types nouveaux qui donnent à ce puissant ensemble végétal un caractère bien particulier. Très différente des flores actuelles, elle porte le cachet d'une végétation de marais avec ce caractère particulier c'est que tous les éléments qui. la composent se signalent par une vigueur et des dimensions exceptionnelles, de beaucoup supérieures à celles des représentants actuels des mêmes familles, si bien qu'on a surnommé *âge des plantes*, l'époque où ils florissaient sur la terre.

Complètement dépourvue de monocotylédones, telles que les palmiers, ainsi que de dicotylédones, c'est-à-dire de ces plantes à feuillage caduc qui deviennent l'indice certain du jeu des saisons, cette flore remarquable comprenait, avec un nombre considérable de cryptogames vasculaires, une notable proportion de phanérogames gymnospermes, c'est-à-dire de phanérogames imparfaites dépourvues d'ovaire, et par suite plus rapprochées des cryptogames que des angiospermes actuels. Ces deux classes, maîtresses alors exclusives des forêts, alors que de nos jours elles n'y jouent plus qu'un rôle subordonné, ont réalisé à cette époque ancienne tout ce que de pareilles plantes pouvaient produire en fait de combinaisons organiques [1]. Le tableau suivant montrera, d'après les travaux les plus récents, les principales subdivisions qu'on peut établir dans ces deux groupes à l'époque carbonifère :

PHANÉROGAMES GYMNOSPERMES.	Gnétacées.	
	Conifères.	Walchia, Dicranophyllum.
	Cordaïtées.	Cordaïtes, Poacordaïtes avec fruits (Cordaïcarpus).
	Cycadées.	Zamites, Pterophyllum.
CRYPTOGAMES ACROGÈNES.	Equisetinées.	Equisetites, Calamites, Astérophyllites, Annulariées, Calamodendron.
	Sphénophyllées.	Sphenophyllum.
	Lycopodinées.	Lepidodendrées, Sigillariées avec stigmaria.
	Filicinées (fougères).	Sphénoptéridées Pecopétridées, Alethoptéridées, Odontoptéridées, Névroptéridées Tenioptéridées, Caulopléris.

Cryptogames. — Parmi les Cryptogames en tête vient se placer la grande famille des Equisetinées dont les humbles prêles de nos forêts peuvent seules nous donner une idée. Le genre *Equisetum* est en effet le seul représentant actuel des végétaux de ce groupe qui tous, très diversifiés dans les forêts

---

1. De Saporta, *Le monde des plantes avant l'apparition de l'homme.*

carbonifères, se signalaient par leurs dimensions gigantesques.
Tels sont les *Calamites* dont les hautes tiges fistuleuses, arti-
culées, s'élançaient nombreuses au-dessus de tiges rampantes
souterraines analogues aux rhizômes des prêles actuelles. Habituellement rétrécies à leur base elles se terminaient par un
chaton entouré de feuilles; en même temps· des cicatrices
arrondies placées sur les articulations indiquaient qu'elles portaient des rameaux verticillés. Malgré leur nombre et leur
dimension en hauteur, ces tiges de calamites ont pu contri-

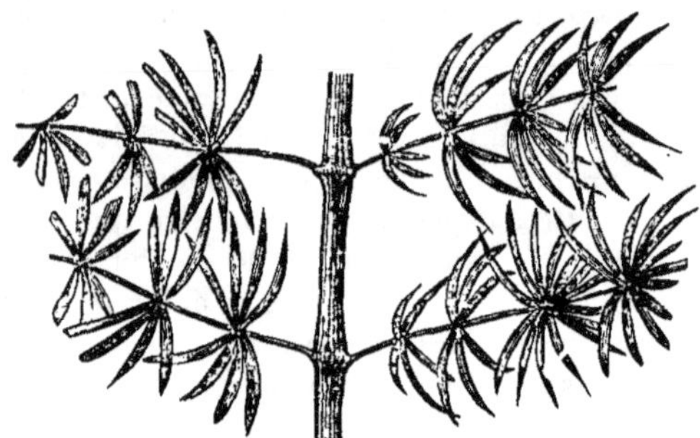

Fig. 252. — Astérophyllites.

buer à la formation de la houille en raison de ce fait qu'elles
étaient creuses à l'intérieur et que leur écorce celluleuse et
lacunaire était presque dépourvue de couche subéreuse. Mais
à côté de ces calamites pourvues d'une large cavité interne
cylindrique interrompue seulement aux nœuds comme chez les
prêles, il était des équisitinées du même type qui présentaient
une tige ligneuse avec bois secondaire bien développé, ce sont
les *Calamodendrons* qui, dans la phase lucustre terminale du
carbonifère, prennent un développement suffisant pour devenir
caractéristiques d'une zone déterminée.

Très fréquemment aussi on observe dans les schistes houillers
des empreintes végétales désignées sous les noms d'*Astérophyllites* et d'*Annularia*, offrant ce caractère commun de présenter
leurs feuilles verticillées, c'est-à-dire réunies en étoile aux articulations des rameaux minces et flexibles. Les *Astérophyllites* ne
sont autres que des rameaux primaires disposés eux-mêmes en

verticale autour des tiges submergées, ou enfoncés dans la vase qui
portent le nom spécial de *Calamophyllites*. Les *Annularia* avec leur
rosette de feuilles étalées toutes
dans un même plan, ne sont
autres aussi que des rameaux
verticillés qui venaient s'arti-
culer sur des tiges submergées
offrant, cette fois, tous les caractères extérieurs des calamites.

. A leur tour les *Lycopodiacées*
qui ne comprennent actuellement qu'un bien petit nombre
de genres dont les principaux
sont les Sclaginelles et surtout ces petites plantes herbacées, les lycopodes, fournissant
dans les serres ces bordures
gracieuses que l'on connaît,
étaient représentées par des
types plus élevés, pour la plupart arborescents comme les
Lépidodendrons et dont rien de
nos jours ne retrace l'aspect. La
tige de ces grands arbres, en
effet, dressée verticalement et

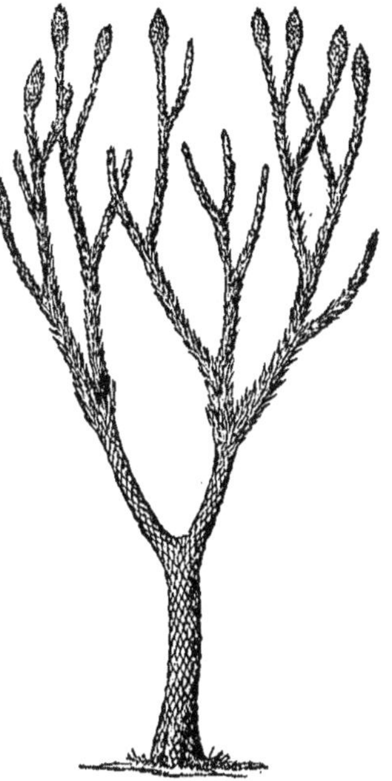

Fig. 253. — Lépidodendron restauré.

divisée, par dichotomie, en un
grand nombre de ramifications
bifurquées (fig. 253), couvertes
de feuilles aciculaires, pouvait
atteindre un diamètre de plus
d'un mètre ; quant à leur dimension en hauteur en songeant que la longueur des feuilles, sur les tiges principales,
dépassait également un mètre.

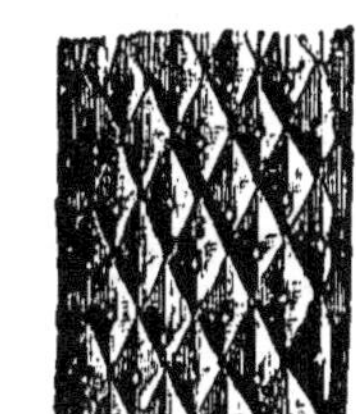

Fig. 254. — Fragment d'un tronc
de lépidodendron.

Les troncs de ces lépidodendrons, très ornés, présentent leur
surface couverte de cicatrices foliaires, laissées par la chute de
ces feuilles, et qui se montrent disposés en hélice (fig. 254).

Plus étranges encore étaient les *Sigillaires* dont les hautes tiges aériennes simples, ou très rarement bifurquées au sommet, s'élevaient à la manière de gigantesques colonnes, au-dessus de tiges souterraines rampantes (*Stigmaria*), en portant à des hauteurs qui pouvaient atteindre et même dépasser 30 mètres, leur bouquet terminal de feuilles pressées (fig. 255). Ces feuilles, allongées en lames de fleurets aiguës, ont laissé après leur chute sur les tiges des sigillaires des cicatrices caractéristiques de forme généralement hexagonale disposées en quinconce et dessinant des files verticales nettement accusées (fig. 255, *b*).

La disposition relative de ces cicatrices foliaires, jointe à ce fait qu'elles peuvent être ou non placées sur des côtes longitudinales plus ou moins larges, permet de

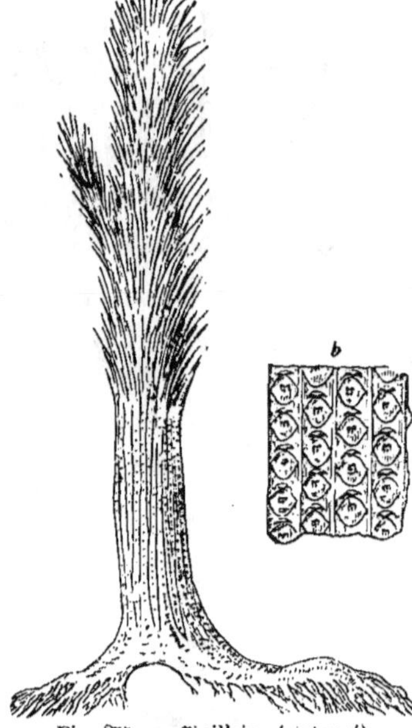

Fig. 255. — Sigillaire (restauré).
Écorce de sigillaire, montrant les cicatrices foliaires.

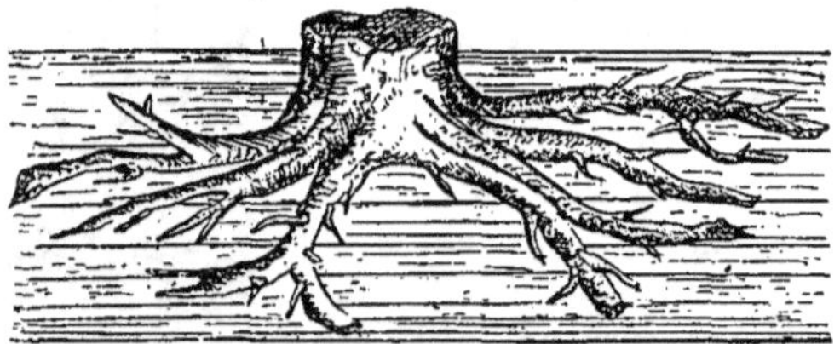

Fig. 256. — Racine de sigillaire (Stigmaria).

subdiviser cette grande famille des sigillaires en deux sections : les sigillaires à écorce cannelée divisées, par des sillons plus ou moins profonds, en côtes longitudinales régulières portant chacune une file de cicatrices foliaires, et les sigillaires sans côtes à écorce unie. Ce dernier type n'apparaît guère que dans les parties élevées des bassins houillers du nord et se développe ensuite largement dans ceux lacustres du carbonifère supérieur.

Les *Sphenophyllées* représentent ensuite à côté des lycopodinées un groupe à part sans analogue dans le monde vivant; les *Sphenophyllum* sont en effet des plantes singulières qui ne sauraient être mieux définies qu'en disant qu'elles représentent des tiges de lépidodendrons, à axe plein, garnies de rameaux multiples articulés et de feuilles verticillées comme les équisetinées.

Quant aux fougères elles comprennent un nombre immense

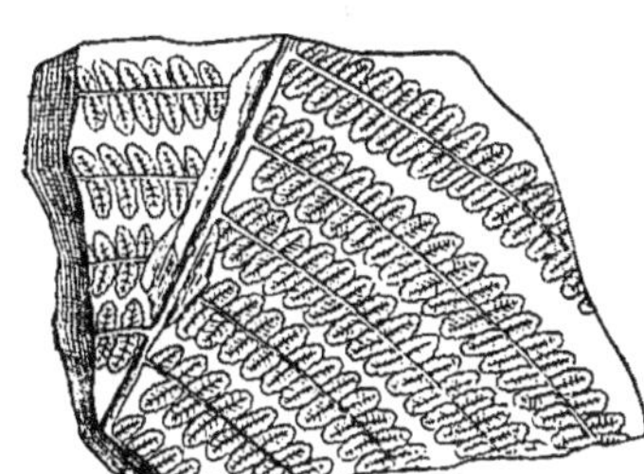

Fig. 257. — Fronde de Pecopteris.

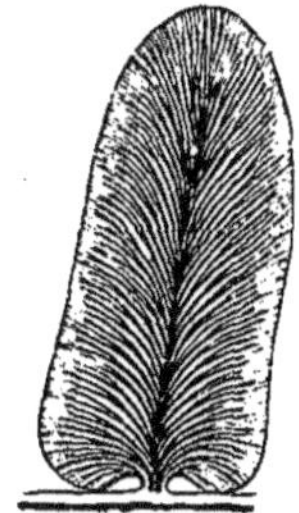

Fig. 258. — Pinnule de Nevropteris.

Fig. 259. — Walchia.

Fig. 260. — Fronde de Sphenopteris.

de formes variées herbacées ou arborescentes qui se répartissent en plusieurs familles bien spécifiées et basées non plus sur le mode de constitution des sporanges comme chez les fougères actuelles, cet élément faisant presque toujours défaut, mais sur le mode de découpure des frondes, c'est-à-dire sur la forme des pinnules et leur mode de nervation. On sait combien ces détails de la nervation sont le plus souvent conservés avec une netteté merveilleuse sur les feuilles de fougères houillères, ce qui permet leur détermination facile même sur des échantillons très incomplets, sur des fragments de fronde comme ceux qu'on rencontre le plus souvent. Dans ce sens on peut distinguer les principaux groupes suivants : les *Sphénoptéridées* comprenant les fougères à pinnules finement découpées et retrécies en coin vers leur base ; les *Pecoptéridées* et les *Aletho-ptéridées* où les pinnules attachées par toute leur longueur et munies d'une nervure médiane présentent des nervures latérales pennées ; les *Odontopteridées*, à pinnules encore attachées par toute leur base, mais dépourvues de nervure médiane ; les *Névroptéridées*, à pinnules arrondies en cœur à la base et attachées par un seul point d'où partent des nervures secondaires nombreuses, parfois dichotomes ; enfin les *Tenioptéridées* où les pinnules devenues très grandes, surtout en longueur, sont munies d'une nervure médiane très nette, d'où se détachent des nervures secondaires arquées, souvent dichotomes. Les fougères arborescentes ne sont pas seulement représentées par leurs frondes mais bien encore par leurs tiges qui souvent silifiées (*Psaronius*), laissent voir quand on les soumet à l'analyse microscopique après les avoir taillées en coupes minces, tous les détails de leur organisation admirablement conservés, si bien qu'on a pu reconnaitre encore dans ces troncs de fougères un grand nombre de genres spéciaux.

Les *phanérogames gymnospermes*, c'est-à-dire les plantes pourvues de racines et de fleurs, mais à graines nues, non enveloppées dans une cavité close (ovaire), étaient représentées non seulement par leurs trois familles actuelles, *Cycadées*, *Conifères*, et *Gnétacées*, mais par un groupe de végétaux arborescents bien spécial, les *Cordaïtes*, apparu de bonne heure dans le dévonien et dont le plein développement se fait dans le carbonifère supérieur (zone des cordaïtes), au moment où la flore du carbonifère atteint son maximum d'évolution.

Puis brusquement, ces cordaïtes subissent le sort des lépidodendrons, des sigillaires et des calamites, et disparaissent avec cette grand époque permo-carbonifère pour faire place aux cycadées et aux conifères.

Les cordaïtes, qui se rapprochent des *Podocarpus* actuels par le port et des *Dammara* par les feuilles, étaient de grands arbres à tige verticale dressée, qui ne se ramifiaient qu'au sommet après être parvenus à une hauteur de 25 ou 30 mètres. Alors ces ramifications nombreuses se montraient couvertes de feuilles énormes pouvant atteindre et même dépasser un mètre de long. Ces feuilles sessiles, en ruban allongé ou spatulé, parcourues de la base au sommet par de fines nervures parallèles et très rapprochées, se rencontrent très nombreuses et bien conservées dans les schistes houillers, où elles se montrent accompagnées par les divers autres organes de ces grands végétaux : inflorescences (*Cordaianthus*) représentées par ramules florifères portant des bourgeons mâles ou femelles ; graines aplaties ovalaires ou cordiformes, souvent

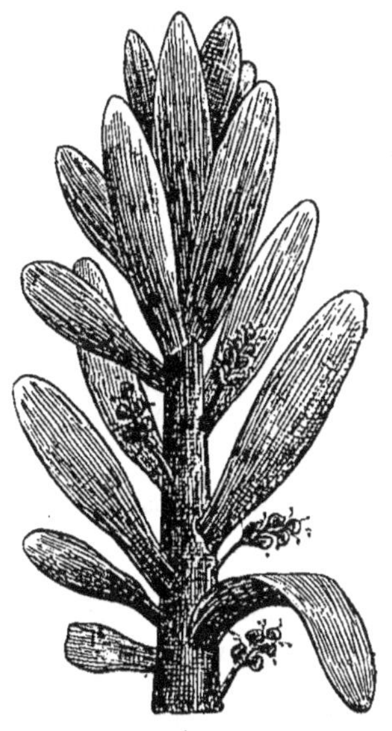

Fig. 261. — Rameau de Cordaïtes avec ses inflorescences.

bordées d'une aile membraneuse assez développée (*Cordaicarpus*).

Avec des conifères dont les plus fréquents sont des *Walchia* voisins des *Araucaria* actuels, ou des *Taxinées* plus ou moins rapprochées de notre « Ginkgo », et des cycadées de petite taille qui n'apparaissent guère que dans les termes supérieurs lacustres, on atteint des végétaux qui n'entraient que pour une faible part dans les forêts houillères et ne se développeront que plus tard quand s'ouvrira l'époque permienne.

Conditions climatériques de l'époque carbonifère. — Tels sont les éléments de la flore carbonifère. Nous pouvons désormais dresser facilement un tableau de ce que devraient être ces immenses et sombres forêts houillères et nous rendre compte des conditions qui ont présidé à leur établissement.

Au début les rivages des continents fraîchement émergés, se montraient creusés de baies profondes, découpés par de vastes estuaires où venaient déboucher de grandes masses d'eau courantes alimentées par des pluies qui ne manquaient pas d'être très abondantes. Ce fut là l'origine des houillères. Bientôt en effet, ces terres basses se sont montrées bordées d'une grande ligne de lagunes, puis envahies, sous l'influence d'un climat particulièrement chaud et humide, par une végétation luxuriante dont rien ne venait interrompre le développement. Les cryptogames luttaient de force et de vigueur avec les gymnospermes, les calamites, en partie immergées, dressaient, au-dessus des eaux, leurs tiges droites, cannelées et privées de feuilles. Les hautes colonnes des Sigillaires, avec leurs bouquets de feuilles raides, associées aux Cordaïtes dont les grandes tiges, élancées et sans branches, ne portaient des rameaux feuillus qu'à leur extrémité, occupaient également le sol submergé et s'avançaient bien loin dans l'intérieur des terres.

En pénétrant dans ces sombres forêts, au milieu de ces hautes tiges érigées avec tant de raideur, on aurait remarqué la grâce infinie des fougères, avec leurs couronnes de feuilles géantes, la beauté régulière des lépidodendrons, la souplesse et la légèreté des astérophyllites. Quelques rares reptiles amphibies se montrant hors des marécages, un petit nombre de mollusques terrestres, des insectes nombreux se glissant au travers des feuilles, des rameaux, des branches tombées sur le sol, ou pénétrant dans l'intérieur des vieux troncs pour les ronger, étaient les seuls habitants de ces solitudes profondes, que le chant des oiseaux ne venait pas encore égayer.

Toutes ces plantes de marais, qui se signalent ainsi par une vigueur et des dimensions exceptionnelles, dont la nature actuelle ne peut nous donner aucune idée, indiquent un climat chaud et humide. La température dans nos pays devait être égale, sinon supérieure à celle des contrées les plus chaudes de la terre. On en trouve la preuve dans ce fait que les représentants actuels de cette flore ancienne, les fougères arborescentes, les lycopodes et les cycadées, ne vivent pas dans nos régions tempérées et ne trouvent des conditions d'existence que dans les contrées intertropicales. De plus, on sait, par

Fig. 262. — Vue idéale d'une forêt à l'époque de la houille.

l'extension considérable de cette flore houillère, que cette température était uniforme et devait s'étendre à toute la terre. Les dépôts houillers qu'on connaît maintenant, depuis le Spitzberg, où règnent un froid terrible et une nuit de trois mois, jusqu'aux terres antarctiques, sont, en effet, partout formés des mêmes espèces végétales. Or les plantes houillères excluent l'absence de lumière et les froids rigoureux et continus. Il existait donc, à l'âge de la terre qui nous occupe, une distribution de chaleur et de lumière sur le globe, bien différente de celle d'aujourd'hui. Un climat uniforme, chaud et humide, s'étendait d'un pôle à l'autre.

Il régnait alors une uniformité de conditions extérieures presque absolue. L'absence de saisons régulières est encore attestée par ce fait que les tiges des plantes carbonifères, même celles des gymnospermes, sont dépourvues de ces zones d'accroissement ligneuses qui marquent le retour périodique des saisons.

L'atmosphère, épaisse et chargée de vapeurs, avait aussi une composition différente de celle d'aujourd'hui. C'est dans un pareil milieu, qui devait emmagasiner une quantité de chaleur considérable, que la puissante végétation houillère, dont le développement a été si rapide, a puisé tout le carbone qui maintenant est enfoui souterrainement à l'état de houille.

Phases diverses de la végétation carbonifère. — Un des traits encore saillants du carbonifère c'est qu'étant donné le développement et l'évolution continue de la végétation terrestre, on peut venir chercher, cette fois, dans la flore, l'histoire de cette grande époque, c'est-à-dire des données précises qui permettent d'en définir les différentes phases. En effet, tandis que, dans toute son étendue, la faune marine conserve une remarquable constance, l'observation a montré que la végétation n'avait cessé, dans ce grand espace de temps, de se transformer si bien qu'un examen attentif des espèces végétales qui dominent dans un bassin déterminé, permet, avec toute certitude, de fixer sa place dans la grande série houillère. Ces variations portent principalement sur la prédominance marquée de certains types à une époque déterminée plus tôt que sur l'apparition de formes nouvelles ou la disparition de certaines espèces.

C'est en particulier à M. Grand'Eury que revient le mérite

d'avoir précisé les caractères de trois phases qu'on peut reconnaître dans le développement de cette flore, phases qui correspondent chacune à l'une des grandes divisions que nous avons déjà définies sur des données purement stratigraphiques :

I. — La première qui comprend toutes les espèces qu'on rencontre spécialement dans ces dépôts arénacés ou schisteux du carbonifère inférieur rangés sous la dénomination générale de *Culex*, est caractérisée par la prédominance marquée des *Lépidodendrons* et de certains genres de fougères, les *Sphenopteris* aux frondes si découpées, les *Cyclopteris* à grandes pinnules réniformes, et les *Nevropteris*. Les sigillaires n'y sont représentées que par des formes grêles ; les *Sphenophyllum* et les *Asterophyllites* sont abondants.

II. — La seconde, qui correspond aux grandes formations houillères du Nord, se distingue par le plein développement des *Sigillaires*. Les lépidodendrons sont encore abondants et les fougères très différenciées se répartissent de préférence dans les genres suivants : *Spenopteris*, *Alethopteris*, *Nevropteris*, et surtout *Pecopteris* dont les formes arborescentes sont très nombreuses. On voit aussi prédominer les calamites avec beaucoup d'*Annularia*. Les cordaïtes aussi commencent à devenir fréquentes.

III. — La troisième, qui s'étend à tous les bassins lacustres du centre, devient de beaucoup la plus riche et peut dès lors se subdiviser en 3 zones distinctes : 1º zone des cordaïtées ; 2º zone des fougères ; 3º zone des calamodendrées. Dans son ensemble, on peut remarquer l'extrême rareté des lépidodendrons, la disparition des sigillaires à côtes, la fréquence des conifères (*Walchia*) et des cycadées surtout au sommet dans la zone des calamodendrées qui se relie au permien.

Bassin franco-belge. — En Belgique, sur le flanc nord de l'Ardenne, les calcaires marins à *Productus* du carbonifère inférieur largement développés, prennent la forme de grandes lentilles, c'est-à-dire de grandes bandes fusiformes sensiblement orientées de l'est à l'ouest sur l'emplacement d'un ancien détroit qui mettait encore en communication le vaste bassin de la Westphalie avec la mer qui s'étendait largement en

19.

Angleterre comme au dévonien, mais avec cette différence, que ce détroit reporté un peu plus au nord était divisé en deux bassins par une ligne de hauts fonds bien caractérisée (fig. 265). Dans ce bras de mer tranquille, l'absence de courants charriant des sables ou des limons ont permis aux coralliaires et aux stromatopores de continuer l'œuvre qu'ils avaient déjà si largement accomplie au dévonien, c'est-à-dire d'édifier de puissantes assises calcaires. L'épaisseur de ces constructions coralliennes n'est pas moindre de 800 mètres; elles fournissent encore une grande variété de marbres très estimés, les uns noircis par des matières charbonneuses, les autres presque exclusivement formés de débris d'articles d'encrines [1] et ne ressemblant en rien, ni par leur faune ni par leur position, à ceux qui se forment au voisinage des récifs coralliens actuels; ce sont eux qui forment plus du tiers de la masse totale de ces calcaires et qui ont par suite le plus contribué à combler le détroit; on ne saurait mieux les comparer qu'à ces accumulations de débris de coquilles de mollusques et de tests d'oursins qui se forment actuellement sous le parcours des courants chauds, comme le Gulf-stream, par la chute sur le fond d'organismes. Tous renferment de nombreux brachiopodes, en particulier des *Productus* qui se présentent dès le début dans les calcaires schisteux si fossilifères de Tournay (*P. semireticulatus*) associés au *Spirifer Tornacensis* et à des *Philippsia*. Au sommet, quand après avoir dépassé les grandes assises de dolomies ruiniformes de Namur, on atteint les calcaires compacts de Visé, ces *Productus* devenus plus nombreux atteignent en même temps une taille géante (*P. giganteus*) (fig. 263). Il n'est pas de banc dans ces calcaires qui ne soit fossilifère; aussi les subdivisions locales avec petites faunules spéciales deviennent fréquentes : tantôt les Gastropodes dominent dans un point; dans d'autres, ce sont les Brachiopodes [2].

---

1. De ce nombre sont les marbres bleus à crinoïdes dits des écaussines, que leur structure cristalline et grenue ont fait nommer petit granite.

2. On peut noter aussi la fréquence, dans ces calcaires, de silex noirs ou blonds (phtanites) alignées par cordons et qui, par places, deviennent géodiques; alors dans ces cavités tapissées de cristaux de quartz et de calcite on remarque la présence de liquides carburés inflammables.

Après cette première phase essentiellement massive, un changement complet dans le régime de la sédimentation a amené la formation de dépôts argileux, chargés de substances charbonneuses, qui sont devenus les ampélites de Choquier [1].

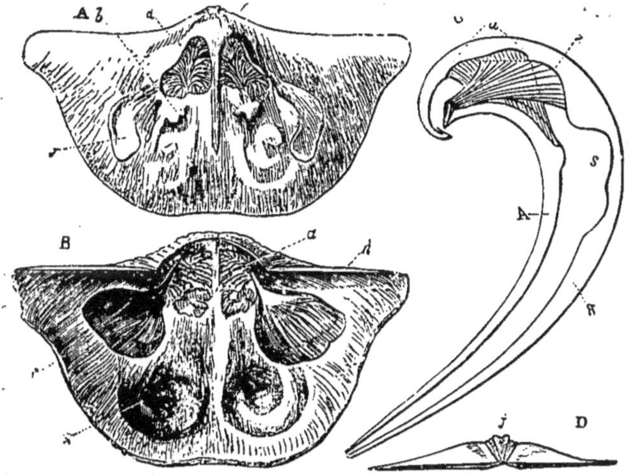

Fig. 263. — *Productus giganteus* du calcaire carbonifère; un quart de grandeur naturelle; A, intérieur de la valve dorsale; B, intérieur de la valve ventrale; *a, r,* empreintes musculaires; S, cavité occupée par l'animal.

Ces ampélites encore épaisses (80 à 100 m.) mais moins fossilifères et renfermant déjà quelques lits de houille, annoncent, avec une désalure bien marquée des eaux, une tendance vers le régime lagunaire qui va prédominer dans toute l'étendue du carbonifère moyen; au travers de ces schistes, de petits lits noduleux de calcaires noirs renferment avec des goniatites (*G. diadema*) des brachiopodes et des mollusques essentiellement littoraux (*Lingules* et *Mytilus*) avec une nouvelle espèce de Productus (*P. carbonarius*).

L'action des eaux courantes continentales qui vont jouer un

1. On désigne spécialement sous ce nom d'*ampelites* des schistes noirs très tendres, assez chargés de substances charbonneuses pour laisser une trace noire sur le papier.

si grand rôle dans la formation des dépôts du carbonifère moyen s'annonce ensuite dès le début de cette seconde phase par l'apparition, sur les ampélites, de sables granitiques empruntés au continent et maintenant consolidés sous la forme des *arkoses de liége* qui dessinent un horizon continu, bien constant, à la base de tous les bassins houillers de la Flandre et de la Belgique. Un mouvement bien accentué du sol a reporté le rivage plus au nord, des dépressions littorales se forment, et dans les deux bassins de Dinant et de Namur réduits à l'état de lagunes, ce ne sont plus que des sables et des limons amenés par les fleuves, avec des masses de débris végétaux destinés à produire les couches de houille, qui vont se déposer.

C'est dans de pareilles conditions que se présentent les formations houillères. En Belgique, ce terrain houiller productif, épais de près de 3 000 mètres, contient près de 160 couches de houille très continues, d'une puissance qui varie entre 0 m. 10 et 1 m. 60, et qui contiennent de plus en plus d'hydrocarbures à mesure qu'on s'élève dans la série; si bien que les houilles maigres, anthraciteuses, se tiennent spécialement à la base, tandis qu'au sommet à Mons, les charbons riches en matières volatiles deviennent des houilles à gaz (flénus). Dans l'intervalle on remarque des houilles, demi-grasses (charbons de Charleroi), puis grasses qui contiennent déjà 15 pour 100 de matières volatiles. C'est cette zone des charbons gras, exploités pour les forges (houilles maréchales), qui de beaucoup est la plus étendue; elle seule s'étend d'une extrémité à l'autre du bassin. Toutes appartiennent à la grande phase des Sigillaires, c'est-à-dire au carbonifère moyen.

Les schistes encaissants, argileux, parfois micacés, sont toujours riches en empreintes végétales. Les grès qui peuvent former le *toit*, mais jamais le *mur*, c'est-à-dire le support de la houille, sont à éléments très fins nettement stratifiés, et souvent aussi psammitiques, c'est-à-dire micacés. Très nombreuses sont ensuite les petites couches marines ou saumâtres qui viennent s'intercaler au milieu de ces formations houillères. Toutes ramènent avec elle la faune des ampélites inférieures (*Goniatites diadema* et *Productus carbonarius*) et ne réclament aucune oscillation du sol pour expliquer leur formation. Dans ces lagunes basses où la mer avait un libre accès, le dépôt de ces petites couches calcaires à fossiles marins correspond à une interruption momentanée dans les apports fluviatiles sableux ou limoneux.

Mais il est juste d'ajouter que ces petites couches marines relativement nombreuses dans les zones inférieures (on en compte neuf dans le bassin de Liège, treize dans celui de Mons), tendent à disparaître à mesure qu'on s'élève dans la série, et

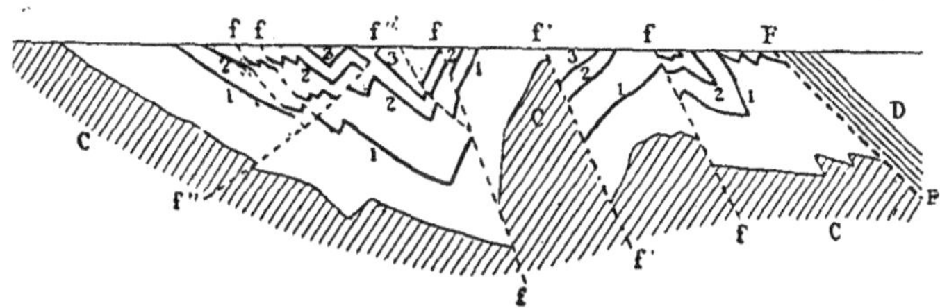

Fig. 264. — Coupe du bassin houiller de Liège. — D, schistes dévoniens; C, Calcaire carbonifère à productus; 1, 2, Veines de houille plissées; 3, couches de grès. F, F, grande faille rompant le bord méridional du bassin; f f', failles secondaires.

bientôt les seuls animaux qu'on rencontre sont des insectes et des lamellibranches d'eau saumâtre telles que les *Anthracosia*. Ainsi se prépare, par des phénomènes bien marqués d'exhaussement, l'émersion du bassin houiller franco-belge qui deviendra complète à la fin du carbonifère moyen.

L'allure troublée, caractéristique, de toutes ces formations houillères du nord, qui se traduit par des plissements et des fractures rompant la continuité des couches en rendant singulièrement compliquée l'exploitation ainsi que l'exprime la figure 260, témoignent ensuite de l'intensité et de la prolongation de ces mouvements qui finalement ont introduit, dans cette région, une phase continentale pendant laquelle l'Ardenne s'est montrée soudée au plateau du Brabant. Phase qui s'est prolongée au delà du mois à cette date en effet, comme nous le verrons plus loin, les eaux marines ramenées dans le nord par un affaissement ont trouvé dans l'Ardenne une ligne de rivage bien accentuée et ce sont les roches dévoniennes et carbonifères redressées qui ont fourni les éléments des poudingues rouges de cet âge.

Le bassin houiller dont nous venons de tracer les caractères généraux traverse en diagonale toute la Belgique, depuis la frontière prussienne jusqu'à celle française. Au-delà il disparait sous une faible épaisseur de *morts-terrains* appartenant à la craie ou aux terrains tertiares; des sondages seuls en effet peuvent l'atteindre dans la Flandre et l'Artois. Il reparait ensuite dans le Boulonnais où le carbonifère, ramené au jour par un soulèvement local, devient entre les bassins franco-belges et ceux si largement étendus en Angleterre, un terme de transition intéressant par cette double circonstance qu'il vient fournir la preuve que, dans les formations houillères du nord, c'est la zone des charbons gras qui reste toujours la plus étendue, et que, dans les formations marines, ce rôle est pris par les horizons supérieurs où se tiennent les grands Productus (*P. giganteus*). En effet, dans le Bas-Boulonnais, soit dans les grandes assises de dolomies qui

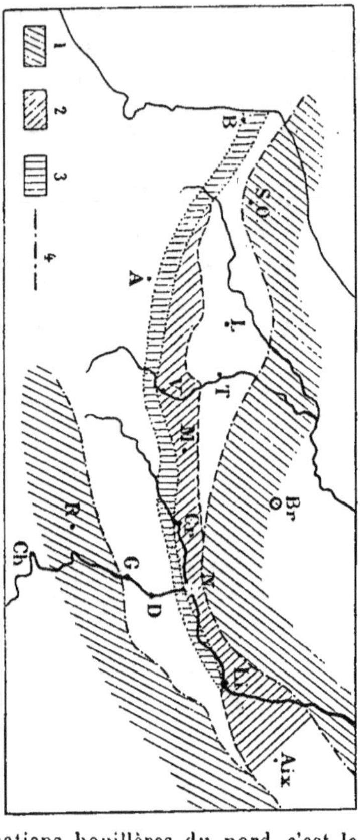

Fig. 265. — Carte du détroit franco-westphalien à l'époque carbonifère (d'après M. Gosselet). 1, parties continentales; 2, bandes des dépôts houilliers; 3, ligne de hauts fonds; 4, limites de la mer carbonifère. — A, Arras; B. Boulogne; Br. Bruxelles; Ch, Charleville; Cr. Charleroi; D, Dinant; G, Givet; L, Lille; Li, Liége; M, Mons; N, Namur; T, Tournay.

s'élèvent au-dessus du dévonien supérieur de Ferques, soit dans
les grands massifs calcaires si activement exploités comme marbres, on ne rencontre avec ce Productus géant que la faune qui
caractérise cet horizon. Privé des couches plus inférieures, le
Boulonnais n'a donc été envahi par les eaux marines carbonifères que tardivement. Quand après avoir traversé dans les
plaines d'Hardinghen la zone des dépôts arénacés qui marque
d'habitude le début du terrain houiller, on atteint les exploitations de houille de Locquingen, on peut constater que dans les
schistes associés aux couches de charbon les fougères, les calamites et les annularia ne sont autres que celles qui caractérisent
la zone des charbons gras.

Si maintenant j'ajoute que quand on atteint en Bretagne,
dans le Cotentin et dans les Vosges des points où les formations marines du carbonifère inférieur sont bien représentées,
c'est le *Productus giganteus* qu'on rencontre avec les espèces
qui l'accompagnent habituellement; on verra qu'il devient vraisemblable d'admettre que dans les régions septentrionales ce
n'est que vers la fin que la mer a pris une réelle extension.

Angleterre et Écosse. — En Angleterre, la grande bande
carbonifère que nous venons de suivre depuis la Belgique
jusqu'à l'extrémité de notre sol français se poursuit largement
sur un espace qui, depuis le Devonshire dans le sud, jusqu'au
Northumberland dans le nord n'est pas moindre de 200 kilomètres de long sur 60 kilomètres de large, en offrant une
série conforme à celle que nous venons d'établir sur le continent, avec cette différence que tous les dépôts prennent des
épaisseurs inusitées. Les calcaires marins avec leurs *Productus*,
leurs polypiers, en un mot avec la richesse en fossiles habituelle,
désignés sous le nom de calcaire de montagne (*mountain Limestone*) en raison de leur rôle important dans les grands massifs
montagneux qui se dressent au nord des plaines basses du
centre peuvent atteindre 1,200 mètres; l'épaisseur des schistes
charbonneux (ampélites) que nous avons vus représenter entre
ces calcaires et le terrain houiller une sorte de terme intermédiaire, où les couches marines, réduites avec une faune un peu
spéciale, alternent avec des petites veines de houille et des
schistes à plantes, n'est pas moindre. Les grès meuliers

(*Milstone-grit*) qui deviennent le support du terrain houiller productif forment par places, notamment au pied de la grande chaîne Pennine, des accumulations qui peuvent atteindre 1,700 mètres. En même temps on peut bien se rendre compte du rôle pris par cette formation qui devient localement un *faciès gréseux* des assises houillères. En effet sa grande épaisseur n'est atteinte que dans les points où les couches de houille deviennent très réduites; l'inverse a lieu quand le terrain houiller proprement dit se développe largement, il peut alors devenir rudimentaire ou même manquer comme dans le Devonshire méridional où on peut constater la superposition directe des *Coal-mesures* sur les schistes noirs à Goniatites. Comme d'habitude ces *Coal-mesures*, toujours avec les mêmes caractères (constance de leur encaissement dans des dépôts argileux [1], l'un compact et dépourvu d'empreintes végétales au mur, l'autre schisteux, bien stratifié, riche en plantes bien conservées, au toit), se distribuent en plusieurs bassins séparés.

La surface totale des affleurements de ce terrain houiller a pu être évaluée à dix mille kilomètres carrés; son épaisseur n'est pas moindre de 1,500 mètres et peut atteindre 3,600 mètres. Dans leur ensemble, les couches de houille, très continues, plus épaisses que dans les bassins franco-belges et moins disloquées viennent se répartir dans trois divisions toujours carac-

---

1. Souvent ce sont de véritables argiles réfractaires et exploitées comme telles (*Underclay*) qui, sur des épaisseurs de plusieurs mètres, forment le support de la houille. Il en est ainsi dans le bassin de Scheffield, qui présente encore cette autre particularité intéressante de renfermer en quantité suffisante pour devenir l'objet d'une exploitation fructueuse (*Plack-Land*) ces couches de fer carbonaté qui deviennent la forme habituelle des minerais de fer subordonnés à la houille. Mais le plus souvent c'est à l'état de nodules aplatis que ce fer carbonaté se concentre dans les schistes houillers; dans ce cas on est toujours sûr de rencontrer au centre, quand on casse ces nodules, des empreintes végétales admirablement bien conservées ou bien des restes de reptiles; et de saisir sur le fait la cause qui a présidé à la concentration du fer sous cette forme de carbonate. Ce sont en effet les débris organiques contenus en grande quantité dans les dépôts houillers qui, en absorbant tout l'oxygène disponible, ont empêché le fer de s'oxyder et de se présenter à l'état de *limonite*, c'est-à-dire de peroxyde de fer hydraté.

térisées par l'abondance et l'extrême variété des sigillaires ; mais
en certains points, la présence dans les *upper coal-mesures* de
Pecopteris arborescents et de diverses espèces d'*Annularia* qui
appartiennent à la flore du carbonifère supérieur (zone des
cordaïtées) annonce qu'en Angleterre le phénomène houiller
s'est poursuivi plus longtemps qu'en Belgique. En même temps
les intercalations de couches marines moins nombreuses, et
toutes étroitement localisées dans le Milstone-grit, ou dans la
division inférieure des Coal-mesures, viennent à leur tour
attester que les bassins anglais ont atteint plus tôt cette phase
pour ainsi dire lacustre que nous avons vue venir s'introduire
en Belgique au sommet des formations houillères, quand les
lagunes, dessalées par les apports d'eau douce venus du continent, présentaient une tendance bien marquée à l'émersion.

Toute autre a été la condition de l'Écosse où la composition
du carbonifère s'écarte complètement de celle qui convient à
un bassin d'Angleterre ; les formations littorales arénacées qui
avaient prévalu dans cette région à l'époque dévonienne sont
restées en effet prédominantes pendant toute la durée du carbonifère, de telle sorte que les couches à fossiles marins en
Écosse deviennent l'exception.

A mesure qu'on remonte vers le nord, le carbonifère change
d'aspect ; on voit successivement les calcaires marins à *Productus* diminuer d'étendue pour faire place au faciès côtier
gréseux et schisteux à plantes où la houille se présente sous
la forme du charbon anthraciteux spécialement désigné sous le
nom de *Culm*[1]. Déjà dans le nord-est soit de l'Angleterre, soit
de l'Irlande, l'étage inférieur presque privé de calcaire se charge
de grès grossiers et de schistes avec houille exploitée ; puis
finalement quand on arrive en Écosse on peut de suite constater la localisation des bassins houillers les plus productifs
dans cette division inférieure, et leur étroite liaison avec les

---

1. Sous le nom de *culm* on désigne en Angleterre un charbon anthraciteux qui vient se placer dans le Devonshire au milieu des schistes et de
grès à plantes, soit dans le Milstone great, soit et surtout dans les assises
plus anciennes du carbonifère inférieur. Par extension, ce terme est appliqué, sur le continent, aux formations continentales de cette nature qui deviennent synchroniques des calcaires marins à productus.

grès rouges dévoniens sous-jacents; si bien que dans les grès
inférieurs du carbonifère eux-mêmes rougeâtres et où le calcaire ne se présente qu'à l'état de nodules concrétionnés
(*cornstones*) on peut voir, dans ces nodules, persister les grands
crustacés et les poissons cuirassés de l'Oldxred, tandis que les
fougères appartiennent encore à des types anciens *Archeopteris,
Sphenopteris.*

Dans ces conditions, la composition du carbonifère écossais
devient fort simple et peut être exprimée ainsi qu'il suit : Deux
formations houillères, l'une inférieure très puissante et très
étendue à flore du culm, l'autre supérieure plus réduite limitée
à une des phases de la végétation du carbonifère moyen (flore
de la zone des charbons maigres), toutes deux séparées par
de puissantes assises de grès stériles, jaunes et rouges (*Moor-
Rock*) qui tiennent la place du Milstone-grit.

Cette condition d'un carbonifère qu'on peut presque qualifier de continental est surtout bien réalisé sur le versant sud-
est des Monts Grampians qui faisaient alors office d'une grande
chaîne côtière au pied de laquelle s'est faite cette vaste accumulation de dépôts gréseux et de couches de houille. Il est
donc naturel de voir dans cette région, où en atteint le rivage
septentrional de la mer carbonifère, les formations éruptives
prendre une importance considérable. Les tufs *de projection*
prennent en effet une large place dans la composition des dépôts;
nombreuses aussi sont les coulées de diabases ou de porphyrites intercalées dans ces couches houillères, et le plus souvent
on peut retrouver la trace, au milieu des grès carbonifères,
des évents volcaniques d'où sont sorties toutes ces roches
basiques accompagnées de phénomènes explosifs intenses.

En Angleterre, dans le sud-ouest du Devonshire et du pays
de Galles, la même disparition des calcaires marins dans le
carbonifère inférieur peut s'observer; c'est seulement au niveau
du Milstone-great, c'est-à-dire à la base du terrain houiller,
qu'on peut rencontrer dans un petit dépôt local de grès à
nodules siliceux quelques Goniatites et des Orthocères. De part
et d'autre de ce petit horizon se développent au milieu de
schistes et de grès à plantes les couches de ce charbon anthraciteux spécialement désigné dans cette région sous le nom de

Culm. Couches qui deviennent très épaisses dans la division inférieure (*Culm-Measures*) où les espèces végétales sont surtout fournies par des *Lepidodendrons*, des *Sphenopteris* et des *Calamites*. C'est d'une façon tout à fait exceptionnelle qu'on peut observer dans ces couches, l'apparition d'un *Culm-limestone*, c'est-à-dire de petits lits calcaires qui amènent avec eux une faune de mer peu profonde caractérisée par l'abondance de certaines Civalves telles que des Posidonomyes (*P. Bechesi*), et cette circonstance ne se réalise que quand on se rapporte des parties centrales de l'Angleterre où sont condensées les formations franchement marines de l'époque représentées par le Moutain limestone.

Ce sont là encore des faits bien expressifs venant indiquer qu'à cette date la pointe sud des Cornouailles devait faire partie d'un vaste continent qui s'étendait alors sur l'emplacement actuel de l'Atlantique septentrional.

Bretagne, Vosges, Plateau Central. — Dans toute l'Europe occidentale, il en est de même; partout où le carbonifère se présente dans les massifs anciens de la Bretagne, des Vosges, de l'Ardenne, du Plateau Central en partie émergés, on l'observe développé au début, sous ce facies schisteux ou gréseux à plantes terrestres qualifié de *Culm*. Mais en même temps, à mesure qu'on quitte ainsi la grande bande marine du nord pour s'avancer vers le sud-ouest, un changement complet se manifeste dans les assises plus élevées : les formations houillères se transportent dans l'étage supérieur en devenant lacustres et dans l'intervalle la place du carbonifère moyen est le plus souvent prise par de grandes émissions de porphyrites et de roches porphyriques diverses. Ces faits très importants sont le résultat des grands mouvements du sol qui, bien avant la fin du carbonifère, ont amené l'émersion complète de toute cette partie de l'Europe.

Dans ces régions les affleurements carbonifères au lieu de dessiner de larges bandes très continues comme en Angleterre et dans l'Ardenne belge, se localisent dans d'étroites dépressions établies dans des plis concaves dévoniens. Aussi des variations nombreuses, même à courte distance, s'introduisent dans la composition du carbonifère de ces divers bassins, les dépôts dans chacun d'eux résultants n'étant autres que le produit du remaniement sur place des roches encaissantes; quoi qu'il en soit c'est toujours sous le facies détritique du Culm que se présente le carbonifère inférieur et quand des calcaires s'intercalent, à de très rares exceptions près, ils ne renferment que la faune de la zone terminale à *Productus giganteus.*

Quant aux formations houillères elles se présentent à l'état de termes indépendants concentrées dans des bassins fermés, nettement circonscrits et toujours situés en dehors des points où se tient le carbonifère inférieur.

De plus on peut encore remarquer que tous ces bassins houillers ne sont pas du même âge, en d'autres termes que tous n'ont pas été formés ni comblés en même temps. L'examen de la flore contenue dans leurs schistes permet en effet de reconnaître que certains d'entre eux, c'est l'exception, correspondent à l'une ou l'autre des zones du terrain houiller du nord [1]; et que parmi ceux qui, beaucoup plus nombreux, appartiennent ensuite au carbonifère supérieur, il en est qui s'échelonnent entre les diverses zones qu'on peut encore reconnaître dans cette dernière phase de la végétation carbonifère.

Quoi qu'il en soit tous ces bassins sont essentiellement lacustres et leur remplissage devient l'œuvre exclusive d'eaux torrentielles qui, dégradant les pentes du voisinage, venaient déverser dans ces lacs, toujours établis dans des régions élevées, leur charge habituelle d'alluvions avec les masses de débris végétaux qui jonchaient le sol des forêts houillères.

L'établissement de ces lacs de montagnes dans les massifs anciens surélevés, correspond en effet à une grande phase d'émersion qui s'adresse à toute l'Europe centrale et occidentale. La mer, rejetée dans le sud-est, devient une véritable *méditerranée houillère*, considérablement agrandie vers l'Est dans la direction de la Russie et surtout dans les régions asiatiques. C'est dans ces régions, en effet, qu'il nous faudra venir chercher sous la forme de calcaires à fusulines déjà bien

---

1. On cite, par exemple, dans les Vosges, le petit bassin de Saint-Hippolyte et Roderen qui renferme la flore des charbons maigres; il en est de même en Bretagne pour ceux de Faymorau et de Chantonnay.

amorcés dans les Alpes de la Carinthie, les équivalents franchement marins des bassins houillers lacustres français.

En France, c'est dans le Plateau Central qu'il faut venir chercher les plus nombreux et les plus importants de ces bassins qui représentent le dernier terme de la série houillère. Là aussi peut s'observer, non seulement la série complète des roches éruptives variées dont les émissions coïncident avec la grande phase d'émersion du continent, mais aussi cette indépendance si remarquable entre les deux termes extrêmes du carbonifère que nous avons signalée plus haut.

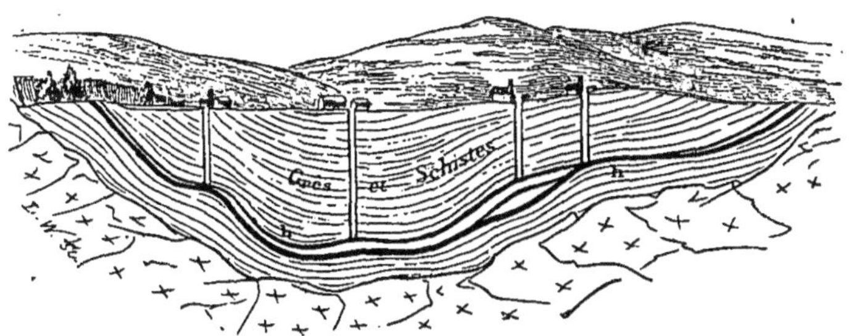

Fig. 266. — Coupe du bassin houiller de *Rive-de-Gier*, montrant la disposition en fond de bateau des bassins lacustres du houiller supérieur. — h,h, couches de houille.

Dans ce vaste massif essentiellement constitué par des gneiss et des micaschistes ces deux termes seuls sont représentés et tous deux développés dans des régions très différentes. Les affleurements du carbonifère inférieur aujourd'hui dispersés par lambeaux discontinus sont localisés au-dessous du Morvan dans deux zones de plissement dessinant un **V** très ouvert, et dont les deux branches se raccordent, l'une à l'ouest, avec la direction nord-ouest des bassins et par suite des plissements bretons, l'autre, à l'est, avec celle nord-est des bandes carbonifères de même nature qui, dans les Vosges, traversent obliquement la chaîne de part et d'autre du massif des Ballons.

De ces deux zones, qui délimitent les espaces occupés autrefois par les eaux marines, celle située sur la bordure orientale du massif est de beaucoup la plus étendue. Actuellement

encore représentée par la dépression Digoin-Chagny dont profite le canal du Centre et qui sépare le Morvan du Plateau
Central, elle s'étendait largement, plus au sud, en venant couvrir de grands espaces dans le Lyonnais, le Beaujolais et le
Roannais. Sur ce parcours, et de même dans la zone occidentale, des îlots de calcaires coralligènes enveloppés par des
schistes argileux où on rencontre la faune des calcaires marmoréens de la Belgique, notamment celle du niveau de Visé
avec des *Productus giganteus* de grande taille, marquent d'une
façon constante le début du carbonifère; mais cette phase
marine a été de courte durée; la superposition sur ces calcaires,
la superposition de poudingues à éléments granitiques et gneissiques témoigne d'un régime tout à fait différent, vraisemblablement torrentiel, étant donnée l'allure troublée de ce dépôt et
la dimension de ses éléments; la dessalure des eaux par des
apports d'eau douce est ensuite attestée par l'apparition de
couches épaisses de grès qui ne contiennent plus, avec des
couches d'anthracite disposées en chapelet, que des empreintes
végétales appartenant à la flore du Culm bien caractérisée.
Ces assises se terminent ensuite par des couches encore détritiques, mais qui réclament, pour expliquer leur formation, l'intervention de phénomènes tout différents. Ces couches en effet
qualifiées improprement de grès granitiques en raison de ce
fait qu'elles sont chargées d'éléments feldspathiques, ne sont
autres que des tufs *de projections*, en tous points comparables
aux cinérites et deviennent le cortége de grandes coulées de
porphyrites étendues en nappes épaisses directement superposées ou alternant avec ces tufs.

C'est par de pareilles formations éruptives que le carbonifère
inférieur se termine et ces épanchements de roches noires ou
grises dont le caractère volcanique est bien accusé par un
cortège constant de projections de matières pierreuses fragmentaires, maintenant consolidées en brèches très résistantes.
ne sont que le prélude de phénomènes sinon plus violents au
moins plus étendus et de plus longue durée. Après cette première phase, en effet, le Plateau Central en voie d'émersion et
soumis à de puissantes actions de refoulement s'entr'ouvre de
toutes parts pour livrer passage aux *roches porphyriques*.

Toutes les variétés de porphyres avec des degrés de cristallinité des plus divers, depuis les micro-granulites entièrement
cristallisées, jusqu'aux porphyres plus compacts où dans la
pâte la silice seule s'individualise sous la forme globulaire, y
sont représentées. C'est principalement sur sa bordure orientale
dans le Forez et le Beaujolais, dans la Morvan au nord-est et
dans le voisinage des bassins houillers où se sont faits les plus
grands efforts de dislocations que s'observe le plein développement de ces roches d'épanchement.

Tantôt on les observe filoniennes et groupées par faisceaux
pouvant se suivre en direction sur des distances de plusieurs
lieues ; tantôt elles viennent se répandre en grandes coulées sur
les flancs de parties déprimées en venant attester que leur
émission est postérieure à un plissement énergique, parfois
même à des érosions se traduisant par des effets de ravinement bien caractérisés sur les parois granitiques et gneissiques
qu'elles sont ensuite venues recouvrir.

Le long espace de temps qui correspond à la formation de si
puissants dépôts houillers dans les bassins du Nord, représente
en effet dans le Plateau Central une époque de trouble, de dislocations et d'éruptions violentes, pendant laquelle de grands
mouvements du sol en provoquant l'émersion progressive du
massif ont singulièrement contribué à augmenter son relief, en
couvrant sa surface de plis, d'ondulations parallèles dirigées nord-
nord-est. Tandis que les crêtes et les versants se garnissaient d'une
abondante végétation, des cours d'eau d'une grande violence,
alimentés par des pluies qui à cette époque de grande humidité,
ne pouvaient manquer d'être abondantes, devaient suivre nécessairement les dépressions, en venant entasser dans ces couloirs,
avec des matériaux provenant de la dégradation continue des
pentes granitiques et gneissiques, les débris de la merveilleuse
végétation qui caractérise cette grande époque.

C'est de la sorte qu'ont pris naissance dans le fond de ces
dépressions, quand le Plateau Central avec une physionomie
alpestre se montrait soudé à la Bretagne et aux Vosges qui, aux
deux extrémités de notre territoire, partageaient le même sort,
des lacs isolés destinés à devenir des bassins houillers après
avoir été comblés par des apports torrentiels. Dans ces dépres-.

sions allongées, un simple barrage en effet a suffi pour arrêter les eaux en déterminant en arrière la formation d'une cuvette lacustre. Et ce régime de *lacs de montagne* a persisté dans le Plateau Central pendant toute la durée du carbonifère supérieur.

Or les preuves abondent que ces circonstances se trouvent toutes pleinement réalisées.

Il suffit du reste pour se rendre compte de la réalité de ces faits de jeter un coup d'œil sur la carte représentée dans la figure 267; les plissements Nord-Est, si caractéristiques, qui ont déterminé la formation et la distribution de ces bassins houillers apparaissent, avec une grande netteté, sur la bordure orientale où se trouvent échelonnés dans chacun d'eux les plus importants de ces bassins.

Indépendamment de cette condensation remarquable des principaux de ces bassins sur les bords mêmes du massif, on les remarque distribués en chapelet au travers du Plateau, sur le trajet de deux grandes lignes de fractures, dont l'une, la plus importante, traverse obliquement le plateau dans presque toute sa longueur (200 kilomètres), depuis Decize jusqu'à Pleaux dans le Cantal, tandis que l'autre sensiblement N.-S. suit la vallée actuelle de l'Allier en renfermant les bassins de Brassac et de Langeac. Tous correspondent ainsi à des dépressions situées nettement en dehors des zones où se tient le carbonifère inférieur, et qui dépendent uniquement des accidents, plis ou fractures, qui ont affecté ce massif pendant le carbonifère moyen.

Assurément, il ne saurait convenir de décrire ici tous ces gisements; je me contenterai de mentionner que, dans chacun d'eux, la fréquence des conglomérats à gros blocs qui souvent prennent l'aspect de talus d'éboulement, la grande irrégularité des couches de houille, enfin le manque presque absolu de parallélisme entre les diverses couches de grès et de schistes, qui devient toujours le signe de dépôts effectués dans des eaux animées d'une certaine vitesse, sont tout autant de faits bien expressifs venant indiquer que le remplissage de ces bassins lacustres et les accumulations de débris végétaux qui ont donné naissance à la houille se sont effectués par des eaux torrentielles venant déverser, dans ces dépressions, leurs alluvions sous la forme de deltas. De plus on ne peut manquer,

avant de terminer, de faire cette remarque que l'examen de la
flore a permis de constater que leur remplissage était loin

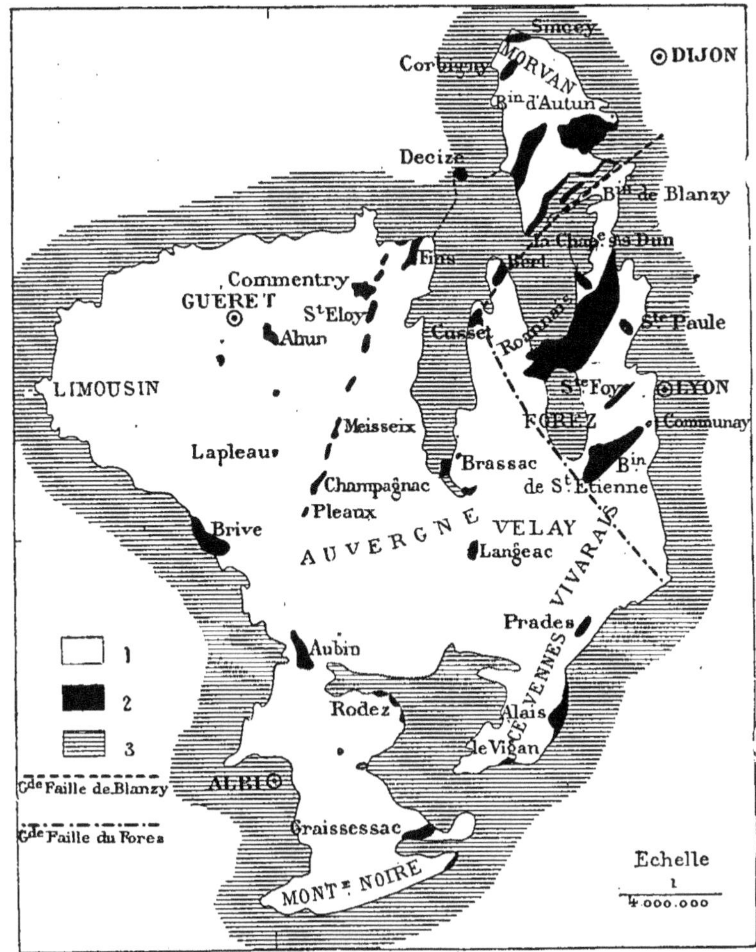

Fig. 267. — Carte montrant la distribution des bassins houillers dans le Plateau
Central (d'après M. de Lapparent). 1, terrain primitif; 2, bassins houillers;
3, terrains secondaires et tertiaires.

d'avoir été simultané. Nous avons vu que dans cette grande
phase continentale la végétation avait évolué de telle sorte
qu'on pouvait constater la superposition de trois flores distinctes caractérisées l'une par la prédominance des cordaïtes,
la seconde par celle des fougères, la dernière par le développement des calamodendrées ; or parmi ces bassins il en est
d'anciens qui renferment ces trois flores superposées, tandis
que d'autres qu'on peut qualifier de récents apparaissent
privés de toute espèce végétale qu'on puisse attribuer à la zone
des Cordaïtes, et ne renferment que les flores des zones supérieures parfois même seulement la dernière. Quand on examine
ensuite la distribution de ces bassins, on voit que les plus
anciens sont localisés dans le sud et l'est sur la bordure du
Plateau Central, alors que les plus récents sont condensés dans
la direction opposée, en comprenant avec la grande traînée
charbonneuse du centre tous ceux qui sont reportés plus au
nord jusque dans la Nièvre et le Morvan.

Il s'introduit ainsi dans la répartition de ces bassins une
remarquable *transgression d'eau douce*, vers le nord-ouest, en
relation étroite avec le sens et la nature des mouvements qui
ont provoqué l'émersion du Plateau Central ; l'effort parti du
sud-est, c'est-à-dire de la dépression méditerranéenne affaissée
où sont venues se condenser les eaux marines, ayant fait naître
en face de sa direction une série d'ondulations parallèles qui,
développées progressivement vers le nord-ouest, ont provoqué
tout à la fois l'exhaussement général du niveau des lacs et leur
recul vers le centre de la région montagneuse.

**Principaux types du facies marin oriental ; Russie, Alpes,
Asie.** — Dans la région des Alpes, l'indépendance entre les
formations marines du carbonifère et celles qu'on peut attribuer à une origine lacustre déjà si nette dans les massifs anciens
de l'Europe que nous venons de passer en revue, est encore
plus accentuée. Dans cette région en effet les terrains houillers, portés maintenant sur les hauts sommets et franchement
métamorphiques, où le charbon à l'état d'anthracite forme des
amas irréguliers dans des schistes ardoisiers qui renferment,
transformés en phyllite blanche talcoïde, les empreintes végétales des bassins du Plateau Central, ne se présentent, de part

et d'autre du Mont-Blanc, que dans les Alpes occidentales qui devaient alors former un massif continental soudé aux Vosges, ainsi qu'au Plateau Central; tandis qu'à l'autre extrémité de la chaîne dans les Alpes de Carinthie et surtout sur le versant méridional en Carniole, on peut voir largement développées les formations marines représentées d'abord par des conglomérats quartzeux fort épais et des schistes qui contiennent les Productus de la Belgique (*P. giganteus. P. semireticulatus*), puis et surtout par de grandes assises de calcaires noirs qui représentent alors un élément que nous n'avons pas encore rencontré en Europe; ces calcaires, en effet, ne sont autres que ceux à *fusulines* qui deviennent, dans ces régions, l'équivalent marin des formations houillères lacustres.

La Russie marque à son tour un point profond de cette grande mer à Fusulines qui se trouvait alors franchement rejetée vers l'est, dans une grande dépression méditerranéenne se poursuivant en Asie jusque sur l'emplacement actuel du puissant massif de l'Himalaya.

Dans la Russie, qui pendant toute la durée des temps primaires est restée une région stable par excellence, franchement déprimée et couverte par les eaux marines, il devient naturel d'y voir le carbonifère conserver, dans toute son étendue, les conditions pélagiques qui avaient prévalu aux époques antérieures et de plus présenter en superposition directe, concordante, tous les dépôts de cet âge, depuis la base jusqu'au sommet, circonstance que nous n'avions pas encore rencontrée jusqu'à présent. C'est de la sorte que dans l'Oural méridional on peut voir se développer en pleine concordance l'intéressante série suivante :

1° Au début des calcaires marmoréens, coralligènes comme ceux de la Belgique, ici épais de 1,500 mètres et caractérisés dans leur ensemble par un grand développement du *Productus giganteus*;

2° Une formation houillère bien caractérisée, où sur une étendue de plus de 600 mètres on peut constater au milieu des schistes à plantes terrestres et de couches de houille anthraciteuse de nombreuses intercalations de lits marins où domine le *Spirifer Mosquensis*;

3° Enfin, au sommet des calcaires blancs, crayeux (600 mètres) remplis de *fusulines*, qui tiennent bien la place des horizons lacustres du carbonifère supérieur et qu'aux *Productus* habituels et caractéristiques du carbonifère tels que *P. semireticulatus* s'en ajoutent d'autres à longues épines, *P. longispinus*, qui sont destinés à prédominer dans les mers Permiennes du nord, en effet le Permien n'est pas loin; sur ces calcaires à fusulines, toujours en concordance et intimement soudés, on observe les premiers dépôts de cet âge représentés encore par des calcaires bien semblables d'aspect, mais où les productus carbonifères sont associés, cette fois, à des céphalopodes qui représentent, avec les *Medlicotia*, les premiers types connus d'Ammonites.

Ce n'est pas à dire que le carbonifère conserve dans toute la Russie un caractère marin aussi constant; déjà en gagnant les parties septentrionales de l'Oural, on peut voir progressivement les calcaires à *Productus giganteus* de la base disparaître pour faire place à des grès à flore du culm bien caractérisée. Dans la zone carbonifère de Moscou, les plus grandes exploitations de houille se tiennent dans le carbonifère inférieur. Mais ce qui ne varie pas ni comme étendue, ni comme position au sommet ce sont les calcaires à fusulines. Quand la houille apparaît d'une façon tout à fait exceptionnelle en petites couches dans les assises du carbonifère supérieur devenues schisteuses, comme cela se passe dans le petit bassin méridional du Donetz, les intercalations de couches marines qui restent nombreuses sont fournies par les calcaires à fusulines.

Régions étrangères diverses. — Si maintenant nous examinons rapidement les faits qui se sont passés à la même époque dans le double continent américain, où ce terrain a des représentants variés, depuis la pointe extrême de sa terminaison dans le nord, jusqu'en Patagonie dans le Sud, nous pourrons constater encore quelques particularités intéressantes, notamment quand on s'adresse à l'Amérique du Nord qui de beaucoup est la mieux partagée à cet égard; les formations houillères atteignant dans l'est avec une extension considérable des épaisseurs inusitées. Il en est ainsi en Pensylvanie dans le grand bassin qui longe la chaîne des Apalaches, et surtout dans l'Illinois où vient se placer le grand bassin du Mississipi. Dans ces régions orientales, l'étage moyen reste toujours le terrain houiller productif par excellence, mais il reste compris entre deux puissantes formations de grès stériles. Celle inférieure notamment avec ses conglomérats, ses grès couverts de traces de vagues, d'empreintes de gouttes de pluie, et de pas de labyrinthodontes, annonce que les conditions littorales ont longtemps prévalu dans cette direction. Il en est tout autrement dans l'ouest où déjà dans les montagnes Rocheuses on peut voir apparaître au sommet des formations houillères des calcaires à *fusulines* suivies de calcaires permiens à *Medlicotia* comme en Russie; puis finalement, quand en se rapprochant du versant pacifique on atteint le bassin du Colorado, on peut constater que le carbonifère tout entier constitué à l'état de grès et de calcaires très puissants reste du haut en bas exclusivement marin. C'est alors au travers de ces puissantes assises de marbres et de grès marqués de colorations rouges que sont entaillées les gorges célèbres (*canons*) du Colorado.

On voit par ce simple exposé qu'en Amérique, à l'inverse de ce qui s'est passé en Europe, c'est dans l'ouest que se ferait la plus grande extension de la mer carbonifère.

Enfin, l'existence de la houille dans les contrées polaires, notamment au Spitzberg, où, superposée à des calcaires marins à *Productus semireticulatus*, elle se montre composée de *Lepidodendrons* et de *Sphenopteris*, indique, en même temps que la grande extension du carbonifère, la constante uniformité des conditions climatériques qui ont régné à cette époque.

Origine et mode de formation de la houille.

La houille ou charbon de terre est incontestablement d'origine végétale; il suffit pour s'en rendre compte d'examiner sa structure et sa composition. L'analyse chimique par exemple montre qu'elle n'est autre qu'une combinaison de carbone, d'hydrogène et d'oxygène, c'est-à-dire des éléments constitutifs des tissus végétaux [1] ; les matières étrangères qu'elle renferme en proportion toujours faible (2 à 10 p. 100) consistent ensuite en un peu de potasse, de soude et de silice, c'est-à-dire en substances qui sont précisément celles qu'on rencontre dans les cryptogames actuelles. Rien que ces seuls faits suffiraient pour démontrer son origine végétale; mais il y a plus quand on l'examine attentivement, au lieu de se comporter comme une substance absolument minérale dépourvue de toute organisation, elle se montre exclusivement composée de débris végétaux à divers états d'altération. Ces caractères apparaissent surtout, avec une grande netteté, dans les parties ternes, tendres et tachant les doigts de charbon mat, que les mineurs appellent le *fusain* et qui représentent des fragments, demi pourris, de tiges et de rameaux tombés sur le sol, comme il arrive quand la vieillesse ou la pourriture atteint les grands arbres. Dans ces fragments, si fréquents dans beaucoup de houille, tous les détails des éléments organiques (cellules et trachées) s'observent avec une grande netteté. *Cette structure organisée* de la houille s'accentue quand on la taille en lames minces et qu'on l'examine au microscope. Dans ce cas tous les détails de l'organisation des végétaux sont à ce point conservés qu'on peut reconnaître la nature même et savoir que tel lit de houille est surtout formé de fougères, tel autre d'écorces de sigillaires ou de lepidodendrons. De plus, de pareilles observations ont permis de montrer que tous ces débris de tiges, d'écorces, de rameaux, de feuilles, à divers degrés de désorganisation, qu'on rencontre fréquemment dans la houille, sont *posés à plat* et se recouvrent mutuellement, comme le font tous les matériaux qui ont flotté librement dans un liquide.

1. Composition moyenne de la houille :

Carbone	83 30
Hydrogène	6 30
Oxygène	5 55
Azote	0 285
Soufre	0 36
Cendres	2 21
	100 00

Dans ces conditions, étant donné aussi ce fait que la houille se présente en véritables couches, très étendues et parfois réduites à quelques millimètres, encadrées dans des schistes et des grès dont la nature détritique est incontestable, on ne peut se refuser de voir dans ce combustible minéral une roche sédimentaire, c'est-à-dire une *alluvion végétale*, devant son origine au transport de débris de plantes et à leur décomposition ultérieure au sein de l'eau.

Les tiges, pour la plupart fistuleuses, remplies de moelle et gorgées de sucs amylacés ou gommeux, bientôt rompues, les grandes frondes des fougères herbacées et les feuilles des cordaïtes détachées, devaient pêle-mêle joncher le sol de la forêt houillère; on conçoit aisément comment les eaux de pluie, déversées avec violence, venaient chaque fois entrainer ces débris, les uns à peine altérés, les autres presque totalement décomposés, soit dans les dépressions lacustres avoisinant la forêt houillère, soit à la mer, avec les arbres déracinés, les fougères arrachées, et jusqu'aux matériaux du terrain sous-jacent, qui se trouvait profondément raviné par ses actions érosives. Promptement enfouie sous une nappe d'alluvions, la couche végétale subissait, à l'abri de l'air, une transformation lente qui l'amenait à l'état de houille [1].

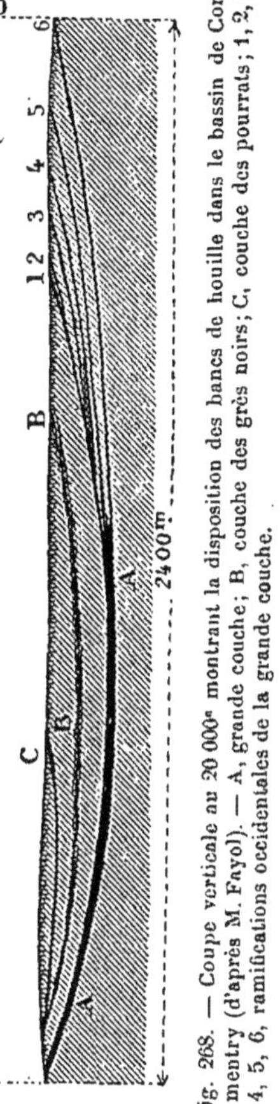

Fig. 268. — Coupe verticale au 20 000ᵉ montrant la disposition des bancs de houille dans le bassin de Commentry (d'après M. Fayol). — A, grande couche; B, couche des grès noirs; C, couche des pourrats; 1, 2, 3, 4, 5, 6, ramifications occidentales de la grande couche.

1. Dans le banc dit des grès noirs, à Commentry, on peut compter sur une épaisseur de 0 m. 20 jusqu'à cinquante lits alternatifs de grès fin et de houille bien caractérisée. Dans ce même bassin on peut constater également tous les passages entre le schiste bitumeux et le combustible minéral.

Cette transformation s'opérait sur des matières végétales diverses; tantôt les tiges et les écorces étaient prépondérantes, tantôt c'étaient les rameaux, les feuilles et les fructifications; la nature des plantes pouvait aussi varier, les fougères dominant en certains points, les sigillaires un peu plus loin, ailleurs les cordaïtes et les calamodendrons. On conçoit aisément, de la sorte, qu'on puisse rencontrer dans le même bassin des *houilles grasses*, riches en produits bitumeux, côte à côte avec des *houilles maigres*, qui en contiennent peu; des *houilles anthraciteuses*, qui sont complètement dépourvues de principes volatils, et des *houilles à gaz*, qui en contiennent jusqu'à 60 p. 100. Ces différences sont originelles et tiennent soit à la nature, soit à l'état particulier des végétaux entraînés. Dans le cas de ces nombreux bassins houillers *lacustres* localisés comme nous l'avons vu dans des dépressions très circonscrites, le phénomène devient fort simple et se résout, ainsi que l'ont démontré les observations et les expériences remarquables de M. Fayol à Commentry, dans la formation au sein de ces lacs de montagnes de *deltas torrentiels*. Les galets et les graviers provenant de la dégradation des pentes environnantes, tombaient les premiers, près de l'embouchure, en construisant, sous l'eau, un talus de déjection très incliné; le dépôt des sables s'effectuait ensuite sur une moindre pente; les matières argileuses, qui deviendront plus tard des schistes, étaient entraînées plus loin, et les débris de végétaux, plus légers, parvenaient enfin à l'extrémité du talus, en s'étalant en couches sensiblement horizontales. Les progrès continuels du delta amenaient ensuite l'ensevelissement de ces débris de plantes sous de nouveaux dépôts, dont la partie végétale formait le prolongement naturel de la couche déjà déposée.

L'inclinaison et l'allure de ces dépôts successifs sont en raison de la violence du régime des eaux; tantôt une couche de houille qui peut être le produit d'une seule inondation est régulièrement étalée sur le fond, avec une épaisseur uniforme, tantôt, par suite de débâcles provenant de véritables trombes, elle a formé, au milieu des sédiments, des amas inégaux subissant une série successive de renflements et d'étranglements, produisant l'allure dite *en chapelet*. Lors de ces débâcles, les tiges molles de la forêt houillère, entraînées par le courant, arrivaient au milieu des graviers dans toutes les positions possibles, couchées à plat, penchées, ou même restant verticales. Les sables charriés, en s'accumulant autour de ces tiges, les ont maintenues définitivement dans la situation qu'elles avaient prise. Ainsi s'explique l'abondance, au milieu des grès houillers, de *tiges dressées* (fig. 269) de calamites, qui, nombreuses au point de figurer une *forêt fossile,* ont été longtemps considérées comme des arbres ayant vécu en place.

Tous ces faits, qui permettent d'attribuer la houille à un produit de flottage, trouvent une éclatante confirmation dans l'examen qu'on peut faire des grandes excavations à ciel ouvert de Commentry; de grandes tranchées, sur une étendue de plus d'un kilomètre avec

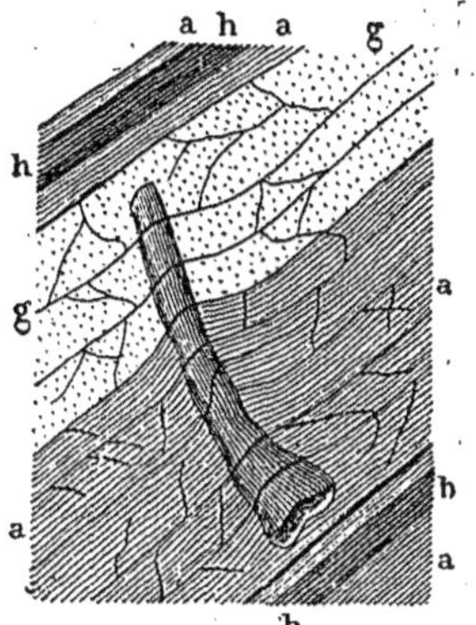

Fig. 269. — Tige dressée dans les schistes et grès houillers d'Anzin (d'après Elie de Beaumont); *a,* argile schisteuse; *h,* houille et schistes bitumineux; *g,* grès.

une profondeur de 200 mètres, découpent ce bassin houiller et permettent d'en saisir les moindres détails. Le premier fait qui frappe, à la première inspection des parois de ces grandes tranchées, c'est le défaut absolu de parallélisme entre les différentes couches de schistes, de grès et de charbon. Toutes s'enchevêtrent pour ainsi dire, et si l'on suit attentivement les lits de roches détritiques, schistes, grès et conglomérats, jusqu'à la couche charbonneuse, on les voit *pénétrer dans la houille* et s'y fondre insensiblement. C'est ce qui a lieu surtout quand on examine la disposition des bancs au toit de la grande couche qui, dans le fond de ce bassin, atteint une épaisseur de 15 à 20 mètres. Toutes les couches de grès et de schistes, inclinées dans le même sens (fig. 270), viennent tour à tour toucher la surface de cette grande couche, sous un angle aigu, en y pénétrant successivement. En plusieurs points, on peut voir des bancs de grès grossiers, chargés de galets, s'amincir progressivement et pren

dre un grain plus fin, au voisinage du banc de houille, puis le
traverser obliquement, sans que sa continuité soit interrompue.

Assurément, de tels faits seraient inexplicables si l'on
admettait l'hypothèse ancienne, qui attribuait la houille à
des accumulations *horizontales* de matières végétales, sur un
sol exposé à de fréquentes oscillations. Chaque affaissement

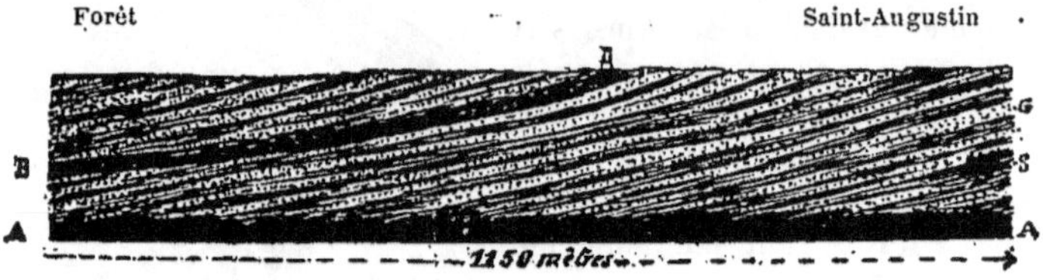

Fig. 270. — Coupe verticale au 10 000ᵉ montrant la disposition des bancs de
schistes (S) et de grès (G) au toit de la grande couche (d'après M. Fayol).
AA, grande couche; BB, bancs des Grès noirs.

amenait des sédiments détritiques qui, se répandant sur le
marécage houiller, ensevelissaient sa couverture végétale. Il
faudrait, en effet, pour rendre compte de ce défaut de parallélisme et de cette pénétration des bancs de grès et de schistes
dans la houille, qui forment les traits caractéristiques de la
disposition des strates houillers dans les bassins lacustres du
Plateau Central, recourir à des mouvements du sol trop compliqués. On ne peut donc échapper à cette conclusion que ce
dépôt des schistes et des grès est contemporain de celui des
matières végétales, que le tout ensemble a été charrié par
des eaux courantes, et que les matériaux ainsi entraînés se
sont déposés, par ordre de densité, en couches plus ou moins
écartées de l'horizontalité. Dans ces conditions, les couches
végétales, comme les sédiments qui les encaissent, ont pu
se former avec une grande rapidité. On n'a donc pas besoin
d'avoir recours aux chiffres invraisemblables de 20 000 ans,
qu'exigeaient les anciennes théories, pour la formation des
bancs de houille de 15 mètres. La transformation des végétaux en combustible minéral ne paraît pas non plus être une
œuvre de longue haleine, comme on le pensait autrefois. La
présence de nombreux *galets de houille*, bien définie, dans les
conglomérats du sommet des bassins houillers du Plateau

Central, atteste, en effet, que la minéralisation des premières couches de débris végétaux accumulés dans le fond de ces bassins était déjà un fait accompli quand les sédiments de la partie supérieure se sont formés.

ÉPOQUE PERMIENNE

Caractères stratigraphiques et paléontologiques généraux; principales divisions. — Pendant longtemps ce dernier terme de sa série primaire qualifié de *Pénéen* [1] en raison de la pauvreté relative de sa faune, et prenant son type dans les régions classiques de la Saxe et de la Thuringe était considéré comme susceptible d'une division en deux étages. Mais cette division, qui comportait la superposition d'un étage marin, le *Zechstein,* à un étage d'eau douce le *Grès rouge* est en défaut en beaucoup de points et de plus elle a perdu toute sa valeur, depuis qu'on sait qu'entre les grès rouges permiens et les dernières assises carbonifères, soit qu'on s'adresse aux formations continentales, soit aux formations marines, vient se placer un terme — pour ainsi dire de transition où persistent ces conditions biologiques et physiques qui avaient prévalu au carbonifère — mais qui, cependant, présente encore un nombre suffisant de caractères spéciaux pour qu'il convienne de lui attribuer le rang d'un étage et de le rattacher au permien.

Ces caractères sont surtout d'ordre paléontologique et peuvent s'appliquer aussi bien à la faune marine qu'à la faune terrestre. Dans le premier cas, le fait le plus important c'est l'évolution remarquable des Goniatites qui les amène par une suite de transition ménagée à fournir des *Ammonites,* c'est-à-dire à donner naissance à un type spécial de céphalopodes qui, pendant longtemps, avait été considéré comme l'apanage exclusif des terrains secondaires. C'est maintenant au pied du

---

1. C'est un géologue belge, d'Omalius d'Halloy, qui a le premier introduit ce nom dans la science à une époque où la faune de ce terrain était peu connue; d'autres sont venus qui ont proposé ensuite le nom Dyas, destiné à rappeler cette division en deux étages, l'un d'eau douce, l'autre marin, qu'on regardait comme constante.

plateau du Pamir, dans les calcaires permiens de l'Inde, puis dans ceux de l'Oural et de la Sicile, qu'il faut venir chercher le point de départ de ces ammonites destinées, en effet, à peupler les mers triasiques, jurassiques et crétacées, mais qui déjà, dans ces couches permiennes directement superposées aux calcaires carbonifères à fusulines, sont représentées par un grand nombre de genres et d'espèces, venant combler la lacune qui semblait séparer les goniatites paléozoïques aussi bien des cératites triasiques que des ammonites. Parmi ces genres les plus évolués, c'est-à-dire ceux dont les cloisons sont le plus compliquées, figurent déjà des *Arcestidées* qui prendront ensuite toute leur importance dans le Trias; les plus répandues sont ensuite les *Medlicottia* qui, par leur nombre, méritent de donner leur nom aux couches encaissantes.

Dans la faune terrestre, les progrès sont surtout réalisés par

PALÉOBATRACIENS DU PERMIEN INFÉRIEUR.

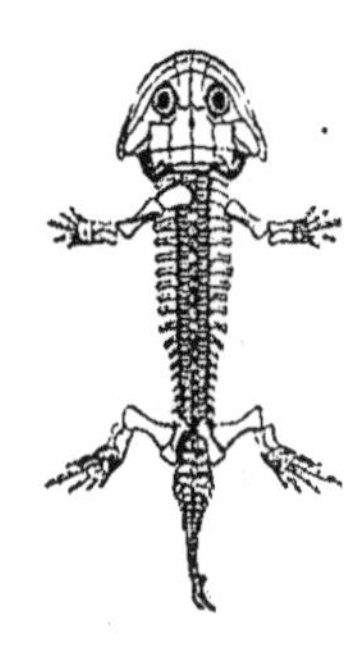

Fig. 271. — *Protriton petrolei* des schistes bitumineux d'Autun (d'après M. Gaudry).

Fig. 272. — *Branchiosaurus* des schistes permiens de Bohême.

les reptiles qui se multiplient d'une façon remarquable. Au groupe si important, aujourd'hui éteint, des Stenognathes représentés dans le carbonifère par de nombreux labyrinthodontes, s'ajoûtent de véritables lacertiens (*Proterosaurus*), et surtout tout un groupe de *paleo-batraciens*, les uns présentant avec l'aspect bien des caractères communs avec nos salamandres actuelles, tels que Protriton (fig. 271), *Branchirosaurus* (fig. 272), les autres de dimensions plus grandes, *Archegosaurus*, *Actinodon*, et présentant avec leurs vertèbres en partie ossifiées un degré d'évolution plus avancé. Des types intermédiaires entre les lacertiens et ces ancêtres des batraciens étaient représentés par un certain nombre de reptiles d'assez grande taille dont l'un, *Stereorachis*, avec des vertèbres complètement ossifiées, possédait des mâchoires solides garnies de dents très fortes qui en faisaient une bête redoutable. C'est au nombre de ces types mixtes que figurent ensuite d'étranges reptiles carnivores, les *Thériodontes*, échelonnés sur des espaces considérables puisqu'on les rencontre dans l'Afrique australe, dans le Texas en Amérique, aussi bien qu'en Russie, et qui

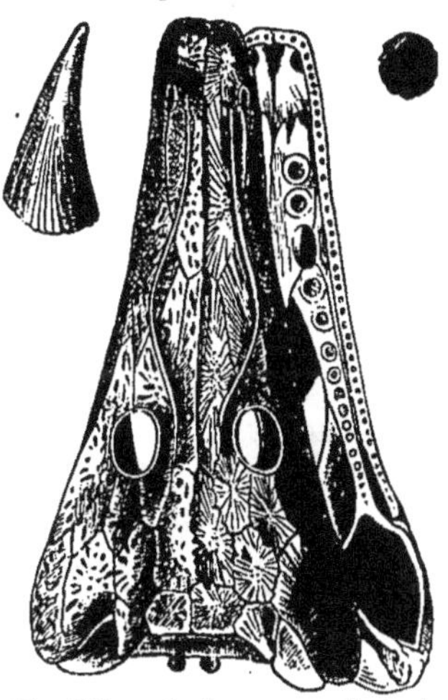

Fig. 273. — *Archegosaurus Decheni* du permien de la Saxe.

offrent cette particularité de présenter, dans l'humérus, une perforation qui passait autrefois pour caractéristique des mammifères. On ne saurait non plus méconnaître la grande place tenue dans ces dépôts inférieurs par des poissons ganoïdes écailleux qui, par leur nombre, peuvent compter comme caractéristiques du permien : ce sont les genres *Paleoniscus*, *Amblyptérus*, *Platysomus*; et avec eux figurent également nombreux des Sélaciens (*Ctenacanthus*, *Pleuracanthus*), qui, en raison de leur squelette cartilagineux, ne sont représentés que par des dents et des épines (aiguillons dorsaux) rappelant singulièrement celles des raies actuelles du groupe des mourines.

Quand on atteint ensuite, à l'époque du permien moyen, la phase très importante du grès rouge, on peut de suite constater qu'une distribution géographique très différente de cette vaste

et puissante formation arénacée accuse une discordance mar- .
quée entre ces nouveaux dépôts et ceux qui les ont précédés ;
partout en effet ces grès rouges argileux qui annoncent un
changement complet dans le régime de la sédimentation, au
lieu de se montrer localisés dans des points particuliers comme

Fig. 274. — *a, Paleoniscus Blainvillei ; c, Amblypterus macropterus.*
Poissons ganoïdes du permien (Hoernes, *Paléontologie*).

les grès et schistes à reptiles ou les calcaires à céphalopodes du
permien inférieur, dépassent de beaucoup leurs limites pour
venir s'étendre ensuite transgressivement sur des terrains de
divers âges. A cette date, qui correspond à un affaissement,
des eaux animées d'une grande vitesse se sont avancées fort
loin dans l'Europe moyenne et septentrionale; aussi ces grès
rouges avec leurs conglomérats associés, qui deviennent un
élément caractéristique du permien, en représentent le dépôt
le plus étendu, le plus continu et le plus constant dans son
allure. Partout, avec les teintes vives caractéristiques, on peut
constater combien les fossiles y deviennent rares ou même
absents; toutes traces de coquilles marines y font défaut; seules
s'y présentent, quand on atteint les bords de cette formation,

des empreintes végétales ; alors ont disparu les espèces houillères dont la persistance était remarquable dans les schistes
inférieurs, dans la flore assez pauvre du grès rouge dominent
des conifères des genres *Walchia* et *Araucarites*, avec de nombreuses espèces de fougères franchement permiennes fournies
par les genres *Callipteris* et *Odontopteris*.

Parmi les traits constants et caractéristiques de phase
moyenne du permien figurent ensuite de nombreuses et très
régulières intercalations de roches éruptives étendues en nappes
au milieu des grès rouges ; les mouvements qui ont provoqué
leur extension n'ont pas manqué de se produire sans que le
sol s'entr'ouvre en de nombreux points ; ces fractures ont alors
livré passage à des *porphyres pétrosiliceux* ou vitreux (*pechsteins*)
qui représentent le dernier terme des émissions porphyriques,
et surtout à des *mélaphyres*, qui à ces époques anciennes
deviennent l'équivalent exact des basaltes tertiaires. Comme
d'habitude la sortie de ces roches d'épanchement a été accompagnée de phénomènes explosifs intenses ; aussi les tufs de
projection prennent souvent une large part dans la composition
de ces dépôts et dans le voisinage des mélaphyres on peut
reconnaître, avec des accumulations des scories, de véritables
bombes mélaphyriques projetées par les volcans de l'époque et
tombées dans les lagunes où se formaient ces grès permiens.

Après cette phase, qui correspond au maximum d'extension des dépôts permiens et devient le siège favori des éruptions,
les formations plus marines, qui marquent le début du permien
supérieur et sont représentées, quand on a dépassé un petit
horizon très continu et fort intéressant de schistes bitumineux
cuprifères à poissons, par les calcaires marneux (*Zechstein*) où se
trouvent condensés, dans l'Europe centrale, les fossiles marins
du permien, témoignent d'un retrait bien marqué de la mer,
alors très peu profonde et même en voie d'assèchement. La
preuve en est fournie par ce fait que, dans la région typique du
Mansfeld où se fait le principal développement du zechstein,
ce calcaire marneux, à faune atrophiée, sert de support à de
puissants amas de sel gemme, de gypse et d'anhydrite, qui
témoignent de dépôts effectués dans des marais salants par
évaporation de l'eau de mer.

L'examen de la distribution de ces dépôts du permien supérieur peut fournir ensuite d'autres enseignements précieux. Très atténuées en Angleterre, ces formations marines font complètement défaut aussi bien en France qu'en Belgique ; on ne les trouve normalement développées que dans le centre de l'Allemagne, notamment le long du Hartz, de la Saxe et de la Bohême ; au delà elles disparaissent de nouveau et ne se retrouvent qu'à l'extrémité orientale de la Russie, dans le comté de Perm, où elles prennent alors le développement qui a fait choisir le type de l'étage dans cette région.

On voit par suite clairement que le permien et par suite les terrains primaires se terminent par une phase où les mers sont réduites à leur minimum d'extension. Nous sommes loin en effet du moment où nous pouvions suivre les dépôts marins du silurien par exemple, sur des espaces considérables aussi bien en Europe que dans les deux Amériques.

Or cette régression bien marquée des mers à la fin d'une grande période est un fait de la plus haute importance qu'on peut généraliser. La période secondaire, après la grande extension des dépôts crétacés, se termine avec l'époque danienne par un mouvement de retrait de la mer des plus prononcés ; enfin l'espace occupé actuellement par les eaux marines est bien grand puisqu'elles couvrent les trois quarts du globe, mais quand on compare cette surface de l'océan avec ce qu'elle était aux temps tertiaires, notamment à l'époque de la grande extension des formations nummulitiques, personne ne pourra contester que nous sommes actuellement dans une époque où les mers sont réduites à leur minimum d'extension.

Permien inférieur. — En Europe, une persistance remarquable des conditions qui avaient prévalu à la fin du carbonifère ont permis aux dépôts permiens de se développer de même sous deux formes distinctes : 1° un *facies franchement marin* représenté par des grès ou des calcaires à céphalopodes (*Medlicottia*) dont il a déjà été fait mention plus haut ; 2° un *facies lagunaire* ou *continental* essentiellement gréseux et schisteux où on peut remarquer l'association d'un grand nombre de reptiles permiens avec une riche flore qui conserve encore bien longtemps les caractères qu'elle avait acquis à la fin du carbonifère.

Le facies marin reste étroitement cantonné, en Russie, en Bulgarie, ainsi qu'en Asie dans toutes les régions où se tiennent les calcaires à fusulines, mais en occupant des espaces moindres ; un relèvement des bords du bassin a motivé la disposition en retrait de couches permiennes sur les précédentes et cela sans qu'aucun trouble soit apporté dans la concordance de ces dépôts. De plus on peut déjà constater par places un changement dans le régime de la mer puisque dans l'Oural méridional c'est dans des grès superposés aux craies à fusulines qu'on peut constater les premiers représentants de la famille des ammonitidés sous cette forme des *Medlicottia*. La Sicile marque ensuite, dans le sud, un point où cette mer devait être étendue et profonde ; là en effet les calcaires de cet âge très épais ne comprennent pas moins de soixante-cinq espèces d'ammonées réparties dans dix-huit genres, et associées à de nombreux orthocères, ainsi qu'à des gastropodes très variés.

Quant au second facies, c'est dans les replis des massifs émergés à la fin du carbonifère qu'il faut venir le chercher ; dans le Plateau Central d'une part et surtout dans le nord-est de l'Europe sur le trajet d'une grande zone qui se poursuit depuis le bassin de la Sarre jusqu'en Saxe, en passant par la Bohême, et où la houille s'est formée dans des bassins lacustres comme dans le Plateau Central. Dans toute cette étendue, on voit se développer en pleine concordance avec ce terrain houiller, une nouvelle formation houillère, comprenant, engagées dans des grès et des schistes, des houilles à gaz riches en matières volatiles (cannel-coal de Bohême) qui deviennent le gisement principal des reptiles (*Paleobatraciens*) et des poissons (*Paleoniniscus Amblypterus*), avec les dipnoés précédemment signalés. Dans les schistes, toujours riches en empreintes végétales, comme d'habitude, on remarque au début un grand nombre de formes carbonifères, notamment les derniers représentants des Lepidodendrons et des Sigillaires, mais déjà au sommet on voit disparaître tous ces types et nettement prédominer les conifères tels que les *Walchia* (fig. 275) qui, en raison de leur nombre et de leur importance, deviendront un des éléments caractéristiques de la flore permienne. Le même rôle doit être attribué à des calamites de grande taille, *Calamites gigas* ; en même

temps, tandis que les Pecopteris en pleine décroissance perdent
les formes arborescentes qui dominaient à la fin du carbonifère,
les *Callipteris* et les *Nevropteris* gagnent en force et en abondance.

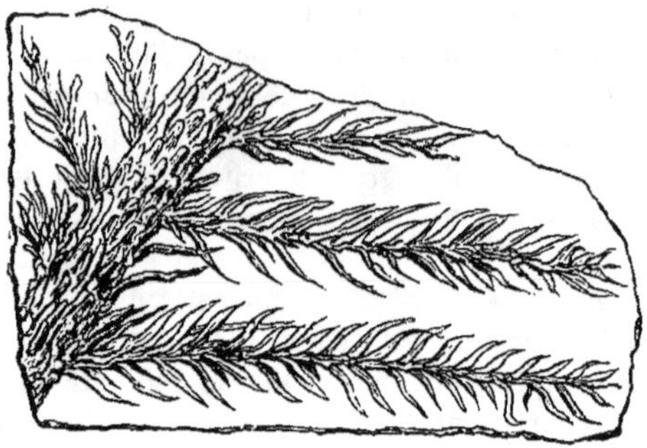

Fig. 275. — *Walchia piniformis* des schistes bitumineux d'Autun.

Toutes ces couches complètement privées de fossiles marins
et auxquelles on ne saurait refuser un mode de formation différente de celles des formations houillères qui les ont précédées, —
c'est-à-dire le comblement de bassins lacustres par des apports
fluviatiles (surtout quand y voit des poissons tels que les
dipnoés qui ne se tiennent que dans les fleuves), — au lieu de
se disposer en retrait comme les formations marines synchroniques, s'étendent transgressivement sur des couches d'âges
divers, notamment en Saxe où on peut les voir directement
appuyées sur des assises siluriennes· et débutant par des conglomérats.

Permien moyen et supérieur. — C'est alors qu'apparaissent dans cette région et surtout dans le Mansfeld, au sommet
de ceux de ces schistes où la flore permienne a déjà pris son
caractère franc, les *grès rouges* de la division moyenne, nettement transgressifs et débutant aussi par des conglomérats
très épais, sans fossiles, au milieu desquels on peut rencontrer
fréquemment des galets de *porphyre pétrosiliceux*. En effet
ces roches porphyriques, si caractéristiques des éruptions de
l'époque permienne, n'ont pas manqué de s'épancher, lors des
grandes dislocations qui ont précédé le dépôt des grès rouges,
en déterminant l'affaissement qui leur a permis de s'étendre si

loin. Aussi sur les pentes septentrionales de la grande *chaîne des métaux* (Erzgebirge) qui sépare la Saxe de la Bohême, on peut constater jusqu'à 13 coulées de pareilles roches accompagnées de porphyrites au travers des grès et des schistes à flore permienne. Mais c'est surtout dans la masse même des grès rouges qu'on peut rencontrer, plus nombreux, les filons et les coulées de pareilles roches, toujours accompagnées de tufs de projections (*argilolithes*) qui, se mêlant intimement aux grès encaissants, viennent attester la contemporanéité de ces émissions avec leur dépôt. Dans de pareilles conditions apparaissent les grandes coulées interstratifiées des *mélaphyres* qui, dans le Palatinat, devenu alors, comme la région du Mansfeld, le théâtre de mani- . festations volcaniques très violentes, peuvent atteindre, avec de grandes étendues, des épaisseurs de 10 à 12 mètres.

Par places et surtout au voisinage des mélaphyres, les grès rouges comprennent quelques couches noduleuses de dolomies, puis au sommet ils se décolorent et c'est alors au milieu de ces grès blancs (*Wiessliegendes*) qu'apparait la flore propre de cette division représentée par les genres et espèces signalés plus haut.

Sur ces grès le permien supérieur s'annonce par un changement complet dans la nature des eaux. Les courants rapides qui ont présidé à la dispersion de cette puissante formation arénacée ont cessé et dans de vastes lagunes, peu profondes, ce sont des schistes bitumineux et cuivreux très riches en poissons ganoïdes écailleux (*Paleoniscus Blainvillei, Amblypterus dilatatus, Platysomus gibbosus*) qui se sont déposés. Dans ces schistes qui, malgré leur faible épaisseur, dessinent un horizon très continu à la base du permien, l'abondance extrême des poissons a été souvent attribuée à des émanations métallifères qui, en étalant dans ces schistes le minerai de cuivre sulfuré et d'argent qui sert à les caractériser, auraient déterminé leur mort subite. Il est plus vraisemblable d'admettre avec M. Dieulafait, que la cause de leur disparition doit être cherchée dans ce simple fait de l'évaporation des eaux d'une lagune fermée et dont le degré de salure augmentait progressivement. Evaporation qui est devenue ensuite assez complète pour déterminer la précipitation des sels de cuivre et d'argent qu'on sait être contenus dans les eaux marines en proportions toujours très faibles mais constantes.

La preuve que ces conditions se sont trouvées réalisées dans la région qui nous occupe est fournie pour ce fait qu'on peut

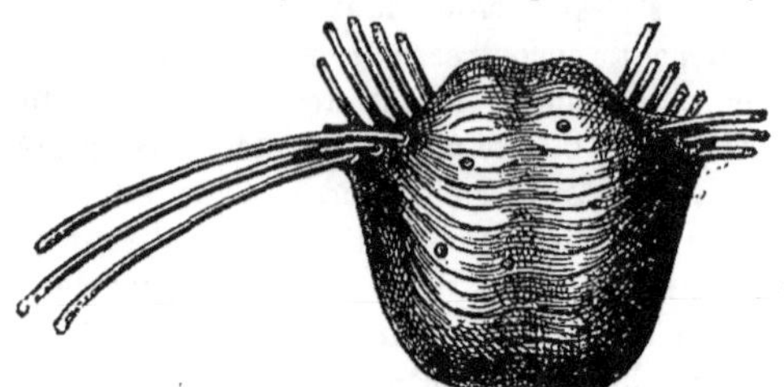

Fig. 276. — *Productus horridus* du Zechstein.

rencontrer dans ces schistes cuivreux du gypse et du sel gemme, c'est-à-dire les éléments caractéristiques des dépôts qui résultent de l'évaporation des eaux marines [1].

Quand la mer revient ensuite pour déposer sur ces schistes les calcaires marneux du zechstein, elle est bien peu profonde

Fig. 277. — *Stropha-losia Goldfusi* du Zechstein.   Fig. 278. — *Schizodus obscurus* du Zechs-tein.   Fig. 279. — *Spirifer undulatus* du Zechstein.

et peu étendue ; en même temps la composition de ses eaux devait être peu favorable au développement des organismes si on en juge par la pauvreté de la faune contenue dans ces calcaires et la dimension toujours faible des espèces dont les principales et les plus caractéristiques sont : *Productus horridus* (fig. 276), *Spirifer undulatus, Terebratula elongata, Strophalosia Goldfusi* (fig. 277), *Schizodus obscurus* (fig. 278).

1. Ces renseignements ainsi que beaucoup d'autres qui vont suivre sont empruntés au cours de géologie professé à la Sorbonne par M. Munier-Chalmas.

De plus, cette phase marine a été de courte durée. Sur ces calcaires, en effet, se développent des couches surtout dolomitiques, puis des argiles rouges où se trouvent condensés de puissants amas de sel gemme et de gypse qui annoncent une phase d'assèchement bien caractérisée des bassins permiens saxons. C'est dans le Mansfeld que se fait le plein développement de ces grès salifères et gypsifères, notamment à *Stassfurt*

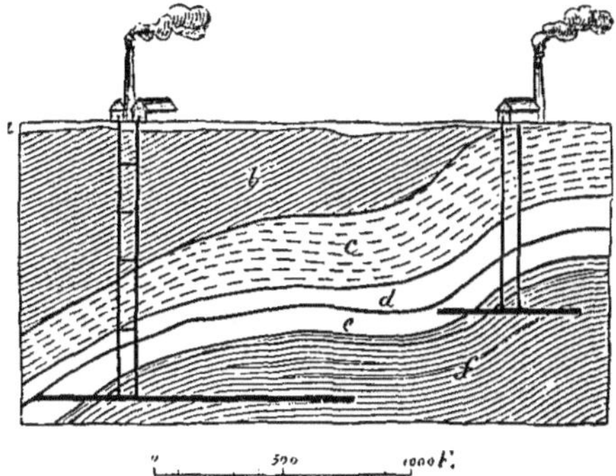

Fig. 280. — Coupe du gisement de sel de Stassfurt.

PERMIEN SUPÉRIEUR { *b*, grès bigarrés du trias ; *c*, gypse blanc ; *d*, argiles schisteuses ; *e*, zone des sels déliquescents ; *f*, sel gemme.

où se tiennent de grandes exploitations dans lesquelles on peut constater que ces dépôts salins se distribuent par zones dont la composition et l'ordre sont exactement ceux présentés par les dépôts de même nature qui se forment dans les marais salants ; quand on a dépassé la zone des sels déliquescents, les borates, qui représentent le dernier terme de cette série de précipitations, ne manquent pas dans ce gîte de Stassfurt.

On acquiert de la sorte la certitude que ce bassin maritime est parvenu à un état d'évaporation complet, et c'est par de pareils dépôts qui annoncent un retrait définitif de la mer que le permien prend fin dans la région qui nous occupe.

Plateau Central ; Vosges. — Dans le Plateau Central, c'est dans l'Autunois qu'on peut rencontrer le permien représenté par une masse puissante de schistes (1200 mètres) bitumineux,

21.

riches en huile minérale, exploités pour le pétrole [1], et condensés dans un bassin très, déprimé dont le fond a été au préalable rempli comme tous les bassins houillers du Plateau Central par des grès, des schistes et de grandes couches de houille exploitées au Grand-Molor et à Épinac; c'est sur ces formations houillères que viennent se placer, en parfaite concordance, ces schistes bitumineux aussi riches en débris de poissons et de reptiles terrestres qu'en empreintes végétales. C'est là qu'a été signalé et décrit par M. Gaudry le *Protriton petrolei*, représenté dans la figure 280, et qu'on peut recueillir en abondance dans les niveaux moyens (*schistes de Muse*) aussi bien que dans ceux supérieurs (*S. de Millery*), caractérisés comme en Saxe et en Bohème par la prédominance marquée des conifères permiens (*Walchia piniformis*) et des *Callipteris* parmi les fougères. Les schistes inférieurs (*schistes d'Igornay*), où persiste la flore houillère, deviennent à leur tour le gisement favori des grands paléobatraciens (*Actinodon, Archegosaurus*) et des Sauriens (*Stereorachis.*)

A partir de ce point jusqu'au sommet où, dans des schistes gris, se tiennent de nombreux troncs de fougères silicifiés (*Psaronius*) on peut suivre, avec plus de netteté encore qu'ailleurs, l'évolution graduelle d'une végétation qui successivement perd les types qui avaient prédominé dans les forêts carbonifères, et c'est quand cette condition est pleinement réalisée, quand le caractère permien de la flore s'affirme qu'apparaissent les grès rouges toujours transgressifs à ce point même qu'on peut les voir, après s'être bien amorcés au-dessus des schistes bitumineux de l'Autunois, franchir les limites de ce bassin pour venir couvrir sur le Plateau Central des surfaces très étendues, soit vers le sud dans les bassins du Creuzot et de Blanzy où ils s'étendent sur le terrain houiller, soit dans l'ouest jusqu'aux environs de Commentry, où, pour la première fois sur ce long parcours, on les voit escortés de tufs et de grandes coulées de porphyres pétrosiliceux.

---

1. Le pétrole (huile de schiste) est obtenu, dans cette région, par distillation de ces schistes dans de nombreuses usines qui s'étagent sur toute l'étendue du bassin permien en jalonnant les affleurements de diverses zones fossilifères qu'on peut y reconnaître.

Les régions méridionales du Plateau n'en sont pas dépourvues; dans la Corrèze on les retrouve, entremêlés d'argiles
rouges et renfermant cette fois d'assez nombreuses empreintes
végétales (*Calamites gigas*, avec plusieurs espèces de *Walchia*);
au delà leur extension dans le Languedoc est considérable et
surtout dans l'Hérault, où ils viennent faire partie d'un bassin
permien fort intéressant creusé dans des dolomies dévoniennes
et tout entier comblé par des assises permiennes au nombre
desquelles viennent se placer les ardoises compactes micacées
de Lodève, rendues célèbres pour le nombre et la belle conservation des empreintes de Walchia et de fougères qu'elles contiennent; schistes qui représentent alors au-dessus de schistes bitumineux renfermant les poissons de la Sara, un terme élevé du
permien inférieur.

Dans cette partie méridionale du Plateau Central, ces grès
rouges restent privés de formations éruptives; il en est tout
autrement sur le littoral de la Provence, dans l'Esterel, où tous
les accidents qui donnent à ces montagnes leur relief si particulier — crêtes dentelées marquées de teintes vives rouges
ou violacées, côtes abruptes et escarpées d'où se détachent
formant saillie de grands rochers très pittoresques ou des
promontoires aux formes rudement prononcées comme le Cap
Roux — sont dus à de grandes coulées massives de porphyres
pétrosiliceux. Toutes les variétés que peuvent offrir de pareilles
roches jusqu'aux termes les plus vitreux (pechsteins du col de
Grasse et de Fréjus) sont là représentées; nombreux sont aussi
les épanchements en nappes de mélaphyres dans les grès
rouges si développés de cette région.

Dans les Vosges, le permien concentré dans des dépressions
très étendues dont le fond peut être indifféremment constitué
.par des gneiss, des schistes de Culm, ou bien houillers comme
dans le bassin de Rongchamp, offre cet intérêt spécial de présenter engagées dans des argilolithes, c'est-à-dire dans des tufs
porphyriques en relations étroites avec de grandes coulées de
pareilles roches, des empreintes végétales et surtout de nombreux troncs de fougères silicifiés, dans lesquelles on peut
reconnaître les espèces permiennes que avons citées comme
caractérisant la flore des schistes bitumineux de l'Autunois; on

atteint de la sorte dans cette région un permien inférieur qui reste tout entier constitué par des formations éruptives. Les grès rouges qui ne manquent pas sont à leur tour riches en épanchements de mélaphyres et quand, par places, ils deviennent très épais, on peut de suite constater que cette augmentation locale est tout entière due à des tufs éruptifs qui se raccordent avec de grandes coulées de porphyre pétrosiliceux; telle est par exemple dans la région du Donon celle qui, après avoir donné naissance à la cascade de Nideck, se développe sur des kilomètres d'étendue en se signalant, sur ce long parcours, par son débit en grandes colonnades prismatiques.

Dans cette région vosgienne, comme partout ailleurs sur notre sol français, on ne peut trouver trace dans les assises permiennes de couches marines qui puissent représenter le zechstein, et quand ensuite en Angleterre on peut rencontrer des calcaires marins de cette nature, toujours ils représentent un dépôt local, d'épaisseur faible, et caractérisé, comme en Saxe, par une faune atrophiée de petites bivalves et de petits brachiopodes; aux espèces précédemment énumérées s'ajoutent ici dès Lingules, c'est-à-dire des brachiopodes d'eau peu profonde; enfin la superposition à ces calcaires, d'argiles rouges gypsifères et salifères vient de nouveau attester que quand ces formations marines se présentent au sommet du permien elles sont toujours condensées dans des espaces très réduits, et destinées, le plus souvent, à disparaître par asséchement.

On ne saurait trouver un meilleur exemple de cette régression remarquable des mers avec laquelle a pris fin la période primaire.

CHAPITRE IV

SÉRIE SECONDAIRE

Généralités sur la période secondaire.

La série *secondaire* ou *mésozoïque* comprend un ensemble encore varié de dépôts où la prédominance marquée des for-

mations calcaires et argileuses atteste une grande tranquillité
dans le régime océanique; désormais en effet les grands mouvements orogéniques qui, dans la période primaire, s'étaient
si fréquemment renouvelés, ne se produisent plus qu'à des
intervalles très espacés et, le plus souvent, les oscillations du
sol se bornent à modifier les contours des bassins maritimes
sans en changer la distribution. Comme conséquence, l'activité éruptive s'est, sinon interrompue, du moins sensiblement
ralentie, et surtout localisée dans des régions, non seulement
différentes de celles où s'étaient produites d'une façon si active
les éruptions précédentes, mais sur des espaces moindres.
Quand les roches granitiques, qui ne s'étaient plus montrées
pendant toute la durée de l'époque permienne, réapparaissent,
elles sont basiques, et restent toujours localisées en Europe
avec celles d'épanchement de nature porphyrique ou porphy-
ritique qui reproduisent, au début, le jeu des éruptions permiennes, dans les régions méridionales.

Sur les continents devenus très étendus, la végétation a
perdu, avec la puissance extraordinaire qu'elle avait à l'époque
carbonifère, les types qui composaient cette flore remarquable.
La prépondérance revient, non plus aux cryptogames, c'est-
à-dire aux végétaux de terres basses et humides, mais aux
conifères, aux cycadées, c'est-à-dire à des formes moins éloignées que les précédentes de celles que nous avons sous les
yeux. Les conifères, par exemple, devenus des arbres élevés,
ressemblaient les uns en tous points aux *Araucaria*, les autres
aux Cyprès, mais avec des rameaux plus forts et plus vigou-
reux. Les ressemblances des cycadées européennes secondaires
avec celles actuelles réfugiées maintenant sur les tropiques
étaient non moins accusées, avec cette seule différence qu'elles
étaient de taille plus petite. Plus tardivement, mais le fait
est intéressant à constater, aussitôt que dans les mers commence à se déposer la craie, on voit apparaître des palmiers, c'est-à-dire les premiers représentants des monocotylédones, puis des dicotylédones angiospermes, c'est-à-dire ces
plantes à feuillage caduc qui forment l'ornement de nos forêts
et dont la diffusion se fera aux époques tertiaires. Aussitôt
que cette dernière condition se trouve réalisée, le règne des

Gymnospermes est fini; dès l'ouverture de cette période de la craie on peut constater en effet, non seulement la présence simultanée sur divers points de notre hémisphère de ces dicotylédones, mais que leur multiplication est rapide.

En même temps que ce progrès se réalise dans la végétation, des modifications non moins importantes se produisent dans la faune terrestre qui, plus variée, comprend, dès le début, des mammifères représentés par de petits marsupiaux; plus tardivement apparaissent des oiseaux qui, dans le principe, sont de petite taille et présentent, avec l'*Archœopteryx*, des affinités reptiliennes bien prononcées. C'est parmi ces reptiles que se produisent aussi des modifications des plus intéressantes. Si, dans le début, ce sont encore des paléobatraciens terrestres du type Labyrinthodonte, qui dominent, bientôt on voit apparaître, dans les mers, de grands reptiles nageurs, les *Ichtyosaures* et les *Plesiosaures*, tandis que dans les airs se tiennent des lézards volants, les *Ptérodactyles*. Sur les continents on remarquait de grands Dinosauriens, les uns carnivores, *Megalosaurus*, les autres herbivores, comme le gigantesque *Iguanodon*, tandis que les plages étaient fréquentées par des Crocodiliens de taille souvent gigantesque, *Celiosaurus*, *Teleosaurus*, et déjà par des Chéloniens à boîte osseuse comme les tortues actuelles.

Dans les mers, la classe des poissons s'enrichit d'un nouveau type, celui des Téléostéens ou poissons osseux. Les Nautilides primaires sont en pleine décadence; l'évolution des *Ammonitidés*, qui venaient d'apparaître dans les mers méridionales du permien, est si rapide qu'elles se subdivisent dès le début en un grand nombre de familles et de genres qui viennent fournir les éléments caractéristiques des dépôts; et cette condition restera pleinement réalisée jusqu'à la fin de la période. Aussitôt que les *Bélemnites* apparaissent dans les dépôts jurassiques, elles partagent le même sorte et disparaissent ensuite subitement comme les ammonites sans laisser de traces, quand cette série secondaire prend fin.

Cette série comprend trois grands groupes de formations bien différenciées : Le premier prend nom de *triasique* en raison de sa division bien nette en trois termes dans l'Europe occidentale, où cet ensemble est caractérisé par ses couleurs vives, bariolées. Le second, plus complexe, dit *jurassique* en raison de son développement dans le Jura, comprend un grand nombre d'étages qui viennent se répartir dans trois divisions : l'une inférieure *liasique*, subdivisée en *infra-lias* et *lias* proprement dits ; l'autre moyenne comprenant les deux étages *bajocien* et *bathonien* où se développent surtout les formations oolithiques ; enfin celle supérieure est constituée par tous les étages qui se développent au-dessus de l'oolithe bathonienne jusqu'aux formations lacustres du *Purbeck*. Dans le troisième et dernier groupe, qui comprend l'ensemble des terrains *crétacés*, il convient de distinguer en dehors des étages crayeux qui viennent se ranger dans le crétacé supérieur une division inférieure *infra-crétacée*, comprenant avec le grand étage *néocomien*, l'*aptien*, puis le *gault* ou *albien*.

ÉPOQUE TRIASIQUE

Caractères généraux et distribution des terrains triasiques. — Le trias, placé au début de la période secondaire, se trouve encadré entre deux grandes lignes de dislocation bien marquées. La distribution des dépôts de cet âge est en effet aussi différente de ceux du permien sous-jacent qu'elle l'est des terrains jurassiques qui suivent.

Au début ces modifications dans la répartition des mers sont surtout très accentuées dans le nord et l'ouest de l'Europe ; dans le sud-est elles sont moins importantes, mais cependant encore bien accusées. Une mer largement ouverte occupe sans doute encore, comme à l'époque permo-carbonifère, de vastes espaces dans la région des Alpes, mais elle est reportée plus au sud et vient aussi s'étendre, plus loin que la précédente, en Asie, après avoir longé le Caucase et couvert toute la dépression aralo-caspienne.

Dans la région des Alpes des conditions tout à fait nouvelles se traduisent par ce fait que les parties centrales émergées délimitent deux bassins de sédimentation assez distincts pour qu'il n'y ait pour ainsi dire aucun genre ni aucune espèce qui soit commune à chacun d'eux.

Dans le nord et l'ouest cette mer, au lieu de s'étendre aussi largement que dans les régions méridionales, se prolongeait sous la forme de golfes plus ou moins vastes en laissant, dans l'intervalle, de grandes îles telles que la Bohême, le Hartz, l'Ardenne, le plateau du Brabant, le Morvan alors détaché du Plateau Central qui lui-même en partie émergé devenait un vaste promontoire situé en avant d'un continent atlantique dont feraient partie la Bretagne, les Cornouailles et le pays de Galles en Angleterre, puis l'Irlande. Dans la Russie les surfaces marines étaient aussi bien limitées ; un bras de mer dont le point de départ et l'orientation étaient les mêmes que pour le précédent, longeant le pied de l'Oural, alors émergé, avait pour bordure occidentale un vaste continent occupant avec l'emplacement actuel des plaines basses du nord de la Russie, la Finlande et la Scandinavie.

Tandis que dans la mer largement ouverte des régions méridionales et orientales de l'Europe où le dépôt des calcaires a pu se faire d'une façon pour ainsi dire ininterrompue, la grande famille des ammonitidés a pu se développer largement et régner pour ainsi dire sans partage, dans ces golfes, bras de mer et détroits, qui laissaient entre eux dans le nord et l'ouest de l'Europe, de grands espaces émergés. Des conditions tout autres ont déterminé des variations bien grandes dans la nature des sédiments. Leur épaisseur est moindre et les calcaires, par places, peuvent faire complètement défaut. Au début, des courants rapides sont venus étaler sur le fond de grandes couches de galets et de sables maintenant consolidés sous la forme de *grès bigarrés* où on ne rencontre, avec des traces de Labyrinthodontes, que des empreintes végétales ; puis ces courants diminuant d'intensité les calcaires marneux très fossilifères bien connus sous le nom de *muschelkalk* ont pu se déposer. C'est dans cette assise que se trouve alors condensée la faune marine de ces régions et le point de départ des *Ceratites* qui sert à la caractériser doit être cherché dans la grande mer du sud-est. Un régime lagunaire bientôt suivi d'une phase d'assèchement est ensuite attesté par la présence sur ces calcaires des marnes bariolées, gypsifères et salifères du Keuper.

Telle est la composition du Trias normal classique de l'Europe occidentale, tel qu'il se présente dans la Souabe, la Franconie, les Vosges, et qui comprend ainsi un étage marin (*Muschelkalk*) encadré dans deux formations, l'une littorale (*Grès bigarrés*), l'autre lagunaire (*marnes keupériennes*). Or, de ces trois termes, le plus étendu c'est le dernier et le moins constant, c'est le muschelkalk. Sur le bord des rivages septentrionaux en effet, soit dans la direction de l'Ardenne, soit en Angleterre, on peut constater son absence et la superposition par suite de marnes gypsifères et salifères sur des dépôts gréseux sans qu'on puisse concevoir de lacune entre les deux. Ces faits bien expressifs montrent combien deviennent atténuées les couches à fossiles marins dans le trias de l'Europe orientale puisqu'elles n'ont pas pu dépasser l'Ardenne.

Dès lors, il y a lieu de distinguer dans le trias européen, en dehors du type classique à trois termes tel que nous venons de le définir, deux autres facies : l'un *continental* caractérisé par l'absence de couches à fossiles marins; l'autre *pélagique* ou de haute mer, spécial aux régions méridionales et orientales de l'Europe, caractérisé par la prédominance, au milieu de grandes assises calcaires, des céphalopodes de la famille des ammonitidées, et dont il nous faudra venir chercher le type dans les Alpes tyroliennes et autrichiennes.

Caractères paléontologiques généraux. — Ces grandes modifications dans la répartition des mers ont amené nécessairement des changements considérables dans la faune marine; certaines espèces pour s'adapter à ces nouvelles conditions de milieu se sont modifiées; d'autres ont disparu; un grand nombre aussi ont évolué rapidement; telles sont les ammonitidées qui dans les formations marines du trias alpin présentent une variété de formes inattendues. On y constate, avec des genres qui conservent encore les cloisons simples des Goniatites (*Choristoceras*), le plein développement des *Ceratitidées* où la ligne suturale des cloisons présente déjà dans le fond des lobes de fines denticulations, enfin une grande variété d'Ammonites proprement dites parmi lesquelles il en est telles que les Arcestes (fig. 285), qui présentent la différenciation la plus fine et la plus complète dans cette ligne suturale qu'on ait jamais observée; et ce sont précisément ces *Arcestidæ* à ligne suturale si compliquée qui dominent dans la faune triasique. De plus, un certain nombre de formes telles que les *Tirolites* du trias inférieur dont les lobes

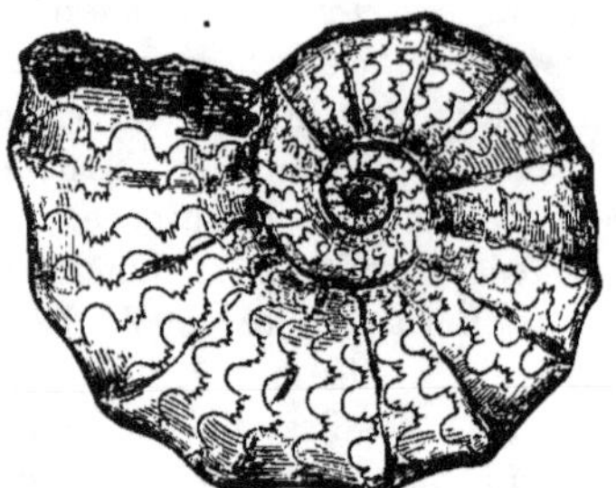

Fig. 281. — *Ceratites nodosus* du Muschelkalk montrant les lobes finement découpés.

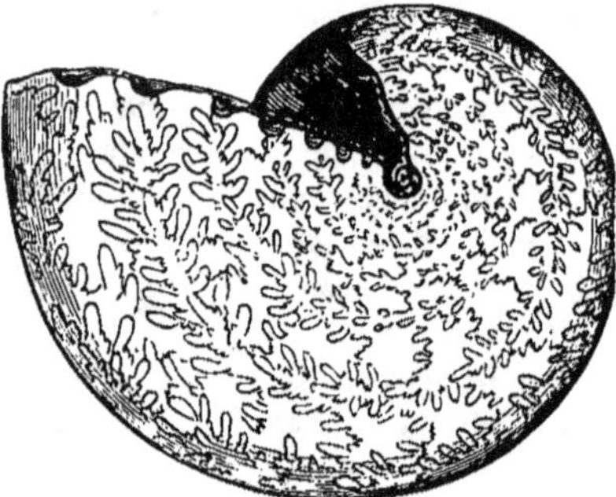

Fig. 282. — Ammonites du trias, montrant les lobes et les selles finement découpés.

sont à peine dentés, établissent tous les passages entre ces différents types en montrant combien est grande l'homogénéité de cette famille de céphalopodes qui partant d'un type simple réalisé par les goniatites paléozoïques arrivent, par une suite de transitions ménagées, à la forme si compliquée des ammonites.

Dans ces mêmes calcaires alpins on peut encore rencontrer côte à côte avec les ammonites, des orthocères; mais ce sont là les derniers représentants d'une grande famille qui, parvenue à l'apogée de son développement dès la fin du Silurien, n'a fait que décroître depuis; seul persistera désormais le Nautile, qui devient à son tour dans nos mers actuelles l'unique représentant de cette classe [1].

1. Les *Ammonées* constituent parmi les Céphalopodes un ordre à part, aujourd'hui complètement disparu; ces animaux vivaient à la surface des eaux dans une coquille flottante, enroulée et cloisonnée comme celle des Nautiles, mais présentant de plus grandes complications; elle était plus ornée, couverte de côtes plus ou moins flexueuses, lisses ou garnies de tubercules; de plus, le siphon, au lieu d'occuper une position centrale dans la loge d'habitat, comme chez le nautile, est rejeté sur le côté externe

Parmi les autres Mollusques, on peut noter des changements presque comparables chez les Lamellibranches. La plupart des

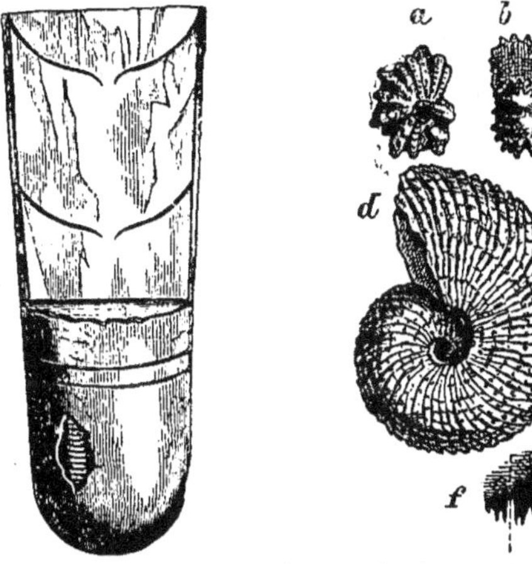

Fig. 283. — Orthoceras Dubium.   Fig. 284. — Trachyceras Aon.

Fig. 285. — Arcestes du Trias supérieur des Alpes. — A, coquille vue de face; . B, ligne suturale.

genres si répandus dans les formations plus anciennes ont disparu et sont remplacés par de nouveaux types qui se dévelop-

(région ventrale); il se traduit souvent à l'extérieur sous la forme d'une quille ou d'une saillie arrondie. La place des cloisons est indiquée sur le moule interne de ces coquilles, seule partie de ces animaux qui soit préservée à l'état fossile, par une *ligne suturale* dont il importe de bien connaître la forme, car elle répond à une complication plus ou moins grande de la cloison et, par suite, à un caractère qui permet d'établir de nombreux groupes dans cette grande famille des Ammonées.

Cette ligne suturale chez les Ammonées, au lieu d'être simple, comme

peront surtout dans les terrains jurassiques et crétacés. De ce nombre sont les *Myophories* qui peuvent être considérées comme une forme ancestrale des trigonies si rares aujourd'hui dans nos mers; ensuite l'extension prise par certaines *Aviculidæ*, telles que les *Daonelles* et les *Halobies*, qui se montrent rassemblées en nombre considérable dans les schistes du trias alpin; puis l'abondance des Peignes et des Limes, celle aussi des huîtres à

chez les Nautiles, montre une série de dépressions à concavité dirigée vers l'ouverture de la coquille appelées *lobes*, intercalées entre des saillies à convexité dirigée dans le même sens, et nommées *selles* (comme si le céphalopode était à cheval sur la selle). Les lobes et les selles sont simples,

Fig. 286. — Ligne suturale du *Ceratites nodosus*. La pointe de la flèche indique la direction de l'ouverture.

c'est-à-dire sans découpures, chez les Goniates, qui constituent une première famille chez les Ammonées. Les lobes seuls commencent à présenter de fines denticulations chez les *Ceratites*; enfin chez les Ammonites, ces

Fig. 287. — Ligne suturale chez les Ammonites montrant les selles et les lobes finement découpés.

selles sont à leur tour découpées et l'ensemble de la ligne suturale peut devenir assez compliqué pour que les selles prennent l'aspect dentelé d'une feuille de fougère (fig. 282). Tous ces caractères apparaissent bien sur le côté convexe et le plat des moules internes des coquilles de ces Céphalopodes, qui ont pullulé dans les océans secondaires. Ils sont des plus importants à connaître puisqu'ils servent de base à la classification maintenant de cette grande famille des Ammonitidés.

coquilles couvertes de gros plis qui annoncent l'apparition des monomyaires deviennent tout autant de faits intéressants à noter.

Nombreuses sont ensuite les familles éteintes chez les brachiopodes, qui perdent en particulier les *Productus* et tous les inarticulés primaires sauf la Lingule. Mais ici les progrès sont loin de compenser les pertes, tous les genres pourvus d'un appareil brachial spiralé qui étaient si largement représentés au dévonien et au carbonifère sont sensiblement réduits ; les plus fréquents de ce type sont des *Spiriferina* et les formes dominantes sont des terebratulidées, dont une, *Cœnothyris*, reste limitée au trias.

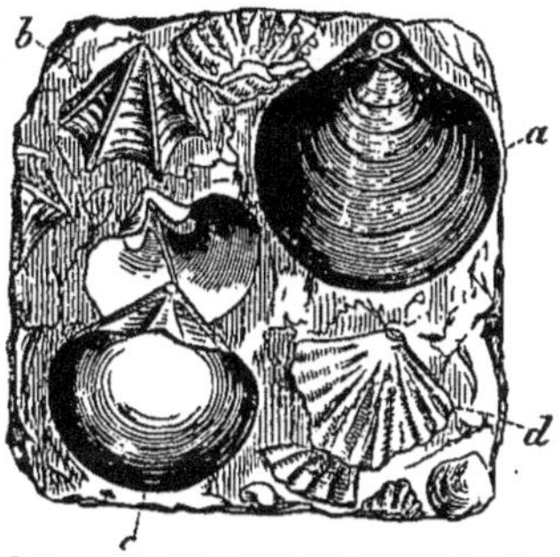

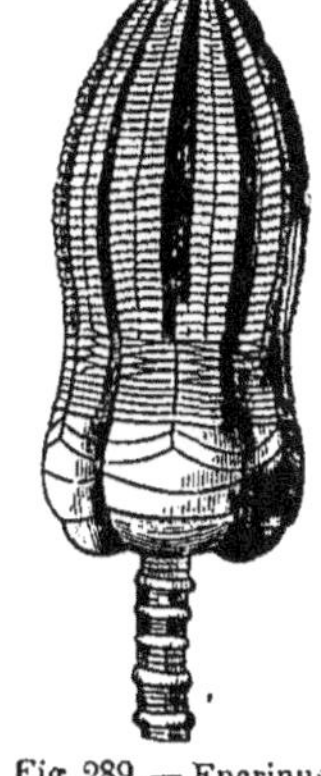

Fig. 288.—Brachiopodes du muschelkalk; *a*, Cœnothyris vulgaris ; *c*, Spiriferina; *b*, Retzia trigonella.

Dans les formations coralligènes, qui prennent une grande importance dans les Alpes tyroliennes, les stromatopores ne se représentent plus et les polypiers, très différents de ceux qui avaient pris une si large part dans la formation des calcaires dévoniens et carbonifères, sont cette fois des thamnastrées et des astréens très voisins de ceux des terrains secondaires, si bien qu'entre ces récifs triasiques et ceux que nous verrons plus tard si développés dans le jurassique supérieur, les analogies sont bien grandes ; en même temps on voit apparaître pour la première fois des algues calcaires, c'est-à-dire des organismes qu'on sait être largement développés sur le bord des récifs actuels. Ces algues sont représentées par des Gyroporelles bien voisines des Dactylopora tertiaires.

Malgré la pauvreté relative de la faune triasique en échinides, on peut cependant constater que les types anciens disparus sont remplacés par des oursins normaux qui, sans exceptions, appartien-

Fig. 289. — Encrinus liliiformis du muschelkalk.

nent à la famille des Cidaris, c'est-à-dire des oursins réguliers. De même parmi les Crinoïdes, on constate non seulement l'apparition, mais l'extrême abondance de vrais encrines, c'est-à-dire des articulés à longue tige qui, dressés sur une base calcaire épaissie, constituaient, sur des fonds apropriés, de véritables forêts vivantes sous-marines. Tel est le rôle pris, aussi bien cette fois dans les mers du sud-est que dans celles de l'Europe occidentale, par l'*Encrinus liliiformis*, qui tantôt se rencontre en grand nombre dans les couches du muschelkalk dans un état de conservation parfaite, tantôt y fournit avec ses articles dissociés de véritables calcaires à entroques (*Trochitenkalk*).

Faune et flore terrestres. — Les plages triasiques étaient fréquentées par de nombreux reptiles représentés surtout par des labyrinthodontes du genre *Cheirotherium* qui ont laissé des empreintes de pas multiples. En Amérique, dans le Connecticut, ces traces, répandues par milliers sur les dalles des grès bigarrés, annoncent que ces grands batraciens devaient se réunir par troupes nombreuses. Dans nos régions, en pleine Lorraine et surtout dans l'Hérault, près de Lodève, ces empreintes, également nombreuses, et d'une remarquable

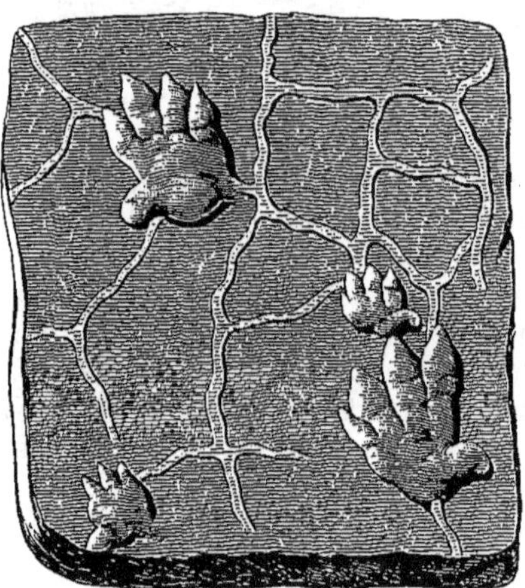

Fig. 290. — Traces de pas du *Cheirotherium* sur le grès bigarré.

netteté laissent voir, dans le dessous de ces pattes à cinq doigts, des traces bien nettes de papilles dures analogues à celles que présentent les lézards. Leur taille atteignait plusieurs mètres de long; leurs membres étaient courts, mais robustes, et la disproportion relative entre leurs pattes de derrière si puissantes et celles plus grêles du devant indique un reptile sauteur à la ma-

nière des batraciens actuels. C'est au Trias que ces Labyrinthodontes apparus dès le Car-
bonifère atteignent leur
principal développement;
leur squelette interne étant
plus achevé, ils perdent le
plastron d'écaille que présentaient tous les reptiles
primaires du même type;
en même temps pour la
première fois apparaît dans
leurs dents cette structure
compliquée labyrinthifor-
me qui leur a valu leur
nom. Ils atteignent ensuite
leur plus grande taille avec

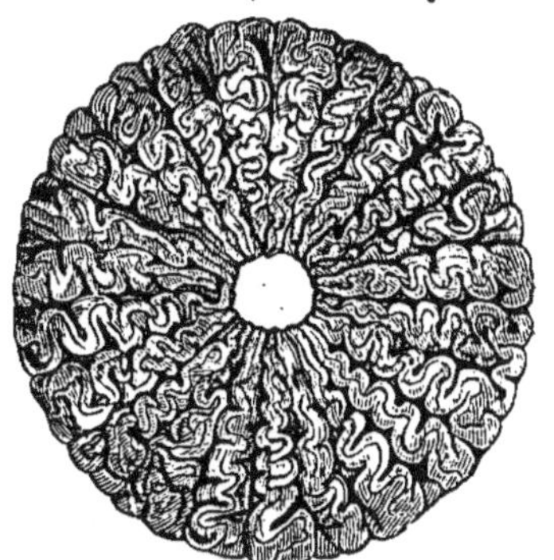

Fig. 291. — Section au travers d'une dent de labyrinthodonte montrant sa structure ca-ractéristique.

le *Mastodonsaurus* des grès
keupériens du Wurtem-
berg, puis disparaissent
complètement avec le
trias. Mais les reptiles ne
sont pas limités à ces labyrinthodontes , dans le
trias de l'Afrique australe,
on peut constater la pré-
sence de formes étranges
réalisées dans les tortues
bidentées du Cap (Dicyno-
dontes) et surtout dans les
thériodontes chez lesquels
la présence de *canines*, la
disposition des humérus
rappelant celle des chats,
enfin celle d'une ouverture
nasale unique portée en
avant, sont tout autant de
faits qui semblent qu'on

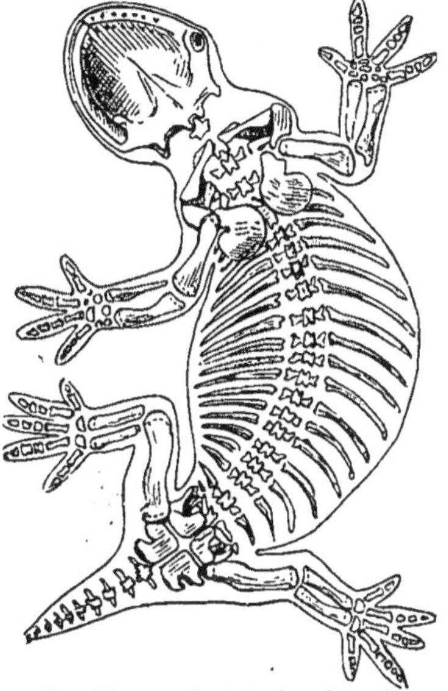

Fig. 292. — Labyrinthodon des grès bigarrés triasiques.

puisse voir dans ces reptiles étranges un terme de passage avec les mammifères; les auteurs qui ont exprimé cette opinion se basent encore sur ce nouveau fait que les premiers mammifères connus, et ceux-là appartiennent également au trias, ont des affinités reptiliennes bien prononcées. C'est dans la Caroline du Sud, en Amérique, qu'on peut rencontrer en grand nombre ces mammifères triasiques qui sont des marsupiaux, les uns d'assez grande taille et spéciaux, les autres, tels que le *Tritycodon*, dont la distribution géographique est plus étendue; ce dernier a été en effet récemment découvert dans le trias du Wurtemberg.

Fig. 293. — Voltzia heterophylla (Conifère du grès bigarré).

Quant à la flore, elle aussi devient bien différente de celle du Permien; ce sont encore sans doute des conifères, des équi-

sétacées, et des fougères qui la composent ; mais les Calamites
sont remplacés par de véritables *Equisetums*, les Walchia par des
Voltzia, c'est-à-dire par des conifères analogues cette fois aux
Cyprès ; enfin les principales fougères, *Anomopteris, Tæniopte-
ris*, etc., appartiennent toutes à des genres qui n'ont plus avec
ceux du carbonifère que des analogies très éloignées.

**Faciès occidental : Types franconien et vosgien du
Trias.** — Dans toute l'Europe occidentale le Trias inférieur
reste presque tout entier gréseux ; la roche dominante est un
grès fin marqué de colorations vives très diverses, où domine
le jaune, le rouge ou le violet, et qui se dispose tantôt en
bancs compacts bien réguliers séparés ou non par de minces
lits d'argiles rougeâtre, tantôt fissiles et micacés. Quand cette
condition se réalise, ces grès psammitiques deviennent le
gisement principal des plantes caractéristiques de l'étage,
Voltzia heterophylla, Anomopteris variés, *Equisetum columnare*.
Dans les régions typiques de la Franconie et de la Souabe
les éléments de ces *grès bigarrés* sont de petits cristaux de
quartz à peine roulés d'où le nom de grès cristallisé qui leur
est souvent appliqué ; en même temps apparaissent des couches bien réglées d'argiles blanches réfractaires suffisamment
épaisses pour être exploitées, ou d'autrefois des schistes remplis de carapaces de petits crustacés appartenant à ces ento-
mostracés (Estheria) qui ne se tiennent que dans les eaux saumâtres ou marécageuses. Nombreuses sont aussi les pistes
de labyrinthodontes avec, par places, des pièces osseuses de
Mastodonsaurus. Tout cet ensemble épais de 400 à 500 mètres
supporte le Muschelkalk, et cette substitution aux formations
littorales du début du régime de mer plus tranquille qui a
donné naissance à ce calcaire coquillier ne s'est pas faite subitement. Au sommet des grès bigarrés on observe un terme
de passage représenté par des marnes gréseuses, riches en
coquilles marines, dans lesquelles on peut voir débuter la faune
de mollusques du muschelkalk. Mais il est juste aussi d'ajouter
qu'à mesure qu'on remonte vers le nord on voit ces couches
supérieures perdre leurs fossiles marins et devenir des argiles
bariolées, rouges et vertes, où se présentent en amas lenticulaires du gypse, du sel gemme et de la dolomie, c'est-à-dire

trois éléments éminemment caractéristiques des dépôts de lagunes triasiques. Ainsi s'affirme déjà au sommet des grès bigarrés ce fait qu'à plusieurs reprises dans la mer, peu profonde et très divisée de l'Europe occidentale, des bassins localisés dans des synclinaux secondaires et de vastes espaces lagunaires ont pu, en s'isolant du domaine maritime, parvenir à un état d'évaporation plus ou moins complet.

C'est de la sorte qu'on peut voir dans la Thuringe, le Wurtemberg et la région du Neckar, les formations marines du muschelkalk interrompues, en leur milieu, par d'importants gites de sel où le sulfate de chaux, très abondant, se présente surtout déshydraté (anhydrite), tandis que des dolomies caverneuses, qui forment la masse principale du dépôt, ne contiennent que des dents de sauriens (Erfut). Dans la Franconie, ces mêmes dépôts gypsifères, ne contenant plus de sel, annoncent qu'en ce point l'évaporation du bassin s'est arrêtée après le dépôt du gypse.

Quant aux formations marines du muschelkalk encaissantes elles restent essentiellement constituées par des alternances, maintes fois répétées, de marnes grises et de calcaires marneux. Au début, ces calcaires marqués de surfaces ondulées (*Wellenkalk*) renferment, avec quelques-uns des brachiopodes, des encrines et des mollusques qui vont prédominer dans le muschelkalk proprement dit, beaucoup de Myophories ; certaines espèces spéciales telles que *Linia lineata, Myophoria orbicularis*, servent ensuite à caractériser ce premier niveau. C'est seulement au sommet de l'étage qu'apparaissent, quand on a dépassé le groupe intermédiaire de l'anhydrite, les véritables calcaires coquilliers disposés en bancs épais, bien réguliers ; alors se présente dans son plein développement la faune du muschelkalk. Dès la base les fragments spathisés des tiges d'encrines (*E. Liliiformis*) fournissent des calcaires à entroques (*Trochitenkalk*). Ensuite apparaissent, en grand nombre, avec les Cératites venus du sud-est (*C. nodusus, C. semipartitus*), de nombreuses bivalves, *Lima striata, Gervilia socialis, Myophoria vulgaris, M. pes anscris, Mytilus vetustus, Pecten lœvigatus* ; quelques gastropodes, *Natica gregaria, Pleurotomaria*, des brachiopodes peu variés, *Terebratula (Cœnothyris) vulgaris,*

Lingula tenuissima, soit une faune qui dénote toujours des eaux peu profondes.

La fréquence des lumachelles constituées par l'agglomération, dans une seule couche, de l'une ou l'autre de ces bivalves essentiellement cotières (*Limes, Mytilus, Gervilies*) qui vivent fixées sur les fonds rocheux, par un fort byssus, fournissent encore une preuve des plus évidentes que les conditions littorales ont encore prévalu pendant le dépôt de ces calcaires coquilliers. C'est du reste à ce niveau qu'on peut déjà rencontrer les dents des dipnoés (*Ceratodus*) amenés par les rivières, avec des crustacés armés de fortes pinces (*Pemphix*) dont les seuls représentants actuels se tiennent sur la côte de Sumatra, dans des eaux saumâtres.

Au muschelkalk succède l'étage du keuper où le facies lagunaire est réalisé dans son plein. A cette date les communications avec la grande dépression du sud-est deviennent difficiles, et tandis que dans la région des Alpes les formations marines règnent sans partage, dans l'ouest les espaces où venaient de se déposer les calcaires à cératites se montrent couverts de

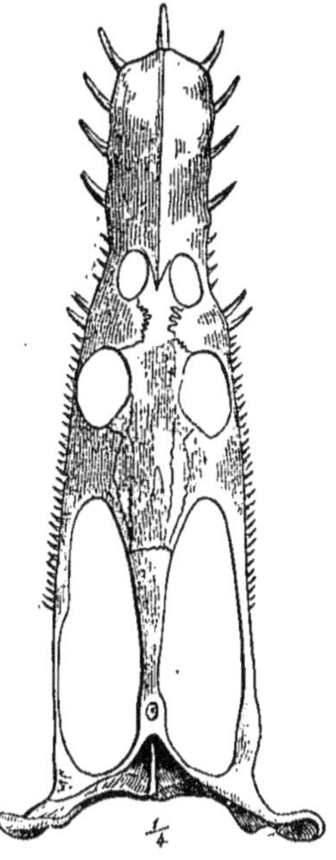
Fig. 294. — *Nothosaurus* du Muschelkalk.

vastes surfaces faiblement déprimées occupées par des eaux saumâtres situées à un niveau assez bas pour que de temps à autre la mer puisse y avoir accès.

Dans la Souabe et la Franconie on remarque au début, directement appliquée sur le muschelkalk, une formation lignitifère représentée par des lits de charbon schisteux dit *Letten Kohle*, intercalés dans des argiles et des schistes marneux riches en plantes terrestres, notamment en conifères (*Araucaroxylum, Voltzia*) et en cycadées (*Plerophyllum longifolium*); en même temps les reptiles et les poissons devenus abondants, fournis-

sent à plusieurs reprises des brèches à ossements (bone-beb)
où l'on peut recueillir, en grand nombre, des dents de *Ceratodus* et des restes de *Mastodonsaurus*. Un retour momentané
de la mer est ensuite bien indiqué par des calcaires dolomitiques (*Dolomie-limite*) qui ramènent avec eux la faune du muschelkalk et viennent séparer ces schistes charbonneux *Kohlen-
Keuper*, d'une série, cette fois puissante (100 à 300 m.) et très
étendue, de marnes bariolées qui, devenant gypsifères, annoncent, comme d'habitude, une phase d'évaporation partielle
de ces bassins. Avec ces marnes gypsifères l'histoire marine
du trias en Allemagne peut être considérée comme terminée.
Quand des courants faibles ramènent en effet dans ces bassins
des grès, ils ne contiennent plus que des plantes terrestres
et deviennent le principal gisement des équisetacées triasiques
(*E. arenaceum*; *E. columnare*). Tels sont dans le Wurtemberg
ces *grès à roseaux* si largement exploités, au sommet du trias,
pour les constructions. Ces grès keupériens, avec la même
richesse en plantes, peuvent se poursuivre par l'Odenwald jusque dans la Forêt-Noire, mais vers le nord ils disparaissent,
et de même que nous avions vu, dans cette direction, les grès
bigarrés perdre leur caractère détritique pour devenir argileux et gypsifères, de même, quand on a dépassé la Thuringe,
les seuls éléments qui persistent sont des marnes irisées avec
gypse, parfois même gypsifères et le keuper, en dépassant
les limites atteintes par le muschelkalk, devient presque tout
entier constitué par ces dépôts d'ordre chimique qui résultent
de l'évaporation d'eaux marines.

Malgré sa proximité, le trias dans les *Vosges*, largement
représenté, offre déjà, dans sa composition, des différences
assez notables. Au début, par exemple, cette région s'est
montrée traversée par des courants rapides qui sont venus
étaler à la surface des couches, très continues, de galets
quartzeux maintenant consolidées en poudingues rouges très
résistants (grès des Vosges) et d'épaisseur variable, comme
tous les dépôts littoraux de cette nature. C'est par centaines
de mètres que se chiffre leur épaisseur, dans le nord de la
chaîne, quand les montagnes, cessant d'être granitiques,
s'abaissent pour devenir uniquement gréseuses; alors des

Galets de quartz à peine roulés peuvent peser jusqu'à vingt kilos,
tandis qu'à l'extrémité méridionale de la chaîne ils se réduisent à un mince cordon de galets. A ces poudingues, dont
les bancs résistants, disséminés à de grandes hauteurs jusqu'au plein cœur du massif, demeurent en saillie sous la
forme de gigantesques corniches d'un aspect ruiniforme achevé,
succèdent, par une suite de transitions ménagées, les couches

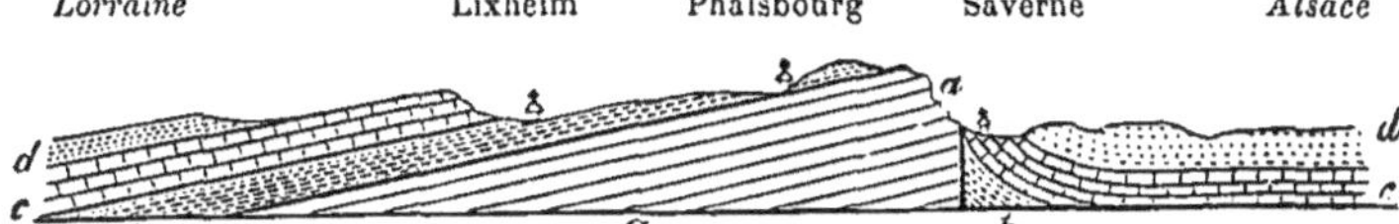

Fig. 295. — Coupe du trias d'Alsace-Lorraine : *a, étage vosgien,* poudingue
vosgien; *b,* grès bigarré; *c, étage franconien,* calcaire coquillier; *d, étage
tyrolien,* marnes irisées (d'après Elie de Beaumont). (Cette coupe montre,
près de Saverne, la grande faille limitative qui, sur le versant rhénan, abaisse
brusquement le Trias au niveau des vastes et fertiles plaines de l'Alsace.)

encore épaisses, très continues des *grès bigarrés* qui, à leur
tour, en s'étalant largement de part et d'autre du massif des
ballons sur les chaînes secondaires, communiquent à ces montagnes boisées si pittoresques, leurs formes carrées aplaties
si caractéristiques. Dans ces grès qui fournissent, en Alsace
et sur les bords du Rhin, toutes ces pierres rouges faciles à
tailler, si employées dans la construction des édifices, les
nombreuses exploitations qui les entament, permettent de
constater que, dans les parties basses, la transition de ces
couches, bien réglées, avec les poudingues inférieurs à gros
galets se fait par des grès grossiers à stratification inclinée
rappelant la structure des dépôts torrentiels. En même temps
sur les dalles où se tiennent les pistes des labyrinthodontes
des empreintes de gouttes de pluie attestent que les plages
basses où se sont déposés ces sables ont été parfois momentanément à sec, puis quand on a dépassé les niveaux à Voltzia,
très riches en empreintes végétales, on voit ces grès perdre
avec leurs éléments micacés leurs colorations vives, devenir
ocreux et renfermer des coquilles marines. C'est la faune du
muschelkalk inférieur, exactement celle de ces calcaires à

22.

surfaces ondulées (Wellenkalk) que nous avons vus en Allémagne former la base des formations marines du trias moyen, qui apparaît ainsi au milieu de ces grès.

C'est seulement au niveau des Cératites et par suite plus tardivement, qu'apparaissent, dans les Vosges, les calcaires coquilliers avec tous leurs caractères habituels, mais sans l'interposition de couches gypsifères et salifères comme en Allemagne; ici la mer à l'époque du trias a simplement changé de régime sans que sa profondeur se soit modifiée; aux grés inférieurs à *Lima lineata* succèdent, en effet, directement les calcaires marneux gris de fumée à Cératites, dont les affleurements très étendus et situés cette fois en contre-bas de la chaîne, engendrent dans la Lorraine une zone de grandes plaines, doucement ondulées, sans arbres, couvertes de terres labourées.

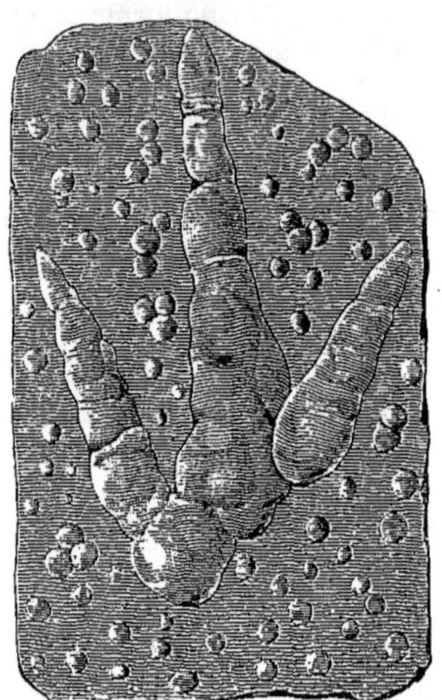

Fig. 296. — Traces de pas d'un reptile bipède (*Brontozoum*), avec empreintes de gouttes de pluie sur une plaque de grès bigarré.

Les assises supérieures, devenues marneuses et déjà nuancées de vert et de rouge, passent insensiblement aux marnes bariolées keupériennes qui, incapables elles-mêmes de fournir un relief accusé, deviennent à leur tour en avant des précédentes une seconde bande plus étendue de plaines monotones et tristes, où le sol argileux rougi, imperméable, vient se partager entre des prairies et des étangs. La fréquence à l'extrémité de cette dernière zone triasique, quand on s'approche de Nancy ou mieux encore de Dieuze dans le voisinage du pays Messin, d'usines pressées autour de bassins de concentration d'où s'exhale une vapeur blanche, celle aussi sur les canaux et rivières de bateaux chargés de sel, révèle que le chlorure de sodium est, dans toute cette étendue, l'objet d'une active exploitation souterraine; en effet, en Lorraine c'est dans les marnes keupériennes seules qu'on peut venir chercher les gîtes salifères. A Dieuze, où se tiennent les principales exploitations, de puissants amas lenticulaires de sel gemme, au nombre de 13, sont tous précédés, au milieu de ces marnes, par des bancs de gypse eux-mêmes fort épais; et ce n'est que tardivement que les lagunes triasiques ont éprouvé, dans cette région, ces phases successives d'évaporation. En effet, cette puissante série salifère et gypsifère ne se présente que dans les parties élevées des marnes irisées, qui se terminent ensuite par une véritable formation de marais représentée par des argiles schisteuses remplies d'équisétacées et renferment des couches de charbon très pyriteux, exploitées aussi bien en Lorraine (Norroy) que dans la Haute-Saône (Courcelles et Gouhenans); toutes les fois qu'on atteint en effet, dans le trias du facies occidental, des dépôts qu'on peut qualifier de continentaux, on les remarque toujours plus étendus que les formations marines. Au début le keuper de la Lorraine comprend une assise de marnes sableuses également charbonneuses par places, riches en empreintes végétales, dépourvues de gypse et de sel, qui tient la place du Kohlenkeuper du Wurtemberg et renferme, de même, dans une couche de calcaire dolomitique quelques espèces marines du muschelkalk.

Pour retrouver des conditions encore plus voisines du trias franconien, c'est-à-dire des assises keupériennes dépourvues de sel gemme et les gisements salifères concentrés au milieu du muschelkalk, il suffit de se diriger vers le nord dans la Moselle; puis finalement quand on atteint dans le Luxembourg une région où le trias s'enfonce dans un golfe profondément encaissé entre l'Ardenne et le Hunsrück (golfe de Trèves), on voit les calcaires marins s'amincir progressivement, perdre leurs fossiles, puis disparaître dès qu'on atteint la frontière belge, où leur place est tenue par des grès rouges et jaunes chargés de galets, qui prennent, avec l'aspect, tous les caractères des grès bigarrés. Or c'est cette remarquable persistance des formations arénacées dans toute l'étendue de l'étage moyen qui devient la règle du trias dans les régions septentrionales de l'Europe.

Au delà d'une ligne qui, partant de l'Ardenne, atteint la bordure nord-est du Plateau Central au point même où vient aboutir la grande ligne des bassins houillers de Blanzy et du Creuzot, l'absence de calcaires à faune marine dans le nord-ouest du bassin de Paris aussi bien qu'en Angleterre devient si complète que, dans toute cette étendue, on peut constater que le Trias ne se compose plus que de deux termes, l'un représentant une puissante formation littorale et arénacée où dominent, avec des restes de sauriens, des plantes terrestres, l'autre marneux gypsifère et salifère conservant les caractères habituels du keuper.

Pour expliquer cette remarquable disposition, il est vraisemblable d'admettre que sur la lisière orientale du Plateau Central, en regard des affleurements permo-carbonifères précédemment indiqués, une ligne de hauts-fonds placés en travers du bras de mer qui mettait en communication le bassin de Paris avec la grande dépression du sud-est, a tracé une limite que n'a pu franchir le dépôt des calcaires. Quand on suit en effet les affleurements du trias, qui nombreux se présentent sur la bordure orientale du Plateau Central, on voit que cette ligne sépare nettement deux bandes triasiques distinctes, l'une septentrionale dont fait partie le Morvan où on peut constater la superposition de marnes irisées gypsifères sur une puissante formation d'arkoses, résultant du démantèlement sur place des gneiss et granites du Plateau, l'autre qui, en se développant dans le sud, conserve partout les caractères du type franconien et lorrain tel que nous l'avons défini, avec cette seule différence que toutes les roches détritiques conservent toujours, aussi bien dans l'étage inférieur que dans le keuper où elles se représentent volontiers, un caractère arkosique bien prononcé. C'est ainsi que dès le Mâconnais on peut constater que des calcaires dolomitiques avec les myophories et les bivalves du muschelkalk se montrent compris entre deux puissantes formations d'arkoses, l'une inférieure renfermant les *Voltzia* et empreintes de pas de labyrinthodontes des grès bigarrés, l'autre au sommet, plus puissante, largement exploitée pour pavés, et qui sert alors de support aux marnes gypsifères habituelles. A mesure qu'on descend vers le sud ces affleurements triasiques, d'abord discontinus, deviennent plus étendus; les calcaires marins prennent de plus en plus d'importance notamment dans l'Aveyron, puis finalement quand, abandonnant la région du Plateau Central, on se dirige vers le littoral de la Provence, on peut constater qu'à l'extrémité sud-est de notre sol français le massif ancien des Maures et de l'Estérel, sert d'appui à une grande bande triasique où se reproduit, trait pour trait, le facies que nous avons vu spécialement développé dans les Vosges; des poudingues rouges à galets quartzeux servent de base aux grès bigarrés à Voltzia, muschelkalk très fossilifère qui reste dans toute son étendue franchement marin, enfin le Keuper se présente bariolé marneux et gypsifère.

La seule particularité à noter, c'est que quand on atteint ces bandes méridionales sur notre sol français, le gypse reste toujours sans doute disposé en amas puissants dans les marnes irisées keupériennes, mais le sel y fait défaut et que les dolomies prennent beaucoup d'importance. On sent déjà que ces assises ont une tendance bien marquée à rester plus marines que dans le nord.

En suivant ensuite le bord extérieur des Alpes, pour regagner les Vosges en passant par le Jura, on peut constater encore dans la composition des affleurements du trias qui prennent encore beaucoup d'importance dans cette direction plusieurs faits intéressants; par exemple si, jusque dans les Basses-Alpes, on peut voir se poursuivre encore le type franconien bien représenté, par contre dès qu'on atteint plus au nord les grands massifs des Alpes savoisiennes et de la Tarentaise on peut constater que, de part et d'autre du Mont-Blanc, deux larges bandes triasiques reproduisent, sur des épaisseurs énormes, ce facies bien particulier que nous avons vu s'introduire dans le nord-est du Plateau Central quand disparaissent les calcaires. Ici nécessairement par suite des dislocations subies, tous les dépôts de cet âge, fortement redressés, deviennent franchement métamorphiques; les grès de la base deviennent durs, quartziteux, tout en conservant leurs colorations vives habituelles, et c'est sur de pareils grès, dont les épaisseurs sur le versant occidental des massifs cristallins de l'Oisans sont considérables, que viennent se placer les grands amas de gypse et d'anhydrite de Moutiers, engagés cette fois dans des argiles devenues schisteuses, parfois même micacées.

Au delà le Trias reparaît ensuite avec son facies lorrain normal dans le Jura où des dislocations relativement récentes ont ramené au jour, sur le versant français, une large bande de marnes irisées qui donne maintenant naissance, sous la falaise jurassique bressane, à ce premier ressaut de la chaîne bien connu sous le nom de région du vignoble [1].

Ici l'importance des gîtes salifères keupériens, si largement exploités dans le Jura salinois, est d'autant plus à noter qu'on peut y rencontrer ces sulfates hydratés complexes de chaux, de magnésie et de potasse (polyhalite) ainsi que ces chlorures doubles de potassium et de magnésium (carnallite) dont l'importance industrielle est si grande et représentent un des derniers termes des dépôts qui résultent de l'évaporation des eaux marines.

Les affleurements de même nature qu'on peut rencontrer ensuite avec un muschelkalk fossilifère bien caractérisé et des grès bigarrés dans la montagne de la Serre relient facilement ce trias jurassien avec celui qui, dans les Vosges, correspond à une large ouverture permettant à la mer de se répandre largement en Allemagne dans les régions précédemment indiquées. A cette date en effet cette grande chaîne qui trace notre frontière dans l'est n'existait pas et les eaux marines, en circulant librement à sa surface alors en continuité absolue avec ce qui deviendra plus tard la Forêt Noire, ont pu conserver longtemps ces conditions littorales qui donnent, comme nous l'avons vu, au trias vosgien son caractère particulier.

Type continental du Trias; Ardennes; Angleterre. — A la même date l'Ardenne soudée au plateau du Brabant faisait partie d'une vaste contrée continentale accidentée qui se poursuivait en Angleterre jusque dans le bassin de Londres en passant par le Boulonnais. Aussi dans toute cette étendue c'est ce continent qui, dégradé par les agents extérieurs d'érosion, a fourni les éléments des conglomérats triasiques, et les marnes

---

1. Voyez sur la carte géologique annexée la coupe géologique du Jura qui montre la localisation du trias dans les parties plissées de la chaîne et ses principaux affleurements sur le versant français dans la région du vignoble.

bariolées privées de gypse qui les recouvre sont vraisemblablement d'origine lacustre. Actuellement ces dépôts démantelés
par les érosions ne subsistent que par lambeaux, soit dans le
nord de la France où ces conglomérats directement appliqués
sur le dévonien et formés de blocs ou de galets calcaires
empruntés aux roches sous-jacentes prennent tous les caractères
d'un talus d'éboulement, soit et surtout sur la bordure méridionale de l'Ardenne, dans la haute vallée de la Semoy et les
environs de Malmédy. Sur cette lisière de l'Ardenne qui dessi-
nait alors les rivages du golfe du Luxembourg, ces mêmes
poudingues mieux calibrés formés de roches ardennaises, accumulées en couches inclinées sur des épaisseurs de 100 à
150 mètres, prennent tous les caractères de dépôts torrentiels
amenés par un grand fleuve qui venait se déverser dans le
golfe profondément encaissé du Luxembourg.

Au même facies appartiennent en Angleterre la majeure
partie des affleurements triasiques qui, après s'être amorcés
dans le sud-ouest où ils font face aux affleurements de même
nature situés dans le Cotentin, s'étendent largement vers le
nord en venant se prolonger sous la forme d'un golfe étroit
jusqu'à l'extrémité septentrionale de l'Irlande. Les éléments de
ce trias sont encore des conglomérats, des grès, puis des
marnes où du haut en bas dominent les colorations rouges
(*New red sandstone*), sans la moindre interposition de calcaires
à faune marine, si bien que certains géologues anglais n'hési-
tent pas à rapporter cette puissante formation à une origine
lacustre, même glaciaire en certains points quand les conglomérats, comme dans le nord-ouest, atteignent 1500 mètres
d'épaisseur et comprennent des blocs anguleux pesant près
d'une tonne. Mais les marnes rouges renferment, sous la forme
de gypse et d'amas lenticulaires de sel gemme rougeâtre, qui
n'ont pas moins de 60 mètres d'épaisseur, des éléments qui
empêchent d'adopter une pareille interprétation. Elles représentent le dernier terme d'une formation marine très étendue,
pendant laquelle, au début, des eaux torrentielles issues d'un
continent situé au nord-ouest, sont venues déverser dans cette
mer peu profonde leur charge d'alluvions. On conçoit dès lors
aisément que tous ces matériaux, empruntés à la terre ferme,

une fois repris par les vagues et les courants marins, aient pu couvrir de vastes espaces, surtout au voisinage de leur point d'origine.

Sauf dans le centre, où ils apparaissent soudés aux grès permiens, partout ailleurs ces conglomérats avec les grès rouges s'étendent transgressivement sur les terrains plus anciens, en se montrant constitués par les diverses roches des terrains primaires de la région, et sans présenter traces de fossiles. Par contre les marnes rouges deviennent dans leurs parties sableuses très riches en empreintes de pas de labyrinthodontes, en débris de reptiles, et surtout en empreintes végétales; aux conifères et aux cycadées habituels s'ajoutent de nombreuses fougères; c'est là aussi qu'on peut rencontrer de véritables lacertiens, tels que le *Telerpeton Elginense.*

Dans le sud-ouest ces marnes dépassent franchement les limites atteintes par les grès rouges et se complètent par un conglomérat de galets de calcaire carbonifère, qui s'est rendu célèbre aux environs de Bristol pour le grand nombre d'ossements de dinosauriens et de dents de *Ceratodus* qu'il contient.

Principaux types du facies oriental. Trias alpin. — Dans la région des Alpes, c'est dans les grandes chaines orientales du Tyrol, de la Vénétie, du pays de Salzbourg et la Transylvanie qu'il faut venir chercher les formations franchement marines du trias. Deux faits saillants, distincts, sont de suite à noter quand on aborde l'étude de ce trias alpin: c'est d'abord qu'en raison des différences bien grandes qui se présentent dans sa composition et dans sa faune, l'assimilation de ses couches avec celles du type franconien ou vosgien devient bien difficile, et ces différences sont surtout bien accusées quand on atteint les puissantes assises de calcaires et dolomies si riches en céphalopodes qui, dans cette région des Alpes, se substituent aux marnes irisées gypsifères et salifères, c'est-à-dire à la forme classique du Keuper. Ensuite, que sur chacun des deux versants des Alpes orientales on peut voir s'établir, quand ces dépôts marins règnent ainsi dans leur plein, des différences dans la faune assez profondes pour qu'il y ait lieu de reconnaitre, de part et d'autre des massifs centraux, deux provinces zoologiques distinctes ayant chacune non seulement des espèces, mais des genres spéciaux. L'une propre au bord méridional concave des Alpes s'étend depuis le Tyrol méridional jusqu'aux Alpes de Transylvanie en passant par les Carpathes; l'autre, sur le revers opposé, après s'être amorcée dans les Alpes de Salzbourg, comprend toutes les chaînes qui se développent sur la bordure septentrionale en venant longer la Bohême. Cette dernière est de beaucoup celle où cette évolution des ammonitidés, qui donne au Trias alpin son caractère ·particulier, s'est faite la plus rapide et la plus accentuée; c'est en même temps celle dont la faune est de beaucoup la plus répandue dans toutes les régions où le Trias se présente sous ce facies marin, toujours caractérisé par une prédominance marquée de la grande famille des ammonitidés.

Ce n'est pas à dire que les formations lagunaires y font défaut; elles sont sans doute plus rares que dans le nord mais encore bien marquées. C'est ainsi que le sel commence déjà à se montrer enclavé, dès la base de ce trias alpin, dans les couches qui correspondent aux grès bigarrés et peuvent être représentées, tantôt par des calcaires, tantôt par des grès micacés rouges ou des argiles schisteuses avec amas de gypse et de sel. Quoi qu'il en soit de ces variations la faune reste la même et le trias inférieur dans les Alpes est toujours caractérisé par des cératidés du genre *Tirolites*. En outre quelques espèces du trias franconien, telles que *Lingula tenuissima*, *Myophoria costata*, viennent attester que ces mers communiquaient entre elles, communication qui restait encore bien établie pendant le trias moyen. Dès qu'on atteint, en effet, les calcaires de cet âge on voit apparaître les cératites du type des *nodosi*, comme dans le trias franconien, ici représentés par des espèces spéciales, *C. binodosus*, *C. trinodosus*, mais encore associées à des espèces du muschelkalk, *Gervilia inflata*, *Cænothyris vulgaris*, et surtout *Encrinus liliiformis*, assez abondant pour fournir encore des calcaires à entroques. Quant aux traits particuliers de ces calcaires qui présentent souvent les surfaces ondulées de ceux du Wellenkalk et en tiennent la place, ils consistent dans l'apparition des belemnitidées avec le genre *Aulacoceras*, et d'ammonites franches, *Œgoceras* et *Amaltheus*, que nous retrouverons plus tard, très développées, dans les couches liasiques du jurassique inférieur.

Dès qu'on a dépassé ces horizons les analogies avec le trias franconien cessent, en même temps commencent aussi à se différencier nettement les faunes dans les deux provinces alpines précédemment indiquées.

Ces différences portent en particulier sur ce fait que ces couches, qui partent du muschelkalk inférieur (zone des cératites) pour s'étendre jusqu'à la fin du trias, peuvent se développer sous deux facies distincts : 1° un facies calcaire toujours marqué par la prédominance des ammonitidés, et représenté par de puissantes assises calcaires qui, prenant leur point de départ dans les couches à cératites, s'élèvent ensuite jusqu'au sommet du trias; 2° un facies coralligène bien représenté dans le Tyrol, où de grands massifs calcaires apparaissent tout entiers construits par des polypiers qui n'ont plus rien de commun avec ceux du carbonifère.

Dans cette zone méditerranéenne les calcaires à céphalopodes qui se développent au-dessus des couches à cératites sont dans leur ensemble caractérisés par le genre *Trachyceras*, dont la coquille richement ornée de côtes granuleuses (fig. 284) présente déjà dans la ligne suturale des cloisons, les fines denticulations des Ammonites; puis dès qu'on atteint, avec les calcaires oolithiques de Saint-Cassian à *Trachyceras Aon*, les premiers horizons qui correspondent au facies marin du Keuper, on voit les formes globuleuses des *Arcestes* avec leurs cloisons si compliquées, jointes aux coquilles déroulées des *Choristoceras* se montrer encore associées à de nombreux orthocères; puis pour compléter cette faune remarquable on peut constater que les gastropodes y sont représentés par plus de 200 espèces et qu'un pareil développement se fait chez les échinodermes. Dans les assises supérieures qui, par places, peuvent devenir gréseuses, cette faune sensiblement modifiée et déjà très atténuée ne comprend plus guère, au milieu des marnes et calcaires à *Trachyceras Aonoïdes*, que des bivalves d'eaux peu profondes, *corbules*, *pernes* et *myophories*.

De puissantes assises de dolomies, complètement dépourvues de fossiles, apparaissent ensuite séparant les assises précédentes d'une nouvelle formation de calcaires, cette fois blancs, semi-cristallins, encore très puissants (calcaires du Dachstein), dans lesquels se présente, au sommet, une faune nouvelle appartenant cette fois à l'infra-lias, et c'est de la sorte qu'on peut constater que dans cette région des Alpes les formations marines ne se sont pas interrompues depuis le commencement du Trias jusqu'à la fin de l'étage rhétien qui marque le début de la série jurassique.

Quant aux calcaires coralligènes qui, lors du dépôt des couches à trachyceras, se sont élevés dans le Tyrol autrichien, ils se présentent maintenant sous la forme de dolomies massives, épaisses d'un millier de mètres, dont les contours étranges, les formes aiguillées, les colorations rosées impriment au relief des Alpes dolomitiques du Schlern un caractère bien particulier.

Dans la zone septentrionale il en est tout autrement; les formations coralligènes font complètement défaut, et quand les calcaires marins disparaissent leur place est tenue, comme dans les Alpes de Salzbourg, par des gisements salifères d'une importance considérable. Dans tous les points nombreux où restent encore dominantes de grandes assises de calcaires marmoréens rougeâtres, comme ceux célèbres de Hallstadt, on peut remarquer une diversité bien plus grande dans les différents types d'ammonitidés; les trachyceras sont remplacés par des genres plus rapprochés des goniatites (*Pinacoceras*), mais toujours associés à de nombreux arcestidés. Puis finalement, quand on atteint, au sommet, des couches schisteuses où dominent les bivalves, comme dans la région méditerranéenne, non seulement les genres de ces mollusques sont différents, mais déjà on peut voir apparaître au milieu de ces horizons que caractérisent des aviculidées telles que des *Halobies* et des *Pseudomonotis*, des grès remplis d'Équisétacés et de Cycadées (*E. arenacenum, Pterophyllum*) comme ceux du Wurtemberg, qui annoncent non seulement le voisinage de la terre ferme, mais la fin de ces formations marines. Dans la Basse-Autriche ces grès à végétaux, développés aux dépens d'une bonne partie des couches à halobies, renferment de la houille exploitée.

Régions diverses. — Ce facies oriental du trias du type alpin se poursuit largement, comme il est naturel de le penser, dans les régions méditerranéennes; d'une façon générale on peut dire que dans tous les points où nous sommes venus chercher les formations franchement massives du carbonifère supérieur et du permien, on peut encore rencontrer, dans de puissantes assises de calcaires et de dolomies triasiques, les ammonitidés caractéristiques, *Tirolites*, *Ceratites* et *Trachyceras*, du trias alpin toujours distribués dans le même ordre. Mais ces couches, avec leur riche faune de céphalopodes, sont loin d'être limitées aux régions que nous venons d'indiquer. Dans le nord du continent, sur les côtes de la Sibérie orientale, et jusque dans les contrées polaires, on peut suivre leur trace; au Spitzberg notamment, depuis longtemps M. Nordenskjöld a fait connaître la présence au milieu de schistes argileux à nodules calcaires, des *Tirolites* des Alpes, celle aussi, dans les horizons plus élevés, des *Ceratites* associés à des ammonitidés de la faune alpine qui atteignent des tailles géantes; enfin au sommet les acéphales devenus abondants ne sont autres que les *Halobies* et les *Pseudomonotis* caractéristiques du trias supérieur, sur le versant nord des Alpes.

Or ce sont ces dernières couches qui peuvent compter, parmi celles triasiques dont nous traçons la distribution, comme les plus étendues. En effet tous les affleurements du trias qui se présentent nombreux groupés autour du Pacifique septentrional, présentent, avec les schistes sibériens et des contrées polaires, la plus grande analogie. Le Japon, la Péninsule d'Alaska, toute la côte orientale de ce vaste océan depuis le Mexique jusqu'à la Nouvelle-Colombie anglaise, la Californie et le Pérou, enfin la Nouvelle-Calédonie, tels sont les points où de pareils schistes à *Pseudomonotis* ont été signalés. Dans cette direction le Japon d'une part, la Californie de l'autre, représentent les régions où se fait le principal développement du trias sous ce faciès alpin. En Californie surtout où, dans de grands massifs de calcaires marmoréens, on peut constater cette même association de formes paléozoïques (Orthocères et Goniatites), avec des types secondaires (Ceratites et Ammonites), qui caractérise la faune de ce faciès si remarquable; enfin, dans les schistes du sommet les acéphales dominants sont toujours les halobies et les pseudomonotis du Tyrol septentrional.

En présence de tous ces faits on ne peut échapper à cette conclusion qu'une grande mer à l'époque triasique occupait la dépression du Pacifique et venait se rejoindre par l'Asie centrale à celle que nous avons vue si largement étendue dans la région des Alpes et le bassin de la Méditerranée.

Par contre dans la direction de l'Atlantique, il en était tout autrement. Déjà nous avons vu que la distribution des sédiments côtiers, dans l'ouest de l'Europe aussi bien en Angleterre que sur notre sol français, nécessitaient la présence de vastes surfaces émergées dans l'Atlantique septentrional ; en Amérique, sur le versant atlantique, de pareils faits peuvent s'observer. Dans les États-Unis de l'est, en particulier dans le Connecticut, le trias, principalement représenté par des conglomérats et des grès grossiers, où abondent avec des traces de clapotement laissées par les vagues, des empreintes de gouttes de pluie et des pistes de labyrinthodontes, reprend ce facies essentiellement littoral que nous avons vu si développé dans l'Angleterre ; la même disparition des calcaires à faune massive est à noter, et dans les masses rouges gypsifères, directement superposées aux formations arénacées, les végétaux de la flore du Keuper spécifiquement identiques avec ceux de l'Europe sont abondants au point de se traduire par des couches de houille exploitées dans la Caroline du Nord. Etant donné la grande extension des surfaces continentales dans cette partie de l'Atlantique, il est naturel qu'on y constate la première apparition des mammifères, et ainsi s'expliquerait la présence de marsupiaux triasiques (*Dromatherium sylvestre*) dans les grès à végétaux du Connecticut.

PÉRIODE JURASSIQUE

Caractères généraux. — La période jurassique inaugure dans l'Europe occidentale un régime tout à fait nouveau, bien différent de celui qui avait prévalu à la fin du trias. Dans le sud-est la mer reste encore bien ouverte en couvrant même, vers le sud, dès l'ouverture du lias qui marque le début de cette période, des espaces notablement plus grands qu'au trias, — ses rivages se trouvant alors reportés sur le revers nord de l'Atlas algérien, — mais dans le nord-ouest les changements sont bien plus considérables ; un mouvement général d'affaissement ramenant les eaux marines sur des espaces qu'elles avaient abandonnés depuis le carbonifère. Dès lors la mer occupe dans l'Europe occidentale une étendue qu'elle dépassera rarement plus tard.

Seules de grandes îles de terrains anciens, très écartées, sans communication entre elles, interrompaient sa continuité. Tout l'effort du continent était alors reporté vers l'est, la Russie se trouvant complètement émergée et soudée à la Scandinavie qui, à l'exception de sa pointe sud extrème, la Scanie, partageait le même sort. On voit par suite combien sont grandes les différences qui se sont produites dans la géographie de l'Europe au début de la période jurassique. Comme conséquence de ces changements l'invasion marine, dans le nord-ouest, ne s'est plus faite par l'est comme précédemment, mais par le sud et c'est désormais dans cette direction qu'il faut venir chercher le point de départ des courants qui, à de nombreuses reprises, introduisent dans la faune et la nature des dépôts jurassique de l'Europe occidentale des modifications notables. Sans doute la mer dans les régions méditerranéennes est loin d'offrir les caractères pélagiques si tranchés qu'elle avait aux époques antérieures, elle aussi voit sa continuité interrompue par de grands massifs insulaires de terrains anciens qui introduisent, par places, des conditions côtières. De plus, dans le cours de cette longue période, la forme des rivages et la distribution des bassins maritimes subira des modifications profondes, la Russie par exemple au jurassique supérieur se montrera, par suite d'un relèvement progressif de l'Europe septentrionale, envahie par les eaux marines, mais, dans toute l'étendue de la période, c'est toujours dans la zone méditerranéenne, plus stable, qu'il faudra venir chercher les formations marines les plus étendues. Aussi désormais il y aura lieu de distinguer deux sortes de faunes : une faune chaude propre aux régions méridionales, une faune froide spéciale à celle du nord-ouest, et cela dès le début; par exemple, à l'époque liasique, on peut déjà constater, dans les Alpes, l'apparition de formations nettement coralligènes; dans toute l'étendue des dépôts de ces régions où règnent les ammonites, on remarque ensuite la présence, parmi ces cépha-

lopodes de haute mer, d'un certain nombre de types spéciaux propres au facies méridional, tels sont les *Phylloceras*
et les *Lytoceras*.

Puis finalement après toute une série de mouvements lents
ayant pour effet de provoquer l'émersion progressive et tranquille du nord et de l'ouest de l'Europe, c'est dans le sud-est
que se reportera le régime marin, tandis que de grands lacs,
où se déposeront les formations lacustres du Purbeck, s'établiront aussi bien dans le Jura qu'en Angleterre alors soudée à la
France; et c'est ainsi, par une phase continentale bien marquée
surtout dans le nord-ouest, et pendant laquelle le domaine
maritime, en Europe, sera sensiblement réduit, que se termine-
ront les temps jurassiques.

Mais cette émersion des hautes latitudes de l'Europe n'est
que momentanée; dès le début de la période crétacée une
oscillation en sens inverse ramène la mer dans le bassin anglo-
parisien; invasion marine qui alors ne se fait pas seulement par
le sud-est du côté du Jura comme aux temps jurassiques, mais
bien aussi par le nord, l'Allemagne et le Hanovre se trouvant
alors submergés. Dès lors les terrains jurassiques se montrent
circonscrits entre deux lignes de dislocations très marquées, les
séparant, d'une façon distincte, aussi bien du trias que des
terrains crétacés.

Principales divisions. — Encadrée dans ces limites, cette
longue série de dépôts jurassiques presque exclusivement
marins comporte une division naturelle en trois groupes subdivisés chacun en un certain nombre d'étages : 1° le groupe *liasique*.
où dominent les sédiments marneux et arénacés et qui comprend, avec le *lias* proprement dit, une subdivision inférieure
plus étroite et intimement soudée l'*infra-lias*; 2° le groupe *ooli-*
thique (jurassique moyen), caractérisé par une prédominance
marquée de formations calcaires où déjà les organismes tiennent une grande place et subdivisé à son tour en deux étages,
Bajocien et *Bathonien*. 3° Le groupe supérieur devient plus complexe et se présente développé sous trois états bien différents :
1° un *facies vaseux* à *céphalopodes* (*Tithonique*), caractérisé par une
prédominance marquée, au milieu de formations exclusivement
schisteuses ou calcaires, d'organismes de haute mer tels que

les ammonites, facies qui devient propre aux régions méridionales; 2° un *facies mixte* dont les types se présentent dans le
nord-ouest, aussi bien dans le Jura et dans le bassin de Paris,
qu'en Angleterre; 3° un *facies coralligène* comprenant, avec une
faune spéciale de mollusques à test épais, et d'oursins à grosses
radioles, des calcaires construits par des polypiers dans lesquels
on peut voir une identité complète de structure avec les récifs
coralliens actuels. Dans cet ensemble varié de dépôts marins
qui se terminent par les formations d'eau douce du Purbeck,
on distingue les étages successifs suivants : *Oxfordien, Rauracien, Kimméridien, Portlandien*.

Caractères paléontologiques généraux. — Les terrains
jurassiques ne sont pas seulement nettement délimités par cette

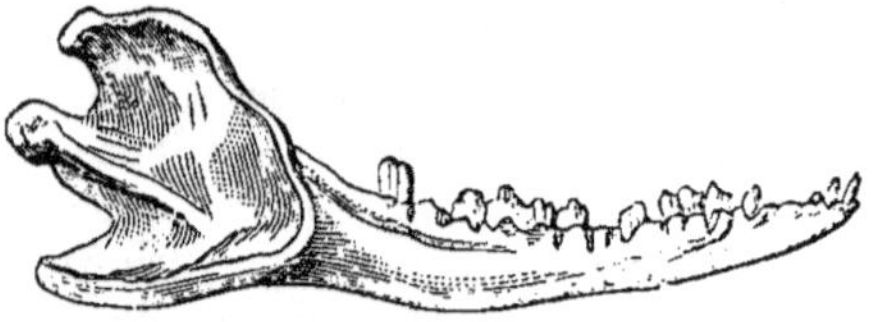

Fig. 297. — Mâchoire d'un mammifère didelphe insectivore de l'époque oolithique
(*Amphitherium Prevosti*).

double discordance mentionnée plus haut, leur faune présente
également, avec celles des assises triasiques et crétacées qui
l'encaissent, des différences tranchées.

Les mammifères, par exemple, à peine représentés dans la
faune triasique, deviennent, dès le début, sinon plus variés au
moins plus nombreux et moins localisés que les précédents.
Dans les *bone-beds* infra-liasiques, par exemple, des petits marsupiaux du genre *Microlestes* (*M. antiquus*) peuvent aussi bien
se rencontrer en Allemagne, qu'en Alsace et en Angleterre. A
mesure qu'on remonte ensuite dans les cours des temps jurassiques on les voit devenir de plus en plus abondants et plus
diversifiés. Tous sont encore des marsupiaux de petite taille,
mais l'examen de leur dentition montre qu'ils étaient très différenciés. Déjà dans les dépôts de l'oolithe bajocienne on peut
constater la présence de nombreux insectivores (*Phascolotherium, Amphitherium*) dont la dentition présente avec celle des

sarigues actuelles beaucoup d'analogie. Leur développement marchant de pair avec l'extension prise par les continents, dès qu'on atteint, au sommet du jurassique, les formations lacustres du Purbeck, on peut constater en Angleterre que, dans une seule et très mince couche de cet âge, les traces de ces mamm-

mifères viennent se répartir dans onze genres, parmi lesquels figu-rent un rongeur analogue au Kan-gouroo-rat de l'Australie, *Plagiau-lax*, dont la longévité sera grande puisqu'on le retrouve dans les ter-rains tertiaires avec cette seule différence, qu'à cette date, ayant perdu quelques-unes de ses pré-molaires, il devient un *Neopla-giaulax*. Dans l'Amérique du Nord où de vastes surfaces continen-tales accidentées, largement éten-dues sur les territoires de l'est, sont restées fixes pendant toute

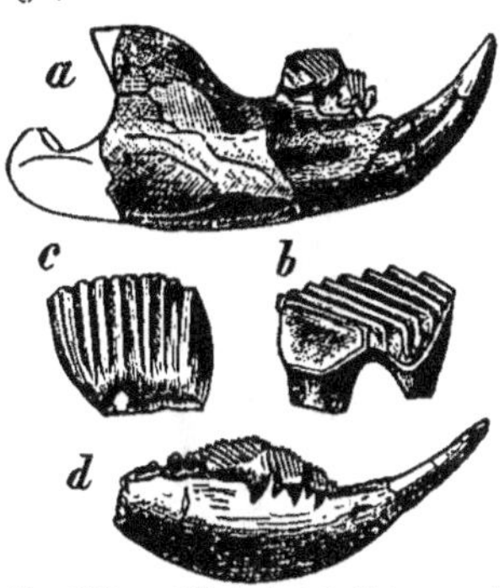

Fig. 298. — Mâchoires inférieures et dents de Plagiaulax du Purbeck. (Hoernes, *Paléontologie*.)

la durée du jurassique, dans les dépôts lacustres qui tiennent la place des formations marines des étages supérieurs, le nombre de ces mammifères se chiffre par des centaines d'indi-vidus.

Parmi les vertébrés de ces mêmes époques figurent ensuite le plus ancien des oiseaux représenté par le célèbre *Archeo-ptéryx* des calcaires lithographiques de Sohenhofen (Bavière). La figure ci-après montre que ce singulier oiseau, avec des affinités reptiliennes bien prononcées, était caractérisé par la présence d'une véritable queue de reptile emplumée. De plus il était pourvu de dents et son membre antérieur, imparfaite-ment transformé pour le vol, présentait encore des doigts libres, armés de griffes, au-dessus de celui qui faisait office d'aile.

Dans les airs se tenaient, dans le même temps, de véritables reptiles volants. Tel était le *Ptérodactyle*[1], présentant, comme

---

1. De πτερόν, aile, δάκτυλος doigt; c'est-à-dire animal au doigt trans-formé en aile.

les chauves-souris, aux membres antérieurs, un doigt d'une longueur démesurée, servant de support à une membrane qui lui permettait de s'élever dans les airs. Avec une tête aplatie, il possédait un large bec armé d'une soixantaine de dents longues et acérées.

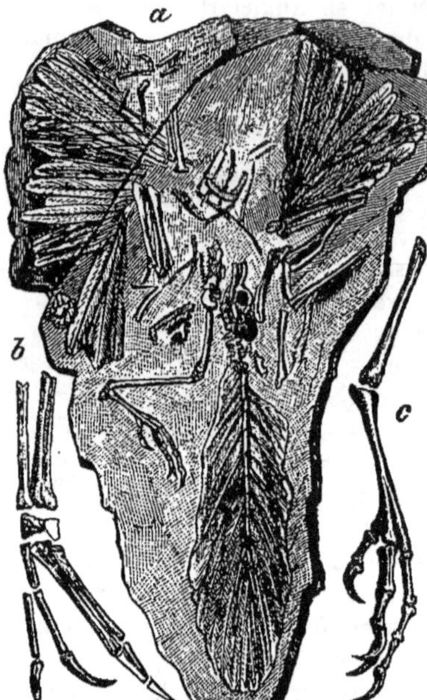

Fig. 299.— Archeopterix : *m.* plumes de la queue ; *y*, vertèbres caudales.

A aucune époque de l'histoire de la terre, les reptiles n'ont tenu une aussi grande place, et n'ont joué un rôle aussi important que dans la période jurassique. C'est bien là le règne des reptiles. La nature semble avoir voulu, alors, porter ces animaux au dernier degré de perfection et leur donner une organisation avancée.

Sur les rivages, se tenaient déjà, remplaçant les Labyrinthodontes, de grands sauriens cuirassés, les *Téléosaures*, voisins des crocodiles actuels de l'Inde (Gavials), mais plus élancés, plus agiles, et surtout plus longs. Leur taille pouvait atteindre jusqu'à 15 mètres : leur tête seule avait plus de 3 mètres de long.

Dans les océans, dès le début de cette période, et à toutes les époques qui ont suivi jusqu'aux terrains crétacés, deux grands reptiles nageurs, à respiration aérienne, l'*Ichtyosaure* et le *Plésiosaure*, se sont fait remarquer par l'étrangeté de leur forme et leur taille gigantesque ; ils jouaient alors, dans ces mers anciennes, le rôle attribué aux baleines dans nos océans actuels.

Leurs vertèbres biconcaves comme celles des poissons, leurs

membres élargis en manière de rames, comme ceux des baleines, indiquent bien que la mer était leur élément et qu'ils devaient y régner en maîtres.

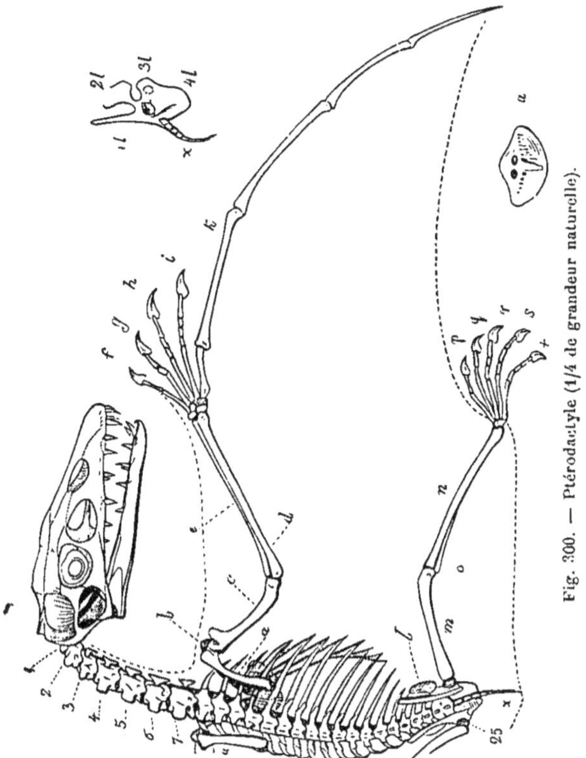

Fig. 300. — Ptérodactyle (1/4 de grandeur naturelle).

C'étaient de redoutables carnassiers qui se nourrissaient de proie vivante, et souvent s'attaquaient entre eux. On en trouve la preuve dans l'observation qu'on peut faire de leurs excréments fossiles, *coprolithes*, qui, parfois, occupent encore leur place naturelle à l'intérieur de l'animal; leur mâchoire puissante était armée de dents fortes, coniques comme celles des crocodiles, et solidement implantées dans de grandes rainures, où elles restaient soudées.

Les *Ichtyosaures* avaient la forme lourde et ramassée des

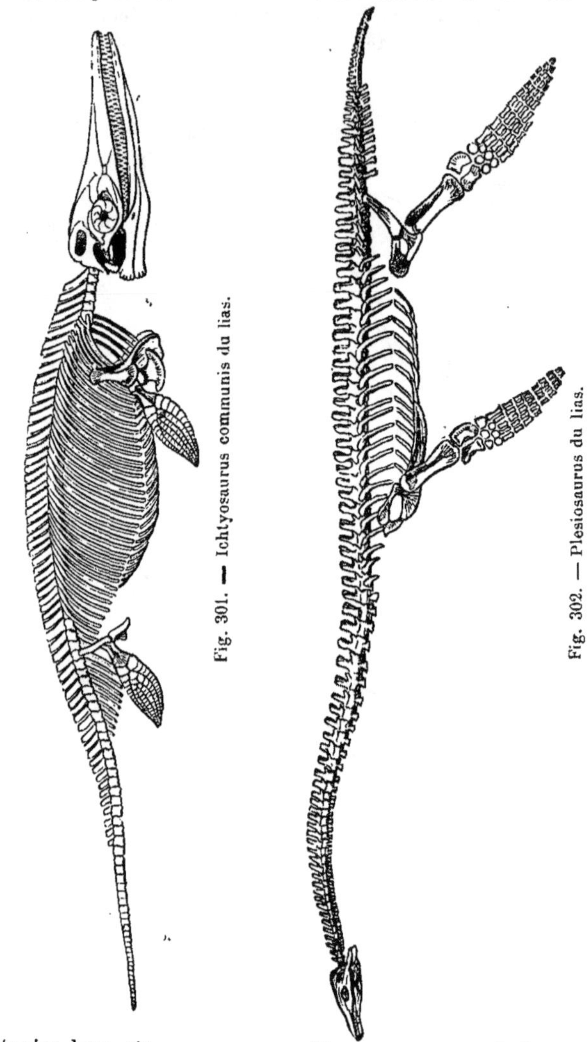

cétacés; leur tête, presque soudée au corps, était longue et pointue comme celle des marsouins; leurs yeux énormes, pourvus de plaques calcaires, entourant l'ouverture de la pupille , étaient des appareils d'optique d'une prodigieuse puissance et d'une perfection singulière; ils donnaient à ces animaux le moyen de voir leur proie de loin et de la poursuivre au sein des abimes ténébreux des grands fonds sousmarins. La découverte récente d'un petit ichtyosaure tout formé, renfermé dans la cavité abdominale d'un sujet adulte, permet d'affirmer que, chez ces monstres marins, l'éclosion des œufs précédait la ponte, comme chez une partie des sélaciens et des reptiles actuels.

Encore plus gigantesques et plus étranges que les ichtyosaures, les *plésiosaures* avaient également le corps ramassé, muni, sur les côtés, de grandes nageoires en forme de palettes. Mais leur tête était petite et supportée par un long cou, composé d'un très grand nombre de vertèbres , ressemblant au corps d'un serpent (fig. 302). L'extrême développement de leurs nageoires était l'indice d'une grande agilité; ce devaient être encore des animaux redoutables.

Les poissons également très nombreux sont encore et surtout des Ganoïdes homocerques couverts d'écailles dures et brillantes; mais très différents des types paléozoïques et déjà, dès le milieu de la période, on peut constater leur association avec des sélaciens ainsi que l'apparition des premiers poissons osseux qui, pourvus d'écailles molles, ne sont représentés que par leur squelette interne.

Dans les mers les ammonites franches, aux cloisons persiliées, déploient une variété de formes infinies, si bien qu'elles peuvent se subdiviser en un grand nombre de genres qui chacun représente un stade dans le développement, plus ou moins compliqué, des cloisons. L'évolution de ces ammonites est à ce point marquée que chaque époque, dans cette série jurassique, possède ses types spéciaux. Les Goniatiles primaires ont disparu avec le trias et de même ont disparu d'Europe, pendant toute la durée du jurassique, les cératites; mais ces derniers se représenteront encore nombreux dans les terrains crétacés.

Avec les ammonites et suivant de près leur développement

se présente également, largement représentée, une nouvelle famille de céphalopodes, celle des Bélemnites, qui se maintiendront comme elles en fournissant des types caractéristiques aux diverses époques jusqu'à la fin des temps crétacés[1].

Dans les formations littorales synchroniques des calcaires

1. Les bélemnites sont des céphalopodes voisins des grands calmars actuels, qui vivent dans la haute mer. Ces animaux, excellents nageurs, ont un corps allongé en forme de flèche, portant des nageoires sur les côtés ; leur tête, placée au sommet, présente en son milieu une bouche, armée d'un bec de faucon entourée de dix bras, garnie de ventouses et de crochets dont deux très allongés, sous forme de tentacules rétractiles, sont de puissants organes de préhension. Les calmars les projettent en avant pour saisir leur proie ; ils vivent solitaires ou se réunissent par troupes et alors très redoutés des pêcheurs. Leur corps est nu, aucune coquille ne le protège, il est soutenu par une cornée interne, en forme de plume, étroite et allongée, terminée en pointe.

Les bélemnites leur ressemblaient ; c'étaient les calmars des océans secondaires. La figure 303, qui représente une de ces bélemnites restaurée, pourra en donner une idée.

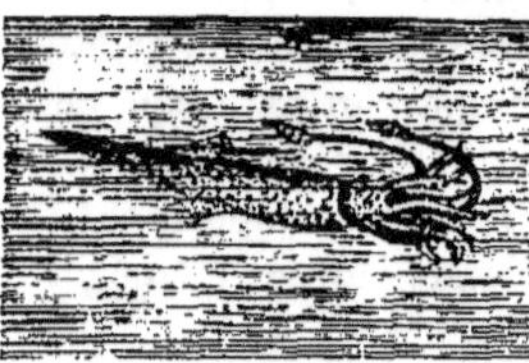

Fig. 303. — Bélemnite restaurée.

La lame cornée interne (RP, fig. 304), plus developpée chez les bélemnites que dans les calmars actuels, et disposée en forme de cornet, se prolongeait en arrière par une sorte de baguette cylindrique, plus ou moins allongée, terminée en pointe (R).

Cette pièce terminale, qu'on nomme le rostre, dure et résistante, formée de calcaire fibreux semi-transparent, est la seule partie de l'animal qui soit conservée à l'état fossile.

Ces rostres de bélemnites se trouvent parfois en telle abondance, dans certaines couches jurassiques, qu'on peut supposer qu'elles vivaient en troupes nombreuses comme les calmars actuels.

On voit, par exemple, dans les collections géologiques du Muséum de Paris une plaque de schiste provenant du lias d'Angleterre, sur laquelle on peut compter plus de 900 rostres de bélemnites réunis dans un espace de 50 centimètres carrés.

Pendant bien longtemps on n'a connu de la bélemnite que cet osselet terminal. Aussi s'est-on mépris sur sa nature, et les opinions les plus bizarres ont été émises à ce sujet. On les a considérées, tour à tour, comme des *jeux de la nature*, comme le produit de la foudre ; on en a fait des stalactites, des dents de poissons, des baguettes d'oursins, jusqu'à ce que des empreintes bien complètes de ces animaux, montrant la forme de leur corps, la position de l'osselet, et la disposition de leur bras, aient été rencontrées dans les schistes argileux du lias, en Angleterre.

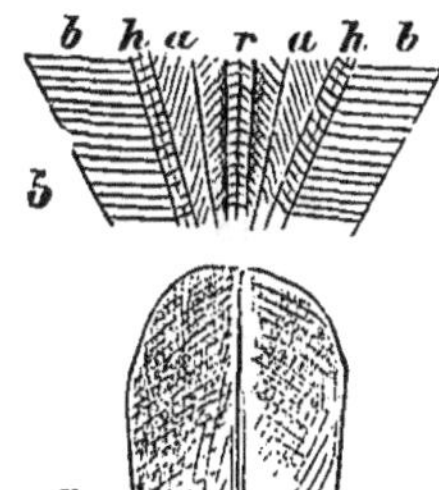

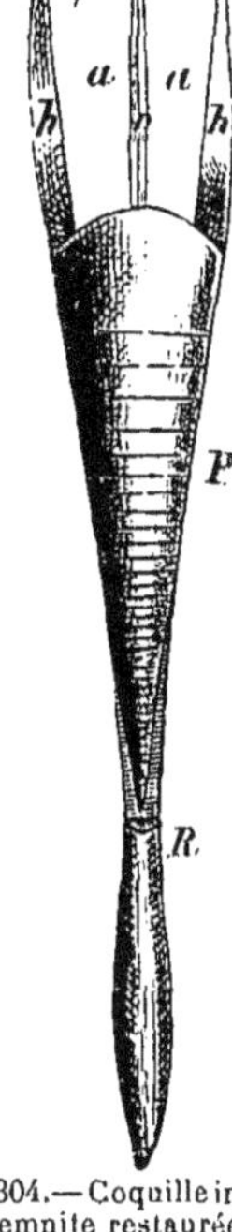

Fig.304.—Coquille interne de Bélemnite restaurée d'après des spécimens des calcaires jurassiques de Solenhofen.— R, rostre ; P, phragmocône (cône creux partagé en chambres par des cloisons) ; RS, lame cornée, formée par l'expansion du godet au delà du phragmocône (Hoerne).

où dominent les céphalopodes, les lamellibranches prennent un rôle important ; des ostracées à crochet recourbé, les gryphées (fig. 305), à l'époque du lias,

Fig. 305. — Gryphea arcuata du lias.

Fig.306.—Ostrea virgula du Kimmeridgien.

Fig. 307. — Ostrea deltoidea du jurassique supérieur.

ou contourné en forme de virgule, les *Exogyres* dans les étages supérieurs, se développent par bancs entiers. Très nombreux aussi sont les *Mytilus*, les *Pectens*, les *Limes*, les *Astartes*, les *Trigonies* qui remplacent les Myophories triasiques. Dans les fonds vaseux se tenaient spécialement des *Pholadomies* dont les coquilles demeurent souvent en place dans les marnes jurassiques, tandis que des espèces perforantes, telles que les Pholades, creusaient leurs trous dans les roches des rivages.

En d'autres points, sur de pareils fonds vaseux, ce sont des *Spongiaires* qui ont rempli les couches (fig. 308). Avec quelques éponges calcaires la majeure partie avaient leurs spicules siliceux, mais, le plus souvent, ils ont

Fig. 308. — *Scyphia reticulata* de l'oxfordien.

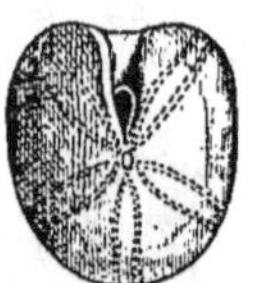

Fig. 309. — *Nucleolites scutatus* de l'oxfordien.

ORGANISMES DES FORMATIONS CORALLIGÈNES

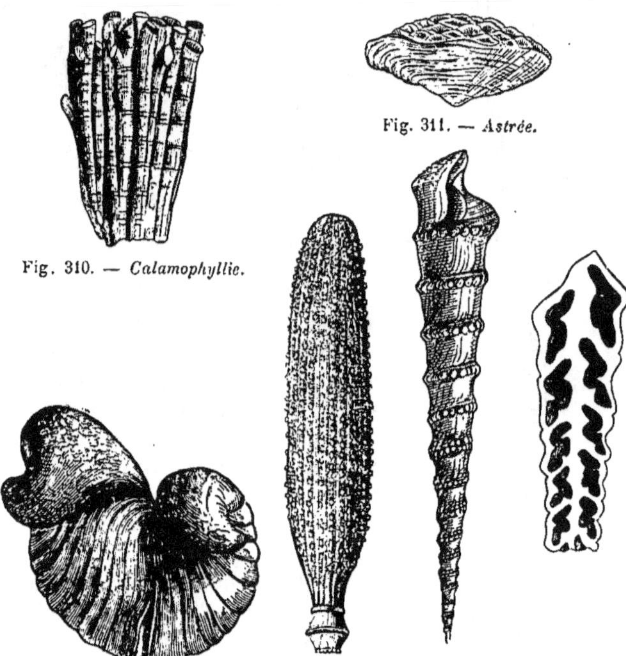

Fig. 310. — *Calamophyllie.*

Fig. 311. — *Astrée.*

Fig. 312. — *Diceras arietinum.*

Fig. 313. *Cidaris florigemma.*

Fig. 314. — *Nerinea ventricosa.*

subi des modifications profondes qui ont rendu calcaire leur squelette.

Dans les formations coralligènes où les polypiers toujours répartis entre les Astréens et les Thamnastréens sont peu différents de ceux qui ont construit les récifs triasiques, on remarque ensuite, comme de nos jours, autour des récifs coralliens, une faune spéciale de mollusques, d'oursins et de crinoïdes dont le test épaissi était bien armé pour résister à ce choc des vagues, qui devient, comme on sait, une condition de prospérité pour les organismes coralligènes. Tels sont, parmi les mollusques, des *Diceras* et des *Nérinées*; parmi les oursins, des *Cidaris, Hémicidaris* et *Glypticus*. Ce sont ensuite les Crinoïdes du type *Apiocrinus* qui fournissent la majeure partie des calcaires à entroques.

Mais à côté de ces coraux de récifs, il importe de remarquer que dès le lias on doit tenir compte des polypiers de mer profonde qu'on rencontre isolés, comme les *Montlivaultia*, côte à côte avec les ammonites, dans les dépôts marneux ou calcaires effectués loin des côtes. De même, parmi les Crinoïdes, les *Pentacrines*, si répandues dans le lias, devaient, comme celles dont les dragages ont révélé la présence dans les grands fonds, former, à de grandes profondeurs, de véritables forêts vivantes sous-marines.

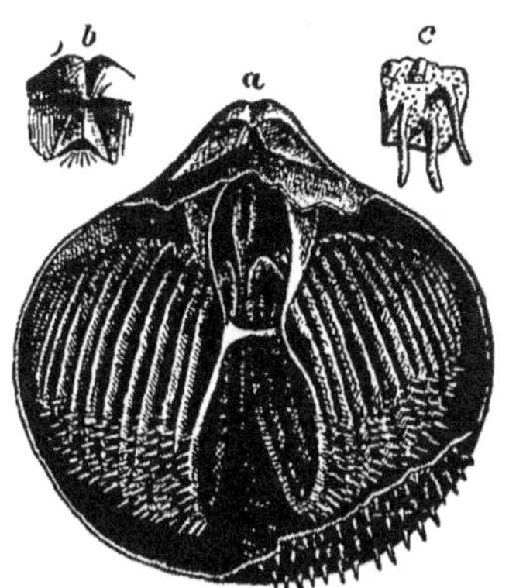

Fig. 315. — Spiriferina rostrata du lias moyen. *a*, valve dorsale brisée pour montrer l'appareil brachial spiralé; *b*, crochet de la valve ventrale avec le deltidium à deux pièces; *c*, surface épineuse du test grossie.

Nombreux aussi sont les oursins qui se tenaient sur les rivages, en dehors des récifs, avec des brachiopodes et les mollusques littoraux. Ils appartiennent alors surtout à ces échinides dépourvus d'appareil masticateur qui, perdant la forme exactement sphérique des cidarides, s'aplatissent, deviennent ovalaires avec les *Collyrites* et les *Disasters* déprimés avec les *Pygurus* et présentent tous une bouche excentrique, en restant toujours symétriques par rapport à un plan.

Quant aux brachiopodes ils sont sans doute représentés en beaucoup de points par un nombre considérable d'individus, si bien qu'on peut distinguer dans certaines régions des *facies à brachiopodes* qui n'ont rien de commun avec les formations de récifs, mais, à de rares exceptions près, toutes les espèces viennent se répartir entre les deux familles des rynchonelles et des térébratules. Très rares sont les genres dans lesquels on peut reconnaître encore, comme dans les *Spiriferina* liasiques (fig. 315), un type ancien et les formes qu'on peut considérer comme nouvelles deviennent tout à fait exceptionnelles.

JURASSIQUE INFÉRIEUR — ÉPOQUE LIASIQUE

Distribution; principales divisions. — La période liasique placée au début de la série jurassique, s'ouvre comme nous l'avons vu par un retour, très accentué, de la mer dans le nord-ouest de l'Europe. Aussi, dans toute cette étendue, les dépôts franchement marins de cet âge se présentent non seulement transgressifs mais nettement discordants sur le trias. En France, notamment, cette invasion marine bien marquée ne laissait subsister à l'état de grandes îles que les massifs anciens qui en marquent le centre et les extrémités, tels sont : dans l'ouest, l'Armorique avec le Cotentin échancré sur l'emplacement actuel de Valognes par un golfe peu profond ; dans l'est, l'Ardenne qui faisait alors partie d'une grande terre émergée se poursuivant par la Belgique et la Flandre, jusqu'en Angleterre dans le bassin de Londres, puis les Vosges elles-mêmes en grande partie exhaussées ; dans le sud-ouest, une large bande de roches cristallines et primaires marquait l'emplacement futur des Pyrénées, tandis qu'à l'autre extrémité de notre territoire se dressait sous forme d'ilot, plus réduit, le massif des Maures et de l'Estérel ; enfin, au centre apparaissait, lui-même complètement isolé, le Plateau Central, non pas avec sa configuration actuelle, mais séparé de ses annexes, d'une part, dans le nord, du Morvan qui disparaissait alors sous les eaux, de l'autre, dans le sud, de la Montagne Noire

par un détroit dont l'emplacement est encore marqué par la
région des Causses [1].

Dès lors encaissée dans ces limites, la mer, de part et
d'autre du Plateau Central, se montrait localisée dans trois
bassins de sédimentation, dont le plus étendu, dans le nord,
n'est autre que celui dont Paris occupe maintenant le centre;
c'est à cette date en effet que ce grand bassin en conquérant
dans l'est, avec l'exhaussement des Vosges, la barrière qui
lui manquait, s'est trouvé constitué [2]. Le rivage partant du
Boulonnais, longe l'Ardenne, pénètre dans le Luxembourg,
comme au trias, sous la forme d'un golfe allongé, puis après
avoir contourné un instant les Vosges, vient aboutir à un
large détroit séparant le massif Vosgien du Plateau Central
et reliant, en passant par le Jura, le bassin de Paris aussi
bien avec celui du Rhône, largement étendu vers l'est où il
se trouvait bordé par les massifs cristallins des Alpes, qu'avec
la mer qui, dans l'est, s'étendait largement en Allemagne.
Ce détroit une fois franchi, le rivage reparaît sur le bord septentrional du Plateau Central, puis se dirige vers l'ouest pour
venir aboutir à une seconde coupure, celle du Poitou, située
entre ce plateau et la Vendée et qui mettait cette fois en communication directe la dépression parisienne avec le bassin de
l'Aquitaine, versé dans la direction de l'Atlantique. Puis la
côte au delà remontant vers le nord, sur le bord de la Bretagne, traversait la Manche pour venir continuer sa route, en
Angleterre, en longeant les Cornouailles et le Pays de Galles,
alors soudés et réunis à l'Armorique.

Dans ces dépressions marines hantées par de grands reptiles nageurs, peuplées d'ammonites, le sel gemme et le gypse,
ces éléments si caractéristiques du trias occidental, cessent de
se déposer, et de même disparaissent les sédiments aux couleurs vives, étrangement bariolées, qui donnaient aux sédiments

1. Voyez à ce sujet la carte géologique annexée où les contours de cette
bande jurassique, qui introduit, au travers des gneiss et granites du Plateau
Central, une zone de plateaux calcaires arides et secs, d'un relief si particulier, sont bien indiqués.

2. De Lapparent, *Description géologique du bassin de Paris* (la Géologie
en chemin de fer), p. 30, 1888.

de cet âge, un caractère si particulier. On sent, et cela dès le début, qu'une nouvelle période va s'ouvrir, une phase de calme qui sera plus troublée par ces apparitions de roches éruptives qui s'étaient renouvelées si fréquemment aux époques antérieures. Seules des émanations métallifères viendront étaler, à diverses reprises, dans les couches stratifiées de divers âges, des minerais de fer productifs.

Or ces faits ne sont pas spéciaux à notre région française, partout le lias se montre représenté par une prédominance de dépôts marneux ou calcaires marqués de colorations sombres où la faune varie peu suivant les régions (*Jura Noir* des Allemands). Aussi toutes ces formations franchement marines présentent, dans leur ensemble, une grande homogénéité, et les divisions qu'on peut y établir, même les plus étroites, conservent partout, soit dans leur faune, soit dans leur composition, des caractères constants.

Ces divisions sont : 1° au début l'*infra-lias*, qui comprend deux étages : le *Rhétien*, que certains auteurs rattachent encore au trias mais dont la distinction, comme premier épisode de la série liasique, est aussi manifeste dans les Alpes Rhétiques où se fait son principal développement sous un facies calcaire, que partout ailleurs où il se présente uniformément, gréseux et transgressif; l'*hettangien*, où déjà commencent à apparaître les ammonites de la faune liasique et dont le type a été choisi dans le golfe du Luxembourg près d'Hettange ; 2° ensuite vient le *lias* développé partout, au début, sous la forme classique du *calcaire à gryphées arquées* (étage *sinémurien* bien caractérisé dans l'Auxois, notamment aux environs de Semur), et qui se termine, après une seconde série de marnes, de calcaires et de grès toujours riches en ammonites, surtout en bélemnites, où les gryphées se modifient (étage *liasien* avec *Gryphea cymbium*), par des assises surtout marneuses rangées dans un dernier étage qui prend son nom de *toarcien*, de ce fait que c'est à Thouars, en Poitou, qu'on peut rencontrer le type le plus fossilifère de ces marnes liasiques.

Caractères généraux de la faune et de la flore. — Les ammonites, toujours répandues en grand nombre dans les dépôts liasiques et déjà très différenciées, viennent se répartir

CÉPHALOPODES DU LIAS

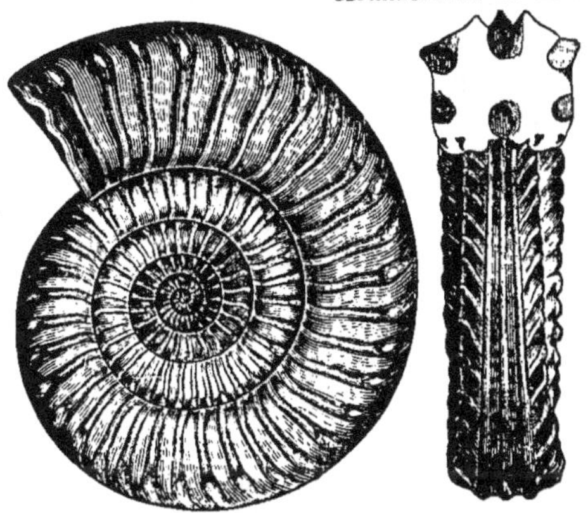

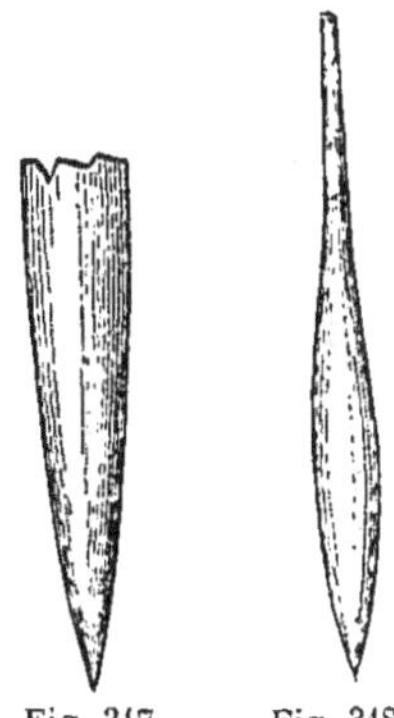

Fig. 317.
*Belemnites acu-
tus* du liasien.

Fig. 318.
*Belemnites cla-
vatus* du liasien.

Fig. 316. — *Ammonites (Arietites) bisulcatus* du lias inférieur.

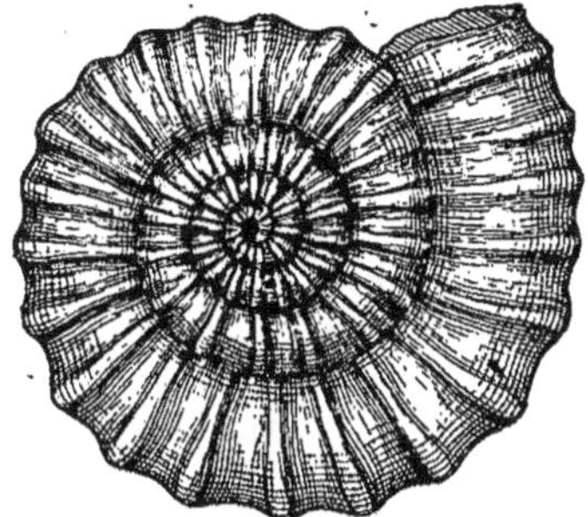

Fig. 320. — *Ammonites
(Amaltheus) margaritatus,*
ou liasien.

Fig. 319. — *Ammonites (Œgoceras) planicosta* du liasien

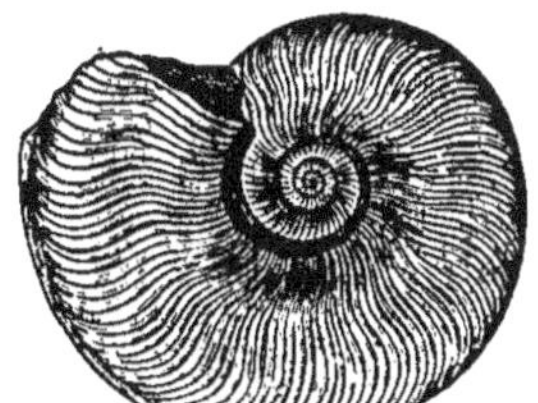

Fig. 321. — *Ammonites (lioceras) serpentinus*
du toarcien.

Fig. 322. — *Ammonites (Harpoceras)
opalinus* du toarcien.

dans un certain nombre de genres qui sont : dans l'infra-lias des *Psilocéras*; dans le lias inférieur des *Ariétites* dont les coquilles peuvent atteindre une grande taille avec l'*A. Bucklandi* caractéristique des calcaires à gryphées. Dans le lias moyen (liasien) qui devient assez riche en bélemnites pour que ses assises en reçoivent souvent le nom, ces *Ariétites* s'accompagnent d'ammonites plus plates pourvues d'une caréne ventrale aiguë (*Amaltheus margaritatus, A. spinatus*); enfin dans les marnes toarciennes on remarque un grand développement d'*Harpoceras* dont les coquilles plates toujours anguleuses à la périphérie, se montrent couvertes de côtes rayonnantes plus ou moins finies. Parmi les autres mollusques avec les gryphées développées par bancs serrés, les *Cardiniés* (fig. 323)

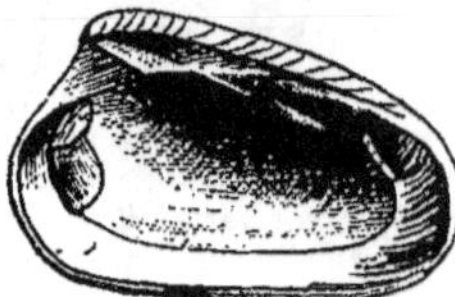

Fig 323. — *Cardinia hybrida* du lias inférieur.

peuvent compter comme les plus fréquents, surtout dans l'infralias et le lias inférieur. Dans le lias supérieur les schistes sont souvent remplis de petites coquilles d'une aviculidæ, *posidonomye*, qui se réunissait volontiers par troupes sur les fonds vaseux.

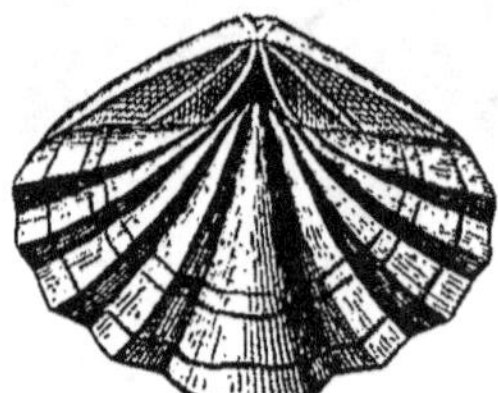

Fig. 324. — *Spiriferina Walcotti* du lias inférieur.

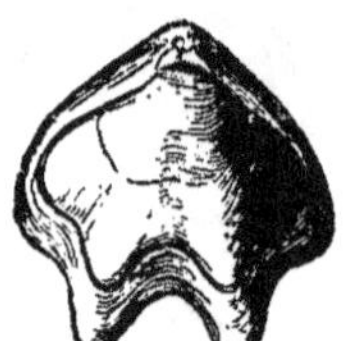

Fig. 325. — *Terebratula quadrifida* du lias moyen.

Les gastropodes sont peu nombreux ; à l'exception des *Pleurotomaires Trochus, Turbos*, qui s'observent fréquemment dans les marnes et calcaires à ammonites, tous les autres sont des espèces littorales appartenant à des genres, tels que les *littorines*, qui ne se rencontrent que dans les dépôts côtiers.

Les oursins de même sont pauvrement représentés; en revanche on peut citer la fréquence des *Pentacrines* dont les tiges et les calices remplissent certaines couches du lias inférieur et qui, parfois, peuvent se présenter entières et réunies par touffes nombreuses comme dans les schistes célèbres du lias supérieur de Boll en Souabe. Enfin c'est dans le lias qu'on peut constater, associés à des térébratules et à des rhynchonelles, les derniers représentants des brachiopodes primaires, notamment les *Spiriferina* (fig. 324) qui ne survivent pas au lias.

Parmi les traits encore saillants de la période liasique figure ce fait que la flore, tout en restant presque exclusivement encore composée de cryptogames (fougères) et de gymnospermes (conifères et cycadées), mais avec déjà des angiospermes représentées par quelques rares monocotylédonés, présente, dès le début, non seulement des caractères propres qui permettent de considérer le lias comme fixant une date dans l'histoire du développement de la végétation, mais une puissance et une extension telle qu'elle a pu donner naissance à de véritables couches de houille *infra-liasique* exploitables ainsi qu'à des gisements, très étendus, de lignite. Les houilles activement exploitées maintenant dans les Indes, la Nouvelle-Galles du Sud en Australie ainsi qu'au Tong-King n'ont pas d'autre origine, et c'est ensuite à l'extrémité sud de la Scandinavie, en Scanie, qu'on peut rencontrer les plus importantes formations lignitifères de cet âge.

De plus, un examen attentif de la distribution de ces végétaux a permis de constater qu'on pouvait déjà constater, dans cette remarquable flore, deux sortes d'associations végétales, l'une particulière aux régions basses et marécageuses, l'autre couvrant de préférence les sols accidentés et l'intérieur des terres.

Les stations fraîches, le voisinage des estuaires et le bord des lagunes étaient alors peuplés de fougères aux frondes largement développées (*Clathropteris* , *Glossopteris*) , rubanées chez les *Tœniopteris*, ou singulièrement palmées et crénelées sur les bords (*Dictyophyllum*), ainsi que des cycadées plus hautes que celles du trias (*Cycadites, Nilsonia, Podozamites,* etc.), mais encore très différentes des Cycas actuels; tandis que les terrains plus élevés et plus secs étaient occupés par de grandes forêts de conifères de haute taille du type des *Araucarias* actuels (*Araucarites*) ou des *Cyprès*, ombrageant des fougères aux frondes maigres ou coriaces (*Cycadopteris*, *Scleropteris*, *Clenopteris*) et des cycadées également plus grêles que les précédentes (*Zamites*, *Otozamites*, etc.).

On ne peut méconnaître ensuite qu'en même temps, les insectes, déjà si nombreux à la fin du carbonifère, ont pris un développement tel que, dès l'infra-lias, on peut distinguer en Angleterre, dans les formations lacustres où se tiennent spécialement ces végétaux, associés à des *Cypris* ou des *Cyclas* d'eau douce, des *calcaires à insectes* en raison du nombre considérable d'élytres et autres débris d'articulés de cette nature qu'ils renferment. Dans une seule localité d'Argovie (Schambelen en Suisse) une mince couche de schistes n'a pas fourni moins de 143 espèces. Dans cette faune entomologique remarquable dominent les Coléoptères (32 genres) représentés, non seulement par un développement extraordinaire des *Buprestes*, c'est-à-dire de xylophages mangeurs de bois et de feuilles [1], mais par des carnassiers ; des *Byrrhes*, qui sont des crytophages, dénotent ensuite la présence des champignons et des mousses, tandis que des *Bousiers* nécessitent, à leur tour, l'existence de petits mammifères dans les régions où on les rencontre. Les Charançons ne jouaient qu'un rôle effacé, mais déjà on peut constater la présence des *Cicadelles*, c'est-à-dire d'insectes suceurs qui vivent de la sève des plantes. Au voisinage des eaux habitées par des *Gyrins* et de grands *Hydrophiles*, bien voisins de ceux qui peuplent nos eaux douces, se tenaient des *Libellules*, des *Diptères* tels que des *Tipules* et des *Ephémères*. Nombreux ensuite étaient des *Hémiptères* du groupe des *Coréides*, vivant aux dépens des coléoptères xilophages, comme leurs

---

1. Les Buprestes sont des insectes, très proches voisins des longicornes mais avec des antennes plus courtes, et qui, peu nombreux dans nos régions, se développent surtout dans les contrées chaudes du globe où ils se signalent par ces brillantes couleurs à reflets métalliques qui leur ont valu le nom de *richards*. Leur développement à l'époque liasique marche de pair avec celui des cycadées et des fougères, à larges feuilles, qui dénotaient un climat chaud.

congénères actuels, ainsi que des *Blattes* parmi les orthoptères.
Enfin, dans des colonies de ces redoutables névroptères qu'on
nomme les *Termites*, on pouvait déjà constater la présence, à
côté des mâles et des femelles pourvus d'ailes, de neutres
aptères, chargés sans doute comme actuellement, les uns de
la défense de la colonie, les autres des soins domestiques;
soldats et *ouvrières* qui se distinguent aisément à la forme différente de leur tête; celle des premiers étant seule munie de
cornes effilées qui constituaient de bonnes armes de guerre.
Seuls font défaut les lépidoptères et les hyménoptères, qui
n'apparaîtront que, plus tardivement, avec les plantes à fleurs.

Bassin anglo-parisien. — 1° *Infra-lias.* Sur toute la bordure du bassin de Paris, partout où se présentent des affleu-
vements de l'étage rhétien, on les observe toujours constitués
par des grès grossiers qui, nettement transgressifs par rapport
au trias, marquent bien, en venant s'appuyer sur les formations anciennes ou gneissiques de la bordure, le début de
cette invasion marine, dans le nord-ouest, dont il a été fait
mention plus haut. Les courants, qui en sont résultés, sont
venus accumuler, par places, de nombreux débris de reptiles
et de poissons, si bien que les couches à ossements (*bone-
beds*) ne sont pas seulement localisées dans les parties basses
chargées de galets, mais peuvent se renouveler à plusieurs
reprises au milieu de ces grès. C'est dans des bone-beds de
cette nature qu'ont été rencontrées en Angleterre (côte du Sommerset), aussi bien qu'en Alsace, et dans plusieurs points de
l'Allemagne, les dents des petits marsupiaux caractéristiques de
l'étage, *Microlestes antiquus*, associées à celles de nombreux poissons (*Hybodus, Girolepis, Saurichtys*), parmi lesquels figure souvent le *Ceratodus* du trias.

Ces grès rhétiens affectent alors, comme tous les dépôts
littoraux de cette nature, des caractères particuliers suivant
les points où on les observe; très quartzeux dans la Lorraine,
ils deviennent dolomitiques dans le Cotentin, puis colorés avec
intercalations de marnes rouges, par suite avec un aspect triasique, dans le fond du golfe du Luxembourg; sur le bord du
Morvan les gneiss et granites de ce massif ayant servi de rivage,
ce sont des arkoses qui se sont formées avec quelques veines

argileuses résultant de la décomposition des feldspaths ; enfin, dans des points, plus abrités, on peut voir apparaître, au sommet de ces formations arénacées, comme dans l'Auxois, des bancs de calcaires compacts ou marneux. Quoi qu'il en

Fig. 326. — *Avicula con-torta* du rhétien.

soit de ces variations, la faune de ces dépôts rhétiens reste toujours la même et ne comprend guère que des bivalves de petite taille, *Ostrea* (*Hisingeri*) *irregularis*, *Mytilus minutus*, *Cardium cloacinum*, *Myophoria inflata*, *Gervilia precursor*, etc. L'*Avicula contorta* devient ensuite l'espèce la plus constante et la plus caractéristique de cette assise ; dans les calcaires, cette faune se complète par quelques autres espèces dont les plus fréquentes sont *Terebratula gregarea*, *Plicatula interstriata*, et déjà des cardinies, *Cardinia mactroides*.

Dans tous ces dépôts rhétiens du bassin de Paris les ammonites font défaut ; elles n'apparaissent que dans les assises hettangiennes qui suivent et correspondent à une phase de sédimentation plus calme en se montrant représentées presque partout, par des calcaires en bancs bien réglés et subdivisés en deux niveaux ; l'assise inférieure, intimement soudée aux grès rhétiens et souvent à l'état de calcaires sableux, renferme l'*Ammonites* (*Psiloceras*) *planorbis* ; celle supérieure, où les calcaires deviennent marneux et plus compacts, l'*Ammonites* (*Scholotheimia*) *angulatus*.

La zone inférieure devient l'horizon le plus fossilifère de l'infra-lias ; l'*Ostrea irregularis* s'y développe par bancs et les cardinies y deviennent très abondantes (*C. Sinemuriensis*, *C. concinna*, *C. hybrida*, etc.). Avec d'autres bivalves, *Pecten Valoniensis*, *Lima edula*, et des ammonites, *Am.* (*Caloceras*) *laqueus* et *tortilis*, on peut y constater l'association d'espèces rhétiennes, *Mytilus minutus*, *Plicatula intustriata*, avec les *Spiriferina* et les *Pentacrines* du lias à gryphées.

Mais l'hettangien ne se présente pas toujours sous ce facies calcaire ; au niveau de l'Ammonite planorbis on peut déjà constater des couches étendues de minerais comme ceux de Mazenay près du Creuzot et de Thostes en Morvan près de Semur ; en d'autres points il peut conserver, dans toute son étendue, une

persistance remarquable du facies sableux du Rhétien ; déjà
dans le Cotentin les grès calcarifères à cardinies, exploités près
de Valognes et qui deviennent le principal gisement du *pecten*
et de la *Lima Valoniensis* en témoignent ; de même dans le
Berry, le *calcaire pavé* de Saint-Amand et la pierre à dalles de
Lienesse représentent un hettangien gréseux ; mais c'est surtout
sur la bordure orientale, dans le fond du golfe du Luxembourg
qui s'enfonçait alors comme un coin entre l'Ardenne et l'Eifel,
que ce facies sableux règne dans son plein ; là se présentent en
effet à tous les niveaux de l'infra-lias, des grès, d'abord grossiers
et entremêlés de poudingues (grès de Vic à *Avicula contorta*),
puis plus fins et entremêlés de marnes noires, charbonneuses,
où l'on rencontre les espèces de la zone à *Am. planorbis*, enfin,
au sommet, sur une épaisseur de 60 mètres, les grès blancs,
quartzeux d'Hettange qui depuis longtemps se sont rendus
célèbres pour le nombre et la belle conservation des fossiles de
la zone à *Am. angulatus* qu'ils contiennent.

Avec de nombreuses cardinies localisées dans les parties
basses, on peut y recueillir les espèces habituelles de cette
zone, et surtout des formes absentes ou plus rares ailleurs,
telles que *Littorina clathrata* et *Hettangia ovata*. De plus des
empreintes végétales de fougères (*Thaumatopteris, Dictyophyllum, Nilsonia*, etc.) et des cycadées, *cycadites, otozamiles*, s'y
présentent nombreuses, attestant le voisinage du continent.

Mais il est juste d'ajouter que cet ensablement remarquable
du golfe du Luxembourg ne peut être tout entier rapporté à
l'action propre de la mer ; les preuves abondent que des apports
fluviatiles ont dû jouer le plus grand rôle et que ces grès accumulés dans le fond du golfe, représentent l'emplacement d'un
ancien estuaire comblé ; telles sont d'abord ce grand nombre de
plantes terrestres charriées qu'on y rencontre, puis la présence
de coquilles d'eaux saumâtres comme les littorines, celle aussi
dans les poudingues calcarifères des grès de Vic, des calcaires
dévoniens de l'Eifel et de l'Ardenne réduits à l'état de galets ;
enfin, et surtout ce fait bien significatif que l'arrangement des
matériaux n'est autre que celui des deltas, les marnes charbonneuses se trouvant localisées dans le centre alors que les
grès sont rejetés, sur les bords, avec des stratifications inclinées.

— 2° *Lias*. En ce point le lias inférieur, bien représenté, conserve encore dans toute son étendue un caractère sableux à ce point que sa délimitation avec les grès d'Hettange devient difficile, mais, partout ailleurs, avec une constante uniformité, le sinémurien est représenté par des calcaires marneux gris bleuâtre, peu épais et séparés par de minces lits argileux où abondent les gryphées arquées. Il est ainsi, aussi bien sur la bordure orientale dans les Ardennes et la Lorraine, qu'en avant du Morvan, où les affleurements de ces calcaires, largement exploités pour chaux hydraulique, donnent lieu aux terres fortes et fertiles de l'Auxois. Dans toutes ces carrières ouvertes, nombreuses, au travers de ces plaines couvertes de grands bois, de cultures ou de pâturages, on peut constater l'intime liaison de ces calcaires à gryphées avec ceux plus jaunâtres (*foie de veau des carriers*) de la zone d'*Am. angulatus* sous-jacente, mais à mesure qu'on s'enfonce dans la direction du Morvan on voit ces calcaires déborder par-dessus l'infra-lias, puis venir s'étendre sur les roches cristallines du massif. C'est à cette date seulement, en effet, que le Morvan affaissé et séparé du Plateau Central s'est vu tout entier recouvert par les eaux marines.

Ces dépôts du sinémurien ne subsistent plus, dans l'intérieur du massif, qu'à l'état de lambeaux isolés, préservés sur les hauts sommets par des pénétrations postérieures de silice qui leur ont permis de résister aux érosions, mais dans les grandes plaines de l'Auxois ils restent très étendus et remarquablement riches en fossiles [1], si bien que sur une simple épaisseur de 7 à 8 mètres, on peut constater trois horizons fossilifères spéciaux; quoi qu'il en soit, dans leur ensemble ces calcaires avec leurs gryphées arquées caractéristiques, se signalent, non seulement par le nombre mais par la grande dimension de la plupart des espèces qu'ils renferment; les ammonites *arietites* avec *A. Bucklandi* et *A. stellaris* atteignent plus d'un mètre de diamètre; ensuite on remarque la *Lima gigantea*, le *Pleurotomaria gigas* et beaucoup d'autres fossiles de cette nature. Par contre les bélemmites y débutent par des

---

1. Leur richesse en nodules de phosphate de chaux, au sommet, n'est pas moindre et donne lieu à une exploitation active.

formes brèves, *B. brevis, B. acutus*; c'est là que se tiennent
également en grand nombre le *Spiriferina Walcoti* et le *Penta-
crinus tuberculatus*. Des vertèbres d'ichtyosaures y sont fréquentes. Au sommet, quand, dans ces calcaires, apparaissent
des formes nouvelles d'ammonites, *Am. aricostatus, Am. oxyno-
tum*, la gryphée se modifie, tend à s'aplanir,. puis, dès qu'on
atteint les calcaires mieux stratifiés du lias moyen, on voit
apparaître les petites variétés de la *Gryphea cymbium*; successi
vement elle devient [plus plate, et quand on atteint ensuite, au-
sommet du lias moyen une
assise, spéciale de calcaires
roux, ferrugineux, qui couronnent cet étage, elle prend des
dimensions qui permettent
de désigner cet horizon sous le
nom de *calcaire à gryphées
géantes*. Un *Pecten*, qui porte
le nom d'*æquivalvis*, subit le
même sort; on le voit débuter, dans les calcaires à pe-
cymbiennes, par des formes
tites gryphées réduites, puis
gagner, progressivement, des
dimensions géantes dans les
calcaires du sommet.

Entre ces deux niveaux,
déjà bien faciles à distinguer par ces seuls faits, il
s'établit des différences notables dans la faune; les calcaires inférieurs fréquemment

Fig. 327. — *Ostrea cymbium*, variété
géante de la zone à *Am. spinatus*.

exploités pour ciment (ciment de Venarcy en Auxois) deviennent de véritables calcaires à bélemnites tant est grand le
nombre des individus fournis par les *Bel. niger* et *clavatus*;
les ammonites nombreuses s'y succèdent dans l'ordre suivant :
Am. ibex.; *am. raricostatus*; *am. Dawæi*. C'est aussi l'horizon
de la *Terebratula* (*Waldheimia*) *numismalis*. Au sommet, les calcaires à gryphées géantes contiennent ensuite de nombreux

24.

individus des *Ammonites margaritatus* et *spinatus*, avec quelques
bélemnites (*B. compressus*), et des brachiopodes dont les plus
fréquents sont *Spiriferina rostrata* et *Terebratula* (*Waldheimia*)
quadrifida. Dans l'intervalle se tiennent en Auxois des marnes
grises micacées, presque sans fossiles, qui se développent en
longs talus à pente douce entre ces deux assises calcaires.

Les calcaires à gryphées géantes servent ensuite de support à
un second talus de marnes moins épaisses que les précédentes
et qui marquent cette fois le début du lias supérieur (Toarcien).
Ces marnes schisteuses, parfois bitumineuses, alternent réguliè-

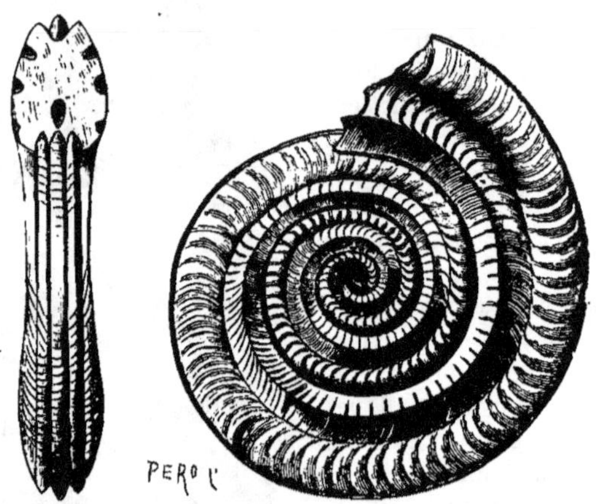

Fig. 328. — *Ammonites* (*Harpoceras*) *bifrons* du lias supérieur.

rement avec des lits de calcaires à ciment (ciment de Vassy) et
renferment de suite les Ammonites (*Harpoceras*) caractéristiques
du toarcien : d'abord l'*Am. serpentinus* (fig. 321), puis l'*Am.
bifrons*. Les espèces les plus fréquentes sont ensuite des bélemnites, *B. tripartitus*, *B. irregularis*, puis des bivalves, *Leda rostrata*, *Nucula Hameri*, et des gastropodes, *Trochus subduplicatus*,
Turbo capitaneus; on remarque ensuite répandues dans tout
l'ensemble les *Ammonites radians* et *complanatus*. Enfin dans
les calcaires apparaissent de nombreux poissons, et c'est là un
fait qu'on peut généraliser; dans le Jura, dans le Calvados où
vient se placer la célèbre localité de Curcy, et dans beaucoup

d'autres régions, la zone·à Am. bifrons du toarcien se montre,
en effet, très riche en poissons.

Dans l'Auxois ce sont les grands escarpements des calcaires
à entroques du bajocien qui viennent directement couronner
ces marnes toarciennes limitées à cette zone inférieure à Am.
bifrons. Quand le lias supérieur est au complet, comme dans la
Lorraine, il se termine par une dernière assise caractérisée par
des Harpoceras à côtes très fines (*H. opalinus*, fig. 333) et qui
se présente alors fréquemment constituée à l'état de minerai
où les fossiles sont eux-mêmes en oxyde de fer. C'est dans
cette condition que se présente cette zone terminale dans la
Lorraine et sous ce même aspect on peut la voir encore se
poursuivre, dans le sud, jusqu'en Ardèche.

Dans le bassin de Paris les principales modifications qui
s'introduisent dans la composition des étages liasien et toarcien (le calcaire à gryphées restant partout uniforme aussi bien
dans sa faune que dans son aspect) consistent dans ce fait que
le lias moyen peut devenir sableux ; cette circonstance est déjà
bien réalisée dans l'Ardenne où des courants, longeant la côte,
sont venus amener des sables, maintenant agglutinés par du
calcaire et disposés en bancs réguliers, très activement exploités
pour pavés dans les grandes carrières de Romery et de Saint-
Laurent, près de Mézières. Dans ces calcaires sableux, épais de
120 mètres, toute la faune du liasien se développe dans l'ordre
précédemment indiqué. Mais c'est surtout dans le Calvados
qu'il faut venir chercher les meilleurs exemples de ces conditions littorales. Comblant les anfractuosités des quartzites siluriens redressés et dessinant alors de véritables récifs sous-marins,
on observe des dépôts côtiers sableux qui, sur des épaisseurs
très faibles, réduites à quelques décimètres, renferment les
différents horizons des étages supérieurs du lias remarquablement fossilifères ; le récif de May dans le Calvados, en particulier,
devient sur une épaisseur faible de 0,25 le plus riche gisement
de gastropodes et de brachiopodes du lias moyen qu'on con-
naisse. Là peut s'observer également une curieuse association
des térébratules et des rynchonelles liasiques, non plus seulement avec des Spiriferina, mais avec des *leptœna* (*L. liasina*)
et des *productus* (*Koninckella.*)

Ce fait n'est pas spécial au Calvados, dans le sud-ouest de l'Angleterre on peut de même observer cette fois sur des calcaires carbonifères profondément ravinés, des poches sableuses à leptœna liasiennes identiques, comme aspect, à celles de May.

Partout ailleurs le Lias anglais conserve, dans les espaces que nous avons définis, ses caractères habituels avec cette seule particularité que les éléments argileux restent souvent dominants. C'est ainsi que les grès rhétiens à *Avicula contorta* y sont réduits à de petits lits, fort amincis, engagés dans des argiles schisteuses noires, et c'est dans de pareils dépôts que vient se placer, sur la côte de Sommerset, le bone-bed à Microlestes célèbre. Dans le *Lias blanc* des géologues anglais il faut voir l'équivalent exact des calcaires gréseux hettangiens du Cotentin; ensuite le *Lias bleu* reprend les caractères habituels du sinémurien avec ce seul fait que les grands reptiles nageurs, *Icthyosaures* et *Plesiosaures*, y sont plus largement représentés qu'ailleurs dans la localité célèbre de Lyme-Regis où des squelettes entiers de ces animaux ont pu être extraits, avec un curieux reptile volant insectivore, *Pterodactylus brevirostris*. A mesure qu'on remonte dans la série on voit les couches, tout en conservant encore un facies argileux, prendre tous les caractères de dépôt effectués non loin des côtes. Des minerais de fer, représentés par des carbonates terreux d'une importance considérable [1], viennent se placer dans le Lincolnshire au sommet du liasien dans des argiles à *Ammonites spinatus*; puis dans le lias supérieur, qui tout entier est constitué par une argile bleue, tenace, à peine interrompue par quelques lits calcaires noduleux, on rencontre sans doute les ammonites et les bélemnites toarciennes habituelles, mais ce qui domine ce sont, tantôt des couches à poissons très riches en insectes, tantôt des bancs de lignite formés aux dépens de tiges de conifères, c'est-à-dire tous les signes de dépôts effectués près d'un rivage.

Formations lignitifères liasiques. Scanie. — A mesure qu'on s'avance vers le nord-est on voit ces niveaux charbonneux prendre une extension de plus en plus grande, en même

1. Ces minerais fournissent plus de 7 500 000 tonnes par an.

temps les grès rhétiens se développent largement. En Scanie,
par exemple, qui marque à la pointe sud de la Scandinavie
le terme extrême atteint par les dépôts de cette nature, ces grès
très puissants et largement étendus sur les terrains paléozoïques
ravinés, font partie d'une remarquable formation lignitifère
où de grandes couches d'une houille ligniteuse exploitée,
annoncent combien devait être puissante la végétation sur le
continent qui occupait alors l'emplacement de la péninsule
scandinave et de la Russie. Les fougères et les cycadées qui
la composaient, maintenant bien conservées à l'état d'empreintes, souvent houillifiées, dans les grès ferrugineux qui
encaissent les couches de charbon, ne sont autres que celles
qu'on rencontre dans les grès rhétiens d'Hettange ou du Plateau Central. En même temps quelques petites intercalations
marines au milieu de cette formation lignitifère, contiennent,
à la base, les espèces de la zone à Avicula contorta (*O. irregularis (Hisingeri), Mytilus minutus*), tandis qu'au sommet ce sont
celles de la zone hettangienne à *Am. angulatus* qu'on observe.
Ces conditions lagunaires ont persisté dans cette région pendant le lias qui, lui aussi, reste tout entier gréseux.

Mais ces couches charbonneuses sont loin d'être limitées
aux régions septentrionales de l'Europe. Dans les Indes, en
Chine et dans notre colonie du Ton-king on exploite, localisés
dans de grands bassins, des charbons dont la flore, absolument
différente de celle du terrain houiller, n'est autre que celle
des grès rhétiens d'Europe et des houilles ligniteuses de
Scanie. De ce fait, fort intéressant, on doit conclure que dans
les régions méridionales de l'Asie, les conditions qui avaient
présidé à la formation de la houille pendant le carbonifère,
se sont reproduites au début de la période jurassique. Quand
on songe ensuite que de pareils grès à flore infra-liasique européenne, avec couches de charbon exploitable, se rencontrent,
avec un pareil développement, dans l'Amérique du Sud, au
Chili; dans l'Afrique australe près du Cap, enfin dans l'Australie, on aura une idée de l'extension prise par les continents,
au début de la période jurassique, en dehors de l'Europe,
et des conditions égales de température et de lumière qui
devaient alors régner sur le globe, puisque ce sont toujours

les mêmes espèces européennes qui se poursuivent dans des régions aussi éloignées.

Région alpine. Alpes Rhétiques. — Dans la région des Alpes les variations que nous avons vues s'établir dans la composition des dépôts liasiques du bassin anglo-parisien disparaissent pour faire place à une longue et très uniforme série de schistes marneux et de calcaires, annonçant une persistance remarquable des conditions franchement marines qui avaient prévalu jusqu'alors dans les contrées méridionales de l'Europe. En même temps disparaissent ces phénomènes de transgressions et de discordances qui, dans le nord et l'ouest, introduisent entre la série liasique et le trias une séparation tranchée. Déjà, dans les Basses Alpes, l'étage rhétien à *Avicula contorta* perd son aspect gréseux habituel et se présente, tout entier, constitué par des calcaires noirs où se poursuit la faune atrophiée du nord-ouest, sans subir de modifications; les bone-beds à dents de poissons même ne manquent pas et la formation des calcaires dans cette partie des Alpes, aussi bien qu'en Provence, ne s'est guère interrompue, pendant toute l'étendue du Lias, que par l'intercalation de quelques couches marneuses.

C'est seulement plus à l'est qu'on peut constater dans de pareils dépôts, qui se poursuivent largement, comme autrefois, dans les Alpes orientales, des variations notables dans la faune; variations qui se traduisent tantôt par une prédominance marquée des céphalopodes, si bien qu'on peut déjà constater la présence d'ammonites dans les calcaires rhétiens, tantôt et surtout par une accumulation de petits brachiopodes (Rynchonelles et Spiriféridés) qui remplissent les couches. C'est dans le Tyrol que se fait le plein développement de ces calcaires rouges liasiques à brachiopodes, dans lesquels on peut toujours rencontrer, associées à des formes spéciales, un certain nombre d'espèces du Nord (*Terebratula* (*Waldheimia*) *numismalis, Spiriferina rostrata,* etc.); les mêmes faits s'observant dans les calcaires où dominent les ammonites, on voit, par suite, que la faune marine liasique conserve toujours, dans son ensemble, une grande uniformité.

JURASSIQUE MOYEN — ÉPOQUE OOLITHIQUE

Étages Bajocien et Bathonien.

Caractères stratigraphiques et paléontologiques généraux. — Après le Lias, pendant toute la durée du Jurassique moyen, des conditions particulières de calme dans les bassins maritimes de l'Europe occidentale, ont singulièrement facilité la formation des calcaires, si bien que, dans cette partie du continent, les talus réguliers des marnes liasiques se montrent couronnés par de puissantes assises de roches de cette nature, fournissant partout d'excellents matériaux de construction, et dans lesquels on peut distinguer deux divisions : 1° l'étage *bajocien* (de Bayeux, dans le Calvados); 2° l'étage *bathonien* (de Bath, en Angleterre). Dans chacun d'eux domine le *facies oolithique*[1] et les organismes tiennent une grande place dans la formation des calcaires. Les grès et les conglomérats, toujours localisés, comme d'habitude, dans des points situés près des rivages, deviennent l'exception en ne se montrant plus repartis que sur des espaces restreints; et les sédiments détritiques sont surtout représentés par des marnes ou des argiles. Ces dernières, notamment, peuvent prendre, par places, un grand développement, et deviennent, en particulier, l'élément caractéristique du bathonien inférieur en fournissant, à la base de ce dernier étage de la série oolithique, un niveau régulier de *terre à foulon* (*Fullers'earth*).

Les différences qu'on peut noter dans les caractères paléontologiques ne sont pas moins nettes ; sur les continents la flore devient plus variée, les conifères, par exemple, s'enrichissent de formes nouvelles fournies surtout par des Thuyas. Les mammifères aussi, devenus plus nombreux, sont de petits marsupiaux (*Amphitherium*, fig. 297, *Phascolotherium*) qui, par leur dentition, se rapprochent beaucoup plus des types actuels que les *Microlestes* liasiques.

---

1. Voir plus haut, page 427.

Dans ces dépôts essentiellement calcaires ou marneux, la faune marine apparaît aussi sensiblement modifiée, surtout quand on s'adresse aux calcaires blancs franchement oolithiques où dominent, avec des oursins (*Cidaris, Hemicidaris, Stomechinus, Pygurus, Clypeus,* etc.), des brachiopodes bien différents de ceux du lias. Des formes paléozoïques il ne reste plus trace,

BRACHIOPODES · DU BATHONIEN SUPÉRIEUR

 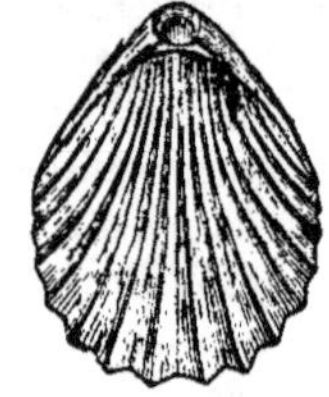

Fig. 329. — *Terebratula digona.*   Fig. 330. — *Terebratula cardium.*

et parmi les térébratules on en remarque qui, pour la première fois, présentent des coquilles à grosses côtes (*Terebratula (Eudesia) cardium,* fig. 330), tandis que certaines rynchonelles se montrent couvertes d'épines (*R. spinosa*). Les couches oolithiques ainsi que les calcaires à entroques, qui prennent dans les assises bajociennes un large développement, sont alors en relation étroite avec des calcaires où des polypiers prennent déjà une grande place, mais sans présenter encore d'accumulations prenant un caractère franc de récif; c'est là simplement un premier indice des formations coralligènes qui prendront toute leur importance dans le Jurassique supérieur.

En dehors de ces calcaires oolithiques, dans les dépôts argileux et marneux où les acéphales deviennent nombreux, il n'est plus question de gryphées. Des ostracées du genre *Ostrea* tiennent leur place et parmi ces huîtres il en est une de taille réduite, avec un crochet aigu, *Ostrea acuminata,* qui se fait remarquer par sa localisation dans les argiles du bathonien inférieur, qu'elle sert à caractériser.

Dans les dépôts qui perdent le caractère oolithique on doit ensuite noter le rôle important que peuvent prendre les spongiaires, et par suite tenir compte d'un *facies spécial à spongiaires,* qui, lui-même, comme les formations coralligènes, est destiné à prendre plus d'importance dans le jurassique supérieur.

Les ammonites, loin de faire défaut, apparaissent à leur tour nombreuses, non seulement très différenciées, mais réparties d'une façon plus inégale que dans les assises liasiques. Il est par exemple certaines assises de calcaire à oolithes fines qui en sont dépourvues. Au début on remarque une persistance des formes discoïdales et carénées du lias supérieur, mais bientôt dès le bathonien moyen où elles se multiplient, les types dominants, bien différents, sont des ammonites plus globuleuses, à tours de spire bien découverts, ornés de côtes rayonnantes et qui parfois se montrent garnies sur les flancs d'une couronne de tubercules comme l'*Am. Humphriesianus* du bajocien (fig. 331). Les bélemnites, également très modifiées, at-

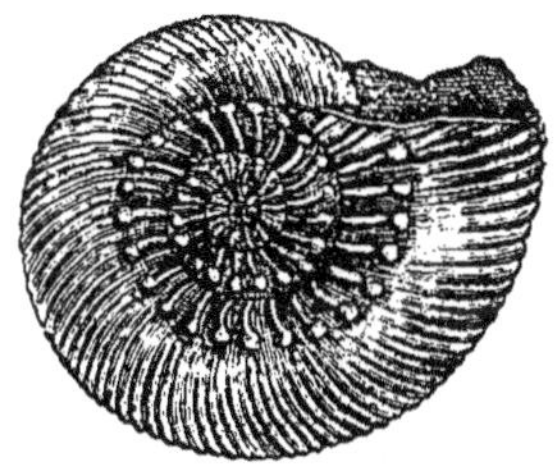

Fig. 331. — *Ammonites Humphriesianus* du bajocien.

teignent leur plus grande taille dans ce même étage bajocien avec le *Belem.* (*Megatheuthis*) *giganteus*.

Dans les régions méridionales la composition de ces deux étages reste beaucoup plus simple; toute trace de facies oolithique fait défaut, par suite les polypiers avec la faune d'oursins et de brachiopodes qui forme leur escorte habituelle dans le nord et le nord-ouest de l'Europe, sont absents et c'est au travers d'une puissante et très uniforme série de schistes et de calcaires, marqués de colorations sombres, brunes ou noires, que se développent, presque exclusivement, et dans le même ordre, les céphalopodes des étages bajocien et bathonien du bassin anglo-parisien, mais avec cette différence qu'aux espèces du nord viennent s'en ajouter d'autres réparties dans les deux genres d'ammonites (*Phylloceras* et *Lytoceras*) qui toujours restent spéciaux à ces régions.

De la sorte, à côté du *facies oolithique* qui domine dans toute l'étendue du jurassique moyen des contrées septentrionales et occidentales de l'Europe, il y a lieu de distinguer un *facies vaseux à céphalopodes* propre aux régions méditerranéennes.

Bassin de Paris. — En Normandie, les affleurements du bajocien qui se poursuivent sans interruption, au-dessus du lias, depuis la localité classique de Bayeux, aux environs de Caen, jusque dans les falaises du Calvados, ont leur représentant le plus connu dans un calcaire à petites oolithes ferrugineuses, rempli de fossiles, qui a rendu célèbre cette localité de Bayeux; là s'observent en effet, réunies en tas, sur une épaisseur très faible (2 mètres), toutes les ammonites richement ornées, si caractéristiques du bajocien (*A. Humphriesianus, A. Parkinsoni, A. garantianus, A. subradiatus,* etc.), associées à tous les gastropodes (*Pleurotamaria conoidea* (fig. 333), *P. ornata*), les bivalves (*Astarte obliqua*) et les brachiopodes (*Terebratula spheroïdalis*) de la zone. Ce dépôt, essentiellement littoral, qui représente un entassement de coquilles jetées par le flot sur la côte, est séparé du lias par un premier horizon de calcaires durs à silex dans lequel on peut rencontrer, dès la base, les ammonites discoïdales et carénées (*A. Murchisonæ*) qui se tiennent spécialement dans les niveaux inférieurs du bajocien, puis au sommet, quand déjà apparaissent de grosses oolithes ferrugineuses, les bélemnites géantes, *B. giganteus* (*zone à Am. Sowerbyi*). Dans les falaises du Calvados on l'observe ensuite couronné par des calcaires blancs finement oolithiques et remplis de spongiaires où les fossiles, devenus moins nombreux, sont surtout représentés par des oursins (*Stomechinus bigranularis*) et des brachiopodes (*Terebratula Philippsi*).

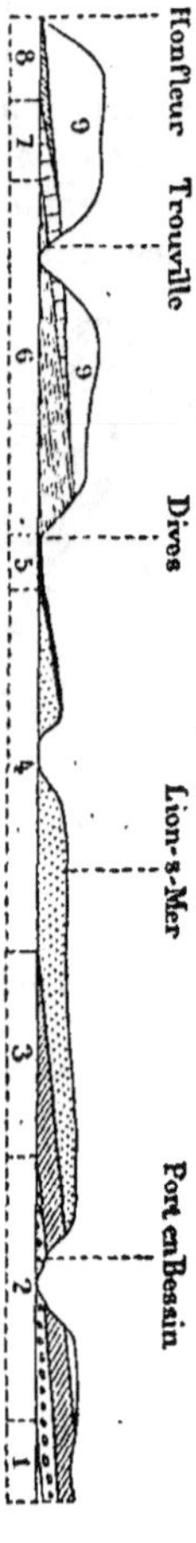

Ensuite se développe, en stratification concordante, le bathonien représenté d'abord, dans les falaises de Port-en-Bessin, par

Fig. 332. — Coupe géologique des falaises du Calvados : 1, lias supérieur. 2, oolithe inférieure; 3, argiles de Port-en-Bessin (terre à foulon); 4, calcaire de la grande oolithe; 5, niveau de l'Ammonites macrocephalus; 6, argiles oxfordiennes; 7, calcaires coralliens de Trouville; argile du kimmeridje; 9, terrains crétacés.

une longue suite d'argiles bleuâtres remplies d'*Ostrea acuminata*
et de calcaires marneux, bien stratifiés, où reparaissent nom-

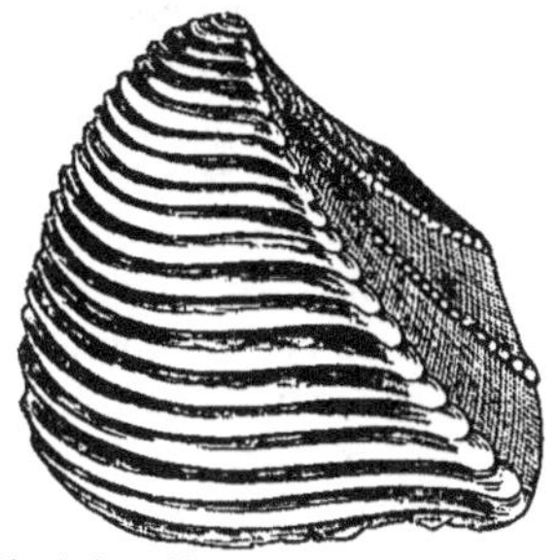

Fig. 333. — *Pleurotamaria conoïdea*   Fig. 334. — *Trigonia costata* du bajocien.
du bajocien.

breuses les ammonites en atteignant une grande taille avec
l'*A. procerus*. Ce sont ces mêmes couches qui, progressivement
perdant leur caractère mar-
neux, quand on s'écarte de
la côte pour s'avancer dans
l'intérieur de la Normandie
fournissent, aux environs
de Caen, cette belle pierre
oolithique à grain fin si largement exploitée sous le
nom de *pierre d'Allemagne*,
et avec laquelle tant d'édifices, aussi bien en Angleterre qu'en Normandie, ont
été construits ; calcaires qui
deviennent une véritable né-
cropole de sauriens tant est
grand le nombre des restes,
parfois même des squelet-
tes entiers d'Ichtyosaures,
de Plésiosaures et surtout
de Crocodiliens à long bec,
comme nos gavials actuels,

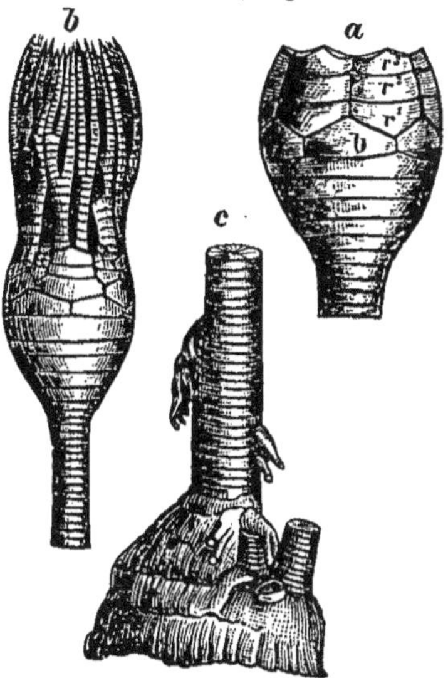

Fig. 335. — *Apiocrinus Parkinsoni*
du bathonien.

les *Téléosaures*. Puis le bathonien se termine par une nouvelle et non moins puissante série de calcaires blancs oolithiques, ne renfermant guère tout d'abord que des polypiers, mais qui deviennent remarquablement fossilifères quand on atteint leur sommet dans les falaises de Ranville, de Luc et Langrune ; alors apparaissent en grand nombre, au milieu de calcaires remplis de bryozoaires, tous les oursins et les brachiopodes (*Eudesia cardium* (fig. 330), *Terebratula* (*Waldheimia*) *digona*) caractéristiques du bathonien supérieur.

Sur la lisière occidentale et méridionale du bassin de Paris on atteint des points peu profonds de la mer oolithique, en même temps des régions où l'absence d'apports sableux et argileux a permis aux organismes constructeurs de prendre un grand développement. Aussi dans le voisinage des Ardennes, des Vosges, ainsi que du Morvan, le bajocien, changeant d'aspect, est presque tout entier représenté par de puissantes assises de calcaire à entroques subordonnées à des calcaires à polypiers ; cet ensemble bien soudé donne alors naissance à une grande zone de plateaux secs, largement découverts, limités par des escarpements ruiniformes, qui surplombent les talus réguliers des marnes liasiques. Telle est, en particulier, la vaste plate-forme, bien connue sous le nom de *plateau de Langres*, qui se dresse, comme un seuil, entre les Vosges et le Morvan. Seule la zone inférieure à *Am. Murchisonæ* reste constituée à l'état de calcaire compact souvent ferrugineux au point de renfermer comme dans la Lorraine, près de Nancy et de Longwy, un minerai de fer oolithique hydroxydé exploité largement.

Le bathonien dans les Ardennes et la Lorraine, après avoir débuté comme en Normandie par des calcaires marneux à grandes ammonites, entremêlées de lits argileux où se tient l'*Ostrea acuminata*, comprend de même de grandes assises de calcaires oolithiques, presque crayeux, qui fournissent les belles pierres de taille de Chémery et prennent tous les caractères d'une formation coralligène, surtout quand on atteint celles de ces assises qui se montrent remplies de *Rynchonella decorata*. Mais ces grands massifs d'oolithe blanche s'interrompent, en Toul et Étain, sur l'emplacement de l'ancien golfe liasique du Luxembourg, pour faire place à une vaste formation vaseuse qui donne naissance à une grande région de plaines légèrement ondulées, au sol imperméable entrecoupé de bois et d'étangs, bien connue sous le nom de Woëvre. Au delà de Toul, les calcaires oolithiques reparaissent avec leurs polypiers et leurs brachiopodes, mais bientôt ils redeviennent marneux et très fissiles, au point d'être souvent employés, sous le nom de *laves*, pour la couverture des toits; puis, dès qu'on atteint l'Auxois, ce facies vaseux envahit tout l'étage qui ne comprend plus que des *calcaires marneux blancs jaunâtres* riches en pholadomies de grande taille (*Ph. gibbosa*), mais où l'on peut rencontrer encore les grandes ammonites de Port-en-Bessin (*Am. procerus, Am. Parkinsoni*).

De pareils faits, c'est-à-dire la substitution d'un facies vaseux aux formations oolithiques, peuvent encore s'observer plus à l'ouest, dans le Berry, et surtout en face du détroit de Poitiers où les vallées du Cher, de la Vienne et de la Creuse entament de puissantes assises de calcaires blancs bathoniens le plus souvent coralligènes et qui fournissent les pierres de taille si estimées du Poitou [1].

Sur la bordure occidentale le bajocien se développe sous un facies côtier, représenté par des sédiments argileux ou sableux. Déjà sur la rive ouest de l'ancien détroit jurassique de Poitiers, les fossiles de cet étage se rencontrent dans des grès à pavés; au delà, quand on remonte sur la lisière du massif ancien de l'Armorique, les affleurements oolithiques sont masqués, dans la vallée de la Loire, par les terrains crétacés; quand on les retrouve ensuite dans la Sarthe, on les voit déborder par-dessus le lias pour venir s'étendre sur les terrains primaires, en restant sableux dans toute leur étendue. Plus au nord, près des sources de l'Orne, où ils viennent se relier avec ceux du Calvados, cet ensablement atteint une grande partie du bathonien [2], et dans l'intervalle quand, à ce niveau, se présentent superposés aux grès bajociens, des cal-

---

1. Pierres de Vallenay dans la vallée du Cher, pierres de Chauvigny dans la vallée de la Vienne.

2. Dans la Sarthe, à Mamers, les calcaires bathoniens qui entourent la ville sont depuis longtemps connus pour le nombre et la belle conservation des empreintes de fougères (*Lomatopteris*) et de Cycadées (*Cycadites, Otozamites*, etc.) qu'on y rencontre.

caires oolithiques, ils sont toujours peu épais et deviennent riches en empreintes végétales, ce qui est toujours l'indice de la proximité du continent.

A cette date, en effet, l'Armorique soudée à la péninsule de Cornouailles, c'est-à-dire à la pointe du sud-ouest de l'Angleterre, faisait partie d'une grande terre émergée, largement étendue dans la direction de l'Atlantique septentrional et qui couvrait dans les îles Britanniques, avec l'Irlande et l'Écosse, de vastes surfaces dans l'ouest et le nord de la Grande-Bretagne.

Angleterre; facies continental. — En Angleterre les affleurements oolithiques dessinent, comme dans le bassin de Paris, une zone ininterrompue prenant la Grande-Bretagne en écharpe depuis la baie de Lyme-Regis sur la côte sud, jusque dans les falaises du Yorkshire dans la mer du Nord. Alors que dans les comtés du sud et du centre, cette série se développe en tous points conforme avec celle dont nous avons défini les caractères sur les côtes de la Normandie, avec cette seule particularité que, dans l'assise inférieure du bathonien, les argiles, utilisées comme terre à foulon, prennent un développement inusité (80 à 100 mètres), dans le nord-est et sur la lisière de cette bande jurassique c'est le facies sableux de l'ouest qui apparaît. Dans le Yorkshire, une puissante série de grès ferrugineux, riches en empreintes végétales, représentent le bajocien, et le bathonien, lui-même sableux, devient lacustre; dans cette seconde série de grès et de schistes, de nombreuses coquilles d'*Unio* (moule de rivière) ont gardé leur situation normale, et les végétaux sont en si grand nombre, qu'ils fournissent des couches de lignite (Jayet) exploité. C'est dans de pareils schistes sableux qu'ont été trouvés à Stonesfield, dans le comté d'Oxford, avec de nombreux insectes, les marsupiaux (*Amphitherium* et *Phascolotherium*) mentionnés plus haut.

On voit par suite que des conditions continentales ont prévalu dans le nord de l'Angleterre, pendant toute la durée du bathonien; et cet état de choses s'accentue à mesure qu'on remonte vers des régions de latitude plus haute. Sur les côtes de la Norvège, dans le nord de la Russie et de l'Asie, l'oolithe inférieure est uniquement représentée par une puissante formation ligni̧tifère comprenant, engagée dans des grès et des schistes argileux, de grandes couches de combustible fournies par des espèces végétales qui ne sont autres que celles observées en Angleterre. Or de pareils dépôts avec les mêmes espèces de cycadées et de fougères se poursuivant jusque dans les terres polaires du Groenland et du Spitzberg, on ne saurait douter que des conditions climatériques bien uniformes devaient encore régner sur la surface du globe à l'époque oolithique.

JURASSIQUE SUPÉRIEUR

Étendue et divisions. — Dans le bassin de Paris, après le lias, la mer, par suite d'un mouvement d'émersion qui tend à provoquer la fermeture des détroits de la Côte d'Or et du Poitou, diminue progressivement d'étendue en se retirant vers le nord-ouest; dès lors les sédiments, couvrant de moins en moins d'espace, s'empilent en retraite les uns au-dessus des autres, si bien que leurs affleurements dessinent, après l'auréole continue et très étendue du lias, une série de bandes concentriques de plus en plus étroites dans l'est et le sud, depuis les Ardennes jusqu'au Berry, tandis que sur la bordure occidentale, ces zones, non seulement sont moins accusées, mais gagnent souvent du terrain dans la direction de l'Armorique; déjà nous avions vu cette circonstance réalisée par les sédiments gréseux du bajocien qui dépassent, sur cette bordure occidentale, les limites atteintes par le lias, pour venir s'appliquer directement sur les terrains primaires de la Bretagne.

Partout ailleurs les couches jurassiques inclinées, plongeant régulièrement vers le centre du bassin et façonnées par les érosions qui ont mis en saillie les parties les plus résistantes, donnent naissance à une succession régulière de gradins étagés, d'altitude croissante, et limités tous, à l'est, par une falaise calcaire semi-circulaire, surplombant une zone de plaines déprimées, établies sur des assises meubles, marneuses ou argileuses, que les eaux courantes ont facilement entamées [1].

1. Ce sont ces crêtes saillantes, à peine échancrées par quelques vallées, qui, dominant de toute leur hauteur des espaces plats ou seulement douce-

En se dirigeant des Vosges vers Paris, par exemple, dès qu'on a franchi l'escarpement de la grande plate-forme oolithique culminante du Bassigny qui se dresse, en saillie très prononcée, au-dessus des plaines liasiques fertiles de la Lorraine, on voit ces puissantes assises de calcaires, très résistants, plonger doucement sous une zone étroite de prairies humides, établie cette fois sur des affleurements d'argiles *calloviennes* et de marnes *oxfordiennes*. Cette bande argileuse acquiert bientôt une grande largeur, dès qu'on se rapproche de l'ancien golfe jurassique du Luxembourg, en venant affleurer largement dans la grande plaine si largement découverte de la Woëvre, où elle se montre à son tour dominée, à l'ouest, par de grands escarpements boisés, formant une falaise d'importance égale sinon supérieure à la première; falaise qui marque le bord relevé d'une nouvelle et très homogène bande calcaire dont le sommet s'élève à plus de deux cents mètres au-dessus de cette plaine marneuse. Sur les flancs de la vallée très encaissée de la Meuse qui entame ce puissant massif calcaire dans toute sa longueur, il devient, alors, facile de reconnaitre qu'il est constitué par une ligne continue d'anciens récifs de polypiers espacés au milieu de calcaires blancs crayeux très finement oolithiques qui fournissent tant de pierres de taille, à la fois résistantes et faciles à travailler (*calcaires rauraciens*).

Des bois marquent le parcours de cette grande bande corallienne de la Lorraine, qui se traduit par un vaste plateau, toujours incliné vers l'ouest dans la direction du Barrois, où il sert de support à une dernière zone déprimée dont le sol caillouteux et couvert de vignes est formé par une association d'assises dures de calcaires marneux et de marnes d'âge *kimméridgien*. Mais cette zone est bien réduite; bientôt ces assises marneuses disparaissent sous la masse puissante des calcaires lithographiques *portlandiens* du Barrois, relevée en un plateau sec, entaillé par de profondes vallées. Cette dernière zone calcaire est loin d'atteindre aussi l'étendue des

ment ondulés, parfois très étendus, constituent, non seulement les principaux traits de l'orographie si remarquable du bassin de Paris, mais ses lignes naturelles de défense.

p récédentes; à cette date le bassin de Paris très resserré n'est plus qu'un golfe occupant, avec le Barrois, la région de la Manche, depuis le pays de Bray jusqu'au Boulonnais. Les deux détroits du Poitou et de la Côte d'Or sont alors fermés, et bientôt les eaux marines se retirent pour faire place à un régime lacustre qui s'établit, aussi bien en Angleterre sur l'emplacement actuel de l'île de Purbeck, que sur le Jura. C'est par cette phase d'émersion du bassin de Paris et de l'Angleterre que se termine la série jurassique (époque *purbeckienne*); l'histoire de ces deux régions est en effet la même et, dans chacune d'elles, ces différents termes, *Callovien*, *Oxfordien*, *Rauracien*, *Kimméridgien* (ou *Kimméridien*), *Portlandien* et *Purbeckien*, énumérés plus haut dans l'ordre ascendant, correspondent chacun à l'un des six étages qu'on s'accorde à reconnaître dans l'ensemble, très varié, des dépôts qui composent le jurassique supérieur.

Mais si ces divisions s'appliquent sans difficulté au bassin anglo-parisien, il n'en est plus de même lorsqu'il s'agit des régions méridionales où la variété des sédiments disparaît pour faire place à une puissante et très uniforme série de schistes et de calcaires. Dans ces dépôts effectués dans une mer largement ouverte où les ammonites, c'est-à-dire des organismes de haute mer, se sont développées avec une ampleur sans égale, à l'exclusion presque des autres mollusques, en évoluant d'une façon continue, il devient difficile d'établir des assimilations avec les divers étages du jurassique supérieur du nord. Les formations coralligènes, qui ne manquent pas, sont toujours accompagnées d'une faune bien différente de mollusques, d'oursins et de brachiopodes, et se trouvent reportées au niveau des étages supérieurs en devenant, en dernier lieu, synchroniques de calcaires à céphalopodes spéciaux qui correspondent aux dépôts lacustres du Purbeck. C'est en effet dans ces régions qu'on doit venir chercher les équivalents marins des formations continentales qui, dans le nord, terminent la série jurassique. Par suite, alors que cette phase d'émersion introduit entre les dépôts jurassiques et crétacés de l'Europe septentrionale une limite bien nette, dans toute la zone méditerranéenne il en est autrement; les dépôts de ces deux périodes, tous formés dans une grande mer, très stable, sous l'influence de conditions identiques, se succèdent normalement, en pleine concordance, sans qu'aucun trouble apporté puisse introduire, entre ces deux séries, une séparation tranchée ; à ce point que leurs limites respectives laissent encore prise à quelque controverse.

De tous ces faits il résulte que, dans l'ensemble des assises qui constituent le jurassique supérieur, il y a lieu de distinguer, à côté du type normal *anglo-parisien*, dont nous viendrons chercher les meilleurs exemples sur la bordure orientale et méridionale du bassin de Paris, un type *méditerranéen*, caractérisé par la prédominance marquée des céphalopodes au milieu de sédiments, uniformément calcaires et schisteux ; de plus, entre ces deux termes extrêmes, dans le Jura, on peut constater la présence d'un type *jurassien* intermédiaire, qui mérite également de fixer l'attention.

Caractères épisodiques des dépôts. — Il convient ensuite de mentionner ce fait que dans le nord, aussi bien que dans le midi, les divers étages du Jurassique supérieur peuvent se développer sous des facies très différents. A cette date en effet les conditions physiques dans les mers, sont assez compliquées pour qu'une même assise puisse se présenter, suivant les points, sous des aspects divers. Telles sont en particulier les *formations coralligènes* qui peuvent passer latéralement à un *facies vaseux* à spongiaires ou à céphalopodes représenté par des calcaires marneux ou compacts déposés soit au large des récifs, soit dans les passes qui les séparaient. Comme de nos jours en effet, les récifs coralliens jurassiques ne peuvent être considérés que comme des accidents isolés, développés au large ou bien en bordure des terres émergées sous la forme d'amas lenticulaires, dont le centre est occupé par des *calcaires à polypiers*, où les coraux demeurent *en place* en présentant leurs intervalles remplis par des oolithes calcaires ou par une vase crayeuse, consolidée maintenant en un calcaire blanc très tendre. Autour de ces *calcaires construits* se présentent ensuite en couches inclinées, toutes les variétés de roches qui se forment au voisinage et aux dépens des récifs coralliens : calcaires grumeleux (*coral rag*) constitués par un véritable conglomérat de

coraux, brisés par le choc des vagues, où on peut rencontrer
les mollusques à test épais, les oursins à gros radioles, tous
les organismes en un mot qui donnent à la faune coralligène
son caractère particulier; des calcaires oolithiques également
très coquilliers; des calcaires à entroques entièrement formés
de débris du test spathique des crinoïdes et des oursins; enfin,
à une distance plus grande, des calcaires compacts à grain fin
résultant de la consolidation des vases qui dérivent de la destruction progressive des récifs.

Dans les régions méridionales où ces constructions coralliennes, après avoir abandonné le bassin de Paris, se poursuivent largement en envahissant les étages supérieurs du jurassique, les puissantes assises de calcaires blancs à faune spéciale
qui en dérivent, ont à leur tour pour équivalent un facies de
mer plus profonde, qualifié de *lithonique*, et qui se trouve
caractérisé par l'association d'un groupe particulier de térébratules perforées (*Pygope*) avec de nombreuses ammonites d'un
type également bien spécial.

Bassin de Paris : Normandie; Boulonnais. — En Normandie les marnes et argiles du callovien et de l'oxfordien,

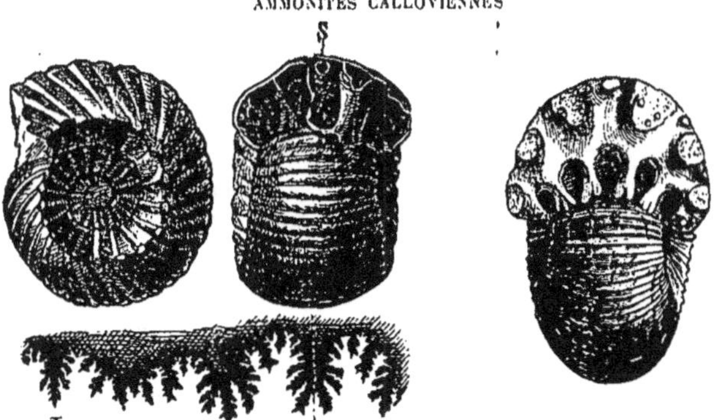

Fig. 336. — *Ammonites coronatus.*   Fig. 337. — *Ammonites macrocephalus.*

après avoir donné naissance à la riante contrée du Pays d'Auge,
couverte de riches herbages et parsemée de petits vallons frai-
chement ombragés, viennent affleurer largement sur la côte

dans les grandes falaises de Dives et de Villers, au delà desquelles, en se dirigeant ensuite vers le Havre, on peut rencontrer successivement, en superposition normale, les calcaires à récifs du rauracien qui apparaissent dans la ville même de Trouville avec leurs polypiers et leurs oursins caractéristiques, puis la masse épaisse des argiles bleues kimméridgiennes qui affleurent ensuite si largement dans les parties basses des falaises de la Hève. Au delà les assises jurassiques disparaissent sous les terrains crétacés et ne reviennent au jour, sur la côte, que dans le Boulonnais où on peut rencontrer, sur ces argiles, un grand développement de couches *portlandiennes* avec quelques indices des dépôts lacustres du purbeck.

L'étude des différents étages du jurassique supérieur qui se développent ainsi au complet sur nos côtes de la Manche est d'autant plus instructive qu'elle montre combien sont grandes leurs analogies avec les formations du même âge de la région anglaise.

En Normandie, dans le *callovien* essentiellement argileux, les ammonites abondantes à tous les niveaux et pour la plupart très différentes de celles des étages oolithiques sous-jacents, conservent encore toute leur importance pour la distinction des différents horizons. Les espèces qui peuvent compter parmi les plus caractéristiques s'y succèdent dans l'ordre suivant : 1° *Am. macrocephalus* (fig. 337); 2° *Am. coronatus* et *Am. anceps*; 3° *Am. athleta* et *Lamberti*. C'est ce

Fig. 338. — *Ostrea dilatata* de la zone à *Am. Mariæ.*

dernier horizon qui affleure à marée basse, entre Dives et Villers, au pied de la falaise des Vaches-Noires, où il se signale par sa richesse remarquable en fossiles pyriteux.

L'*oxfordien* s'annonce ensuite par l'apparition, au milieu d'une seconde série d'argiles massives solides, entassées en falaises verticales, de véritables bancs d'*ostrea dilatata* joints à de nouvelles et très nombreuses ammonites pyriteuses, parmi lesquelles figurent comme très fréquentes *Am. athleta, Am. Mariæ, Am. Backeriæ* (fig. 340); puis bientôt apparaît au sommet de ces argiles, dans de petits lits de calcaire marneux à oolithes ferrugineuses, une ammonite oxfordienne par excellence, *Am. cordatus* (fig. 339), qui devient l'espèce caractéristique d'une zone très fossilifère, où l'on peut rencontrer surtout *Am. perarmatus, Am. arduennensis, Am. plicatilis* avec toutes ses

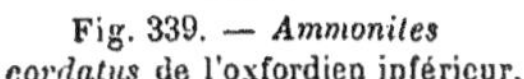

Fig. 339. — *Ammonites cordatus* de l'oxfordien inférieur.

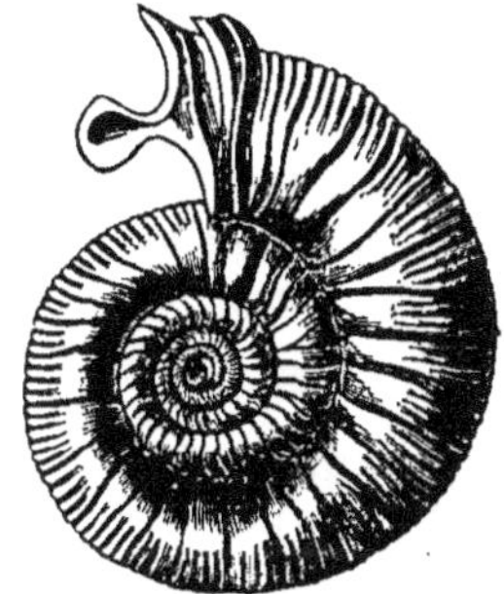

Fig. 340. — *Ammonites Backeriæ* de l'oxfordien inférieur.

variétés; de nombreuses huitres (*O. gregarea*) et des mytilus (*M. imbricatus*) attestent ensuite le caractère littoral de ces dépôts qui se terminent par des bancs plus continus de calcaires marneux où se tient spécialement une ammonite de grande taille du groupe des plicatilis, *Am. Martelli.*

Un plongement rapide de toutes ces assises oxfordiennes vers Trouville amène cette zone à *Am. Martelli* au niveau de la plage où elle sert de support au calcaire à polypier précédemment cité. Les grandes carrières qui entament, dans le haut de la ville, ce calcaire rauracien, permettent d'étudier dans tous ses détails la structure de ce récif, et d'y recueillir, dans un parfait état de conservation, les oursins caractéristiques de cette formation : *Cidaris florigemma, Hemicidaris crenularis, Glypticus hicroglyphicus.* En même temps ce récif offre un remarquable exemple du peu d'espace qu'occupent parfois les formations de cette nature. A moins de 300 mètres des carrières de Trouville, apparaissent déjà les calcaires formés de débris de coraux et de coquilles brisées qui forment l'enveloppe habituelle des constructions coralliennes, puis, près du Havre, des sondages sont venus indiquer que le Rauracien y devenait tout entier argileux.

Sur ces calcaires à polypiers les assises kimméridiennes qui suivent annoncent un retour bien marqué des formations détritiques. Elles débutent en effet par des grès et des calcaires sableux remplis de trigonies clavellées (*Trigonia Bronni*), puis se montrent essentiellement constituées par une association d'argiles bleuâtres plastiques et de lits durs de calcaires marneux qui viennent, par suite du plongement, affleurer au pied de la falaise depuis Villerville jusqu'à Honfleur; si bien qu'en longeant cette côte on peut facilement faire une ample moisson des fossiles nombreux qu'elles contiennent et surtout se rendre

Fig. 341. — *Ostrea virgula* du Kimméridien.

un compte de leur distribution. Au début, des plaquettes calcaires se montrent couvertes de petites astartes, et dans les argiles encaissantes l'*ostrea deltoïdea* est très répandue (astartien), puis les calcaires deviennent noduleux, riches en *ptérocères* (ptérocérien) et très fossilifères, à Sainte-Adresse près du Havre, où on peut facilement recueillir, à mer basse, dans cet horizon, de nombreuses bivalves, *Ceroma excentrica*, *Pholadoma protei*, *Trigonia muricata et papillata*, des brachiopodes, *Terebratula subsella*, et déjà des ammonites. Enfin, au sommet, dans les argiles de Honfleur, une petite huître, *Exogyra virgula*,

Fig. 342. — *Trigonia gibbosa* du portlandien supérieur.

se développe par bancs en venant constituer de véritables lumachelles (virgulien); dès que se présente cette petite huître, qui n'existe dans aucune autre couche du jurassique et devient éminemment caractéristique du kimméridien supérieur, on voit de suite apparaitre une faune bien spéciale d'ammonites, garnies sur les flancs de tubercules disposés, sur un (*Am. orthocera*), ou deux rangs (*Am. longispinus*).

Dans les falaises du Bas-Boulonnais ces argiles kimméridiennes, bien développées sous le cap Gris-Nez et près de Boulogne, s'entremêlent de parties sableuses et même de poudingues accusant un régime de sédimentation plus violent. Ce sont ces conditions qui ont persisté, dans cette région, pendant toute l'étendue du portlandien; aussi c'est au milieu de sables grossiers et de grès concrétionnés qu'on peut rencontrer les fossiles propres à ce nouvel étage, c'est-à-dire des ammonites de grande taille telles que l'*Am. portlandicus* (anciennement *gigas*), ainsi que des huîtres aplaties, *Ostrea expansa*; enfin au sommet on remarque une trigonie lisse, très différente de celle des calcaires à astartes, *Trigonia gibbosa* (fig. 342).

Puis finalement la phase d'émersion qui correspond au purbeck est bien indiquée dans cette région par la superposition, sur ces grès à trigonies, de calcaires lacustres où on rencontre nombreuses des carapaces de *Cypris*, c'est-à-dire de petits crustacés qui se tiennent spécialement dans les eaux douces.

Angleterre. — Un des traits saillants du jurassique supérieur dans la région anglaise c'est le nombre et la belle conservation de grands reptiles nageurs, Ichtyosaures, Plésiosaures, Mégalosaures, etc., dont les squelettes se présentent, le plus souvent entiers, dans les assises qui encaissent les calcaires à polypiers. Dès le callovien, qui perd son caractère argileux et devient représenté par des grès durs (*Kelloway-rock*), transgressifs sur les couches lacustres à végétaux du bathonien, on les observe très abondants. L'oxfordien, qui est surtout représenté par la puissante masse (200 mètres) argileuse d'Oxford (*Oxford-Clay*), est depuis longtemps célèbre, non seulement par ce fait que les ammonites de la zone à *Am. cordatus* s'y rencontrent admirablement conservées avec leur test nacré, mais parce que la présence, plusieurs fois reconnue, dans des Ichtyosaures adultes, de squelettes de fœtus, a permis de constater que ces sauriens étaient vivipares. Ce sont ensuite les argiles non moins célèbres de kimméridge (*Kimmeridge clay*) dans la baie de Lyme-Regis, qui ont fourni la majeure partie des squelettes de ces animaux

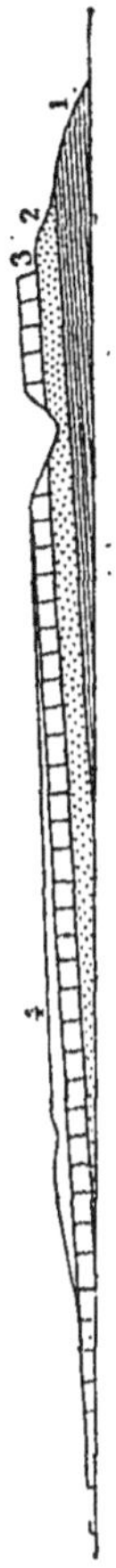

Fig. 343. — Coupe du portlandien dans l'île de Portland. (D'après Ramsay.) 1, Kimmeridge-Clay; 2, Portland-Sand; 3, Portland-Stone; 4, couche de Purbeck.

qui remplissent maintenant des salles entières dans le British
Museum. Quant aux calcaires à polypiers, ils dessinent une ligne
continue de récifs disposés en bordure le long du rivage de la
mer jurassique, depuis son amorce dans cette baie de Lyme-Regis
sur les côtes de la Manche, jusqu'à son extrémité dans le York-

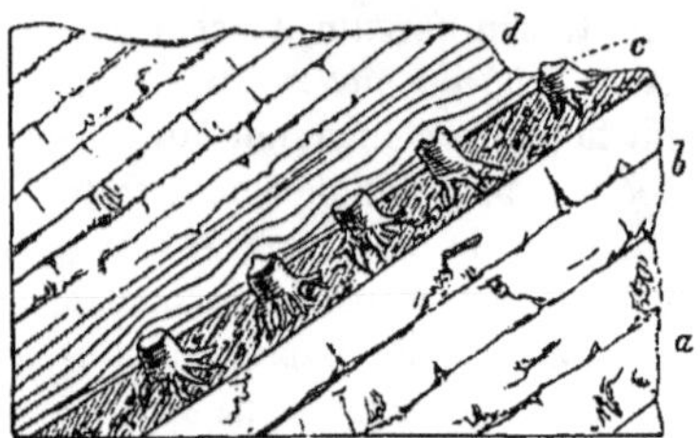

Fig. 344. — Forêt fossile et calcaire lacustre sur le calcaire portlandien,
à Lulworth cove :

d, calcaire d'eau douce; *c*, *dirt-bed*, couche ligniteuse avec troncs de cycadées et
de conifères; *b*, calcaire d'eau douce; *a*, calcaire portlandien marin.

shire, sur celle de la mer du Nord. Sur les argiles à *Exogyra
virgula* le portlandien, après avoir débuté comme dans le Boulonnais par des sables (*Portland-Sand*) peu fossilifères, se complète par de puissantes assises de calcaires (*Portland-Stone*) remarquables par la finesse de leur grain, et qui deviennent le
gisement principal des grandes ammonites de l'étage (*Amm.
portlandicus, Am. Boloniensis*).

Ces calcaires n'occupent plus dans le sud de l'Angleterre
qu'un espace restreint, dans les comtés du centre ils se terminent par une véritable formation d'estuaire représentée par
des couches où de nombreuses cyrènes sont associées à des
espèces d'eaux saumâtres; ainsi se prépare la phase d'émersion
qui, dans les régions septentrionales de l'Europe, marquera la
fin de la période jurassique. Au début ces formations *purbeckiennes*, qui atteignent 150 mètres dans l'île même de Purbeck,
après s'être annoncées par un calcaire d'eau douce à cypris, qui
prend tous les caractères d'un travertin, c'est-à-dire d'un dépôt
de sources chargées de carbonate de chaux, peuvent présenter
encore, au milieu de marnes lacustres toujours remplies de

cypris, quelques intercalations de petits lits à fossiles marins (*Hemicidaris Purbeckensis*), attestant que ces premiers dépôts se sont faits à une altitude qui ne dépassait guère le niveau de la mer, ou d'autrefois renfermer des amas de gypse avec des traces de sel gemme ; mais bientôt, au sommet, le régime lacustre l'emporte avec des calcaires uniquement d'eau douce, parmi lesquels vient se placer ce marbre bien connu de Purbeck, si employé autrefois pour la décoration des églises au beau temps de l'architecture gothique, et qui tout entier se trouve formé par une accumulation de paludines (*Paludina fluviorum, P. carinifera*).

A cette date la région qui nous occupe jouissait d'un climat presque tropical, la végétation établie autour de ces espaces lacustres était en effet principalement composée de grandes cycadées (*Mantellia*), avec des conifères voisins des araucarias de l'Inde. Ces cycadées s'observent maintenant, avec leurs souches pourvues de toutes leurs racines en place, dans des couches fort intéressantes, les *dirt-beds*, qui représentent l'ancien sol de ces forêts purbeckiennes et consistent en schistes ligniteux riches en empreintes végétales ; ces forêts étaient alors fréquentées par tous ces marsupiaux herbivores, insectivores et carnivores (*Plagiaulax, Amphiterium...*), signalés plus haut et dont les restes se rencontrent, dans ces couches continentales, avec un grand nombre d'insectes. Parmi ces derniers figurent des libellules avec leurs larves, des chrysalides de lépidoptères, de nombreux diptères et des insectes rongeurs de bois au nombre desquels figurent des longicornes gigantesques.

L'abondance des coquilles fluviatiles témoigne ensuite du rôle important pris par les eaux courantes dans l'alimentation des lacs purbeckiens qui, hantés par des crocodiles, se trouvaient peuplés de poissons par la même cause. Très abondants sont en effet les restes de ces animaux dans les couches supérieures du Purbeck où dominent les formations d'eau douce.

Lisière orientale et méridionale du bassin de Paris. Recul progressif des récifs dans le sud. — Les affleurements très continus du jurassique supérieur sur toute l'étendue de la bordure orientale et méridionale du bassin de Paris depuis l'Ardenne près d'Hirson jusqu'au détroit du Poitou, subissent, dans ce long parcours, des modifications notables qu'il importe de préciser. Ces modifications portent principalement sur ce fait que les formations calcaires et par suite les conditions de sédimentation tranquille, prennent de plus en plus d'importance à mesure qu'on s'avance vers le sud-est. Alors disparaissent, même sur les rivages, les sédiments gréseux qui avaient pris une si large place dans les assises jurassiques du même âge aussi bien en Angleterre que dans la Normandie et le Boulonnais.

De pareilles conditions se trouvant éminemment favorables pour que les polypiers puissent édifier, sur des fonds appropriés, leurs constructions calcaires, les récifs, au lieu de se présenter isolés comme ceux de Trouville dans la Normandie, dessinent de grandes bandes continues, avec leur bord frangé dirigé vers la haute mer, le long de l'Ardenne, depuis Puiseux jusqu'à Dun-sur-Meuse, en conservant, dans toute cette étendue, une épaisseur de 120 mètres à 130 mètres et surtout, en avant des Vosges. Dans la Lorraine où se fait leur plein développement, sous la forme de puissants massifs, demeurant en saillie au milieu de calcaires tendres faciles à désagréger en donnant naissance à des accidents très pittoresques; tels sont, sur la rive droite de la Meuse, les célèbres *Roches* ou *Falaises de Saint-Mihiel*. Ils ne s'interrompent que quand des sédiments marneux apparaissent. Cette circonstance se trouve réalisée sur l'emplacement du détroit de la Côte d'Or qui séparait alors le Morvan des Vosges, et où des courants ont introduit un régime vaseux; si bien que, dans tout cet espace, le rauracien reste tout entier constitué par des marnes et des calcaires marneux, dans lesquels on ne rencontre plus que des spongiaires ou bien des ammonites spéciales (1° *Am. bimammatus*, 2° *Am. Achilles*) au sommet et qui viennent s'appuyer en biseau contre le massif coralligène de la Haute-Marne, situé dans le prolongement immédiat de celui de la Lorraine.

Cet état de choses persiste, en avant du Morvan où se développe dans le Châtillonais un faciès vaseux à spongiaires synchronique des calcaires à polypiers rauraciens, mais dès qu'on atteint l'Yonne des calcaires oolithiques reparaissent annonçant l'approche des récifs. Les constructions coralliennes se représentent en effet dans l'Auxerrois, où l'Yonne traverse à

Mailly-la-Ville un massif coralligène d'une étendue presque comparable à celui de la Lorraine et se termine de même en pointe, vers le nord, au milieu de calcaires marneux et lithographiques ammonitifères largement exploités, dans la Nièvre, aux environs de Vermenton.

Dans l'est, comme dans la Normandie ou la région anglaise, ces formations coralligènes, directement recouvertes par les calcaires à astartes (base du Kimméridien), sont toutes localisées dans le rauracien ; il en est tout autrement sur la bordure méridionale du bassin où on peut constater que, dans l'Yonne, les calcaires blancs crayeux largement exploités à Tonnerre sont dans la dépendance immédiate d'un récif astartien ; les mêmes faits s'observent dans le Berry, où la pierre blanche de Bourges remplie de polypiers n'est autre qu'un récif du même âge où on peut voir reparaître les oursins et les diceras des récifs rauraciens.

Mais ce transport des formations coralligènes dans les assises kimméridiennes n'est que momentanée ; bientôt on voit reparaître au-dessus, terminant l'étage, les marnes à ptérocères et les argiles à *exogyra virgula*. Puis, quand après ces niveaux argileux, les calcaires portlandiens apparaissent, ils sont compacts, bien stratifiés, parfois lithographiques, comme dans le Barrois, souvent exploités pour ciment hydraulique, toujours caractérisés par les mêmes grandes ammonites (*A. portlandicus*), et les mêmes trigonies (*Trigonia gibbosa*), jamais coralligènes.

Dans le bassin anglo-parisien, en effet, si les constructions coralliennes peuvent se présenter dans toute l'étendue du rauracien, largement développées depuis l'Angleterre jusque sur la bordure méridionale du bassin, à l'époque qui correspond au dépôt des calcaires à astartes, elles disparaissent du nord et se transportent vers le sud sous une forme atténuée dans les couches astartiennes ; les assises kimméridiennes plus récentes, ptérocériennes et virguliennes qui suivent, et celles du Portlandien se signalent ensuite par l'absence de toute formation de récifs.

Pour en retrouver de plus récents il suffit, dans le sud-ouest, de franchir le détroit du Poitou et de traverser les Charentes — où le rauracien se présente exclusivement marneux, dans la région marécageuse de Marans — pour venir atteindre, dans les hautes falaises de la Rochelle à la pointe du Chè, dressé sur des calcaires à astartes, un récif ptérocérien bien caractérisé.

Mais c'est surtout dans le **Jura** que ce recul progressif des récifs vers le sud, et leur transport dans des assises jurassiques de plus en plus élevées à mesure qu'ils deviennent plus récents, est surtout remarquable.

Dans cette grande chaîne, dressée en forme de croissant, entre les plaines de la Bresse et celles de la Suisse, les terrains jurassiques suivent la marche ascendante du relief, en même temps changent de composition et d'aspect suivant qu'on les examine, de part et d'autre du **Jura central franc-comtois**, dans le Nord (**Jura argovien**) ou dans le sud (**Jura bugeysien** [1]). En partant des plaines de la Bresse, quand on a dépassé le versant raide qui porte sur des affleurements de marnes bigarrées triasiques les vignes du Jura (**Région du Vignoble**), on voit se dresser, sur les talus *liasiques*, en avant de la **Région des Plateaux**, la falaise bressane tout entière formée par les calcaires massifs du *bajocien* et du *bathonien* qui donnent naissance au premier plateau. Au delà, quand déjà commencent à se présenter les dislocations alignées (failles) et les grands plis réguliers si caractéristiques du Jura, apparaissent le *callovien* et l'*oxfordien* marneux au fond de nombreuses dépressions (*combes*) creusées dans ces assises faciles à entamer, et dominées, à droite et à gauche, par des crêtes (*crêts*) formés de calcaires blancs à polypiers. Là se présentent en effet, quand commence la vraie **Montagne**, c'est-à-dire la **Région des Hautes-Chaînes** qui comprend, avec les grands plissements en voûte, toutes les cimes culminantes du Jura jusqu'à l'arête terminale qui domine de toute sa hauteur (1800 mètres) la plaine suisse, une ligne bien caractérisée de récifs rauraciens directement superposés sur les calcaires argileux à chailles [2] de l'oxfordien et recouverts par l'astartien lui-même tout entier marneux.

---

1. Voyez à ce sujet la coupe du Jura placée sur la carte géologique annexée à la fin du volume.

2. Les chailles sont des concrétions siliceuses grisâtres, renfermant souvent des traces de corps organisés et qui se présentent très répandues dans ces calcaires marneux.

A mesure que l'on gagne les hauts sommets on s'élève ainsi du rauracien à l'astartien et de l'astartien aux autres assises du jurassique, jusqu'aux endroits où se montre le terrain crétacé. A partir de ce point la composition du Jura ne varie guère : du jurassique sur les arêtes, et au fond des voûtes rompues, dans les synclinaux, du néocomien avec quelques taches de grès molassiques tertiaires, principalement réparties dans la région élevée qui avoisine la Suisse. On a quitté la zone des formations anciennes pour arriver à une région où la prépondérance revient aux dépôts de plus en plus récents. En même temps, à mesure qu'on s'avance ainsi vers le Jura méridional, on voit les formations coralliennes se déplacer; elles abandonnent le rauracien pour se porter dans l'astartien, puis finalement dans le Jura méridional, c'est au milieu des assises ptérocériennes et portlandiennes que s'élèvent les beaux récifs du Bugey, notamment celui si remarquable de Valfin dans les environs de Saint-Claude.

Enfin, quand, après avoir quitté le Jura, on atteint des régions comme le Dauphiné, le Languedoc et la Provence qui dépendent du bassin méditerranéen, on peut constater, non seulement l'étroite localisation des calcaires coralliens dans ces mêmes assises élevées du jurassique, mais qu'ils se poursuivent jusqu'au sommet, si bien que c'est en pleine Provence qu'il faut venir chercher les équivalents marins et coralligènes des formations lacustres du Purbeck.

Quant à la cause de ce recul remarquable de la zone des récifs vers le sud, il faut venir la chercher non pas dans une modification dans la température des eaux marines, motivée par une diminution de largeur de la zone tropicale, comme on l'a souvent déclaré, mais bien dans l'émersion progressive de l'Europe septentrionale. Une telle émersion, en rejetant la mer vers le sud, ne pouvait manquer d'y repousser les organismes constructeurs qui toujours sont venus former, sur le bord des continents, des récifs frangeants dirigés vers la pleine mer [1].

Type méditerranéen. Faciès tithonique. — Sur le versant

1. De Lapparent, *Traité de Géologie*, 2ᵉ édition, p. 1014.

méditerranéen, aussi bien dans le bassin du Rhône que sur
le bord méridional des Alpes, toutes les assises du jurassique
supérieur ayant conservé, comme aux époques antérieures, le
caractère de dépôts effectués dans une mer stable largement
ouverte forment un ensemble dont l'uniformité contraste avec
la diversité qui caractérise la faune et les sédiments dans le
nord et l'ouest de l'Europe; de plus, nettement concordant,
aussi bien avec le bathonien qui leur sert de base, qu'avec les
couches néocomiennes qui les recouvrent.

En dehors des formations coralligènes, qui ne manquent
pas et se présentent exclusivement développés dans les étages
supérieurs, les roches dominantes sont des calcaires bien stratifiés riches en ammonites pour la plupart spéciales à ces
régions méridionales. Ces différences sont surtout sensibles
à partir de l'oxfordien qui déjà dans la zone à *Am. cordatus*
présente des espèces propres au midi ou très rares ailleurs,
telles que *Am. tortisulcatus, Am. transversarius*. Ensuite dans
une longue série de calcaires marneux, puis compacts à grain
fin qui tiennent la place du rauracien, si, au début, on peut
constater la présence de l'*Am. bimammatus* qui caractérise
comme nous l'avons vu, dans le nord, le facies vaseux du
rauracien, bientôt apparaissent un grand nombre d'espèces
inconnues dans le bassin de Paris et parmi lesquelles les
Ammonites tenuilobatus, polyplocus et *acanthicus*, sont celles
qui, en raison de leur fréquence, ont mérité de donner leur
nom à ces calcaires kimméridiens du midi, en remplissant le rôle pris, dans le nord, par les astartes et les ptérocères.

A partir de ce point un changement complet s'effectue, aussi
bien dans la structure que dans l'allure des calcaires. Sur les
couches bien régulières de la zone à *Am. polyplocus* et *acanthicus*, se dressent de grands escarpements d'aspect ruiniforme,
fourni par des brèches calcaires, à stratification confuse, disposées par bancs énormes, irréguliers, toujours fort épais et
qui annoncent des dépôts effectués dans des eaux très agitées.
Ces calcaires massifs à structure bréchoïde marquent le début
de ces assises spéciales qui, dans les régions méridionales, sont
classées sous le nom de *tithonique*. Les térébratules perforées

(*Pygope*) qui servent à les caractériser avec un groupe particulier d'ammonites, sont représentées, dès la base, par la
Tereb. diphya, dans une première zone, où on peut constater
une association remarquable des ammonites propres à ce
facies spécial, telles que *Am. (Phylloceras) Loryi*, avec ces espèces
ornées de tubercules (*Am. longispinus*) qui donnent à la faune
virgulienne du kimméridien supérieur son caractère particulier. L'assimilation de ces brèches avec les couches qui,
dans le nord, renferment l'*Ostrea virgula*, est encore motivée par la présence, à ce premier niveau, d'une ammonite, *Am. lithographicus*, dont le nom provient de ce fait
qu'on la rencontre abondamment dans les calcaires lithographiques célèbres de Solenhofen en Bavière qui sont d'âge
virgulien [1].

Une seconde série de brèches qui deviennent, tant est
grande l'abondance des térébratules perforées, de véritables
calcaires à diphya (*Diphya Kalk*) et se trouvent ensuite caractérisés par une autre espèce du même groupe, mais plus grande,
la *Tereb. janitor* [2], occupe la place du Portlandien, mais avec
une faune d'ammonites bien différente, dont les principaux
types sont représentés par des espèces à côtes fines nombreuses
et bifurquées, telles que *Am. transitorius*; en même temps
apparaissent des bélemnites aplaties, *Bel. latus*, et de nom-

---

1. L'*Ostrea virgula* ne manque pas dans ces calcaires disposés en minces
plaquettes qui se signalent par leur extrême régularité et la finesse de leur
graine, et représentent un type franc du facies vaseux virgulien dans la
Bavière et le Wurtemberg, en même temps remarquablement fossilifère. Avec
ce reptile emplumé à queue d'oiseau l'*Archeopterix* qui a rendu célèbres ces
schistes lithographiques on y rencontre admirablement conservées les parties
molles des bélemnites, avec des restes d'une poche à encre comme celle des
seiches, et des empreintes de leur bras garnies de ventouses à crochet. Des
libellules étalées à la surface de ces fines plaquettes *présentent*, sur leurs
ailes, tous les détails de la nervation ; enfin des méduses ont laissé aussi
des empreintes, présentant la trace de tous leurs organes.

De pareils calcaires lithographiques en plaquettes s'observent en France
dans le Jura près de Belley, à Cerin, et à Morestel dans l'Isère, où ils se
signalent par leur richesse en poissons.

2. Le nom de cette espèce provient de ce fait qu'elle se rencontre, en
abondance, dans les calcaires de cet âge largement exploités dans les grandes
carrières de la Porte de France à Grenoble.

breux *Aptychus* (fig. 347), qui ne sont autres que des organes internes d'ammonites.

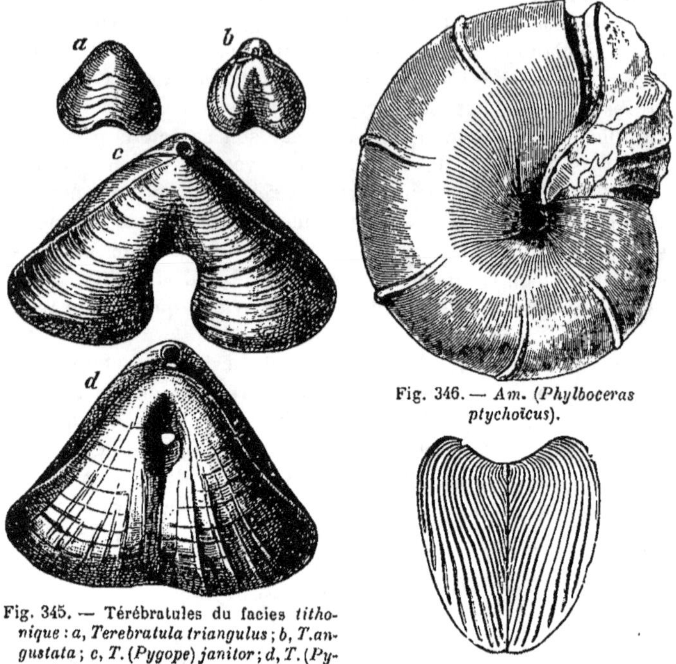

Fig. 345. — Térébratules du facies *tithonique* : *a*, *Terebratula triangulus* ; *b*, *T. angustata* ; *c*, *T. (Pygope) janitor* ; *d*, *T. (Pygope) diphya*.

Fig. 346. — *Am.* (*Phylboceras ptychoïcus*).

Fig. 347. — *Aptychus lamellosus*.

Ces brèches à térébratules perforées, qui jouent, dans le relief des chaines subalpines françaises (Drôme, Basses-Alpes, Alpes-Maritimes), un rôle culminant, viennent constituer, à des hauteurs de 1000 à 1200 mètres, au-dessus des pentes arides et ravinées établies sur la longue série de schistes et de calcaires à céphalopodes qui se développent depuis le callovien jusqu'au ptérocérien, une série d'arêtes rocheuses très escarpées, se montrent ensuite couronnées par une dernière série de calcaires en bancs toujours épais mais mieux stratifiés, dans lesquels on peut voir cette fois les équivalents marins des couches lacustres du Purbeck. Ces calcaires marneux, dits de Berrias (Ardèche), se montrent en effet directement recouverts par des marnes néocomiennes qui marquent le début de la série crétacée. Une troisième et dernière térébratule perforée, *T. diphyoïdes*, jointe encore à un grand nombre d'ammonites spéciales, *A.* (*Hoplites*) *occitanicus*, *Privasensis*, etc., sert à caractériser ce dernier horizon.

Tous ces calcaires tithoniques à térébratules perforées offrent également ce caractère particulier de présenter, associés à des ammonites franchement jurassiques, non seulement des formes représentatives d'espèces destinées à peupler ensuite la mer néocomienne [1], mais des espèces qui s'y poursuivront sans se modifier. De ce nombre sont, dans les calcaires de Berrias, *Am. Neocomiensis*, *Am. Calypso*, etc. Les types précurseurs des formes néocomiennes commencent à apparaître dans les brèches à T. diphya, et deviennent ensuite de plus en plus nombreux à mesure qu'on s'élève dans la série, circonstance facilement explicable par la continuité qui s'établit entre les dépôts jurassiques et crétacés dans le midi.

Sur le bord des anciens rivages, on observe ensuite, compris dans les mêmes limites, c'est-à-dire entre la zone ptérocérienne à *Am. acanthicus* et les marnes néocomiennes, de puissantes assises de calcaires blancs qui ne sont autres que les formations coralligènes synchroniques des brèches calcaires à térébratules perforées. Plus régulièrement stratifiées, plus compactes que dans les récifs du nord, mais toujours construites par des polypiers, ces bandes coralliennes, qui deviennent les plus récentes de la série jurassique, sont escortées d'une faune différente. Les diceras des récifs du bassin anglo-parisien sont remplacés par un genre spécial, *Heterodiceras*, les cidaris par des *Rhabdocidaris*, et les brachiopodes, nombreux, sont représentés surtout par *Terebratula moravica* et *Rynchonella Astierina*. En même temps on doit noter l'importance prise, au milieu de ces calcaires à polypiers, par des dolomies qui maintenant, singulièrement découpés par les érosions, donnent lieu à des

---

1. L'*Am. ptychoïcus* (fig. 346), qui se présente à toutes les hauteurs dans les couches à térébratules perforées où elle devient la forme représentative de l'*Am. semisulcatus* des marnes néocomiennes, en offre l'exemple le plus remarquable.

accidents très pittoresques. Dans l'Ardèche ce chaos de pierres et de rochers aux formes fantastiques, qui couvre une surface de près de cent hectares dans le bois de Païolive, en offre un remarquable exemple.

La distribution de ces bandes coralliennes présente ensuite des particularités intéressantes qu'on ne peut passer sous silence. Elles dessinent, dans le bassin du Rhône, deux lignes importantes de récifs : l'une longeant dans les Cévennes le bord oriental du Plateau Central depuis l'Ardèche jusqu'à l'extrémité du Gard ; l'autre, située sur le bord de l'ancien rivage des Maures et de l'Estérel, s'étend depuis Nice jusque dans les Basses-Alpes près de Digne, en comprenant, dans cette dernière région, le beau massif coralligène de Rougon. Leurs dernières traces s'observent ensuite, à l'extrémité septentrionale de ce bassin, en Suisse, au Salève et au Mont du Chat, et surtout près de Grenoble sur les berges de l'Isère, au lieu dit le Bec de l'Echaillon, où ces grands récifs toujours couronnés par le néocomien et situés cette fois dans le prolongement direct de ceux du Jura méridional, dessinaient, parallèlement au bord oriental du Plateau Central, une grande barrière séparant le bassin de Paris de la région où se déposaient les sédiments de haute mer à céphalopodes dont nous venons de tracer la composition.

Parmi ces assises, celles qui de beaucoup s'observent les plus répandues dans les régions méditerranéennes, ce sont les calcaires à Térébratules perforées. L'Espagne dans la partie sud et les Carpathes, où ces calcaires tithoniques singulièrement disloqués se présentent dispersés par lambeaux sous la forme des *Klippenkalck*, marquent les points extrêmes atteints par cette formation. C'est ensuite dans les Alpes lombardes, vénitiennes et surtout dans le Tyrol méridional qu'on peut les rencontrer constituant, comme dans les chaînes subalpines françaises, les traits les plus saillants du relief de ces hautes montagnes ; ce rôle est alors surtout rempli par de très importantes assises de calcaires rouges marmoréens qui deviennent le principal gisement de la *Terebratula diphya* (*Diphyakalck*).

Enfin quand nous aurons ajouté que pareil développement de ces mêmes calcaires avec toutes leurs ammonites et leurs térébratules perforées est à signaler en Algérie dans la région des Hauts-Plateaux, on aura une idée de l'extension qu'avait prise la mer, dans le sud, alors que l'Europe septentrionale émergée se trouvait, par places, drainée par de grands fleuves et couverte de lacs.

TERRAINS CRÉTACÉS

Principales divisions de la période. — La série crétacée qui succède immédiatement aux terrains jurassiques comprend deux divisions bien homogènes pourvues chacune d'une faune distincte et basées, non seulement sur des données stratigraphiques importantes, mais sur des variations bien grandes dans la nature des dépôts.

C'est ainsi que la *craie*, cette roche blanche, tendre et traçante qui a donné son nom à cette série, ne se présente seulement que dans la division supérieure où elle apparaît localisée dans les régions septentrionales de l'Europe et développée successivement sous les diverses formes suivantes : craie verte, glauconieuse *cénomanienne*, craie marneuse *turonienne*, craie blanche *sénonienne*, craie jaune *danienne*. Dès lors on laisse aux terrains qui ·la renferment le nom de *crétacés*; les dépôts ·de la première phase devenus par suite *infracrétacés*, réunissent ensuite, dans un seul groupe, les sables et argiles du *gault*, les marnes *aptiennes* et les calcaires *néocomiens*.

Époque infracrétacée

Caractères paléontologiques et distribution. — Au début de cette nouvelle époque peu de modifications dans la géographie de l'Europe, telle qu'elle était à la fin du jurassique, sont à signaler. Des lacs d'eau douce occupent encore l'emplacement du Jura et des régions septentrionales, depuis le Hanovre jusqu'en Angleterre, où se fait, dans la région appelée Weald, le plein développement de ces formations lacustres dites *wealdiennes*. La mer qui n'occupe alors que de faibles espaces dans le bassin de Paris, se trouve encore nettement reportée dans

Fig. 348. — *Crioceras Duvali*
du néocomien.

Fig. 349. — *Turrilites
catenatus* du gault.

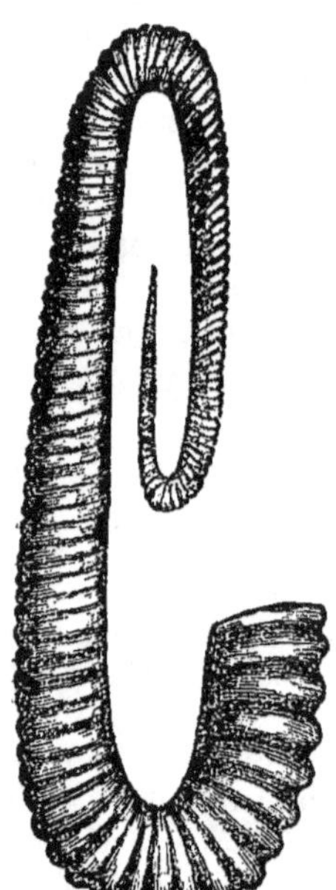

Fig. 350. — *Hamites atte-
nuatus* du gault.

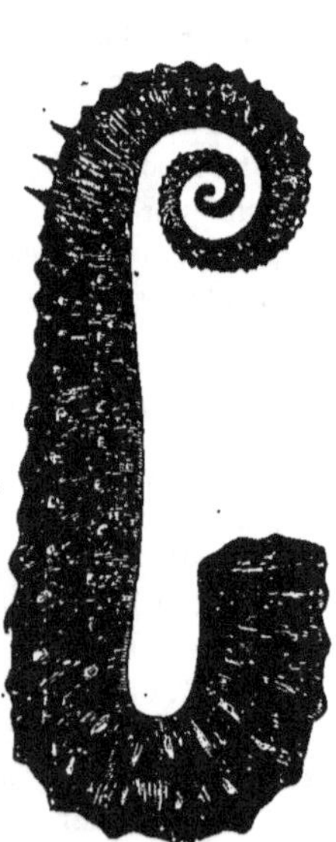

Fig. 351. — *Ancyloceras
Matheronianus* du gault.

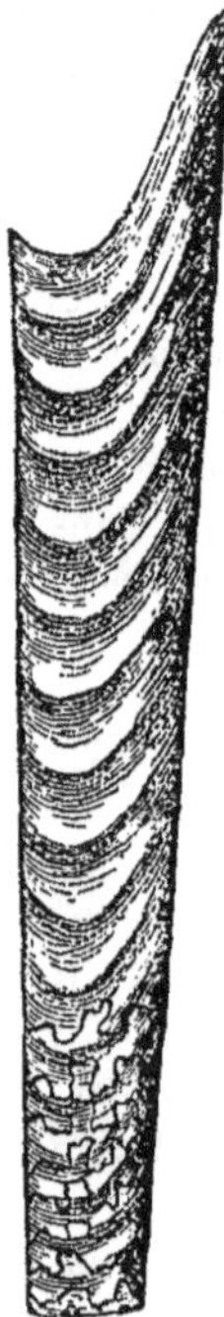

Fig. 352. — *Baculites
anceps* du terrain
crétacé sup.(Danien).

les régions méditerranéennes. Mais bientôt elle tend à regagner du terrain aussi bien par le nord que par le sud dans la direction du Jura, puis finalement l'extension considérable prise, dans le nord, par les sables du Gault, atteste qu'à cette date la mer avait en grande partie repris possession du bassin de Paris.

Dans les dépôts marins les céphalopodes qui continuent à fournir ces espèces caractéristiques apparaissent bien différentes de ceux du Jurassique. Les ammonites, par exemple, très différenciées, appartiennent presque toutes à de nouveaux genres et à côté des types habituels il s'en présente dont les tours apparaissent déroulés avec les *Crioceras* (fig. 348), spiraux chez les *Turrilites* (fig. 349), simplement coudés comme dans les *Hamites*; puis finalement dans les terrains crétacés elles deviendront droites avec les *Baculites* (fig. 352).

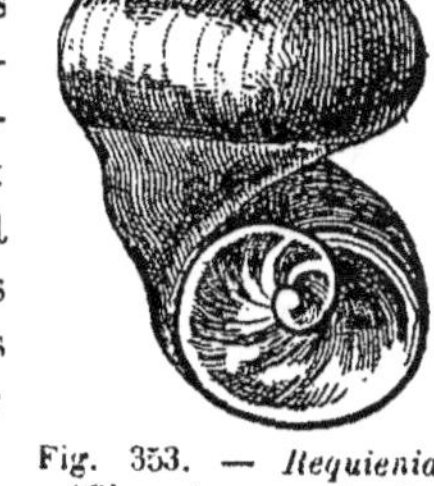

Fig. 353. — *Requienia* (*Chama*) *ammonia* des calcaires urgoniens.

Chez les lamellibranches les modifications portent surtout sur ce fait important que, dans les formations coralligènes, nettement rejetées vers le sud, la place des *diceras* jurassiques est tenue par un genre très différent, *Requienia* (fig. 353) qui se développe au point que ces diverses espèces contribuent pour une large part à la formation des calcaires. Plus près des côtes, abondent les ostracées, avec de nombreux oursins de la famille des spatangoïdes, tels que les *Toxasters* (fig. 354). En même temps, dans les eaux douces, on doit noter l'apparition des *Unios*, qui deviendront ensuite très abondantes aux époques tertiaires.

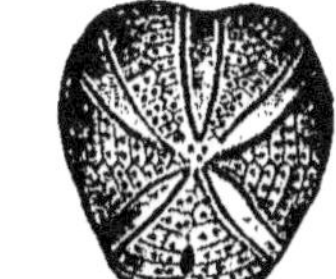

Fig. 354. — *Toxaster complanatus* des calcaires néocomiens à spatangues.

Sur les continents, au milieu d'une végétation présentant, comme dans la flore jurassique, une association remarquable de types tropicaux fournis par des cycadées, avec des sapins et des cèdres du Nord, se tenaient nombreux, de singuliers et gigantesques Dinosauriens, c'est-à-dire des reptiles de forme étrange, n'ayant rien d'analogue aujourd'hui, et dont les pattes de derrière, robustes, étaient conformées de façon qu'ils pussent se tenir debout. L'*Iguanadon* du Wealdien qui fait partie de ces dinosauriens bipèdes, atteignait 10 à 12 mètres de haut et se trouvait muni d'une queue gigantesque lui servant d'appui quand il se dressait pour aller chercher sa nourriture dans les arbres; ses dents pourvues de replis nombreux l'indiquent, en effet, comme devant être herbivore (fig. 355).

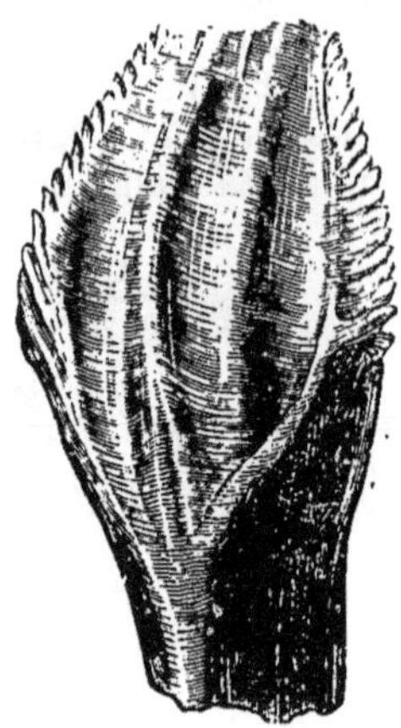

Fig. 355. — Dent d'*Iguanodon* (reptile herbivore du Wealdien).

Époque crétacée

Caractères stratigraphiques généraux. — Un grand nombre de faits viennent imprimer à cette dernière époque des temps secondaires un caractère bien particulier. C'est d'abord avec l'apparition de la craie, dans les bassins septentrionaux, la grande extension prise par la mer, dès le début, si bien qu'il s'introduit entre cette série crayeuse et celle infracrétacée qui précède une

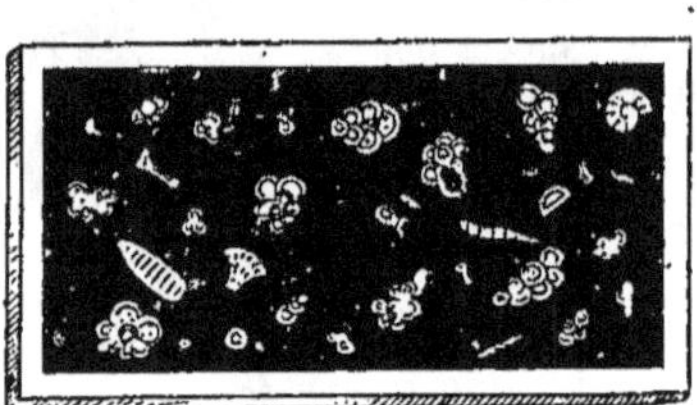

Fig. 356. — Foraminifères de la craie vus au microscope.

discordance des plus marquée. Partout en effet, aussi bien en Europe qu'en Afrique et en Amérique, les sédiments du cénomanien s'étendent transgressivement sur des régions que la mer avait depuis longtemps abandonnées; et cela sans secousses, sans que des mouvements violents viennent apporter au préalable un trouble notable dans l'horizontalité des dépôts qui précèdent; les oscillations du sol pendant toute la durée des temps secondaires, même celles de grande amplitude introduisant un changement complet dans la géographie du globe, comme celle qui marque le début de l'époque crétacée, se sont toujours faites lentes,

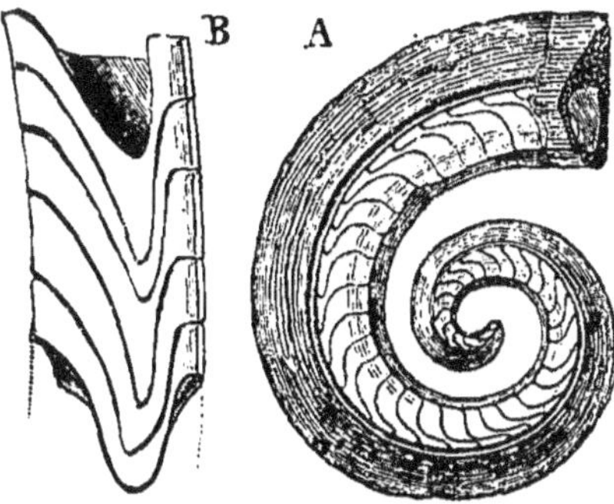

Fig. 357. — A, *Ichtyosarcolithe*; B, moulage de la cavité occupée par l'animal montrant la structure cloisonnée.

Fig. 358. — *Caprine*. — *a*, Valve inférieure en forme de capuchon; *c*, point d'attache de la coquille ; *b*, valve supérieure libre, enroulée en spirale.

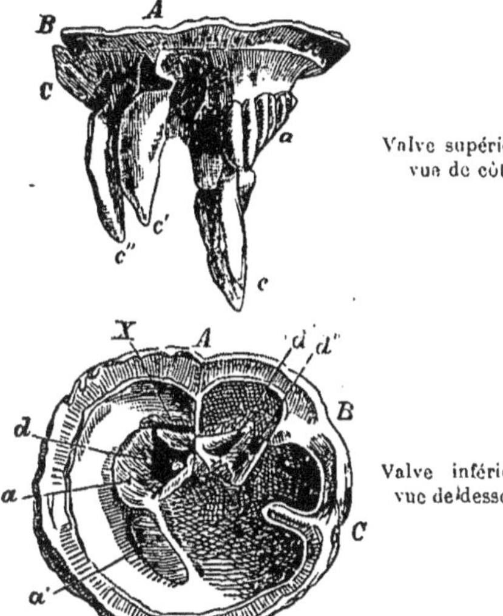

Valve supérieure, vue de côté.

Valve inférieure, vue de dessous.

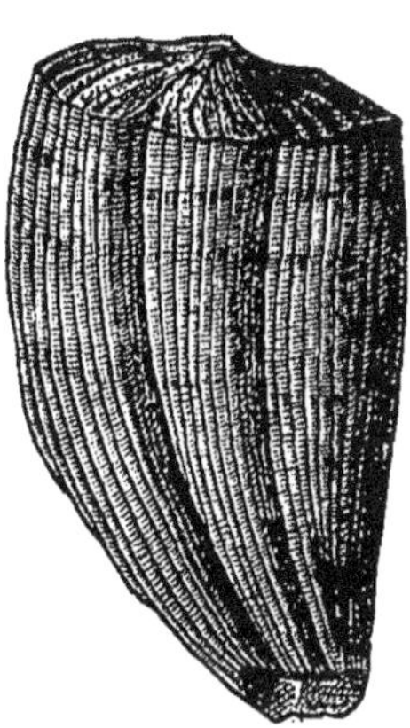

Fig. 359. — *Hippurites*. — *c*, *c'*, *c''*, dents saillantes descendant dans l'intérieur de la coquille ; *d*, *d'*, *d''*, fossettes pour les dents de la valve supérieure; impression musculaire. (Hœrnes, *Manuel de Paléontologie*.)

Fig. 360. — *Hippurites, cornu vaccinum*.

progressives, sans jamais se résoudre dans la formation d'une
ligne de relief de quelque importance. La grande transgression
cénomanienne qui amène dans l'hémisphère boréal non seulement une si grande extension de la mer, mais un régime de
sédimentation assez calme pour permettre au facies crayeux de
se poursuivre presque jusqu'à la fin, avait été précédée, préparée
pour ainsi dire par cette invasion marine qui au moment du
Gault a couvert de sables et d'argiles le fond du bassin de Paris.
Et c'est ensuite hors du dépôt de la craie blanche sénonienne
que se fera dans les contrées septentrionales le maximum
d'extension des mers crétacées.

Puis après cette grande phase de submersion, un jour viendra
où, par suite d'une oscillation en sens inverse, un mouvement
d'exhaussement qui s'adresse cette fois aussi bien aux régions
septentrionales de l'Europe qu'à celles méridionales, resserra la
mer dans les limites étroites et c'est par une phase d'extension
minimum du domaine maritime que prendra fin, à l'époque
danienne, la période crétacée. A cette date, par exemple en
France, la mer a si bien rétréci son domaine que le bassin de
Paris, très resserré, est réduit à un golfe étroit, tandis que dans
la Provence, en grande partie émergée, s'établit ce régime lagunaire puis lacustre qui a donné naissance à la puissante formation lignitifère de Fuveau. C'est plus au sud, sur l'emplacement actuel des grandes péninsules méditerranéennes, que
s'était alors reporté le régime marin.

Principaux traits de la faune et de la flore terrestre. —
Jusqu'à présent, en Europe, aucune trace de mammifère n'a été
rencontrée dans les dépôts crétacés; circonstance qui s'explique
par la rareté de ceux à qui on peut attribuer une origine continentale. Par contre dans l'Amérique du Nord ils apparaissent
nombreux, très diversifiés et accompagnés de grands oiseaux
marcheurs tels que *Hesperonis* (fig. 361), dans une puissante formation lignitifère dite *groupe de Laramie* et qui représente, sur
le versant oriental des Montagnes-Rocheuses ainsi que dans les
États de l'ouest, un terme continental intermédiaire entre les
terrains crétacés et tertiaires.

Dans la flore, des modifications de la plus haute importance
se traduisent par l'apparition subite, dans le cénomanien, des

plantes dicotylédones angiospermes, c'est-à-dire de ces arbres à feuillage caduc qui deviennent le signe caractéristique du jeu des saisons. Dès lors la flore européenne présente la juxtaposition de deux types, les uns destinés à disparaître ou à être refoulés vers le sud, les autres devant former les fonds de notre végétation indigène. Ainsi les peupliers, les hêtres, les lierres, les châtaigniers et les platanes y sont associés aux palmiers, aux lauriers, aux pandanées. D'ailleurs l'ampleur presque générale des formes végétales de cette époque annonce un temps et des saisons favorables au dé-

Fig. 361. — *Hesperonis regalis* du crétacé supérieur d'Amérique.

veloppement du monde des plantes, et ces conditions expliquent très bien l'extension rapide des divers types de plantes à feuilles et à fleurs qui constituent la classe des dicotylédones [1].

Dans les mers les ammonites et les bélemnites sont encore nombreuses au début où, dans les assises cénomaniennes et turoniennes, elles sont encore représentées par une grande variété d'espèces, appartenant, pour la plupart, à ces genres richement ornés de côtes saillantes (*Hoplites*) ou tuberculeuses (*Acanthoceras*) qui avaient apparu dans le Gault; on peut de même constater la fréquence des formes déroulées réparties, cette fois, dans des genres nouveaux : *Scaphites*, *Turrilites*, *Baculites*; elles peuvent également atteindre des dimensions énormes dans la craie marneuse avec l'*Am. peramplus*, dont le diamètre, chez l'adulte, n'est pas moindre de 1 m. 50; mais, malgré ces variations, elles sont loin d'atteindre l'ampleur

---

1. De Saporta, *le Monde des plantes*, p. 205.

qu'elles avaient déployée à l'époque néocomienne; et c'est surtout la disparition d'un grand nombre des types qui avaient
prédominé aux époques antérieures qui donne à la faune crétacée d'ammonites son caractère particulier.

Puis dans la craie blanche sénonienne, quand les *Bélemnitelles*, avec leur alvéole profonde, entaillée par un sillon vertical, remplacent les bélemnites, elles se limitent à un bien
petit nombre d'espèces, et les ammonites deviennent rares,
parfois même absentes de certains horizons crayeux.

Par contre, chez ces dernières, une recrudescence remarquable
est à signaler à l'époque danienne. Avant de disparaître, elles
déploient une certaine richesse de formes; le genre *Pachydiscus*
caractérise par son abondance cette dernière époque, et c'est
aussi dans les calcaires daniens que se fait le plein développement des Baculites; en même temps il en est qui offrent cette
particularité remarquable de revenir à la forme simple des
cératites qui, depuis si longtemps, avait disparu; tels sont les
Sphenodiscus et *Buchiceras*.

Dans les dépôts crayeux du nord, les foraminifères, représentés surtout par des *Globigérines* avec déjà des *Milioles* qui
se développent surtout dans les mers tertiaires, prennent une
certaine importance, mais ce qui domine, ce sont, avec des brachiopodes limités aux deux familles des *Rynchonelles* et des
Térébratules, des mollusques, notamment des ostracées (*Exogyra*), des spondyles (fig. 365), des *Inocerames* (fig. 366), enfin
et surtout des oursins.

Ces derniers, en raison de leur importance et de leur distribution, méritent une mention spéciale; ce sont eux en effet
qui, dans la craie, soit par la prédominance de certains genres,
soit par l'apparition de types nouveaux, deviennent les éléments caractéristiques, non seulement des diverses zones fossilifères, mais des grandes divisions. Dans le cénomanien et
le turonien par exemple, on remarque le plein développement
des genres suivants : *Holaster*, *Echinoconus*, *Discoïdea*, tandis
que la craie blanche sénonienne devient caractérisée par la
prédominance des *Micrasters* (fig. 368) et des *Ananchytes*
(fig. 367); dans la craie jaune tufacée danienne on remarque
ensuite des *Hemipneustes*, alors que dans les calcaires du

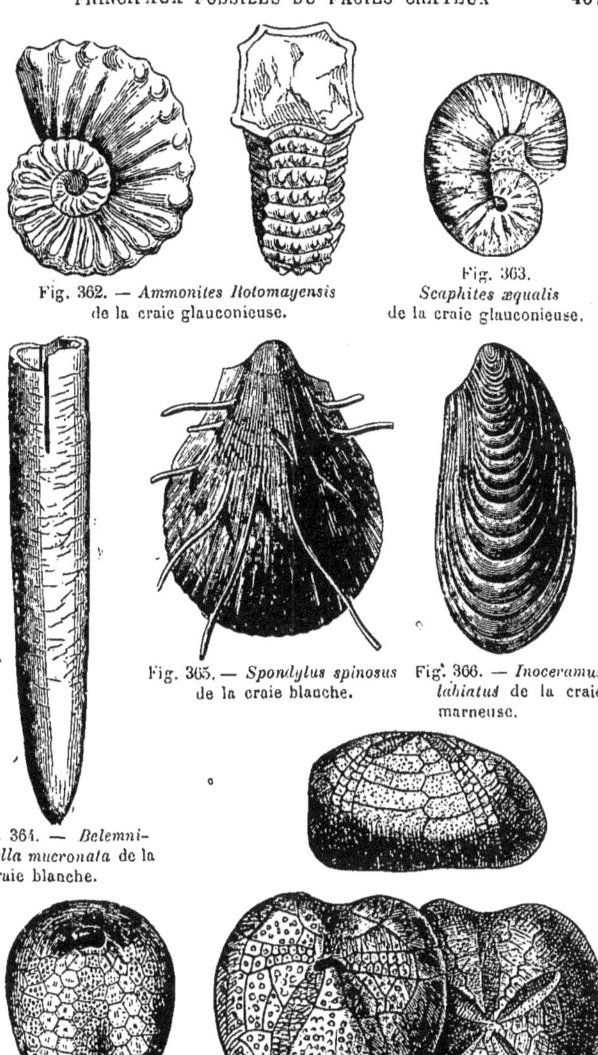

Fig. 362. — *Ammonites Rotomayensis*
de la craie glauconieuse.

Fig. 363.
Scaphites æqualis
de la craie glauconieuse.

Fig. 365. — *Spondylus spinosus*
de la craie blanche.

Fig. 366. — *Inoceramus
labiatus* de la craie
marneuse.

Fig. 364. — *Belemni-
tella mucronata* de la
craie blanche.

Fig. 367. — *Ananchytes ovata*
de la craie blanche (vu par
dessous).

Fig. 368. — *Micraster cor testudinarium*
de la craie blanche.

même âge des régions méridionales, ce sont des oursins spéciaux, *Coraster* et *Stegaster*, qui dominent.

Dans les mers, toujours bien ouvertes, de ces régions, les foraminifères, qui ne manquent pas, sont surtout représentés par des *Orbitolines*, mais ce qui donne à la faune des dépôts crétacés du sud, c'est le rôle très important pris par les mollusques de la famille des *Rudistes*. Ces derniers, en effet, qui avaient des habitudes de sociabilité, vivaient en colonies nombreuses et pressées, à ce point qu'on doit les considérer comme devenant les organismes caractéristiques des formations coralligènes crétacées, désormais nettement reléguées vers le sud.

Ces rudistes font partie d'une grande et bien homogène famille de mollusques acéphalés, celle des *Chamidés*, dont le point de départ vient se placer dans le jurassique supérieur avec les *Diceras* et qui se termine par les *Chames*, seuls représentants dans nos mers actuelles d'un groupe qui ne comprend pas moins de 18 genres spéciaux aux terrains secondaires.

Tous vivaient, fixés au sol par l'une ou l'autre valve, dans des coquilles épaisses, inéquivalves, pourvues d'une charnière très forte. Aux deux extrémités de la longue et très variée série de formes réalisée par ces animaux, les diceras jurassiques et les chames actuels sont bien voisins comme forme générale et mode d'ajustement des valves. Mais il en est tout autrement des genres qui, dans les mers crétacées, ont contribué par l'accumulation, sur place, de leurs coquilles épaisses, à édifier de puissantes assises calcaires. A l'époque cénomanienne, par exemple, les *Caprines* (fig. 358) qui ont rempli ce rôle, avec leurs deux valves si inégales, l'une fixée conique, l'autre tournée en spirale, réalisaient déjà un type étrange parmi ces mollusques. Avec ces caprines se tenaient des formes encore plus singulières, les *Caprinelles*, dont la grande valve, très longue, se présente cloisonnée transversalement et divisée, par suite, en une série. C'est ce cloisonnement transversal qui donne aux moulages internes de ces coquilles cette structure segmentée, caractéristique, rappelant celle de la chair de certains poissons et qui leur a valu le nom d'*Ichtyosarcolithes* (fig. 357).

Dans les formations coralligènes turoniennes apparaissent

ensuite les *Hippurites* (fig. 360), qui représentent, avec leurs coquilles coniques, le type s'écartant le plus de la forme générale des mollusques acéphalés ; et cela d'autant mieux que la valve supérieure, aplatie, prend tous les caractères d'un opercule. De plus, souvent on les observe réunis par groupes soudés suivant la longueur, comme l'*Hippurites organisans*, qui tire son nom de ce fait que, dans de pareilles conditions, ces grands hippurites groupés prennent l'aspect de tuyaux d'orgue. Leur charnière aussi, très compliquée, ne leur permettait d'ouvrir leur coquille que dans des limites fort restreintes ; de la valve supérieure operculaire descendent, en effet, de grandes dents saillantes qui venaient se loger dans de profondes fossettes situées dans l'intérieur de la valve conique épaissie (fig. 359.)

Quant à la faune des constructions coralliennes, où prospè-

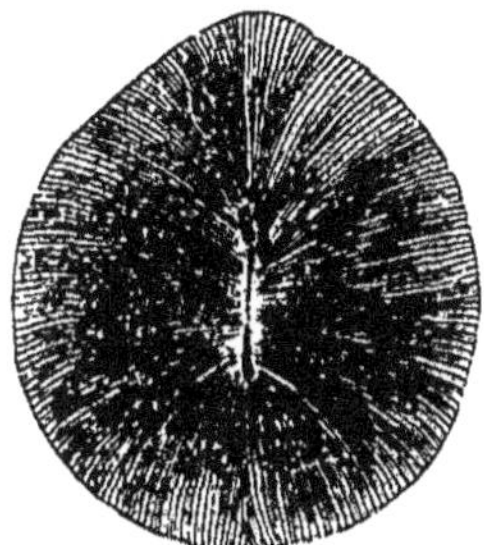

Fig. 359. — *Cyclolites ellipticus* des calcaires à rudistes.

rent ces rudistes, elle est très différente de celle des récifs jurassiques. Les oursins n'y jouent plus qu'un rôle effacé, les crinoïdes sont absents, on y remarque encore quelques gastropodes à coquille épaisse (*Nerinées, Acteonelles*) et les coraux constructeurs ont, cette fois, de grandes analogies avec ceux des récifs actuels. C'est ainsi qu'on peut déjà y constater l'abondance des Fungies, représentées par les *Cyclolites*, celle aussi des Alcyonnaires (*Heliopora*) ; enfin en certains points, sur le bord de ces *barres à rudistes*, des algues calcaires (*Lithothalmium*) sont aussi développées que dans les récifs actuels.

I. — ÉPOQUE INFRA-CRÉTACÉE

Caractères stratigraphiques généraux. — Alors que, dans l'Europe septentrionale, les formations d'eau douce, au début, pendant toute la durée du *néocomien*, l'emportent de beaucoup en puissance et en étendue sur les dépôts marins, dans les régions méridionales il en est tout autrement; les couches lacustres font complètement défaut et c'est dans cette direction qu'on doit encore venir chercher les termes franchement marins du néocomien représentés, soit par des dépôts de haute mer calcaires ou marneux, encore caractérisés par une succession variée d'ammonites, soit, dans le voisinage des rivages, par des formations coralligènes, n'ayant plus, cette fois, avec celles jurassiques que de lointaines analogies. La plus grande place, dans ces calcaires construits par des organismes et désormais relégués vers le sud, est tenue par des mollusques de la famille des Chamidés.

A son tour le Jura conserve le caractère d'une région intermédiaire entre ce type méditerranéen essentiellement marin, et le type du nord caractérisé par un mélange de dépôts d'eau douce et de sédiments marins, ces derniers affectant toujours un caractère littoral accentué. Il importe donc de définir, entre ces deux termes extrêmes, un type jurassien et cela d'autant plus que, dans cette région, une intéressante succession de faunes permet d'introduire, dans ce grand étage *néocomien*, trois divisions fort nettes.

Aux époques suivantes, *aptienne* et *albienne*, ces différences, entre les divers bassins maritimes du nord et du sud, s'atténuent, si bien qu'au moment où s'effectue, dans le nord, l'invasion marine qui caractérise la dernière, sans doute les sédiments détritiques sableux et argileux restent encore localisés dans les régions septentrionales, mais dans ces formations arénacées aussi bien que dans les calcaires du gault méditerranéen, la faune reste sensiblement la même.

Type méditerranéen. — Dans la région des Alpes, aussi bien qu'en Provence et dans le Languedoc, le *néocomien* intimement lié, par sa base, aux dernières assises jurassiques à térébratules perforées (calcaires marneux de Berias à *T. diphyoïdes*), débute par un premier horizon très constant et très étendu de marnes grises remplies de petites ammonites ferrugineuses (*A. Neocomiensis, A. semisulcatus, A. Grasianus, A. Astieri*... etc.), où se tiennent également nombreuses des bélemnites plates (*Bel.*

Fig. 370. — *Belem. latus*.   Fig. 371. — *Belem. Emerici*.

Bélemnites plates des marnes néocomiennes à petites ammonites pyriteuses.

latus, fig. 370); au-dessus apparaît une série puissante de calcaires marneux en gros bancs bien stratifiés, avec marnes schisteuses intercalées, dans lesquels se développent, pour la première fois, en abondance toutes ces céphalopodes à tours déroulés qui donnent au Néocomien du midi son caractère particulier, en devenant le principal gisement d'une nouvelle forme de Bélemnite plus aplatie que les précédentes, *Bel. dilatatus* (fig. 372). Là s'observent, au milieu d'ammonites déployant une surprenante variété de formes avec une non moins prodigieuse richesse en individus, de nombreux *Criocères* (*C. Duvalii*) et au sommet les plus grands scaphites connus (*Macroscaphites Yvani*).

Par places, dans le voisinage des rivages de cette mer où les ammonites ont pu trouver des conditions favorables pour évoluer si rapidement, on peut constater la présence, près de la Grande-Chartreuse, par exemple, et surtout plus au sud au milieu de ce petit groupe de montagnes isolées, les *Alpines*, qui dans les Bouches-du-Rhône dominent les plaines de la Durance,

de véritables récifs coralliens représentés par de grandes assises
de calcaires blancs à polypiers, où les diceras jurassiques sont
remplacés par des *Requienies* (*Req. Ammonia*,
fig. 353 [1]).

Fig. 372. — *Belemnites dilatatus* des calcaires à criocères.

Ces calcaires à *Requienies* (riches en échinodermes ainsi qu'en mollusques à test épais), notamment en nérinées gigantesques (*N. gigantea*),
comme toutes les formations de cette nature,
remplissent alors le rôle, dans la mer infra-crétacée du midi, des calcaires dits *coralliens* dans
celles du jurassique supérieur; on les voit en
effet, non seulement devenir, près des côtes, le
facies coralligène des calcaires à céphalopodes
déroulés, mais se transporter dans les assises
aptiennes.

Dans toute l'étendue de la zone méditerranéenne, l'aptien est uniformément représenté
par une série uniforme de marnes bleuâtres et
de calcaires remarquablement marneux, tou-
jours riches en ammonites et en céphalopodes déroulés, qui
peuvent même atteindre une grande taille avec l'*Ancyloceras
Matheroni*, mais la fréquence des *plicatules*, celle aussi de
grandes ostracées, *Ostrea aquila*, sert à les caractériser. C'est
ensuite dans les Basses-Alpes qu'on peut constater le passage
latéral de ces marnes à plicatules à de puissantes assises de
calcaires à Requienies, en tous points comparables comme
allure et comme faune avec celle du néocomien.

Avec le Gault commencent à s'introduire des modifications importantes dans la nature et la distribution des dépôts. A l'inverse
de ce qui s'est passé dans le nord, la mer, dans les régions méridionales, est alors en voie de retraite et a laissé comme trace de
son passage une formation essentiellement littorale représentée

1. Là se présente, dans la localité d'Orgon, le célèbre calcaire à *requienies*
qui a fourni le type d'un étage dit *Urgonien*, considéré autrefois comme placé
entre le néocomien et l'aptien; on sait maintenant que cette dénomination,
qui ne correspond qu'à un facies coralligène des couches à céphalopodes
néocomiennes et aptiennes du midi, doit disparaître de la nomenclature géologique au même titre que celle de *corallien*.

par des grès glauconieux, sableux ou calcarifères, souvent riches
en nodules de phosphate de chaux et toujours séparés des marnes
aptiennes par une discor-
dance notable. Dans ces
grès verts bien développés
à la perte du Rhône, dans
le Languedoc, et surtout
dans le sud des Basses-
Alpes et des Alpes-Mari-
times, près de Nice, et qui
partout se montrent riches
en nodules et fossiles phosphatés, on n'observe plus
qu'un petit nombre d'es-
pèces, telles que *Am. inflatus, Am. Deluci, Belemnites
minimus,* qui se tiennent
habituellement dans les
assises supérieures du
Gault.

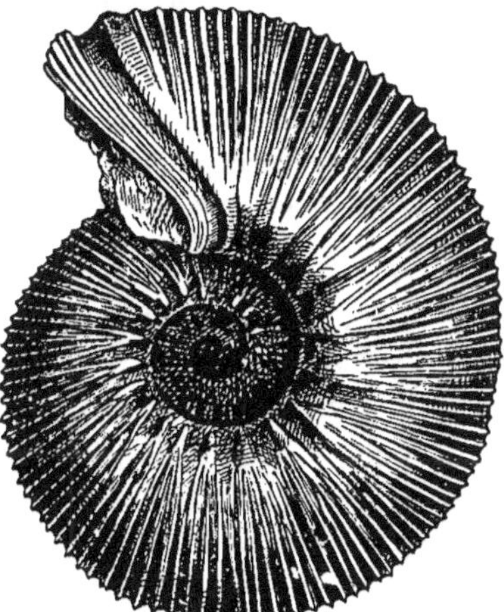

Fig. 373. — *Ammonites Astierianus*
du néocomien inférieur.

La faune appauvrie de ces grès verts, qui contraste singulièrement avec celle si riche des étages qui précèdent, atteste que
les conditions pélagiques avaient alors disparu. Dès lors il
semble que le mouvement qui a ramené la mer du Gault dans
le bassin de Paris a eu pour contre-partie un mouvement
d'émersion dans le bassin du Rhône.

Type jurassien. — En Provence, aussi bien que dans le
Languedoc, quand on se rapproche des anciens rivages néocomiens on voit les marnes à petites ammonites ferrugineuses
disparaître et faire place à des dépôts côtiers représentés par
des calcaires marneux riches en grandes ostracées, *O. Couloni,*
ainsi qu'en oursins du type des spatangues, *Echinospatagus cor-
diformis* (fig. 354); puis, à mesure qu'on remonte vers le nord,
ce facies littoral à spatangues s'accentue; déjà, dans le Dauphiné, on le voit apparaître au niveau des calcaires à criocères,
puis finalement le Jura marque le point à partir duquel disparaît la riche faune de céphalopodes du midi : seules persistent, en effet, dans ces calcaires à spatangues jurassiens et du

nord, deux espèces d'ammonites, *A. Astierianus* (fig. 373), *A. radiatus*, et les bélemnites plates sont remplacées par une espèce bien différente, *B. pistilliformis*, qui rentre dans le type normal. Tout entier marin et complètement dépourvu de sédiments détritiques, le néocomien directement superposé dans la région des hautes chaînes du Jura méridional, aux couches lacustres du purbeck, débute par une véritable formation coralligène représentée par des calcaires blancs à polypiers, où se tiennent avec de grandes nérinées, des acéphalés au test épais plissé, et de gros strombes ; les spatangues apparaissent ensuite avec les grandes ostracées, dans des marnes bleues très fossilifères (*marnes d'Hauterive*), puis deviennent surtout nombreux dans des calcaires jaunes superposés qui se développent de plus en plus vers le nord-ouest, où ils viennent fournir la pierre à bâtir de Neufchâtel et de Pontarlier.

C'est dans cette région aussi qu'on peut venir chercher, directement superposés à ces *calcaires jaunes* à spatangues de Neufchâtel, non seulement les meilleurs, mais les derniers représentants de ces calcaires blancs massifs à *Requienies* qui deviennent, comme nous l'avons vu dans le midi, le facies coralligène des calcaires à grands scaphites. A Bellegarde, c'est dans ces assises, épaisses de plus de 30 mètres, que se fait la perte du Rhône, en même temps on peut constater dans les berges dominant cet accident remarquable, que les sédiments arénacés qui, depuis si longtemps, faisaient complètement défaut, apparaissent dans les couches aptiennes qui, très réduites et avec un caractère littoral bien prononcé, se présentent sableuses, sur ces calcaires blancs. C'est sous cette forme de grès calcaires et de sables glauconieux que se présente également le gault, en offrant, dans ces berges de la perte du Rhône, un très riche gisement de nodules et de fossiles phosphatés où on peut aisément recueillir, dans un parfait état de conservation, toutes les ammonites (*A. inflatus, A. splendens...*) qui caractérisent les horizons supérieurs de cet étage. Dans le Jura proprement dit, l'aptien reprend son facies marneux habituel avec ses grandes huîtres (*O. aquila*) et ses plicatules, mais sur des épaisseurs et des étendues toujours très faibles ; il en est de même pour le gault qui ne se révèle que

par des lambeaux pincés dans les plis ou failles du massif
jurassien.

Au delà du Jura, c'est seulement sous cette forme de lambeaux tombés dans des failles et préservés par suite contre
l'érosion, que se présentent les assises qui nous occupent, au
pied de la côte châlonnaise, et sur l'emplacement de l'ancien
détroit de la Côte d'Or; mais ces lambeaux offrent cet intérêt
de venir nous montrer le point par où la mer infra-crétacée,
après avoir couvert le Jura, pénétrait dans le bassin de Paris;
pénétration qui ne s'est faite que tardive, lentement et sans
guère dépasser, dans l'ouest, le méridien de Paris.

En effet, sur toute la bordure orientale où les affleurements
infra-crétacés dessinent, dans l'Aube et la Haute-Marne, une
zone continue, bien découverte, en même temps humide et fertile
grâce à l'abondance des argiles et des sables, le néocomien
débute par des dépôts d'eau douce marneux, puis sableux et
très ferrugineux (*fer géodique* de la Haute-Marne), où on ne
rencontre que des ossements de tortues, et c'est seulement sur
ces sables ferrugineux qu'apparaissent les *calcaires à spatangues*
avec tous leurs caractères habituels et en s'avançant, vers
l'ouest, jusque dans le Sancerrois. Dans toute cette étendue
on les voit recouverts par de véritables bancs d'huîtres (*argiles
ostréennes*), où de grandes ostracées fournissent, au milieu d'argiles, des lumachelles assez compactes pour être utilisées
comme marbre (marbre de *Chaource* dans l'Aube).

Des argiles qui suivent, remarquables non seulement par
l'éclat et la diversité de leurs couleurs (*argiles panachées* de
blanc et de rouge vif), mais surtout par ce fait qu'elles ne
renferment que des coquilles fluviatiles (*Unios Paludines*) avec
de nombreuses empreintes végétales de fougères et de conifères, annoncent qu'une phase d'émersion s'est produite après
le dépôt des calcaires à spatangues; puis, quand la mer est
revenue elle n'a déposé, sur des espaces très restreints, que
des argiles rouges peu épaisses, ne dessinant une nappe continue que dans la Haute-Marne (*couche rouge* de Vassy), où
elles renferment de nombreux fossiles marins qui permettent
de les rattacher au néocomien supérieur.

C'est seulement avec l'époque aptienne que se prononce

nettement l'invasion marine dans le bassin de Paris; les
marnes à plicatules de cet âge, que nous avons déjà vues bien
amorcées, devenues fort épaisses et très fossilifères s'étendent
bien au delà des limites atteintes par les calcaires à spatangues, en conservant partout un caractère franchement marin,
si bien que les ammonites jointes à de grands ancyloceras
(*A. Matheroni*) s'y présentent à tous les niveaux. Enfin quand
s'ouvre l'époque suivante du Gault, le bassin de Paris peut être
considéré comme tout entier envahi par les eaux marines.
C'est alors que se sont déposés, en venant garnir tout le fond
du bassin, des *sables verts aquifères*, destinés à devenir le réservoir des eaux artésiennes du sous-sol de Paris[1], puis des
nappes épaisses et continues d'*argile téguline*, qui partout fournissent des *terres à tuile* estimées. Les sables du Gault ne sont
pas seulement précieux en raison du rôle qu'ils jouent dans
le régime des eaux souterraines du bassin; dans l'est, ils
deviennent, aussi bien dans la Meuse que dans les Ardennes,
le principal gisement de nodules de phosphates de chaux activement exploités, et qui, le plus souvent, ne sont autres que
des moules de fossiles accumulés, en prenant tous les caractères de ces entassements de coquilles rejetés par la mer sur
les plages basses du littoral maritime. Là peut s'observer,
avec toutes les variétés de l'*Ammonites mamillaris*, de nombreux bivalves, et des gastropodes de haute taille. Les argiles
ne sont pas moins fossilifères; dans ce sens, sur la côte du
Boulonnais, Wissant est une localité où l'on peut faire la plus
ample moisson des fossiles de cette zone qui tous appartiennent
à la faune du Gault supérieur.

1. Ces sables, très perméables, qui affleurent sur la bordure méridionale
et orientale du bassin de Paris, sous la forme d'une bande continue, depuis
les Ardennes jusqu'à la Loire, à une altitude qui même, dans le fond des
vallées, reste toujours supérieure à celle de la plaine parisienne, emmaga-
sinent des quantités d'eau qui, retenues sous la nappe continue d'argile
imperméable du gault, viennent s'accumuler *sous pression*, en profondeur;
dès lors il suffit qu'un forage, après avoir traversé successivement les alluvions de la Seine, les assises crayeuses faciles à percer, puis l'argile du Gault,
atteignent ces sables, pour que ces eaux reprennent, dans le trou de sonde,
leur niveau hydrostatique, sous la forme d'une colonne jaillissante capable de
s'élever à près de 40 mètres au-dessus de la plaine d'alluvions de la Seine.

Europe septentrionale. Dépôts wealdiens. — Les dépôts lacustres et même continentaux que nous avons vus s'introduire dans la composition du néocomien, sur la bordure orientale du bassin de Paris, arrivent à se souder, prennent de plus en plus d'importance à mesure qu'on s'avance vers le nord; déjà, dans le pays de Bray où un soulèvement relativement récent a ramené au jour, au fond d'une large boutonnière ouverte au travers des plateaux crayeux de l'Artois (fig. 377), les couches profondes du bassin, on peut voir qu'au milieu de couches puissantes de sables et d'argiles, les unes réfractaires, exploitées pour poteries, les autres marquées de couleurs vives bariolées, comme celles de la Haute-Marne, que les couches marines sont bien atténuées; elles se limitent, en effet, à quelques petits lits gréseux, à peine fossilifères; ensuite, dans toute une large zone qui s'étend depuis la Normandie et l'Angleterre méridionale jusqu'au Hanovre, en passant par le Boulonnais, on ne rencontre plus guère que des dépôts d'eau douce qui, le plus souvent, prennent tous les caractères de ceux qui se forment dans les deltas et quand, par places, quelques lits à fossiles marins viennent s'intercaler au milieu de ces sédiments lacustres ou d'estuaires, c'est la faune des calcaires à spatangues qui se poursuit jusque-là.

C'est dans le sud de l'Angleterre, sur le territoire de Kent et de Sussex, dans la région appelée *Weald*, que ce faciès si spécial atteint son plus grand développement. Là s'observent, couronnant soit les calcaires lacustres du Purbeck, soit les couches jurassiques marines les plus anciennes, une puissante assise de sables et de grès calcarifères, marqués de colorations vives (2 à 300 mètres) qui prennent tous les caractères d'un dépôt fluviatile, et représentent un estuaire comblé par un grand fleuve qui, descendant du nord-ouest, venait déverser ses troubles sur la côte sud de l'Angleterre. La faune de ces sables composée de paludines, de mélanies, de cyrènes et d'unios (*U. Wealdensis*) est exactement celle qui caractérise les dépôts de cette nature effectués dans des eaux saumâtres par suite du mélange des eaux marines avec les eaux douces. On y trouve aussi de nombreuses empreintes de végétaux flottés, avec des ossements de tortues appartenant à des genres

27.

Emyx et *Trionix*, aujourd'hui confinés dans les rivières tropicales. A ces sables succèdent des argiles bleues encore fort épaisses (300 mètres) qui ne renferment plus, avec des unios, que des coquilles de petits crustacés d'eau douce, les *Cypris*, ainsi que des paludines réunies par places en nombre suffisant pour fournir un calcaire coquillier exploité sous le nom de marbre de Sussex ; c'est-à-dire, cette fois, une faune qui annonce l'établissement définitif d'un régime franchement lacustre. C'est également dans ces argiles wealdiennes qu'ont été rencontrés les premiers restes d'*Iguanodon*, c'est-à-dire de ce grand dériosaurien herbivore éminemment caractéristique des dépôts wealdiens.

Après avoir reconnu leur trace dans le Boulonnais, où des sables ferrugineux remplis d'*Unios* et de *Cyrènes* se relient intimement avec ceux du Weald, on peut les retrouver ensuite largement étendus dans la Flandre et surtout en Belgique dans le Hainaut, où des sables de cette nature apparaissent le plus souvent tombés dans les fentes ou crevasses du calcaire carbonifère [1]. C'est dans une poche sableuse de cette nature qu'ont été rencontrés récemment, en Belgique, un grand nombre de squelettes entiers d'*Iguanodon*, qui ont permis de faire une restauration complète de ces singuliers reptiles dont l'anatomie était jusqu'alors peu connue.

Enfin c'est dans le Hanovre qu'on peut voir les dernières traces de ces formations wealdiennes représentées toujours par des argiles riches en paludines, puis par des grès renfermant, avec de nombreuses empreintes végétales, de grandes couches de combustibles et dont l'origine continentale devient, par suite, incontestable.

II. — ÉPOQUE CRÉTACÉE

Bassin de Paris. 1° Étage cénomanien. — Dans le bassin de Paris, les terrains crétacés qui succèdent, sans interruption, au Gault, restent, dans toute leur étendue, comme ce dernier, exclusivement marins, mais leur distribution est toute autre.

1. Ce sont ces sables coulants qui, causant tant de difficultés dans le forage de certains puits des houillères du nord, sont connus sous le nom de *torrent d'Anzin*.

Au début, par exemple, le mouvement d'affaissement qui a déterminé la grande transgression cénomanienne, a eu pour effet de reporter les rivages bien au delà des limites atteintes par les mers secondaires antérieures. La mer qui, au moment où se déposaient les argiles vertes du Gault, ne dépassait guère, vers l'ouest, une ligne s'étendant du Sancerrois à l'embouchure de la Seine, envahit alors les confins de la Bretagne et du Cotentin en venant s'étendre sur les terrains paléozoïques de ces régions. Aussi, dans cette direction, les sédiments cénomaniens perdent leur aspect crayeux habituel et deviennent sableux ; telles sont les puissantes assises de sables et de grès ferrugineux qui donnent lieu, entre la Sarthe et le Loir, aux deux régions verdoyantes du Perche et du Maine. Là vient se placer la localité du Mans, qui a été choisie pour donner son nom à l'étage (*Cenomanum*).

Quant au *facies crayeux,* c'est dans le centre, le nord et l'est du bassin qu'il est le mieux développé ; dans toute cette étendue, il a pour principal représentant une craie *glauconieuse,* c'est-à-dire chargée d'hydrosilicate de fer et de potasse, habituellement distribués sous la forme de petits grains verts (*glauconie*) qui représentent parfois des moules intérieurs de foraminifères et se trouvent souvent réunis en si grand nombre qu'ils communiquent à la craie leur coloration, en lui donnant un aspect sableux ; cette craie verte était autrefois désignée sous le nom de *craie chloritée,* quand on attribuait à la chlorite les petits grains en question.

Dans le nord du bassin de Paris, après avoir rencontré la craie grise cénomanienne, amenée au jour par failles en plusieurs points dans la vallée de la basse Seine, entre Vernon et le Havre, notamment à Rouen, se présente, à la côte Sainte-Catherine, la couche fossilifère célèbre qui a souvent valu à la craie glauconieuse le nom de craie de Rouen (*Rotomagien*). On la trouve ensuite largement découverte, à l'embouchure de la Seine, sur les deux rives du fleuve, et surtout dans les falaises de la Manche qui se développent de part et d'autre de la Seine où son épaisseur, dans celles de Honfleur, n'est pas moindre de 60 mètres. Dans toute cette étendue on peut y distinguer trois zones fossilifères qui sont à partir de la base : 1° zone à *Holaster suborbicularis* et *Turrilites Bergeri*; 2º zone à *Holaster nodulosus* et *T. tuberculatus*; 3º zone à *H. subglobosus* et *T. costatus*.

La zone inférieure, représentée par une assise de marne glauconieuse, parfois sableuse, avec nodules phosphatées, épaisse de 4 à 5 mètres, constitue sur l'argile albienne, dans tous les points de la Seine-Inférieure où elle affleure, un niveau d'eau très régulier; on y remarque, avec les espèces précédemment citées, une prédominance marquée de l'*Ammonites inflatus*, jointe à la coexistence de quelques espèces persistantes du Gault; c'est ensuite au sommet qu'on peut rencontrer, dans une couche très fossilifère, condensée, les fossiles les plus caractéristiques de l'étage : *Am. Mantelli, A. Rotomagensis, A. varians, Scaphites æqualis, Discoidea cylindrica*, etc.

Au delà de la vallée de la Seine, un ensemble bien accusé de dislocations qui ont affecté le pays de Bray, l'Artois et le Boulonnais ont déterminé la réapparition du cénomanien dans chacune de ces régions, notamment dans le Boulonnais, où il se présente très développé dans les falaises du cap Blanc-Nez, en devenant presque exclusivement marneux, si bien que ce sont ces marnes, très argileuses, qui fournissent aux environs de Boulogne-sur-Mer le ciment estimé qu'on connaît. C'est en même temps dans cette assise imperméable qu'on a proposé de creuser le tunnel sous-marin entre la France et l'Angleterre, ce même facies marneux (Chalk Marl) se poursuivant sur la côte anglaise voisine. En Flandre, ces marnes deviennent de vraies argiles (*Diéves* des mineurs) et la base du cénomanien apparaît sous la forme d'un poudingue à cailloux roulés, chargé de débris de fossiles (*Tourtia*) et qui partout repose sur les terrains primaires, en venant montrer ce que peut produire l'invasion de la mer sur un sol depuis longtemps émergé.

Dans le nord-est, au voisinage de l'Ardenne, ces mêmes conditions littorales prédominant, ont donné naissance à de grands dépôts sableux, qui, maintenant consolidés par de la silice hydratée, en un grès tendre, poreux, connu dans l'Argonne sous le nom de *gaize* ou *pierre morte*, se dessinent dans l'orographie de la région par une ligne de crêtes escarpées.

Mais à mesure qu'on s'écarte du rivage ancien de l'Ardenne, le facies crayeux reparaît et la craie cénomanienne avec ou sans

silex, se poursuit ainsi jusqu'à la Loire. Il suffit ensuite de
franchir le fleuve pour voir réapparaitre les sables, au milieu
de marnes utilisées pour l'amendement de la Sologne, puis
bientôt ils s'agglomèrent en un grès à pavés auprès de Vierzon;
au delà, on assiste à la disparition progressive du calcaire,
puis, quand on arrive au Mans, tout le cénomanien, à l'exception d'une marne à ostracées qui en occupe le sommet, devient
sableux. Sous cette marne, l'épaisseur de ces sables et grès
ferrugineux n'est pas moindre de 90 m. Dans ce *facies*, nettement sableux, la faune change, on y remarque de nombreux
oursins d'un type très différent de ceux de la craie, des Trigonies (*T. sulcatoria*) localisées au sommet des grès du Mans,
dans un horizon où on a pu constater la présence de plus de
200 espèces de mollusques, parmi lesquels les ammonites entrent
pour une bonne part, mais, dans tous les cas, on peut voir s'y
poursuivre les espèces les plus typiques de la craie du nord.
Enfin dans les marnes blanches à ostracées (*O. biauriculata,.
O. columba*, fig. 375), également très fossilifères, on constate, au
Mans même, la présence, au milieu d'un calcaire coralligène
bien caractérisé, de rudistes venus du sud-ouest (*Caprinelles,.
Radiolites*); c'est le terme extrême qu'ils aient jamais atteint.

2° *Étage turonien*. — Avec le Turonien commence la série
crayeuse proprement dite, c'est-à-dire dépourvue de glauconie.
Sans doute cet étage sera encore assez variable d'un bout à
l'autre du bassin, mais il n'en est pas moins plus homogène et
cette condition qui atteste un régime plus uniforme s'accentuera avec le Sénonien.

Le type le plus franc de la craie marneuse se présente en
Normandie et sur toute la bordure nord-est. Reposant sur la
craie glauconieuse durcie et perforée, on observe une première
zone de craie grise où apparaissent les premières belemnitelles
(*B. plena*), et déjà sont absentes ou très rares toutes ces ammonites qui donnaient à la craie de Rouen un caractère particulier. Ensuite se développe la craie marneuse proprement dite
à *Inocérames* (*I. labiatus*, fig. 374), dure, noduleuse, avec quelques veines argileuses et presque dépourvue de silex, surtout
dans les falaises du Pas-de-Calais. A ce niveau se tiennent dans
les parties basses de grandes ammonites (*A. peramplus*), tandis.

qu'au sommet on rencontre des céphalopodes déroulés (*Scaphites*). Marneux dans la Champagne et chargé de pyrite, le

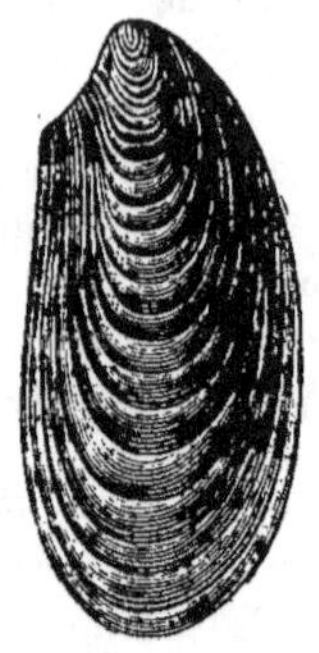

Fig. 374. — *Inoceramus labiatus*
de la craie marneuse.

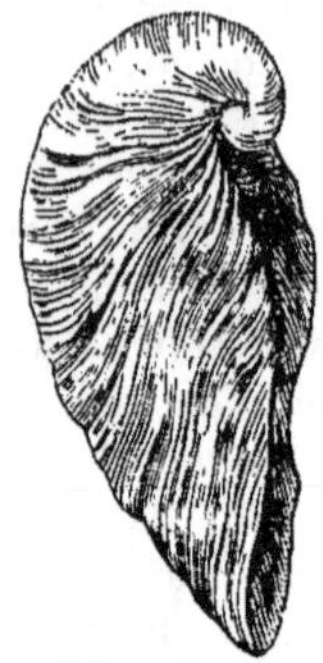

Fig. 375. — *Ostrea columba*
des sables du Perche.

turonien redevient argileux dans les Ardennes; alors ses affleurements dessinent une grande zone de plaines humides, cou-

Fig. 376. — Un village dans le tuffeau, en Touraine.

vertes de bois et de prairies, contrastant avec la stérilité habituelle des affleurements crayeux.

Sur la bordure ouest, les modifications sont plus grandes : dans la Touraine, par exemple, le turonien, après avoir débuté par des grès ferrugineux qui tiennent la place de la craie à

Belemnitella plena; se présente à l'état de craie micacée, dite *tuffeau*, qui devient riche en ammonites très ornées (*Am. papalis, A. Deverianus*); là se présentent également les plus grands exemplaires connus de l'*Amperamplus* et c'est dans de pareilles conditions qu'on rencontre, développées par bancs, au sommet du tuffeau, les variétés géantes de l'*Ostrea columba*. Ce tuffeau, très facile à tailler (pierre de Bourré), affleure largement dans les vallées du Loir-et-Cher, sous la forme d'escarpements verticaux creusés de profondes carrières, qui, le plus souvent, quand elles sont abandonnées, deviennent des habitations souterraines (fig. 376).

3° *Étage sénonien.* — La craie blanche *sénonienne* ne correspond pas seulement à la phase d'extension maximum des mers crétacées, c'est en même temps l'étage crayeux le plus puissant et le plus homogène. Sur la bordure, son épaisseur reste toujours plus près de 200 m. que de 100 m.; dedans l'intérieur, les sondages pour puits artésiens l'ont rencontrée sur plus de 300 mètres. Partout elle reste blanche, traçante, et devient susceptible d'être employée pour de nombreux usages; on l'exploite pour le marnage des terres, la fabrication de la chaux, de l'acide carbonique, des bâtons de craie et du blanc d'Espagne pour le blanchiment des habitations [1].

1. Pendant longtemps cette craie blanche, considérée comme entièrement constituée par des débris de foraminifères, était regardée comme le type le plus parfait des dépôts de mer profonde, puis rapprochée de ces vases à globigerines qui, ramenées par les dragues des grands fonds marins, semblaient, à leur tour, annoncer une persistance du dépôt de la craie dans nos mers actuelles. Or on sait maintenant qu'il en est tout autrement : la craie est certainement une formation de mer tranquille, mais qui ne s'est jamais déposée à une grande profondeur; ainsi qu'en témoignent le grand nombre d'organismes franchement littoraux bryozoaires, ostracées, bivalves, oursins, qu'elle contient. Quant aux foraminifères, sans doute ils ne manquent pas, mais ils n'apparaissent qu'isolés et très disséminés dans la masse crayeuse, essentiellement constituée par des particules de carbonate de chaux amorphe. Pour les trouver réunis en grand nombre et prenant le caractère d'organismes constructeurs, il faut descendre dans les régions méridionales, où on peut constater que les calcaires à rudistes en contiennent souvent des quantités considérables.

De plus il importe de faire remarquer que les silex si répandus dans la craie blanche par cordons alignés, régulièrement espacés, ou parfois soudés en couches continues, ne sont pas de formation contemporaine; il suffit pour

Dans cette masse crayeuse dont l'homogénéité n'est troublée que par des silex devenus nombreux et disposés par cordons alignés, la paléontologie seule permet d'y établir des subdivisions. C'est ainsi qu'on peut reconnaître tout d'abord que dans une première assise inférieure (sous-étage *Santonien*, en raison de son développement dans les environs de Sens), ce sont les oursins du genre *Micraster* (fig. 368) qui dominent, alors que dans la masse supérieure (sous-étage *Campanien*, en raison de ce fait que cette craie stérilise les grandes plaines de la *Champagne pouilleuse*), ce sont les *Bélemnitelles* qui remplissent ce rôle. De plus, dans chacune d'elles, il y a lieu de distinguer, suivant les variations présentées par les formes spécifiques de ces deux types, plusieurs zones superposées. Dans ces conditions, la composition du sénonien dans le bassin de Paris, déduite des observations faites dans le sens que nous venons d'indiquer, est la suivante :

Craie à Bélemnitelles (Campanien).	Craie de Meudon à *B. mucronata*. Craie de Reims à *B. quadrata*.
Craie à micrasters (Santonien).	Craie à *M. cor anguinum*. Craie à *M. cor testudinarium*.

De ces deux assises de craie blanche c'est la première qui, de beaucoup, est la plus étendue. Celle inférieure à *Micraster cor testudinarium*, par exemple, se poursuit jusqu'en Touraine, où elle apparaît noduleuse, en même temps riche en ammonites (*craie de Villedieu*), circonstance qui s'explique par sa proximité avec le bassin du sud-ouest où, dans les Charentes, l'ensemble des assises calcaires qui appartiennent au terrain crétacé en renferment à plusieurs niveaux. Ensuite la seconde zone de craie à micraster se dispose en retrait ; puis finalement, quand se dépose celle que caractérisent les Bélemnitelles, la mer est déjà bien

s'en rendre compte de remarquer que, dans certains escarpements où la craie se montre traversée par de nombreuses fentes dirigées dans un sens oblique à la stratification, les silex suivent le trajet de ces fentes, nettement postérieures à la consolidation du dépôt, en venant tapisser leurs parois. Dès lors on doit les attribuer à la simple action chimique des eaux d'infiltration qui, s'emparant de la silice toujours très répandue dans la craie, sous la forme de spicules d'éponges ou de radiolaires, viennent ensuite la concentrer dans des points particuliers le plus souvent déterminés par des spongiaires ou autres organismes siliceux.

réduite; il suffit pour s'en rendre compte d'examiner, dans la coupe ci-jointe du terrain crétacé des environs de Beauvais,. combien est grande la localisation de cette craie au sommet (fig. 377). Ainsi se prépare, dans le bassin de Paris, cette phase sinon d'émersion totale, au moins de réduction bien grande de la mer qui se produit à l'époque danienne.

4° *Époque danienne.* — A cette date cesse, dans le bassin de Paris, de se déposer la craie et la distribution des lambeaux d'un calcaire dit *pisolitique* qui devient le seul terme qu'on puisse attribuer au danien atteste qu'il devait être alors réduit à un golfe bien étroit, restant en communication avec la mer qui était alors largement étendue en Belgique et dans le nord de l'Allemagne. Tous apparaissent en effet isolés, le plus souvent adossés à une falaise crayeuse comme celui de Laversine, près Beauvais, et limités autour de Paris à un espace restreint; à l'exception cependant de quelques affleurements de calcaires de cette nature qui s'observent dans le Cotentin où ils deviennent riches en baculites, en ammonites. Ce *calcaire à baculites* du Cotentin ne représente pas seulement le terme le plus écarté du danien dans le bassin de Paris, il en devient le terme le plus ancien.

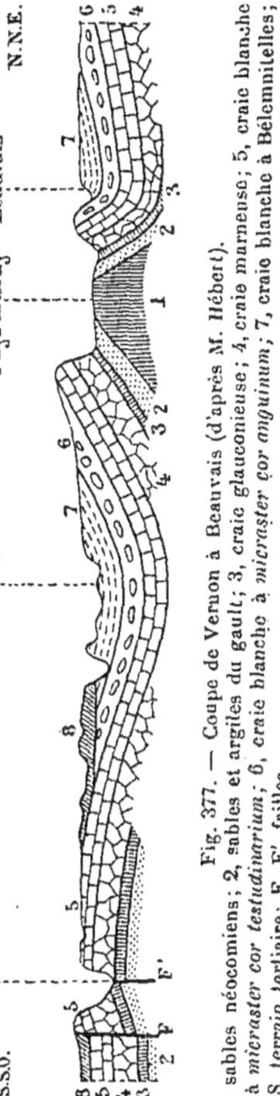

Fig. 377. — Coupe de Vernon à Beauvais (d'après M. Hébert). 1, sables néocomiens; 2, sables et argiles du gault; 3, craie glauconieuse; 4, craie marneuse; 5, craie blanche à *micraster cor testudinarium*; 6, craie blanche à *micraster cor anguinum*; 7, craie blanche à Bélemnitelles; S, terrain tertiaire; F, F', failles.

Europe septentrionale. — Pour rencontrer des assises daniennes plus complètes, il faut se rendre en Belgique où on peut voir se développer, sur la craie blanche sénonienne, de nouvelles assises de craie grise phosphatée (*craie de Ciply*), renfermant une faune distincte du sénonien et où on peut déjà constater la présence des oursins du genre *Hemipneustes*, caractéristiques des assises daniennes. Ces *Hemipneustes* apparaissent ensuite bien plus développés dans le Limbourg belge, au milieu d'une craie tufacée jaune, pleine de bryozaires et de polypiers (Tuffeau de Maëstricht), où l'on peut rencontrer, au milieu d'un grand nombre de fossiles variés, des ossements d'un grand reptile désigné sous le nom de *Mosasaure*. Dans ces régions, le danien se complète par un calcaire grossier, jaunâtre, très coquillier, qui n'a pas seulement beaucoup d'analogie comme aspect avec notre calcaire grossier parisien, mais aussi comme faune. Un grand nombre d'espèces de la zone à *Nummulites lœvigata* et des sables de Cuise se présentent, en effet, associées à des formes daniennes dans ce *calcaire de Mons* qui représente, au sommet du danien belge, un terme de passage entre le crétacé et le tertiaire.

C'est ensuite plus au nord, dans le bassin de la Baltique, qu'on peut rencontrer non seulement les meilleurs représentants des dépôts daniens, mais les plus étendus et les plus fossilifères; c'est dans cette direction, en effet, que s'était reportée la mer à la fin du crétacé. Dans le Danemark en particulier, qui a été choisi comme type, c'est dans de puissantes assises de craie qu'on peut rencontrer, d'abord les baculites et les ammonites du Cotentin, puis les diverses espèces du tuffeau de Maëstricht, tandis qu'au sommet, dans des calcaires jaunes friables, on peut déjà constater, à un degré moindre qu'en Belgique, mais certain, quelques espèces dont les affinités sont pour les formes tertiaires.

Bassins du sud-ouest et de la Méditerranée. Calcaires à rudistes. — Parmi les faits qui, nombreux, impriment aux terrains crétacés de la zone méditerranéenne leur caractère le plus saillant, de beaucoup le plus important, c'est la grande place qu'y prennent les *calcaires à rudistes*, c'est-à-dire des formations qui n'ont, sans doute, avec les récifs coralliens que de lointaines analogies, mais en remplissent exactement leur rôle en devenant, dans les mers crétacées du midi, le *facies coralligène* tout à fait spécial aux dépôts de cet âge; et cela dans toute l'étendue de la période, depuis le cénomanien jusque et y compris le danien.

C'est sous la forme de bancs lenticulaires qu'on les observe et
leurs relations avec les terrains encaissants qui restent toujours
les mêmes, quel que soit leur âge, sont les suivantes : Au milieu
de dépôts à faune variée ces rudistes commencent à apparaître
isolés, puis bientôt les sédiments consistent
en une longue et régulière série alternante
de bancs calcaires et de marnes peu épaisses,
mais conservant toutes la même importance. Dans ces marnes, en effet, persistent
les céphalopodes, les lamellibranches, les
oursins, c'est-à-dire toute la faune des dépôts qui précèdent, tandis que dans les
calcaires les rudistes, devenus plus nombreux, s'accompagnent de polypiers, d'hydrozoaires, et de quelques brachiopodes,
en un mot de toute une faune coralligène

Fig. 378. — *Radiolites
cornu pastoris.*

bien caractérisée et cela d'autant plus que les gastropodes à
test épais ne manquent pas. Ces calcaires, qui progressivement
avaient gagné en épaisseur, finissent par se souder, puis à
devenir, en dernier lieu, massifs, sans stratification apparente ;
dès lors le récif peut être considéré comme constitué, et la plus
grande part dans la construction de ces calcaires doit être toujours attribuée aux polypiers.

Les principales modifications qui s'introduisent dans la faune
de ces formations coralligènes consistent dans ce fait, qu'à
l'époque cénomanienne ce sont les *caprines* qui seules ou simplement associées à quelques rudistes francs, tels que des
sphœrulites, jouent le principal rôle, en devenant les organismes caractéristiques de ces calcaires construits. Avec le
turonien commencent à apparaître les *Hippurites*; dès lors la
composition de ces *barres à rudistes* est soumise à peu de variations, ces calcaires à hippurites se poursuivant jusque dans le
danien inférieur, après avoir pris un grand développement dans
les assises sénoniennes des Charentes, des Pyrénées-Orientales
(*Corbières*) et de la Provence.

Mais il est juste d'ajouter qu'à l'époque danienne, ces formations, reportées sur le bord méridional des Alpes, dans le massif
du Frioul, sont, dans nos régions, bien réduites et limitées à

quelques traces qui ne s'observent guère que dans les Pyrénées. La raison c'est que la fin de l'époque danienne correspond pour la Provence, le Languedoc et les Corbières à une phase d'émersion pendant laquelle se sont constituées les puissantes formations lignitifères des bassins de Fuveau et de Rognac.

CHAPITRE V

SÉRIE TERTIAIRE OU NÉOZOIQUE

Caractères généraux de la période. — La période tertiaire ou néozoïque peut être caractérisée par ce seul fait : c'est celle où les continents ont acquis, avec leurs dimensions, les principaux traits de leur relief actuel. En même temps, par suite de cet accroissement des masses continentales et de la localisation des mers dans les espaces déprimés qu'elles occupent aujourd'hui, des variations plus grandes dans les conditions physiques et biologiques ont introduit, dans le monde organique, cette diversité qui caractérise l'époque moderne.

Mais il est juste d'ajouter que ce progrès n'a pas été réalisé d'un seul coup ; c'est par étapes successives que cette constitution définitive des continents et des océans sous leur forme actuelle a été acquise. La période tertiaire est, en effet, une phase de grandes dislocations pendant laquelle des mouvements du sol d'une amplitude considérable et plusieurs fois renouvelés, ont fini par se résoudre, en Europe, dans la formation des hautes chaînes méditerranéennes ; d'abord celles des *Pyrénées* et des *Apennins*, puis celle les *Alpes* avec les *Carpathes* et le *Jura*. A leur pied l'effondrement de la *Méditerranée* et sa constitution à l'état de mer profonde presque fermée, ne communiquant avec l'Atlantique que par une passe étroite, le *détroit de Gibraltar*, dont l'ouverture est récente, peut compter, à son tour, comme un fait de la plus haute importance, marquant une date dans l'histoire, fort intéressante, de ces derniers âges de la terre.

L'Europe n'a pas été seule soumise à de pareils mouvements orogéniques qui, en faisant émerger de grandes masses conti-

nentales, ont donné naissance à d'importantes lignes de relief ;
en Afrique l'*Atlas algérien*, en Asie le puissant massif montagneux de l'*Himalaya* où vient se placer, avec le Gaurisankar, la
plus haute cime du globe, qui font partie de cette grande
série de chaines récentes, donneront une idée de l'importance
et de l'étendue des espaces au travers desquels se sont pro-
pagés les efforts de refoulement vers la fin des temps tertiaires.

Comme conséquence de ces grands mouvements qui n'ont
pu se faire sans qu'en beaucoup de points, dans ces zones plissées, l'écorce terrestre ne se brise, les roches éruptives, après
cette phase d'interruption relative dans le jeu des manifestations internes qui correspond aux temps secondaires, réapparaissent nombreuses et variées. Dès le début, dans notre
Europe méridionale, elles se traduisent par une récurrence
bien marquée des types acides anciens, granulitiques et porphyriques, dont les centres d'émissions viennent se placer dans
le sud de l'Espagne, l'île d'Elbe, les côtes d'Algérie et de Tunisie ;
dans le même temps de vastes épanchements de basaltes couvraient, dans les Indes méridionales, des surfaces considérables
en venant introduire leurs coulées au milieu des dépôts lacustres
qui marquent, dans cette région, le début de la série tertiaire.

Plus tardivement, quand commencent à se manifester, vers la
fin du miocène, les grands mouvements du sol qui dresseront
dans les airs la chaîne des Alpes, c'est dans les provinces rhénanes que se concentrent les éruptions, et surtout en Auvergne,
où la persistance remarquable jusqu'à la fin des temps tertiaires, et même au delà, de grandes émissions de trachytes,
de phonolithes et de basalte, donneront naissance à des édifices volcaniques qui, de nos jours, malgré les érosions subies,
peuvent encore atteindre près de 1500 mètres avec le Puy de
Dôme, plus de 1800 m. avec les hautes cimes du Mézenc, du
Cantal et du mont Dore.

Après le soulèvement des Alpes, quand déjà commence à se
manifester à l'époque pliocène ce mouvement d'émersion de
l'Europe qui reportera la Méditerranée dans ses limites actuelles,
c'est à son tour le bassin du Danube qui devient le théâtre de
manifestations éruptives variées ; c'est alors que se fait en Hongrie une nouvelle et dernière réapparition de roches porphyriques

(*rhyolites* et *perlites*), accompagnées cette fois d'émanations solfatariennes qui transforment en *alunite* les roches trachytiques
et bientôt suivies par des épanchements de *basaltes*. En dernier
lieu l'activité volcanique, suivant de près la marche progressive
du continent vers le sud, se transporte dans l'Italie centrale, où
elle se traduit par l'apparition des *volcans du Latium*, puis finalement sur les rivages de la Méditerranée où, de nos jours, elle
se trouve exclusivement concentrée.

Caractères généraux de la faune et de la flore terrestres.
— Étant donné cette extension prise par les continents, il est
naturel de voir les mammifères, si pauvrement représentés
jusqu'alors en Europe, se développer avec une grande vigueur,
en prenant définitivement possession de la terre ferme. En
même temps, par suite d'une distribution meilleure de chaleur
et de lumière, la végétation, complètement dépouillée de formes
anciennes et principalement composée de palmiers ainsi que
d'arbres à feuillage caduc, déploie une vigueur et une diversité jusqu'alors inconnues, notamment au voisinage des estuaires
ou des lacs qui deviennent très étendus. C'est en effet dans les
dépôts fluviatiles et lacustres, le plus souvent lignitifères, qu'il
faut venir chercher les éléments qui permettent de reconstituer
les phases successives traversées par cette végétation remarquable aux diverses époques tertiaires.

Dans les mers les modifications ne sont pas moins remar-

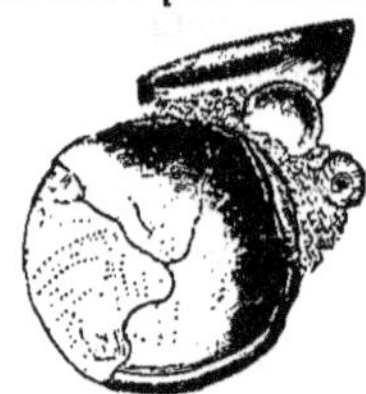

Fig. 379. — *Nummulites lævigata* de l'éocène moyen. *a*, section au travers
de cette nummulite, montrant ses loges cloisonnées.

quables. Alors ont disparu, sans laisser de traces, les ammonites et les bélemnites. Les brachiopodes de même, pauvrement
représentés et limités à des formes actuellement vivantes, ne
peuvent plus fournir aucun renseignement pour la distinction
des assises. En revanche les lamellibranches et les gastropodes

abondent en présentant des relations de plus en plus étroites avec les espèces actuelles des mêmes groupes, à mesure qu'on remonte dans la série. Dans ce sens on peut noter que l'évolution des types franchement marins a été rapide, tandis que ceux des eaux saumâtres ou littorales sont restés longtemps stationnaires. Ces derniers sont bien plus abondants qu'aux époques antérieures. La distribution géographique de tous ces mollusques montre ensuite combien sont peu nombreuses les espèces cosmopolites et que les faunes locales, par contre, se multiplient.

Enfin on ne peut méconnaître la place importante prise par les foraminifères, en particulier l'extension, dans les mers éocènes, des *Nummulites* (fig. 379), qui remplissent alors le rôle tenu par les rudistes aux époques crétacées [1].

Divisions de la période tertiaire. — Les trois divisions classiques de la période tertiaire, *éocène*, *miocène* et *pliocène*, telles que les avait définies Lyell, étaient basées sur la proportion plus ou moins grande d'espèces actuelles contenues dans leurs faunes respectives [2].

On s'accorde maintenant pour introduire, sous le nom d'*oligocène* (dérivé de *oligos*, peu), un nouveau terme qui, placé entre l'éocène et le *miocène*, empiète à la fois sur l'un et sur l'autre. Cette classification a l'avantage d'introduire dans la série tertiaire des divisions plus homogènes, établies chacune non seulement sur des données paléontologiques, mais sur des considérations stratigraphiques importantes; chacune d'elles débute par des phénomènes de transgressions, c'est-à-dire une phase d'invasion marine, comme nous le verrons plus loin, bien caractérisée, et se termine dans des conditions inverses, le plus souvent continentales.

1. Les Nummulites qu'on rencontre ainsi, par quantités immenses, dans les terrains tertiaires, où elles sont représentées par un grand nombre d'espèces, affectent la forme de disques plats, atteignant parfois la dimension d'une pièce de cinq francs; le plus souvent lisses à l'extérieur, quand on les fend en deux, on voit à l'intérieur une spire serrée traversée par de nombreuses cloisons, qui représentent les différentes loges de la coquille.

2. L'*Éocène*, qui vient de *èos*, aurore, et *kainos*, récent (aurore des formes actuelles), renferme, d'après Lyell, 3 à 4 p. 100 d'espèces actuelles; miocène (*meion*, moins) indique une proportion de ces espèces moindre (17 à 20 p. 100) que celle du *pliocène* (*pleion*, plus), qui en contient 40 à 50 p. 100.

I. — ÉPOQUE ÉOCÈNE

Caractères stratigraphiques généraux. — L'éocène, placé au début de la série tertiaire, se développe sous deux aspects bien différents, suivant qu'on l'observe dans le nord de l'Europe ou dans les régions méditerranéennes. Dans le premier, il comprend une série variée de dépôts alternativement marins, saumâtres et lacustres, attestant que le sol, pendant toute sa durée, a été soumis à de nombreuses oscillations; dans le second, on voit se poursuivre sur de vastes étendues et à toutes les hauteurs de cet étage de puissantes assises calcaires remarquablement fossilifères et à la construction desquelles les *Nummulites* ont pris une si grande part qu'on applique à l'ensemble des dépôts éocènes de ces régions le nom de *terrain nummulitique*. De plus, alors que dans le nord les premiers dépôts de cet âge franchement détritiques, c'est-à-dire sableux, s'observent nettement discordants et transgressifs sur les terrains sous-jacents, dans le Sud il s'établit, entre les formations nummulitiques et les calcaires anciens, une continuité si remarquable qu'il devient difficile de reconnaître une ligne de séparation entre les deux.

Nous aurons donc encore ici à mettre en comparaison un type franchement marin propre aux régions méridionales et caractérisé par le développement des nummulites, avec un facies mi-partie marin, saumâtre ou lacustre, spécial à l'Europe septentrionale et dont nous prendrons nos meilleurs dans le bassin de Paris.

Ces simples faits montrent qu'à cette date c'est encore dans les régions méditerranéennes qu'il faut venir chercher les conditions d'une mer stable et bien ouverte.

Caractères généraux de la faune et de la flore éocènes. — Quoi qu'il en soit de ces variations, la faune marine éocène reste caractérisée dans son ensemble par la prédominance marquée, chez les gastropodes, d'un certain nombre de genres, parmi lesquels ceux qui fournissent le plus d'individus et d'espèces sont des *Cérithes*, représentés aussi bien par les formes richement ornées qui se tiennent dans les eaux marines, que par

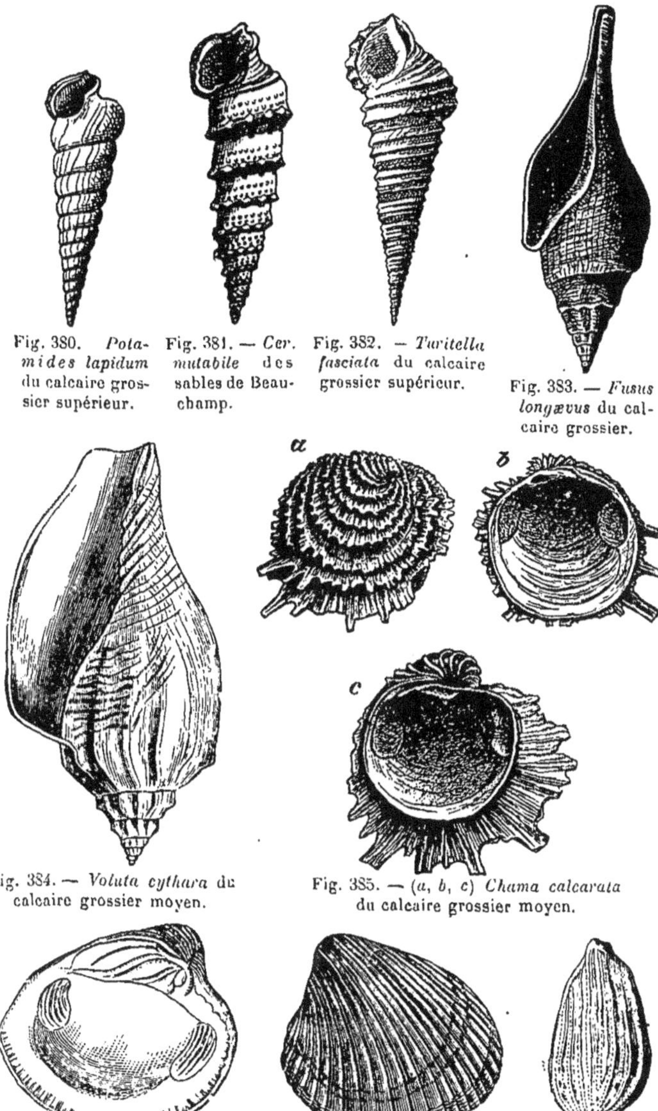

Fig. 380. — *Potamides lapidum* du calcaire grossier supérieur.

Fig. 381. — *Cer. mutabile* des sables de Beauchamp.

Fig. 382. — *Turitella fasciata* du calcaire grossier supérieur.

Fig. 383. — *Fusus longævus* du calcaire grossier.

Fig. 384. — *Voluta cythara* du calcaire grossier moyen.

Fig. 385. — (*a, b, c*) *Chama calcarata* du calcaire grossier moyen.

Fig. 386. — *Cardita planicosta* du calcaire grossier inférieur. Fig. 387. — *Nipadites.*

celles désignées spécialement sous le nom de *Potamides* (fig. 380), qui fréquentent les estuaires ou les lagunes saumâtres. Les lamellibranches déploient aussi, dans les dépôts littoraux, une extrême variété avec les genres *Cardite*, *Cardium*, *Crassatelle*, *Cythérée*, *Corbule*, *Lucine*, etc., tandis que les Cyrènes (fig. 392) abondent dans les eaux saumâtres.

Dans les calcaires on rencontre un certain nombre d'oursins assez caractéristiques, tels que *Echinolampas*, *Echinanthus*, etc. C'est ensuite dans les sables qu'il faut venir chercher des dents de squales, *Lamna*, *Otodus*, et de raies, *Myliobates*.

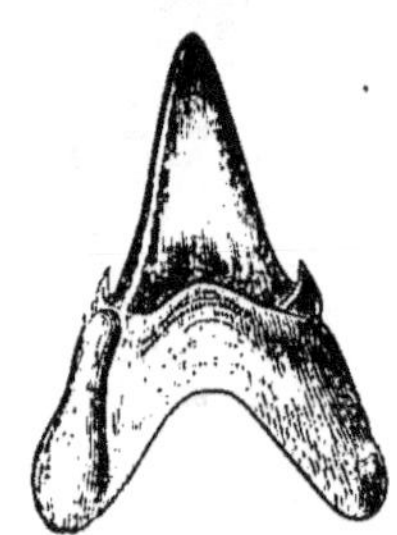

Fig. 388. — Dent de squale, *Otodus obliquus*.

Les *Nummulites* ensuite n'ont pas le privilège d'être les seuls foraminifères caractéristiques de l'éocène; il est, dans les assises du calcaire grossier, des bancs entiers qui sont constitués par les minces et très petites coquilles des *Milioles*, semblables à un grain de millet; des *Alvéolines*, en forme de fuseau, peuvent à leur tour jouer un grand rôle dans les terrains nummulitiques.

Dans les formations lacustres on voit apparaître toutes les coquilles bien connues des mollusques d'eau douce, *Unio*, *Paludine*, *Physe* et *Limnée*; celles terrestres des *Helix* et des *Cyclostomes* ne manquent pas.

C'est aussi avec l'éocène que commence à bien se manifester le développement des mammifères. Les pachydermes alors dominants sont représentés par des animaux nageurs analogues au tapir, tels que le *Coryphodon* des argiles à lignite, le *Lophiodon* du calcaire grossier, le *Paleotherium* et le *Xiphodon* du gypse parisien, pour ne citer que les principaux. Dans les assises inférieures les premiers mammifères éocènes sont encore des marsupiaux.

Quant à la flore, au début elle présente encore un caractère mixte, c'est-à-dire une persistance de quelques formes crétacées au milieu d'espèces franchement tertiaires et de genres nouveaux, au milieu desquels il faut placer, par exemple, une vigne dont les feuilles sont bien voisines de celles des espèces américaines qu'on cherche maintenant à acclimater dans nos régions vinicoles, pour compenser les pertes subies par le phylloxéra.

Ensuite, quand vers le milieu de l'époque (éocène moyen) la grande mer nummulitique vient envahir l'Europe, il s'établit dans le climat une modification qui permet à des palmiers et à des cocotiers de prospérer dans le bassin de Paris, aussi bien qu'en Angleterre. La flore dès lors revêt un aspect africain et l'Europe se trouve soumise, avec une température moyenne de 25°, au climat le plus chaud qu'elle ait connu pendant les temps tertiaires; et, c'est dans de pareilles conditions que l'éocène s'achève, sans qu'il soit encore question du refroidissement polaire, cette flore éocène avec son caractère africain se poursuivant dans les régions arctiques sans subir de modifications sensibles.

Divisions de l'éocène. — L'éocène comporte une division en trois étages qui, dans le bassin de Paris, se présentent chacun constitué ainsi qu'il suit :

ÉOCÈNE		
supérieur (*étage ligurien*)	{	Masse principale du gypse parisien. Marnes marines infra-gypseuses à *Photadomya Ludensis*.
moyen (*étage parisien*)	{	Calcaire lacustre de Saint-Ouen. Sables de Beauchamp. Calcaire grossier.
inférieur (*étage suessonien*)	{	Sables supérieurs du Soissonnais (sables de Cuise à *Nummulites planulata*). Argile plastique et lignites (formation lagunaire). Sables inférieurs du Soissonnais (sables de Bracheux) et calcaire lacustre de Rilly.

On voit par suite combien ont été nombreuses, pendant toute la durée de l'éocène, les oscillations du bassin de Paris qui bien souvent, après avoir passé par une phase lagunaire, a vu sa surface couverte de lacs entourés de la végétation tropicale mentionnée plus haut. L'emplacement des mers a aussi beaucoup varié ; c'est à l'époque du calcaire grossier supérieur que vient se placer le maximum d'extension des eaux marines éocènes.

Il importe alors de remarquer que ces alternances maintes fois répétées de couches marines et de dépôts lacustres qui deviennent le trait caractéristique de toutes les formations tertiaires dans le nord de l'Europe, correspondent à des mouvements oscillatoires très lents et de faible amplitude : le niveau des lacs est toujours resté peu élevé au-dessus de celui de la mer et il a suffi d'un affaissement très faible pour que cette dernière puisse facilement reprendre possession de son domaine, sans violence, par suite d'une pénétration lente, dans l'intérieur des terres ; si bien que tous les dépôts formés dans des conditions si diverses se superposent par couches horizontales, sans traces de discordances. L'absence de mouvements violents dans ce retour des eaux marines est, de plus, attestée par ce fait que le plus souvent ce sont des formations calcaires qui viennent directement se superposer aux dépôts lacustres.

Dans les régions méridionales, où cette lutte constante de la mer avec la terre ferme est loin d'avoir été réalisée, les étages moyen et supérieur correspondent à la majeure partie des *calcaires nummulitiques*. L'étage inférieur lui-même, de composition fort différente, est représenté par un ensemble de dépôts qui peuvent être, les uns franchement marins, les autres saumâtres et constitués, comme en Istrie, par une puissante série de formations lignitifères, mais toujours très puissants et en continuité absolue, aussi bien avec les calcaires nummulitiques, qu'avec les assises daniennes sous-jacentes. La faune de ces assises inférieures est aussi très différente de celle du nord ; rien de semblable, par exemple, aux espèces contenues dans nos sables de Bracheux ne s'observe dans ces couches de passage qui s'introduisent entre les crétacés et le tertiaire.

En présence de ces faits, on s'accorde à penser que c'est dans cette zone méditerranéenne qu'il faut venir chercher les termes les plus anciens de l'éocène. Dans le nord, les phénomènes de discordances et de transgression qui se présentent si bien accusés entre les sables de Bracheux et les dernières couches daniennes, correspondent à une lacune comblée dans le midi par les couches de passage à faune mixte de l'Istrie et de la Dalmatie [1].

---

1. Munier-Chalmas, *Étude sur les terrains tertiaires du Vicentin* (thèse pour le doctorat), 1891.

Bassin de Paris. — 1° *Étage ligurien*. Dans le bassin de Paris, après le dépôt du calcaire pisolithique et des marnes blanches daniennes de Meudon, les sables de Bracheux qui marquent d'une façon incontestable le début de l'éocène correspondent à un grand mouvement d'affaissement qui a affecté surtout le nord-est.

La mer venant du nord, par les Flandres, n'a guère dépassé une ligne passant par Noailles et la montagne de Reims; en effet, au sud de cette ligne, on ne rencontre plus que des dépôts lacustres, dont le meilleur représentant est le calcaire de Rilly. Le principal développement de ces sables se fait, à l'extrémité de ce golfe, dans le Beauvaisis; on les observe ensuite largement étendus dans les Flandres, les Ardennes et surtout en Belgique, où on les désigne sous le nom de landénien. Au delà, dans le nord-ouest, cette mer se poursuivait ensuite dans le bassin de Londres, où elle est venue déposer les sables de Thanet.

Dans tout cet espace cette formation arénacée consiste en sables verts, fins, souvent très glauconieux, tantôt meubles, tantôt agglomérés à la base en un grès calcarifère dit *tuffeau*. Partout ils se présentent discordants et transgressifs sur les terrains sous-jacents avec des traces de ravinement manifeste dans la zone de contact, si bien que leur base reste toujours marquée par un cordon de petits galets de silex verdis, empruntés à la craie blanche.

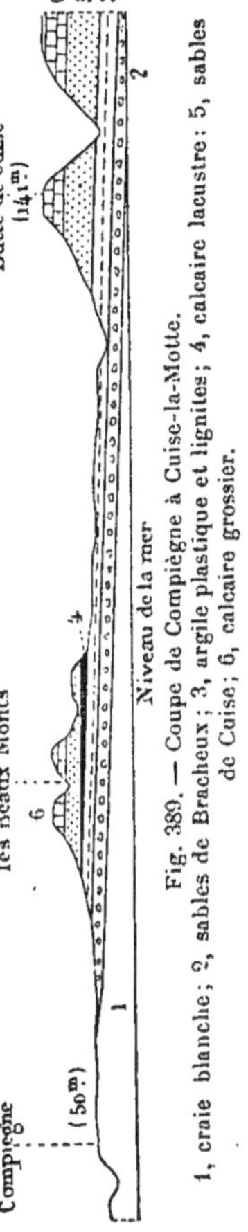

Fig. 389. — Coupe de Compiègne à Cuise-la-Motte. — 1, craie blanche; 2, sables de Bracheux; 3, argile plastique et lignites; 4, calcaire lacustre; 5, sables de Cuise; 6, calcaire grossier.

Très fossilifères dans le nord de Paris, notamment dans la localité classique de Bracheux, près de Beauvais, et plus à l'est, dans la vallée de la Marne, à Jonchery et Châlons-sur-Vesle, ils deviennent stériles dans le sud, gréseux dans la Picardie. Leurs dernières traces dans le nord de la France s'observent près de Dieppe, sous les lignites, au sommet des falaises crayeuses, à Varangeville.

Dans tout cet espace on peut reconnaître que leur faune, caractérisée dans les assises inférieures, par une grosse cuculée, *C. crassatina*, reste complètement marine, riche en bivalves, *O. Bellovacina*, *Cardita pectuncularis*, *Cardium Edwardsi*, et comprend des espèces de mers froides, telles que la *Cyprina scutellaria*, qui représente la forme ancestrale d'une cyprine (*C. Islandica*), très répandue aujourd'hui dans les mers des hautes latitudes septentrionales; et ce caractère de faune froide pour les sables de Bracheux, s'accentue à mesure qu'on s'avance vers le nord, où on y peut constater, en Angleterre et en Belgique, la présence d'*Astartes*, c'est-à-dire de mollusques propres aux mers septentrionales.

Fig. 390. — *Physa giganteu du calcaire de Rilly.*

Au sommet de cette formation une dessalure bien marquée des eaux a amené, dans cette faune, une modification notable qui se traduit par une prédominance bien marquée de cyrènes et autres mollusques d'estuaires; en même temps les eaux ont amené, dans ces lagunes côtières, de nombreuses coquilles d'espèces terrestres (*Bulimes, Cyclostomes, nelix, Pupa*) et lacustres (*Limnées, Physes, Auricules*). C'est dans la vallée de la Marne à Jonchery et à Châlons-sur-Vesle, qu'on peut surtout constater ce fait intéressant que les sables de Bracheux se terminent par des couches saumâtres; en même temps, non loin de là, dans les environs immédiats d'Épernay, la superposition, sur ces sables à cyrènes, directement appliqués sur la craie, d'un calcaire lacustre qui depuis longtemps s'est rendu célèbre par le nombre et la belle conservation des grandes physes, *P. gigantea*, et autres mollusques d'eau douce qu'il contient, celui de *Rilly*, vient attester qu'un lac, à la fin de cette première phase, avait pu s'établir sur le bord méridional de la mer des sables de Bracheux.

Cette nouvelle constatation une fois faite, si maintenant on se
dirige, plus au sud, vers Sézanne, on pourra atteindre une région
où la place du calcaire de Rilly est tenue par un travertin non
moins célèbre par sa richesse en empreintes végétales [1], et facilement reconnaître que ces calcaires concrétionnés ne sont
autres que des dépôts de sources calcaires actives, issues de la
craie, sur les deux flancs d'une vallée qui se trouvait alors
drainée par un grand fleuve. Dans les parties basses de ce travertin, où se tiennent des restes d'un crustacé d'eau courante
(*Astacus Edwardsi*), on rencontre, emprisonnées dans la masse
même du calcaire, les couches de galets de ce fleuve qui venait
alimenter le lac de Rilly.

Au-dessus de ces couches le groupe de l'argile plastique et
des lignites représente ensuite une phase d'exhaussement pendant laquelle la surface du bassin de Paris, sur de vastes étendues, aussi bien vers l'ouest que dans le sud, s'est vue couverte
de lagunes, entourées de la riche végétation qui a donné naissance aux lignites et fréquentées par de nombreux mammifères. Dans certains conglomérats ossifères situés dans les
parties basses de l'argile plastique comme celui de Cernay,
dans les environs de Reims, on observe, en effet, en nombre considérable, des dents et des ossements de ces animaux parmi
lesquels figurent, avec un carnivore, *Aryctocyon*, qui représente le
plus ancien des mammifères connus, ceux du *Néoplagiaulax*;
dans un conglomérat de cette nature situé près de Paris, dans le
Val-Fleury du Bas-Meudon, des ossements de *Gastornis* indiquent
la présence des grands oiseaux coureurs comme les autruches.
Ensuite des pachydermes nageurs comme les tapirs, les cory-

---

1. C'est du travertin qu'ont été extraites toutes ces empreintes végétales,
admirablement bien conservées, qui ont permis à M. de Saporta de tracer
tous les caractères de cette première flore éocène, où on pouvait déjà constater l'association des *noyers,* des *tilleuls* avec des plantes exotiques sub-
tropicales, telles que des *magnolias* et de grands *lauriers*, voisins des sassa-
fras actuels. De nombreuses fougères, un lierre, bien voisin du lierre
d'Islande si répandu dans nos régions, la vigne mentionnée plus haut,
enfin des plantes unies des eaux, *Chara* et *Marchantia*, complétaient cet
ensemble végétal remarquable, établi au voisinage de sources calcaires
actives et fréquentées par de nombreux insectes dont la reconstitution, faite
à l'aide d'habiles moulages, est due tout entière à M. Munier-Chalmas.

phodon et déjà des lophiodon, dans les conglomérats à *Unios*
du sommet des lignites, complétaient cette faune remarquable.

Fig. 391. — Une carrière d'argile plastique à Vaugirard.

Calcaire grossier : *h*, terre végétale; 3 et 2, calcaire à milliolites; 1, calcaire
grossier avec *Cerithium giganteum;* S, sables glauconieux avec dents de squale
et nummulites; *a*, sables et argiles impures (fausses glaises); A, argile plastique.

Dans l'ouest et le sud du bassin de Paris cette formation
lignitifère, transgressive sur les sables de Bracheux [1], reste

1. Cette extension plus grande de cette formation lagunaire, par rapport
aux sables de Bracheux sous-jacents, est un fait qu'on peut généraliser.
Chaque fois qu'on atteint, en effet, dans le bassin de Paris des dépôts de
cette nature ou lacustres on les remarque toujours beaucoup plus étendus
que les couches marines encaissantes, qui toutes du reste conservent un
caractère littoral achevé; une bien petite oscillation du sol suffisait pour
transformer en lagunes la mer toujours peu profonde qui l'occupait; et

presque tout entière lacustre; dans le nord et surtout dans l'est, c'est le régime lagunaire qui règne dans son plein : alors dans des argiles noires entremêlées de bancs de lignites parfois fort épais, comme dans le Soissonnais, on peut constater une succession variée de petits horizons fossilifères remplis par places de cérithes, comme dans les lagunes peu salées actuelles, ou bien renfermant, mélangées, toutes ces espèces saumâtres qui donnent à la faune des lignites son caractère particulier : *Cyrena cuneiformis* (fig. 392), *Melania inquinata* (fig. 393), *Cerithium*

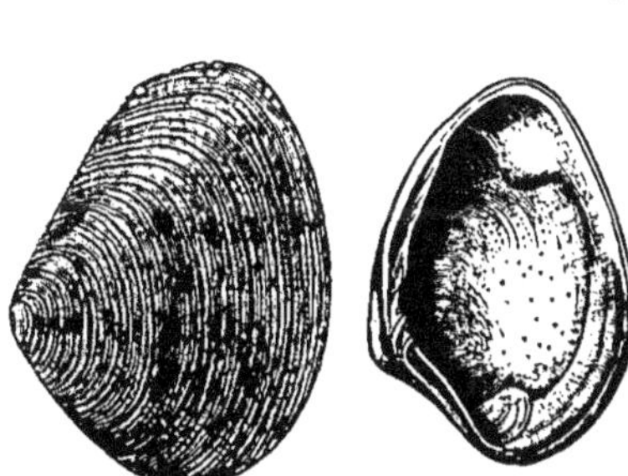

Fig. 392. — *Cyrena cuneiformis.*

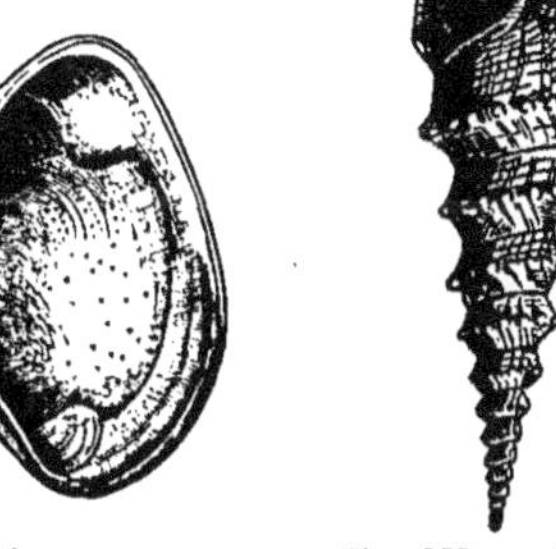

Fig. 393. — *Melania inquinata.*

turris; C. variabile, etc.; d'autres fois des bancs d'huîtres, fournis par l'*Ostrea bellovacina* des sables de Bracheux, annoncent que, de temps à autre, dans ces lagunes basses, la mer située tout près pouvait avoir accès. Enfin des horizons franchement lacustres où on ne rencontre plus, avec des graines de *Chara*, que des coquilles d'*Unios*, de *Physes*, de *Paludines* et de *Limnées*, sont loin de manquer dans ces dépôts où les variations locales dans la faune deviennent la règle.

Il importe en dernier lieu de tenir compte de ce fait qu'en beaucoup de points dans le nord et l'est du bassin de Paris, vers la fin du dépôt de ces lignites, des courants ont provoqué l'ensablement de vastes surfaces; ces sables de l'argile plastique,

sur ce sol continental, très plat, dépourvu de relief sensible, les eaux courantes se chargeaient ensuite, avec leurs apports incessants, non seulement d'étaler sur de vastes surfaces ces nappes d'eaux saumâtres, mais de les transformer bientôt en lacs où la mer n'avait plus accès.

souvent grossiers et argileux, sont bien développés dans la
Picardie où ils renferment, près de la Fère, à Sinceny, une
faune marine intéressante établissant une liaison entre cette
assise des lignites et les sables mummulitiques de Cuise qui la
recouvrent. Mais le plus souvent ces sables sont stériles, ou consolidés en grès quartzeux à pavés; ils deviennent alors riches
en empreintes végétales et renferment la faune saumâtre habituelle des lignites. Tels sont ceux qui dans le Soissonnais ont
permis de reconstituer la flore propre à cette assise et de montrer qu'avec une prédominance marquée de palmiers, de
figuiers et d'araucarites, elle présentait déjà un caractère tropical plus accentué que celle du travertin de Sézanne.

Sur ces argiles à lignites, les sables nummulitiques de Cuise
annoncent un retour bien marqué des eaux marines dans le
bassin de Paris; la mer alors venant des Flandres, en passant
par un détroit correspondant à la vallée actuelle de l'Oise,
s'avance un peu plus loin vers le sud, en venant s'arrêter à peu
de distance de l'emplacement actuel de notre capitale. Ces
sables fins, jaunâtres, micacés par places, amènent avec eux
une faune différente de celle des sables de Bracheux, n'ayant
plus d'espèces de mers froides et dont toutes les affinités sont
pour celle du calcaire grossier qui va suivre. Dans leur ensemble
ils sont caractérisés par une nummulite de petite taille, *N. planulata*, qui remplit les couches, et comprennent deux horizons
fossilifères symétriques pour ainsi dire de ceux des sables inférieurs et distribués dans le même ordre : dans le premier, en
effet, toutes les espèces restent exclusivement marines, tandis
que dans le second, relégué au sommet, apparaissent nombreuses, avec des cyrènes (*C. Gravesi*), les formes d'estuaires
des cérithes; des espèces saumâtres, *Melanopsis* et *Auricules*,
indiquent également une dessalure bien marquée des eaux,
tandis que leur cortège habituel de coquilles d'eau douce, *physes*
et *limnées*, qui ne manquent pas dans ces sables, annoncent que
cette substitution d'un régime saumâtre à des dépôts franchement
marins est toujours attribuable, dans le bassin de Paris, aux
mêmes causes. La zone inférieure, qui s'observe bien fossilifère
à Pierrefonds dans les environs de Compiègne, renferme avec
un grand nombre d'espèces, franchement marines, de grandes

Rostellaires de nombreux Pectoncles, développés par bancs (*P. ovatus*); la zone supérieure n'est autre que celle du célèbre gisement de Cuise-la-Motte, dans la forêt de Compiègne, qui a donné son nom à cette assise.

Avec la *Num. planulata*, les espèces qui servent à caractériser ces sables sont : *Nerita Schemidelliana*, *Cyrena Gravesi*, *Turitella edita*.

Dans ce niveau supérieur, les espèces destinées à se développer surtout dans les calcaires de l'éocène moyen, deviennent nombreuses, si bien que quand le calcaire grossier débute lui-même par des sables, la ligne de séparation entre ces deux assises devient bien difficile à établir; et cela d'autant plus que la *Nummulites planulata* ne peut plus servir de guide, car elle persiste dans les sables inférieurs du calcaire grossier.

2° Éocène moyen; étage parisien. — Un changement complet dans le régime de la sédimentation et dans la distribution de la mer s'opère à l'époque de l'éocène moyen. Après le dépôt des sables de Cuise, un affaissement bien marqué, vers le sud, amène cette fois les eaux marines bien au delà de l'enceinte de Paris jusqu'à Corbeil ; à l'ouest, elles atteignent Louviers; dans l'est,

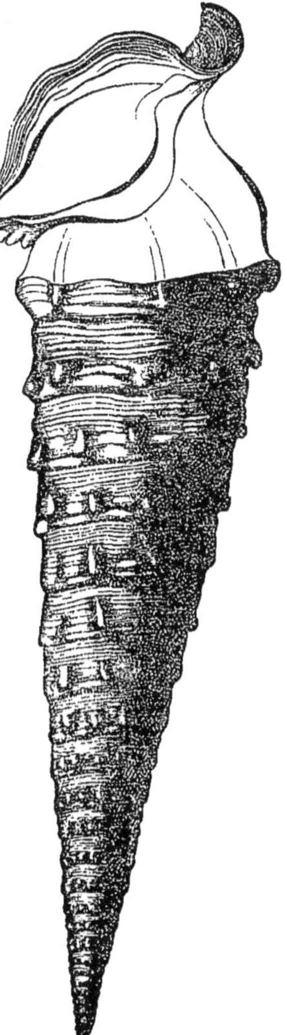

Fig. 394. — *Cerithium giganteum* du calcaire grossier moyen.

Vertus et Epernay. Dans le nord ensuite, des blocs épars de calcaire à nummulites, répandus sur les plateaux de l'Artois, permettent de suivre la trace du détroit qui mettait en communication facile ce golfe du calcaire grossier avec la mer qui s'étendait encore largement en Belgique, en se poursuivant en Angleterre dans les deux bassins de Londres et du Hampshire.

Des eaux marines, toujours peu profondes, couvrent alors toute l'Ile-de-France, et dans tout cet espace, ce sont, cette fois, sous l'influence de conditions plus calmes, des calcaires qui vont se déposer; et cette invasion marine, dans les régions méridionales et occidentales du bassin de Paris, s'accentuera vers le milieu de cette nouvelle phase, si bien que les calcaires à cérithes de la division supérieure, débordant sur ceux à *Nummulites lævigata* précédemment déposés, s'étendront transgressivement sur les assises tertiaires plus anciennes dans le nord-est, aussi bien que dans le sud. Mais les dépôts, qui prennent une pareille extension, perdent le caractère franchement marin des assises précédentes et ne représentent guère qu'une formation lagunaire, entremêlée de couches d'eau douce, découpée en bassins distincts, dont quelques-uns parviendront à un état d'évaporation assez complet pour permettre le dépôt d'épaisses couches de gypse.

Après cette phase lagunaire, qui met fin à la série du calcaire grossier, la mer revient encore à peu près dans les mêmes limites, et dépose les *sables de Beauchamp*, qui à leur tour, comme toutes les formations marines précédentes, perdent au sommet leur caractère marin ; puis finalement la superposition sur ces sables du *calcaire à limnées de St-Ouen*, atteste que cet ensemble se termine par une phase d'émersion. Telles sont les conditions dans lesquelles se présente l'éocène moyen.

1° *Calcaire grossier.* — Les calcaires qui, réunis sous le nom de calcaire grossier, en constituent la division inférieure, comprennent une série variée de roches à texture tendre, impropres à la fabrication de la chaux et partout susceptibles de fournir d'excellents matériaux de construction. De là les nombreuses carrières qui les entament dans la région parisienne et facilitent singulièrement leur exploration. Leur épaisseur, qui peut varier de 10 m. à 45 m., est en moyenne de 35 m.

Dans cette étendue, les variations subies par la faune et surtout la nature des oscillations qui n'ont pas manqué de se produire pendant leur dépôt, permettent d'y reconnaître les trois subdivisions suivantes, présentant chacune une extension de plus en plus grande :

1° Le *calcaire grossier inférieur*, de beaucoup le plus réduit, est marqué, au début, par une persistance du régime sableux, si bien que la *Nummulites planulata*, amie des sables, continue à s'y développer en se montrant associée avec une nouvelle nummulite de plus grande taille, *N. lævigata*, qui subsiste seule quand apparaissent les calcaires. C'est de beaucoup ce dernier horizon du calcaire grossier inférieur qui est le plus étendu ; les sables de la base restent en effet localisés dans tous les points où le calcaire grossier vient directement s'appliquer, en stratification concordante, sur les sables de Cuise, tandis que les calcaires à *N. lævigata* peuvent se présenter seuls, comme dans le nord-est, sur les couches inclinées de ces sables, en laissant loin derrière eux la petite zone de base avec ses deux nummulites. Quand cette circonstance se réalise, on voit ces calcaires débuter par un grès calcarifère, riche en dents de squale (*Otodus, Lamna*), aussi en petits polypiers isolés, *Eupsammia trochiformis*, et chargé de petits galets noirs dans lesquels on peut reconnaître des quartzites provenant de l'Ardenne. Puis dans la zone calcaire à *N. lævigata* proprement dite, qui peut être meuble ou solidement agrégée, les coquilles nombreuses, parfois de grande taille, entassées les unes sur les autres, figurent un véritable dépôt littoral étalé sur une plage uniforme ; de ce ce nombre sont, pour ne citer que les principaux : *Cardium porulosum, G. gigas, Corbis lamellosa, Rostellaria fissurella, Turitella carinifera*, enfin et surtout la *Cardita planicosta*, réunie souvent par bancs. Des fruits flottés, analogues aux noix de coco, *Nipadites*, s'y observent également nombreux. Plus loin des rivages, des accumulations de *Nummulites lævigata*, presque à l'exclusion des mollusques précédemment cités, fournissent la *pierre à liards* du Soissonnais [1].

---

1. Ainsi nommée à cause de la ressemblance de cette nummulite avec une pièce de monnaie.

2º Le *calcaire grossier moyen*, devenu tout entier calcaire, et débordant, à son tour, sur les horizons à nummulites précédents, peut se développer sous divers aspects, et cela à des distances très rapprochées. Par exemple, sur les bords de cette formation, ainsi qu'en Champagne, il est tout entier représenté par des sables calcaires, remarquables par le nombre et la belle conservation des fossiles parmi lesquels figure un cérithe géant, *C. giganteum*, tandis que dans l'intérieur on peut voir ce cérithe localisé dans une première assise de calcaire solide, glauconieux, toujours très coquillier et qui devient le principal gisement d'oursins appartenant aux genres *Echinolampas*, *Echinanthus* (banc à verrains des carriers de Paris); on remarque ensuite des calcaires à grains plus fins, devenus blancs, toujours riches en fossiles et renfermant surtout, avec de grandes *lucines* (*L. gigantea*), *Turritella imbricataria*, *Voluta cythara* (fig. 384), *Corbis* (*Fimbria*) *pectunculus* et *lamellosa*... Ces calcaires deviennent le support, à leur tour, de ces assises dites *vergelès* ou *lambourdes*, d'où sont extraites les meilleures pierres de taille du calcaire grossier; ces bancs, tendres, faciles à tailler, sont alors presque tout entiers constitués par ces petits foraminifères, que leur ressemblance avec des grains de millet a fait nommer *millioles*; un autre foraminifère de plus grande taille, *Orbitolites complanata*, y remplace la *Num. lævigata* et les espèces nouvelles localisées dans ces calcaires à millioles sont : *Cardium aviculare*, *Terebellum convolutum*, *Cerithium lamellosum*..., etc.

3º Après la formation des calcaires à millioles, un grand changement s'opère dans le régime de la sédimentation. Le *calcaire grossier supérieur* correspond, en effet, à une phase pendant laquelle, par suite d'un relèvement du fond du bassin, les eaux marines ont gagné en étendue ce qu'elles perdaient en profondeur; c'est de la sorte qu'on peut voir, dans le sud-est, les calcaires à cérithes, qui en marquent le début, débordant franchement sur les assises marines précédentes, pour venir s'étendre sur les lignites. Puis le mouvement s'accentue; dans le sud, un grand lac s'établit, interrompant momentanément la sédimentation marine, et la région parisienne se montre ensuite couverte de lagunes, entrecoupées d'ilots, servant de support à des lauriers-roses et à des palmiers. C'est l'heure aussi où, pour la première fois, le gypse se dépose dans les mers tertiaires du bassin de Paris. Les dépôts qui se forment dans ces conditions subissent nécessairement dans leur composition des variations notables, même à courte distance, si bien qu'à côté d'un facies lagunaire avec couches lacustres associées, qui de beaucoup est le plus étendu, on peut constater, le fait est rare mais intéressant à noter, que le calcaire grossier reste marin dans toute son étendue. Cette circonstance exceptionnelle est réalisée à Chaumont-en-Vexin, où, sur le plateau de Chambord, le calcaire grossier supérieur, très fossilifère, réalise cette condition ; mais, dans tous les cas, la prédominance marquée des potamides et des cérithes du type de l'*échinoïdes*, qui sont des formes d'estuaires, indique que ces dépôts se sont toujours effectués dans des eaux très peu profondes, où débouchaient de grands fleuves qui avaient une tendance à les dessaler. La preuve en est fournie par ce fait qu'on rencontre dans ces horizons, avec de nombreuses empreintes végétales et des fruits de *Nipa* (*nipadites*) flottés, des plantes aquatiques aux larges feuilles flottantes et submergées qui se tenaient dans les eaux courantes à la manière des potamots actuels ; tel était le mode d'habitat de l'*Ottelia parisiensis*, qu'on peut fréquemment rencontrer dans les marnes de cet âge, au Trocadéro [1].

Enfin il est un aspect, fréquemment réalisé cette fois et dont les conditions ont été bien précisées par M. Munier-Chalmas, sous lequel le calcaire grossier, dans cette phase terminale, peut encore se présenter ; c'est celui dit des *caillasses*. Dans ce cas on observe que les calcaires supérieurs, divisés en lits minces avec marnes fissiles alternantes, parfois magnésiennes, renferment de la fluorine, de beaux cristaux de calcite, du quartz bipyramidé et surtout de remarquables pseudomorphoses de

1. En 1867, des travaux de terrassement entrepris sur cette butte du Trocadéro, à l'occasion de l'exposition de 1867, ont mis à jour l'emplacement de l'embouchure d'un de ces anciens cours d'eau ; et c'est dans ces marnes sableuses fluviatiles qu'on a pu recueillir, avec l'*Ottelia parisiensis* et des fruits de *Nipa*, de nombreuses empreintes végétales appartenant aux plantes qui se pressaient sur le bord des lagunes du calcaire grossier. Parmi ces végétaux figurent surtout de petits palmiers-éventails, un laurier-rose (*Nerium parisiense*), ami comme le nôtre des lieux humides, enfin un jujubier qui reproduisait alors les formes africaines du genre.

gypse en silice qui, pendant longtemps, ont été attribuées à
des actions geysériennes. Or on sait maintenant qu'il n'en est
rien. Les observations très précises de M. Munier-Chalmas, en
effet, ont montré que cet état particulier du calcaire grossier
avec ses remarquables accidents siliceux ne se présente que
sur le bord des vallées quaternaires, dans tous les points, par
suite, où l'action des eaux pluviales sur ces calcaires a pu se
faire sentir. Jamais les sondages effectués loin des vallées n'ont
révélé la trace de cette silice pseudomorphique et des minéraux cristallisés qui l'accompagnent, mais aux mêmes niveaux
ils permettent de constater l'existence du gypse encore intact.
Cette constatation, bien des fois répétée, suffit à elle seule pour
mettre à néant les hypothèses de sources thermales ou de
geysers venant périodiquement prendre possession du bassin
de Paris pour y introduire de la silice ou du gypse. Le dépôt
du gypse n'a été qu'un épisode naturel et fréquent de phénomènes sédimentaires effectués dans un golfe, peu profond, dont
les eaux, en certains points, pouvaient parvenir par évaporation
à cet état de saturation qui permet la précipitation des substances dissoutes. Quant à la cause de sa disparition et de sa
remarquable transformation en silice, suivant les lignes d'affleurements des vallées, il faut la chercher dans l'action chimique
que peuvent toujours exercer d'une façon notable les eaux
météoriques.

Chargées d'acide carbonique et de carbonates alcalins, après
leur passage au travers de la terre végétale, elles peuvent
facilement dissoudre avec le gypse, la silice et le fluorure de
calcium qui sont toujours contenus en quantités infinitésimales, sans doute, mais constantes, dans les assises du calcaire
grossier. Mais, parmi ces substances, le gypse seul est assez
soluble pour que les eaux arrivent à s'en saturer; cette saturation suffit dès lors pour qu'elles laissent déposer les autres
corps dissous; de là les pseudomorphoses observées [1]. La saturation ne peut évidemment se produire que dans les bancs

---

1. Munier-Chalmas, *Sur la formation du gypse tertiaire du bassin de Paris,
et sur les dépôts siliceux qui le remplacent* (C. R. de l'Académie des sciences, 1890).

gypseux eux-mêmes, et comme c'est à ce moment que les autres éléments se précipitent, c'est dans ces bancs seulement que peuvent se trouver les pseudomorphoses. On s'explique ainsi que la silice et la fluorine ne se rencontrent pas dans les couches fossilifères, et que leur présence soit limitée aux bords des vallées, où la circulation des eaux d'infiltration est plus active.

Quoi qu'il en soit de ces variations, la faune spéciale de ce dernier terme du calcaire grossier reste toujours la même et caractérisée par la prédominance, dans des calcaires devenus plus compacts et en lits plus minces que les précédents, de cérithes de petite taille appartenant surtout aux formes qui se tiennent dans les eaux saumâtres, *C. echinoides, C. denticulatum, C. cristatum, C. (Potamides) lapidum.* Les couches d'eau douce qui se tiennent de préférence à la base, entre deux bancs de calcaires à cérithes, dans un horizon très continu dit *banc vert*, deviennent ensuite le principal gisement de pachydermes du genre *Lophiodon.* C'est dans son voisinage aussi que se rencontrent les plus nombreuses empreintes végétales de la flore du calcaire grossier. C'est à cette date en effet que les lagunes, dans la région parisienne, se sont montrées parsemées d'îlots verdoyants, entre lesquels voyageaient les lophiodons, animaux essentiellement nageurs; actuellement, les espaces qui séparaient ces îlots sont remplis par des marnes fissiles souvent lignitifères, ou d'autrefois chargées de petites bivalves telles que des lucines, qui demeurent en place, enchâssées dans cette ancienne vase. A ce moment en effet la mer cessait d'entrer largement dans le bassin, et c'est dans de pareilles conditions, qn'en certains points, l'évaporation a pu produire une concentration suffisante des eaux pour déterminer le dépôt du gypse.

Ces phénomènes sont loin d'être spéciaux au calcaire grossier; ces mêmes productions de lagunes, tantôt avec faune saumâtre, tantôt avec concentration des éléments salins assez grande pour y rendre la vie impossible se sont produites dans le bassin de Paris toutes les fois que la communication avec la mer s'est interrompue ou n'est devenue que très faiblement établie. Aussi on les retrouve non moins bien caractérisés dans les sables de Beauchamp qui suivent, et même dans le calcaire de Saint-Ouen qui ne devient franchement lacustre qu'au sommet.

Sables de Beauchamp et calcaire de Saint-Ouen. — Après
les épisodes saumâtres et lagunaires du calcaire grossier supérieur, le retour des eaux marines qui amènent les sables de
Beauchamp se traduit par une ligne d'érosion bien manifeste;
dans la zone de contact, en effet, on peut voir les dalles minces
des caillasses, durcies et perforées par des trous de pholades,
avec remplissage sableux.

L'histoire de ces sables, surtout quand on ne les sépare pas
du calcaire de Saint-Ouen, peut ensuite se paralléliser avec
celle du calcaire grossier; après une première assise franchement marine (zone d'Auvers) on peut déjà reconnaître, dans la
zone moyenne dite de Beauchamp, une tendance du bassin à
recevoir des affluents d'eau douce, avant l'établissement du lac
qui, au sommet, donnera lieu au *calcaire de Ducy*; puis, après
un retour atténué de la mer (zone de Mortefontaine), sur
l'emplacement de cet ancien golfe, s'établira un régime de
lagunes, entrecoupé de flaques d'eau douce, où se déposera le
calcaire de Saint-Ouen.

Avec ses sables grossiers à stratification oblique, ses galets
et ses polypiers, l'horizon d'Auvers est encore caractérisé par le
grand nombre de fossiles roulés, empruntés aux diverses
assises tertiaires qu'il contient, ainsi que par la fréquence d'une
nummulite, *N. variolaria*, spéciale à cet horizon. Les espèces
intéressantes à noter et qu'on peut rencontrer, côte à côte, avec
des formes persistantes du calcaire grossier, sont ensuite :
*Fusus minax, Voluta labrella, V. athleta, Fusus scalaris, Ostrea
cubitus, Cerithium trochiforme.*

La zone moyenne (zone de Beauchamp), plus complexe, est
constituée par des sables plus fins, annonçant des courants
moins rapides; c'est en même temps le niveau principal des
grés mamelonnés. Dans son ensemble elle peut être caractérisée par la prédominance de cérithes de petite taille, *C. Bouei*
avec toutes ses variétés, *C. mutabile, C. mixtum.* Les bivalves
aussi sont nombreuses surtout au Guépel (*Cardium obliquum,
Cyrena deperdita, Cytherea elegans, Lucina saxorum*, etc.). Enfin
c'est quand on a dépassé les sables à petits cérithes qu'on peut
constater au travers de ces formations sableuses, déposées sur
une plage instable, la présence de limnées amenées par des

eaux courantes (*L. ovum, L. incompta*). Une zone verdâtre à *Melania hordacea* où se tiennent des potamides (*P. deperditum, P. lapidum*) indique que le mouvement d'ascension du bassin s'accentue, puis finalement le facies lacustre s'introduit avec le calcaire de Ducy; calcaire lacustre qui lui-même n'est qu'un accident local, car dans la vallée de l'Ourcq, près de Lizy, on le voit passer successivement à un calcaire gréseux qui renferme alors toute la faune des sables à cérithes.

Quant à l'horizon de Mortefontaine c'est non seulement le plus réduit en épaisseur, mais le moins constant dans son allure; le plus souvent il est constitué par des marnes feuilletées remplies d'une avicule écrasée (*Avicula fragilis*) et c'est seulement dans la

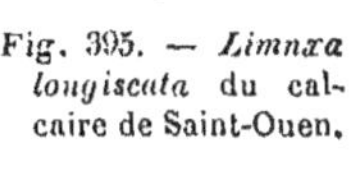

Fig. 395. — *Limnæa longiscata* du calcaire de Saint-Ouen.

vallée de l'Oise qu'il devient sableux; alors se présentent les riches gisements de Saint-Sulpice et de Mortefontaine, où on peut recueillir les espèces de grande taille qui caractérisent cette zone, *Fusus subcarinatus, Cérithum Cordieri, C. tricarinatum, Fusus polygonus*, etc.

Sur cette zone le *calcaire de Saint-Ouen* apparaît ensuite encadré entre des dépôts saumâtres de même composition et de même faune; de part et d'autre en effet des calcaires marneux et des marnes à silex ménilite et nectique où se tiennent les espèces d'eau douce caractéristiques, *Limnæa longiscata, Planorbis rotundatus*, on observe des sables verdâtres à cérithes (*C. concavum*). Ces faits se passent dans la région parisienne proprement dite, où cette assise peut renfermer des couches de gypse d'épaisseur notable (1 m. 50 à 4 mètres), mais, plus à l'Est, dans les environs de Reims, le facies lacustre est plus accusé.

Éocène supérieur. Gypse et travertin de Champigny. — L'assise du gypse dans le bassin de Paris, essentiellement constituée par une longue série de couches alternatives de marnes et de gypses tantôt saccharoïdes, tantôt bien cristallisés, correspond à un changement complet dans le régime de la sédimentation et le facies reste tout entier lagunaire. Les sables disparaissent aussi, dès la base, dans les marnes marines à *Pholadomya Ludensis*, où la faune apparaît, par suite, complètement modifiée;

dans cette marne en effet, qui contient le premier banc de
gypse (quatrième masse des carriers qui numérotent ces bancs
de gypse du haut en bas), on observe encore quelques rares
cérithes des sables de Beauchamp, mais le plus grand nombre
des espèces sont spéciales et parmi elles figure un oursin du
genre *Macropneustes* aussi caractéristique que la pholadomye
qui a donné son nom à la zone.

Des marnes à fossiles marins renfermant soit des lucines, soit
des cérithes, se représentent encore à diverses reprises dans la
seconde et troisième masse, où le gypse cristallisé prend l'allure

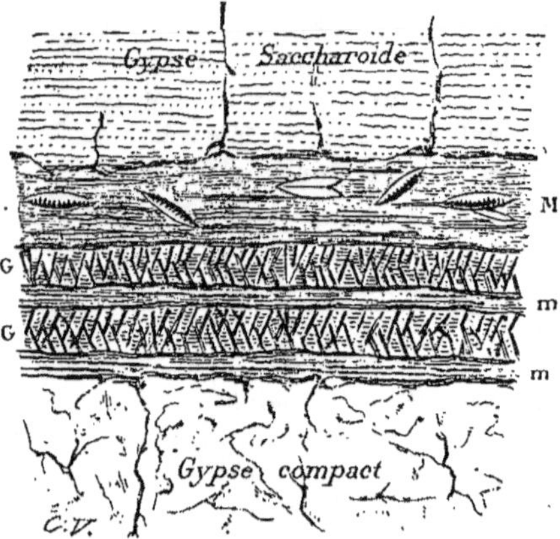

Fig. 396. — Disposition du gypse dans les collines de Montmartre aux environs
de Paris. — M, marnes avec cristaux de gypse lenticulaire (fer de lance); G, G,
gypse en pied d'alouette; m, m, marnes jaunes feuilletées.

dite en *pied d'alouette*. Elles disparaissent ensuite dès qu'on
atteint une marne où le sulfate de chaux se présente en fer de
lance et qui sert de support à la Haute-Masse du gypse.

C'est alors cette dernière masse, de beaucoup la plus étendue
et la plus épaisse, où le gypse tout entier saccharoïde reste bien
homogène sur une vingtaine de mètres d'épaisseur, qui devient
le principal gisement des mammifères décrits par Cuvier; de
ce nombre sont surtout des pachydermes appartenant aux
genres *Palæotherium, Anoplotherium, Xiphodon*, etc.

Avec ces animaux, qui fréquentaient surtout les lagunes où
se déposait le gypse, se tenaient de grandes tortues voisines de

celles qui habitent maintenant les eaux douces de l'Afrique;
tandis que, plus loin, dans l'intérieur du continent, les *Xipho-
dons*, qui rappelaient les gazelles par leur taille et la légèreté
de leurs formes, se réunissaient par troupes nombreuses, brou-

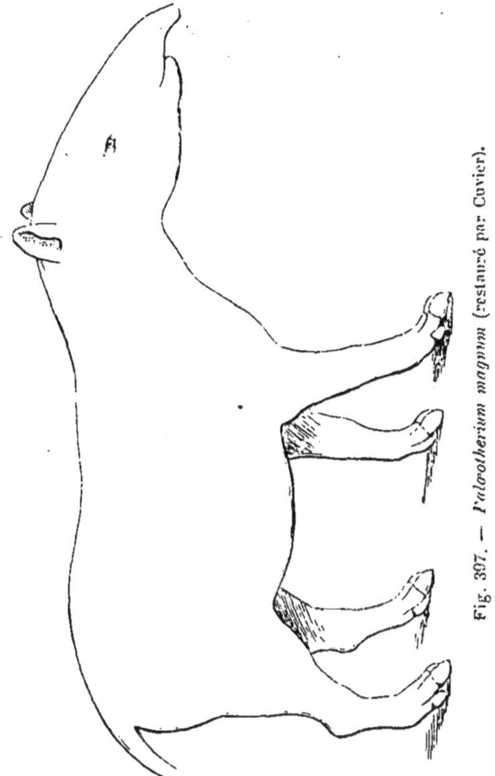

Fig. 397. — *Palœotherium magnum* (restauré par Cuvier).

tant les rameaux des grands acacias, qui composaient alors,
avec des conifères exotiques et des palmiers, la majeure partie
de la forêt éocène.

Cette Haute-Masse se présente couronnée par une dernière
série de marnes les unes bleues et pyriteuses, les autres blanches, qui pendant longtemps ont été rattachées à la série du

29.

gypse, c'est-à-dire à l'éocène moyen. On s'accorde maintenant
pour les en distraire en les réunissant aux marnes marines
à cyrènes qui les recouvrent et qui constituent le premier terme
de l'étage oligocène; nous reporterons donc leur étude au chapitre suivant.

L'assise du gypse ainsi délimitée, c'est-à-dire s'étendant des
marnes à *Pholadomya Ludensis* à la Haute-Masse inclusivement,
subit quand on l'examine, dans la vallée de la Marne, une trans-

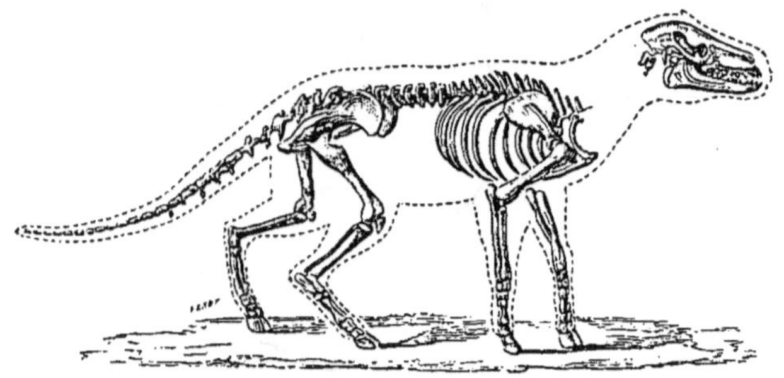

Fig. 398. — *Anoplotherium commune* (restauré par Cuvier).

formation remarquable qui l'amène à l'état de travertin. Ce
travertin c'est celui de Champigny, qui se fait remarquer par
ses accidents siliceux et se montre sur la rive droite de la Marne,
en face des escarpements gypseux de l'autre rive, exactement
compris dans les mêmes limites, c'est-à-dire d'une part entre
les marnes marines inférieures à pholadomyes et les marnes
blanches supra-gypseuses à *Limnæa strigosa*.

Ce travertin déjà bien développé sur cette rive de la Marne
se prolonge ensuite bien loin au delà, dans le sud aussi bien
que dans l'est, en venant représenter le facies *calcaire et lacustre*
du gypse parisien.

Europe septentrionale. Angleterre et Belgique. — Dans
la composition de l'éocène des régions septentrionales de l'Europe deux faits intéressants sont à signaler : l'absence complète
d'assises marines, et une proportion plus grande de formations
saumâtres ou d'estuaire. Il en est ainsi surtout en Angleterre
dans les deux bassins du Hampshire au sud, de Londres à

l'ouest, où viennent se concentrer les dépôts tertiaires. Au
début, la mer des sables de Bracheux n'a pénétré que dans le
dernier de ces bassins en venant y déposer les mêmes sables
glauconieux, mais avec proportion plus grande d'espèces de mers
froides, *cyprines* et *astartes*. La transgressivité des lignites du
Soissonnais s'accuse bien ensuite par ce fait que cette formation
lagunaire s'étend, cette fois, avec une importance égale dans les
deux bassins, et en présentant cette particularité intéressante
de se terminer avec l'argile de Londres (*London clay*), par de
véritables dépôts d'estuaire attribuables à un grand fleuve dont
l'emplacement coincïde, à peu près, avec celui de la Tamise
actuelle. Très nombreux apparaissent, en effet, dans cette argile
mélangée, à la base, de sables et de galets, des fruits de palmiers (*Nipadites*) avec des restes de mammifères (*Coryphodon*),
d'oiseaux et de tortues (*Emys*, *Trionix*). Quand des espèces
marines s'y observent, elles appartiennent à des genres de mers
chaudes, *Nautile*, *Rostellaire*, *Pleurotome*, etc. Il est facile ensuite
de trouver dans des sables jaunes contenant la *Nummulites planulata* l'équivalent de nos sables de Cuise. C'est de même au
travers de sables argileux qu'on peut rencontrer ensuite les
espèces typiques de notre calcaire grossier, mais associées, le
plus souvent, à de nombreuses empreintes végétales, ainsi qu'à
des ossements de mammifères (*Lophiodon*), des reptiles et de
poissons, attestant que l'influence du cours d'eau précédemment cité s'est fait de nouveau sentir; puis, quand un retour
de conditions plus marines se présente au niveau des sables de
Beauchamp, ce sont encore des coquilles de grande taille, très
ornées (*Voluta athleta*, *Fusus minax*), comme celles qui se tiennent actuellement dans les mers tropicales, qui dominent; mais
cette phase a été de courte durée : bientôt apparaissent, toujours
dans des sables, les limnées du calcaire de Saint-Ouen, puis
finalement les mammifères du gypse parisien (*Palæotherium*,
Anoplotherium, etc.).

La Belgique s'est trouvée de même ensablée à l'époque
éocène, mais d'une façon plus uniforme et sans que des eaux
douces soient venues, comme en Angleterre, interrompre, si fréquemment, la continuité des dépôts marins. Superposée à des
sables à peine lignitifères, *l'argile des Flandres*, synchronique

de celle de Londres, ne renferme plus que des espèces marines et c'est au travers d'une masse très uniforme de sables, à peine différenciés, qu'on peut rencontrer ensuite, avec de nombreuses espèces marines, les nummulites du bassin de Paris, se suivant dans le même ordre, puis les équivalents marins du gypse.

Au début seulement les sables de Bracheux, représentés par un tuffeau où les cyprines prennent un grand développement, font bientôt place, comme dans le bassin de Paris, à un calcaire lacustre, suivi de marnes crayeuses (*marnes hersiennes*), qui renferment la flore du travertin de Sézanne.

Région méditerranéenne. Terrain nummulitique. — Tout autres sont les dépôts éocènes des régions méditerranéennes; dans une grande zone qui, partant des Pyrénées, s'étend jusqu'à

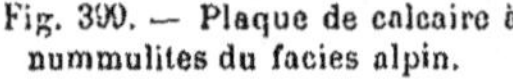

Fig. 399. — Plaque de calcaire à nummulites du facies alpin.

Fig. 400. — *Nummulites complanata.* Grandeur naturelle.

l'Himalaya, après avoir traversé les Alpes, la Hongrie, l'Istrie, le désert de Lybie et la Perse, les grès de cet âge, aussi bien que les calcaires disposés par bancs épais, apparaissent pétris de *nummulites* de toute taille, depuis la dimension d'une lentille jusqu'à celle d'un écu (*N. complanata*, fig. 400). En même temps, apparaît une riche faune marine, comprenant, avec des *Natices*, des *Ovules*, des *Rostellaires* de très grande taille, comme on n'en voit que dans les mers tropicales, un grand nombre de mollusques spéciaux, et de même une faune d'oursins bien particulière; deux d'entre eux, *Echinolampas* et *Echinanthus*, restent seuls communs avec le bassin de Paris. Remplissant certaines couches, on observe ensuite, associés aux nummulites, d'innombrables foraminifères parmi lesquels figu-

rent, avec les *milioles* et les *alvéolines* de notre calcaire grossier, d'es formes spéciales étroitement localisées dans des provinces distinctes. Il ne s'ensuit pas de cette abondance des foraminifères qu'on puisse attribuer ces calcaires nummulitiques à
des dépôts effectués dans une mer profonde; le développement
pris par les mollusques littoraux, celui aussi des algues calcaires sont tout autant de faits qui prouvent le contraire.

D'ailleurs, dans ce vaste ensemble de dépôts nummulitiques,
les formations saumâtres et même d'eau douce, loin de manquer, prennent, au contraire, par places, un grand développement en se montrant représentées par de puissantes couches
de marnes et de lignites. En particulier, les charbons si largement exploités en Istrie sont de cet âge. Enfin, bien souvent sur
le bord des grandes chaînes méditerranéennes, les assises nummulitiques font place à une remarquable et très uniforme série de
grès fins, fissiles entremêlés parfois de couches de galets, qu'on
réunit sous le nom de *Flysch*, et qui en représente le facies littoral.

Quoi qu'il en soit de ces variations, le caractère commun à
tous ces dépôts éocènes méridionaux, c'est de se présenter
toujours en continuité absolue avec le danien sous-jacent, si
bien que le crétacé et le tertiaire semblent confondus en une
seule et même assise, puis de former une série continue qui ne
peut être classée qu'avec les nummulites et dans laquelle on
peut rencontrer, au sommet, les équivalents franchement marins
du gypse.

II. — ÉPOQUE OLIGOCÈNE

Caractères généraux et principales divisions. — L'époque
oligocène, la deuxième en date dans les temps tertiaires, peut
être caractérisée par ce seul fait que, cette fois, c'est dans les
régions septentrionales qu'il faut venir chercher les meilleurs
représentants marins de cet âge. Dès le début, en effet, elle se
trouve marquée par une grande phase d'extension marine qui
s'adressant à l'Europe septentrionale amène la mer dans la
vallée du Rhin jusqu'à Bâle; en France, loin de se limiter au
bassin de Paris, elle se poursuit, au travers du Plateau Central,
jusque dans la Limagne d'Auvergne, tandis que dans le sud,
son étendue est sensiblement diminuée. Puis quand cette époque

se termine, l'Europe, après s'être vue en majeure partie occupée par de grands lacs, est presque tout entière émergée.

Comme d'habitude, ce n'est pas d'un seul coup que la mer
s'est avancée ainsi en Europe jusque dans des points où n'avaient
même pas pénétré les mers crétacées; dans le bassin de Paris
par exemple, avant de se diriger vers l'Orléanais en venant
déposer les sables de Fontainebleau, on remarque qu'au début
la sédimentation marine a été interrompue par une courte
phase lacustre qui a donné naissance au calcaire de Brie. Dès
lors il convient d'introduire, dans cette série de dépôts oligocènes, trois divisions : au sommet l'étage *aquitanien* correspond à cette phase terminale d'exhaussement pendant laquelle
l'Europe se montre couverte de grands lacs, tandis que sous le
nom de *tongriens* (de Tongres, dans le Limbourg) on range tous
les dépôts formés pendant la grande phase d'extension marine
du nord. A la base l'étage *infra-tongrien* comprend ensuite tous
ceux mixtes, marins, saumâtres et lacustres qui ont précédé le
moment où ce régime marin est devenu dominant.

Caractères généraux de la faune et de la flore. —
Malgré cette grande différence qui s'est introduite dans la
forme et la distribution des mers à l'époque oligocène, les modifications dans la faune ne portent guère que sur des différences
spécifiques, ou bien dans la disparition de certains types. Dans
les mers du nord, par exemple, les nummulites devenues très
rares, ou même absentes, se limitent à une espèce de petite taille
dont on est obligé d'aller chercher les traces dans l'intérieur
des grosses natices, *N. crassatina*, qui se tiennent à la base des
sables de Fontainebleau.

Par contre, sur les continents, l'évolution des mammifères
a été très rapide, si bien qu'on peut constater l'apparition d'un
grand nombre de genres nouveaux. Tels sont parmi les pachydermes l'*Anthracotherium*, qui reste au début encore accompagné des *Palæotheriums* du gypse, mais ces derniers disparaissent vers le milieu de l'époque pour faire place à de vrais
tapirs. Les types dominants sont des ruminants, qui conservent
encore quelque analogie avec les pachydermes et se montrent
tous privés de cornes. Parmi les mammifères nageurs, des
Siréniens, tels qu'*Halitherium*, deviennent nombreux.

Sur les continents quand vers la fin s'établissent de grandes nappes lacustres, aussi bien dans la Beauce et la Limagne, qu'en Provence, en Suisse, en divers points de l'Autriche, de l'Italie et de la Grèce, la végétation qui prend beaucoup d'importance comprend sans doute encore des palmiers avec quelques autres plantes des climats chauds ; mais le développement remarquable des arbres à feuilles caduques, la présence aussi de conifères plus nombreux témoignent de conditions climatériques déjà plus tempérées, quoique toujours uniformes, les mêmes espèces se poursuivant, d'une extrémité de l'Europe à l'autre, sans se modifier.

Bassin de Paris. — 1° Dans le bassin de Paris les premières couches marines oligocènes sont représentées par ces assises marneuses qui, superposées au gypse, ne deviennent franchement fossilifères qu'au sommet quand elles apparaissent jaunes et bien stratifiées ; la surface de ces plaquettes marneuses se montre alors couverte de cyrènes et d'une petite faune de mollusques qui témoignent qu'on n'atteint encore avec cet horizon que des couches saumâtres ; la fréquence d'un petit crustacé appartenant aux *sphéromes* qui se tiennent dans les marais salants en fournit une nouvelle preuve. Il suffit du reste de franchir un dernier horizon de *glaises vertes* presque sans fossiles, pour atteindre le *calcaire de Brie*, c'est-à-dire un horizon lacustre avec *limnées* (*L. cornea*), *planorbes* et graines de *chara*, qui peut se présenter tantôt sous la forme d'un calcaire marneux compact comme celui qui fournit près de Château-Landon une pierre de taille si estimée [1], tantôt à l'état de *meulières* et exploité en cette qualité aux environs de la Ferté-sous-Jouarre, en venant couvrir tout le plateau de la Brie. Mais il est juste aussi d'ajouter que ce calcaire ne reste pas lacustre dans toute son étendue ; déjà dans les environs immédiats de Paris, à Argenteuil, on peut constater qu'il renferme les espèces les plus caractéristiques des sables de Fontainebleau, *Natica crassatina*, *Cerithium plicatum*, *Cytherea incrassata*, etc., et c'est sous cette forme marine qu'il se poursuit plus au nord.

---

1. C'est avec cette pierre de Château-Landon que l'Arc de triomphe et la basilique de Montmartre ont été construits.

Ces faits montrent qu'au début, pendant toute la durée de ces assises infra-tongriennes, la mer avait du mal à pénétrer dans le bassin de Paris et restait en lutte avec la terre ferme et c'est seulement après le dépôt de ce calcaire de Brie que le régime marin l'a emporté.

2° *Étage tongrien; sables de Fontainebleau.* — La mer alors reprend véritablement possession du bassin de Paris en dépassant de beaucoup, vers le sud, les limites atteintes par les mers éocènes. Sur son fond elle étale d'abord des marnes remplies d'huîtres (*Ostrea cyathula, O. longirostris*), qui dessinent, dans les collines des environs de Paris, un niveau d'eau très important se traduisant, à flanc de coteaux, par une ligne de peupliers; ce sont elles également qui, dans la région de Versailles, servent de support aux

Fig. 401.— *Cerithium plicatum* des sables de Fontainebleau.

étangs et aux pièces d'eau bien connues. Par places elles se transforment en un grès marneux, très coquillier, annonçant bien qu'on est en présence, cette fois, d'un dépôt franchement marin; cette condition peut surtout bien s'observer à Jeurres, près d'Étampes, où cet horizon est représenté par un entassement de coquilles au milieu de sables jaunes; à ce niveau se tient la *Natica crassatina* avec de nombreuses espèces parmi lesquelles on peut citer, comme plus fréquentes, *Cerithium plicatum, C. trochleare, Cytherea incrassata*. Au sommet de cet horizon, dans le falun coquillier de Morigny caractérisé par l'abondance des pétoncles (*P. obovatus*), on peut déjà constater une faune plus variée dont les principales espèces sont : *Buccinum Gossardi, Cytherea splendida*... Puis les sables devenus plus fins, micacés, sont marqués par places de cordons de petits galets qui indiquent déjà des conditions plus littorales; en effet, les fossiles s'espacent, manquent par places, et quand ils se réunissent en un horizon continu comme à Pierrefitte, on peut déjà constater que la présence de potamides (*P. Lamarckii*) jointe à celle de cérithes de petite taille atteste un dépôt effectué dans des eaux qui tendent à devenir saumâtres. Là s'observe également une récurrence remarquable de la *Cyrena convexa* des marnes jaunes de la base, qui semblait avoir

disparu depuis si longtemps. Au-dessus de cet horizon s'élève
une masse, très importante, de sables blancs fort épais, sans
fossiles, où on ne rencontre guère que quelques galets. Ce sont
alors ces sables qui, consolidés postérieurement par des infiltrations calcaires, fournissent avec les grès à pavés, tous ces
blocs arrondis que les érosions accumulent sur les pentes
sableuses, en donnant lieu à ces accidents pittoresques, bien
connus, qui prennent leur type dans la forêt de Fontainebleau.
Au sommet de ces sables un dernier horizon fossilifère, quand
il reste marin comme à Ormoy, ne contient plus, avec des potamides, que des espèces de petite taille dont la principale et la
plus caractéristique est la *Cardita Bazini*, mais le plus souvent
on l'observe devenu lignitifère et, dans ce cas, il ne renferme
plus, toujours avec le *Potamides Lamarckii*, que des espèces d'eau
douce (limnées) ou terrestres (*Helix, Cyclostomes, Pupa*).

C'est de la sorte qu'on peut constater que les sables de Fontainebleau se terminent par des couches d'estuaire annonçant
le régime lacustre qui va dominer à la fin de l'oligocène.

3° *Étage aquitanien ; calcaire de Beauce.* — C'est en effet sur
ce dernier horizon que s'élève le calcaire de Beauce, c'est-à-
dire un type franc de ces calcaires lacustres qui, si répandus
dans toute l'Europe, annoncent le retrait définitif de la mer.
Mais là encore il importe d'observer que la présence, dans
les niveaux inférieurs, à plusieurs reprises différentes, de petits
lits remplis de *Potamides Lamarckii* vient indiquer que cette
condition, dans le bassin de Paris, n'a été réalisée que tardivement. C'est seulement en effet, au sommet, quand le calcaire
ne contient plus que des Hélix (*H. Ramondi*), des planorbes
et des limnées (*L. cornea, Pl. cornu*) qu'on peut le considérer
comme lacustre.

Aux environs immédiats de Paris, sur le sommet des collines,
ce sont des meulières qui, superposées aux sables de Fontainebleau, tiennent la place de ce calcaire et renferment les
mêmes fossiles. Vers le sud, après avoir donné naissance au
plateau si fertile de la Beauce, cette grande nappe lacustre se
poursuit ensuite largement dans la direction de l'Orléanais en
s'épaississant, si bien qu'on peut la voir se subdiviser en deux
assises séparées par une petite couche de grès calcaire (*mollasse*

du Gâtinais). Dans ces conditions ces calcaires deviennent plus fossilifères; l'assise inférieure peut contenir, par places, des ossements de vertébrés (*Tapirus, Dremotherium*), celle du sommèt de nombreux hélix (*Calc. à hélix de l'Orléanais*).

France centrale. — Le Plateau Central, jusqu'alors si complètement dépourvu de terrains tertiaires, devient pour la première fois, à l'époque oligocène, une annexe du bassin de Paris; au moment où se produit dans le nord de l'Europe cet affaissement qui ramènera la mer dans nos régions, lui-même s'affaisse vers le nord et s'entr'ouvre; deux grandes fractures N.-S. donnent naissance aux vallées de la Loire et de l'Allier; dès lors la mer tongrienne peut pénétrer profondément dans l'intérieur du Plateau. Le puissant revêtement d'*arkoses* qui forme le remplissage du fond de ces deux vallées et représente le premier terme de ces dépôts, doit être attribué à l'action combinée des eaux marines et des eaux superficielles. Ces dernières ayant eu pour effet, après avoir dégradé les pentes granitiques voisines, d'amener dans ces dépressions des éléments feldspathiques et quartzeux, et d'affaiblir la salure des eaux, la formation de ces arkoses s'est poursuivie pendant toute la durée du tongrien et, dans ces dépôts essentiellement détritiques, les seules espèces qui ont pu s'y maintenir sont la *Cyrena convexa* avec les petites *bithinies* du calcaire de Brie et surtout des potamides qui deviennent, par places, quand de petits lits de calcaire s'introduisent au milieu de ces arkoses, aussi abondants que dans le bassin de Paris; puis sur ces couches tongriennes se sont étendues de grandes nappes de calcaires lacustres à limnées et à helix qui deviennent la suite naturelle des calcaires de Beauce. Dans la Limagne d'Auvergne ces calcaires sont, par places, entièrement formés par des tubes de larves d'insectes (*calcaires à phryganes*) ou d'autres fois ils deviennent riches en ossements de mammifères, spécialement de ruminants; de grands oiseaux aussi s'y rencontrent, avec leurs œufs bien conservés, notamment à Saint-Géran-le-Puy.

C'est ensuite plus au sud, dans la région des Causses, qu'on peut rencontrer de véritables ossuaires de ces mammifères, engagés, cette fois, dans de grands amas de *phosphorite*, c'est-à-dire phosphate de chaux concrétionné, disposés en remplissage

de poches dans les calcaires jurassiques sous-jacents; la faune
fort intéressante de ces phosphorites comprend, indépendamment de nombreux mammifères, représentés souvent par des
squelettes entiers, des reptiles, des batraciens et des ophidiens,
ainsi que des mollusques du calcaire de Beauce.

Aquitaine et Bretagne. — On ne peut passer sous silence ce fait
intéressant qu'à l'époque tongrienne nos régions de l'ouest n'ont
pas été épargnées par les eaux marines. A cette date les rivages
d'une mer dépendant, cette fois, de l'Atlantique, après avoir des-
siné un golfe large et profond dans l'Aquitaine et le Bordelais, se
poursuivaient ensuite en Bretagne, par la vallée de la Loire, sous
la forme d'un véritable fjord qui se poursuivait jusqu'à Rennes.

En Bretagne les dépôts marins de cet âge sont des calcaires
à milioles bien voisins de ceux du calcaire grossier et longtemps
confondus avec eux, mais qui renferment les espèces les plus
caractéristiques des sables de Fontainebleau (*Natica crassatina,
Cerithium plicatum, Cardita Bazini*, etc.), associées à d'autres
plus nombreuses dont les affinités sont pour la faune marine
de l'Aquitaine.

Dans le sud-ouest, en effet, on peut retrouver en Aquitaine, pour marquer le début du tongrien, des marnes à
huîtres comme dans le bassin de Paris, mais bientôt des changements complets s'observent aussi bien dans la faune que dans
la nature des dépôts. Ces changements se traduisent par la
substitution aux sables de Fontainebleau d'un calcaire où abondent des articles d'étoile de mer (*calcaire à astéries*) et qui prend
une large place dans la Gironde. Dans le Bordelais ces mêmes
couches sont à l'état de faluns, c'est-à-dire de sables calcaires
très coquilliers (faluns de Bazas, de Saucats, de Saint-Avit); puis
dans l'intervalle de ces deux régions, on peut constater que,
tandis qu'une persistance remarquable des formations marines
se faisait dans le Bordelais, l'Agenais disparaissait sous un lac
où sont venus se déposer des calcaires qui renferment la faune
des calcaires de Beauce et de l'Orléanais.

III. — ÉPOQUE MIOCÈNE

Caractères généraux et divisions. — L'époque miocène se
trouve marquée en Europe par des faits d'une importance

considérable. C'est, en effet, vers la fin de cette époque que s'est constitué définitivement le puissant massif montagneux des Alpes avec toutes ses dépendances et que la Méditerranée, jusqu'alors si largement ouverte, commence à se retirer dans ses limites actuelles.

Au début des phénomènes d'une importance également très

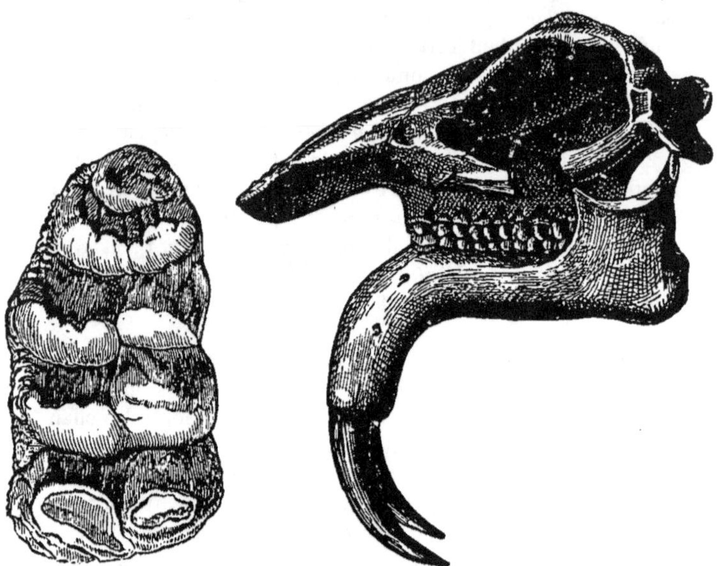

Fig. 402. — Dent de Mastodonte (*Mastodon Simorrensis*).

Fig 403. — *Dinotherium giganteum* à 1/10 de grandeur naturelle. (Hœrnes.)

grande, introduisent entre cette nouvelle phase et l'oligocène une séparation bien tranchée. Les grands lacs aquitaniens se vident et sur l'Europe, presque tout entière exhaussée, s'établit un régime fluviatile bien caractérisé, à ce point que c'est dans des alluvions qu'il faut venir chercher les premiers éléments de cette histoire; et ce sont alors les mammifères, largement développés, qui permettent seuls d'en fixer les dates. A l'inverse de ce qui s'est passé précédemment, le miocène débute ainsi, en

Europe, par une grande phase d'émersion pendant laquelle les
cours d'eau ont pu déployer une activité jusqu'alors sans égale.

Après cette première phase dite *langhienne* (des langhe, col-

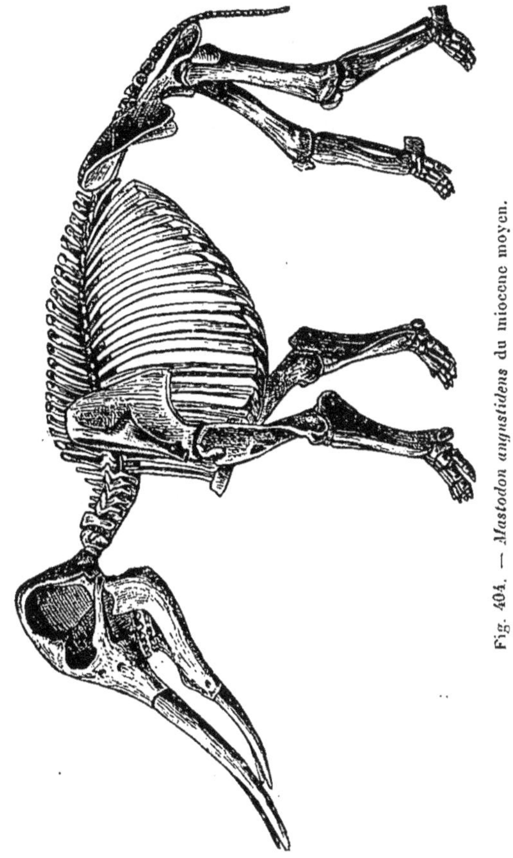

Fig. 404. — *Mastodon angustidens* du miocène moyen.

lines italiennes), la mer revient, cette fois par l'ouest, en pénétrant
en Touraine dans la vallée de la Loire jusqu'à Blois, tandis qu'un
second golfe, comme à l'époque oligocène, occupait de vastes
surfaces en Aquitaine; c'est alors que se sont déposés, dans nos

régions de l'ouest et du sud-ouest, ces sables coquillers désignés sous le nom de faluns, tandis que se formaient, dans une mer dépendant cette fois de la Méditerranée et largement étendue en Suisse, ces grès tendres dits *mollasses* qui ont valu à l'étage correspondant le nom d'*Helvétien*.

A cette date la Méditerranée, limitée à la dépression thyrrhénéenne, se poursuivait, vers le nord, dans la vallée du Rhône et venait ensuite couvrir une bonne partie de la Suisse et de l'Autriche.

Caractères généraux de la faune et de la flore terrestres. — A l'époque miocène de grands changements se sont faits dans la faune terrestre; les mammifères non seulement se multiplient, mais semblent avoir atteint leur plus haut degré de développement et ces progrès sont surtout réalisés chez les proboscidiens qui, dès le début, sont représentés par de gigantesques *Dinotheriums* et des *Mastodontes*, qui peuvent être regardés comme les précurseurs des éléphants et s'associent à de nombreux Rhinocéros. Les singes aussi commencent à devenir nombreux avec les genres *Pliopithecus, Dryopithecus*; l'apparition enfin, dans nos régions, de l'*Antilope*, du *Castor* coïncide avec l'extinction d'un certain nombre de types qui avaient pris tout leur développement antérieurement tels que *Anchiterium*. Ces faits se passent avant l'arrivée de la mer helvétienne, puis, quand à son tour elle se retire, sur les grands espaces continentaux qui s'établissent dans les régions méditerranéennes, ce sont, au milieu d'une abondante végétation de graminées, des herbivores qui se développent avec une ampleur exceptionnelle. C'est par troupeaux que se tenaient avec des girafes (*Helladotherium*), des antilopes, des gazelles et des cerfs; les pachydermes sont bien effacés; alors apparaît l'*Hipparion* (fig. 404), précurseur des chevaux, tandis que les rivières d'Europe étaient peuplées d'hippopotames.

La flore aussi déploie une surprenante richesse, sous l'influence d'une température qui s'égalise en restant clémente pendant l'hiver, pluvieuse pendant l'été; aussi les arbres à feuillage caduc prennent de plus en plus possession des forêts, notamment les peupliers, les érables et les platanes. Avec eux se montrent partout sur le bord des rivières et des lacs, des bouleaux, des aunes, des charmes, des saules. Les types étrangers, devenus depuis étrangers à l'Europe, continuent à se présenter associés à ceux qui devaient persister pour fournir le fond de la flore actuelle, mais déjà en nombre moins grand qu'aux époques précédentes ; les palmiers, par exemple, ont une tendance marquée à se reporter vers le sud ; seuls persistent, dans l'Europe centrale, des lauriers, des canneliers et des camphriers. Enfin la multiplication rapide des graminées qui, vers la fin, forment partout des gazons épais, devient un fait intéressant à noter.

Étage Langhien. — Au début du miocène le lac de Beauce se vide dans la direction de la Loire, par une dépression qui devait, plus tard, livrer passage à la mer des faluns ; puis sur cette grande nappe lacustre, parfaitement nivelée, des cours d'eau issus du Plateau Central, sont venus étaler de grandes couches de sables granitiques dits de l'Orléanais, en raison de leur grand développement, sous la forêt d'Orléans, dans ces sables grossiers, de nombreux ossements annoncent l'établissement, sur les continents alors très étendus, de cette nouvelle faune de mammifères terrestres dont nous avons parlé et caractérisée par l'association de grands proboscidiens des genres *Mastodonte* (*M. angustidens*) et *Dinotherium* (*D. Cuvieri*) avec des *Rhinocéros* (*R. Aurelianensis*). Ces dépôts fluviatiles supportent une seconde masse de sables argileux plus fins, très étendus, entièrement dépourvus de restes organiques et qui viennent former, sur la rive droite de la Loire, la région infertile et malsaine de la Sologne.

Étage Helvétien. — C'est seulement après le dépôt de ces sables essentiellement continentaux, que s'est produit, à la suite

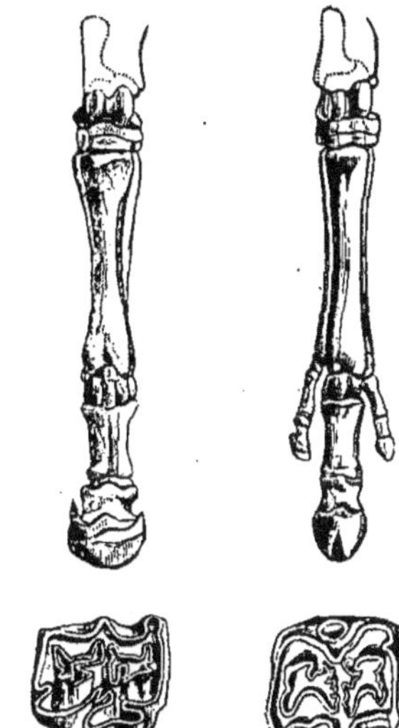

Fig. 405. — Pied et dent d'Hipparion.   Fig. 406. — Pied et dent de cheval.

d'un affaissement, l'invasion de la mer helvétienne qui n'envahit plus, vers l'ouest, qu'une bien faible partie du bassin de

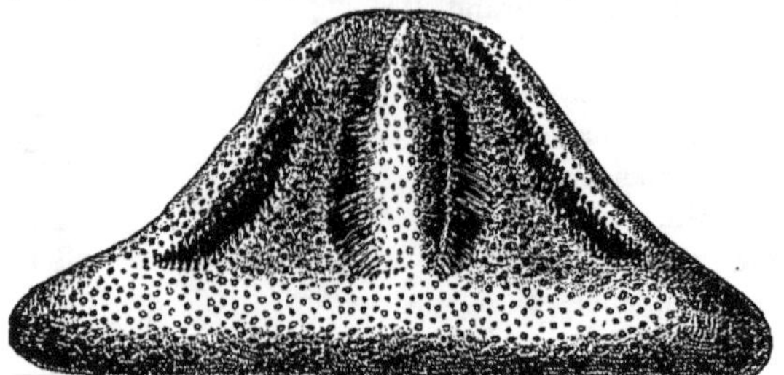

Fig. 407. — Clypeastre du miocène supérieur de Vienne.
(Hœrnes, *Paléontologie*.)

Paris, en pénétrant par la vallée de la Loire jusqu'à Blois, tandis qu'un détroit rejoignant la Manche par l'Ille-et-Vilaine isolait l'Armorique devenue une ile. Dans le même temps, cette mer, comme à l'époque oligocène, prenait possession de l'Aquitaine en s'y traduisant par un golfe très étendu et peu-profond. Dans toutes ces régions, soit de la Touraine, soit du sud-ouest, ce sont des *faluns*, c'est-à-dire des sables calcaires très coquilliers qui se sont déposés.

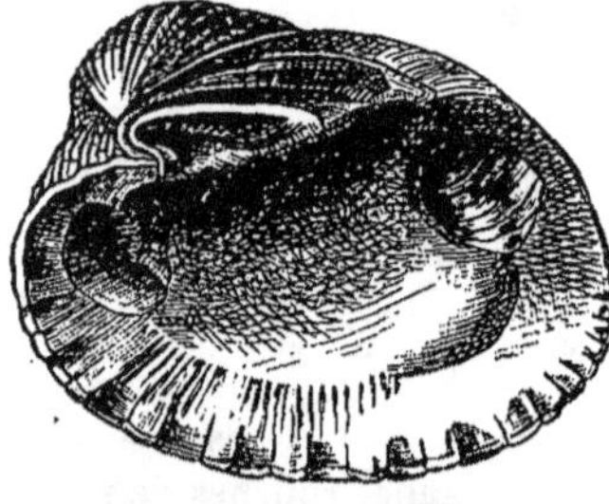

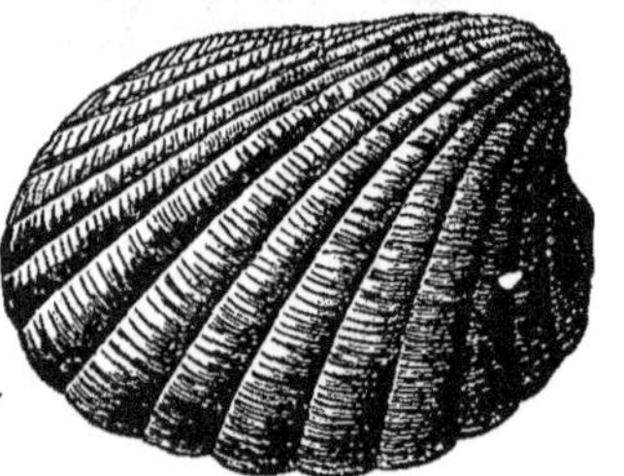

Fig. 408. — *Cardita Jouanetti* des faluns.

La faune très remarquable des faluns est surtout composée d'espèces dont les analogues ne vivent plus actuellement que dans les mers chaudes. Tels sont, avec de grandes huîtres au crochet très épais, *Ostrea crassissima*, de nombreux gastropodes représentés par de grandes volutes, des cones, des rostellaires, des cyprées; les lamellibranches aussi sont nombreux et fournissent souvent des espèces caractéristiques, telle est la *Cardita Jouanetti* (fig. 408) qui n'apparaît qu'au sommet de ces faluns. Cette faune se complète par de nombreux oursins, les uns épais et surelevés sont des *Clypeastres* (fig. 406), les autres déprimés (*Scutelles*). Enfin des dents de grands squales, *Carcharias megalodon* avec des côtes de lamantins ne sont pas moins abondants.

Ces faluns, qui représentent des dépôts littoraux, semblables à ces amas de coquilles brisées que les vagues rejettent sur les plages bien abritées, peuvent facilement s'observer en Touraine, dans les environs de Pontlevoy, où ils se présentent, au-dessus du calcaire de Beauce, durcis et perforés, sous la forme de petites buttes isolées remarquablement riches en coquilles. Viennent ensuite ceux de l'Anjou et de la Bretagne où près de Rennes et sur les Côtes du Nord ils renferment de véritables bancs d'*Ostrea crassissima*.

Dans l'Aquitaine, où se fait ensuite le plein développement de

Fig. 409. — Coupe du bassin de Vienne (d'après M. de Hochstetter).
W. S, grès de *Vienne;* kr. *roches cristallines* du sous-sol.
Miocène. — 1, marnes bleues à Pleurotomes, avec calcaires à amphistégines
2, grès et marnes à *Cerithium pictum*; 3, couches à congéries.

ces faluns, on remarque ceux de Léognan, de Dax, de Salles, pour ne citer que les principaux. C'est dans cette région du sud-ouest aussi qu'il faut venir chercher des représentants lacustres de ces dépôts marins qui se présentent sous la forme de calcaires très riches en ossements : tels sont, dans l'Armagnac, ceux célèbres de Sansan et de Simorre où on peut rencontrer en grand nombre, avec les premiers singes (*Driopithecus*), beaucoup d'autres vertébrés et les mammifères des sables de l'Orléanais.

A cette date, la Suisse tout entière et la région alpine étaient couvertes par une mer peu profonde, mais très étendue, parsemée d'îles très découpées; les dépôts qui s'y sont formés ont un caractère détritique très prononcé, et témoignent souvent d'eaux très mouvementées. Ils consistent principalement en conglomérats à galets de granite et de porphyre, associés à des grès marneux ou calcaires, le plus souvent tendres au moment de l'extraction, se durcissant à l'air et pouvant ainsi fournir d'excellents matériaux de construction, qui ont reçu le nom de *Mollasse*.

Ces grès, pauvres en fossiles, ne renferment guère, avec quelques bivalves, que l'*Ostrea crassissima* qui permet de les synchroniser avec les faluns de Touraine, et s'étendent de la lisière des Alpes au Rhin, au Jura, et du Léman au lac de Constance; au contact des parties émergées des Alpes, ils se chargent de galets et de cailloux de toutes formes, et la roche passe alors à ces conglomérats qui ont pris le nom de *Nagelfluh*; ces amas de cailloux de toutes dimensions et de toutes provenances, réunis par un ciment gréseux, constituent parfois des masses énormes,

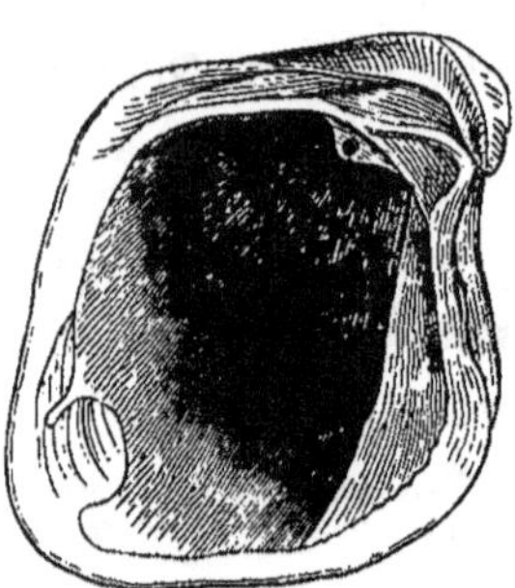

Fig. 410. — *Congeria subglobosa*
des argiles à Congéries.

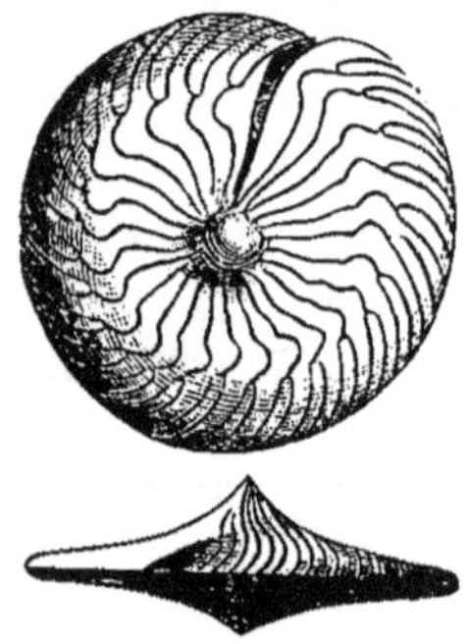

Fig. 411. — *Amphistegina Haueri*,
foraminifère du miocène moyen.

comme au Righi, qui en est presque entièrement composé. A en juger par la dimension de ces poudingues, on peut se faire une idée de la quantité de matériaux que le massif alpin, déjà en partie exhaussé, a dû livrer à ces eaux mouvementées.

Étages Tortonien, Sarmatien et Pontien. — Tels sont les faits acquis à la fin de l'helvétien. Après le dépôt de la mollasse marine et des faluns, l'Europe tend de plus en plus à s'exhausser. La mer abandonne la plaine helvétique et ne forme plus que trois golfes distincts et profonds, remontant dans l'intérieur des terres, dans les vallées occupées aujourd'hui par le Rhône, le Danube et le Pô.

Dans le bassin du Danube, aux environs de Vienne, le miocène supérieur débute par des marnes bleues encore marines,
remplies de *Pleurotomes*, associés à des calcaires riches en foraminifères (*Amphistegina*) ; mais bientôt les couches deviennent
saumâtres et se trouvent caractérisées par l'invasion d'une faune
remarquable, venue, de proche en proche, dans la direction de
l'est, et ayant habité les estuaires
fluvio-marins de la Russie méridionale et l'Asie centrale. Ce sont d'abord des grès calcaires et des marnes
d'eaux saumâtres avec nombreux
cérithes (*C. pictum*) et des potamides
de formes toutes spéciales, puis des
argiles, qui forment le sous-sol de la
ville de Vienne (fig. 409, n° III), caractérisées par les formes étranges
que prennent de grandes Congéries,
des Mélanopsis et des Paludines couvertes de côtes et de tubercules. Les
mollusques fluviatiles et lacustres
prennent là un développement extraordinaire, sous le rapport non seulement du nombre et de la variété
des espèces, mais de leur taille et de
la richesse de leur ornementation. Ces
couches à Congéries, reconnues maintenant dans toute la province aralo-
caspienne, se retrouvent dans la vallée
du Rhône aux environs de Bollène.

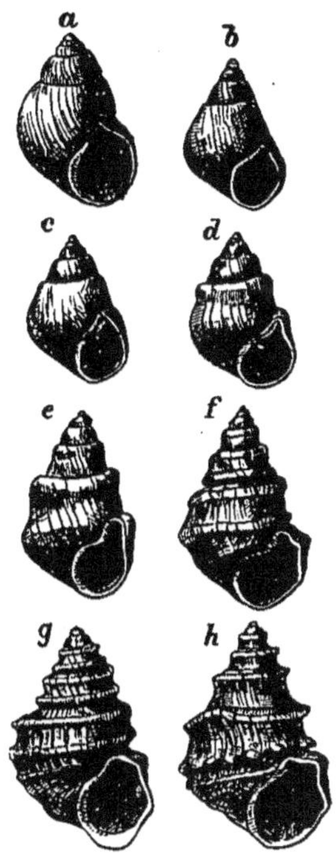

Fig. 412. — Paludines (*Vivipara*)
carénées et tuberculeuses des
marnes à Paludines.

Dans le bassin du Pô, les marnes
bleues à Pleurotomes bien développés, aux environs de Tortone, se
trouvent de même couronnées par ces
couches saumâtres qui témoignent d'un mouvement d'émersion
ayant atteint tout à la fois l'Europe occidentale et l'Asie orientale, en prenant les Alpes pour centre.

Les golfes que nous venons d'indiquer en Europe diminuant
d'étendue et de profondeur, la mer abandonne définitivement

ces régions et, sur l'emplacement actuel de la Méditerranée, s'élève un continent qui vient relier l'Afrique à l'Europe.

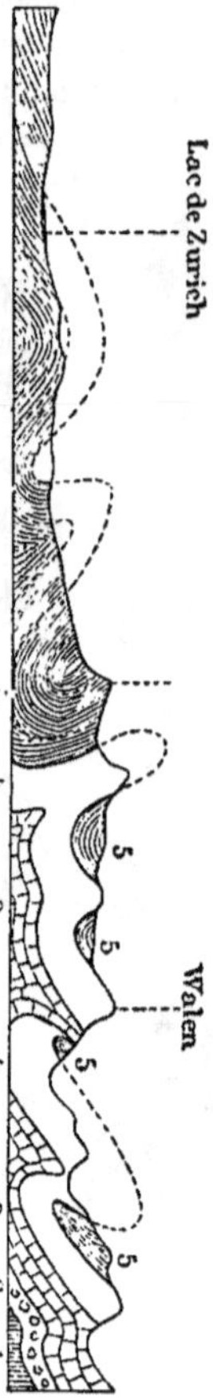

Tout cet espace était alors couvert de lacs, dans lesquels venaient se déverser de grands cours d'eau, semblables à ceux qui alimentent les lacs de l'Amérique du Nord. Autour de ces lacs et sur les rives de ces grands fleuves se tenaient les rhinocéros sans cornes et les grands probocidiens que nous avons décrits. Là aussi vivaient par troupes les *Hipparions*, dont les ossements sont maintenant entassés, pêle-mêle, au mont Lèberon, dans le département de Vaucluse, et à Pikermi en Grèce, avec ceux des singes, des antilopes et des cerfs, qui se tenaient également dans les forêts de cette époque.

Dans toute la vallée du Rhin et de même dans les encaissements du Rhône, on trouve maintenant des sables grossiers, avec des cailloux roulés, remplis des ossements de ces mêmes animaux, qui représentent les alluvions des grands cours d'eau de cette époque.

C'est là qu'il faut placer également, avec cette multiplication des herbivores, cette flore composée d'un mélange harmonieux de formes maintenant dispersées dans des régions diverses et que nous avons décrite comme la plus riche de toutes celles qui aient été encore observées à l'état fossile; dans une seule localité privilégiée, celle d'OEninghen, près du lac de Constance, Oswald Heer, un géologue suisse auquel la science des végétaux fossiles est redevable de ses plus grands progrès, a pu reconnaître près de 500 espèces végétales appartenant principalement à des formes européennes mélangées à des types

Fig. 413. — *Coupe du versant nord des Alpes, montrant le refoulement de la mollasse et les plissements des terrains jurassiques et crétacés qui résultent du mouvement d'exhaussement des Alpes.* 1, schistes cristallins; 2, couches jurassiques; 3, dépôts crétacés; 5, mollasse.

aujourd'hui relégués en Asie, en Afrique et jusqu'en Australie [1]. Il a pu reconstituer ainsi non seulement dans son entier la forêt miocène qui se tenait autour du lac d'OEninghen, mais y déterminer la marche des saisons, et le temps de floraison de chaque espèce. Dans les calcaires en plaquettes, qui forment la base de ce dépôt particulièrement, riche également en insectes, les fleurs de camphrier associées à des feuilles de peuplier annoncent le printemps; des fruits d'orme, de peuplier et de saule, réunis sur la même plaque, indiquent le commencement de l'été; ceux du camphrier, de la clématite, l'approche de l'automne; l'été est encore reconnaissable à un indice tiré de la présence, à côté des fruits mûrs de tamariniers, d'ailes de fourmis. On sait, en effet, que c'est seulement dans la saison chaude que les fourmis prennent leur volée en troupes immenses; elles meurent ensuite, après avoir abandonné leurs ailes et tombent par milliers au sein des lacs; des mouches et des termites ont eu le même sort. L'hiver était particulièrement doux; il suspendait quelque peu, mais sans l'interrompre, la végétation. L'Europe septentrionale, douée d'un climat analogue à celui de Madère, c'est-à-dire correspondant à une moyenne annnelle de 18 à 19 degrés, réalisait le tableau de ces régions privilégiées, où, de nos jours, la végétation ne perd jamais son activité.

Telle était l'Europe, après le retrait de la mer mollassique. A ce moment vient se placer le plus grand événement géologique dont la Suisse ait jamais été le théâtre : la constitution définitive du puissant massif montagneux des Alpes date, en effet, de cette époque. Ces hautes montagnes ont acquis leur principal relief, à la suite de mouvements postérieurs au dépôt de la mollasse, qui se trouve violemment refoulée sur ces bords ainsi que l'exprime la coupe ci-dessus (fig. 413). A ce moment s'ouvre la dernière époque de la période tertiaire, celle dite *Pliocène*, qui va nous conduire, à travers une longue série d'oscillations, à l'époque quaternaire, avec laquelle prendra fin notre histoire géologique.

1. Heer, *le Monde primitif de la Suisse*, 1872.

30.

IV. — ÉPOQUE PLIOCÈNE

Caractères stratigraphiques généraux; principales divisions. — L'époque pliocène n'est pas seulement caractérisée par cette modification dans la faune qui l'amène en dernier lieu à devenir bien voisine de celle actuelle, mais par un fait de la plus haute importance dans l'histoire du développement progressif de l'Europe. C'est alors que s'est constituée la *Méditerranée*, à très peu de chose près dans ses limites actuelles, et cela dès le début par un *effondrement* qui détermine à la fois l'ouverture du détroit de Gibraltar et sa constitution à l'état de *mer profonde*; or c'est la première fois qu'un phénomène de cet ordre se produit; et ce n'est pas là un fait isolé, en Arabie la *mer Morte*, dont la surface actuelle est à plus de 300 mètres au-dessus du niveau de la Méditerranée, n'est autre que le résultat d'un gigantesque effondrement longitudinal survenu, quand, à la même date, l'affaissement qui a donné naissance à la *mer Rouge* est venu introduire une séparation entre l'Afrique et l'Asie occidentale.

Après cette phase continentale qui a marqué la fin du miocène, et pendant laquelle l'Europe s'est vue sillonnée par ces grands cours d'eau dont les inondations périodiques ont entraîné la destruction de ces grands troupeaux d'herbivores et d'hipparions qui jusqu'alors avaient trouvé des conditions d'existence les plus favorables sur une grande terre dont faisaient partie toutes les grandes îles de la Méditerranée orientale, les Baléares, la Corse, la Sardaigne l'Archipel grec et la Sicile, l'affaissement de toute cette région a déterminé la rupture du seuil de Gibraltar [1]. Dès lors la communication entre la Méditerranée et l'Océan, par ce détroit, une fois établie, des courants froids descendant de la mer du Nord, et longeant la côte occidentale du Pacifique sont arrivés dans la Méditerranée en y introduisant des espèces de mers septentrionales, telles que *Cyprina Islandica*, *Trophon antiquus*, et le *Buccinum undulatum* (var. *Groënlandicum*). Le trait saillant des dépôts qui se sont formés dans ces conditions, c'est de ne pas s'écarter des côtes

---

1. Munier-Chalmas, *Revue générale des sciences*, 15 août 1890.

actuelles de la Méditerranée à plus de 2 ou 3 kilomètres où on les trouve maintenant relevés à ses altitudes variables, sauf dans le voisinage du Pô et du Rhône. Dans ces vallées déjà creusées, la mer pliocène a pu pénétrer au delà des estuaires assez loin dans l'intérieur des terres. Après cette phase marine dite *plaisancienne*, le dépôt des sables de l'Astesan, de Montpellier, du Roussillon et surtout ceux de la Bresse, annoncent un régime fluvial bien accentué.

Le domaine maritime dans la Méditerranée est déjà singulièrement réduit; c'est dans la mer du Nord qu'il faut venir chercher les meilleurs réprésentants des dépôts marins de cet âge, sous la forme de ces amas de sables coquilliers qui ont reçu le nom de *Crags*.

Enfin avec l'étage supérieur (*arnusien*) on atteint une époque où tous les phénomènes d'érosion attribuables aux eaux courantes prennent une importance considérable et le pliocène se termine ainsi, comme le miocène, par une phase continentale où le régime fluvial trouve son expression définitive. En même temps, en Auvergne, le relief est déjà assez prononcé et le climat suffisamment humide pour permettre l'établissement des premiers glaciers.

Caractères généraux de la faune et de la flore pliocènes.

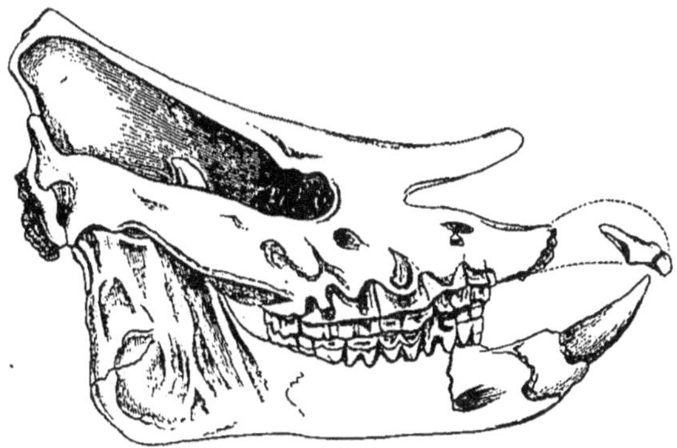

Fig. 414. — *Rhinoceros Etruscus* des graviers du pliocène supérieur (*arnusien*).

— Plusieurs faits importants donnent à la faune pliocène un caractère particulier; c'est d'abord, quand on s'adresse aux mammifères, la disparition des *Dinothériums* et des *Hipparions*; ces derniers sont remplacés par de véritables chevaux du genre *Equus*, et les *Mastodontes* ne sont plus représentés que par deux ou trois espèces, leur place est tenue par les éléphants, qui prennent de suite un grand développement. L'*Elephas meridionalis*, en particulier, est un des plus gigantesques animaux terrestres que la terre ait jamais supportés. En même temps, des *Rhinocéros* à larges narines, des *Hippopotames* peuplent les rivières. Leur développement, et de même celui des bœufs et des cerfs, sont encore un indice certain de la riche provision d'aliments que leur fournit le règne végétal. Parmi les espèces émigrées figurent ensuite les singes, qui abandonnent l'Europe pour se réfugier en Afrique.

La flore pliocène est, en effet, d'une grande richesse, mais témoigne d'un climat déjà plus froid. Les différences climatériques entre le nord et le sud de l'Europe commencent aussi à s'accentuer; c'est ainsi qu'un palmier (*Chamœrops humilis*), associé à des chènes (*Quercus lusitanica*), qui ne se rencontrent plus que dans le sud de l'Espagne, se maintenait dans les environs de Marseille, tandis que l'érable, le peuplier, le noyer et le mélèze étaient prépondérants dans le centre de la France.

Dans les eaux marines, il faut signaler l'abondance des cétacés, qui jonchent de leurs ossements les plages de l'époque. Par suite de l'extension des continents, les mollusques terrestres (*Helix*) prennent plus d'importance; les gastéropodes et les bivalves, dans les eaux marines, se rapprochent de plus en plus des formes actuellement vivantes.

Caractères généraux et divisions principales du Pliocène. — Ce terrain a son principal représentant en Italie, sur les deux versants de l'Apennin. Les collines dites subapennines sont entièrement formées par des dépôts d'âge pliocène. Le pliocène inférieur y débute dans la Ligurie centrale par des marnes bleues, sableuses, riches en fossiles marins. La faune, très différente de celle des faluns, dénote un climat froid. Les grands Clypéastres deviennent rares, et les fossiles principaux sont ici *Isocardia cor*, *Nassa prismatica*, *Cerithium vulgatum*, *Voluta Lamberti*, avec un grand Dentale, *D. elephantinum*.

Au-dessus vient le pliocène moyen, représenté par des sables jaunes encore marins (sables de l'Astesan), où les espèces actuelles, déjà fréquentes dans les marnes précédentes, deviennent plus abondantes (*Ostrea edulis, Pecten Jacobeus*).

Enfin les sables de l'Astesan sont couronnés par des dépôts détritiques, sables, graviers et conglomérats qui les ravinent, et prennent tous les caractères d'une formation alluviale. Ils renferment, à l'état roulé, des ossements d'*Elephas meridionalis*, d'*Hippopotame* (*H. major*) et de chevaux (*Equus stenonis*).

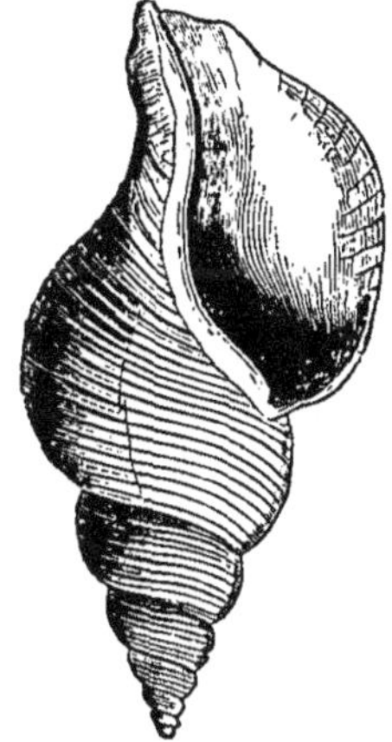

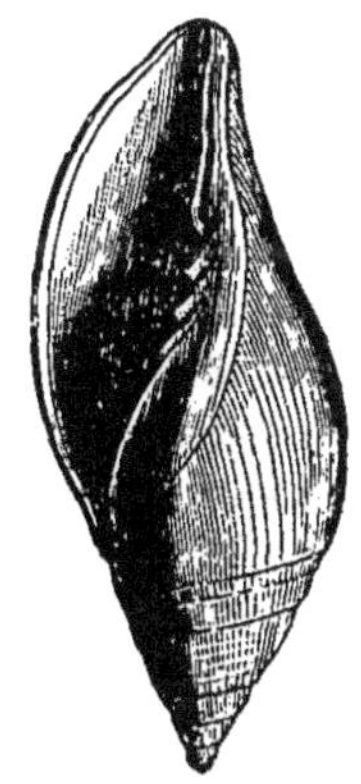

Fig. 415. — *Fusus contrarius.*   Fig. 416. — *Voluta Lamberti.*

Les dépôts marins du pliocène sont de même très étendus aux environs de Rome, où ils présentent, dans les collines du Vatican et du Monte Mario, une succession en tous points comparable à celle des collines subapennines. Les marnes bleues du Vatican (fig. 417) renferment en effet la *Nassa prismatica*, le *Dentalium elephantinum*; et les sables jaunes du Monte Mario qui les recouvrent (2), le *Pecten Jacobeus* et la *Terebratula ampulla*. Au sommet, ces sables sont, de même, couronnés par des conglomérats et graviers à *Elephas meridionalis*.

En France, on peut les suivre dans la vallée du Rhône et constater ainsi que la mer pliocène s'est avancée jusqu'aux portes de Lyon. Sur le littoral, on peut les observer près de Nice et d'Antibes et les suivre de là jusqu'au pied des Pyrénées.

Il en est de même sur le revers opposé de la Méditerranée, où le pliocène reste cantonné dans quelques dépressions du littoral.

Tous ces dépôts s'écartent ainsi très peu au delà des limites actuelles de la Méditerranée, indiquant que déjà, à cette époque, l'Europe méridionale avait acquis une configuration qui ne s'est guère modifiée depuis.

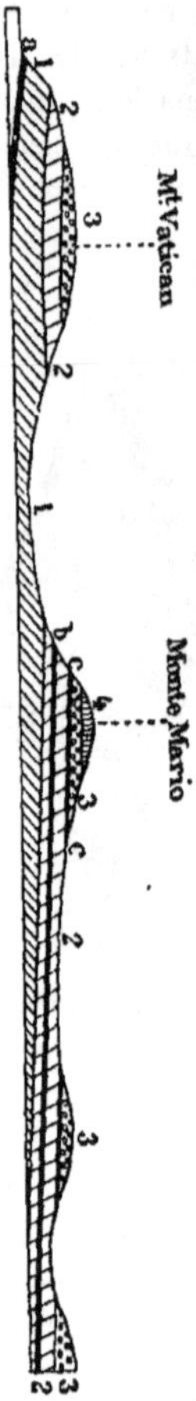

Les conglomérats, et les graviers à *Elephas meridionalis*, qui mettent fin au pliocène, sont au contraire très étendus et s'avancent bien loin dans l'intérieur des terres. En France, ils s'étendent sur le Plateau Central, recouvrant les plateaux à des altitudes qui s'élèvent jusqu'à 400 mètres. Il en est de même pour le plateau de la Beauce. Près de Chartres, à Saint-Prest, des graviers ossifères sont remplis de débris d'éléphants, de rhinocéros et d'hippopotames.

L'époque pliocène a été marquée ainsi, vers la fin, après le retrait de la mer, par une extension des continents, accompagnée de phénomènes torrentiels, inaugurant l'ère du creusement des vallées, qui deviendra le trait saillant de l'époque quaternaire.

Dans le nord, en Angleterre, le pliocène commence de même par des dépôts marins, qui consistent en sables coquilliers, épais de 40 à 45 mètres, désignés sous le nom de *Crag*. On peut encore reconnaître, dans ces dépôts sableux, deux faunes distinctes, correspondant, l'une à celle des marnes subapennines, l'autre à celle des sables de l'Astesan. A la base, le crag blanc renferme, avec l'*Isocardia cor*, des espèces de mers froides, telles que l'*Astarte Omalii* et la *Cyprina islandica*. Un tiers environ de ces espèces sont éteintes. Dans le crag rouge, formé de sables ferrugineux, qui vient au-dessus, la proportion des espèces éteintes n'est plus

Fig. 417. — Coupe du pliocène des environs de Rome (d'après M. Ponzi). Pliocène *supérieur*, 3, conglomérats et graviers à Elephas; *moyen*, 2, sables du Monte Mario. Pliocène *inférieur*, 1, marnes du Vatican.

que dix pour cent. Parmi les espèces actuelles, on peut citer *Cardium edule, Mytilus edulis, Littorina littorea.*

Dans le crag fluvio-marin qui suit (*crag de Norwich*), on ne rencontre plus guère que les espèces qui abondent aujourd'hui dans les eaux marines anglaises, mais toujours associées à des formes septentrionales (*Astarte borealis*). En même temps les ossements de mammifères deviennent si nombreux (*Elephas meridionalis*) qu'on les exploite pour phosphate. C'est là une formation d'estuaire qui correspond exactement aux formations alluviales des contrées méridionales.

En Belgique, les dépôts pliocènes concentrés à l'embouchure de l'Escaut, aux environs d'Anvers, se composent

Fig. 418. — *Cyprina islandica* du crag blanc.

de sables, noirs ou verdâtres, chargés de glauconie, où se succèdent, comme en Angleterre et dans l'Apennin, les deux faunes marines du pliocène inférieur et moyen. L'abondance des cétacés (*Balœna, Balœnoptera*, etc.) est à signaler dans ces sables, qui représentent encore une formation littorale de la mer pliocène.

Les graviers à *Elephas meridionalis* manquent en ce point; mais on les retrouve bientôt au delà, très étendus sur les plateaux de l'Eifel, où ils alternent avec des coulées de laves basaltiques, issues de volcans situés dans le voisinage.

Manifestations volcaniques de l'époque pliocène. — D'imposantes manifestations volcaniques ont eu lieu, en effet, à l'époque pliocène, en diverses régions de l'Europe occidentale.

En France, en particulier, le Plateau Central a été le théâtre d'une activité éruptive considérable; les principales émissions de Domites, de Trachytes, de Phonolithes et de Basaltes, qui forment maintenant les points de l'Auvergne et du Vivarais, datent du pliocène. Les émissions basaltiques, en particulier, ont pris une importance extrême au pliocène supérieur.

Elles ont donné lieu à ces grandes et puissantes coulées qui, dans le Cantal, le massif du Mont Dore et le Vivarais, couronnent les plateaux, où elles se font remarquer par leurs belles colonnades prismatiques.

L'activité éruptive, déjà si marquée à l'époque miocène, s'est ainsi prolongée dans toute l'étendue du pliocène, pour ainsi dire sans interruption. Nous allons maintenant la voir se poursuivre, avec plus d'intensité que jamais, dans la période quaternaire, où les volcans à cratères vont inonder les vallées de leurs laves et combler les dépressions avec leurs scories.

———

CHAPITRE VI

SÉRIE MODERNE

Époque quaternaire (Pleistocène).

Apparition de l'homme sur la terre.

Caractères généraux de l'époque quaternaire. — L'époque quaternaire, caractérisée par l'apparition de l'homme sur la terre, peut être considérée comme l'aurore de l'époque actuelle. A cette date, en effet, les continents avaient acquis une configuration qui n'a subi depuis que des modifications peu importantes. Les massifs montagneux avaient également atteint leur principal relief. Ce n'est donc plus dans les dépôts effectués sous les mers, mais sur les continents, cette fois très étendus et bien établis, qu'il nous faut chercher les éléments de cette histoire.

Le trait saillant et particulier qui a marqué son début est un changement de climat, qui, en abaissant la température dans les zones tempérées, a donné aux précipitations aqueuses une activité qu'elles n'ont jamais égalée depuis. Comme conséquence de ces pluies abondantes, les phénomènes de ruissellement, d'érosion et par suite d'alluvionnement exercés par les eaux courantes ont pris de suite une extrême importance. La première phase de cette période peut donc être appelée diluvienne ou mieux *pluviaire*, étant donné que les principaux effets, dont les continents portent maintenant la trace, sont occasionnés par ces pluies abondantes. Les grands cours d'eau, qui ont présidé au creusement des vallées, n'ont pas d'autre origine.

De plus, les précipitations atmosphériques ne se présentant, sur les hauts sommets, que sous la forme neigeuse, il en est résulté, dans les hautes cimes, des accumulations considérables de neiges, qui ont donné naissance à de grands glaciers s'étendant au loin dans les vallées.

Creusement des vallées et extension des glaciers continentaux, tels sont les faits qui marquent la première phase de l'époque quaternaire. Plus tard, après toute une série de phénomènes que nous allons examiner en détail, la température s'étant radoucie, un régime plus tranquille des cours d'eau en est résulté, et, dans les vallées, se sont établis, par places, des tourbières, dans d'autres, des lacs couverts d'habitations lacustres, témoignages d'une industrie humaine plus perfectionnée; c'est alors que l'époque quaternaire a pris fin pour faire place à l'ère actuelle.

Caractères généraux des dépôts quaternaires. — Tous

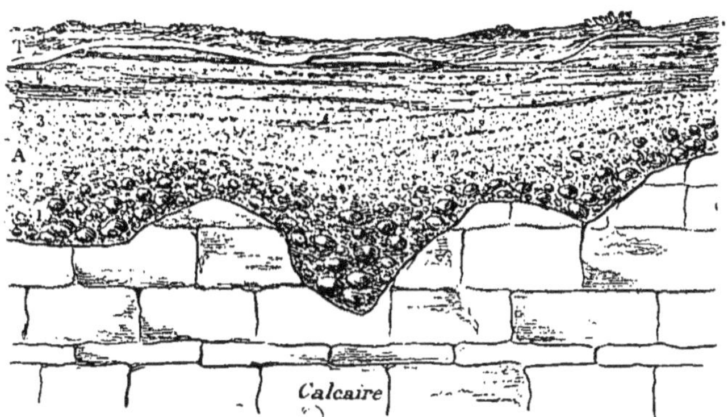

Fig. 419. — Disposition du diluvium gris (alluvions anciennes). — T. terre végétale; 4, limon supérieur (lœss); 3, sables zonés; 2, graviers; 1, galets roulés (graviers de fond).

les dépôts postérieurs aux terrains tertiaires, et qui forment les parties les plus superficielles de l'écorce terrestre, se distinguent des formations précédentes en ce qu'ils n'offrent plus, en général, les caractères de sédiments effectués tranquillement au sein de grandes masses d'eau, mais plutôt de ceux de dépôts irréguliers résultant d'un transport rapide, plus cu moins violent, par des eaux courantes.

Ces dépôts, généralement meubles, limoneux ou caillouteux, se composent, à la base, de couches ou d'amas irréguliers de gros galets roulés, entremêlés de sables et de graviers, qui reposent toujours sur un sol profondément raviné (fig. 419).

Dans le haut, les graviers diminuent de volume et passent à des sables grossiers qui deviennent de plus en plus fins. Ces sables sont alors zonés, entremêlés de petits lits de cailloux; ils deviennent terreux et se mélangent avec des limons jaunes, souvent fort épais, qui recouvrent le tout.

On reconnaît là tous les caractères des alluvions, c'est-à-dire des dépôts effectués dans les eaux courantes. On les rencontre dans les plaines, sur les plateaux, sur les pentes des collines; ils remplissent aussi les vallées, mais dans une situation telle, que leur masse, au lieu d'être augmentée par les eaux actuelles, tend à diminuer tous les jours, étant creusée et sillonnée continuellement par les rivières modernes qui y établissent leur lit et les remanient, en donnant lieu à de nouveaux dépôts, très distincts.

Cette disposition est la même partout; ils s'échelonnent ainsi, à diverses hauteurs, depuis le fond des vallées jusqu'au sommet, en constituant des terrasses successives (gg' de la figure 420) qui représentent les diverses phases du creusement des vallées. Mais leur composition présente quelques différences, qui tiennent à la diversité de la constitution géologique des contrées qui en ont fourni les matériaux. Ainsi, dans les alluvions anciennes de la vallée de la Seine, on remarque de nombreux blocs roulés de granite et de porphyre qui viennent du Morvan, où ils ont été arrachés par un cours d'eau qui suivait le tracé actuel de l'Yonne et se déversait comme elle dans la vallée de la Seine; tandis que, dans la vallée de la Marne, ces mêmes alluvions sont principalement composées de galets calcaires et de silex roulés, provenant des plaines crayeuses de la Champagne et du plateau jurassique de Chaumont et de Langres.

Ces graviers et ces sables renferment, en grand nombre, des ossements pour la plupart brisés, ayant appartenu à des espèces aujourd'hui perdues, ou bien à des espèces analogues à celles

qui vivent actuellement, mais dans des lieux bien éloignés de
ceux où se trouvent leurs osse-
ments. Ainsi, on rencontre là,
dans toute l'Europe, des débris
d'éléphants gigantesques (*Elephas primigenius*), de grands
rhinocéros, qui portaient deux
cornes sur le nez (*Rhinoceros
tichorhynus*), avec des ossements
nombreux de chevaux et de
grands ruminants (cerfs à
grandes cornes, daims, élans,
bœufs, etc.). Des dents et des
portions de squelettes de tigres
(*Felis spelæa*), d'hyènes (*Hyæna
spelæa*) et d'un grand ours (*Ursus
spelæus*), qui atteignait la taille
d'un bœuf, indiquent également
que les carnassiers étaient bien
représentés dans la faune quaternaire. Des hippopotames
(*Hippopotamus major*) vivaient
aussi, en Europe, dans les grands
fleuves de cette époque. Toutes
ces espèces sont aujourd'hui
éteintes; parmi les espèces émigrées figurent le renne (*Cervus
tarandus*) et le glouton (*Gulo
luscus*), aujourd'hui retirés
dans la zone glaciale.

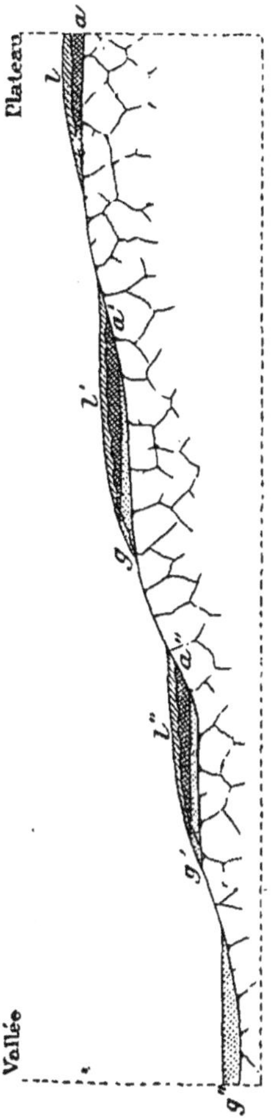

C'est également dans ces graviers qu'on a rencontré, pour la
première fois, des traces de l'industrie humaine, sous la forme
de silex grossièrement travaillés, ainsi que des crânes et des
portions de squelettes, qui viennent bien attester la présence
de l'homme à cette époque. C'est là un fait considérable
qui maintenant est appuyé sur un grand nombre de preuves

Fig. 420. — Coupe des vallées du nord de la France (d'après M. de Mercey). *g, g', g''*, graviers de fond des divers niveaux ; *a, a', a''*, limons sableux (lœss des mêmes niveaux); *l l', m*, limons rouges avec silex éclatés.

indiscutables. Les géologues ont pu ainsi établir que l'usage de la pierre avait précédé celui des métaux, et que, dans cet *âge de pierre*, il importait, en raison du degré de perfection plus ou

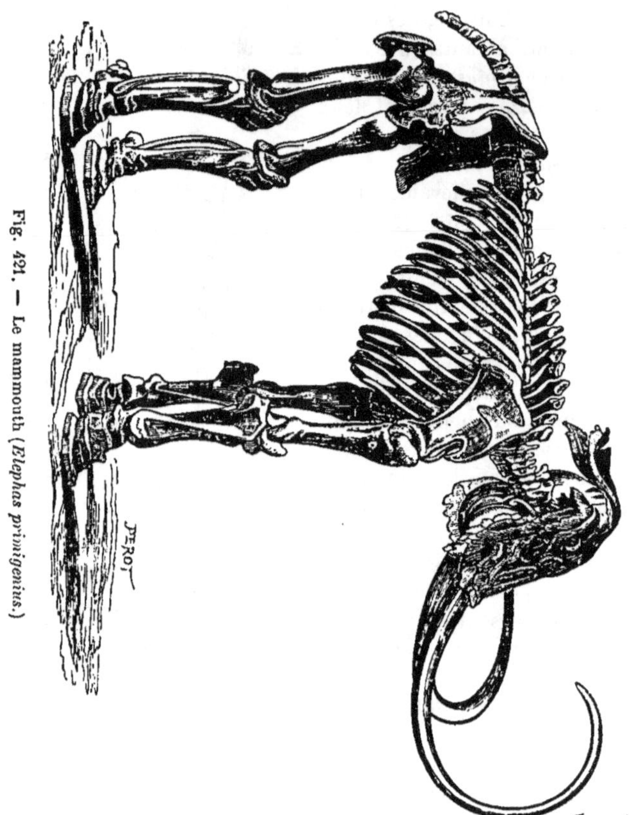

Fig. 421. — Le mammouth (*Elephas primigenius.*)

moins grand des outils de silex employés, d'introduire deux divisions : la première dite *paléolithique*, où les instruments de pierre sont simplement taillés, la seconde dite *néolithique* ou de la pierre polie, parce que ces instruments, plus finement travaillés, sont le plus souvent polis.

Tous ces débris se trouvent également dans le limon supérieur [1], mais plus rarement. Ce limon, qui dénote un régime plus calme dans les eaux courantes, contient surtout des coquilles de petits mollusques (*Helix* et *Pupa*), qui se tenaient sur les rives ombragées de ces grands fleuves. Dans les anses bien abritées, il s'est formé des tufs calcaires, dans lesquels se trouvent maintenant, bien conservées, à l'état d'empreintes, les feuilles et les fleurs des végétaux qui florissaient à cette époque. Dans les environs de Paris, ces tufs sont fréquents, ils renferment des feuilles de *vigne*, de *figuier* et de *laurier des Canaries*, qui maintenant ne croissent plus spontanément dans cette région : ils indiquent un climat plus élevé de quelques degrés que celui qui règne actuellement.

Ces alluvions anciennes, désignées sous le nom de *diluvium*

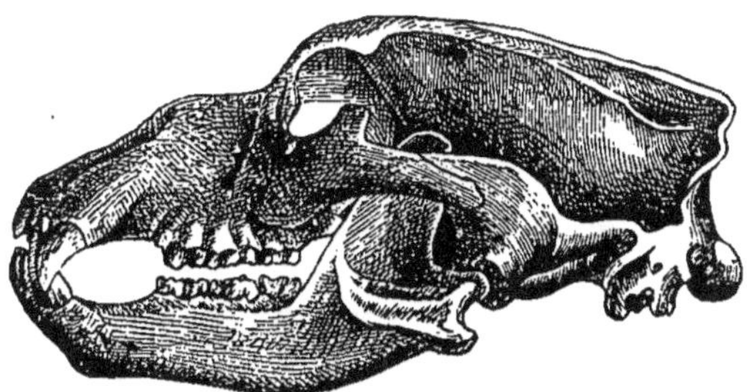

Fig. 422. — Crâne de l'ours des cavernes (*Ursus spœleus*).

gris, sont dues à de grands cours d'eau, très vastes et très étendus, qui devaient s'élever dans les vallées à des hauteurs de 40 à 45 mètres au-dessus du niveau actuel des rivières qui en occupent le fond, où elles continuent leur travail d'érosion.

L'origine de ces grandes masses d'eau, qui ont ainsi sillonné le globe tout entier, à la période quaternaire, est maintenant bien connue; on sait qu'elles résultent de la fusion des anciens glaciers continentaux qui, au début, étaient descendus des montagnes dans les plaines et avaient pris une telle extension qu'on a donné le nom de *glaciaire* à cette première époque.

1. Ce limon, très développé dans la vallée du Rhin, est souvent désigné sous le nom de *lœss*.

C'est alors que les glaciers alpestres, comblant la Suisse, ont apporté, par-dessus le Jura jusqu'à Lyon, sur les collines de Fourvières, des blocs détachés des Alpes centrales. Les Vosges, surélevées à ce moment, étaient également couvertes de glaciers qui s'étendaient du côté du Rhin.

Dans les Pyrénées, les glaciers, limités maintenant aux cirques intérieurs des grandes chaînes, s'étendaient, au loin, sur le versant français. Certaines régions, où les glaciers ne trouvent plus de conditions d'existence, telles que les Vosges et le Plateau Central, étaient également couvertes d'un manteau de glace. Ce phénomène, qui a été général et s'est étendu à tout

MOLLUSQUES TERRESTRES DU LOESS.

Fig. 423. — Helix hispida.   Fig. 424. — Pupa muscorum.

le globe, nous prouve que la terre, au début des temps quaternaires, a éprouvé un changement de climat, dû sans doute à un exhaussement très marqué des continents.

La durée de cette époque glaciaire a été considérable; les animaux terrestres s'en sont ressentis, et, pour vaincre les rigueurs du climat, ils se sont recouverts d'une épaisse fourrure. C'est ainsi que les *mammouths* et les *rhinocéros* à deux cornes, dont on trouve maintenant les corps entiers enfouis dans les glaces de la Sibérie, ont la peau couverte de longs poils fauves qui atteignaient jusqu'à 0 m. 20 de long. Le *mammouth* (*Elephas primigenius*), en particulier, portait une longue crinière qui lui descendait jusqu'aux genoux (fig. 424).

Un affaissement général du sol a suivi. La température s'étant relevée, en même temps que les continents s'abaissaient, les grands glaciers sont entrés en fusion et se sont successivement réduits à leurs proportions actuelles, en produisant, par la fonte de leur glace, ces immenses courants qui ont présidé au principal creusement des vallées.

Diluvium scandinave. — Cet affaiblissement a été surtout bien marqué dans le nord de l'Europe. Les glaciers polaires, limités aujourd'hui au Spitzberg et au Groënland, s'étendaient alors sur la Scandinavie. Une immense banquise s'avançait ainsi, en avant de l'Europe, sur un océan glacial qui couvrait toute sa partie septentrionale. Les glaces flottantes qui se détachaient de cet immense glacier charriaient des blocs énormes arrachés aux massifs montagneux de la Suède et de la Norvège. Ces blocs erratiques sont maintenant épars sur le sol de la Russie et de l'Allemagne, disposés par grandes traînées orientées du nord au sud.

Dans l'Amérique du Nord, le même phénomène s'est produit, et les traînées de blocs erratiques se voient maintenant jusqu'au 38° degré de latitude.

Cet océan glacial s'étendait aussi sur la France, sur le bassin de Paris; il y a laissé ces dépôts argileux particuliers, remplis de silex anguleux, connu sous le nom de *diluvium rouge*, parce que ces argiles sont toujours rubéfiées. Elles reposent indistinctement sur le Lœss ou le diluvium gris, ou même sur des terrains plus anciens; c'est ainsi qu'on les voit, remplissant des fentes et des poches à la surface de la craie, dans des falaises de la Manche. Les blocs erratiques scandinaves y font défaut, parce que les glaces flottantes arrêtées par la chaine des monts Hercyniens, qui était alors hors des eaux, ne sont pas étendues jusque-là.

En Angleterre, ces dépôts argileux glaciaires sont connus sous le nom de *boulder-clay* (argile à cailloux).

Phénomènes volcaniques. — Ces mouvements du sol, qui se sont faits avec une si grande intensité au quartenaire, n'ont pu se produire sans occasionner de grandes fractures dans l'écorce terrestre. La grande faille qui a présidé à la formation de la vallée du Rhin est de cet âge; il en est de même, de l'ouverture du canal de la Manche. Le plateau central, dégagé de ses glaces, s'est entr'ouvert, et sur les nombreuses fissures qui l'ont traversé se sont établis ces volcans qui sont encore si nombreux et si bien conservés dans l'Auvergne, qu'il semble que leurs coulées datent d'hier. Ces coulées se sont mélangées avec les sables, les graviers et les ossements d'éléphants, charriés par les grands cours d'eau qui sillonnaient, dans le même temps, toute cette région couverte de feu.

C'est là encore un fait général que cette apparition des vol-

cans à cratères à la surface du globe à l'époque quaternaire.
A cette même date, les bords du Rhin, l'Eifel, la Hongrie ont
été le théâtre de pareils phénomènes. Les grands volcans
d'Italie et de Sicile, ceux des îles de la Méditerranée, sont
également de cet âge.

Faune diluvienne américaine. — En Amériqne, les dépôts
diluviens sont très étendus et, de plus, particulièrement riches
en ossements; mais cette faune présente, avec celle que nous

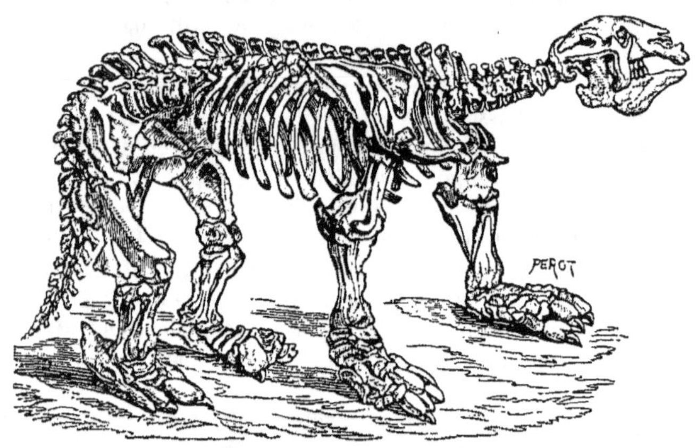

Fig. 425. — *Megatherium Cuvieri.*

venons de voir en Europe, de grandes différences. Ainsi, dans
les limons et les tufs calcaires qui recouvrent ces immenses
plaines de la Plata, dans l'Amérique du Sud, qu'on nomme les
Pampas, on trouve un nombre considérable de mammifères,
dont les squelettes sont pour la plupart entiers, et parmi lesquels on remarque surtout d'énormes édentés, tels que le *Megatherium* et des tatous géants (*Glyptodon*), associés à des castors,
à des chevaux, à des tapirs, tandis que les grands animaux les
plus fréquents et les plus remarquables de la faune quaternaire
européenne, le mammouth, le rhinocéros, l'ours des cavernes,
l'hippopotame, manquent complètement.

Le *Megatherium* (fig. 425) justifie bien son nom de *grand
animal*; son squelette, surpassant de plus de cent fois celui des

édentés actuels, atteint 4 mètres de long sur 3 mètres de haut. Cet animal participait des caractères des tatous actuels et des paresseux. Comme les premiers, il se nourrissait exclusivement de feuilles d'arbres; comme le second, il fouillait profondément le sol pour y creuser un abri, avec des pattes énormes munies d'ongles puissants. Sa queue, qui lui servait de moyen de support pour se tenir debout sur ses pattes de derrière, avait un développement considérable. Avec des membres aussi massifs, il ne pouvait évidemment ni grimper, ni courir; sa démarche devait être d'une lenteur excessive.

Le *Glyptodon* (fig. 426) était un tatou géant, mesurant plus

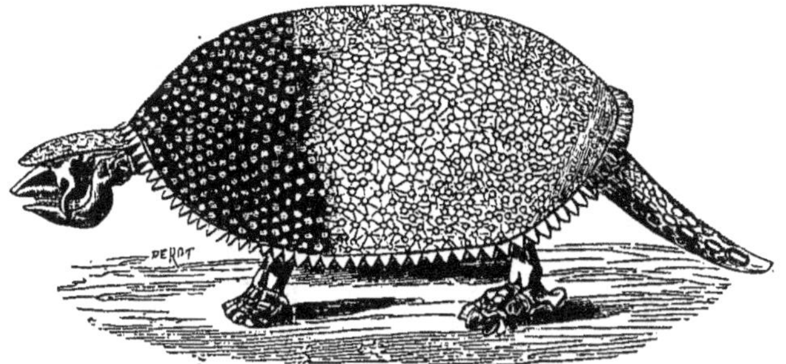

Fig. 426. — *Glyptodon clavipes.*

de 3 mètres de long; il était enveloppé et protégé par une cuirasse épaisse, composée de pièces osseuses solidement ajustées.

En Australie, les mammifères quaternaires étaient exclusivement des Marsupiaux; il en est de même aujourd'hui, mais leurs représentants actuels ne sont que des nains par rapport aux espèces d'autrefois.

Enfin, dans la *Nouvelle-Zélande,* les mammifères faisaient presque défaut comme aujourd'hui; ils étaient remplacés par des oiseaux géants, les *Moas* (*Dinornis*), qui pouvaient atteindre près de 4 mètres de hauteur.

Ces faits sont importants, ils nous montrent qu'aux temps quaternaires les distinctions entre les diverses faunes, si marquées à l'époque actuelle, étaient déjà bien accusées.

31.

Grottes et cavernes. — En plus des alluvions anciennes et des blocs erratiques, il faut encore tenir compte, à l'époque quaternaire, d'une catégorie spéciale de dépôts qui se sont faits

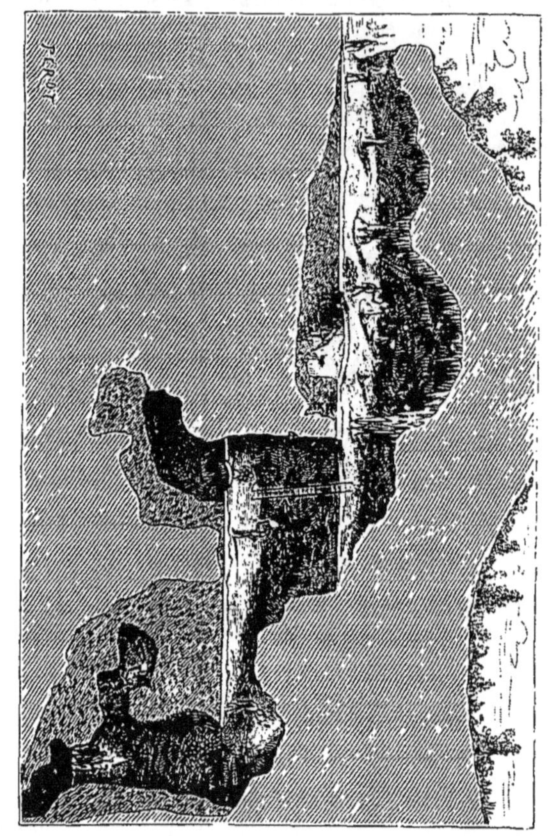

Fig. 427. — Caverne de Gailenreuth, en Franconie.

dans les crevasses du sol, et surtout dans les grottes et cavernes entaillées dans les massifs calcaires par les grands courants [1].

1. Ces grottes se composent d'une série de cavités communiquant entre elles par d'étroits canaux, et débouchant toujours, à la surface du sol, par deux issues. Tout indique qu'elles ont servi de canal à d'anciens cours

Ces dépôts consistent en limons rouges, en argiles plus ou
moins cimentées, remplies d'ossements; ils sont généralement
recouverts par une couche, plus moderne, d'incrustations calcaires (*stalagmites*), qui les masquent et qu'il faut percer pour
les atteindre. Ce sont là de riches ossuaires; ils renferment en

AGE DE LA PIERRE TAILLÉE.

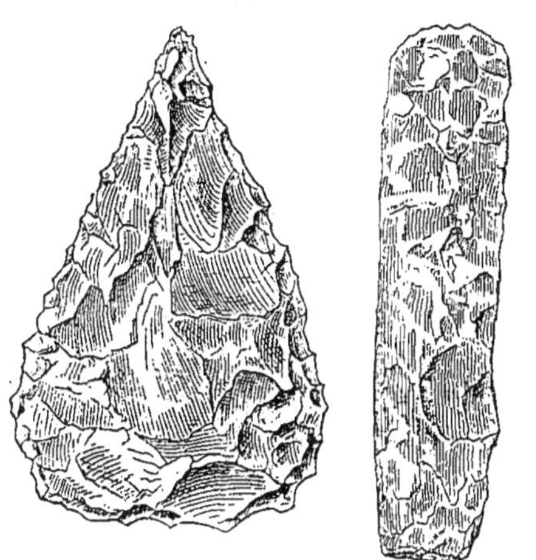

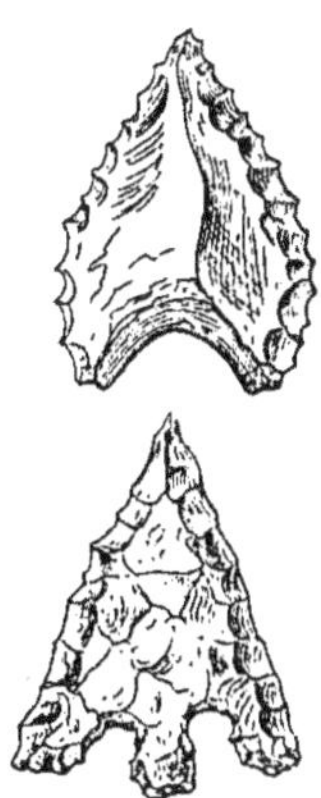

Fig. 428. — Hache en silex.   Fig. 429. — Couteau   Fig. 430. — Silex en
                                   en silex.   pointe de flèche.

abondance des ossements, brisés pour la plupart, de tous les
mammifères quaternaires. Quelquefois des squelettes entiers de
carnassiers se trouvent mêlés à une quantité considérable d'ossements de grands herbivores; on en a conclu nécessairement
que tous ces débris avaient dû servir de pâture et avaient été
entraînés par les carnassiers dans les cavernes qui leur servaient de repaires. C'est ainsi qu'en Allemagne, dans la caverne
célèbre de Gailenreuth, on a trouvé plus de 800 squelettes d'ours

d'eau souterrains. Il en est du reste un grand nombre qui sont encore traversées par des rivières. Leurs parois sont maintenant tapissées par des
incrustations calcaires (*stalactites* et *stalagmites*) qui les rendent très accidentées. Les fentes, aujourd'hui remplies par des brèches osseuses, n'étaient,
sans doute, également que les ouvertures par lesquelles s'engouffraient les
eaux extérieures (fig. 427).

de tout âge (*Ursus spelœus*), avec de nombreux ossements de
bœufs, de cerfs, de rhinocéros et même d'éléphants [1].

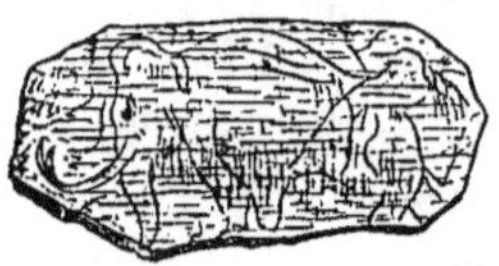

Fig. 431. — Plaque d'ivoire sur
laquelle a été gravé le dessin
d'un Mammouth (Elephas primigenius), trouvée dans la grotte
de la Madeleine (Périgord).

Mais le plus souvent, au milieu de
tous ces débris, brisés et taillés, ce
sont des parties de squelette humain,
ou parfois même des squelettes entiers, qu'on rencontre avec des traces
nombreuses de l'industrie primitive
des hommes qui hantaient ces cavernes et en avaient fait leurs habitations.

L'étude de ces brèches osseuses
est, à ce point de vue, fort instructive; on remarque d'abord
sur le sol même des cavernes, au milieu des limons fluviatiles,

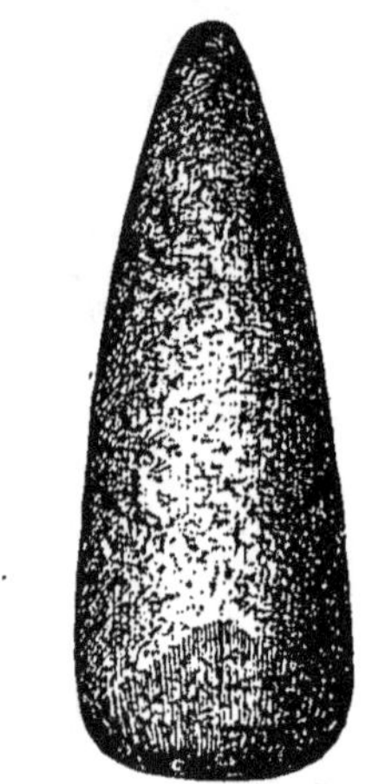

Fig. 432. — Hache polie (âge
de la pierre polie).

avec des ossements de mammouth
(*Elephas primigenius*), des silex, grossièrement taillés en forme de haches
ou de couteaux, et de nombreux
éclats aux arêtes anguleuses; ce sont
là les premiers instruments des habitants de ces grottes.

A un niveau plus élevé, au voisinage de la croûte calcaire superficielle, on trouve, dans la brèche
osseuse, des silex plus finement travaillés, accompagnés de poteries
grossières et de foyers, composés
de quelques pierres dressées, rou-
gies par le feu, entourées de cendres, de fragments de bois carbonisés
et d'os calcinés. En même temps,
on remarque des ossements d'un
nouvel animal, le *Renne*, qui n'exis-
tait pas dans les couches inférieures. Tous ces restes indiquent
un progrès bien marqué. Ce progrès s'affirme encore par ce

1. En Angleterre, ce sont principalement des squelettes d'hyènes (*Hyena
spelœa*) qu'on rencontre dans les cavernes à ossements.

fait qu'on rencontre là des os sculptés, des plaques d'ivoire et
des fragments de schistes gravés, sur lesquels sont représentés avec un certain art tous les grands animaux maintenant perdus ou réfugiés dans des contrées bien éloignées de
l'Europe.

La figure 431 montre un dessin bien reconnaissable de l'éléphant velu, tracé avec un burin de silex, sur une plaque d'ivoire
trouvée dans la grotte de la Madeleine, dans le Périgord. Les
défenses recourbées, les petites oreilles qui distinguent le mammouth des éléphants actuels, les longs poils qui le recouvraient,

Fig. 433. — Habitations lacustres.

ont été bien rendus. On ne saurait trouver une meilleure preuve
de la contemporanéité de l'homme avec ces animaux.

C'est à l'aide de ces découvertes faites en beaucoup de points
à la surface du globe qu'on a pu arriver à la connaissance non
seulement de la structure anatomique des hommes primitifs,
mais aussi de leurs mœurs et de leurs conditions d'existence.

L'usage des métaux leur était complètement inconnu. Leurs
outils et leurs armes consistaient seulement en silex plus ou
moins bien travaillés, en os grossièrement taillés. Ils deman-
daient leur nourriture à la chasse et avaient à soutenir une
lutte terrible contre les puissants représentants du monde animal. Ils avaient aussi à braver un climat rigoureux, car ils ont

été témoins de la grande extension des glaciers. Ils ont assisté aussi aux grandes inondations de l'époque diluvienne; c'est alors qu'ils se sont retirés sur les hauteurs et qu'ils se sont réfugiés dans les cavernes, d'où ils ne sont descendus que quand le calme a été rétabli.

A cette date, la hache en pierre n'était plus un caillou dégrossi par éclats, mais un silex, ou toute autre roche dure (porphyre, diorite, serpentine, etc.) polie, avec soin, sur une dalle de grès. En même temps, les hommes, après avoir quitté leurs cavernes pour descendre dans les vallées, sont devenus pêcheurs; ils ont taillé des os en forme de harpons barbelés; ils ont construit des radeaux, puis des barques, en creusant des troncs d'arbres, et se sont établis sur les lacs en édifiant, sur pilotis, des habitations en bois qui communiquaient avec le rivage au moyen de passerelles mobiles, qu'on enlevait pour se mettre à l'abri des fauves et des populations ennemies (fig. 433).

Ces cités lacustres étaient nombreuses sur les lacs de Suisse, on les désigne maintenant sous le nom de *palafittes*. En France, dans le lac du Bourget, on a retrouvé aussi, encore en place, les pilotis à demi carbonisés qui servaient de support à ces constructions. Sur leur emplacement, les dragages ont ramené du fond des eaux des milliers de débris enfouis maintenant dans la vase, qui ont permis de reconstituer, jusque dans leurs moindres détails, ces habitations primitives, et de connaître, par suite, les mœurs et les habitudes des hommes qui les avaient édifiées. Ces populations ne se composaient plus de chasseurs, mais d'agriculteurs et d'artisans. Elles avaient appris à cultiver le sol et s'étaient associé des animaux domestiques en faisant choix d'un certain nombre de végétaux utiles et d'espèces animales, telles que le chien et l'âne, qu'ils élevaient autour d'eux pour leurs besoins. Bien plus, elles avaient découvert le moyen de façonner l'argile d'une manière durable; elles s'en sont servies en tournant des vases, qu'on faisait durcir au feu.

Ces poteries abondent sur l'emplacement des palafittes; elles prennent des formes gracieuses et se montrent couvertes d'ornements. L'art du potier de terre avait déjà commencé. On employait l'argile à tous les usages; on en faisait, par exemple, des pesons de fuseau, qui viennent indiquer que les femmes

filaient les écorces souples de quelques plantes ligneuses, pour
les transformer en filets, puis en tissus qu'on retrouve maintenant avec les poteries. C'est également autour de ces constructions lacustres qu'on rencontre, pour la première fois, des instruments en métal.

Fig. 434. — Dolmen.

Le *bronze* a été employé en premier lieu; il était malléable et
facile à obtenir; on en a fait d'abord des instruments de
défense (haches, têtes de lance, flèche), puis des ornements
(anneaux, fibules, agrafes de manteau). L'emploi du *fer* n'est
venu que longtemps après.

Une nouvelle époque commence avec l'apparition du fer. Le
plus important des métaux est désormais à la disposition de
l'homme, il ne s'en sert pas seulement pour fabriquer des
armes tranchantes, il en fabrique aussi des instruments de
toutes espèce. Les nombreux *tumuli*, ou buttes de terre, élevés
çà et là sur les plateaux et dans les plaines à la mémoire des
morts, les *dolmens*, ces singulières constructions de pierre,
consacrées également aux sépultures, sont remplis de ces
objets curieux, déposés pieusement par la main des parents et
des amis. L'histoire écrite, les traditions, commencent à éclairer
cette époque d'une aurore douteuse; c'est la première page de
la période historique. C'est ici, par conséquent, que nous devons
nous arrêter pour céder la place aux historiens.

Les temps quaternaires ont été divisés ainsi en quatre époques : 1º *l'âge de la pierre taillée* ; 2º *l'âge de la pierre polie* ;

Fig. 435. — *Cervus megaceros* (cerf à bois gigantesques de l'époque des
tourbières) [1].

3º *l'âge du bronze* ; 4º *l'âge du fer*, qui sont caractérisées chacune par un progrès réalisé dans l'industrie humaine.

La durée de ces deux âges de la pierre a été considérable ;

1. Ces bois gigantesques atteignent 3 mètres d'envergure. Les vastes pal-
mures qui les terminent, faisant fonction de larges pelles, devaient servir à
déblayer la neige quand l'animal cherchait sa nourriture.

au moment de l'introduction des métaux, les conditions climatériques, et, par suite, les faunes et les flores, étaient devenues semblables à celles qui existent aujourd'hui.

Par suite d'un mouvement d'exhaussement graduel, les continents s'agrandissaient progressivement et prenaient leur forme actuelle. En Europe, la plaine centrale du nord, anciennement submergée, s'élevait au-dessus des eaux; l'océan glaciaire, qui la recouvrait, se retirait dans les régions polaires. Le climat étant devenu moins froid, les vents plus chauds commençant à régner, les glaciers avaient diminué et s'étaient retirés, les uns dans le voisinage des pôles, les autres sur les continents, dans les cirques élevés des hautes montagnes. Certains animaux suivirent les glaces dans leur mouvement de retraite, le renne et l'élan, par exemple; d'autres, tels que l'éléphant, le lion et le tigre, émigrèrent dans les contrées plus chaudes. Dans le fond des vallées, aux grands cours d'eau diluviens qui avaient présidé à leur creusement succédèrent des rivières au régime plus calme, et de grandes tourbières vinrent s'établir dans les bas-fonds marécageux.

Les conditions qui nous régissent actuellement ont été ainsi acquises successivement; en même temps, l'homme progressait et prenait définitivement possession de la terre, où il règne en maître actuellement sur tous les êtres qui l'entourent, repoussant devant lui tous ceux qu'il n'a pas asservis.

QUATRIÈME PARTIE

HISTOIRE DE LA FORMATION DU SOL DE LA FRANCE

Pendant la **période primitive**, le lieu qui fut plus tard la France était, comme le reste de notre globe, caché sous des eaux portées à une haute température et chargées de principes minéraux divers, dans lesquels se consolidaient les roches fondamentales, qui forment maintenant le soubassement de tous les terrains de sédiment. Cette première enveloppe, faible et peu résistante, impuissante pour contenir les tempêtes de la mer de feu qu'elle recouvrait, s'est fracturée en divers sens, livrant passage au granite, qui, surgissant au travers de ces larges fissures, a donné naissance aux premières saillies.

En France, ces premières terres émergées ont formé, d'une part, la Vendée et les deux bordures qui limitent au nord et au sud-ouest la Bretagne; d'une part, ce vaste Plateau central qui restera toujours découvert et deviendra le théâtre d'une longue série d'éruptions. Elles constituent également les parties centrales des Vosges, des Pyrénées et des Alpes, ainsi que quelques îlots dans les massifs des Maures et de l'Estérel, qui devaient alors se relier à la Corse, en grande partie émergée. Elles marquent ainsi l'emplacement futur de notre pays, en indiquant la place des principaux accidents montagneux, qui deviendront ses limites naturelles.

Ces premiers îlots ont formé les rivages des océans primaires, dans lesquels se sont déposés les grès, les schistes et les calcaires, qui ont pris une si grande part à la formation de notre sol. Les *terrains primaires* occupent, en effet, maintenant la partie centrale de la Bretagne et du Cotentin; ils constituent l'Ardenne, une grande partie des Vosges, la partie nord-ouest du Plateau central ; dans les Pyrénées, ils forment une large bande qui s'étend sur toute la longueur de la chaîne.

La France, après cette période primaire, qui a vu les plus anciennes manifestations de la vie, était encore bien différente de ce qu'elle est devenue ; c'est à l'aide de changements successifs amenant une longue série d'adjonctions aux terres primitivement émergées, qu'elle a pris sa forme actuelle.

Le **terrain triasique** se rencontre encore au voisinage des terrains primaires ; il entoure les Vosges et se développe principalement sur le versant ouest, en venant occuper toute la partie orientale de la Lorraine, où il donne lieu à une vaste plaine, argileuse et humide, à surface ondulée. Il se dispose également en bordure, autour du Plateau central, dans le nord et surtout dans l'ouest, où il forme une bande assez continue qui vient se relier avec le trias jurassien. Les sources salifères du Jura et les amas de sel gemme de la Lorraine sont de cet âge. Dans le sud, il occupe les parties élevées de la chaîne occidentale des Pyrénées, et constitue enfin, sur le revers nord-ouest du massif ancien des Maures et de l'Estérel, une large bande qui vient se terminer à Toulon.

Des prêles géantes (Equisetum) croissaient alors près des Pyrénées, et des Alpes aussi bien que dans les Vosges. Les plantes houillères avaient alors disparu ; le climat aussi n'était plus le même. De grandes forêts de conifères (Voltzia), ayant l'aspect de nos araucarias actuels, s'élevaient sur les hauteurs. Les cycadées tendaient également à s'introduire et à se multiplier, destinées qu'elles étaient à obtenir bientôt la prépondérance.

Le **terrain jurassique**, très développé en France, où il constitue pour ainsi dire à lui seul la chaîne du Jura, présente, par rapport au Plateau central et au bassin de Paris, une disposition fort remarquable, dont on peut bien se rendre compte en examinant la carte géologique. Ces deux régions sont, en effet, entourées chacune d'une ceinture jurassique, à peu près continue, qui prend ainsi, suivant l'ingénieuse comparaison de Dufrénoy et d'Élie de Beaumont [1], la forme d'un 8 ouvert par

1. Explication de la carte géologique de la France, T. I, p. 24.

le haut (&3). Au nord, le lambeau jurassique de Boulogne se reliant à la bande jurassique qui entoure le bassin de Londres, en Angleterre, sert de jalon pour fermer la boucle supérieure de ce 8. Au sud-est, dans le bassin du Rhône, sur le versant occidental des Alpes, ainsi que dans l'intérieur des chaines principales, le terrain jurassique prend encore un grand développement; on le trouve également au sud-ouest, sur les deux versants des Pyrénées.

Les **terrains crétacés** forment, dans le bassin de Paris, une ceinture incluse dans celle du jurassique, qui renferme elle-même les terrains tertiaires de cette région; ils constituent l'Artois, la Picardie, les plaines ondulées, arides et sèches, de la Champagne, ainsi qu'une partie de l'Anjou et du Maine dans l'ouest. Dans le bassin du Rhône, les marnes néocomiennes, avec les calcaires à rudistes, occupent maintenant une grande partie de la Provence et du Languedoc, et s'étendent largement sur le versant occidental des Alpes, en Savoie et dans le Dauphiné. Dans le bassin du sud-ouest, ces mêmes terrains, très développés, se disposent en bordure tout le long des Pyrénées, d'une mer à l'autre, et viennent ensuite affleurer dans le nord de l'Aquitaine, en Saintonge et dans le Périgord.

Les **terrains tertiaires** occupent presque le tiers de la surface de la France; concentrés principalement dans l'intérieur des trois bassins de la Seine, de la Gironde et du Rhône, ils forment là de grandes plaines et représentent ainsi des dépôts de remplissage entre les plateaux et les chaines de montagnes; ainsi, les plaines tertiaires de la Neustrie (bassin de Paris) dans le nord, auxquelles viennent se rattacher celles de la Limagne, encaissées dans la partie sud du Plateau central, sur les rives de l'Allier et de la Loire, sont comprises entre la Lorraine, la Bourgogne, le Plateau central et la Bretagne. Les terrains tertiaires de l'Aquitaine, entre les Pyrénées d'une part, et de l'autre entre deux plateaux élevés, formés de calcaires jurassiques, le Quercy et le haut Poitou, reliés par le Plateau central; dans le sud-ouest, ceux de la Bresse, du Languedoc et de la Provence, viennent de même s'adosser, d'une part au Plateau central, et de l'autre au massif des Maures, aux Alpes et au Jura.

Les **terrains d'alluvion**, qui sont d'âge *quaternaire*, recouvrent une grande partie du sol de la France; ce sont eux qui ont contribué, pour la plus grande part, à la formation de la terre végétale et, par suite, à la fertilité du pays; ils reposent indistinctement sur tous les terrains précédents, formant des nappes de peu d'épaisseur, qui occupent le fond et les parties inférieures des flancs des vallées.

ÉTUDE DE LA CARTE GÉOLOGIQUE DE LA FRANCE DANS SES TRAITS PRINCIPAUX

La France présente la succession à peu près complète de toutes les roches éruptives et de tous les terrains stratifiés reconnus comme entrant dans la composition de l'écorce terrestre. Notre pays est, de la sorte, des plus favorisés pour les études géologiques. Il se divise en un certain nombre de régions naturelles, qui se distinguent les unes des autres par des caractères extérieurs bien tranchés et qui sont constituées chacune par un ou plusieurs groupes de terrains.

Au centre s'élève un vaste plateau, composé principalement d'un assemblage de gneiss, de micaschistes et de roches éruptives diverses, le *Plateau central*, qui peut être considéré comme l'axe de la France. Il appartient, en effet, aux trois grands bassins orographiques qui se partagent notre pays : au sud-est et à l'est, le bassin du Rhône; au sud-ouest et à l'ouest, celui de la Garonne et de la Charente; au nord, cette vaste enceinte circulaire dont Paris occupe le centre et dont la Seine est le fleuve le plus important.

Les autres régions montagneuses (Pyrénées, Alpes, Jura, Vosges, Ardennes) placées aux confins de notre territoire, dont elles forment ainsi les frontières naturelles, doivent être regardées comme les parties extérieures de ce squelette de roches anciennes qui forme l'ossature de la France. Ces régions montagneuses, si diverses par leur direction générale, leur altitude et les allures même qu'elles présentent, n'ont pas surgi à la fois, ni par suite d'un seul et même phénomène; chacune a son

histoire à part, histoire qui est également celle des plaines et
des vallées étendues à leurs pieds. Elles sont dues à des redres-
sements ou à des plissements de parties de l'écorce terrestre,
composées principalement de terrains cristallins. C'est dans
les dépressions intermédiaires qui relient chacune d'elles au
Plateau central, que sont venues se déposer, aux différentes
époques géologiques, toutes ces roches de sédiment qui
constituent maintenant les régions de collines et de plaines,
c'est-à-dire la majeure partie du sol français.

L'examen de la carte géologique de la France rend bien
compte de cette disposition. On y voit les terrains jurassiques
entourant complètement ce Plateau central et formant également la première ceinture des trois bassins que nous avons
décrits. Les terrains crétacés donnent lieu à une seconde zone,
disposée en retrait par rapport à la précédente. Pour compléter la France actuelle, les terrains tertiaires n'ont eu qu'à
combler un espace bien rétréci; superposés aux assises précédentes, ils occupent le centre des bassins et n'ont ajouté qu'un
faible relief à la superficie générale de ces contrées.

Les vallées actuelles, qui convergent toutes vers le centre de
ces bassins, traversent les crêtes successives formées par les
terrains secondaires relevés, dans les défilés que les grands
courants diluviens de la période quaternaire ont ouverts pour
elles. Elles marquent la place des alluvions anciennes qui sont
la trace de ces érosions.

Cette disposition est surtout bien nette dans le bassin de
Paris, qui se montre rempli par une succession d'assises, à peu
près concentriques, comparables à une série de cuvettes emboi-
tées les unes au-dessus des autres; les sondages, pour les puits
artésiens, ont traversé d'abord les terrains tertiaires, puis les
terrains secondaires où l'on a rencontré, dans les sables verts
du gault, la nappe aquifère. La sonde, au delà, après avoir
traversé les terrains jurassiques, aurait atteint les terrains
primaires qui doivent reposer là sur leur soubassement habituel
de gneiss et de micaschistes, ainsi que le représente la coupe
de ce bassin qui accompagne la carte géologique de France,
jointe à ce volume.

Gravé chez L. Wuhrer, r. de l'abbé de l'Épée 4.   F. Savy Éditeur.   Imp. Dufrénoy Paris.

TABLE DES MATIÈRES

PREMIÈRE PARTIE

Phénomènes actuels.

I

AGENTS EXTÉRIEURS

CHAPITRE PREMIER
ACTIONS CHIMIQUES EXERCÉES PAR LES EAUX

CHAPITRE II
ACTIONS MÉCANIQUES EXERCÉES PAR LES EAUX

CHAPITRE III

ACTION DE LA MER

CHAPITRE IV

ACTION DE L'EAU A L'ÉTAT SOLIDE

CHAPITRE V

ACTION DES ÊTRES VIVANTS

II

AGENTS INTÉRIEURS

CHAPITRE PREMIER

PHÉNOMÈNES THERMIQUES

CHAPITRE II

MANIFESTATIONS VOLCANIQUES

CHAPITRE III

MOUVEMENTS DU SOL, SOULÈVEMENTS ET AFFAISSEMENTS LENTS

CHAPITRE IV

TREMBLEMENTS DE TERRE

DEUXIÈME PARTIE

Notions générales

COMPOSITION DE L'ÉCORCE TERRESTRE

CHAPITRE PREMIER

ROCHES D'ORIGINE EXTERNE

CHAPITRE II

ROCHES D'ORIGINE INTERNE, ROCHES ÉRUPTIVES

CHAPITRE III
ROCHES MÉTAMORPHIQUES

CHAPITRE IV
GÎTES MINÉRAUX ET MÉTALLIFÈRES, FILONS

TROISIÈME PARTIE
Géologie proprement dite

CHAPITRE PREMIER

CHAPITRE II
SÉRIE CRISTALLOPHYLLIENNE

CHAPITRE III
SÉRIE PRIMAIRE (PÉRIODE PALÉOZOÏQUE)

ÉPOQUE DÉVONIENNE

ÉPOQUE PERMO-CARBONIFÈRE

ÉPOQUE CARBONIFÈRE

ÉPOQUE PERMIENNE

CHAPITRE IV
SÉRIE SECONDAIRES (PÉRIODE MÉSOZOÏQUE)

QUATRIÈME PARTIE

ERRATUM

Page 246, chapitre III, Terrains primaires, lire : Série primaire.

Coulommiers. — Imp. Paul BRODARD.

9 7 8 2 0 1 1 9 5 5 4 5 6